U0101238

中国经典茶书

郭孟良 编著

中州古籍出版社
·郑州·

图书在版编目(CIP)数据

中国经典茶书 / 郭孟良编著 . —郑州 ：中州古籍出版社，2022. 8
ISBN 978-7-5738-0294-1

Ⅰ . ①中… Ⅱ . ①郭… Ⅲ . ①茶文化 - 中国
Ⅳ . ① TS971.21

中国版本图书馆 CIP 数据核字（2022）第 160427 号

ZHONGGUO JINGDIAN CHASHU
中国经典茶书

策 划 人 吴 浩
责任编辑 李瑞瑞 吴 浩 李晓文
责任校对 岳秀霞
装帧设计 曾晶晶

出 版 社 中州古籍出版社（地址：郑州市郑东新区祥盛街 27 号 6 层
邮编：450016 电话：0371-65723280）
发行单位 河南省新华书店发行集团有限公司
承印单位 河南瑞之光印刷股份有限公司
开 本 710 mm × 1000 mm 1/16
印 张 44.25
字 数 620 千字
版 次 2022 年 8 月第 1 版
印 次 2023 年 7 月第 1 次印刷
定 价 290.00 元

习茶之门

——中国经典茶书概说

茶

香叶　嫩芽

慕诗客　爱僧家

碾雕白玉　罗织红纱

铫煎黄蕊色　碗转曲尘花

夜后邀陪明月　晨前独对朝霞

洗尽古今人不倦　将知醉后岂堪夸

唐代诗人元稹的这首一至七字宝塔诗，道尽茶之美、茶之艺、茶之功，洵为茶诗中的上品，尽管唐诗学界对此诗真伪不无异议。

当然，慕爱香茶、游心清茗的，不仅有诗客、僧家，还有包括皇帝、官员、缙绅、布衣等阶层人士在内的茶人群体；不独流传下来数以千计的茶诗、茶词、茶歌、茶赋、茶曲、茶文，还编刻行世数以百计的茶事专著，也就是茶书，从而构建起中国茶文化的知识体系。

所谓茶书，是指中国古典文献中关于茶叶生产、制造、品饮及其相关问题的专门著作，是人类茶文化遗产中最重要、最核心的部分，是中国茶文化的基本载体。在以正史“艺文志”和《四库全书总目》为代表的经、史、子、集四部分类的知识谱系中，属于子部中“以收诸杂书之无可系属者”的谱录类。

历代茶书记录了各个历史时期茶业发展的状况，具有史料性；总结了茶叶生产、加工、品饮的实践经验，具有实用性；留下了历代茶人关于饮茶生活的艺术探索和精神追求，具有很高的艺术和思想价值。概括说来，茶书内涵丰富，兼及茶史、茶学、茶艺、茶道，堪称中国茶文化的经典，因而对茶书的解读和评赏，乃是我们走进品茶生活空间及其文化精神堂奥的唯一门径。

甲　源流略说

中国茶书出现于“茶道大行”的唐代中叶，由茶圣陆羽开其先河。他出入三教，遍稽群籍，广搜博采，并亲历各地茶区考察，与各界名士交流研讨，撰成《茶经》三卷十篇，溯其源，制其具，教其造，设其器，命其煮，论其饮，述其事，第其产，权其略，写其图，于建中元年（780）左右付梓行世，成就了人类历史上第一部茶叶百科全书。自此以后，“人间相学事春茶”，茶书的编撰蔚然成风，形成古典文献的一个专门类别。

晚唐五代时期，有茶书十余种。现存张又新《煎茶水记》、苏廙《十六汤品》、王敷《茶酒论》，裴汶《茶述》、温庭筠《采茶录》和毛文锡《茶谱》仅有辑本，而杨晔《膳夫经》（一作《膳夫经手录》），残本见宋晁载之《续谈助》，后收入《宛委别藏》等丛书，其中关于唐代茶品的记载，亦颇具文献价值。

宋代是茶业的盛世，也是茶文化的精致时代，可以考知的茶书达三十种，传世十一种，为我们留下以北苑贡茶为代表的末茶（饼茶、团茶）茶艺绝唱的完整记录。其中既有茶艺专著蔡襄《茶录》、赵佶《大观茶论》，也有茶具专著审安老人《茶具图赞》，还有茶叶评审专著黄儒《品茶要录》，茶法专著沈括《本朝茶法》。特别是伴随建溪北苑贡茶的一枝独秀，关于建茶的地域性专书也独盛一时，宋子安《东溪试茶录》、熊蕃《宣和北苑贡茶录》和赵汝砺《北苑别录》是其代表。

明代冲泡饮法的变革和茶文化的发展，推动茶书编撰达到高潮。见于著录的各类茶书多达八十余种，存世五十多种。其中有的是整理汇编前代茶书文献，如孙大绶《茶经水辨》《茶经外集》《茶谱外集》、益藩所刻《茶谱》、喻政《茶书》等；有的是采辑论茶之作而成，如屠本畯《茗笈》、夏树芳《茶董》、陈继儒《茶董补》、龙膺《蒙史》等；张谦德《茶经》、何彬然《茶约》、徐献忠《水品》则在收集整理前人文献的基础上“附益新意”。比较有价值的是根据当时及个人的茶文化实践，崇新改易，自成一家的创新类茶书，如朱权《茶谱》、张源《茶录》、许次纾《茶疏》、罗廪《茶解》、黄龙德《茶说》以及田艺蘅《煮泉小品》、周高起《阳羡茗壶系》等，堪称明代茶书的代表作，也是散茶茶艺的经典之作。

清代茶书近二十种，大多汇抄类编而成，原创性茶书很少。值得一提的是陆廷灿《续茶经》，依陆羽《茶经》原目，“采摭诸书以续之”，保存了不少文献资料，其规模亦堪称古代茶书之最。

关于古代茶书的汇编整理，始于明代。益端王朱祐槟《清媚合谱·茶谱》十二卷，成书于嘉靖十八年（1539）之前，今存崇祯残本八卷五册。喻政《茶书》，一名《茶书全集》，初刻于万历四十年（1612），收书十七种，次年又增补再版，收书二十五种。清代陆廷灿《续茶经》中亦曾开列一份“茶事著述名目”，著录茶书七十二种，间有错讹和重出，实为六十七种。1958年，万国鼎《茶书总目提要》著录九十八种，其中现存五十三种。1999年，阮浩耕等《中国古代茶叶全书》收录茶书六十四种，后附存目六十种。2007年，郑培凯、朱自振主编《中国历代茶书汇编校注本》，收录茶书一百十四种（含辑佚）。然而，对茶书尤其是明清茶书的调查、发现还在继续当中，同时，除了综合性茶书，专题性的茶具、品水、茶法、艺文等的专书，地域性的如北苑、岕（jiè）茶的专书以外，一些属于某书的一部分，并非论茶专书，然被当作茶书辑出，如高濂《茶笺》出于《遵生八笺》，屠隆《茶笺》（《茶说》）出于《考槃余事》，曹学佺《茶谱》出于《蜀中广记》和《蜀中方物记》，即使如李日华《运泉约》一篇短文，亦入《民俗丛书·茶书篇》，均依传统习惯视为茶书；以此类推，如李时珍《本草纲目·茶》入《古今茶事·专著》，另如学者所论王象晋《群芳谱》中的《茶谱》，文震亨《长物志》中的《香茗志》，卢之颐《本草乘雅半偈》中的《茗谱》，作为茶书，亦无不可。从出版传播角度而言，茶书的不同组合、编纂和刊刻方式，亦可作为一种茶书看待。如此，茶书的数量就更多了。

乙　传播分析

出版传播者，包括编纂者和出版者，处于出版传播过程的起点，是最终以出版物形式发送信息的个人和机构，他们是出版传播活动得以形成的前提。在茶书的作者或编者中，有皇帝，《大观茶论》的作者宋徽宗赵佶为御撰茶书第一人，可谓空前绝后；有亲王，如明代宁献王朱权、益端王朱祐槟；有官员，如唐代张又新（历官汀州、申州、江州刺史与左司郎中）、裴汶（历官湖州刺史、常州刺史），五代毛文锡（仕蜀为翰林学士、司徒），宋代蔡襄（曾官福建路转运使）、丁谓（曾官福建路转运使）、叶清臣（官至龙图阁学士、权三司使公事），明代的陆树声（官至礼部尚书）、陈讲（官至山西巡抚，曾以御史督理陕西马政）、喻政（曾官福州知府），清代的陆廷灿（曾官崇安知县）等。他们中不少人都曾任职于茶区，甚至主管或参与茶事管理。更多的是平民布衣、山人墨客，正如唐人对陆羽的评价——“一生为墨客，几世作茶仙”。以编刊茶书最多的明代为例，山人墨客可谓茶书编撰者身份构成的主体，如钱椿年、顾元庆、田艺蘅、孙大绶、徐渭、高濂、张源、张谦德、许次纾、陈继儒、高元濬、程用宾、罗廪、徐𤊹、闻龙、黄龙德、周高起、邓志谟等；而且其地域分布也以南直隶、浙江以及福建占绝大多数，这既有江南作为茶叶生产中心、消费中心的因素，也有文化昌盛、出版发达的推动力量。至于茶书的出版者，既有官刻，也有私刻，包括寺院刻书，更多的为坊刻，涵盖了古代刻书的三大系统。比较而言，除了处于雕版印刷初兴的唐代，茶书刊刻情况无法得知其详外，宋代茶书刊刻以官刻居多，兼有私刻和坊刻，而明清以后则以商业性的书坊刻书为主体，私刻、官刻（含藩刻）包括寺院刻书为辅。尤其是丛书的兴盛，对于茶书文献的刊刻流传发挥了重要作用。如周履靖荆山书林的《夷门广牍》，沈氏尚白斋、亦政堂刊《宝颜堂秘笈》，胡文焕文会堂《格致丛书》，新安程百二《程氏丛刻》，汪士贤《山居杂志》，沈津、茅一相《欣赏编》，冯可宾《广百川学海》，陶珽《说郛续》，乃至清代官修的《四库全书》都收录了大量茶书。

根据茶书的编撰体式，可分为撰述类、编辑类、汇抄类三种；从传播内容上看，也可分综合类茶书、专业类茶书和合辑类茶书。所谓撰述类茶书，是指立足当代茶事实践和个人体验，得茶中三昧，自成一家的著作。陆羽《茶经》以下，本书所收诸书可为代表。所谓编辑类，是对茶事文献分类整理的茶书，包括集编体、丛书体、类书体等，这类茶书占古代茶书的很大部分。虽新意无多，然搜集、保存历史资料，传播、弘扬茶的文化，亦有功焉。所谓汇抄类茶书，是指杂抄茶事资料、不分朝代、不注出处、了无新意之书。这类茶书为数不少，亦最为后人诟病。需要特别指出的是，专业类或专题类茶书，既包括品水专书、茶具专书（如《煎茶水记》《水品》《茶具图赞》《阳羡茗壶系》等），也包括地域性专书（如本书所收的宋代建茶专题、明代岕茶专题，如《北苑别录》《罗岕茶疏》等），还有茶史专书（如《茗史》《茶史》等），茶法茶政专书（如《本朝茶法》《马政志》等），也都具有很高的实用价值和学术意义。

陆羽《茶经》三卷十篇，开创了茶书编撰的先河，也构建了中国茶文化知识的基本体系。采制七经目、茶有千万状、茶具二十四器、水品上中下、煎饮七环节、三沸之法、茶有九难以及精行俭德四谛等，奠定了末茶茶艺和古典茶道的基本传统。宋代点茶、分茶茶艺的发展，特别是北苑贡茶的六道工艺和粗细十二纲，堪称团饼茶文化的标本和极致。到了明代，散茶冲瀹(yuè)饮法的改制引发了种茶、制茶的划时代变化，茶文化知识体系也得以重构。借助明清茶书，我们可以看出茶、水、器、火、人、事六大要素中，茶之生产、采摘、炒焙、煎点大为简化；水则更为讲究，所谓“茶者水之神，水者茶之体”，汤候有三大辨、十五小辨；器亦简化为壶、盏，以白瓷和青花为尚，尤其是紫砂的崛起，尤为风靡；火则强调煎水的火候和冲瀹的要领；人则更加注重茶人修养，所谓良友嘉宾，“高人论道、词客聊诗、黄冠谈玄、缁衣讲禅、知己论心、散人说鬼”；事则强调饮茶自然环境、生活环境与茶人心态融通一体的优雅境界。黄龙德《茶说》沿袭陆羽十篇的体例，关键词则变为产、造、色、香、味、汤、具、侣、饮、藏，略可代表当时的茶文化知识结构。与晚明士林风气和审美情趣相适应，茶文化知识逐步摆脱了烦琐的、浓重的、豪华的传统，而更加崇尚自然、追求性灵的天趣，从而开启了传习至今的自然主义传统。

出版传播的接收者即读者、听众和观众，是出版传播的终点，是决定传播进程和传播效果的重要因素。茶书传播的渠道，包括大众渠道和专业渠道。所谓大众渠道，当然是指书坊、茶肆的传播渠道，即通过刻书地、聚书地的书坊、茶馆，也包括行商的网络，使书籍“不胫而走”“无足而前”。所谓专业的渠道，也就是茶人群体内部的传播、传抄与传授。茶书的读者自然是以文人雅士为主组成的茶人群体，同时他们又以其文化消费的弄潮儿和文化时尚制造者的身份，影响着广大的平民阶层和阅读公众，并在这种文化的层间互动之中形塑着茶人的优雅生活品格。以晚明为例，“烹茶之法，唯苏吴得之”。以苏州为代表的江南茶人集团以身为范，发挥着标杆式的影响的同时，他们所倡导的品茶生活方式，也与日常的饮食风尚、节令的大众狂欢、季节性的旅游等民俗的、大众的文化活动结合起来，特别是通过茶馆这一媒介的普及，而与大众饮茶文化形成互动，从而大大推动了茶人生活文化的传播和影响，江南茶人生活品格日益走向商业化、大众化。

丙 价值刍议

作为茶文化的基本载体，茶书文献真实记录了几千年来先民在茶事实践活动中所创造的物质文化、制度文化和精神文化成果，为我们复原中国茶文化的历史图景、传承茶学、传习茶艺、求索茶道提供了基本的凭借，我们不妨概括为茶学之源、茶艺之本、茶道之门这样三个命题。

首先，茶书文献是茶学之源。茶书不仅真实记录了各个历史时期茶业发展的历史轨迹，而且总结阐扬了先民在茶叶栽培、采制与名优品种培育、品饮技艺以及茶叶经济管理、行政执法等方面的经验，其中不乏高人才士，更进一步穷其指归，得其三昧，光大传统，开创新路，推动茶学的持续进步。这些茶书的作者及其作品，本身就是茶学的组成部分，也是我们今天重写茶史、修习茶学的源头活水。陆羽《茶经》全面总结唐代及唐代以前茶事，树立了人类茶学的丰碑，此后，“人间相学事春茶”，赓续不断，脉络清楚，有旧籍新刊，有逸文重编，有汇编丛刊，更有新事新论，另辟蹊径，崇新改易，自成一家，在沿袭和创新的融合之中丰富着中国乃至世界茶学的宝库。

其次，茶书文献为茶艺之本。尽管宋人已有“茶之为艺”的说法，但“茶艺”一词还是20世纪才提出和运用的新词，乃指茶之制作、烹点、品饮的艺术。茶艺形成于唐，发展于宋，转型于明，千年流惠，以至于今。如果我们把以陆羽《茶经》为代表的唐代煎茶法称为茶艺的古典形态，那么以蔡襄《茶录》和赵佶《大观茶论》为代表的宋代点茶法、斗茶法则堪称茶艺的浪漫形态，以张源《茶录》、许次纾《茶疏》、黄龙德《茶说》等为代表的明代以至当今的冲泡法可以称为茶艺的自然形态。茶艺是传统茶书中记载最集中的内容，上述代表性的茶书中，对于不同时代的茶艺要求，关于择茶、备器、品水、煎汤、点茶、品饮、茶人、环境等要素都有详尽的标准；此外，更有专门的茶书，讨论茶具、泉水，讨论建茶、岕茶，这些都是中国茶艺、茶仪的基本规范、基本原则、基本精神，也是当代茶艺传承创新的基础。

最后，茶书文献乃茶道之门。说到茶道，不少国人会说茶道是日本文化。这种现象不说是数典忘祖，至少是不了解茶文化的历史源流，不知道陆羽《茶经》与中国茶书的文化意义。日本茶道确有特色，以吃茶为契机，融入艺术、社交、礼仪、修行四大因素，形成了具有丰富艺术表现和深远哲理的综合文化体系，作为日本人生活的规范、心灵的寄托，堪称日本文化的重要符号。然究其根本，依然是陆羽《茶经》的精神支裔，是唐宋煎茶、禅茶清规、明人瀹茶在东瀛的开花结果，这也是日本茶界的共识。“茶道”一词，源于唐代，一见于陆羽好友、诗僧皎然《饮茶歌诮崔石使君》诗中“孰知茶道全尔真，唯有丹丘得如此”，再见于封演《封氏闻见记》的“茶道大行”。而对于茶道的概念和内涵，广义的说法约略等同于茶文化，包括茶的品饮技能、艺术审美和精神境界；狭义的说法则指通过茶艺活动引发的审美感受和精神追求，即以茶修道、悟道、证道、得道，提升道德修养、审美素养和人生境界，以求真善美共、天地人和。在茶道的形成、发展和传播过程中，又与中国传统思想文化特别是儒家的人生境界、道教的自然境界、佛教的禅悟境界融会贯通，形成中国茶道的基本精神。这在历代茶书中都有精彩呈现，如陆羽《茶经》中“坎上巽下离于中”“体均五行去百疾”“伊公羹、陆氏茶”的隐喻，“精行修德”的理念，陈继儒《茶董小序》中“酒类侠，茶类隐，酒固道广，茶亦德素”的说法，茶禅一味的体认，禅苑清规的修行，清、敬、和、美、正、静、雅、真、廉、俭、怡、明等茶文化核心范畴。

研读茶书文献，是当今茶人修习茶道、净化心灵、提升境界的不二法门。

丁　编辑说明

茶书之源流、传播、价值既如上述，那么，面对如此卷帙浩繁的茶书文献，如何别择去取，如何确定阅读的先后次序，又如何准确解读其文字、全面理解其内涵，就是每一个有志于修习茶学、游心茶艺的人所亟待解决的现实课题。为广大茶文化爱好者提供一个中型而精到的中国经典茶书读本，便是笔者编撰本书的初衷。

本书选编的原则，首先是历代具有经典意义、能够代表当时茶文化水平的茶书；其次是只收原创性的茶书，纂辑汇编、采摭他文的一概不收；再次是兼顾地域性茶书，如宋代北苑贡茶，明代的岕茶；最后是兼及品水之书和茶具专书。以此标准，选录茶书十七种：唐代一部——《茶经》；宋代七部——《茶录》《东溪试茶录》《品茶要录》《大观茶论》《宣和北苑贡茶录》《北苑别录》《茶具图赞》；明代八部——《茶谱》《茶录》《茶疏》《罗岕茶疏》《茶解》《茶说》《煮泉小品》《阳羡茗壶系》；清代一部——《续茶经》。总的来说，基本体现了上述四项选编原则，代表了唐代煎茶法、宋代点茶法和明代以来泡茶法三种茶艺形态，可谓中国茶文化的精华俱在。

在整理方式上，“原文”选取较好的底本加以校勘，“译解”则将注释和翻译有机融为一体，左右双栏对照排版。同时为帮助读者理解文献，增加感性认识和视觉效果，选配了若干插图。至于选择是否妥当，整理是否严谨，形式是否便读，还望读者加以评鉴。同时，笔者也期待茶界专家不吝赐教，以便不断修订，臻于完善，使之成为国人传习茶文化的入门之作。

最后，将所收十七部茶书的作者介绍、解题、文献价值、版本情况等，提要如下：

《茶经》三卷，唐陆羽（733—804）撰，人类历史上第一部茶文化著作。羽字鸿渐，一名疾，字季疵，号桑苎翁、东冈子、竟陵子，复州竟陵（今湖北天门）人。因其曾诏拜太子文学，后迁太常寺太祝，故世称陆文学、陆太祝；又因其终生不仕，浪迹四海，世称陆处士、陆居士、陆三山人、陆鸿渐山人、东园先生等。自幼为西塔寺智积禅师收养，在寺院中度过了童年。后来脱离寺院，投入戏剧行业，受到太守李齐物的赏识。李齐物介绍他到火门山邹夫子处读书，并在邹夫子指导下采茶煎饮。后从崔国辅游学，打下了广博的学识和茶文化基础。此后便开始了漫游四方、品茶鉴水的历程。他先后游历了荆湖、山南、剑南、淮南，“安史之乱”中又沿江东下，最后到达江浙地区，隐居于湖州苕溪之滨，完成了《茶经》等书。后又曾游历江西、湖南、广州等地，大约在贞元二十年（804）与世长辞，终年七十二岁。陆羽一生孜孜于研究和推广茶文化，为我国乃至世界茶叶经济文化的发展和人类生活的进步作出了伟大的贡献，被奉为茶神、茶仙、茶圣。著述有《君臣契》三卷、《源解》三十卷、《江表四姓谱》八卷、《南北人物志》十卷、《吴兴历官记》三卷、《湖州刺史记》一卷、《占梦书》三卷，以及《谑谈》《教坊记》《吴兴记》《顾渚山记》，等等。惜多不存，流传最广、保留最完整、最能代表其生平成就的当数《茶经》。《茶经》分上、中、下三卷，一之源、二之具、三之造、四之器、五之煮、六之饮、七之事、八之出、九之略、十之图十个部分，虽仅有七千余字，却言简意赅，将饮茶生活提升到了科学和文化的境界，堪称我国古代的茶学百科全书。历代刊刻不绝，版本繁多，现存最早的是南宋咸淳九年（1273）所刊《百川学海》本。本书即以该本为底本，参考学界研究成果进行整理。

《茶录》两篇，北宋蔡襄（1012—1067）撰，宋代茶书代表作之一。襄字君谟，兴化军仙游（今属福建）人。天圣八年（1030）进士，历任漳州军事判官、西京留守推官、著作佐郎充馆阁校勘。庆历三年（1043）擢秘书丞、知谏院，次年以右正言知福州，转福建路转运使，监造小龙团茶，名重一时。后迁龙图阁直学士知开封府，枢密直学士知泉州、知福州，三司使、端明殿学士知杭州，卒赠吏部侍郎，南宋孝宗时赐谥忠惠。他还是一位书法家，苏轼奉为“本朝第一”；又与苏轼、米芾、黄庭坚并称“宋四家”。著有《端明集》，一作《蔡忠惠公文集》，另有《荔枝谱》等，今人编为《蔡襄全集》。蔡襄生于茶乡，习知茶事，又两知福州，采造北苑贡茶，茶文化造诣颇深。《茶录》作于皇祐三年（1051），治平元年（1064）订正刻石，拓本今存。《茶录》传世版本多达数十种，今以《古香斋宝藏蔡帖》卷二所收绢本

《茶录》为底本，参校其他诸本。

《东溪试茶录》，一作《试茶录》《东溪茶录》，宋子安撰。宋子安，《郡斋读书志》《文献通考·经籍考》等误作朱子安，生平事迹不详。据书中“近蔡公作《茶录》”，约当宋英宗治平元年前后在世。此书有“序”及“总叙焙名”“北苑”“壑源”“佛岭”“沙溪”“茶名”“采茶”“茶病”八篇，以北苑为中心，介绍建茶产地的地理状况、茶焙分布，建茶的品类、采摘要领、选择加工规范等，“盖补丁谓、蔡襄两家《茶录》之所遗”，具有较高的文献价值。此书有《百川学海》本、《说郛》本、喻政《茶书》本、朱祐槟《茶谱》本、《格致丛书》本、《四库全书》本等。今以喻政《茶书》本为底本进行整理。

《品茶要录》十篇，前有“总论”，后有“后论”，北宋黄儒撰。儒字道辅，生卒年不详，建安（今福建建瓯）人，神宗熙宁六年（1073）进士，苏轼《书黄道辅〈品茶要录〉后》称其“博学能文，淡然精深，有道之士也”，“不幸早亡，独此书传于世”。此书视角新颖，针对茶叶采制加工不当而导致的十种弊病，分别指出其成因和危害，介绍辨别真伪的方法，“与他家茶录唯论地产、品目及烹试器具者，用意稍别”，是一部从反面论述茶叶生产、制造技术的重要著作。此书宋本久佚，传世有明代喻政《茶书》本、《程氏丛刻》本、《夷门广牍》本、《说郛》本、《五朝小说大观》本及《四库全书》本等。今以喻政《茶书》本为底本，参校诸本整理。

《大观茶论》一卷，二十篇，一作《茶论》，宋徽宗赵佶（1082—1135）撰，宋代茶书代表作之一。赵佶，北宋第八位皇帝，神宗第十一子。多才多艺，尤以书画知名，却治国无术，成为北宋的亡国之君。绍兴五年（1135）四月死于五国城（今黑龙江依兰），后被追谥为圣文仁德显孝皇帝，庙号徽宗。著作有《御解道德真经》《黄钟徵角调》《圣济经》《御制崇观宸奎集》等，多已散佚。在位期间（1100—1125），正当宋代茶业的鼎盛时期，他本人也精通茶事，曾经“亲手调茶，分赐左右”。该书分二十目，对于茶之生长、栽培、采制、品质、烹点，尤其是点茶茶艺、茶具作了系统论述，体现了宋代茶文化发展的水平。《大观茶论》，《宋史·艺文志》及其他文献未见著录，唯南宋晁公武《郡斋读书志》著录："右圣宗《茶论》一卷，徽宗御制。"《文献通考·经籍考》沿用此名。熊蕃《宣和北苑贡茶录》称："至大观初，今上亲制《茶论》二十篇。"元陶宗仪《说郛》始收录全文，定名《大观茶论》，即今之《说郛》二本：宛委山堂本、涵芬楼本。今以宛委山堂《说郛》本为底本，以涵芬楼《说郛》本参校之。

《宣和北苑贡茶录》，一作《宣和贡茶经》，北宋熊蕃撰，其子熊克增补，清汪继壕按校，是关于北苑贡茶历史、名目、数量等的一部重要著作，并附有三十八幅图，展现贡茶名称、形态、尺寸。蕃字叔茂，生卒年不详，福建建阳人，世称独善先生。亲历宋徽宗宣和年间（1119—1126）北苑贡茶盛况，遂成此书。克字子复，宋高宗绍兴二十八年（1158）摄事北苑，孝宗时官至起居郎，兼直学士院，出知台州，著有《中兴小纪》四十卷，事具《宋史·文苑传》。汪继壕，浙江萧山（今杭州市萧山区）人，汪辉祖幼子，长期为州县幕僚，家有环碧山房，藏书丰富，著述十余种。此书刊本有明喻政《茶书》本、宛委山堂《说郛》本、《古今图书集成》本、《四库全书》本、《读画斋丛书·辛集》本、涵芬楼《说郛》本等。本书以汪继壕按校之《读画斋丛书》本为底本，参校他本。原书除"御园采茶歌十首（并序）"及"后序"外，正文无标题，为统一起见，拟"沿革""名色""图谱"三目。

《北苑别录》，南宋赵汝砺撰，是为补充《宣和北苑贡茶录》而作。赵汝砺，生平不详，南宋孝宗（1162—1189 年在位）时曾作为福建转运使主管帐司的属官，熊克增补其父《宣和北苑贡茶录》并于淳熙九年（1182）刊行后，他建议另作一书，互为补充，于淳熙十三年（1186）成书。此书分"御园""开焙""采茶""拣茶"等十二则，前有序，后有跋，综述北苑茶焙的地址、方位、名称，贡茶的采制方法与注意事项，以及南宋初年上供茶纲的纲次、品名、数量，补前书所未备，《四库全书总目提要》卷一百十五称

"所言水数赢缩，火候淹亟，纲次先后，品目多寡，尤极该晰"，具有鲜明特色和专业价值。此书有明喻政《茶书》本、宛委山堂《说郛》本、《四库全书》本、《读画斋丛书·辛集》本、涵芬楼《说郛》本等，多附收于熊蕃《宣和北苑贡茶录》之后。本书以汪继壕按校之《读画斋丛书》本为底本，参校他本。

《茶具图赞》一卷，旧题审安老人撰，是现存最早的一部茶具类著作。作者自署"咸淳己巳五月夏至后五日　审安老人书"，足证成书于南宋度宗咸淳五年（1269）五月之前；至于作者审安老人，却至今不得其详。日本学者布目潮渢以元鄱阳董真卿斋名"审安书室"，遂以为审安老人乃董真卿，然据其《周易会通》自序于天历初年，相差六十年之久，当无可能。是书记载当时流行的制茶、点茶、分茶器具茶焙、茶臼、茶碾、茶磨、茶瓢、茶罗、茶帚、盏托、茶盏、汤瓶、茶筅、茶巾十二种，拟人化地"锡姓而系名，宠以爵，加以号"，并作赞词，"赞法迁、固，经世康国，斯焉攸寓"，虽有游戏笔墨之嫌，却也唯妙唯肖，一语双关，"清逸高远"（明朱存理《茶具图赞后序》）；尤其以简洁明快的手法绘作图像，为后人留下了难能可贵的佐证。现存版本有明沈津《欣赏编》本、汪士贤《山居杂志》本、胡文焕《格致丛书》《百名家书》本、喻政《茶书》本，另有明郑熜校刻《茶经》、清陆廷灿《续茶经》附录等。今以沈津《欣赏编·戊集》本为底本整理。

《茶谱》一卷，亦作《臞（qú）仙茶谱》，明宁献王朱权（1378—1448）撰。朱权是明太祖朱元璋第十七子，晚年自号臞仙、涵虚子、丹丘先生。洪武二十四年（1391）封宁王，两年后就藩大宁（今内蒙古宁城西）。成祖即位后改封南昌，从此韬光养晦，日与文人雅士相往还，读书鼓琴，修养身心，好学博古，卒谥献，世称宁献王。他一生著述等身，有《通鉴博论》《宁国仪范》《汉唐秘史》《史断》《文谱》《诗谱》《太和正音谱》《臞仙神奇秘谱》，以及《大罗天》等杂剧十二种，有着多方面的文化和艺术成就。此书当系朱权晚年所著，万国鼎先生《茶书总目提要》推定为正统五年（1440）

前后，朱权《天皇至道太清玉册》有著录，可证成书于正统九年（1444）之前。除绪论外，共分十六则，多有其独创之处。黄虞稷《千顷堂书目》著录“宁献王《臞仙茶谱》一卷”。现存版本仅有《艺海汇函》抄本。

《茶录》一卷，明张源撰，明代茶书代表作之一。源字伯渊，号樵海山人，生卒年不详，吴县包山（即洞庭西山，今属苏州吴中区）人。顾大典《茶录引》称其“志甘恬澹，性合幽栖，号称隐君子。其隐于山谷间，无所事事，日习诵诸子百家言。每博览之暇，汲泉煮茗，以自愉快。无间寒暑，历三十年，疲精殚思，不究茶之指归不已，故所著《茶录》，得茶中三昧”。此书约成于万历中期（1595 年前后），刊本仅见喻政《茶书》，目录题作《茶录》，而正文则题作《张伯渊茶录》。此书内容简明，大多是结合明代饮茶生活实际和作者个人的切身体会的论说，而非泛泛而谈或者因袭纂辑而成，所以吴江顾大典《茶录引》称，“即王濛、卢仝复起，不能易也”；陈继儒《跋茶录》称其“可以羽翼桑苎翁之所不及，即谓先生为茶中董狐可也”。

《茶疏》一卷，明许次纾（1549—1605）撰，是明代茶书代表作之一。次纾字然明，号南华，浙江钱塘（今杭州）人。据明冯梦祯《许然明墓志铭》、黄汝亨《高士许然明行状》及清代厉鹗《东城杂记》记载：许次纾是许应元（号茗山，嘉靖十一年进士，官至广西布政使）的幼子，因为跛脚而终生未仕，能诗善文，好蓄奇石，好客交游，品茶鉴水，著有《小品室》《荡栉斋》二集，已失传。其对茶艺的研究得吴兴姚绍宪的指授，所著《茶疏》一卷，“深得茗柯至理，与陆羽《茶经》相表里”。此书撰成于万历二十五年（1597），前有万历丁未（1607）姚绍宪《题许然明茶疏序》和许世奇《茶疏小引》。书凡三十六则，论述涉及茶文化的各个方面，颇为详尽；尤其是结合明代中后期茶文化的复兴和自己的体验，提出了许多精到的见解，具有很高的史料价值。此书有喻政《茶书》本、《宝颜堂秘笈》本、《居家必备》本、《广百川学海》本、《古今说部丛书》本等。本书以喻政《茶书》本为底本，参校诸本，加以校译。

《罗岕茶疏》一卷，明熊明遇（1579—1649）撰。原载其《绿雪楼集·琴草》和《文直行书》文集卷十七，是最早关于岕茶的专题文献之一。明遇字良儒，号坛石，江西进贤北山（今属南昌县泾口乡）人，万历辛丑（1601）进士，授长兴知县，历兵科给事中、福建佥事、宁夏参议、尚宝少卿、太仆少卿、南京右佥都御史、兵部右侍郎、南京刑部尚书、兵部尚书、工部尚书等。著作《绿雪楼集》现存十种二十卷，刻于天启年间；清顺治十七年（1660），其子人霖编刻《文直行书》三十卷，其中诗十三卷、文十七卷。明遇在长兴知县任上，曾着力推广洞山岕茶。其《谢长兴僧送茶》诗序云："岕茶名于近年。余令长兴时，仅庙后数陇铺绿，洞山则余从史丁玺丞垦种者，于是山间转相风效，薙草砌石，往往如是，遂盈岕皆芊芊雀舌矣。品贵价重，非阳羡、顾渚所敢望。"《罗岕茶疏》成书于万历三十五年（1607），包括引言及正文十一则，不仅记载了罗岕茶的种植、采摘、收藏、产量，还对选茶、择水、养水、择器、候汤、洗茶、注汤、品啜等一整套茶艺进行了论述，为明代名冠天下的罗岕茶提供了第一手的资料。传世的《罗岕茶记》（或引作《岕茶记》《岕山茶记》）是《罗岕茶疏》的节录本，仅七则，字数仅为原书的三分之一，有《广百川学海》本、《说郛续》本、《古今图书集成》本。今以《绿雪楼集》本为底本，参考《文直行书》本整理。

《茶解》一卷，明罗廪撰，明代茶书的代表作之一。廪字君举，改字高君，别号烟客，浙江慈溪人，生平不详。自幼喜茶，曾周游产茶之地，后于"中隐山阳栽植培灌，兹且十年"，"于茶理有悬解"。著有《罗高君集》四卷，包括《胜情集》上下卷、《青原集》一卷、《浮樽集》一卷。此书撰于万历己酉（1609），有屠本畯《茶解叙》和万历壬子（1612）龙膺的《茶解跋》。总论后分为十目，分别对茶叶的产地、色香味、栽培、采摘、制作、收藏、烹点、用水、禁忌、器具进行了论述。其论述大都切合明代的实际和个人的实践，因而具有较高的研究价值。此书有喻政《茶书》本，另外《说郛续》本、《古今图书集成》本则系节录，次序也有变动。本书以喻政《茶书》本为底本整理。

《茶说》一卷，一名《国朝茶说》，明黄龙德撰，明代茶书代表作之一。龙德字骧溟，号大城山樵，生平不详。据胡之衍万历四十三年（1615）序，可知此书成书于此前，并于当年由胡之衍订正刊刻。卷首原题“明大城山樵黄龙德著，天都逸叟胡之衍订，瓦全道人程舆校”。此书专论明代茶事，结构谨严，内容切实，论述精到，很少摘抄援引前代和当代文献，堪称一部颇具特色的明代茶书。所以胡序将其与陆羽《茶经》、黄儒《品茶要录》相提并论，“斗雅试奇，各臻其选，文葩句丽，秀如春烟”，推为一代茶书的代表。此书有《程氏丛刻》本。

《煮泉小品》一卷，明田艺蘅（1524—1595）撰，是中国茶文化史上专论品水之学的代表作。艺蘅字子艺，号品嵒子，钱塘（今杭州）人，田汝成之子。他天资聪颖，博学多闻，然举业偃蹇，“七举不遇”，仅以岁贡生的身份做过徽州休宁训导，六年后罢官归乡，放浪西湖，优游山林。著有《大明同文集》《田子艺集》《香宇集》《留青日札》等。此书成于嘉靖三十二年（1553），分为十目，论述和考据并举，“兼昔人之所长，得川原之隽味”，“评品允当，实泉茗之信史也”。此书有喻政《茶书》本、《宝颜堂秘笈》本、《说郛续》本、《四库全书》本等。今以喻政《茶书》本为底本进行整理。

《阳羡茗壶系》一卷，明周高起（？—1645）撰，是我国历史上第一部关于宜兴紫砂茶具的专著。高起字伯高，号兰馨，江阴人，生当明末，曾预修《江阴县志》，富收藏，精鉴赏，嗜茗饮，好壶艺，还著有《洞山岕茶系》《读书志》等。此书分创始、正始、大家、名家、雅流、神品、别派，以品系人，以人纪事，列制壶名家，品鉴其风格、传器，兼及泥品与品茗用壶之宜，在陶瓷工艺史和茶文化史上都具有重要的学术价值。原书关于陶工部分列有七目，而陶土部分则不分目，故补列“陶土”“陶壶”二目。此书有《檀几丛书》本、《江阴丛书》本、《常州先哲遗书》本、《翠琅玕馆丛书》

本、《粟香室丛书》本、《美术丛书》本等。今以《檀几丛书》二集卷四十六所收《阳羡茗壶系》为底本进行整理。

《续茶经》三卷、附录一卷，清陆廷灿编纂，是中国古代规模最大的一部茶书。廷灿字扶照，一字幔亭，号南村、陶庵，生卒年不详，嘉定（今上海市嘉定区）人。以诸生选宿松教谕，康熙五十六年（1717）迁崇安知县，在任六年，曾与王草堂合编《武夷山九曲志》。归隐后，以寿椿堂颜其室，从事藏书、著书、刻书，另著有《艺菊志》八卷、《南村随笔》六卷。《续茶经》成书于雍正十二年（1734），寿椿堂刻本，前有北平黄叔琳雍正乙卯序，次凡例，次原本《茶经》三卷，然后是《续茶经》三卷，附录《茶法》一卷。该书依据《茶经》原目采摭诸书以续之，征引繁富，保存了不少今天已佚的文献资料，堪称历代茶事文献集成类编。本书即以寿椿堂刻本为底本，参校《四库全书》本，并尽可能核校征引原书，进行整理。

目 录

茶经

[唐] 陆 羽

卷上

一之源

茶者，南方之嘉木也。自一尺、二尺，乃至数十尺。其巴山峡川，有两人合抱者，伐而掇之。

其树如瓜芦，叶如栀子，花如白蔷薇，实如栟（bīng）榈，蒂如丁香，根如胡桃。[瓜芦木，出广州，似茶，至苦涩。栟榈，蒲葵之属，其子似茶。胡桃与茶，根皆下孕，兆至瓦砾，苗木上抽。]

其字，或从草，或从木，或草木并。[从

[译解]

茶，是我国南方地区一种优良的常绿木本植物。茶树的高度一尺、二尺，有的甚至高达数十尺。在巴山峡川一带（今重庆市东部和湖北省西部地区），还有树干粗到两人合抱的大茶树，必须砍伐枝条，才能够采摘茶叶。

茶树的形态好像瓜芦木，其叶子则像栀子，其花朵则像白蔷薇，其果实则像棕榈，其蒂则像丁香，其根则像胡桃。[瓜芦木出产于广州一带，形态很像茶，味道则非常苦涩。棕榈，是一种蒲葵类植物，其种子很像茶子。胡桃和茶树的根都向下伸长，碰到坚实的砾土层，苗木才开始向上萌发生长。]

“茶”字的结构，有的部首从“草”，有的部首从“木”，有的则是“草”“木”兼从。

草，当作“茶”，其字出《开元文字音义》；从木，当作“搽”，其字出《本草》；草木并，作“荼”，其字出《尔雅》。]

[从“草”，应当写作“茶”，这个字出自《开元文字音义》一书；从“木”，应当写作“搽”，这个字则出自《本草》（即《新修本草》《唐本草》）一书；“草”“木”兼从，应当写作“荼”，这个字出自《尔雅》一书。]

其名，一曰茶，二曰槚（jiǎ），三曰蔎（shè），四曰茗，五曰荈（chuǎn）。［周公云：“槚，苦荼。”扬执戟云：“蜀西南人谓茶曰蔎。”郭弘农云：“早取为茶，晚取为茗，或一曰荈耳。”］

茶叶的名称，第一种叫“茶”，第二种叫“槚”，第三种叫“蔎”，第四种叫“茗”，第五种叫“荈”。［周公在《尔雅》中说：“槚，就是苦荼。”曾任执戟郎官的汉代学者扬雄曾在《方言》中说：“蜀地西南的人们把茶叫作蔎。”而根据曾被追赠为弘农郡太守的西晋学者郭璞《尔雅注》的说法：“早采的叫作茶，晚采的叫作茗，有的也叫作荈。”］

其地，上者生烂石，中者生砾壤，下者生黄土。凡艺而不实，植而罕茂，法如种瓜，三岁可采。野者上，园者次。阳崖阴林，紫者上，绿者次；笋者上，牙者次；叶卷上，叶舒次。阴山坡谷者，不堪采掇，性凝滞，结瘕疾。

茶树生长的土壤，以风化比较完全的土中夹杂山石碎块的土壤为佳，以含有砂粒多、黏性小的砂质土壤为次，而以质地黏重、结构性差的黄土为最差。一般来说，茶树的栽培方法，如果是采用茶子直播的方法却不能把土壤踩踏结实，或者是采用移栽的方法，都很少能使茶树生长得茂盛的，而应当按照种瓜的方法去进行，这样，经过三年的成长，就可以采摘茶叶了。茶叶的品质，以山野间自然生长的为最佳，园圃中人工种植的次之。生长在向阳山坡之上、林荫覆盖之中的茶树，叶芽呈紫色的为上品，呈绿色的次之；叶芽肥壮、外形如竹笋的为上品，叶芽细瘦、外形如牙板的次之；叶缘反卷的为上品，叶面平展的次之。生长在背阴山坡或深谷之中的茶树，品质不佳，不值得去采摘，因为其性凝滞，饮用之后会使人腹中结块，形成疾病。

茶之为用，味至寒，为饮，最宜精行俭德之人。若热渴、凝闷、脑疼、目涩、四肢烦、百节不舒，聊四五啜，与醍醐（tí hú）、甘露抗衡也。采不时，造不精，杂以卉莽，饮之成疾。

茶叶的功用，性味寒凉，用作饮料，最适宜那些品行端正、具有俭约谦逊美德的人。人们如果遇到发热、口渴、凝滞胸闷、头疼、眼涩、四肢无力、关节不舒等症状，只要喝上四五口茶，就如同饮用醍醐、甘露那样沁人心脾，具有奇效。但是，如果采摘不及时，制造不精细，或者夹杂着野草败叶，那么饮用之后就会使人生病。

茶为累也，亦犹人参。上者生上党，中者生百济、新罗，下者生高丽。有生泽州、易州、幽州、檀州者，为药无效，况非此者。设服荠苨（jì nǐ），使六疾不疗。知人参为累，则茶累尽矣。

选用和鉴别茶叶的困难，就如同选用和鉴别人参一样。上等的人参出产于上党（今山西南部长治一带），中等的人参出产于百济和新罗（朝鲜古国，在今朝鲜半岛南部），下等的人参出产于高丽（此指高句丽，今我国东北部及朝鲜半岛北部）。出产于泽州（今山西晋城一带）、易州（今河北易县一带）、幽州（今北京市及周围地区）、檀州（今北京密云一带）等地的人参品质更差，作为药用，没有任何疗效，更何况不是人参的冒牌货呢！倘若是把荠苨这种植物当作人参服用了，那就什么疾病都治疗不好了。这样，明白了选用人参的困难，选用茶叶的难度也就可想而知了。

二之具

籯（yíng） 一曰篮，一曰笼，一曰筥（jǔ）。以竹织之，受五升，或一斗、二斗、三斗者，茶人负以采茶也。[籯，《汉书》音盈，所谓“黄金满籯，不如一经”。颜师古云：“籯，竹器也，受四升耳。”]

[译解]

籯，又叫篮，也叫笼，或者叫筥。是用竹子编织而成的盛茶用具，其容积可盛五升，也有可盛一斗、二斗、三斗的，这是茶农背着采摘茶叶用的。[籯，其发音作“盈”，《汉书》卷七十三《韦贤传》上有这样的话：“留给子孙黄金满籯，不如使之读通一部经书。”颜师古《汉书注》上说：“籯，是一种竹器，其容积为四升。”]

灶 无用突者。釜，用唇口者。

灶，不要用有烟囱的，否则火焰直上，热量易于消失。釜，要用锅口有唇边的，以便于加水。

甑（zèng） 或木，或瓦，匪腰而泥。篮以箄（bì）之，篾以系之。始其蒸也，入乎箄；既其熟也，出乎箄。釜涸，注于甑中。[甑，不带而泥之。]又以榖（gǔ）木枝三桠者制之，散所蒸牙笋并叶，畏流其膏。

甑，是蒸茶用的炊器，有木制的，有陶制的，圆桶形，腰部用竹篾箍起，再用泥涂塞缝隙。中间以竹篮代替甑箅作为隔水器，用竹篾系牢。开始蒸的时候，要把茶叶放在箅中；待蒸熟之后，再从箅中倒出。如果甑下面的锅中的水蒸干了，就从甑中倒水进去。[甑和釜的连接处用泥涂抹封好。]还要用分有三个枝杈的榖木枝制成叉状器，用来翻动蒸好后的茶芽、嫩叶，使之及时抖散摊开，以防止汁液流失。

杵臼 一曰碓。唯恒用者佳。

杵臼，又叫碓。是用来捣碎蒸熟的茶叶的工具，以经常使用、表面光洁的为佳。

规 一曰模，一曰棬（quān）。以铁制之，或圆，或方，或花。

规，又叫模，也叫棬，就是一种模型，用以把蒸熟捣碎的茶叶压紧，并成为一定的形状。这种模型以铁制成，有的圆形，有的方形，有的则制成花形。

承 一曰台，一曰砧。以石为之；不然，以槐、桑木半埋地中，遣无所摇动。

承，又叫台，也叫砧。用石块制成，是放置模具的石礅；如果不用石料，也可用槐木、桑木制作，但要把下半截埋进土中，使它不能摇动。

襜（chān） 一曰衣。以油绢或雨衫、单服败者为之。以襜置承上，又以规置襜上，以造茶也。茶成，举而易之。

襜，又叫衣。用油绢、雨衣或者破旧的单衣制成。把“襜”放在“承”上，再把“规”也就是模型放在“襜”上，用来压制饼茶。做成一个茶饼后，拿出来，再换下一个。

芘（bì）莉 一曰籝子，一曰篣筤（páng láng）。以二小竹，长三尺，躯二尺五寸，柄五寸。以篾织方眼，如圃人土罗，阔二尺，以列茶也。

芘莉，又叫籝子，也叫篣筤，是用来列茶的工具。用两根三尺长的小竹竿，二尺五寸作为躯干，五寸作为柄。在两根小竹竿之间用竹篾织成方眼，就好像种菜人用的土筛子，宽二尺，用来放置茶饼进行晾晒。

棨（qǐ） 一曰锥刀。柄以坚木为之，用穿茶也。

棨，又叫锥刀。以坚硬的木料做柄，用来给饼茶穿孔。

扑 一曰鞭。以竹为之，穿茶以解茶也。

扑，又叫鞭。用竹子制成，用来把茶饼穿成串，以便搬运。

焙 凿地深二尺，

焙，是一种烘焙茶饼的用具。其形状是挖

阔二尺五寸，长一丈。上作短墙，高二尺，泥之。

坑深二尺，宽二尺五寸，长一丈。上面砌二尺高的矮墙，用泥涂抹平整。

贯 削竹为之，长二尺五寸，以贯茶焙之。

贯，用竹子削制而成，长二尺五寸，用来贯串茶饼，进行烘焙。

棚 一曰栈。以木构于焙上，编木两层，高一尺，以焙茶也。茶之半干，升下棚；全干，升上棚。

棚，又叫栈。是用木头做成的上下两层架子，高一尺，放在焙上，用来烘烤茶饼。茶饼半干时，就由架底升至下层烘烤；全干时，再升到上层烘烤。

穿 江东、淮南剖竹为之。巴川峡山纫穀皮为之。江东以一斤为上穿，半斤为中穿，四两、五两为小穿。峡中以一百二十斤为上穿，八十斤为中穿，五十斤为小穿。穿字，旧作钗钏之“钏”字，或作贯串。今则不然，如磨、扇、弹、钻、缝五字，文以平声书之，义以去声呼之，其字以穿名之。

穿，既是绳索之类的穿茶工具，也是一种记数单位。在长江下游南岸和淮河以南地区，是剖竹制成篾索的。在巴山峡川一带，则是用穀树皮搓成条索。长江下游南岸地区把能穿一斤茶饼的称作上穿，能穿半斤茶饼的称作中穿，能穿四五两茶饼的称作小穿。而在长江三峡地区，则以重一百二十斤的为上穿，以重八十斤的为中穿，以重五十斤的为小穿。“穿”字，从前写作“钗钏”的“钏”字，有时也写作“贯串”的“串”字。如今就不同了，如“磨”“扇”“弹”“钻”“缝”这五个字，字形还是按读平声作动词的字形写，而读音却读去声，意思也按读去声、作名词的来讲，所以“钏”或“串”便用“穿”字来命名。

育 以木制之，以竹编之，以纸糊之。中

育，既是一种成品茶饼的复烘工具，也是一种封藏工具。用木头制成框架，竹篾编织外

有隔，上有覆，下有床，傍有门，掩一扇。中置一器，贮煻煨火，令煴（yūn）煴然。江南梅雨时，焚之以火。［育者，以其藏养为名。］

围，再用纸裱糊。中间有隔，上有盖，下有底，旁有一扇可以开闭的门。正中放置一个容器，盛有热灰，以这种无焰的暗火来保持一定的温度。在江南的梅雨季节，则要加火以除去潮湿。［育，因其有保藏、养育的作用，故名。］

三之造

凡采茶，在二月、三月、四月之间。

茶之笋者，生烂石沃土，长四五寸，若薇、蕨始抽，凌露采焉。茶之牙者，发于丛薄之上，有三枝、四枝、五枝者，选其中枝颖拔者采焉。其日，有雨不采，晴有云不采；晴，采之，蒸之，捣之，拍之，焙之，穿之，封之，茶之干矣。

［译解］

一般说来，采茶的季节通常在农历的二月、三月、四月之间。

生长最好的茶树，其柔嫩的枝茎和茁壮的幼芽犹如春笋，生长在风化比较完全的碎石沃壤里，长达四五寸，好像刚刚抽芽的薇科与蕨类植物一样时，要乘着晨露未干时前去采摘。次一等的茶树，其芽叶较为细弱，生长在丛生的茶树枝条上，一条老枝上有发出三枝、四枝、五枝新梢的，可以选择其中长势比较挺拔的进行采摘。至于采摘的时间，当天有雨不采，晴天有云也不采；只有天气晴朗、万里无云的时候才能采摘。采摘的茶叶，还要经过六道工序进行加工制造：放入甑中蒸熟，用杵臼捣碎，放入棬模拍压成形，烘焙至干，穿饼成串，包装封好，这样就可以制成干燥的茶饼。

茶有千万状，卤莽而言：如胡人靴者，蹙缩然［言锥文也］；犎

茶饼的形状千姿百态，粗略而形象地概括起来，有以下八种：有的像北方游牧民族穿的靴子，表面皱缩像锥刺穿针引线形成的线纹一

（fēng）牛臆者，廉襜然；浮云出山者，轮囷（qūn）然；轻飙拂水者，涵澹然；有如陶家之子，罗膏土以水澄泚（cǐ）之［谓澄泥也］；有如新治地者，遇暴雨流潦之所经。此皆茶之精腴。有如竹箨（tuò）者，枝干坚实，艰于蒸捣，故其形簏簁然［上离下师］；有如霜荷者，茎叶凋沮，易其状貌，故厥状委萃然。此皆茶之瘠老者也。

样；有的像野牛胸部的皮囊，有衣服飘动似的褶痕；有的像浮云出山，盘旋屈曲；有的像轻风拂水，微波荡漾出涟漪；有的像陶工筛出的细土再经过清水沉淀出的泥膏，光滑润泽如陶工所谓的澄泥；还有的像新垦辟的土地被暴雨急流冲刷似的，凸凹不平。以上六种都是精致的上等茶。有的茶叶好像竹笋壳一样，枝梗坚硬，很难蒸捣，因而制成的茶饼形状仿佛布满孔眼的箩筛一样［前一字读“离”音，后一字读“师”音］；还有的茶叶好像经霜的秋荷一样，茎和叶都已经凋败，改变了原有的形状和风貌，所以制成的茶饼外貌就显得干枯憔悴。这两种就是比较粗劣、过老的低档茶。

自采至于封，七经目；自胡靴至于霜荷，八等。

综上所述，茶叶的采制方法从采摘到封藏，共有七道工序；而茶饼的形状和品质则从类似游牧民族的靴子到好像霜打的秋荷，可以分为八个等级。

或以光黑平正言嘉者，斯鉴之下也；以皱黄、坳垤（ào dié）言嘉者，鉴之次也；若皆言嘉及皆言不嘉者，鉴之上也。何者？出膏者光，含膏者皱；宿制者

至于饼茶品质的鉴定，有人以为茶饼的外表光泽、色黑、平整，就是品质精美的好茶，其实这是下等的鉴别方法；有人以为茶饼的外表皱缩、色黄、凸凹不平，就是品质优良的佳茶，其实这是次等的鉴别方法；如果认为上述标准均不足以鉴别茶叶品质的优劣，而又能系统全面地指出好茶的优点和粗茶的缺点，这才

则黑，日成者则黄；蒸压则平正，纵之则坳垤。此茶与草木叶一也。

是最好的鉴别方法。为什么这么说呢？因为压出汁液之后的茶饼表面就有光泽，而含有汁液的茶饼表面就皱缩；隔夜制造的茶饼就色黑，而当天制造的茶饼就色黄；蒸压坚实的茶饼表面就平正，而压得不实甚至任其自然的茶饼表面就凸凹不平。就这个意义上说，茶叶和其他草木叶子是一样的。

茶之否臧，存于口诀。

茶叶品质好坏的鉴别，另有一套口诀。可惜茶神陆羽没有记述下来，后人已无从知晓了。

卷中

四之器

风炉[灰承]

风炉，以铜铁铸之，如古鼎形，厚三分，缘阔九分，令六分虚中，致其杇墁（wū màn）。凡三足，古文书二十一字。一足云“坎上巽（xùn）下离于中”，一足云“体均五行去百疾”，一足云“圣唐灭胡明年铸”。其三足之间，设三窗，底一窗以为通飙漏烬之所。上并古文书六字，一窗之上书“伊公”二字，一窗之上书“羹陆”二字，

[译解]

风炉[灰承]

风炉，用铜或铁铸造而成，形状犹如古鼎，炉壁厚三分，炉口的边缘宽九分，使炉壁和炉腔中间空出六分，用泥涂满四周。风炉有三只脚，上面用上古文字书写有二十一个字。一只脚上写“坎上巽下离于中”七字，一只脚上写“体均五行去百疾”七字，一只脚上写“圣唐灭胡明年铸”七字。在三脚之间，设有三个小窗口，底部有一个洞口，分别用来作为通风和出灰的通道。三个小窗口上书写有六个古文字，一个窗口上面有“伊公”二字，一个窗口上面有“羹陆”二字，一个窗口上面有“氏茶”二字，连起来读就是所谓的“伊公羹，陆氏茶”。风炉腔内设置有堤围状的支撑物，分为三格，一格上刻有翟的图案，翟是火禽，所以画一离卦，卦形象火象电；一格上刻有彪的图案，彪

一窗之上书“氏茶”二字。所谓“伊公羹，陆氏茶”也。置墆㙲（dì niè）于其内，设三格。其一格有翟焉，翟者，火禽也，画一卦曰“离”；其一格有彪焉，彪者，风兽也，画一卦曰“巽”；其一格有鱼焉，鱼者，水虫也，画一卦曰“坎”。巽主风，离主火，坎主水。风能兴火，火能熟水，故备其三卦焉。其饰，以连葩、垂蔓、曲水、方文之类。其炉，或锻铁为之，或运泥为之。其灰承，作三足铁柈，抬之。

是风兽，所以画一巽卦，卦形象风象木；一格上刻有鱼的图案，鱼是水虫，所以画一坎卦，卦形象水。巽卦象征着风，离卦象征着火，坎卦象征着水。风能助长火势，火能把水煮开，所以要有这三个卦。在风炉的表面，则铸有花草、枝蔓、流水曲波、方形花纹的图案作为装饰。这种风炉有的用熟铁锻造而成，有的用陶泥烧制而成。灰承，是一种接受灰烬的器具，是一个有三只脚的铁盘，托住炉底，用以承受炉灰。

筥

筥，以竹织之，高一尺二寸，径阔七寸。或用藤，作木楦如筥形，织之，六出圆眼。其底、盖若利箧口，铄之。

筥

筥，用竹子编制而成，高一尺二寸，直径七寸。也有的用藤编成，先用木头做成一个筥形的木箱架子，再用藤条在外面编织，编织出六角形的圆眼。筥的底、盖则好像小箱子的口部，摩挲得很光滑。

炭挝（zhuā）

炭挝，以铁六棱制之，长一尺，锐上，丰

炭挝

炭挝，用六棱形的铁棒制成，长一尺，头部尖，中间粗，柄部细。在手握的柄部系一个

中，执细，头系一小镊（zhǎn），以饰楇也，若今之河陇军人木吾（yù）也。或作锤，或作斧，随其便也。

小镊作为装饰，就像如今河陇一带（河指唐陇右道河州，治今甘肃临夏；陇指唐关内道陇州，治今陕西陇县）的军人所执的“木吾”，也就是用于防御的木棒。也有的把铁棒做成锤形，有的做成斧形，都可以各随其便。

火筴

火筴，一名箸，若常用者。圆直一尺三寸，顶平截，无葱台、勾锁之属，以铁或熟铜制之。

火筴

火筴，又名火箸，就是平常所用的火钳子。形状圆而又直，长一尺三寸，顶端平齐，没有葱台（像葱薹似的球形或蕾形）、勾锁之类（铁链子）的装饰物，这种火筴是用铁或熟铜制成的。

鍑［音“辅”。或作釜，或作鬴］

鍑，以生铁为之。今人有业冶者，所谓急铁。其铁以耕刀之趄（qiè），炼而铸之。内模土而外模沙。土滑于内，易其摩涤；沙涩于外，吸其炎焰。方其耳，以正令也。广其缘，以务远也。长其脐，以守中也。脐长则沸中，沸中则末易扬，末易扬则其味淳也。洪州以瓷为之，莱州以石为之。瓷与石皆雅器

鍑［读作“辅”音。又叫釜或鬴，也就是锅］

鍑，用生铁制成。生铁，如今从事冶炼的人称之为急铁。这种铁是以用坏了的铁质农具冶炼鼓铸而成的。冶铸之时，内模要用土质，外模则用沙质。土质内模，可以使锅的内壁光滑，容易清洗；沙质外模，可以使锅的外壁粗糙，容易吸热。将锅耳做成方形，是为了使锅易于放置平正。将锅的边缘做得宽阔，以便于伸展得开。将锅底中心部分的锅脐做得突出一些，以便于火力集中于中间。这样锅脐较长，可使水在锅的中心沸腾；水在中心沸腾，茶沫就容易上浮；茶沫容易上浮，茶味也就醇厚绵长了。洪州（治今江西南昌）的茶鍑是用瓷制作的，莱州的茶鍑则是用石制作的。瓷鍑和石鍑都是颇为雅致的器物，但却不够坚实，不能经

也，性非坚实，难可持久。用银为之，至洁，但涉于侈丽。雅则雅矣，洁亦洁矣，若用之恒，而卒归于铁也。

久耐用。用银制作茶镀，非常清洁，但不免过于奢侈了。雅致固然雅致，清洁也的确清洁，但要耐久实用，还是用铁制作的茶镀为好。

交床

交床，以十字交之，剜中令虚，以支镀也。

交床

交床，是一种可折叠的轻便坐具，用十字交叉的木架制成，木架上面搁板，把木板中间挖空呈凹形，用来放置茶镀。

夹

夹，以小青竹为之，长一尺二寸。令一寸有节，节已上剖之，以炙茶也。彼竹之篠(xiǎo)，津润于火，假其香洁以益茶味，恐非林谷间莫之致。或用精铁熟铜之类，取其久也。

夹

夹，用小青竹制成，长一尺二寸。要选择青竹一头的一寸处有个竹节，竹节以上剖开，用来夹着茶饼在火上烘烤。这种小青竹遇火烤后就会渗出津液，借助竹子津液的清香可以来增益茶味，但若不是在山林幽谷间炙茶，恐怕很难找到这种小青竹。有人用精铁或者熟铜之类制作茶夹，是取其经久耐用的优点。

纸囊

纸囊，以剡(shàn)藤纸白厚者夹缝之，以贮所炙茶，使不泄其香也。

纸囊

纸囊，用两层又白又厚的剡溪（在今浙江嵊州）所产的藤纸缝制而成，用来贮存经过烘烤的茶饼，可以使茶的清香不致散失。

碾［拂末］

碾，以橘木为之，次以梨、桑、桐、柘为之。臼内圆而外方。内

碾［拂末］

茶碾，最好用橘木制作，其次用梨木、桑木、桐木、柘木制作。茶碾的臼槽要做到内圆而外方。内圆是为了便于运转，外方是为了防

圆备于运行也，外方制其倾危也。内容堕而外无余。木堕形如车轮，不辐而轴焉。长九寸，阔一寸七分。堕径三寸八分，中厚一寸，边厚半寸。轴中方而执圆。其拂末，以鸟羽制之。

止倾倒。碾槽里面刚好放得下一个碾轮，就再无空隙。碾轮是木制的，形如车轮，只是没有辐条，中心安装一根轴。轴长九寸，中间宽一寸七分。碾轮的直径三寸八分，中心厚一寸，边缘厚半寸。轴的中间是方形的，两头手握的柄部是圆的。清扫茶末用的拂末，是用鸟的羽毛制成的。

罗、合

罗末，以合盖贮之，以则置合中。用巨竹剖而屈之，以纱绢衣之。其合，以竹节为之，或屈杉以漆之。高三寸，盖一寸，底二寸，口径四寸。

罗、合

罗是罗筛，合是承接茶末的盒子，用罗筛罗出的茶末须放在盒子中盖紧存放，把作为量具的则也放在盒子中。茶罗，是用粗大的竹子剖开后弯曲成圆形，罗底蒙上纱或绢。茶合，也就是茶盒子，是用竹子有节的部分制成的，或者用杉木弯曲成圆形，再涂上油漆制成。盒子高三寸，盖高一寸，盒底二寸，盒口直径四寸。

则

则，以海贝、蛎、蛤之属，或以铜、铁、竹匕策之类。则者，量也，准也，度也。凡煮水一升，用末方寸匕。若好薄者减之，嗜浓者增之，故云则也。

则

则，是用海贝、牡蛎、蛤介之类的贝壳做成，或者是用铜、铁、竹制成的勺匙、小箕之类。所谓则，也就是衡量多少的标准。一般说来，要煮一升的水，需用一方寸匕（一种量药用具，一方寸匕约相当一立方寸的容量）的茶末。如果喜欢味道较淡的，就适量减少茶末用量；如果喜欢味道较浓的，就适量增加茶末用量。因此，这种量茶用具叫作“则”。

水方

水方，以椆木、

水方

水方，是一种盛水用具，用椆木、槐木、

槐、楸、梓等合之，其里并外缝漆之，受一斗。

楸木、梓木等木板合成方形，里面和外面的缝隙都用油漆涂封，可以盛水一斗。

漉水囊

漉水囊，若常用者。其格以生铜铸之，以备水湿，无有苔秽、腥涩意。以熟铜苔秽，铁腥涩也。林栖谷隐者，或用之竹木。木与竹非持久涉远之具，故用之生铜。其囊，织青竹以卷之，裁碧缣以缝之，纫翠钿以缀之，又作绿油囊以贮之。圆径五寸，柄一寸五分。

漉水囊

漉水囊，是一种滤水用具，和日常所用的一样。囊的圈架用生铜铸造，以免被水浸湿后产生苔藓（铜绿）和污垢，使水出现腥涩味道。因为用熟铜铸造，容易产生铜绿和污垢；用铁铸造，则会产生铁锈，使水带有腥涩味道。在山林溪谷间隐居的人，也有用竹、木制作的。但是竹、木制品不耐久用，而且不便携带远行，所以还是以生铜制作为好。滤水的袋子，用青篾丝编织，卷曲成袋形，再裁剪碧绿色的丝绢进行缝制，并缀上翠钿（用碧玉、金片做成的花果形饰品）作为装饰，再做一个防水的绿色油布口袋把它装起来。漉水囊的口径五寸，柄长一寸五分。

瓢

瓢，一曰牺杓。剖瓠为之，或刊木为之。晋舍人杜毓《荈赋》云："酌之以匏。"匏，瓢也。口阔，胫薄，柄短。永嘉中，余姚人虞洪入瀑布山采茗，遇一道士云："吾丹丘子，祈子他日瓯牺之余，乞相遗也。"牺，木杓也，

瓢

瓢，又名牺杓。是把葫芦剖开制成，或者用木头雕凿而成。西晋中书舍人杜毓（一作杜育）的《荈赋》写道："酌之以匏。"匏，就是葫芦瓢。瓢口宽阔，瓢颈很薄，瓢柄很短。西晋永嘉年间（307—313），余姚人虞洪到瀑布山去采茶，遇到一个道士。道士对他说："我是丹丘子，希望你将杯勺之中有剩余的茶，能够送给我喝。"牺，就是木勺，现在常用的是以梨木雕凿而成的。

今常用，以梨木为之。

竹筴

竹筴，或以桃、柳、蒲葵木为之，或以柿心木为之。长一尺，银裹两头。

竹筴

竹筴，也就是竹箸，有的是以桃木、柳木、蒲葵木制成的，也有的是以柿心木制成的。长一尺，两头用银包裹。

鹾簋(cuó guǐ)［揭］

鹾簋，以瓷为之。圆径四寸，若合形，或瓶，或罍（léi），贮盐花也。其揭，竹制，长四寸一分，阔九分。揭，策也。

鹾簋［揭］

鹾簋，是盛盐的用具，用瓷制成。圆形，直径四寸，形状像盒子，也有的做成瓶形、罍（小口坛）形，用来贮放盐花。揭，用竹制成，长四寸一分，宽九分。这种揭，是取盐用的片状工具。

熟盂

熟盂，以贮熟水。或瓷，或沙，受二升。

熟盂

熟盂，是用来盛贮开水的用具。有的以瓷制成，有的以陶制成，可盛水二升。

碗

碗，越州上，鼎州次，婺州次；岳州上，寿州、洪州次。或者以邢州处越州上，殊为不然。若邢瓷类银，则越瓷类玉，邢不如越一也；若邢瓷类雪，则越瓷类冰，邢不如越二也；邢瓷白而茶色丹，

碗

茶碗，以越州（治今浙江绍兴）所产的为上品，鼎州（今湖南常德一带，一说在今陕西泾阳一带，又有据宋人所引《茶经》，鼎州应为明州，治今浙江宁波）、婺州（治今浙江金华）出产的次之；又以岳州（治今湖南岳阳）出产的为上品，寿州（今安徽寿县一带）、洪州（治今江西南昌）出产的次之。有人认为邢州（今河北邢台一带，窑址主要在内丘）所产的比越州的好，完全不是这样。如果说邢瓷质地像银，

越瓷青而茶色绿，邢不如越三也。晋杜毓《荈赋》所谓"器择陶拣，出自东瓯"。瓯，越也。瓯，越州上，口唇不卷，底卷而浅，受半升已下。越州瓷、岳瓷皆青，青则益茶，茶作白红之色。邢州瓷白，茶色红；寿州瓷黄，茶色紫；洪州瓷褐，茶色黑：悉不宜茶。

那么越瓷就像是玉，这是邢瓷不如越瓷的第一点；如果说邢瓷像雪，那么越瓷就像是冰，这是邢瓷不如越瓷的第二点；邢瓷色白，可以使茶色泛红，越瓷色青，可以使茶色泛绿，这是邢瓷不如越瓷的第三点。晋代杜毓的《荈赋》曾说"器择陶拣，出自东瓯"，意思是选择、挑拣陶瓷器皿，好的都出自东瓯地区。瓯，作为地名，就是指越州。作为陶瓷器名，也是以越州所产为最好，其上口唇不卷边，底卷边呈浅弧形，容量不超过半升。越州瓷、岳州瓷都是青色，能够增益茶汤的色泽，使茶汤呈浅红之色。邢瓷色白，使茶汤呈红色；寿州瓷黄，使茶汤呈紫色；洪州瓷褐，使茶汤呈黑色：都不适宜于盛茶。

畚（běn）[纸帊]

畚，以白蒲卷而编之，可贮碗十枚。或用筥，其纸帊，以剡纸夹缝，令方，亦十之也。

畚[纸帊]

畚，是用白蒲草编成圆筒形的草笼，可以贮放十只碗。也有的用竹筥盛碗。纸帊，就是包裹茶碗、保持清洁并防止破损的纸套子，以双幅的剡纸夹缝而呈方形，也要配套做成十个。

札

札，缉栟榈皮，以茱萸木夹而缚之；或截竹束而管之，若巨笔形。

札

札，要选取棕榈皮分拆搓捻成线，用茱萸木夹住，用绳缚紧；或者截一段竹子，竹管中扎束搓捻后的棕榈皮，做成大毛笔的形状，作刷子用。

涤方

涤方，以贮涤洗之余。用楸木合之，制如

涤方

涤方，是贮放洗涤之后的剩水的器具。用楸木板合成，制法和水方相同，可以盛水八升。

水方，受八升。

滓方

滓方，以集诸滓，制如涤方，处五升。

滓方

滓方，用来盛放各种渣滓，制法和涤方相同，容量五升。

巾

巾，以绝（shī）布为之，长二尺，作二枚，互用之，以洁诸器。

巾

巾，用粗绸子制作，长二尺，做两块，交替使用，以清洁各种器皿。

具列

具列，或作床，或作架。或纯木、纯竹而制之，或木，或竹，黄黑可扃（jiōng）而漆者。长三尺，阔二尺，高六寸。具列者，悉敛诸器物，悉以陈列也。

具列

具列，有的做成床形，有的做成架形。有的纯用木制，有的纯用竹制，也可以木竹兼用，做成小柜子的形状，漆成黄黑色，有门可开关。长三尺，宽二尺，高六寸。其所以称为具列，是因为可以贮藏和陈列全部茶具。

都篮

都篮，以悉设诸器而名之。以竹篾内作三角方眼，外以双篾阔者经之，以单篾纤者缚之，递压双经，作方眼，使玲珑。高一尺五寸，长二尺四寸，阔二尺。底阔一尺，高二寸。

都篮

都篮，因为全部器物都要放在这只篮里，故名。都篮用竹篾编成，里面编成三角形或方形的网眼，外面用宽阔的双篾做经线，以较细的单篾做纬线，交错地编压在作经线的双篾之上，编成方眼，使之玲珑好看。都篮高一尺五寸，长二尺四寸，宽二尺。底宽一尺，高二寸。

卷下

五之煮

凡炙茶，慎勿于风烬间炙。熛焰如钻，使炎凉不均。持以逼火，屡其翻正，候炮出培塿，状虾蟆背，然后去火五寸。卷而舒，则本其始，又炙之。若火干者，以气熟止；日干者，以柔止。

［译解］

经过蒸压成型的茶饼，还有较高的含水量，在饮用之前要进行烘烤。烘烤茶饼时，注意不要在迎风的余火上烤，因为风吹而飘忽不定的火苗就像钻子，使得茶饼各部分受热不均匀。烘烤时要夹着茶饼靠近火，不断地翻转，等到茶饼表面烤出突起的小疙瘩，就像蛤蟆的背部一样，然后在离开火五寸的地方继续烘烤。当卷曲萎缩的茶饼表面又舒展开来，再按先前的办法再烤一次。如果当初制茶时是用火烘干的，要烤到水汽蒸发完为止；如果当初制茶时是阳光晒干的，就要烤到柔软为止。

其始，若茶之至嫩者，蒸罢热捣，叶烂而牙笋存焉。假以力者，持千钧杵亦不之烂。如漆科珠，壮士接之，不

在开始采制加工时候，如果是特别鲜嫩的茶叶，蒸后趁热就捣，尽管叶子捣烂了，但茶芽和茶梗仍保持完整。即使让大力士手持千钧的大杵也捣不烂。这就如同圆滑的漆树籽粒，虽然只是微小的珠子，但再有劲的壮士也很难

能驻其指。及就，则似无穰骨也。炙之，则其节若倪倪，如婴儿之臂耳。既而承热用纸囊贮之，精华之气无所散越，候寒末之。[末之上者，其屑如细米；末之下者，其屑如菱角。]

用手拿稳捏牢。茶叶捣好之后，就像没有一根枝梗一样。这样经过烘烤的茶饼，就像柔弱软绵的婴儿手臂一样。茶饼烘烤之后，就要趁热用纸袋包装贮藏起来，使其清香之气不致散逸，待冷却下来后再碾成细末。[上等的茶末，其碎屑形状如细米；下等的茶末，其碎屑形状如菱角。]

其火，用炭，次用劲薪。[谓桑、槐、桐、枥之类也。]其炭，曾经燔炙，为膻腻所及，及膏木、败器，不用之。[膏木，谓柏、桂、桧也。败器，谓朽废器也。]古人有劳薪之味，信哉！

烤茶和煮茶所用的燃料，最好用木炭，其次用坚实耐烧的硬木柴。[指桑木、槐木、桐木、枥木之类的木柴。]曾经烤过肉类、沾染了油腻腥膻气味的木炭，以及含有油脂的木柴、朽坏了的木器，都不能用。[膏木，就是指含有油脂的柏树、桂树、桧树之类。败器，就是指已腐朽废弃的木器。]古人有"劳薪之味"，即以使用了很久的木器炊煮食物会有怪味的说法，确实是很有道理的！

其水，用山水上，江水次，井水下。[《荈赋》所谓：水则岷方之注，挹彼清流。]其山水，拣乳泉、石池漫流者上；其瀑涌湍漱，勿食之，久食令人有颈疾。又多别流于山谷者，澄浸不

煮茶所用的水，以山泉之水最好，其次是江河之水，井水最差。[正如杜毓《荈赋》所说：烹茶的水，要取用从岷山流注下来的那样的清流。]山泉之水，又以从钟乳石上滴下的甘美泉水，而且是从石池中缓缓漫出的为最好；奔涌湍急的水不能饮用，长期喝这样的水会使人颈部生病。还有许多小溪流入山谷，汇成潭水，水虽澄清，但不能流动，从炎热的夏天到霜降以前，可能会有虫蛇潜伏其中，使水质污

泄，自火天至霜郊以前，或潜龙蓄毒于其间，饮者可决之，以流其恶，使新泉涓涓然，酌之。其江水，取去人远者；井，取汲多者。

染有毒，饮用的人要先挖开潭水，把污染有毒的水放走，使新的泉水涓涓流动，然后汲取饮用。江河之水，要到离人较远的地方汲取；井水，则要从经常有人汲取的井中汲取。

其沸，如鱼目，微有声，为一沸。缘边如涌泉连珠，为二沸。腾波鼓浪，为三沸。已上，水老，不可食也。

煮水时，要把握好水沸的火候：当水面涌现像鱼目般的气泡，有轻微的响声时，这是第一沸；当锅的边缘像泉水喷涌、珍珠串联时，这是第二沸；当锅中像波浪翻滚奔腾时，就是第三沸。再继续煮下去，水就过老了，不能饮用。

初沸，则水合量，调之以盐味，谓弃其啜余，无乃䤈䤌（gàn tàn）而钟其一味乎？第二沸，出水一瓢，以竹筴环激汤心，则量末当中心而下。有顷，势若奔涛溅沫，以所出水止之，而育其华也。

水初沸时，按照水量的多少，适量放入一些盐调味，然后把尝过的剩水泼掉，否则，不就成了因为嫌水淡无味而喜爱盐水的咸味了吗？当水第二沸时，舀出一瓢水，用竹筴在沸水中心转圈搅动，用则量好茶末从漩涡中心投下。一会儿，水至三沸，锅中波涛翻滚，泡沫飞溅，于是把刚才舀出的那瓢水加进去，止住沸腾，用来孕育茶汤表面的汤花，也就是茶中精华的沫饽。

凡酌，置诸碗，令沫饽均。［字书并《本草》：“饽，均茗沫也。”蒲笏反。］沫饽，汤之华也。华之薄者曰沫，厚者曰饽，细轻者

大凡斟茶的时候，要分别放置几个茶碗，须使沫饽均匀地舀到各个碗里。［字书和《本草》都记载说：“饽，就是茶沫。”读音是蒲笏的反切。］沫饽，是茶汤的精华。其薄的叫沫，厚的叫饽，又细又轻的叫花。汤花的形态，很像漂浮在圆形水池中的枣花；又像回环曲折的

曰花。如枣花漂漂然于环池之上；又如回潭曲渚青萍之始生；又如晴天爽朗，有浮云鳞然。其沫者，若绿钱浮于水湄，又如菊英堕于镈俎之中。饽者，以滓煮之，及沸，则重华累沫，皤（pó）皤然若积雪耳。《荈赋》所谓“焕如积雪，烨如春藪（fū）”，有之。

潭水、沙洲间新生的青萍；也像晴朗的天空中鱼鳞状的浮云。茶沫的形态，则好似青苔浮于水边，又如菊花瓣落入杯中。而那些茶饽，是用茶渣煮出来的，当茶汤沸腾时，表面就会泛起一层含有大量游离物的浓厚泡沫，像白色的积雪一般。杜毓《荈赋》中所描述的“亮丽如积雪，灿烂似春花”的景象的确是存在的。

第一煮水沸，而弃其沫，之上有水膜，如黑云母，饮之则其味不正。其第一者为隽永。[徐县、全县二反。至美者，曰隽永。隽，味也；永，长也。味长曰隽永。《汉书》：蒯通著《隽永》二十篇也。] 或留熟盂以贮之，以备育华、救沸之用。诸第一与第二、第三碗次之，第四、第五碗外，非渴甚莫之饮。

当水第一次煮沸时，要把茶汤表面的沫去掉，因为沫上有一层像黑云母那样的膜状物，会使得品饮时感到茶味不正。第一次舀出的茶汤，味道醇美，回味绵长，所以叫作隽永。[隽有两种读音：徐县的反切、全县的反切。茶味最美的称为隽永。隽的意思就是味；永的意思就是长。回味绵长就是隽永。《汉书·蒯通传》上记载，蒯通自序其说，凡八十一首，取名为《隽永》。] 通常把它盛放在熟水盂中，以备孕育精华和抑止沸腾之用。以下舀出的第一、第二、第三碗茶，味道就与隽永差了些。第四、第五碗之后，如果不是太渴，就不值得饮用了。

凡煮水一升，酌分

一般来说，煮水一升，可以分作五碗。[碗

五碗。[碗数少至三，多至五。若人多至十，加两炉。] 乘热连饮之。以重浊凝其下，精英浮其上。如冷，则精英随气而竭，饮啜不消亦然矣。

的数量至少三个，至多五个。如果人多至十位，就要加两炉。] 要趁热连续喝完。因为茶热时，重浊的物质就会凝聚下沉，其精华都浮在上面。如果茶凉了，其精华就会随着热气散发干净，这样饮用过多，也同样不好。

茶性俭，不宜广，广则其味黯澹。且如一满碗，啜半而味寡，况其广乎！其色，缃也。其馨，𣚚（shǐ）也。[香至美曰𣚚，𣚚音使。] 其味甘，槚也；不甘而苦，荈也；啜苦咽甘，茶也。[《本草》云：其味苦而不甘，槚也；甘而不苦，荈也。]

茶的本性清淡俭约，不宜放过多的水，否则就会淡薄无味。就像一满碗好茶，饮至一半味道就差了些，何况水加得过多呢！茶的汤色是浅黄的。茶的香味是非常美好的。[最为美好的香味称为𣚚，𣚚音使。] 其中，味道甘甜的，是槚；不甜而有苦味的，是荈；入口味苦而回味甘甜的，是茶。[《本草》上说：味道苦涩而不甜的，是槚；甘甜而不苦涩的，是荈。]

六之饮

翼而飞，毛而走，呿（qù）而言。此三者俱生于天地间，饮啄以活，饮之时义远矣哉！至若救渴，饮之以浆；蠲（juān）忧忿，

[译解]

禽鸟振翅飞翔，野兽毛丰奔跑，人类开口说话。这三类生物，都生活在天地之间，依靠饮水、吃食维持生命活动，可见饮的作用多么重大，意义是多么深远啊！如要解渴，就要饮浆、喝水；要排遣忧愁和愤懑，就要饮酒；而要荡涤昏寐、提神解困，则要饮茶。

饮之以酒；荡昏寐，饮之以茶。

茶之为饮，发乎神农氏，闻于鲁周公。齐有晏婴，汉有扬雄、司马相如，吴有韦曜，晋有刘琨、张载、远祖纳、谢安、左思之徒，皆饮焉。滂时浸俗，盛于国朝，两都并荆渝间，以为比屋之饮。

茶作为饮料，开始于上古三皇时代的神农氏，到了西周初年受封于鲁的周公旦时才有了文字记载，从而为世人所知。春秋时有齐国名相晏婴，汉代有文学家扬雄、司马相如，三国时吴国有太傅韦曜，晋代则有刘琨、张载、陆纳、谢安、左思等历史名人，都喜欢饮茶。后来经过长期的传播，影响所及，逐渐形成风俗，到了本朝，终于达到了极盛，在长安（今西安）、洛阳两都之间，以及江陵（今湖北荆州）、渝州（今重庆）等地，竟然成为家家户户必备的饮品。

饮有粗茶、散茶、末茶、饼茶者，乃斫、乃熬、乃炀、乃舂，贮于瓶缶之中，以汤沃焉，谓之痷（ān）茶。或用葱、姜、枣、橘皮、茱萸、薄荷之等，煮之百沸，或扬令滑，或煮去沫，斯沟渠间弃水耳，而习俗不已。

饮用的茶有粗茶、散茶、末茶、饼茶四类，分别使用斫（砍伐枝条采摘茶叶）、熬（蒸煮后直接焙干）、炀（焙烤干燥后碾磨成末茶）、舂（捣碎茶叶制成饼茶）四种方式加工后，放入瓶罐之中，用热水浸泡，称为“痷茶”。也有人加入葱、姜、枣、橘皮、茱萸、薄荷之类，反复烹煮，有的通过拂扬茶汤而使茶汁变得柔滑，有的通过烹煮而去掉浮沫，这些都无异于沟渠间的废水，可是这种习俗仍流行不止。

於戏（wū hū）！天育万物，皆有至妙。人之所工，但猎浅易。所庇者屋，屋精极；所

呜呼！天地化育万物，都有其最为精妙之处。而人们所讲求并擅长的，只是涉及那些浅显简易的事情。人们赖以庇身的房屋，其建造已极其精巧；人们赖以御寒的衣服，其制作已

着者衣，衣精极；所饱者饮食，食与酒皆精极之。茶有九难：一曰造，二曰别，三曰器，四曰火，五曰水，六曰炙，七曰末，八曰煮，九曰饮。阴采夜焙，非造也；嚼味嗅香，非别也；膻鼎腥瓯，非器也；膏薪庖炭，非火也；飞湍壅潦，非水也；外熟内生，非炙也；碧粉缥尘，非末也；操艰搅遽，非煮也；夏兴冬废，非饮也。

极其精致；人们赖以果腹的饮食，食品和酒也都制作得极其精美。而对于饮茶，人们却并不擅长。概而言之，茶的制作和饮用有九个难以掌握的环节：一是制造，二是鉴别，三是器具，四是用火，五是择水，六是烘烤，七是碾末，八是烹煮，九是品饮。阴天采摘，夜里烘焙，不是正确的制茶方法；以口嚼辨味，鼻嗅闻香，不是正确的鉴别方法；沾染了膻腥气味的茶炉和茶瓯，不能作为煮茶、品饮的器具；含有油脂的木材和炊厨用过的木炭，不宜作为炙茶、烹茶的燃料；飞流湍急的溪水和停滞不流的积水，不适宜用来烹煮茶汤；茶饼外熟内生，不能算做正确的炙茶方法；碾出青绿色或者青白色的粉末，不是合格的茶末；操作不熟练或者搅动过急，不是正确的烹煮方法；只在夏天饮茶而冬季不喝，也不是良好的饮茶习惯。

夫珍鲜馥烈者，其碗数三；次之者，碗数五。若坐客数至五，行三碗；至七，行五碗；若六人已下，不约碗数，但阙一人而已，其隽永补所阙人。

味道鲜美、浓香馥郁的好茶，一炉之中只能煮三碗；香味较差一些的茶，一炉也最多煮五碗。如果坐中客人达到五个，就舀出三碗分饮；如果有七个客人时，就舀出五碗分饮；如果是六人以下(似当为十人以下，七人以上)，就不必约计碗数，只不过按照缺少一人的茶来计量罢了，可以用原先留出的隽永来补给所缺的人。

七之事

三皇　炎帝神农氏。

[译解]

与茶事有关的历史人物有以下四十三位：

三皇时代　炎帝神农氏。

周 鲁周公旦，齐相晏婴。

周代 鲁国的创始人周公姬旦，齐国的名相晏婴。

汉 仙人丹丘子、黄山君，司马文园令相如，扬执戟雄。

汉代 仙人丹丘子、黄山君，曾任孝文园令（主管孝文陵园的官员）的文学家司马相如，黄门执戟郎扬雄。

吴 归命侯，韦太傅弘嗣。

三国时代 吴国末代皇帝（264—280年在位）、降晋后封为归命侯的孙皓，太傅韦曜（本名韦昭）字弘嗣。

晋 惠帝，刘司空琨，琨兄子兖州刺史演，张黄门孟阳，傅司隶咸，江洗马统，孙参军楚，左记室太冲，陆吴兴纳，纳兄子会稽内史俶（chù），谢冠军安石，郭弘农璞，桓扬州温，杜舍人毓，武康小山寺释法瑶，沛国夏侯恺，余姚虞洪，北地傅巽，丹阳弘君举，乐安任育长，宣城秦精，敦煌单道开，剡县陈务妻，广陵老姥，河内山谦之。

晋代 惠帝司马衷（290—306年在位），司空刘琨，刘琨兄子、兖州刺史刘演，黄门侍郎（当为中书侍郎，其弟张协曾任黄门侍郎）张载字孟阳，司隶校尉傅咸，太子洗马江统，扶风参军孙楚，记室督左思字太冲，吴兴太守陆纳，陆纳兄子、会稽内史陆俶，冠军将军谢安字安石，赠弘农太守郭璞，扬州牧桓温，中书舍人杜毓（一作育），武康（今浙江德清）小山寺和尚法瑶，沛国（东汉沛国，晋沛郡，治今安徽淮北市相山区）人夏侯恺，余姚（今属浙江）人虞洪，北地（今陕西富平）人傅巽，丹阳（今属江苏）人弘君举，乐安（治今山东邹平东北）人任瞻字育长，宣城（今属安徽）人秦精，敦煌（今属甘肃）人单道开，剡县（今浙江嵊州）人陈务之妻，广陵郡（今江苏扬州）一老妇人，河内（治今河南沁阳）人山谦之。

后魏 琅琊王肃。

北魏 琅琊（今山东临沂一带）人王肃。

宋 新安王子鸾，鸾弟豫章王子尚，鲍昭

南朝宋 新安王刘子鸾，刘子鸾弟（当为兄）、豫章王刘子尚，鲍昭（当为照）之妹鲍令

妹令晖，八公山沙门昙济。

晖，八公山（在今安徽淮南市八公山区）和尚昙济。

齐 世祖武帝。

南朝齐 世祖武皇帝萧赜（482—493年在位）。

梁 刘廷尉，陶先生弘景。

南朝梁 曾任廷尉卿、秘书监的文学家刘孝绰，道教思想家、医学家陶弘景先生。

皇朝 徐英公勣(jì)。

唐代 英国公徐勣（本名徐世勣，字懋功，后唐太宗赐姓李，并避太宗讳，改李勣）。

《神农食经》："茶茗宜久服，令人有力、悦志。"

与茶事有关的文献记载有以下四十八种：

托名神农氏所撰的《神农食经》记载："长期饮茶，使人精力充沛，精神愉悦。"

周公《尔雅》："槚，苦荼。"

传为周公所撰的《尔雅》记载："槚，就是苦茶。"

《广雅》云："荆、巴间采叶作饼，叶老者，饼成，以米膏出之。欲煮茗饮，先炙令赤色，捣末置瓷器中，以汤浇覆之，用葱、姜、橘子芼（mào）之。其饮醒酒，令人不眠。"

三国魏人张揖所撰《广雅》记载："在荆州、巴州一带地方，人们采摘茶叶做成茶饼，叶子老的，制成茶饼后，还要用米汤浸泡。要烹煮饮用时，先要烘烤茶饼呈红色，捣成碎末，放入瓷器中，浇上开水，盖好，再放些葱、姜、橘子作为配料，调和为羹。饮用这种茶可以醒酒，使人不眠。"

《晏子春秋》："婴相齐景公时，食脱粟之饭，炙三弋、五卯，茗菜而已。"

传为晏婴所撰的《晏子春秋》记载："晏婴担任齐景公的国相时，吃的是粗米饭，副食也只是三五样烧烤的禽类肉和蛋，以及茗茶、蔬菜罢了。"

司马相如《凡将

汉代司马相如所撰字书《凡将篇》记载的

篇》："乌喙桔梗□芫华，款冬贝母木蘗蒌。芩草芍药桂漏芦，蜚廉雚（huán）菌□荈詫（tuó）。赤蔹白芷□菖蒲，芒硝□莞椒茱萸。"

药物有："乌喙（又名乌头）、桔梗、芫华（芫花），款冬（花）、贝母、黄柏、蒌菜。黄芩、芍药、肉桂、漏芦，蜚蠊、雚菌、荈詫（茶）。白蔹、白芷、菖蒲，芒硝、花椒、茱萸。"

《方言》："蜀西南人谓茶曰蔎。"

汉代学者扬雄所撰《方言》记载："蜀西南人把茶叶叫作蔎。"

《吴志·韦曜传》："孙皓每飨宴，坐席无不率以七升为限，虽不尽入口，皆浇灌取尽。曜饮酒不过二升。皓初礼异，密赐茶荈以代酒。"

陈寿《三国志·吴志·韦曜传》记载："吴主孙皓每次设宴时，总是规定坐客至少饮酒七升，即使不能全部喝下肚去，也要把酒器中的酒全都倒进嘴里，表示喝完。韦曜的酒量不超过二升。孙皓起初给他特殊礼遇，暗中赐予茶水来代替酒。"

《晋中兴书》："陆纳为吴兴太守时，卫将军谢安常欲诣纳。[《晋书》云：纳为吏部尚书。] 纳兄子俶怪纳无所备，不敢问之，乃私蓄十数人馔。安既至，所设唯茶果而已。俶遂陈盛馔，珍馐毕具。及安去，纳杖俶四十，云：'汝既不能光

何法盛《晋中兴书》记载："陆纳做吴兴太守时，卫将军谢安曾经想拜访陆纳。[《晋书》上记载：陆纳官至吏部尚书，加奉车都尉、卫将军。] 陆纳兄子陆俶埋怨陆纳不做准备，但又不敢去问他，便私下准备了十几人的菜肴。谢安来后，陆纳仅仅拿出茶和果品招待客人。陆俶就摆上丰盛的筵席，山珍海味，样样俱全。谢安走后，陆纳打了陆俶四十板子，并且训斥他说：'你既然不能给叔父增光，为什么却要玷污我一向清白朴素的作风呢？'"

益叔父，奈何秽吾素业？’”

《晋书》：“桓温为扬州牧，性俭，每宴饮，唯下七奠拌茶果而已。”

《晋书》记载：“桓温做扬州牧，秉性节俭，每次宴会时，只设七盘茶果罢了。”

《搜神记》：“夏侯恺因疾死。宗人字苟奴，察见鬼神。见恺来收马，并病其妻。著平上帻，单衣，入坐生时西壁大床，就人觅茶饮。”

东晋干宝《搜神记》记载：“夏侯恺因病去世。其族人的儿子叫苟奴的，能看见鬼魂。他看见夏侯恺来收取马匹，并使其妻子也得了病。还看见他戴着当时武官所戴的平上帻，穿着单衣，坐在生前常坐的靠西墙的大床上，向人要茶喝。”

刘琨《与兄子南兖州刺史演书》云：“前得安州干［茶二斤］，姜一斤，桂一斤，黄芩一斤，皆所须也。吾体中愦闷，常仰真茶，汝可置之。”

西晋刘琨在《与兄子南兖州刺史演书》中写道：“前些时候收到安州（治今湖北安陆，西魏始置，此恐非刘琨原文）寄来的干茶二斤，干姜一斤，桂一斤，黄芩一斤，都是我所需要的。我身体不适、胸中烦闷时，常常要依靠饮用真正的好茶来提神解闷，你可多购置一些给我。”

傅咸《司隶教》曰：“闻南市有蜀妪作茶粥卖，为廉事打破其器具，后又卖饼于市。而禁茶粥以困蜀姥，何哉？”

西晋傅咸在《司隶教》中写道：“听说京城洛阳的南市有个蜀地的老婆婆做茶粥售卖，主管司法的廉事打破其器具，后来她又在市上卖饼。而以禁止出卖茶粥来刁难蜀地老婆婆，这是为什么呢？”

《神异记》：“余姚

西晋王浮所撰的《神异记》记载：“余姚人

人虞洪入山采茗，遇一道士，牵三青牛，引洪至瀑布山，曰：‘吾，丹丘子也。闻子善具饮，常思见惠。山中有大茗，可以相给。祈子他日有瓯牺之余，乞相遗也。’因立奠祀，后常令家人入山，获大茗焉。”

虞洪进山采茶，遇见一个道士，牵着三头青牛，道士带着虞洪来到瀑布山，对他说：‘我是丹丘子。听说你善于烹茶，常想叨你的光，品尝品尝。这山里有大茶树，可以供你采摘。希望你日后有多余的茶，送些给我喝。’虞洪于是就设茶进行祭奠，后来曾经叫家人进山，果然寻到了大茶树。”

左思《娇女诗》：“吾家有娇女，皎皎颇白皙。小字为纨素，口齿自清历。有姊字惠芳，眉目粲如画。驰骛翔园林，果下皆生摘。贪华风雨中，倏忽数百适。心为茶荈剧，吹嘘对鼎钘（lì）。”

西晋左思的《娇女诗》写道：“我家有娇女，长得很白皙。小名叫纨素，口齿很伶俐。有个姐姐叫惠芳，眉目灿烂美如画。奔跑雀跃园林中，果子生熟都摘下。爱花哪管风和雨，顷刻跑去上百次。煮茶未熟心着急，对着炉火忙吹气。”

张孟阳《登成都楼》诗云：“借问扬子舍，想见长卿庐。程卓累千金，骄侈拟五侯。门有连骑客，翠带腰吴钩。鼎食随时进，百和妙且殊。披林采秋橘，临江钓春鱼。黑子过龙醢，果馔逾蟹蝑。芳茶

西晋张载（字孟阳）的《登成都白菟楼》诗的下半首写道：“请问当年扬雄的居舍在何处，设想司马相如的故居是何模样。昔日蜀中富豪程郑、卓王孙家累千金，骄奢淫逸可比王侯。门前车水马龙，贵客盈门，腰间飘逸着翠带，佩挂着吴钩宝剑。家中钟鸣鼎食，随时节进奉，百味调和，精妙无双。秋天，人们走进林中采摘柑橘，春天，人们来到江边垂钓肥鱼。黑子胜过龙肉，果馔超越蟹酱。清香的芳茶在

冠六清，溢味播九区。人生苟安乐，兹土聊可娱。”

各种饮料中堪称第一，其美味在天下享有盛名。如果人生只是苟求安乐，那么成都这个地方还是可供人们尽享欢乐的。”

傅巽《七诲》：“蒲桃宛柰（nǎi），齐柿燕栗，峘阳黄梨，巫山朱橘，南中茶子，西极石蜜。”

三国魏傅巽的《七诲》记述各地名物：“蒲地（今山西永济）的桃子，宛地（今河南南阳）的柰（俗名花红，一名沙果，似苹果），齐地（今山东淄博）的柿子，燕地（今北京市及河北省部分地区）的板栗，峘阳（今河北曲阳）的黄梨，巫山（今湖北省和重庆市交界地区）的红橘，南中（约当今四川南部、贵州西部和云南省）的茶子，西极（指天竺，今印度）的石蜜。”

弘君举《食檄》：“寒温既毕，应下霜华之茗；三爵而终，应下诸蔗、木瓜、元李、杨梅、五味、橄榄、悬豹、葵羹各一杯。”

西晋弘君举的《食檄》写道：“客来，寒暄过后，要用浮有沫饽的好茶敬客；三杯过后，应奉上甘蔗、木瓜、大李子、杨梅、五味子、橄榄、悬豹（疑为悬钩，即山莓，又称木莓）、冬葵所做的羹各一杯。”

孙楚《歌》：“茱萸出芳树颠，鲤鱼出洛水泉。白盐出河东，美豉出鲁渊。姜桂茶荈出巴蜀，椒橘木兰出高山。蓼苏出沟渠，精稗出中田。”

西晋孙楚的《歌》（一名《出歌》）写道：“茱萸出自芳树颠，鲤鱼出自洛水泉。白盐出自河东（今山西南部运城一带），美豉出自鲁渊（今山东西南部湖泽之地）。姜、桂、茶荈出自巴蜀，椒、橘、木兰出自高山。蓼苏出自沟渠，精米出自稻田。”

华佗《食论》：“苦

传为华佗所撰的《食论》中说：“长期饮用

茶久食，益意思。”

壶居士《食忌》：“苦茶久食，羽化；与韭同食，令人体重。”

郭璞《尔雅注》云：“树小似栀子，冬生，叶可煮羹饮。今呼早取为茶，晚取为茗，或一曰荈，蜀人名之苦茶。”

《世说》：“任瞻，字育长，少时有令名，自过江失志。既下饮，问人云：‘此为茶？为茗？’觉人有怪色，乃自申明云：‘向问饮为热为冷。’”

《续搜神记》：“晋武帝世，宣城人秦精，常入武昌山中采茗。遇一毛人，长丈余，引精至山下，示以丛茗而去。俄而复还，乃探怀中橘以遗精。精怖，负茗而归。”

《晋四王起事》：“惠帝蒙尘。还洛阳，黄门以瓦盂盛茶上

苦茶，有助于提高思维能力。”

道家仙人壶居士（也称壶公）《食忌》中说：“长期饮用苦茶，可以使人身轻体健，羽化成仙；而与韭菜一起食用，则使人肢体沉重。”

东晋学者郭璞《尔雅注》中说：“茶树矮小像栀子，冬天不落叶，其叶可以煮做羹饮用。如今把早采的叫作‘茶’，晚采的叫作‘茗’，也有的叫作‘荈’，蜀地的人称之为‘苦茶’。”

南朝宋临川王刘义庆《世说新语》记载：“任瞻，字育长，年轻时很有名望，但自从随晋室南渡江南之后，很不得志，甚至恍恍惚惚，失魂落魄。一次做客饮茶，主人奉上茶后，他竟问别人说：‘这是茶，还是茗？’当觉察到别人面露诧异时，便自己申明说：‘我刚才问的是茶汤是热的，还是冷的。’”

托名陶渊明所撰的《续搜神记》（一作《搜神后记》）记载：“晋武帝时（265—290），宣城人秦精，常进武昌山中采茶。一次，他遇到了一个身长一丈有余的毛人，引他到了山下，把一片茶树丛指给他看，随即离去。一会儿又转回来，把手探入怀中，掏出橘子送给秦精。秦精很害怕，就赶紧背着茶叶回了家。”

东晋卢綝《晋四王起事》记载：“西晋永宁元年（301），赵王伦叛乱，晋惠帝被幽禁于金墉城。齐王冏、成都王颖、河间王颙、长沙王乂四

至尊。”

王起兵讨伐赵王伦，并将惠帝接回京都洛阳宫中。这时，宦官们用粗陶碗盛茶献给他喝。”

《异苑》：“剡县陈务妻，少与二子寡居，好饮茶茗。以宅中有古冢，每饮辄先祀之。二子患之曰：‘古冢何知？徒以劳意。’欲掘去之，母苦禁而止。其夜，梦一人云：‘吾止此冢三百余年，卿二子恒欲见毁，赖相保护，又享吾佳茗，虽泉壤朽骨，岂忘翳桑之报？’及晓，于庭中获钱十万，似久埋者，但贯新耳。母告二子，惭之。从是，祷馈愈甚。”

南朝宋刘敬叔的《异苑》记载：“剡县陈务的妻子，年轻时就带着两个儿子守寡，很喜欢饮茶。因为宅院中有一古墓，所以每次饮茶都要先进行祭祀。两个儿子为此感到厌烦，对她说：‘古墓能知道什么？这么做还不是徒劳！’就想把古墓挖掉，她苦苦劝说，方才作罢。当夜，她梦见一人，对她说：‘我住在这墓里已经三百多年，你的两个儿子总想毁掉它，幸亏你的保护，又以好茶祭祀我，我虽是深埋地下的枯骨，怎么能忘记报答你的恩情呢？’（翳桑之报：典出《左传》，春秋晋臣赵盾在翳桑打猎时，救了饥饿垂死的灵辄。后晋灵公欲杀赵盾，灵辄倒戈相救，以报其一饭之恩。）到了天亮，她在院子里发现有十万铜钱，看起来好像在地下埋了很久，但穿钱的绳子却是新的。她把这件事告诉两个儿子，他们都感到很惭愧。从此，对古墓的祭祷更加虔诚了。”

《广陵耆老传》：“晋元帝时，有老姥每旦独提一器茗，往市鬻之。市人竞买，自旦至夕，其器不减。所得钱，散路傍孤贫乞人，人或异之。州法曹絷（zhí）之狱中。至夜，老姥执所

《广陵耆老传》记载：“东晋元帝时（317—323），有一个老婆婆，每天早晨，独自提一盛茶的器皿，到市上去卖茶。市上的人争相来买茶，从早到晚，那个器皿中的茶始终不见减少。她把所得的钱都施舍给路旁孤儿、穷人和乞丐，人们对此感到很奇怪，就向官府报告。州里的法曹把她抓起来囚禁在监狱里。到了夜间，老婆婆手提卖茶的器皿，从监狱的窗口飞越而去。”

鬻茗器，从狱牖中飞出。”

《艺术传》：“敦煌人单道开，不畏寒暑，常服小石子。所服药有松、桂、蜜之气，所饮茶苏而已。”

《晋书·艺术列传》记载：“敦煌人单道开，不怕寒冷暑热，经常服食小石子。他所服用的药有松脂、肉桂、蜂蜜的气味，此外，他所饮用的就只有紫苏茶了。”

释道说《续名僧传》：“宋释法瑶，姓杨氏，河东人。元嘉中过江，遇沈台真，请真居武康小山寺。年垂悬车，饭所饮茶。大明中，敕吴兴，礼致上京，年七十九。”

释道悦《续名僧传》记载：“南朝宋时的和尚法瑶，姓杨，是河东郡人。元嘉年间（424—453）来到江南，遇到沈演之（字台真，397—449），请他到武康（今浙江德清武康镇）小山寺。法瑶当时年事已高，以饮茶当饭食。到了大明年间（457—464），皇上下诏吴兴的地方官礼送法瑶到京城，这时他已经七十九岁了。”

宋《江氏家传》：“江统，字应元，迁愍怀太子洗马，尝上疏，谏曰：‘今西园卖醯（xī）、面、蓝子、菜、茶之属，亏败国体。’”

南朝宋江饶所撰《江氏家传》记载：“江统，字应元，当升任愍怀太子洗马时，他上疏进谏道：‘现在京城的西园出卖醋、面、蓝子、菜、茶之类的东西，有损于国体。’”

《宋录》：“新安王子鸾、豫章王子尚诣昙济道人于八公山，道人设茶茗。子尚味之曰：‘此甘露也，何言茶茗！’”

《宋录》上记载：“南朝宋的新安王刘子鸾和豫章王刘子尚，一同去八公山拜访昙济道人，道人设茶招待他们。子尚品尝过后说：‘这分明是甘露啊，怎么能说是茶呢！’”

王微《杂诗》：“寂寂掩高阁，寥寥空广厦。待君竟不归，收颜今就槚。”

南朝宋王微在《杂诗》中写道：“静悄悄地掩上高阁门，冷清清的大厦空荡荡。久久等待你却迟迟不归，我只好收起愁颜，且斟一杯苦茶。”

鲍昭妹令晖著《香茗赋》。

南朝宋著名诗人鲍照的妹妹鲍令晖著有一篇《香茗赋》。

南齐世祖武皇帝遗诏：“我灵座上，慎勿以牲为祭，但设饼、果、茶饮、干饭、酒、脯而已。”

南朝齐世祖武皇帝萧赜在其遗诏中说：“我死后，在我的灵座上，千万不要杀牲畜作为祭品，只需摆上糕饼、水果、茶饮、干饭、酒品、肉干罢了。”

梁刘孝绰《谢晋安王饷米等启》：“传诏李孟孙宣教旨，垂赐米、酒、瓜、笋、菹（zū）、脯、酢、茗八种。气苾新城，味芳云松；江潭抽节，迈昌荇之珍；疆场擢翘，越葺精之美。羞非纯束，野麏裛（jūn yì）似雪之鲈；鲊异陶瓶，河鲤操如琼之粲。茗同食粲，酢类望柑。免千里宿舂，省三月粮聚。小人怀惠，大懿（yì）难忘。”

南朝梁刘孝绰《谢晋安王饷米等启》中说：“传诏官李孟孙来宣示了您的旨意，赏赐给我米、酒、瓜、笋、腌菜、肉干、酢、茶八种食品。所赐的米芳香非常，就像新城（今浙江富阳）米一样，酒味芳香醇厚，可比松香直冲云霄；江边初生的竹笋鲜美，胜似菖蒲、荇菜之类的珍馐；田间繁茂的瓜果，超过精心置办的美味。所赠的腌菜虽然不是白茅裹束的野獐子（《诗经·召南》：‘野有死麇，白茅纯束。’），却是精心包装的似雪白的鲈鱼干；鲊鱼有别于陶侃陶瓶所封饷母的那样，却是犹如美玉般晶莹的河鲤。品尝所赠的佳茗，如同食用上等的精米；而所赐的酢（即醋），如同望见柑橘而使人胃口大开。有如此丰盛的食品，即使我远行千里，也用不着再准备干粮。（《庄子·逍遥游》：‘适百里者，宿舂粮；适千里者，三月聚粮。'）我铭记着您的恩惠，您的大德我将永志不忘。"

陶弘景《杂录》："苦茶轻身换骨，昔丹丘子、黄山君服之。"

陶弘景在《杂录》（《太平御览》所引称为《新录》）中说："饮用苦茶能使人轻身换骨，从前仙人丹丘子、黄山君都曾服用。"

《后魏录》："琅琊王肃仕南朝，好茗饮、莼羹。及还北地，又好羊肉、酪浆。人或问之：'茗何如酪？'肃曰：'茗不堪，与酪为奴。'"

《后魏录》记载："琅琊人王肃在南朝做官时，喜欢饮茶，喝莼菜羹。后来返回北方，又喜欢吃羊肉，喝酪浆。有人问他：'茶叶与奶酪相比怎么样？'王肃回答说：'茶叶不能与奶酪作比，只能给奶酪做奴仆。'"于是，茶叶又多了一个"酪奴"的别号。

《桐君录》："西阳、武昌、庐江、晋陵皆出好茗，皆东人作清茗。茗有饽，饮之宜人。凡可饮之物，皆多取其叶。天门冬、菝葜（bá qiā）取根，皆益人。又，巴东别有真茗茶，煎饮令人不眠。俗中多煮檀叶并大皂李作茶，并冷。又，南方有瓜芦木，亦似茗，至苦涩，取为屑茶饮，亦可通夜不眠。煮盐人但资此饮，而交、广最重，

《桐君录》（一作《桐君采药录》《桐君药录》）中记载："西阳（治今湖北黄冈）、武昌（治今湖北鄂州）、庐江（治今安徽舒城）、晋陵（治今江苏常州）等地，都出产上好的茶叶，有客人来，主人都是以清茗招待。茶中有沫饽，饮用对人体有益。大凡可以作为饮料的植物，都是用它的叶子。而天门冬和菝葜却是用其根部，也都对人有益处。另外，巴东（治今重庆奉节东）有一种真正的茗茶，煎煮后饮用，使人兴奋而无睡意。民间风俗多把檀木叶和大皂李当作茶，都是凉性的。又，南方有一种瓜芦木，也类似茶叶，味道很苦涩，捣成细末后煮饮，也可以使人整夜不眠。煮盐的工人就靠这种饮料提神，尤其是交州（治今越南河内东）、广州一带的人最喜欢饮用，客人来了，先要奉

客来先设，乃加以香芼辈。”

上这种茶，一般是加入香料调制的。”

《坤元录》：“辰州溆浦县西北三百五十里无射山，云蛮俗当吉庆之时，亲族集会，歌舞于山上，山多茶树。”

《坤元录》（即唐代魏王李泰所撰《括地志》）记载：“在辰州溆浦县（今属湖南）西北三百五十里的无射山，据说当地少数民族风俗，每当吉庆之时，亲族都要到山上集会，载歌载舞，山上有很多茶树。”

《括地图》：“临蒸县东一百四十里，有茶溪。”

《括地图》记载：“在临蒸县（今湖南衡阳）以东一百四十里，有茶溪。”

山谦之《吴兴记》：“乌程县西二十里，有温山，出御荈。”

南朝宋山谦之《吴兴记》记载：“乌程县（今浙江湖州）西二十里，有温山，出产进贡的御茶。”

《夷陵图经》：“黄牛、荆门、女观、望州等山，茶茗出焉。”

《夷陵图经》记载：“夷陵郡（后改峡州，治今湖北宜昌西北）境内的黄牛、荆门、女观、望州等山，都出产茶叶。”

《永嘉图经》：“永嘉县东三百里，有白茶山。”

《永嘉图经》记载：“永嘉县（今浙江温州）以东三百里（当为三十里），有白茶山。”

《淮阴图经》：“山阳县南二十里，有茶坡。”

《淮阴图经》记载：“山阳县（今江苏淮安）以南二十里，有茶坡。”

《茶陵图经》云：“茶陵者，所谓陵谷生茶茗焉。”

《茶陵图经》记载：“茶陵（今属湖南），就是指生长着茶树的山陵峡谷。”

《本草·木部》：“茗，苦茶。味甘苦，

《本草·木部》中说：“茗，就是苦茶。味道苦中有甘，略有寒性，没有毒性。主治瘘疮，

微寒，无毒。主瘘疮，利小便，去痰渴热，令人少睡。秋采之苦，主下气消食。注云：‘春采之。’”

利尿，去痰，解渴，清热，令人减少睡眠。秋天采摘的茶叶有苦味，能通气，助消化。原注说：‘要在春天采摘。’”

《本草·菜部》：“苦菜，一名荼，一名选，一名游冬。生益州川谷、山陵道旁，凌冬不死，三月三日采，干。注云：‘疑此即是今茶，一名荼，令人不眠。’”《本草注》按：“《诗》云‘谁谓荼苦’，又云‘堇荼如饴’，皆苦菜也。陶谓之苦茶，木类，非蔬流。茗，春采，谓之苦搽。”

《本草·菜部》中说：“苦菜，也叫荼，又叫选，还叫游冬。生长在益州（今四川成都）一带的河谷、山岭和道路旁边，即使经过严寒的冬天也不会冻死。每年三月三日采摘，焙干。”原书陶弘景注释道：“这或者就是今天所称的茶，又叫荼，饮用可以使人没有睡意。”苏恭《本草注》加按语说：“《诗经》上说‘谁说荼苦’，又说‘堇和荼像饴糖一样甜’，说的都是苦菜。陶弘景所说的苦茶，是木本植物的茶，而不是菜类。在春天采摘的茗，称为苦搽。”

《枕中方》：“疗积年瘘：苦茶、蜈蚣并炙，令香熟，等分，捣筛，煮甘草汤洗，以末傅之。”

《枕中方》中说：“治疗多年不愈的瘘疮，用苦茶、蜈蚣一同炙烤，使其熟透发出香气，等分成若干份，捣碎并筛成细末，煮甘草汤擦洗患处，然后再用筛出的细末外敷。”

《孺子方》：“疗小儿无故惊厥，以苦茶、葱须煮服之。”

《孺子方》中说：“治疗小孩无故的惊厥，以苦茶和葱的须根煮水服用。”

八之出

山南：以峡州上。［峡州，生远安、宜都、夷陵三县山谷。］襄州、荆州次。［襄州，生南漳县山谷；荆州，生江陵县山谷。］衡州下。［生衡山、茶陵二县山谷。］金州、梁州又下。［金州，生西城、安康二县山谷；梁州，生褒城、金牛二县山谷。］

淮南：以光州上。［生光山县黄头港者，与峡州同。］义阳郡、舒州次。［生义阳县钟山者，与襄州同；舒州，生太湖县潜山者，与荆州同。］寿州下。［盛唐县生霍山者，与衡州同也。］蕲州、黄

［译解］

按照唐代的行政区划，茶叶产地可以分为八大茶区，每个茶区中各州所产茶叶品质又可分为“上”（最好）、“次”（次之）、“下”（较差）、“又下”（又差一些）四个等级。

山南茶区：以峡州（今湖北宜昌一带）所产的为最好。［峡州茶，出产于远安、宜都、夷陵三县的山谷。］襄州（今湖北襄樊一带）、荆州（今湖北江陵一带）所产的次之。［襄州茶，出产于南漳县的山谷；荆州茶，出产于江陵县的山谷。］衡州（今湖南衡阳一带）所产品质较差。［衡州茶，出产于衡山、茶陵二县的山谷。］金州（今陕西安康一带）、梁州（今陕西汉中一带）所产的品质又差一些。［金州茶，出产于西城（今陕西安康）、安康（今陕西汉阴）二县的山谷；梁州茶，出产于褒城（今陕西汉中西北）、金牛（今陕西勉县）二县的山谷。］

淮南茶区：以光州（今河南光山、潢川、固始、商城、新县一带）所产的为最好。［光州茶，出产于光山县黄头港的，与峡州茶相同。］义阳郡（今河南信阳、罗山一带）、舒州（今安徽舒城一带）所产的品质次之。［义阳茶，出产于义阳县（今河南信阳南）钟山的，与襄州茶相同；舒州茶，出产于太湖县潜山的，与荆州茶相同。］寿州（今安徽寿县一带）所产的品质较差。［寿州茶，出产于盛唐县（今安徽六安）霍

州又下。[蕲州，生黄梅县山谷；黄州，生麻城县山谷，并与金州、梁州同也。]

浙西：以湖州上。[湖州，生长城县顾渚山中，与峡州、光州同；生山桑、儒师二坞，白茅山，悬脚岭，与襄州、荆州、义阳郡同；生凤亭山伏翼涧，飞云、曲水二寺，青岘、啄木二岭者，与寿州、衡州同；生安吉、武康二县山谷，与金州、梁州同。]常州次。[常州，义兴县生君山悬脚岭北峰下，与荆州、义阳郡同；生圈岭、善权寺、石亭山，与舒州同。]宣州、杭州、睦州、歙（shè）州下。[宣州，生宣城县鸦山，与蕲州同；太平县生上睦、临睦，与黄州同。杭州，临安、於潜二县生天目山，与

山的，与衡州所产的相同。]蕲州（今湖北蕲春一带）、黄州所产的品质又差一些。[蕲州茶，出产于黄梅县的山谷；黄州茶，出产于麻城县（今湖北麻城市）山谷的，与金州、梁州所产的相同。]

浙西茶区：以湖州（今浙江吴兴一带）所产的为最好。[湖州茶，出产于长城县（今浙江长兴）顾渚山中的，与峡州、光州所产的相同；出产于山桑、儒师二坞和白茅山、悬脚岭的，与襄州、荆州、义阳郡所产的相同；出产于凤亭山，伏翼涧，飞云、曲水二寺和青岘、啄木二岭的，与寿州、衡州所产的相同；出产于安吉、武康二县山谷的，与金州、梁州所产的相同。]常州（今江苏常州、无锡一带）所产的品质次之。[常州茶，出产于义兴县（今江苏宜兴）君山悬脚岭北峰下的，与荆州、义阳郡所产的相同；出产于圈岭、善权寺、石亭山的，与舒州所产的相同。]宣州（今安徽宣城一带）、杭州（今浙江杭州一带）、睦州（今浙江建德一带）、歙州（今安徽黄山一带）所产的品质较差。[宣州茶，出产于宣城县（今安徽宣城市）鸦山的，与蕲州所产的相同；出产于太平县上睦、临睦的，与黄州所产的相同。杭州茶，出产于临安、於潜（今浙江临安东）二县天目山的，与舒州所产的相同。杭州茶，出产于钱塘县天竺、灵隐二寺的，睦州茶，出产于桐庐县山谷的，歙州茶，出产于婺源县（今属江西）山谷的，都与衡州所产的相同。]润州（今江苏

舒州同。钱塘生天竺、灵隐二寺；睦州，生桐庐县山谷；歙州，生婺源山谷，与衡州同。］润州、苏州又下。［润州，江宁县生傲山；苏州，长洲县生洞庭山，与金州、蕲州、梁州同。］

镇江一带）、苏州所产的品质又差一些。［润州茶，出产于江宁县（今南京市江宁区）傲山的，苏州茶，出产于长洲县（今苏州吴中区）洞庭山的，都与金州、蕲州、梁州所产的相同。］

浙东：以越州上。［余姚县生瀑布岭，曰仙茗，大者殊异，小者与襄州同。］明州、婺州次。［明州，鄮（mào）县生榆筴村；婺州，东阳县东白山，与荆州同。］台州下。［台州始丰县生赤城者，与歙州同。］

浙东茶区：以越州（今浙江绍兴一带）所产的为最好。［越州茶，出产于余姚县（今浙江余姚市）瀑布岭的号称仙茗，大叶茶特别好，小叶茶与襄州所产的相同。］明州（今浙江宁波一带）、婺州（今浙江金华一带）所产的品质次之。［明州茶，出产于鄮县（今浙江宁波鄞州区）榆筴村的；婺州茶，出产于东阳县（今浙江东阳市）东白山的，都与荆州所产的相同。］台州（今浙江临海一带）所产的品质较差。［台州茶，出产于始丰县（今浙江天台）赤城山的，与歙州所产的相同。］

剑南：以彭州上。［生九陇县马鞍山、至德寺、棚口，与襄州同。］绵州、蜀州次。［绵州，龙安县生松岭关，与荆州同；其西昌、昌明、神泉县西山者并佳；有过松岭者，

剑南茶区：以彭州（今四川彭州、都江堰一带）所产的为最好。［彭州茶，出产于九陇县马鞍山至德寺和棚口镇的，与襄州所产的相同。］绵州（今四川绵阳一带）、蜀州（今四川成都一带）所产的品质次之。［绵州茶，出产于龙安县（今四川绵阳市安州区）松岭关的，与荆州所产的相同；出产于绵州所属的西昌县（今四川绵阳市安州区东南）、昌明县（今四川

不堪采。蜀州，青城县生丈人山，与绵州同；青城县有散茶、木茶。］邛（qióng）州次。雅州、泸州下。［雅州，百丈山、名山；泸州，泸川者，与金州同也。］眉州、汉州又下。［眉州，丹棱县生铁山者；汉州，绵竹县生竹山者，与润州同。］

江油）和神泉县（今四川绵阳市安州区南）连西山的都很好；过了松岭关的就不值得采摘。蜀州茶，出产于青城县（今四川都江堰市东南）丈人山的，与绵州所产的相同；青城县有散茶、木茶两种，品质尤其好。］邛州（今四川邛崃一带）所产的品质次之。雅州（今四川雅安一带）、泸州（今四川泸州一带）所产的品质较差。［雅州茶，出产于百丈山、名山的，泸州茶，出产于泸川（今四川泸州）的，都与金州所产的相同。］眉州（今四川眉山一带）、汉州（今四川广汉一带）所产的品质又差一些。［眉州茶，出产于丹棱县铁山的，汉州茶，出产于绵竹县竹山的，都与润州所产的相同。］

黔中：生思州、播州、费州、夷州。

黔中茶区：茶叶出产于思州（今贵州务川一带）、播州（今贵州遵义一带）、费州（今贵州思南、德江一带）、夷州（今贵州绥阳、凤冈一带）。

江南：生鄂州、袁州、吉州。

江南茶区：茶叶出产于鄂州（今湖北武汉一带）、袁州（今江西宜春一带）、吉州（今江西吉安一带）。

岭南：生福州、建州、韶州、象州。［福州，生闽县方山之阴也。］

岭南茶区：茶叶出产于福州（今福建闽江流域）、建州（今福建建瓯一带）、韶州（今广东曲江、韶关一带）、象州（今广西象州、武宣一带）。［福州茶，出产于闽县方山的北面。］

其思、播、费、夷、鄂、袁、吉、福、建、泉、韶、象十二州，未详，往往得之，其味

关于思州、播州、费州、夷州、鄂州、袁州、吉州、福州、建州、泉州、韶州、象州十二个州所产茶叶的具体情况，还不大了解，但是常常能得到一些上述地区所产的茶叶，经过

极佳。

品尝，其味道都非常好。

九之略

其造具，若方春禁火之时，于野寺山园，丛手而掇，乃蒸、乃舂、乃拍，以火干之，则又棨、扑、焙、贯、棚、穿、育等七事皆废。

其煮器，若松间石上可坐，则具列废。用槁薪鼎䥶之属，则风炉、灰承、炭檛、火筴、交床等废。若瞰泉临涧，则水方、涤方、漉水囊废。若五人已下，茶可末而精者，则罗合废。若援藟（lěi）跻岩，引絙（gēng）入洞，于山口炙而末之，或纸包合贮，则碾、拂末等废。既瓢、碗、筴、札、熟盂、鹾簋悉以一筥盛之，则都篮废。

但城邑之中，王公

［译解］

首先是饼茶制造工具的省略：如果正当春季寒食节禁火之时，在野外寺院和山间茶园里，大家一齐动手采摘茶叶，就地蒸熟、捣碎、拍压，用火烘烤使其干燥，然后煮饮。这样，“二之具”所列的十九种采制工具中的棨、扑、焙、贯、棚、穿、育七种就可以废而不用了。

其次是煮茶工具的省略：如果在松林间的石上可以放置茶具，那么作为摆设用具的具列就可以不用。用干柴、鼎（锅）之类烧水，那么作为生火用具的风炉、灰承、炭檛、火筴和煮茶用具的交床等就可以不用。如果在泉水或溪涧旁边，那么作为盛水和清洁用具的水方、涤方、漉水囊就可以不用。如果品茶人数在五人以下，茶叶又可以加工成精细的粉末，那么筛茶的罗合就可以不用。如果要攀藤附葛，登上山岩，或者拉着粗绳索进入山洞，事先在山口把茶烘干，研成细末，或用纸包好，或贮存在盒子里，那么作为加工工具的茶碾、拂末等就可以不用。既然把瓢、碗、竹筴、札、熟盂、鹾簋都用一个筥盛起来，那么都篮就可以不用了。

只有在城市之中，在王侯贵族之家，如果

之门，二十四器阙一，则茶废矣。

二十四种煮茶和饮茶用具中缺少了任何一件，那么品饮的雅兴就不存在了。

十之图

以绢素或四幅，或六幅，分布写之，陈诸座隅，则茶之源、之具、之造、之器、之煮、之饮、之事、之出、之略目击而存。于是，《茶经》之始终备矣。

［译解］

用白绢四幅或六幅（唐令规定一幅一尺八寸），把上述的内容分别书写在上面，陈列在座位旁边。如此，关于茶叶的起源、采制工具、制造方法、煮饮器具、煮茶方法、饮茶风俗、茶事记载、茶叶产地以及其省略方式等，就可以随时观摩，牢记心中。这样，《茶经》从头至尾就完备了。

茶录

[宋] 蔡　襄

[前序]

臣前因奏事，伏蒙陛下谕臣：先任福建转运使日，所进上品龙茶，最为精好。臣退念草木之微，首辱陛下知鉴，若处之得地，则能尽其材。昔陆羽《茶经》，不第建安之品；丁谓《茶图》，独论采造之本。至于烹试，曾未有闻。臣辄条数事，简而易明，勒成二篇，名曰《茶录》。伏唯清闲之宴，或赐观采，臣不胜惶惧荣幸之至。谨叙。

[译解]

这篇前序，是与卷末的后序相对而言的。有的版本引作《进〈茶录〉表》或《进〈茶录〉序》，前有“朝奉郎、右正言、同修起居注臣蔡襄上进”。

臣蔡襄先前因为上奏言事，承蒙陛下颁发诏谕，说臣从前担任福建路转运使的时候（事在宋仁宗庆历四年即1044年），所进贡的上品龙团茶，最为精妙。臣退朝后私下感念茶叶作为一种微不足道的草木，竟蒙陛下的知遇和品鉴，如果使其得地利之便，就可以充分发挥其材用。从前茶圣陆羽著《茶经》，没有列举建安（治今福建建瓯）茶的品第；我朝前福建路转运使兼摄北苑茶事的丁谓撰写《茶图》（当为《北苑茶录》，一作《建安茶录》。《文献通考》谓：“录其团焙之数，图绘器具，及叙采制入贡方式。”今佚），仅仅论述了茶叶采摘和制作的方法。至于茶叶烹煮品饮的方式如何，还未曾听说过有专门的记载。臣于是就罗列了几个方面，简单而易于明白，分成上、下两篇，取名叫作《茶录》。诚恳地希望陛下清闲安乐之时，能够予以观览和采纳，臣将不胜惶恐荣幸之至。臣恭谨地写下以上这些想法，作为序言。

上篇 论茶

色

茶色贵白，而饼茶多以珍膏油[去声]其面，故有青、黄、紫、黑之异。善别茶者，正如相工之视人气色也，隐然察之于内，以肉理实润者为上。既已末之，黄白者受水昏重，青白者受水鲜明。故建安人斗试，以青白胜黄白。

[译解]

宋人品茗斗茶，首重汤色。茶汤的颜色以白为贵。而当时所制的饼茶多用珍贵的油脂涂抹于表面［“油”字读去声］，所以茶饼表面有青色、黄色、紫色、黑色的差别。善于鉴别饼茶品质的人，就好像相面先生观察人的气色一样，能够隐隐约约透视到茶饼的内部，以其质地结实匀称、纹理新鲜润泽的为上品，其表面颜色则是次要的。茶饼研细成末之后，色呈黄白的，入水就会变得颜色浑浊；色呈青白的，入水之后则会变得颜色鲜明。所以建安人进行斗茶以品第茶之高下，认为青白色的茶要胜过黄白色的茶。

香

茶有真香，而入贡者微以龙脑和膏，欲助

[译解]

茶有着天然的香气，而进贡朝廷的贡茶往往用少量的龙脑调和入茶膏之中，想以此增加

其香。建安民间试茶，皆不入香，恐夺其真。若烹点之际，又杂珍果香草，其夺益甚，正当不用。

茶的香气。建安民间斗茶品茗，都不添加香料，唯恐侵夺了茶本身的天然香气。如果在烹煮点茶之际，又掺杂进去一些珍贵的果品、香草，那么其侵夺、遮蔽茶的天然香气就会更加严重，的确不应当这样做。

味

茶味主于甘滑，唯北苑凤凰山连属诸焙所产者味佳。隔溪诸山，虽及时加意制作，色、味皆重，莫能及也。又有水泉不甘，能损茶味，前世之论水品者以此。

[译解]

茶的味道的评判标准，主要是甘甜和润滑，只有建安北苑凤凰山一带的茶焙所制的贡茶味道最好。隔建溪对岸各山所产的茶叶，即便及时采摘、精心制作，然而其颜色比较浑浊、味道也比较厚重，比不上北苑凤凰山之茶。另外，有的水泉不甜，也能够损害茶的味道，前人之所以论述水泉的品质，就是因为这个缘故。

藏茶

茶宜蒻叶而畏香药，喜温燥而忌湿冷。故收藏之家，以蒻叶封裹入焙中，两三日一次用火，常如人体温，温则御湿润。若火多，则茶焦不可食。

[译解]

茶性适宜蒻叶而畏惧香药，喜欢温暖干燥而忌讳潮湿寒冷。因此，收藏茶饼的人家，用蒻叶将其封裹起来放入茶焙之中，每两三天用火烘烤一次，要经常保持如人体的温度，这样温热就可以抵御潮湿。但如果火力过大，就会使茶饼焦煳，不能饮用了。

炙茶

茶或经年，则香、

[译解]

有时，茶饼贮存达一年以上，其香气、颜

色、味皆陈。于净器中以沸汤渍之，刮去膏油一两重乃止，以钤箝之，微火炙干，然后碎碾。若当年新茶，则不用此说。

色、味道都已经陈旧。此时要把茶饼放在干净的器皿中用开水浸泡，刮去其表面一两层凝固的膏油，用茶钤夹住茶饼，文火烤干，然后碾碎成末，烹煮饮用。如果是当年的新制的茶饼，就不必用这种方法了。

碾茶

碾茶，先以净纸密裹捶碎，然后熟碾。其大要，旋碾则色白，或经宿，则色已昏矣。

[译解]

碾茶时，首先要用干净的纸把茶饼紧密地封裹起来捶碎，然后再把碎茶放进茶碾，反复压碾。碾出的茶末大体上是刚刚碾出时色泽鲜白，有时过了一夜，色泽就变得昏暗了。

罗茶

罗细则茶浮，粗则水浮。

[译解]

罗茶，就是将碾出的碎茶用茶罗筛成细末。如果茶罗过细，烹煮时茶末就会浮在水上；如果茶罗过粗，烹煮时水沫就会浮在茶上。

候汤

候汤最难。未熟则沫浮，过熟则茶沉。前世谓之“蟹眼”者，过熟汤也。沉瓶中煮之，不可辨，故曰候汤最难。

[译解]

候汤，就是观察开水的变化，把握恰当的时机投入茶末烹煮。候汤是饮茶中最难的一个环节。水温没有达到火候，投入茶末后茶就会漂浮在水面；如果超过了火候，投入的茶末就会沉底。前人所谓的“蟹眼”，就是指超过了火候的开水。况且水是放在瓶中煮的，水温的变化不易清晰分辨，所以说候汤是最难的。

熁（xié）盏

凡欲点茶，先须熁盏令热，冷则茶不浮。

[译解]

大凡想要点茶，也就是把煮好的水注入茶盏中供客人品饮，首先必须用沸水或炭火将茶盏温热，若茶盏冰冷，茶沫就不会漂浮起来。

点茶

茶少汤多则云脚散，汤少茶多则粥面聚。[建人谓之云脚粥面。] 钞茶一钱匕，先注汤，调令极匀，又添注之，环回击拂。汤上盏可四分则止，视其面色鲜白，着盏无水痕为绝佳。建安斗试，以水痕先者为负，耐久者为胜。故较胜负之说，曰“相去一水两水”。

[译解]

点茶时，茶和水要保持一定的比例，如果茶少水多，就会使云脚涣散；如果水少茶多，就会使粥面凝聚。[建州当地人称之为云脚粥面。] 用茶匙取茶末一钱放入茶盏，先注入开水调和得很均匀，再注入开水，同时用茶筅旋转搅动茶汤。茶盏中注水达到四分就停止，观察茶汤的表面颜色鲜白，紧密附着盏内没有水痕的为最好。建安人斗茶时，其决定胜负的标准，就是以先出现水痕的为负，保持很久没有水痕的为胜。所以他们比较胜负的说法，叫作“相去一水两水”。

下篇　论茶器

茶焙

茶焙，编竹为之，裹以蒻叶。盖其上，以收火也；隔其中，以有容也。纳火其下，去茶尺许，常温温然，所以养茶色、香、味也。

[译解]

茶焙，是用竹篾编织而成的烘焙茶饼的器具，内侧环衬一层蒻叶。上面有盖，以便收拢火气，不致外泄；中间隔成两层放置茶饼，以便扩大容量。下面放上炭火，与茶饼保持一尺左右的距离，使其中经常处于温暖的状态，就是为了保养茶的颜色、香气和味道。

茶笼

茶不入焙者，宜密封裹，以蒻笼盛之，置高处，不近湿气。

[译解]

没有放入茶焙烘烤的茶饼，应当用蒻叶紧密封裹，放在茶笼中盛起来，置于高处，而不要接近潮湿之气。

砧椎

砧椎，盖以碎茶。砧以木为之，椎或金或铁，取于便用。

[译解]

砧和椎，是用以捶碎茶饼的工具。砧用木头做成，椎用金或者铁制成，取其方便实用。

茶钤

茶钤，屈金、铁为之，用以炙茶。

［译解］

茶钤，是用金或者铁弯曲而制成，用于夹住茶饼进行炙烤。

茶碾

茶碾，以银或铁为之。黄金性柔，铜及鍮石皆能生鉎［音星］，不入用。

［译解］

茶碾，用银或者铁制成。黄金本性柔软，而铜和鍮石（即黄铜）都容易生锈，不能选用。

茶罗

茶罗，以绝细为佳。罗底用蜀东川鹅溪画绢之密者，投汤中揉洗，以幂之。

［译解］

茶罗，以经纬线极细的纱或绢为最好，而不是说网眼极细。罗底要用蜀地东川鹅溪画绢中特别细密的，放到开水中揉洗干净，然后罩在罗圈之上绷紧。

茶盏

茶色白，宜黑盏。建安所造者绀（gàn）黑，纹如兔毫。其坯微厚，熁之久热难冷，最为要用。出他处者，或薄或色紫，皆不及也。其青白盏，斗试家自不用。

［译解］

茶色白，所以适宜用黑色的茶盏。建安制造的茶盏黑里透红，纹理犹如兔毫，世人称之为兔毫盏。其坯胎较厚，经过烘烤后久热难冷，最适宜于饮茶之用。其他地方出产的茶盏，有的坯胎太薄，有的颜色发紫，都比不上建盏。那些青白色的茶盏，斗茶品茗的行家自然不会使用。

茶匙

茶匙要重，击拂有力。黄金为上，人间以银、铁为之。竹者轻，建茶不取。

[译解]

茶匙要有重量，这样用来击拂才会有力。以黄金制作的茶匙为最好，民间多用银、铁制作。用竹子做成的茶匙太轻，建州斗茶品茗一般不用。

汤瓶

瓶要小者，易候汤，又点茶注汤有准。黄金为上，人间以银、铁或瓷石为之。

[译解]

用于烧水的汤瓶要小一点，以便于观察开水变化的情形，而且点茶注水的时候能够把握好分寸。汤瓶以黄金制作的为最好，民间多用银、铁或者瓷石制作。

［后序］

臣皇祐中修《起居注》，奏事仁宗皇帝，屡承天问以建安贡茶并所以试茶之状。臣谓论茶虽禁中语，无事于密，造《茶录》二篇上进。后知福州，为掌书记窃去藏稿，不复能记。知怀安县樊纪购得之，遂以刊勒，行于好事者。然多舛谬。臣追念先帝顾遇之恩，揽本流涕，辄加正定，书之于石，以永其传。治平元年五月二十六日，三司使、给事中臣蔡襄谨记。

［译解］

臣在皇祐中（1049—1053）负责编修《起居注》，向仁宗皇帝上疏奏事，多次承蒙皇上垂问建安贡茶之事以及烹试饼茶的情状。臣认为谈论茶事虽然属于宫廷中语，但是不涉及朝政军机保密之事，于是编写了《茶录》上、下两篇进奉给皇上。后来臣担任福州知州，被当时的掌书记窃去了收藏的原稿，自己也不能记起原稿的内容。怀安知县樊纪设法购得了原稿，于是刊刻勒石，在喜好茶事的朋友中流传。然而，其中有很多谬误。臣追念先帝的垂顾和知遇之恩，看到先帝批阅的奏本，痛哭流涕，于是就加以订正，亲自书写并刊刻于石碑之上，以便其永远流传后世。治平元年五月二十六日，三司使、给事中臣蔡襄谨记。

东溪试茶录

[宋] 宋子安

序

建首七闽，山川特异，峻极回环，势绝如瓯。其阳多银、铜，其阴孕铅、铁。厥土赤坟，厥植唯茶。会建而上，群峰益秀，迎抱相向，草木丛条，水多黄金，茶生其间，气味殊美。岂非山川重复，土地秀粹之气钟于是，而物得以宜欤？

［译解］

建州（治今福建建瓯）为福建各州军之首（福建路转运司设置于此），山川灵秀特异他处，高峰险峻回环往复，山川走势绝禀异常，犹如一个金瓯。其南面蕴藏着丰富的银、铜等矿产，其北面则蕴藏着丰富的铅、铁等矿产。那里的土地红色而隆起，适宜种植的物产只有茶叶。会合建州诸山蜿蜒而上，这里的群峰更加秀丽，在各个山峰迎送、环抱之间，草木丛生茂盛，水中蕴藏黄金，生长于其间的茶叶，气味更为清香和美，与众不同。这一切难道不是山重水复、土地灵秀之气集中于此，而生长于其间的物产与此相适应吗？

北苑西距建安之洄溪二十里而近，东至东宫百里而遥。［焙名有三十六，东宫其一也。］过洄溪，逾东宫，则仅能成饼耳，独北苑连属诸山者最胜。北苑前枕溪流，北涉数里，茶皆气弇（yǎn）然色浊，味尤薄恶，况其远者乎？亦犹橘过淮为枳也。近蔡公作《茶录》，亦云隔溪诸

北苑是建茶生产的核心区（遗址位于今建瓯市东峰镇、小桥镇境内），西边距离建安的洄溪不足二十里，东边距离东宫（东山十四焙之第九焙，位于今政和县东平镇一带）一百里以上。［这一带的茶焙共有三十六个，东宫是其中之一。］洄溪（即西溪）以西，东宫以东，所产的茶叶只是能够加工成为茶饼罢了，只有北苑相连各个山峰所产茶叶最好。北苑这个地方，前面枕着溪流，向北边延伸数里，所产茶叶都气味深重，色泽浑浊，香味微薄粗恶，何况更远的地方呢？这也像橘过了淮河就变异成了枳一样。近来蔡襄先生编撰《茶录》，也说隔建溪对岸各山所产的茶叶，即便及时采摘、精心制

山，虽及时加意制造，色味皆重矣。

今北苑焙，风气亦殊。先春朝隮常雨，霁则雾露昏蒸，昼午犹寒，故茶宜之。茶宜高山之阴，而喜日阳之早。自北苑凤山南，直苦竹园头东南，属张坑头，皆高远先阳处，岁发常早，芽极肥乳，非民间所比。次出壑源岭，高土沃地，茶味甲于诸焙。丁谓亦云：凤山高不百丈，无危峰绝崦，而冈阜环抱，气势柔秀，宜乎嘉植灵卉之所发也。又以建安茶品甲于天下，疑山川至灵之卉，天地始和之气，尽此茶矣。又论石乳出壑岭断崖缺石之间，盖草木之仙骨。丁谓之记，录建溪茶事详备矣。至于品载，止云北苑壑源岭，及总记官私诸焙千三百三十六耳。

作，然而其颜色比较浑浊，味道也比较厚重，比不上北苑茶。

如今北苑茶焙，风气也与其他地方不一样。早春季节清晨山谷间云气氤氲，经常下雨，雨过天晴则露水蒸发雾气蒙蒙，中午时分尚有寒意，因而适宜茶树生长。茶树适合高山的阴坡，喜欢阳光普照的早晨。从北苑凤凰山南麓，一直到苦竹园头东南的地方，属于张坑头，这里地势高远，是阳光最早照到的地方，每年发芽生长常常比别处要早，茶芽汁液非常丰富，养分十分充足，不是民间普通茶叶所可比拟。其次，出于壑源岭，这里山势高耸，土地肥沃，所产茶叶是各个茶焙中最好的。丁谓《北苑茶录》也说过：凤凰山高不过百丈，也没有险峰绝壁，而是高岗土山环抱，气势阴柔秀美，适宜嘉木灵卉的生长发育。又说：建安茶叶的品质甲于天下，使人怀疑山川至灵的草木、天地中和的气韵，全都集中到茶叶上了。他还论述道：石乳出产于壑源岭的断崖缺石之间，堪称是草木的仙骨。丁谓的记录，对于建溪的茶事搜罗已经很详备了。至于说到茶叶的品类，只是说“北苑壑源岭”，并概括性地说“官私诸焙千三百三十六”罢了。近来蔡襄先生也说：只有北苑凤凰山附近各个茶焙所产的茶叶味道很好。因此，各地建茶的首品，都称作北苑。建州当地人以附近山间所产茶叶，称为壑源，其中质量上乘的也是采取壑源口南所产茶叶，都

近蔡公亦云：唯北苑凤凰山连属诸焙所产者味佳。故四方以建茶为首，皆曰北苑。建人以近山所得，故谓之壑源。好者亦取壑源口南诸叶，皆云弥珍绝。传致之间，识者以色味品第，反以壑源为疑。

说弥足珍贵。在转运流播之间，有行家以其色香味品评高下，反而怀疑壑源茶不是真正的北苑茶。

今书所异者，从二公纪土地胜绝之目，具疏园陇百名之异，香味精粗之别，庶知茶于草木，为灵最矣。去亩步之间，别移其性。又以佛岭、叶源、沙溪附见，以质二焙之美，故曰《东溪试茶录》。自东宫、西溪、南焙、北苑皆不足品第，今略而不论。

如今本书所记之不同，因为按照丁谓、蔡襄两位先生所记录的各个地点所产茶品优劣的情况，梳理茶园茶焙各种名目的变化，以及茶叶香味、精粗的区别，差不多可以知晓茶叶在草木之中，是最为灵异的。仅仅相距一亩甚至几步之地，茶叶的品性就大不相同。另外以佛岭、叶源、沙溪所产附录于后，以便比较评判北苑、壑源二茶焙的品质优良，所以书名就叫作《东溪试茶录》。东宫、西溪、南焙、北苑四周以外的地方，所产茶叶都不足以品评高下，因而略而不论。

总叙焙名

［北苑诸焙，或还民间，或隶北苑，前书未尽，今始终其事。］

［译解］

［北苑各个茶园、茶焙，有的归还民间经营，有的隶属于北苑官焙，以前文献记载未能详尽，这里历数其沿革变化，加以整理，完整记录其源流始终如下。］

旧记建安郡官焙三十有八，自南唐岁率六县民采造，大为民间所苦。我宋建隆以来，环北苑近焙，岁取上供，外焙俱还民间而裁税之。至道年中，始分游坑、临江、汾常西、濛洲西、小丰、大熟六焙，隶南剑。又免五县茶民，专以建安一县民力裁足之，而除其口率泉。

以前文献记载建安郡（即建州）共有官焙三十八个，从南唐开始每年督率六县人民采摘制造，成为当地民间的一项沉重负担。我朝太祖建隆年间（960—963）以来，临近北苑周围的茶焙，每年采取上供朝廷，以外的茶焙全部归还民间经营，征收茶税。宋太宗至道年间（995—997），才划分出游坑、临江、汾常西、濛洲西、小丰、大熟六个茶焙，隶属于南剑州（治今福建南平）。同时免除其余五县茶民的贡赋，专以建安一个县的民力进行采制上供，并免除建安县茶民的口率钱（人头税）。

庆历中，取苏口、曾坑、石坑、重院，还属北苑焉。又丁氏旧录云官私之焙千三百三十有六，而独记官焙三十二。东山之焙十有四：北苑龙焙一，乳橘内焙二，乳橘外焙三，重院四，壑岭五，谓源六，范源七，苏口八，东宫九，石坑十，建溪十一，香口十二，火梨十三，开山十四。南溪之焙十有二：下瞿一，濛

宋仁宗庆历年间（1041—1048），将苏口、曾坑、石坑、重院四个茶焙，重新隶属于北苑官焙。丁谓《北苑茶录》所说的官私茶焙一千三百三十六个，这里仅仅记录其中的官焙三十二个。东山的官焙共有十四个，分布于今建瓯东峰镇、小桥镇境内的凤凰山一带，依次是：北苑龙焙（即焙前茶焙，今东峰镇裴桥村焙前自然村）第一，乳橘内焙第二，乳橘外焙第三，重院官焙第四，壑岭官焙第五，谓源（一作渭源）官焙第六，范源官焙第七，苏口官焙第八，东宫官焙（今政和县东平镇一带）第九，石坑官焙第十，建溪官焙第十一，香口官焙第十二，火梨官焙第十三，开山官焙第十四。南溪的官焙共有十二个，分布于今建瓯西南和南平东北一

洲东二，汾东三，南溪四，斯源五，小香六，际会七，谢坑八，沙龙九，南乡十，中瞿十一，黄熟十二。西溪之焙四：慈善西一，慈善东二，慈惠三，船坑四。北山之焙二：慈善东一，丰乐二。

带，依次是：下瞿官焙第一，濛洲东官焙第二，汾东官焙第三，南溪官焙第四，斯源官焙第五，小香官焙第六，际会官焙第七，谢坑官焙第八，沙龙官焙第九，南乡官焙第十，中瞿官焙第十一，黄熟官焙第十二。西溪的官焙共有四个，分布于今流经建瓯的洄溪区域内，依次是：慈善西官焙第一，慈善东官焙第二，慈惠官焙第三，船坑官焙第四。北山的官焙共有二个，分布于今建瓯吉阳、徐墩、丰乐和建阳小湖一带，依次是：慈善东（与西溪官焙第二重复，“东”字当为误衍）官焙第一，丰乐官焙第二。

北苑[曾坑、石坑附]

建溪之焙三十有二，北苑首其一，而园别为二十五。苦竹园头甲之，鼯鼠窠次之，张坑头又次之。

苦竹园头连属窠坑，在大山之北，园植北山之阳，大山多修木丛林，郁荫相及。自焙口达源头五里，地远而益高。以园多苦竹，故名曰苦竹；以高远居众山之首，故曰园头。直西定山之隈，土石回向

[译解]

建溪的官焙共有三十二个，北苑是最重要的一个，其御茶园则分为二十五个。其中苦竹园头是最重要的一个，其次是鼯鼠窠，再次是张坑头。

苦竹园头周围的茶叶产地（窠坑），在大山的北面，而御茶园则在北山的阳坡，大山之中分布着修木丛林，绿荫浓郁，覆盖率很高。从焙口到源头五里许，地势辽阔，更加高耸。因为园中多长苦竹，故名苦竹园；又因为地势高远，居于众山之首，故名园头。一直向西是定山逶迤迂回的地方，其间土石回环像窝一样，南边泉水溪流积阴之处，有很多飞鼠出没，所以叫作鼯鼠窠。其下叫作小苦竹园。又向西到

如窠然，南挟泉流，积阴之处而多飞鼠，故曰鼯鼠窠。其下曰小苦竹园。又西至于大园，绝山尾，疏竹蓊翳，昔多飞雉，故曰雉薮窠。又南出壤园、麦园，言其土壤沃，宜辫麦也。自青山曲折而北，岭势属如贯鱼，凡十有二，又隈曲如窠巢者九，其地利，为九窠十二垅。隈深绝数里，曰庙坑，坑有山神祠焉。又焙南直东，岭极高峻，曰教练垅。东入张坑，南距苦竹带北，冈势横直，故曰坑。坑又北出凤凰山，其势中跱，如凤之首，两山相向，如凤之翼，因取象焉。凤凰山东南至于袁云垅，又南至于张坑，又南最高处曰张坑头，言昔有袁氏、张氏居于此，因名其地焉。出袁云之北，平下，故曰平园。绝岭

达大园，位于山脚之下，竹园苍翠而荫蔽，以前有很多雉鸡飞翔其间，所以叫作雉薮窠（一作鸡薮窠）。再向南是壤园、麦园，是说其土壤肥沃，适宜于大麦的生长。从青山曲折向北，山岭走势犹如一串贯穿起来的鱼儿，共有十二条岭，又有九个像窝巢一样的地方，这就是所谓的九窠十二垅。其中有山窝深达数里的，叫作庙坑，其间有供奉山神的祠庙。官焙南边一直向东，山岭极其高峻，叫作教练垅。向东进入张坑，南边与苦竹园北边相邻，山冈走势横直，所以叫作坑。张坑又北出凤凰山，其地势居中而高耸，好像是凤凰的头，又有两山相向而立，好像是凤凰的羽翼，于是依照其形象取名叫作凤凰山。从凤凰山向东南到达袁云垅，再向南到达张坑，南边最高处叫作张坑头，这是说从前有袁姓、张姓人家居住在这里，因此命名其地为袁云垅、张坑。出袁云垅的北面，地势低平，所以叫作平园。山岭的尽头，叫作西际，其东叫作东际。官焙东边的山脉，曲折回环如带，所以叫作带园。其中间的地方叫作中历坑，东边叫作马鞍山，再往东叫作黄淡窠，是说其山中生长有很多黄淡（一种类似小橘，色褐、微酸而甜的果实）。最东边是林园，再往南叫作柢园。

之表，曰西际，其东为东际。焙东之山，萦纡如带，故曰带园。其中曰中历坑，东又曰马鞍山，又东黄淡窠，谓山多黄淡也。绝东为林园，又南曰柢（dǐ）园。

又有苏口焙，与北苑不相属，昔有苏氏居之，其园别为四：其最高处曰曾坑，际上又曰尼园，又北曰官坑上园、下坑园。庆历中，始入北苑。岁贡有曾坑上品一斤，丛出于此。曾坑山浅土薄，苗发多紫，复不肥乳，气味殊薄。今岁贡以苦竹园茶充之，而蔡公《茶录》亦不云曾坑者佳。又石坑者，涉溪东北，距焙仅一舍，诸焙绝下。庆历中，分属北苑。园之别有十：一曰大番，二曰石鸡望，三曰黄园，四曰石坑古焙，五曰重

又有苏口官焙（今东峰镇杨梅村苏口自然村），与北苑不相毗连，从前有苏姓人家居住于此，其茶园又分为四：最高处叫作曾坑，边缘叫作尼园，再往北则叫作官坑，分为官坑上园、下坑园。仁宗庆历年间，才并入北苑。每年贡额有曾坑上品一斤，就是丛生于此。曾坑山势较浅，土地贫瘠，茶苗发芽多呈紫色，又不肥嫩，茶味不够醇厚。今年的贡茶就是用苦竹园茶充数，蔡襄先生《茶录》也没有说曾坑所产茶叶为佳。又有石坑官焙，涉过建溪向东北方向，相距只有一舍（三十里），这里的各个茶焙所产品质较低。庆历年间，分属于北苑官焙。其茶园又分为十：第一个叫作大番，第二个叫作石鸡望，第三个叫作黄园，第四个叫作石坑古焙，第五个叫作重院，第六个叫作彭坑，第七个叫作莲湖，第八个叫作严历，第九个叫作乌石高，第十个叫作高尾。山中生长着很多原始森林，如今成为本地茶焙取材的地方。茶园、茶焙年深岁久，如今已经废弃不开了。曾坑、

院，六曰彭坑，七曰莲湖，八曰严历，九曰乌石高，十曰高尾。山多古木修林，今为本焙取材之所。园焙岁久，今废不开。二焙非产茶之所，今附见之。

石坑二处官焙并非产茶的地方，附录于此。

壑源[叶源附]

建安郡东望北苑之南山，丛然而秀，高峙数百丈，如郛郭焉。[民间所谓捍火山也。]其绝顶西南，下视建之地邑。[民间谓之望州山。]山起壑源口而西，周抱北苑之群山，迤逦南绝，其尾岿然，山阜高者为壑源头，言壑源岭山自此首也。大山南北，以限沙溪。其东曰壑，水之所出。水出山之南，东北合为建溪。壑源口者，在北苑之东北。南径数里，有僧居曰承天，有园陇，北税官山。其茶甘香，

[译解]

壑源（一作郝源，位于今建瓯东峰镇裴桥村福源自然村）与北苑官焙一山之隔，是著名的民间私焙，为北苑御茶上贡的附纲。

建安郡（当为建安军，又称建州、建宁府）东望北苑的南山，这里群峰攒聚，风景秀美，高耸数百丈，好像城郭的外墙。[也就是当地民间所说的捍火山。]从其最高峰西南方向，可以俯瞰建州地面上的城镇村落。[民间称之为望州山。]山势缘起壑源口，向西延伸，环抱北苑的群山，连绵不断，一直向南突然断绝，其山的尾部高耸，山峰的头部高耸叫作壑源头，是说壑源岭诸山从此起首。大山以沙溪为分界，形成南北两部分。其东边叫作壑源，是溪水的发源地。其水从山的南麓流出，向东北合流为建溪。壑源口在北苑的东北部。向南经过数里远，有一个僧侣居住地叫作承天寺，这里有茶园，其北为税官山。其地所产茶叶甘香醇厚，在附近茶焙中特别突出，但受水之后却色泽浑浊，

特胜近焙，受水则浑然色重，粥面无泽。道山之南，又西至于章历。章历西曰后坑，（又）西曰连焙，南曰焙山，又南曰新宅；又西曰岭根，言北山之根也。

茶汤表面凝结的沫饽没有光泽。取道山之南麓，再向西到达章历。章历的西边叫作后坑，再往西叫作连焙，往南叫作焙山，再往南叫作新宅；再向西叫作岭根，是说这里已经到了北山的脚下了。

茶多植山之阳，其土赤埴，其茶香少而黄白。岭根有流泉，清浅可涉。涉泉而南，山势回曲，东去如钩，故其地谓之壑岭坑头，茶为胜绝处。又东，别为大窠，坑头至大窠为正壑岭，实为南山。土皆黑埴，茶生山阴，厥味甘香，厥色青白，及受水，则淳淳光泽。［民间谓之冷粥面。］视其面，涣散如粟。虽去社，芽叶过老，色益青浊，气益勃然，其止，则苦去而甘至。［民间谓之草木大而味大是也。］他焙芽叶过老，色益青浊，气益勃然，

茶叶多种植于山坡的南面，这里的土壤是红褐色的黏性土壤，所产茶叶甘香不足，色呈黄白。山脚下有清泉流淌，泉水清浅，人们可以涉水而过。涉过流泉向南方，山势回环曲折，向东延伸，其形如钩，所以其地称为壑岭坑头，所产茶叶超过其他地方很多。再往东，另有其名，叫作大窠，从坑头到大窠就是正壑岭，其实就是南山。这里的土壤都是黑色的黏性土壤，茶叶生长在山坡的北面，其味甘香醇厚，其色泽青白，到了受水之后，则呈现出光泽温润的样子。［民间称之为冷粥面。］观察其表面的沫饽，好像粟米一样涣散开来。即使过了春社（立春以后的第五个戊日）这一最佳采摘时节，芽叶过老，茶的色泽更加青明，气味更加浓烈，品饮之后，其余味苦去而甘来。［这就是民间所谓的草木大而味亦大。］其他的茶焙所产芽叶过老，就会色泽更加青浊，气味更加勃然，香气不柔和，不耐久，品饮之后，其余味甘去而苦留，这就是其间的差别了。大窠以东，山势平坦，这里叫作壑岭尾。茶叶生长其间，色泽黑

其止，则味去而苦留，为异矣。大窠之东，山势平尽，曰壑岭尾。茶生其间，色黑而味多土气。绝大窠南山，其阳曰林坑，又西南曰壑岭根，其西曰壑岭头。道南山而东，曰穿栏焙，又东曰黄际。其北曰李坑，山渐平下，茶色黄而味短。自壑岭尾之东南，溪流缭绕，冈阜不相连附。极南坞中曰长坑，逾岭为叶源。又东为梁坑，而尽于下湖。

黄而味多土气。经过大窠南山，其南面叫作林坑，再往西南叫作壑岭根，其西边叫作壑岭头。取道南山往东，叫作穿栏焙，再往东叫作黄际。其北边叫作李坑，山势逐渐平坦低下，所产茶叶色泽发黄，味道淡薄。从壑岭尾向东南走，溪流纵横缭绕，山冈不相连接。深入南坞之中，叫作长坑，越过壑岭就是叶源。再往东是梁坑，其尽头叫作下湖。

叶源者，土赤多石，茶生其中，色多黄青，无粥面粟纹而颇明爽，复性重喜沉，为次也。

叶源，其地是红色土壤，且多乱石，茶叶生长于其间，色泽多呈黄青色，受水之后茶汤表面沫饽没有粟米纹饰，颇为清洁爽口，而且茶性重浊，易于沉至盏底，所以说其质量就又次一等了。

佛岭

佛岭，连接叶源、下湖之东，而在北苑之东南。隔壑源溪水，道自章阪东际为丘坑，坑口西对壑源，亦曰壑

[译解]

佛岭，连接着叶源和下湖以东，位于北苑的东南方向。隔着壑源溪水，从章阪取道往东，其边缘就是丘坑，坑口西边与壑源相对，也叫作壑口。这里生长的茶叶色泽黄白，味道淡薄。其东南叫作曾坑［现在属于北苑］，其正东方向

口。其茶黄白而味短。东南曰曾坑［今属北苑］，其正东曰后历。曾坑之阳曰佛岭，又东至于张坑，又东曰李坑，又有硬头、后洋、苏池、苏源、郭源、南源、毕源、苦竹坑、岐头、槎头，皆周环佛岭之东南。茶少甘而多苦，色亦重浊。又有赁源［赁，音胆，未详此字］、石门、江源、白沙，皆在佛岭之东北。茶泛然缥尘色而不鲜明，味短而香少，为劣耳。

叫作后历。曾坑的南面叫作佛岭，再往东就达到张坑，继续向东叫作李坑，另外还有硬头、后洋、苏池、苏源、郭源、南源、毕源、苦竹坑、岐头、槎头等地名，都是环绕在佛岭的东南方向。这里所产的茶叶味道缺乏甘香，而多苦涩，色泽也较为重浊。又有赁源［赁，读音为“胆”（今读为 lǒng），这个字的含义不详］、石门、江源、白沙，这几个地方都在佛岭的东北方向。这里所产的茶叶受水之后，色泽带有土气，不够鲜明，味道淡薄，甘香不足，品质较差。

沙溪

沙溪去北苑西十里，山浅土薄，茶生则叶细，芽不肥乳。自溪口诸焙，色黄而土气。自龚漈（jì）南曰挺头，又西曰章坑，又南曰永安，西南曰南坑漈，其西曰砰溪。又有

［译解］

沙溪（发源于黄栀峰下，历今建瓯市小桥镇上屯村，出东峰镇东溪口村，汇入东溪）是外焙，距离北苑西边十里，山势较浅，土壤贫瘠，茶叶生长其间，芽叶细小，汁液较少。从溪口开始各个茶焙所产，色泽发黄，带有土气。从龚漈往南叫作挺头，再向西叫作章坑，再向南叫作永安，向西南叫作南坑漈，其西边叫作砰溪。另有周坑、范源、温汤漈、厄源、黄坑、

周坑、范源、温汤漈、厄源、黄坑、石龟、李坑、章坑、章村、小梨，皆属沙溪。茶大率气味全薄，其轻而浮浡(bó)，浡如土色，制造亦殊壑源者，不多留膏，盖以去膏尽，则味少而无泽也［茶之面无光泽也］，故多苦而少甘。

石龟、李坑、章坑、章村、小梨等地名，都属于沙溪。这里所产的茶叶大多气味淡薄，受水后沫饽浮于茶汤表面，看上去犹如土色，其加工方法也与壑源不同，很少保留茶叶的水分，大概是因为茶叶水分榨尽，就会使得茶味淡薄而没有光泽［也就是茶汤的表面沫饽缺乏光泽］，所以品尝起来味道多苦涩而少甘香。

茶名

［茶之名类殊别，故录之。］

茶之名有七：一曰白叶茶，民间大重，出于近岁，园焙时有之。地不以山川远近，发不以社之先后，芽叶如纸，民间以为茶瑞，取其第一者为斗茶。而气味殊薄，非食茶之比。今出壑源之大窠者六［叶仲元、叶世万、叶世荣、叶勇、叶世积、叶相］，壑源岩下一

［译解］

［建茶的名目、分类各不相同，所以分别记录如下。］

建茶名目，大体可以分为如下七类：第一类叫作白叶茶，民间特别重视，出现于近年，各个茶园、茶焙时时都有生产。其产地不论山川远近，发芽也不论春社（立春以后的第五个戊日）的前后，其芽叶像纸一样鲜白，民间认为这是茶中之祥瑞，采取其中最好者作为斗茶之用。但白叶茶的气味非常淡薄，不是一般的食茶所可比拟。现在出产于壑源大窠的白叶茶有六家［园户的姓名分别是叶仲元、叶世万、叶世荣、叶勇、叶世积、叶相］，出产于壑源岩下的有一家［园户叫作叶务滋］，出产于源头的有两家［园户的姓名分别是叶团、叶肱］，出产

[叶务滋]，源头二[叶团、叶肱]，壑源后坑一[叶久]，壑源岭根三[叶公、叶品、叶居]，林坑黄漈一[游容]，丘坑一[游用章]，毕源一[王大照]，佛岭尾一[游道生]，沙溪之大梨漈上一[谢汀]，高石岩一[云擦（jì）院]，大梨一[吕演]，砰溪岭根一[任道者]。

于壑源后坑的有一家[园户叫作叶久]，出产于壑源岭根的有三家[园户的姓名分别是叶公、叶品、叶居]，出产于林坑黄漈的有一家[园户叫作游容]，出产于丘坑的有一家[园户叫作游用章]，出产于毕源的有一家[园户叫作王大照]，出产于佛岭脚下的有一家[园户叫作游道生]，出产于沙溪之大梨漈上的有一家[园户叫作谢汀]，出产于高石岭的有一家[园户叫作云擦院]，出产于大梨的有一家[园户叫作吕演]，出产于砰溪岭根的有一家[园户叫作任道者]。

次有柑叶茶，树高丈余，径头七八寸，叶厚而圆，状类柑橘之叶。其芽发即肥乳，长二寸许，为食茶之上品。

第二类叫作柑叶茶，茶树高达一丈有余，树干直径达七八寸，芽叶肥厚而圆，形状好像柑橘的叶子。其茶芽刚刚生发就汁液丰富养分充足，长到两寸左右时就可以采摘，加工后作为食茶中的上品。

三曰早茶，亦类柑叶，发常先春，民间采制为试焙者。

第三类叫作早茶，其芽叶也类似于柑橘的叶子，常常在早春发芽，民间采制加工作为试焙的品种。

四曰细叶茶，叶比柑叶细薄，树高者五六尺，芽短而不乳。今生沙溪山中，盖土薄而不茂也。

第四类叫作细叶茶，其芽叶比柑橘的叶子细薄，茶树高的五六尺，茶芽较短，汁液较少。现在生长于沙溪的山中，大概是因为土壤贫瘠，茶树生长也不够茂盛。

五曰稽茶，叶细而厚密，芽晚而青黄。

第五类叫作稽茶，其芽叶较细，也不够厚密，一般发芽较晚，色呈青黄。

六曰晚茶，盖稽茶之类，发比诸茶晚，生于社后。

第六类叫作晚茶，大体属于稽茶之类，发芽一般比其他茶较晚，生长在春社（立春以后的第五个戊日）之后。

七曰丛茶，亦曰蘖茶，丛生，高不数尺，一岁之间，发者数四，贫民取以为利。

第七类叫作丛茶，也叫作蘖茶，茶树丛生，高者也不过数尺，一年之间多次发芽，贫民多采摘加工作为生财之道。

采茶

[译解]

[辨茶，须知制造之始，故次。]

[要辨别茶叶的好坏，必须从了解其采摘加工的开始，因而将建茶的采摘工艺要点罗列如下。]

建溪茶，比他郡最先，北苑、壑源者尤早。岁多暖，则先惊蛰十日即芽；岁多寒，则后惊蛰五日始发。先芽者，气味俱不佳，唯过惊蛰者最为第一。民间常以惊蛰为候。诸焙后北苑者半月，去远则益晚。

建溪茶叶的采摘，与其他地方相比是最早的，其中北苑、壑源所产尤其早。如果年岁气候温暖，一般在惊蛰前十日就发芽；如果年岁气候寒冷，则在惊蛰后五日才发芽。惊蛰前发芽的，加工制作的茶气味都不好，只有惊蛰过后的最好。因此当地民间常常以惊蛰作为采茶的时节。其他各个茶焙要比北苑官焙晚半月左右，距离北苑越远，采茶的时节就越晚。

凡采茶，必以晨兴，不以日出。日出露晞，为阳所薄，则使芽

大凡采茶，一定要在清晨动身，不要等到日出之后。日出之后露水蒸发，茶叶就会被阳光近距离照射，从而使得茶芽的汁液营养从内

之膏腴消耗于内，茶及受水而不鲜明，故常以早为最。凡断芽，必以甲，不以指。以甲则速断不柔，以指则多温易损。择之必精，濯之必洁，蒸之必香，火之必良，一失其度，俱为茶病。[民间常以春阴为采茶得时，日出而采，则芽叶易损，建人谓之采摘不鲜是也。]

部损耗，烹点的时候就会色泽不鲜明，所以采茶以早晨为最佳。一般来说，采茶的时候要用指甲掐断茶芽，不要用手指揉搓。用指甲就能使茶芽很快掐断，不至于损伤嫩芽，用手指则会带有体温或汗味，容易使茶芽受损。采摘的芽叶拣择一定要精心，洗濯一定要清洁，蒸芽一定要把握时机使茶味最香，焙茶一定要火力均匀，不过烈，也无烟，一旦失去最佳的标准，都称为茶病。[民间常常认为春日阴天是采茶的最佳时节，日出之后采茶，就会导致芽叶容易受损，建州人称之为采摘不鲜，就是这个道理。]

茶病

[试茶辨味，必须知茶之病，故又次之。]

芽择肥乳则甘香，而粥面着盏而不散。土瘠而芽短，则云脚涣乱，去盏而易散。叶梗半，则受水鲜白；叶梗短，则色黄而泛。[梗，谓芽之身除去白合处，茶民以茶之色味俱在梗中。]乌蒂、白合，茶之大病。不去乌

[译解]

[烹茶试茗，辨别茶味，必须了解茶叶采摘加工过程中的弊病，因此再将各种采茶、制茶的弊病罗列如下。]

采茶之时，首先要选择汁液丰富营养充足的茶芽，这样制成的茶就甘香醇厚，烹点的时候茶汤表面沫饽则着盏而不涣散。如果土地贫瘠，茶芽短瘦，烹点的时候茶汤表面沫饽则会涣乱，不会着盏且容易消散。采茶时留在芽叶上的茶梗较长，烹点的时候色泽就会鲜白；茶梗较短，烹点的时候色泽就会泛黄。[所谓茶梗，是指茶芽生长的枝头除去白合的地方，当地茶农认为茶的色泽香味都在茶梗之中。]乌蒂（茶芽摘离茶树时的蒂头部分）、白合（茶树梢

蒂，则色黄黑而恶。不去白合，则味苦涩。[丁谓之论备矣。]蒸芽必熟，去膏必尽。蒸芽未熟，则草木气存。[适口则知。]去膏未尽，则色浊而味重。受烟则香夺，压黄则味失，此皆茶之病也。[受烟，谓过黄时火中有烟，使茶香尽而烟臭不去也。压黄，谓去膏之时，久留茶黄未造，使黄经宿，香味俱失，弇然气如假鸡卵臭也。]

上萌发的对生两叶抱一小芽的茶叶），都是茶叶的弊病。如果不去掉乌蒂，就会使得茶色黄黑，质量低劣。如果不去掉白合，就会使得茶味苦涩。[关于这些，丁谓的论述已经很详备了。]另外，在蒸芽这个环节，一定要把握刚好蒸熟的时机，不能太生或太熟；在过黄这个环节，一定要把握茶中膏汁榨尽的火候。如果蒸芽不熟，就会使得草木之气存留。[品尝的时候就会感到味道浓烈。]如果茶中膏汁未能榨尽，就会使得茶色浑浊，茶味苦涩。如果制茶过程中受到烟火气的熏染，就会使其香味消散；如果过黄太久，就会使得香味流失。这些都是制茶的弊病。[受到烟火气的熏染，是说过黄的时候火中带有烟气，使得茶香消尽而烟味不散。压黄过久，是说榨去膏汁的时候，过久保留茶黄不做进一步加工，使得茶黄过夜，香味全部消失，气味就好像坏鸡蛋的味道。]

品茶要录

[宋] 黄 儒

总论

说者常怪陆公《茶经》不第建安之品，盖前此茶事未甚兴，灵芽真笋，往往委翳消腐，而人不知惜。自国初以来，士大夫沐浴膏泽，咏歌升平之日久矣。夫体态洒落，神观冲淡，唯兹茗饮为可喜。园林亦相与摘英夸异，制卷鬻新而移时之好，故殊绝之品始得自出于蓁莽之间，而其名遂冠天下。借使陆羽复起，阅其金饼，味其云腴，当爽然自失矣。

因念草木之材，一有负瑰伟绝特者，未尝不遇时而后兴，况于人乎！然士大夫间为珍藏精试之具，非会雅好真，未尝辄出。其好事者，又尝论其采制之出入，器用之宜否，较试之汤火，图于缣素，传

[译解]

谈论茶史的人们常常责备陆羽《茶经》没有论列建安茶品，这大概是因为在这以前茶事还不很兴盛，上好的茶叶往往任其枯萎腐败，自然消逝，而人们却不知道珍惜。自从北宋初年以来，士大夫承蒙皇上的恩泽，歌咏升平盛世，已经很久了。他们风度潇洒脱俗，心境清静淡泊，只有品茶这种生活艺术与之相契合，成了他们修身养性的赏心乐事。生产茶叶的园户也争相采摘上好的茶叶，不断发现新奇的品种，精心加工制造出新茶珍品，以迎合士大夫的好尚，所以，茶叶之中的珍稀绝品才得以从杂乱丛生的草木中被发现和开发出来，从此就名冠天下。假使茶圣陆羽能够从地下复生，观赏到那色泽金黄的茶饼，品味那清香馥郁的茶汤，恐怕也会感到神清气爽，进而感叹《茶经》对建茶记载的疏失。

由此使人想到，在普通的草木之中，一旦出现了瑰丽独特、新奇殊绝的名优品种，没有不遇到时机而后兴起盛行的，更何况是人呢！然而，士大夫间或有人珍藏着精致的茶具，如果不是遇到风雅之会、真茶好水，就不会轻易拿出来。而其中那些好事的人们，也曾一起讨论茶叶采摘制造过程中的成败得失，饮茶器具运用得合适与否，评论烹煮的技艺与火候，并且把这些图画于白绢之上，供世人传看赏玩，

玩于时，独未补于赏鉴之明尔。盖园民射利，膏油其面，香色品味易辨而难详。予因阅收之暇，为原采造之得失，较试之低昂，次为十说，以中其病，题曰《品茶要录》云。

只可惜缺乏关于茶叶品质的评鉴，对于提高人们的茶艺欣赏能力没有什么帮助。因为生产茶叶的园户急功近利，加工不精，甚至掺杂使假，然后用膏油涂于茶饼的表面，使其香气、成色、品级、味道有失纯正，虽易于辨别却难以详加品评。于是，我在收集和阅览有关资料的闲暇之时，为此探讨茶叶采摘制造过程中的成败得失，比较品评茶叶烹制工艺的高低，把相关问题归纳为十个方面，以求切中茶叶生产和品饮的弊病，书名就叫作《品茶要录》。

一　采造过时

茶事起于惊蛰前，其采芽如鹰爪。初造曰试焙，又曰一火。次曰二火。二火之茶，已次一火矣。其次曰三火。故市茶芽者，唯伺出于三火前者为最佳。尤喜薄寒气候，阴不至冻［芽茶尤畏霜寒，有造于一火、二火皆遇霜，而三火霜霁，则三火之茶胜矣］，曝不至暄，则谷芽含养而滋长有渐，采工亦优为矣。凡试时泛色鲜白，隐于薄

［译解］

每年的茶事活动开始于惊蛰之前，这时所采摘的茶树上初生的嫩芽就像鹰爪般大小。第一次制造茶叶叫作“试焙”，又叫作“一火”。其次叫作“二火”。“二火”所制的茶叶，已经比第一次所制的次一等了。再次叫作“三火”。所以，购买茶叶的人们，只认准出于三火之前的茶叶是最好的。尤其喜欢在微寒的气候下所采的茶叶，那时天气虽然阴冷，却还达不到冰冻的程度［初生的茶芽特别怕霜冻，有时在一火、二火制造的茶都遇上了霜冻，而三火时霜寒已经消散，因而三火所制的茶就是最好的了］，天气虽然晴朗，阳光直射，还达不到暴晒的程度，这时的茶叶，谷粒般的幼芽蕴涵着长期积存的养分，循序渐进地滋长开来，而对采制茶叶的人们来说，也是最佳的工作时机了。

雾者，得于佳时而然也。有造于积雨者，其色昏黄；或气候暴暄，茶芽蒸发；采工汗手熏渍，拣摘不给，则制造虽多，皆为常品矣。试时色非鲜白，水脚微红者，过时之病也。

凡是在烹试时泛出鲜白色泽、隐隐约约好像处于薄雾之中的茶叶，都是在最佳时节采制的好茶。有的茶叶在采制时正好遇到阴雨连绵的天气，其色泽昏暗发黄；有的茶叶在采制时遇到阳光暴晒的天气，茶芽上的水分蒸发；采茶人的汗手沾染，采来的茶叶也来不及拣择，这样采制的茶叶虽然很多，但全都是平常的品级。烹试的时候，如果茶汤不能呈现出鲜白的色泽，茶汤表面沫饽消退时在茶碗壁上留下的水痕也就是水脚微微泛红，这就是茶叶采制超过了适当的时机的弊病。

二　白合盗叶

茶之精绝者曰斗，曰亚斗，其次拣芽。茶芽，斗品虽最上，园户或止一株，盖天材间有特异，非能皆然也。且物之变势无穷，而人之耳目有尽，故造斗品之家，有昔优而今劣、前负而后胜者。虽人工有至有不至，亦造化推移，不可得而擅也。其造，一火曰斗，二火曰亚斗，不过十数镑（kuǎ）而已。拣芽则

［译解］

茶叶之中的精品、绝品叫作斗，叫作亚斗，其次叫作拣芽。在茶芽之中，斗品虽然最为上乘，但是生产茶叶的园户有的只有一株，这大概是天然茶树中非常稀有的特殊品种，不是所有的茶树都能生长出这样的茶芽。况且事物的变化是无穷无尽的，而人们的目见耳闻却是十分有限的，所以能够制造斗品的园户，有的从前产品优质而如今变得粗劣、从前产品质量低劣而如今质量优胜的。这虽然有人为的技艺到家和不到家的差别，可也是因为大自然的发展变化、时光的转换推移，不可能使某个人得以专有和垄断。茶叶的制造，一火叫作斗，二火叫作亚斗，每年仅仅生产十多镑罢了。而拣芽却不是这样，遍寻茶园山陇之间，只要选择其

不然，遍园陇中择其精英者尔。其或贪多务得，又滋色泽，往往以白合、盗叶间之。试时色虽鲜白，其味涩淡者，间白合、盗叶之病也。[一鹰爪之芽，有两小叶抱而生者，白合也。新条叶之细而色白者，盗叶也。]造拣芽常剔取鹰爪，而白合不用，况盗叶乎？

中的上好的茶芽就可以了。有的茶农为了更多地获得茶叶，又要滋润所产茶叶的色泽，往往就把白合、盗叶也掺杂进拣芽之中。这样的茶叶，在烹试的时候虽然颜色鲜白，味道却很苦涩而淡薄，这就是其中掺杂了白合、盗叶的弊病。[凡是有一个鹰爪的茶芽，有两片小叶合抱而生，就叫作白合。茶树新枝条上的叶芽初生细小，而颜色又发白的，就叫作盗叶。]采制拣芽的时候，常常要剔取鹰爪，去掉白合而不用，更何况是盗叶呢？

三　入杂

物固不可以容伪，况饮食之物，尤不可也。故茶有入他草者，建人号为“入杂”。銙列入柿叶，常品入桴槛叶。二叶易致，又滋色泽，园民欺售直而为之。试时无粟纹甘香，盏面浮散，隐如微毛，或星星如纤絮者，入杂之病也。善茶品者，侧盏视之，所入之多寡，从可知矣。向上下品有

[译解]

人们日常所用的物品，本来都不能够容忍假冒伪劣产品，何况是饮食的物品，尤其不可以容忍假冒伪劣产品。所以茶叶之中如果掺杂进其他植物叶子，建州人就把它叫作“入杂”。通常的情况是，上等的銙茶中掺杂进柿子树叶，普通的茶中加进桴槛树叶。这两种叶子很容易搞得到，又可以增加茶叶的色泽，是茶农为了欺骗客商从而卖得高价才这样做的。这种茶叶在烹试时没有粟纹和甘香的味道，盏中的茶汤表面浮散而不能凝聚，隐隐好像细细的毛发，有的则星星点点好像纤细的丝絮一般，这就是茶中入杂的弊病。善于品茶的人遇到这种情况，就把茶盏侧起来进行观察，那么茶中掺进杂叶

之，近虽铸列，亦或勾使。

的多少，就可以一目了然了。从前，通常是上品、下品茶叶中有入杂的情况，近来即使是极品的铸茶之中也有被假冒伪劣，掺进杂叶的现象。

四　蒸不熟

谷芽初采，不过盈掬而已，趋时争新之势然也。既采而蒸，既蒸而研。蒸有不熟之病，有过熟之病。蒸而不熟者，虽精芽，所损已多。试时色青易沉，味为核桃之气者，蒸不熟之病也。唯正熟者，味甘香。

[译解]

茶树枝头所发的如谷粒般的嫩芽，初次采摘，也不过采满一捧罢了，这是人们追求时尚、争竞新鲜的趋势所造成的。茶芽采摘之后就要蒸，蒸好了榨去水分（即压黄、去膏）就要进行研磨，使之成胶和状态。蒸茶时会出现火候欠缺而不熟的弊病，也会出现超越火候而过熟的弊病。如果茶叶蒸而不熟，即使是精选出来的优质茶芽，其成色也会因此而损失很多。烹试的时候茶色泛青而且容易下沉，茶味之中杂有核桃的气味，这就是没有把茶叶蒸熟所带来的弊病。只有蒸得恰到火候的茶，其味道才是甘甜清香，非常纯正的。

五　过熟

茶芽方蒸，以气为候，视之不可以不谨也。试时叶黄而粟纹大者，过熟之病也。然虽过熟，愈于不熟，甘香之味胜也。故君谟论色，则以青白胜黄白；

[译解]

把茶芽放入甑中蒸的时候，可以根据蒸气来判断火候，所以观测蒸气的大小变化，是不可以不谨慎的。烹试的时候茶叶泛黄而且粟纹较大的，就是蒸得过熟的弊病。然而，即使是蒸得过熟，还是要胜过蒸得不熟的茶叶，因为甘甜清香的味道要胜过没有蒸熟的茶。所以，蔡襄（字君谟）评论茶的色泽，就认为青白色

余论味，则以黄白胜青白。

(指没有蒸熟的茶) 要胜过黄白色 (指蒸得过熟的茶)；而我论茶的味道，就认为黄白色要胜过青白色。

六　焦釜

茶，蒸不可以逾久，久而过熟，过熟又久则汤干，而焦釜之气上升。茶工有泛新汤以益之，是致熏损而茶黄。试时色多昏红，气焦味恶者，焦釜之病也。[建人号为热锅气。]

[译解]

采摘来的茶芽，放入甑内蒸的时间不能过久，如果时间久了，超过了一定火候就会过熟，熟得时间再久了，其中的水分就会烤干，从而发出锅底焦煳的气味。有的茶工这时就往里面加进新水，这样做必然会导致烟熏之气损坏茶色，使之变黄。烹试的时候茶色多为暗红，气味焦煳难闻的，正是这种锅底焦煳的弊病。[建州人把这种气味称为热锅气。]

七　压黄

茶已蒸者为黄，黄细，则已入卷模制之矣。盖清洁鲜明，则香色如之。故采佳品者，常于半晓间冲蒙云雾，或以罐汲新泉悬胸间，得必投其中，盖欲鲜也。其或日气烘烁，茶芽暴长，工力不及，其采芽已陈而不及蒸，蒸而不及研，研或出宿而

[译解]

茶叶蒸过之后就叫作黄，茶黄研磨成细末就可以放入模具制作成茶饼了。一般说来，茶色清洁鲜明，那么香气、色泽和味道就会很好。因此，茶农为采摘到上好的佳茶，常常要在拂晓的时候顶着云雾出去进行工作，有的人还用罐汲上新鲜的泉水挂在胸间，采摘上佳的茶芽一定投入罐中，这大概是为了保持茶的新鲜。有时遇到太阳光很好，晒得热气烘烘的，茶芽疯长，而采茶的工力跟不上，他们采摘的茶芽已经放得不新鲜了，还来不及蒸，蒸过之后却来不及研磨，研磨成细末之后有时要经过一夜

后制，试时色不鲜明，薄如坏卵气者，压黄久之病也。

而后才能放入模具制作茶饼，这样制成的茶在烹试的时候色泽不鲜明，味道也稍微带有坏鸡蛋的气味，这就是所谓的压黄过久带来的弊病。

八　渍膏

茶饼光黄，又如荫润者，榨不干也。榨欲尽去其膏，膏尽则有如干竹叶之状。唯夫饰首面者，故榨不欲干，以利易售。试时色虽鲜白，其味带苦者，渍膏之病也。

［译解］

加工制作出来的茶饼，如果光亮发黄，又好像潮湿润泽的样子，就是蒸过的茶黄没有榨干膏油和水分的缘故。榨茶，就是要把其中的膏油清除干净，膏油除尽之后，茶叶就好像干竹叶的样子。只有那些为了装饰茶饼表面色泽的人，才故意不把茶叶中的膏油榨尽，以使茶饼显得色泽光莹、精致华丽，便于销售。这样制成的茶在烹试的时候色泽虽然鲜白，其味道却带有苦味，这就是渍膏之病即茶叶中含有膏油所带来的弊病。

九　伤焙

夫茶，本以芽叶之物就之卷模，既出卷，上笪（dá）焙之。用火务令通熟，即以灰覆之，虚其中，以透火气。然茶民不喜用实炭，号为冷火，以茶饼新湿，欲速干以见售，故用火常带烟焰。烟焰既多，稍失看候，以故

［译解］

茶叶，本来是芽叶形状的东西，采摘加工之后放入卷模之中，压制成团饼后取出，放在用粗竹篾编成的状如竹席的笪上用炭火烘烤。用火烘烤的时候，一定要用文火把茶饼烤得均匀透彻，通熟为度，烤好之后，随即用灰把炭火覆盖，炭火的中间要虚，从而使炭火充分燃烧，保持火温，以养茶之色香味。可是，茶农不喜欢用实炭，称之为冷火，因为刚刚制成的茶饼很潮湿，茶农都希望迅速烘烤干燥，以便于早日出售，所以烘烤时用的火都比较大，并常冒着烟和带着火

熏损茶饼。试时其色昏红，气味带焦者，伤焙之病也。

焰。这样烟雾和火焰既然很多，烘烤时稍微不留意看护守候，就会熏坏和烤煳茶饼，使得茶品的质量严重受损。烹试的时候，茶色昏暗发红，味道带有焦煳之气，这就是伤焙之病即烘烤时茶饼受熏烤过重所导致的弊病。

十 辨壑源 沙溪

壑源、沙溪，其地相背，而中隔一岭，其去势数里之远，然茶产顿殊。有能出力移栽植之，亦为土气所化。窃尝怪茶之为草，一物尔，其势必犹得地而后异，岂水络地脉偏钟粹于壑源？岂御焙占此大冈巍陇，神物伏护，得其余荫耶？何其甘芳精至而独擅天下也？观夫春雷一惊，筠笼才起，售者已担簦（dēng）挈橐（tuó）于其门，或先期而散留金钱，或茶才入笪而争酬所直，故壑源之茶常不足客所求。间其有黠猾之园民，阴取沙溪茶黄，杂

[译解]

壑源和沙溪这两个地方，地理条件正好相背，中间隔着一道山岭，其所处位置相距也不过几里远，然而所出产的茶叶却迥然不同。有人能出力把茶树从壑源移栽到沙溪，其茶性也会被当地的地理环境所同化。我也曾暗自奇怪，茶叶这种草木，不过是普通的一种植物，可是其生长之势还要得到适宜的生长环境而后有所变异，难道上好的水络地脉单单集中荟萃于壑源一地？难道是由于皇家的茶园和茶焙建在这里的高山峻岭之中，得到隐藏山中的神灵的庇护和保佑，这里的茶叶都得其余荫庇护？不然的话，这里的茶叶怎么会如此甘甜芳香、精美至极而独擅天下第一的美名呢？君不见，每年一到惊蛰时节，茶农们刚刚拿起竹筐、竹笼上山采茶，茶商们已经扛着竹担、拿着口袋来到茶农的门口等待收购茶叶了，有的商人甚至预先给各个茶农支付了订金，有的茶叶刚经过加工放在竹编的笪席上烘烤，茶商们就争着按货付酬抢购，所以壑源的茶叶常常是供不应求。于是，就有一些奸诈狡猾的茶农，暗中取来沙溪出产的茶叶蒸过的茶黄，混杂其中，放

而制之，人徒趋其名，睨其规模之相若，不能原其实者，盖有之矣。凡壑源之茶售以十，则沙溪之茶售以五，其直大率仿此。然沙溪之园民，亦勇于射利，或杂以松黄，饰其首面。凡肉理怯薄，体轻而色黄，试时虽鲜白，不能久，香薄而味短者，沙溪之品也。凡肉理实厚，体坚而色紫，试时泛杯凝久，香滑而味长者，壑源之品也。

进卷模中制成茶饼，假冒壑源茶，人们只贪图壑源茶的盛名，观察茶饼表面样子相像，而不能考究其实质和真相，不免要上当受骗而不觉，这种情况也是不少的。一般说来，壑源茶的售价为十，那么沙溪茶的售价为五，其间的价格差别大体上就是这样。然而沙溪的茶农，也勇于图谋利润，有的往茶中掺杂松黄，以便于装饰美化茶饼的外表。一般来说，分辨鉴别壑源茶和沙溪茶的方法是：大凡茶饼肉质纹理虚薄，重量轻而色泽黄，烹试的时候色泽虽然鲜白，却不能持久，香气淡薄而味道较短，就是沙溪出产的茶。大凡茶饼肉质纹理厚实，茶饼坚实而色泽发紫，烹试的时候浮在茶汤表面凝重而持久，香气醇正甘滑而味道绵长，就是壑源出产的茶。

后论

余尝论茶之精绝者，其白合未开，其细如麦，盖得青阳之清轻者也。又其山多带砂石而号嘉品者，皆在山南，盖得朝阳之和者也。余尝事闲，乘晷景之明净，适轩亭之潇洒，一取佳品尝试。既而神水生于华池，愈甘

[译解]

我曾经论述过茶中最称精华的绝品，是当茶芽合抱的两片小叶也就是白合还没有打开时，其外形细小得如同麦粒，这是因为它沐浴着春天清新的空气和温暖的阳光。另外，这些茶树生长在有许多砂石的山坡上，被称为上好佳品的茶叶，都是生长在山的南面，因为那里能够得到朝阳的清和之气。我曾经在闲暇的时候，乘着明净的日影，潇洒地来到轩亭台阁之间，取来好茶一一烹试品尝。一会儿，就觉得好似有神奇之水生于舌下，越发感到甘甜而清新，

而新，其有助乎？然建安之茶，散天下者不为少，而得建安之精品不为多。盖有得之者，亦不能辨；能辨矣，或不善于烹试；善烹试矣，或非其时，犹不善也，况非其宾乎？然未有主贤而宾愚也。夫唯知此，然后尽茶之事。昔者陆羽号为知茶，然羽之所知者，皆今所谓草茶也。何哉？如鸿渐所论“蒸笋并叶，畏流其膏”，盖草茶味短而淡，故常恐去膏；建茶力厚而甘，故唯欲去膏。又论福、建为“未详，往往得之，其味极佳”。由是观之，鸿渐未尝到建安欤？

难道是有神奇的力量在佑助吗？然而，建安的茶叶，分散行销天下四方的的确不少，可是真正能够得到建茶精品的并不为多。这是因为有人即使得到了建茶的精品，也往往分辨不出来；能够分辨出精品的，有的又往往不善于烹试；掌握了烹试的方法，有的又往往把握不好恰当的火候时宜，这样仍旧达不到最佳的效果，何况又遇到了不懂品茶的宾客呢？然而，从来就没有主人贤能而宾客愚蒙的。只有知晓了这些道理，然后才算完全掌握了品茶的知识。从前陆羽号称通晓茶事，但是陆羽所了解的都是今天所谓的草茶。为什么这样说呢？比如陆羽《茶经·二之具》中有“蒸好后的茶芽、嫩叶要分散摊开，以防止汁液流失”的说法，这大概就是因为草茶味道短、香气淡，所以常恐怕其中的膏油流失；而建安茶的味道醇厚、甘甜，所以必须去除其中的膏油。此外，陆羽论述福州、建安茶时非常简略，只是说“未能详尽，往往得到建安的茶，其味道非常好”。从这些方面来看，陆羽生前大概不曾到过建安吧？

大观茶论

[宋] 赵 佶

儒林華國古今同
吟詠飛毫醒醉中
多士作新知入彀
畫圖猶喜見文雄
臣京謹依
韻和進
明時不與有唐同
八表人歸大道中
可笑當年十八士

序

尝谓首地而倒生，所以供人之求者，其类不一。谷粟之于饥，丝枲之于寒，虽庸人孺子皆知。常须而日用，不以岁时之舒迫而可以兴废也。至若茶之为物，擅瓯闽之秀气，钟山川之灵禀，祛襟涤滞，致清导和，则非庸人孺子可得而知矣。冲澹间洁，韵高致静，则非惶遽之时可得而好尚矣。

［译解］

我曾经认为植物的根株从地下往上生长于天地之间，就是用来满足人们的各种生存需要的，所以其种类也各不相同。稻谷之类的粮食作物是供人们充饥用的，丝麻之类的经济作物是供人们御寒用的，即使是庸人和孩子也都懂得吃饭穿衣的道理。这些日常生活必需而又须臾不可或离的事情，是不会因为年景的好与坏、世道的和平和动乱而可以兴废的。至于说到茶叶这种植物，它占有浙江、福建一带地方的秀美之气，集中了山岭川流之间自然之灵性，饮茶可以使人开阔胸襟、涤除郁闷，进而精神清爽、心境平和，其中的韵味却不是庸人和孩子所能体会得到的。品饮之中那种冲和淡泊、闲静高洁，韵味高雅、情致宁静的幽趣，也是无法在生计窘迫、兵荒马乱的岁月中体味和崇尚的。

本朝之兴，岁修建溪之贡，龙团凤饼，名冠天下，而壑源之品，亦自此而盛。延及于今，百废俱举，海内晏然，垂拱密勿，幸致无为。缙绅之士，韦布之流，沐浴膏泽，薰陶德化，咸以雅尚相推，从事茗饮。故近岁以来，

自从宋朝建立以来，每年都要把福建建溪所产的茶叶作为贡品，这里所出产的龙团凤饼，美名甲于天下，而建安壑源的茶品也从此而日负盛名。发展到了今天（北宋大观年间，1107—1110），我们的国家百废俱兴，海内晏然风清，朝廷之上，君臣勤勉治国，幸而达到了无为而治、国泰民安的境地。这时，无论是缙绅之家，还是平民百姓，都沐浴着天地的恩泽，受到道德教化的熏陶，盛行高雅的生活风尚，竞相从事品茗斗茶之事。所以，近年来，人们

采择之精，制作之工，品第之胜，烹点之妙，莫不咸造其极。且物之兴废，固自有时，然亦系乎时之污隆。时或遑遽，人怀劳悴，则向所谓常须而日用，犹且汲汲营求，唯恐不获，饮茶何暇议哉！世既累洽，人恬物熙，则常须而日用者，固久厌饫（yāo）狼籍。而天下之士，励志清白，竞为闲暇修索之玩，莫不碎玉锵金，啜英咀华，较箧笥（qiè sì）之精，争鉴裁之妙，虽天下士于此时不以蓄茶为羞，可谓盛世之清尚也。	采摘和挑选茶叶之精心，制作茶叶之工巧，讲究茶叶品级之优秀，烹点品饮技巧之高妙，无不达到了登峰造极的地步。况且事物的兴废，固然有其自身发展的时令和周期，但是也不可避免地受到当时世道盛衰的影响。时局如果动荡不安，人们的身心劳苦忧惧，那么从前所谓的日常生活必需而又须臾不可或离的东西，还要疲于奔命地汲汲营求，而且唯恐谋求不得，哪里有闲暇去议论品茶之事呢！如今天下太平已久，人心平静安闲，物质生活丰富，所以那些日常生活必需而又须臾不可或离的东西早已丰足有余，甚至散乱不整，到处丢弃。而天下的士人也都砥砺志趣，刻意追求清静高雅，竞相在休闲生活中寻求精神愉悦和娱乐享受，无不用金银制成的茶碾来碾碎似美玉状的茶饼，点汤击拂，品茗斗茶，比较茶叶包装加工的精巧，争论鉴赏和裁定品级高下的奥妙，即使是地位低下的士人，也不把蓄茶品饮作为羞耻之事，饮茶真可谓是当今太平盛世清雅的风尚。
呜呼！至治之世，岂唯人得以尽其材，而草木之灵者，亦得以尽其用矣。偶因暇日，研究精微，所得之妙，后人有不知为利害者，叙本末，列于二十篇，号曰《茶论》。	唉！天下升平的至治之世，不仅仅是人们得以充分发挥其才能，就是像茶叶这样本性通灵的草木之类，也得以充分展示其功用。我偶然借着闲暇的日子，潜心研究茶道的精微，领悟到了其中的奥妙，考虑到后世之人不一定能自然通晓品饮的利害，所以我在这里详细地叙述了茶事的本末，共分为二十篇，取名为《茶论》。

地产

植产之地，崖必阳，圃必阴。盖石之性寒，其叶抑以瘠，其味疏以薄，必资阳和以发之。土之性敷，其叶疏以暴，其味强以肆，必资阴荫以节之。[今圃家皆植木，以资茶之阴。] 阴阳相济，则茶之滋长得其宜。

[译解]

种植茶树出产茶叶的地方，如果是在山崖之上，必定是朝阳的南坡；如果是在园圃之中，则必定是背阴凉爽之处。这是因为，石头的本性寒冷，植于山崖之上的茶叶生长受到抑制，显得又瘦又小，茶叶的味道也很清淡寡薄，这就必须借助和暖的阳光加以催发。而园圃之中的土地开阔，土质肥沃，茶树的芽叶生长受到催发，显得非常茂盛，茶叶的味道也很馥烈厚重，这就必须借助阴凉的树荫加以节制。[如今经营茶园的人家都在园中植树，借以给茶树遮荫。] 这样，阴阳之气相互补充，茶树的生长才能得天地之宜，茶叶的味道才能得自然之平，从而得以收获上好的佳茗。

天时

茶工作于惊蛰，尤以得天时为急。轻寒，英华渐长，条达而不迫，茶工从容致力，故其色味两全。若或时旸郁燠，芽奋甲暴，促工暴力随槁。晷刻所迫，有蒸而未及压，压而未及研，研而未及制，茶黄留渍，其色味所失已

[译解]

茶叶的采摘和加工制作开始于每年的惊蛰时节，尤其要把得天时之利也就是把握气候寒暖、阴晴变化作为最为急迫的事情。如果天气还稍微有些寒冷，茶树的芽叶便逐渐开始生长，枝条伸展得比较缓慢，茶农可以从容不迫地投入劳动，所以采制而成的茶叶，其颜色和味道两全而兼美。如果天气晴朗，比较闷热，茶树的芽叶一齐疯长，这就促使茶农在工作时奋力采摘，制作粗糙。由于时间的紧迫，有的茶叶蒸过了却来不及压黄，有的压黄了却来不及研

半。故焙人得茶天为庆。

末，有的研末了却来不及制作成型，这样，蒸过的茶黄湿润堆积留下污渍来不及处理，使得茶叶的颜色和味道已经损失了大半。所以，采制茶叶的人们都把得到天时之利作为最可庆幸的事情。

采择

撷茶以黎明，见日则止。用爪断芽，不以指揉，虑气汙熏渍，茶不鲜洁。故茶工多以新汲水自随，得芽则投诸水。凡芽如雀舌、谷粒者为斗品，一枪一旗为拣芽，一枪二旗为次之，余斯为下。茶之始芽萌，则有白合；既撷，则有乌蒂。白合不去，害茶味；乌蒂不去，害茶色。

[译解]

采茶要在黎明时分进行，等到旭日东升就要停止。采摘的时候，要用指甲掐断茶芽，而不要用手指揉搓，恐怕手上的汗气和污渍熏染，使得茶叶不新鲜、不洁净。所以，采茶的人们多把新汲来的清水带在身边，采到茶芽后就把它投进水里，以保持其新鲜清洁。一般说来，采下的茶芽如果像雀舌、谷粒般大小，便可以称为斗品，也就是可以用于斗茶的上品茶；一芽带一叶，也就是所谓的“一枪一旗”，称为拣芽；一芽带二叶，也就是所谓的“一枪二旗”，称为中芽，质量次之；其余的质量就更等而下之了。茶叶刚开始萌芽的时候，会出现一个小芽而外包较大二叶的情形，称为白合；采摘之后，则会出现带有蒂头的情形，称为乌蒂。如果不去掉白合，就会过于苦涩，损害茶味；如果不去掉乌蒂，就会过于黄黑，损害茶色。

蒸压

茶之美恶，尤系于蒸芽、压黄之得失。蒸

[译解]

茶叶品质的优劣高下，尤其决定于蒸芽、压黄这两道工序操作的得失成败。如果蒸得太

太生，则芽滑，故色清而味烈；过熟，则芽烂，故茶色赤而不胶。压久，则气竭味漓；不及，则色暗味涩。蒸芽，欲及熟而香；压黄，欲膏尽亟止。如此，则制造之功十已得七八矣。

生，茶芽就会显得过滑，因而茶汤的颜色发青，味道浓烈；如果蒸得太熟，茶芽就会显得过烂，因而茶的颜色发红，味道也缺乏醇厚绵长。至于说到压黄，如果压得过久，就会使得茶的香气消尽，味道流失；如果压得不到火候，就会使得茶的颜色发暗，味道苦涩。蒸芽这一工序的关键，就是要把握刚好蒸熟的时机，茶味最香；压黄这一工序的关键，就是要把握膏汁榨尽的火候，便果断停止。能够做到这样，那么制造茶叶的功夫，十分之中已经掌握七八分了。

制造

涤芽唯洁，濯器唯净，蒸压唯其宜，研膏唯熟，焙火唯良。饮而有少砂者，涤濯之不精也；文理燥赤者，焙火之过熟也。夫造茶，先度日晷之短长，均工力之众寡，会采择之多少，使一日造成。恐茶过宿，则害色味。

[译解]

制茶工艺要求相当严格，洗涤茶叶唯求清洁，清洗茶具唯求干净，蒸茶和压黄唯求火候掌握得当，研膏唯求水干茶熟，烘焙茶饼唯求火力均匀，不烟不烈。如果品饮时感到茶水中稍有沙尘之味，就是因为洗涤茶芽、茶具还不够精心；如果看到茶饼上的纹理干燥而发红，就是因为焙茶时火力太大而过熟。在制茶的时候，首先要考虑时间的长短，平均所用劳动力的多少，合计采摘来的茶叶的多少，从而计划在一天之内将这些茶叶制造完成。恐怕采摘下来而没有经过加工的茶叶，在那里存放一夜，将会损害其颜色和香味。

鉴辨

茶之范度不同，如

[译解]

由于制茶的范模的大小、形状、纹饰、风

人之有首面也。膏稀者，其肤蹙以文；膏稠者，其理敛以实。即日成者，其色则青紫；越宿制造者，其色则惨黑。有肥凝如赤蜡者，末虽白，受汤则黄；有缜密如苍玉者，末虽灰，受汤愈白。有光华外暴而中暗者，有明白内备而表质者，其首面之异同，难以概论。要之，色莹彻而不驳，质缜绎而不浮，举之则凝结，碾之则铿然，可验其为精品也。有得于言意之表者，可以心解。又有贪利之民，购求外焙已采之芽，假以制造；研碎已成之饼，易以范模。虽名氏、采制似之，其肤理色泽，何所逃于鉴赏哉！

格不同，加上制作工艺和制作人员操作的区别，所以制成的茶饼就像人各有其独特的面容一样。如果研磨出的茶膏比较稀，那么制成的茶饼的表面就显得收缩褶皱而有纹路；如果研磨出的茶膏比较稠，那么制成的茶饼的表面纹理就显得密集而质地厚实。当日采摘而且加工完成的，茶饼的表面颜色为青紫色；如果是隔了一夜才加工制成的，那么茶饼的表面颜色就发暗发黑。还有的茶饼看起来丰满光凝，像红蜡一样，碾出的茶末虽然很白，但一加入沸水点茶就变成黄色；有的茶饼看起来细密厚实，像苍玉一样，碾出的茶末虽然呈灰色，但一加入沸水点茶就越来越白。还有的茶饼表面看起来光洁漂亮，而中间却非常灰暗；有的茶饼里面鲜明光洁，而表面却显得很质朴。由此可见，茶饼表面形态各不相同，很难一概而论。择要而言之，茶饼的表面颜色晶莹剔透而不杂乱，质地细密厚实而不浮漂，举在手中就会感到凝结得很坚固，用茶碾碾时就会铿然有声，这样就可以验证为茶中上品了。有时可以从上述言论中得出结论，有的则需要用心去体味。近来又有一些贪图暴利之人，购买外焙已经采摘的茶芽，借以加工制造；有的则捣碎他处已经制成的茶饼，换上上品名茶的范模进行制造。虽然这些茶饼的名称和采制方法与上品名茶相似，但其表面的纹理、色泽仍然不同，这又怎么能逃过那些善于鉴赏的茶人的锐利目光呢？

白茶

白茶自为一种，与常茶不同。其条敷阐，其叶莹薄，崖林之间，偶然生出，非人力所可致。正焙之有者不过四五家，生者不过一二株，所造止于二三銙而已。芽英不多，尤难蒸焙；汤火一失，则已变而为常品。须制造精微，运度得宜，则表里昭彻，如玉之在璞，它无与伦也。浅焙亦有之，但品格不及。

［译解］

白茶风格独特，自成一种，与一般的茶叶不同。它的枝条肥嫩舒展，芽叶晶莹剔透，是在山崖丛林之中偶然生长出来的珍稀品种，并不是通过人工种植可以得到的。在官方的正焙之中，拥有这种茶树的不过四五家，每家也不过一两棵，所制造出来的白茶茶饼也不过二三銙罢了。这种白茶的芽叶不多，尤其难以进行蒸芽和焙制；汤与火的火候稍微掌握不好，就会使得这种上好的白茶一降而为平常的茶品。因此，白茶的制作必须做到精致入微，运作把握得恰到好处，这样才会使得茶叶的表里鲜明透彻，如同美玉蕴涵于璞石之中，其品质是无与伦比的。接近北苑龙焙（官焙）的民间茶焙中，偶尔也有白茶，但其品质级别都不可同日而语。

罗碾

碾以银为上，熟铁次之。生铁者，非淘炼槌磨所成，间有黑屑藏于隙穴，害茶之色尤甚。凡碾为制，槽欲深而峻，轮欲锐而薄。槽深而峻，则底有准而茶常聚；轮锐而薄，则运

［译解］

茶碾以银质的为最好，熟铁制成的次之。如果是生铁制成的茶碾，因为没有经过淘洗、锻炼、锤打、磨制而成，所以其中的缝隙和坑坑点点之处偶尔就会夹杂着一些黑铁屑，从而严重地损害茶的色泽。一般说来，制作茶碾的规范，是槽要做得又深又陡，轮要做得又锐又薄。槽做得又深又陡，碾茶的时候槽底才会有准，捶碎的茶饼才会集中在槽底；轮做得又锐

边中而槽不戛。罗欲细而面紧，则绢不泥而常透。碾必力而速，不欲久，恐铁之害色。罗必轻而平，不厌数，庶几细者不耗。唯再罗，则入汤轻泛，粥面光凝，尽茶之色。

又薄，运行在槽中就会比较自如，而且不会和槽撞击而发出声响。而制作茶罗的规范，是罗底经纬网线要细密，罗面要拉紧，这样在罗茶的时候才能使绢底不被茶泥糊住，而可以经常透气。碾茶时一定要用力，而且操作迅速，不能时间过长，恐怕时间一久茶碾上的铁气会损害茶叶的色泽。罗茶时则要动作轻缓，罗面要掌握水平，不怕反复过罗多次，这样茶的细末几乎不会有什么损耗。只有经过两次过罗的茶末，入水之后会轻轻漂起，在茶汤的表面有光泽凝聚，从而充分显现出好茶所应有的色泽。

盏

盏色贵青黑，玉毫条达者为上，取其焕发茶采色也。底必差深而微宽。底深，则茶宜立而易于取乳；宽则运筅旋彻，不碍击拂。然须度茶之多少，用盏之大小。盏高茶少，则掩蔽茶色；茶多盏小，则受汤不尽。盏唯热，则茶发立耐久。

[译解]

茶盏的颜色以青黑色为最好，以其表面纹路通达、光彩四射为上品，因为用这样的茶盏饮茶可以焕发出茶叶的色泽。茶盏的底部一定要比较深，而且稍微宽些为好。茶盏底部较深，茶就适宜于充分交融，而且便于茶汤的表面结成汤花；茶盏底部稍宽，就便于用茶筅旋转搅动茶汤，而不妨碍击拂。虽然这样，还必须度量茶叶的多少，从而决定所用茶盏的大小。如果茶盏高大而茶叶较少，就会遮盖住茶的色泽；如果茶叶较多而茶盏较小，就会使水量不足以充分融化茶末，尽现茶之真味。茶盏只有在加热的情况下，才会使茶叶充分发挥其色香味，而且持续时间较长。

筅

茶筅以箸竹老者为之，身欲厚重，筅欲疏劲，本欲壮而末必眇，当如剑脊之状。盖身厚重，则操之有力而易于运用；筅疏劲如剑脊，则击拂虽过而浮沫不生。

［译解］

茶筅，用高大粗壮的箸竹中的老竹加工而成，筅身也就是筅把要厚重，筅头也就是前端的竹帚则要稀疏有力，茶筅根部要粗壮，而末梢一定要纤细，应当像剑脊般的形状。这是因为，筅身厚重，就能在操作时感到有力，便于运用；而筅头稀疏有力，根粗末细如剑脊的形状，就会使得在击拂时即便用力过猛也不会产生浮沫。

瓶

瓶宜金银，小大之制，唯所裁给。注汤利害，独瓶之口嘴而已。瓶之口，欲差大而宛直，则注汤力紧而不散。嘴之末，欲圆小而峻削，则用汤有节而不滴沥。盖汤力紧，则发速；有节而不滴沥，则茶面不破。

［译解］

茶瓶的质地适合用金银，所煎水称为富贵汤；至于其大小规格，只有按具体需要来裁定。一般说来，茶瓶宜小，这样易于候汤，且点茶注汤有准。注汤的关键，只是取决于茶瓶口嘴的大小和形状罢了。茶瓶的口，要稍微大些，并且曲度要小些也即直一些，那么在注汤时力量就比较集中，水流不会分散。茶瓶嘴之末端，要圆小而且尖削，那么在注汤时就会有所节制，水流不会形成滴沥。这是因为，注汤时力量集中，那么茶叶的色香味就能迅速发挥出来；注汤时有所节制而不形成滴沥，那么茶盏表层的粥面就不会被破坏。

杓

杓之大小，当以可

［译解］

茶杓的大小规格，应当以可盛下一盏茶水

受一盏茶为量。过一盏，则必归其有余；不及，则必取其不足。倾杓烦数，茶必冰矣。

为适量标准。如果盛水超过了一盏，就一定要把剩余的水倒回去；如果盛水不足一盏，又必须再舀一次加以补充。这样茶水倾倒数次，那么盏中的茶就一定会冰凉了。

水

水以清轻甘洁为美。轻甘，乃水之自然，独为难得。古人品水，虽曰中泠、惠山为上，然人相去之远近，似不常得。但当取山泉之清洁者，其次，则井水之常汲者为可用。若江河之水，则鱼鳖之腥，泥泞之污，虽轻甘无取。凡用汤以鱼目、蟹眼连绎迸跃为度，过老，则以少新水投之，就火顷刻而后用。

［译解］

品评水之高下，以清澈、量轻、甘甜、洁净为美。量轻、甘甜是水的自然属性，能达到这一标准就非常难得。古人品评水，虽然说以中泠泉、惠山泉作为水中的上品，然而人们距离那里或远或近，似乎不可能经常得到这些泉水。因此，对于一般人而言，只是应当取用清澈、洁净的山泉；其次，就是经常汲取日用的井水，也可以用于品茶。至于说到江河里的水，就会有鱼鳖的腥味，泥沙的污染，即使量轻、甘甜也不能取用。一般说来，煎水以水刚烧开沸腾起泡如鱼目、蟹眼般接连不断地迸发跳跃的程度为最好。如果水开得时间过长，就把少量的新水加进去，放在火上烧一会儿然后再用。

点

点茶不一，而调膏继刻，以汤注之。手重筅轻，无粟文蟹眼者，谓之静面点。盖击拂无力，茶不发立，水乳未

［译解］

点茶的方法各不相同，但都是首先调好茶膏，延续片刻，然后再把煎好的水注进茶盏。在注汤点茶的同时，要用茶筅旋转击打和拂动茶汤，使之泛起汤花，称作击拂。如果击拂时手重而筅轻，茶汤中不起粟纹、没有蟹眼的，

浃，又复增汤，色泽不尽，英华沦散，茶无立作矣。有随汤击拂，手筅俱重，立文泛泛，谓之一发点。盖用汤已过，指腕不圆，粥面未凝，茶力已尽，云雾虽泛，水脚易生。妙于此者，量茶受汤，调如融胶，环注盏畔，勿使侵茶。势不欲猛，先须搅动茶膏，渐加击拂。手轻筅重，指绕腕转，上下透彻，如酵蘖之起面，疏星皎月，灿然而生，则茶之根本立矣。

就叫作静面点。这是因为击拂力量不足，茶叶的色香味没有发挥出来，水与茶膏未能充分融合，这时再加入水，使得茶的色泽不能全部显现出来，而茶中的精华均已消散，这样点茶就无法达到应有的效果。还有一种情况，是随着加进沸水进行击拂，手的用力和茶筅用力都很重，使得茶汤中泛起层层波纹，这就叫作一发点。这是因为点茶用水过多，击拂时手指和手腕旋转得不圆活，茶汤中粥面未能凝结，茶力已经发挥尽了，茶汤表面虽然有云雾泛起，但也容易在茶盏壁上留下水痕。精通点茶之法的茶人，都是根据茶末的多少加入开水，调成糊状，如同融化的胶，然后环绕茶盏的四壁往里倒水，而不要使水直接浇到茶膏。点茶时用力不可太猛，首先要轻轻搅动茶膏，然后逐渐加以击拂。击拂时要把握手轻而筅重的原则，手指随着手腕旋转，使得茶水充分融合，上下透彻，就像用酵母发面一样，又如晴朗的夜空中稀疏的星星点缀其间，皎洁的月光照耀四方，那么茶叶的根本属性也就发挥出来了。

第二汤自茶面注之，周回一线，急注急止。茶面不动，击拂既力，色泽渐开，珠玑磊落。

第二汤，水要从茶面上加进去，往返要保持在一条线上，快速倾注并且快速停下来。这样茶汤的表面不动，击拂又非常有力，茶的色泽就会逐渐显现出来，犹如美丽的珍珠在水中排列堆积。

三汤多寡如前，击拂渐贵轻匀，周环旋

第三汤，加水要和先前一样，击拂则要渐渐转向轻匀，四周环绕着旋转搅动，使得茶汤

复，表里洞彻，粟文蟹眼，泛结杂起，茶之色，十已得其六七。

表里清爽透彻，粟纹、蟹眼般的汤花在其中不断泛起，这样茶的色泽十成也已经达到六七成了。

四汤尚啬，筅欲转梢，宽而勿速，其清真华彩，既已焕发，云雾渐生。

第四汤，加水要少，击拂时茶筅要转用梢部，幅度较大而轻缓，这时茶的清香之味和华美之色已经完全焕发出来，云雾也渐次生成。

五汤乃可少纵筅，欲轻匀而透达，如发立未尽，则击以作之；发立已过，则拂以敛之。然后结浚霭，结凝雪，茶色尽矣。

第五汤，加水就可以稍微多些，击拂时茶筅要轻匀而透达，如果茶的色香味还没有完全发挥出来，就搅动加以促成；如果已经发挥出来了，就旋转拂动加以收敛。这样使得茶面上结成浓雾、凝成雪花，茶的色泽已经完全显现出来了。

六汤以观立作，乳点勃结，则以筅著居，缓绕拂动而已。

第六汤，加水以便观察点茶的效果，如果茶面上乳点相连并凝结起来，就将茶筅置于茶盏之中，缓慢地环绕拂动就可以了。

七汤以分轻清重浊，相稀稠得中，可欲则止。乳雾汹涌，溢盏而起，周回凝而不动，谓之咬盏。宜匀其轻清浮合者饮之。《桐君录》曰：“茗有饽，饮之宜人。”虽多不为过也。

第七汤，加水以便观察和区分茶汤中的轻重清浊，如果看到茶汤稀稠适宜，就可以停止搅动。这时的茶汤好像云雾汹涌，泡沫腾起，几乎溢出茶盏，而在茶盏的四周凝结不动，这就叫作咬盏。在这种情况下，就应该把其中轻清浮合的沫饽均给众人饮用。《桐君录》上说：“茶汤上有一层浮沫，喝了它对人很有益处。”即使多喝了也不为过量。

味

夫茶以味为上，香

[译解]

茶的优劣高下，以味道最为重要。清香、

甘重滑为味之全，唯北苑壑源之品兼之。其味醇而乏风骨者，蒸压太过也。茶枪，乃条之始萌者，木性酸；枪过长，则初甘重而终微涩。茶旗，乃叶之方敷者，叶味苦；旗过老，则初虽留舌而饮彻反甘矣。此则芽镑有之，若夫卓绝之品，真香灵味，自然不同。

甘甜、厚重、润滑四个方面，包括了茶味的全部内涵，只有北苑壑源的茶品可以兼而有之。那种味道醇香却缺乏劲道的茶，是因为在加工时蒸压太过了。茶枪，是茶树枝条上最早萌发出的嫩芽，树木有酸性；嫩芽过长，品饮起来就会开始感到甘甜厚重而最后微微发涩。茶旗，是茶树刚刚长出的嫩叶，茶之叶味苦；茶旗过老，品饮起来就会开始感到味苦而最后反觉甘甜。这种情况，普通的茶镑有时会出现，至于那些优秀的珍品茶饼，具有醇正的真香灵味，自然就不同了。

香

茶有真香，非龙麝可拟。要须蒸及熟而压之，及干而研，研细而造，则和美具足。入盏，则馨香四达，秋爽洒然。或蒸气如桃仁夹杂，则其气酸烈而恶。

[译解]

茶叶自有其真正的香味，不是龙脑、麝香等高级香料所可比拟的。而要使茶叶具备这种真香，就必须在制茶的每一个环节都精益求精，茶芽蒸到刚好熟的程度进行压黄；待茶中的水分和膏汁祛除干净之后，再把它研磨成细末；研磨成细末之后，将呈胶糊状态的茶膏注入各式各样的茶模内，制造成茶饼。这样制造的茶就会平和味美、真香具足。放入茶盏之后，就会馨香四溢，就像秋天的气候一样清爽宜人。有的茶叶在蒸芽的时候气味像夹杂着桃仁似的混淆不纯，那么在品饮时的味道就会酸烈而难闻。

色

点茶之色，以纯白色为上，真青白为次，灰白次之，黄白又次之。天时得于上，人力尽于下，茶必纯白。天时暴暄，芽萌狂长，采造留积，虽白而黄矣。青白者，蒸压微生；灰白者，蒸压过熟。压膏不尽则色青暗，焙火太烈则色昏赤。

［译解］

点茶所形成的汤色，以纯白色为最好，青白色为次一等，灰白色又次一等，黄白色再次一等。采摘茶叶时，要上得天时，而在制作加工时，则要下尽人力，这样制成的茶就一定是纯白色的上品。如果惊蛰前后天气暴热，茶芽萌发后就疯长，采茶和制茶的过程中又有滞留和积压，那么即使茶的本色是白的，也会变黄了。汤色呈青白色，是因为在蒸芽和压黄时稍欠火候，生了一点；汤色呈灰白色，是因为在蒸芽、压黄时过了火候，熟了一些。如果在压黄、去膏时茶中的水分和膏汁没有祛除干净，点茶时汤色就会发青发暗；如果在焙茶时火力过大，点茶时汤色就会发昏发红。

藏焙

数焙则首面干而香减，失焙则杂色剥而味散。要当新芽初生，即焙以去水陆风湿之气。焙用熟火置炉中，以静灰拥合七分，露火三分，亦以轻灰糁覆。良久，即置焙篓上，以逼散焙中润气，然后列茶于其中，尽展角焙之，

［译解］

如果烘焙次数过多，就会使茶饼表面干燥而且香味减少；如果烘焙不足，就会使茶饼表面颜色驳杂而且香味消散。正确的烘焙方法，是要在每年茶叶新芽初生的时候就烘焙一次，以除去水中或陆上的风湿潮气。烘焙时把烧红的炭火放到炉中，用火灰掩盖住七分，留三分露出炭火，也要用轻灰撒落在上面。经过一段时间，就把焙篓置于火炉之上，以便驱散焙篓中的潮气，然后再把茶饼平铺在焙篓中，尽量让烘焙达到每一个角落，不可让部分茶饼被遮

未可蒙蔽，候火速彻覆之。火之多少，以焙之大小增减。探手炉中，火气虽热而不至逼人手者为良。时以手挼茶体，虽甚热而无害，欲其火力通彻茶体尔。或曰：焙火如人体温，但能燥茶皮肤而已，内之湿润未尽，则复蒸暍矣。焙毕，即以用久竹漆器中缄藏之；阴润勿开，如此终年再焙，色常如新。

蔽而烘烤不到，等到一定火候就把炭火彻底覆盖住。用火的大小多少，根据焙篓的大小决定增减。焙茶时，把手探进焙炉中，以火气虽然很热，却不至于烫手的程度为正好。烘焙中不时地用手搓摩茶饼，其表面即使很热也不会有什么害处，只是要让火力把整个茶饼内外都烘烤透彻罢了。有人说：焙茶的火力如同人的体温，只能烘干茶饼的表面罢了，茶饼内部的湿润之气未能去尽，就需要再次烘焙。焙茶完毕之后，当即把茶饼放进已经使用过很久的竹器或漆器中密封收藏起来；阴冷潮湿的天气时不要打开，这样满一年就再烘焙一次，使茶饼的颜色保持常新。

品名

名茶，各以所产之地。如叶耕之平园、台星岩，叶刚之高峰、青凤髓，叶思纯之大岚，叶屿之屑山，叶五崇林之罗汉山、水桑芽，叶坚之碎石窠、石臼窠［一作穴窠］，叶琼、叶辉之秀皮林，叶师复、师贶（kuàng）之虎岩，叶椿之无双岩

［译解］

茶叶的命名，各按其所产之地而取。例如建安北苑园户叶耕的平园、台星岩，叶刚的高峰、青凤髓，叶思纯的大岚，叶屿的屑山，叶五崇林的罗汉山、水桑芽，叶坚的碎石窠、石臼窠［也叫作穴窠］，叶琼、叶辉的秀皮林，叶师复、叶贶的虎岩，叶椿的无双岩芽，叶懋的老窠园。这些叶姓园户所产的名茶各自有其独具的美味，总称为叶家白，简称叶白，别称叶团，享有盛名，不曾混淆，这里无法一一列举出来。后来各地不同品种的茶叶争相出售，有的还互相窃用其名，交相混杂，真假难辨，岂

芽，叶懋（mào）之老窠园。诸叶各擅其美，未尝混淆，不可概举。后相争相鬻，互为剥窃，参错无据，不知茶之美恶者，在于制造之工拙而已，岂岗地之虚名所能增减哉！焙人之茶，固有前优而后劣者，昔负而今胜者，是亦园地之不常也。

不知茶叶的名声好坏，只是在于制茶时加工的精巧与拙劣罢了，难道是凭借产茶的山岗和地区的虚名就能增减的吗！制茶工人生产出来的茶，本来就有先前品质优良而后来品质低劣的，或者是先前品质低劣而后来品质提高的，这也就是说仅靠产茶园地本身是不能保持名茶品质一成不变的。

外焙

世称外焙之茶脔（luán）小而色驳，体耗而味淡，方之正焙，昭然可别。近之好事者，箧笥之中，往往半之蓄外焙之品。盖外焙之家，久而益工；制造之妙，咸取则于壑源。效像规模，摹外为正。殊不知其脔虽等而蔑风骨，色泽虽润而无藏畜，体虽实而缜密乏理，味虽重而涩滞乏香，何所逃乎外焙哉？

[译解]

世人所称的外焙制造的团茶，茶块较小并且茶色驳杂不纯，茶饼昏暗并且味道很淡，比起北苑正焙制造的龙凤团茶，差别非常明显，完全可以分辨和鉴别。近年来有一些好事的人们，他们盛茶的容器之中，往往贮藏有一半外焙所制造的茶。这是因为外焙之家，仿制正焙的茶时间长了，制法越来越精巧；制作方法的奥妙，都是取法于壑源的官焙。他们仿效正焙的制茶模具，从而使得外焙的产品模拟接近于正焙的制品。可是，殊不知茶饼的外形虽然一样，却没有正焙茶的风骨；色泽虽然滋润，却没有内在蕴涵的韵味；茶饼本身虽然结实，却没有缜密的纹理；味道虽然很厚重，却滞留有涩味而缺乏清香。有以上这些差异，又怎么能

虽然，有外焙者，有浅焙者，盖浅焙之茶，去壑源为未远，制之能工，则色亦莹白，击拂有度，则体亦立汤，唯甘重香滑之味，稍远于正焙耳。至于外焙，则迥然可辨。其有甚者，又至于采柿叶、桴榄之萌，相杂而造。味虽与茶相类，点时隐隐如轻絮泛然，茶面粟文不生，乃其验也。桑苎翁曰："杂以卉莽，饮之成病。"可不细鉴而熟辨之？

掩盖外焙所制的事实呢？即便如此，其中还有不同，有外焙制造的，也有浅焙制造的。因为浅焙所产的茶，与壑源官焙茶园相距不远，如果制作能够工巧，那么茶色也可以达到晶莹洁白；如果击拂得当，那么也能在茶汤中形成沫饽。只是甘甜厚重、清香润滑的味道，比起正焙所制的茶稍逊一筹罢了。至于外焙所制造的茶，就相差很远，可以明显地分辨出来。更有甚者，有的外焙还制造假冒伪劣产品，采集柿树叶和桴树、榄树的嫩芽，掺杂在一起制成茶饼。味道虽然与茶叶相似，点茶时隐隐约约好像轻絮漂浮在茶汤表面，没有粟纹生成，这就是检验茶叶真假的证据。桑苎翁陆羽说过："茶叶之中掺杂草木叶子，人们饮用之后就会生病。"怎么可以不仔细地加以鉴别和反复认真地进行辨识呢？

宣和北苑贡茶录

［宋］熊　蕃

[沿革]

陆羽《茶经》、裴汶《茶述》，皆不第建品。说者但谓二子未尝至闽［继壕按：《说郛》“闽”作“建”。曹学佺《舆地名胜志》：“瓯宁县云际山在铁狮山左，上有永庆寺，后有陆羽泉，相传唐陆羽所凿。宋杨亿诗云‘陆羽不到此，标名慕昔贤’是也。”］，而不知物之发也，固自有时。盖昔者山川尚閟(bì)，灵芽未露。至于唐末，然后北苑出为之最。［继壕按：张舜民《画墁录》云：“有唐茶品，以阳羡为上供，建溪北苑未著也。贞元中，常衮为建州刺史，始蒸焙而研之，谓研膏茶。”顾祖禹《方舆纪要》云：“凤凰山之麓名北苑，广二十里，旧

[译解]

唐代陆羽的《茶经》、裴汶的《茶述》都不曾评定建州的茶品。评论者只是说两位先贤未曾到过闽地［汪继壕按语：《说郛》本“闽”写作“建”。明代曹学佺《舆地名胜志》记载：“瓯宁县云际山位于铁狮山的左边，山上建有永庆寺，寺后有陆羽泉，民间相传为唐代陆羽所凿。宋代诗人杨亿诗中所咏的‘陆羽不到此，标名慕昔贤’，指的就是这种情况。”］，却不知道万物的生发，本来都有其一定的时节。大概从前建州山川比较偏远闭塞，灵草仙芽尚未显露其风采从而显名于世。到了唐代末年之后，建州北苑茶品方为世所知，成为茶中极品。［汪继壕按语：宋代张舜民《画墁录》记载：“唐代的茶叶品种，以阳羡顾渚紫笋作为贡茶上品，建溪北苑茶尚未出名。唐德宗贞元年间（785—805），常衮担任建州刺史，才开始蒸焙制造，因为采用研茶工艺，故称研膏茶。”清初顾祖禹《读史方舆纪要》记载：“凤凰山的山麓叫作北苑，方圆二十里。当地旧志记载：五代闽国惠宗王延钧龙启年间（933—934），当地人张廷晖以其所居住的北苑适宜种茶，献与官府，北苑才开始知名。”北宋沈括《梦溪笔谈》记载：“建溪产茶最好的地方叫作郝源、曾坑，其中又以岔根、山顶两个品种尤其著名，南唐李氏在位时，将这个产茶区域命名为北苑，设置转运

经云：伪闽龙启中，里人张廷晖以所居北苑地宜茶，献之官，其地始著。”沈括《梦溪笔谈》云：“建溪胜处曰郝源、曾坑，其间又岔根、山顶二品尤胜，李氏时号为北苑，置使领之。”姚宽《西溪丛语》云：“建州龙焙面北，谓之北苑。”《宋史·地理志》：“建安有北苑茶焙龙焙。”宋子安《试茶录》云：“北苑西距建安之洄溪二十里，东至东宫百里。过洄溪，逾东宫，则仅能成饼耳。独北苑连属诸山者最胜。”蔡絛《铁围山丛谈》云：“北苑龙焙者，在一山之中间，其周遭则诸叶地也。居是山，号正焙。一出是山之外，则曰外焙。正焙、外焙，色香迥殊。此亦山秀地灵所钟之，有异色已。

使司掌管采制贡茶之事。”南宋姚宽《西溪丛语》记载：“建州龙焙坐南面北，称为北苑。”《宋史·地理志》记载：“建安有北苑茶焙，也叫作龙焙。”宋子安《东溪试茶录》记载：“北苑西边距离建安的洄溪不足二十里，东边距离东宫（东山十四焙之第九焙，位于今政和县东平镇一带）一百里以上。洄溪（即西溪）以西，东宫以东，所产的茶叶只是能够加工成为茶饼罢了。只有北苑相连各个山峰所产茶叶最好。”宋代蔡絛《铁围山丛谈》记载：“北苑龙焙，在一座大山中间，其周围都是叶姓各家的土地。位于山中的茶焙，称为正焙。一出此山之外，就称为外焙。正焙和外焙制造的茶，色香味相差悬殊。这也是由于山川的钟灵毓秀，从而形成迥异的特色。龙焙，又叫作官焙。”］当时，蜀国文臣毛文锡撰写的《茶谱》［汪继壕按语：吴任臣《十国春秋》记载：“毛文锡字平珪，河北高阳人，唐代进士，跟随前蜀高祖王建，官至文思殿大学士，拜司徒。后贬任茂州司马。著有《茶谱》一卷。”《说郛》本写作“王文锡”，《文献通考》写作“燕文锡”，宋代谢维新《古今合璧事类备要》和明代彭大翼《山堂肆考》写作“毛文胜”，明代陈耀文《天中记》则把“茶谱”写作“茶品”，这些都是错误的］，也只是说建州有紫笋茶。［汪继壕按语：宋代乐史《太平寰宇记》说建州土贡有茶，并引《茶经》（当为《茶谱》）说：“建州（当为

龙焙又号官焙。"］是时，伪蜀词臣毛文锡作《茶谱》［继壕按：吴任臣《十国春秋》："毛文锡，字平珪，高阳人，唐进士，从蜀高祖，官文思殿大学士，拜司徒。贬茂州司马。有《茶谱》一卷。"《说郛》作"王文锡"，《文献通考》作"燕文锡"，《合璧事类》《山堂肆考》作"毛文胜"；《天中记》"茶谱"作"茶品"，并误］，亦第言建有紫笋。［继壕按：乐史《太平寰宇记》云建州，土贡茶。引《茶经》云："建州方山之芽及紫笋，片大极硬，须汤浸之，方可碾，极治头痛，江东老人多味之。"］而腊面乃产于福。五代之季，建属南唐。［南唐保大三年，俘王延政，而得其

福州）方山的露芽和紫笋，叶片很大，制成的茶饼非常坚硬，需要用热水浸渍方可碾碎，这种茶对于治疗头痛效果很好，江东一带的老人多有饮用。"］而腊面茶乃是出产于福州地区。五代末年，建州地区属于南唐。［原注：南唐中主李璟保大三年（945），乘闽国内乱出兵俘虏闽主王延政，据有建、汀、漳三州之地。］南唐每年派官员督率诸县民众，到北苑采茶，起初制造研膏茶，继而制造腊面茶。［原注：晋国公丁谓《北苑茶录》记载泉州老和尚清锡，已经八十四岁高龄，曾经以其所得南唐国主李璟所寄的研膏茶让我看，相隔两年后才得到腊面茶，这就是实证。到了宋仁宗景祐年间（1034—1038），监察御史丘荷撰《御泉亭记》则说："唐末，诏令福建停止进贡橄榄，只保留进贡腊面茶，可见腊面茶出产于建州，是很清楚的。"丘荷不知道腊面的称号始于福州，其后建州才开始制造。按诸《唐书·地理志》的记载，福州进贡的贡品有茶叶及橄榄，建州只进贡丝绸，未曾进贡茶叶。可见前面所说的停止进贡橄榄，只保留进贡腊面茶，都是指的福州。宋仁宗庆历初年，林世程撰《闽中记》，说福州茶叶出产于闽县十里，而且说到从前建州茶叶尚未兴盛，只有建州本地有人饮用，如今则福建当地人民都饮用建州茶叶。林世程的说法，大体符合当时的实际情况。而丁谓所记载的腊面茶起源于南唐，就是指的建州茶叶。］不久以后，［汪继

地。] 岁率诸县民，采茶北苑，初造研膏，继造腊面。[丁晋公《茶录》载泉南老僧清锡，年八十四，尝示以所得李国主书寄研膏茶，隔两岁，方得腊面，此其实也。至景祐中，监察御史丘荷撰《御泉亭记》，乃云“唐季，敕福建罢贡橄榄，但贽腊面茶，即腊面产于建安明矣”。荷不知腊面之号始于福，其后建安始为之。按唐《地理志》：福州贡茶及橄榄，建州唯贡綀(shū)练，未尝贡茶。前所谓罢贡橄榄，唯贽腊面茶，皆为福也。庆历初，林世程作《闽中记》，言福茶所产在闽县十里，且言往时建茶未盛，本土有之，今则土人皆食建茶。世程之说，盖得其实。而晋公所记腊面起于南唐，壕按语：原本“又”写作“有”，根据《说郛》《天中记》《广群芳谱》改正。] 又制造上品腊面茶，称为京铤。[原注：以其形状如上贡的神金、白金的模型。]

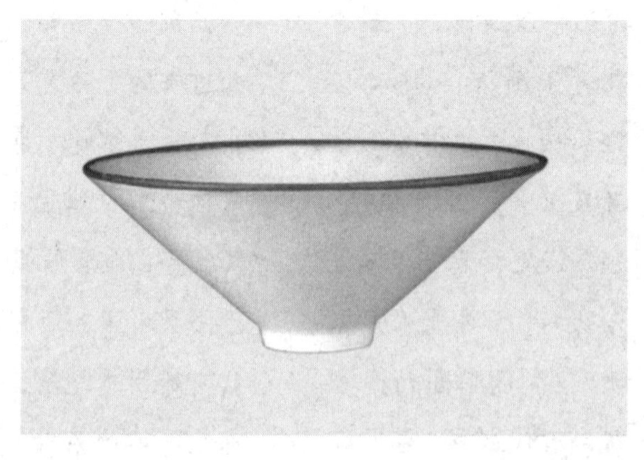

乃建茶也。］既又［继壕按：原本“又”作“有”，据《说郛》《天中记》《广群芳谱》改］制其佳者，号曰京铤。［其状如贡神金、白金之铤。］

圣朝开宝末，下南唐。太平兴国初，特置龙凤模，遣使即北苑造团茶，以别庶饮，龙凤茶盖始于此。［按：《宋史·食货志》载：“建宁腊茶，北苑为第一。其最佳者曰社前，次曰火前，又曰雨前，所以供玉食，备赐予，太平兴国始置。大观以后，制愈精，数愈多，铸式屡变，而品不一。岁贡片茶二十一万六千斤。”又《建安志》：“太平兴国二年，始置龙焙，造龙凤茶，漕臣柯适为之记云。”］［继壕按：祝穆《事文类聚·续集》云：“建

宋太祖开宝末年，宋朝收复南唐。宋太宗太平兴国（976—984）初年，特别制成龙凤形状的茶模，派遣使臣前往北苑制作团茶，以别于民间的茶品，这大概就是龙凤御茶的开始。［四库馆臣按语：《宋史·食货志》记载：“建宁府所出产的腊茶，以北苑为第一。其中最好的叫作社前茶，其次叫作火前茶，再次叫作雨前茶，都是用来进奉宫廷御用，或备作赏赐之用。宋太宗太平兴国年间开始设置官司采办。宋徽宗大观年间之后制造更为精致，数量也越来越多，团饼的样式多次变化，品色也变动不一。每年进贡片茶二十一万六千斤。”另据《建安志》记载：“太平兴国二年（977），开始设置北苑龙焙，监造龙凤茶，福建路转运使柯适曾为之刻石纪事。”］［汪继壕按语：南宋祝穆《事文类聚·续集》记载：“建安北苑贡茶开始于宋太宗太平兴国三年。”］

安北苑始于太宗太平兴国三年。”]

又一种茶，丛生石崖，枝叶尤茂。至道初，有诏造之，别号石乳。［继壕按：彭乘《墨客挥犀》云：“建安能仁院有茶生石缝间，寺僧采造，得茶八饼，号石岩白，当即此品。”《事文类聚·续集》云：“至道间，仍添造石乳、腊面。”而此无腊面，稍异。］又一种号的乳。［按：马令《南唐书》：嗣主李璟“命建州茶制的乳茶，号曰京铤。腊茶之贡自此始，罢贡阳羡茶”。］［继壕按：《南唐书》事在保大四年。］又一种号白乳。盖自龙凤与京［继壕按：原本脱“京”字，据《说郛》补］、石、的、白四种继出，而腊面降为下矣。［杨文公

另有一种茶，丛生于石崖之上，枝叶特别茂盛。宋太宗至道初年，有诏令采制，另外命名为石乳。［汪继壕按语：宋代彭乘《墨客挥犀》记载：“建安能仁院中有茶树生于石缝之间，寺中僧人采摘制造成八饼团茶，命名为石岩白，应当就是这种石乳茶。”《事文类聚·续集》记载：“宋太宗至道年间，诏令继续增加制造石乳茶、腊面茶。”这里的记载没有腊面茶，稍有不同。］还有一种叫作的乳。［四库馆臣按语：宋代马令《南唐书》记载：南唐继位之君李璟“诏令建州采制的乳茶，叫作京铤，腊茶的进贡从此开始，同时废罢了阳羡的贡茶”。］［汪继壕按语：《南唐书》所记之事，在南唐中主李璟保大四年（946）。］此外还有一种叫作白乳。大约从龙凤茶与京铤［汪继壕按语：原本脱漏“京”字，根据《说郛》本补正］、石乳、的乳、白乳四种茶品相继推出之后，腊面茶的地位就下降了，成为下品。［原注：杨亿《杨文公谈苑》记载，龙茶是专供天子品饮以及赏赐执政大臣、亲王、长公主，其余的皇族、学士、将帅则获赐凤茶，舍人、近臣则获赐京铤、的乳，而白乳则赏赐馆阁臣僚，只有腊面不在赐品之列。］［四库馆臣按语：《建安志》征引《杨文公谈苑》记载：“京铤、的乳用来赏赐舍人和近臣，白乳、的乳则赏赐馆阁臣僚。”怀疑

亿《谈苑》所记，龙茶以供乘舆及赐执政、亲王、长主，其余皇族、学士、将帅皆得凤茶，舍人、近臣赐金铤、的乳，而白乳赐馆阁，唯腊面不在赐品。］［按：《建安志》载《谈苑》云："京铤、的乳赐舍人、近臣，白乳、的乳赐馆阁。"疑"京铤"误"金铤"，"白乳"下遗"的乳"。］［继壕按：《广群芳谱》引《谈苑》与原注同。唯原注内"白茶赐馆阁，唯腊面不在赐品"二句，作"馆阁白乳"。龙凤、石乳茶，皆太宗令罢。"金铤"正作"京铤"。王巩《甲申杂记》云："初贡团茶及白羊酒，唯见任两府方赐之。仁宗朝及前宰臣，岁赐茶一斤、酒二壶，后以为例。"《文

"京铤"误为"金铤"，"白乳"之后遗漏"的乳"。］［汪继壕按语：《广群芳谱》征引《杨文公谈苑》文字与原注相同。只是原注中"白茶赏赐馆阁臣僚，只有腊面不在赐品之列"这两句，写作"馆阁白乳"。龙凤茶、石乳茶都是宋太宗诏令废罢。"金铤"正确的说法是"京铤"。宋代王巩《甲申杂记》记载："当初进贡龙凤团茶和白羊酒，只有现任的中书门下和枢密院两府大臣才获赏赐。到仁宗朝才惠及前任宰相，每年赐茶一斤、酒两壶，以后相沿为例。"《文献通考·征榷考》榷茶条记载："大凡茶有两类，叫作片茶、散茶，其名色有龙团、凤团、石乳、的乳、白乳、头金、腊面、头骨、次骨、末骨、粗骨、山铤十二等，作为岁贡及国家用度。"原注中说："龙团、凤团都是团饼茶，石乳、的乳都是较窄的团饼，称为京铤、的乳的，也有比较宽的团饼，白乳以下各品都是较为宽的团饼。"］

献通考》榷茶条云："凡茶有二类，曰片，曰散，其名有龙、凤、石乳、的乳、白乳、头金、腊面、头骨、次骨、末骨、粗骨、山铤十二等，以充岁贡及邦国之用。"注云："龙、凤皆团片，石乳、的乳皆狭片，名曰京、的乳，亦有阔片者，白乳以下皆阔片。"]

盖龙凤等茶，皆太宗朝所制。至咸平初，丁晋公漕闽，始载之于《茶录》。[人多言龙凤团起于晋公，故张氏《画墁录》云："晋公漕闽，始创为龙凤团。"此说得于传闻，非其实也。] 庆历中，蔡君谟将漕，创造小龙团以进，被旨仍岁贡之。[君谟《北苑造茶诗》自序云："其年改造上品龙茶，二十八片才一斤，尤极精妙，被

以上所说的龙凤茶及京铤、石乳、的乳、白乳等茶品，大抵都是宋太宗朝所制造的。到宋真宗咸平初年，晋国公丁谓出任福建路转运使时，才记录到所著的《北苑茶录》一书中。[原注：人们大多认为龙凤茶源于丁谓，所以张舜民《画墁录》上说："晋国公丁谓任福建路转运使，开始创制龙凤团茶。"这种说法得之于传闻，并非历史事实。] 宋仁宗庆历年间，蔡襄任福建路转运使，创制小龙团茶上贡朝廷，因甚得皇帝喜爱，奉旨此后年年贡奉。[原注：蔡襄《北苑造茶诗》自序说："当年改造上品龙茶，二十八片才重一斤，尤为精妙，奉旨仍每岁上贡。"欧阳修《归田录》也说："茶中上品，没有比龙凤团饼更珍贵的了，称为小团，二十八片才重一斤，价值黄金二两。然而黄金易得，

旨仍岁贡之。”欧阳文忠公《归田录》云：“茶之品，莫贵于龙凤，谓之小团，凡二十八片，重一斤，其价直金二两。然金可有，而茶不可得。尝南郊致斋，两府共赐一饼。四人分之。宫人往往镂金花其上，盖贵重如此。”］［继壕按：石刻蔡君谟《北苑十咏·采茶诗》自序云：“其年改作新茶十斤，尤甚精好，被旨号为上品龙茶，仍岁贡之。”又诗句注云：“龙凤茶八片为一斤，上品龙茶每斤二十八片。”《渑水燕谈》作上品龙茶一斤二十饼。叶梦得《石林燕语》云：“故事，建州岁贡大龙凤团茶各二斤，以八饼为斤。仁宗时，蔡君谟知建州，始别择茶之精者为小龙团十斤以献，斤为十

而龙凤团饼不易得到。我曾经参加南郊祭天的斋戒礼仪活动，中书门下和枢密院两府共同获赐一饼，宰相和枢密使四人分享。宫人往往雕刻镂金花纹装饰于龙凤团饼上，其贵重可见一斑。”］［汪继壕按语：石刻本蔡襄《北苑十咏·采茶诗》自序说：“当年改制新茶十斤，尤其精致，奉旨命名为上品龙茶，以后仍旧每年进贡。”另外采茶诗句注文说：“龙凤茶八饼为一斤，上品龙茶则每斤二十八饼。”宋代王辟之《渑水燕谈录》记载为作上品龙茶一斤二十饼。南宋叶梦得《石林燕语》记载：“按照旧例，建州每年进贡大龙凤团茶各二斤，八饼为一斤。宋仁宗时，蔡襄知建州，才特意选择茶中精品制造小龙团茶十斤进奉，每斤十饼。仁宗皇帝认为不符合旧例，命大臣弹劾他。大臣为他求情，于是免于弹劾，但从此就成为每年正式贡额。”宋代王从谨《清虚杂著·补阙》记载：“蔡襄创制小龙团茶进贡，本意是认为仁宗的嗣君尚未册立，以此取悦皇上之心。又创制曾坑小团茶，每年进贡一斤，也就是欧阳修所说的两府共赐一饼的极品贡茶。”宋代吴曾《能改斋漫录》记载：“小龙茶、小凤茶，最初是因为蔡襄任福建路转运使，创制十斤进奉，朝廷认为不在旧例，免于勘问。第二年，诏令第一纲贡茶都改为小龙茶和小凤茶。”］自从小龙团茶出世，龙凤团茶地位下降，屈居其次。

饼。仁宗以非故事，命劾之。大臣为请，因留免劾，然自是遂为岁额。”王从谨《清虚杂著·补阙》云：“蔡君谟始作小团茶入贡，意以仁宗嗣未立而悦上心也。又作曾坑小团，岁贡一斤，欧阳文忠公所谓两府共赐一饼者是也。”吴曾《能改斋录》云：“小龙、小凤，初因君谟为建漕，造十斤献之，朝廷以其额外免勘。明年，诏第一纲尽为之。”］自小团出，而龙凤遂为次矣。

元丰间，有旨造密云龙，其品又加于小团之上。［昔人诗云：“小壁云龙不入香，元丰龙焙承诏作。”盖谓此也。］［按：此乃山谷《和王扬休点云龙》诗。］［继壕按：《山谷集·博士王扬休碾密云

宋神宗元丰年间（1078—1085），圣旨命造密云龙茶，其品质又居于小龙团之上。［原注：从前黄庭坚（号山谷）有《和答梅子明王扬休点密云龙》诗，咏道：“小壁云龙不入香，元丰龙焙承诏作。”说的就是这种情况。］［四库馆臣按语：这是黄庭坚《和答梅子明王扬休点密云龙》诗句。］［汪继壕按语：黄庭坚《山谷集·博士王扬休碾密云龙同十三人饮之戏作》诗中写道：“矞云苍壁小盘龙，贡包新样出元丰。王

龙同十三人饮之戏作》云："鬮云苍璧小盘龙，贡包新样出元丰。王郎坦腹饭床东，太官分赐来妇翁。"又山谷《谢送碾赐壑源拣芽》诗云："鬮云从龙小苍璧，元丰至今人未识。"俱与本注异。《石林燕语》云："熙宁中，贾青为转运使，又取小团之精者为密云龙，以二十饼为斤而双袋，谓之双角团茶。大小团袋皆用绯，通以为赐也。密云独用黄，盖专以奉玉食。其后，又有为瑞云翔龙者。"周煇《清波杂志》云："自熙宁后，始贵密云龙，每岁头纲修贡，奉宗庙及供玉食外，赍（jī）及臣下无几，戚里贵近，丐赐尤繁。宣仁一日感叹曰：'令建州今后不得造密云龙，受他人煎炒不得也。'出来道：

郎坦腹饭床东，太官分赐来妇翁。"另外黄庭坚《谢送碾赐壑源拣芽》诗中写道："鬮云从龙小苍璧，元丰至今人未识。"都与本则注释有所不同。叶梦得《石林燕语》卷八记载："宋神宗熙宁年间（1068—1077），贾青担任福建路转运使，又取小龙凤团茶中的精华创制密云龙，二十饼为一斤，双袋包装，称为双角团茶。大小龙团茶的袋子都用绯色，都是用来赏赐臣下的。只有密云龙使用黄色袋子，大概是专门进奉皇上饮用的。此后，又有人创制瑞云翔龙。"周煇《清波杂志》记载："自从宋神宗熙宁年间以后，才开始以密云龙为贵，每年第一纲修贡，供奉宗庙和皇上饮用之外，赏赐给臣下的没有多少，皇族贵戚与权贵近臣乞求赏赐的特别繁多。宣仁太后一天感叹说：'下令建州从今以后不许再制造密云龙，我实在受不了他人的煎炒。'出来后又说道：'我要密云龙，不要龙凤团茶，拣好茶吃了，使人感到神清气爽。'太后的话传播到缙绅阶层中以后，密云龙的名声因此更加响亮。由此可知密云龙其实是从熙宁年间开始的。"（此论不确。）张舜民《画墁录》也说："熙宁末年，宋神宗有圣旨令建州制造密云龙，其品种又比小龙团更小了。然而制作一饼密云龙茶，就会有另外二饼茶相对较粗，这是不能两好兼顾的缘故。"只有《清虚杂著·补阙》记载："元丰年间，选取上品拣芽不加入龙脑香料，制作密云龙茶，团饼比小龙团小，但厚度却超过

‘我要密云龙，不要团茶，拣好茶吃了，生得甚意智?’此语既传播于缙绅间，由是密云龙之名益著。”是密云龙实始于熙宁也。《画墁录》亦云：“熙宁末，神宗有旨建州制密云龙，其品又加于小团矣。然密云龙之出，则二团少粗，以不能两好也。”唯《清虚杂著·补阙》云：“元丰中，取拣芽不入香，作密云龙茶，小于小团，而厚实过之。终元丰时，外臣未始识之。宣仁垂帘，始赐二府两指许一小黄袋，其白如玉，上题曰‘拣芽’，亦神宗所藏。”《铁围山丛谈》云：“神宗时，即龙焙又进密云龙。密云龙者，其云纹细密，更精绝于小龙团也。”］绍圣间，改为瑞云翔龙。［继壕按：《清虚杂著·

小龙团。直到元丰八年之后，外臣还不曾见识过这种茶。哲宗元祐初年宣仁太后垂帘听政，才赏赐两府大臣二指多一小黄袋，茶饼莹白如玉，上面题写着拣芽，也是神宗皇帝所珍藏的。”蔡絛《铁围山丛谈》记载：“宋神宗在位时，北苑龙焙又进奉密云龙茶。密云龙茶饼的云纹细密，比小龙团茶更加精致妙绝。”］宋哲宗绍圣年间（1094—1097)，改为瑞云翔龙。［汪继壕按语：王从谨《清虚杂著·补阙》记载：“宋哲宗元祐末年，福建路转运使司有选取北苑茶中的一旗一枪，也就是建州人所谓的斗品，创制为瑞云翔龙进奉朝廷，未获采纳。绍圣初年，才开始入贡，每年不超过八饼，其形制比起密云龙更加小了。”《铁围山丛谈》记载：“哲宗在位期间，进一步诏令进奉瑞云翔龙，但宫中府库每年只得到十二饼。”］

补阙》："元祐末，福建转运司又取北苑枪旗，建人所作斗茶者也，以为瑞云龙。请进，不纳。绍圣初，方入贡，岁不过八团。其制与密云龙等而差小也。"《铁围山丛谈》云："哲宗朝，益复进瑞云翔龙者，御府岁止得十二饼焉。"]

至大观初，今上亲制《茶论》二十篇，以白茶与常茶不同，偶然生出，非人力可致，于是白茶遂为第一。[庆历初，吴兴刘异为《北苑拾遗》云："官园中有白茶五六株，而壅培不甚至，茶户唯有王免者家一巨株，向春常造浮屋，以障风日。"其后，有宋子安者，作《东溪试茶录》亦言："白茶，民间大重，出于近岁，芽叶如纸，建人以为茶瑞。"

到宋徽宗大观初年，当今皇上亲自编撰《茶论》二十篇，认为白茶与平常的茶品不一样，乃偶然所得，不是人力所能成就，从此白茶就成为茶中第一佳品。[原注：宋仁宗庆历初年，吴兴刘异撰《北苑拾遗》记载："御茶园中有白茶五六株，可是栽培管理不很到位，茶户中只有王免家有一株大白茶树，快到春天时常常要建一座浮屋，以遮蔽风日。"其后，宋子安作《东溪试茶录》，也说："白茶，民间特别重视，出现于近年，其芽叶像纸一样鲜白，建州人认为是茶中祥瑞。"由此可知白茶之可贵，是从庆历年间开始的，到大观年间盛行开来。][汪继壕按语：《蔡忠惠文集·茶记》记载："北苑王家白茶闻名于天下。其主人名叫王大诏。其白茶只有一株，每年可以制作五至七饼茶，宛如五铢钱那么大。在其白茶茂盛之时，

则知白茶可贵，自庆历始，至大观而盛也。][继壕按：《蔡忠惠文集·茶记》云："王家白茶，闻于天下。其人名大诏。白茶唯一株，岁可作五七饼，如五铢钱大。方其盛时，高视茶山，莫敢与之角。一饼直钱一千，非其亲故，不可得也。终为园家以计枯其株。予过建安，大诏垂涕为予言其事。今年枯蘖辄生一枝，造成一饼，小于五铢。大诏越四千里，特携以来京师见予，喜发颜面。予之好茶固深矣，而大诏不远数千里之役，其勤如此，意谓非予莫之省也。可怜哉！乙巳初月朔日书。"本注作"王免"，与此异。宋子安，《试茶录》、晁公武《郡斋读书志》作"朱子安"。]既又制三色细

傲视茶山，没有人敢与他争锋。一饼白茶值钱一千，非其亲戚故旧根本无法得到。最终还是因为有园户算计，使其茶株枯萎。我曾经过建安，王大诏痛哭流涕地为我言说其事。今年枯茶株上又复活一枝，制作成一饼，比五铢钱还小。王大诏奔走四千里，特地携带来到京城见我，满面喜色。我嗜好饮茶固然很深切，但王大诏不远数千里而来，如此勤于茶事，认为除了我没有能够理解其心意的。实在令人怜惜啊！乙巳年（治平二年，1065）正月朔日书。"本条注释写作王免，与此不同。宋子安，《东溪试茶录》和晁公武《郡斋读书志》都写作"朱子安"。]不久又制造出三色细芽[汪继壕按语：《说郛》和《广群芳谱》都记载为"细茶"]，以及试新铸。[原注：大观二年（1108），始制御苑玉芽、万寿龙芽。大观四年，又制造无比寿芽和试新铸。][四库馆臣按语：《宋史·食货志》"铸"写作"胯"。][汪继壕按语：《石林燕语》写作"銙"，《清波杂志》写作"夸"。]贡新铸。[原注：政和三年（1113）开始创制贡新铸，此后新的贡茶都以此为式进行贡献，而且在原有的岁额之外。]自从三色细芽制成之后，瑞云翔龙就又居其下了。[汪继壕按语：《石林燕语》记载："宣和以后，龙凤团茶不再贵重，都是作为赏赐品，其制造也不再像以前那么精致了。后来又选取其中的精品制作铸茶，与每年赏赐臣下的不同，其变化已经无法一一记录

芽［继壕按：《说郛》《广群芳谱》俱作“细茶”］，及试新銙。［大观二年，造御苑玉芽、万寿龙芽。四年，又造无比寿芽及试新銙。］［按：《宋史·食货志》“銙”作“胯”。］［继壕按：《石林燕语》作“跨”，《清波杂志》作“夸”。］贡新銙。［政和三年造贡新銙式，新贡皆创为此献，在岁额之外。］自三色细芽出，而瑞云翔龙顾居下矣。［继壕按：《石林燕语》：“宣和后，团茶不复贵，皆以为赐，亦不复如向日之精。后取其精者为銙茶，岁赐者不同，不可胜纪矣。”《铁围山丛谈》云：“祐陵雅好尚故，大观初，龙焙于岁贡色目外，乃进御苑玉芽、万寿龙芽。政和间，且

下来了。”《铁围山丛谈》记载：“由于徽宗皇帝雅好茶道的缘故，大观初年，北苑龙焙在岁贡名色之外，又进奉御苑玉芽、万寿龙芽。政和年间，又增加了长寿玉圭。这种茶饼小得仅可盈寸，大抵北苑贡茶绝品也没有超过它的。每年只可进奉几十上百饼，但是名目不断更新，新品层出不穷，相比之下原有的名色依次递降为普通茶品了。”］

增以长寿玉圭。玉圭丸仅盈寸，大抵北苑绝品，曾不过是。岁但可十百饼。然名益新、品益出，而旧格递降于凡劣耳。”]

凡茶芽数品，最上曰小芽，如雀舌、鹰爪，以其劲直纤锐，故号芽茶。次曰拣芽[继壕按：《说郛》《广群芳谱》俱作“拣芽”]，乃一芽带一叶者，号一枪一旗。次曰中芽[继壕按：《说郛》《广群芳谱》俱作“中芽”]，乃一芽带两叶者，号一枪两旗。其带三叶四叶，皆渐老矣。芽茶，早春极少。景德中，建守周绛[继壕按：《文献通考》云：“绛，祥符初知建州。”《福建通志》作“天圣间任”]为《补茶经》，言：“芽茶只作早茶，驰奉万乘尝之

茶叶采摘之后、蒸造之前还有一道拣茶的工序，起初是为了拣择出损害茶之色味的白合、乌蒂、盗叶及紫叶，后发展为对茶芽的等级区分。茶芽大体上分为数品，最上品的叫作小芽，犹如雀舌、鹰爪，因其形态劲直纤细而尖锐，所以称为芽茶。第二品的叫作拣芽[汪继壕按语：原本写作“中芽”，《说郛》《广群芳谱》都写作“拣芽”]，就是一芽带一叶，称作一枪一旗。第三品的叫作中芽[汪继壕按语：原本写作“紫芽”，《说郛》《广群芳谱》都写作“中芽”]，就是一芽带两叶，称作一枪两旗。至于一芽带三叶四叶的茶，都已经渐趋老了。芽茶，在早春时节极为少见。宋真宗景德年间(1004—1007)建安知州周绛[汪继壕按语：《文献通考》记载：“周绛在宋真宗大中祥符(1008—1016)初年知建州。”《福建通志》则记载宋仁宗天圣年间(1023—1032)担任此职]著《补茶经》，其中说：“芽茶只制作早春茶，驰驿供奉皇帝尝新就可以了。因此像一枪一旗的拣芽，可以称得上是奇茶了。”因此一枪一旗，称作拣芽，最为精致光正。曾被追封舒王

可矣。如一枪一旗，可谓奇茶也。”故一枪一旗号拣芽，最为挺特光正。舒王《送人官闽中》诗云“新茗斋中试一旗”，谓拣芽也。或者乃谓茶芽未展为枪，已展为旗，指舒王此诗为误，盖不知有所谓拣芽也。[今上圣制《茶论》曰：“一旗一枪为拣芽。”又见王岐公珪诗云：“北苑和香品最精，绿芽未雨带旗新。”故相韩康公绛诗云：“一枪已笑将成叶，百草皆羞未散花。”此皆咏拣芽，与舒王之意同。][继壕按：王荆公追封舒王，此乃荆公《送福建张比部》诗中句也。《事文类聚·续集》作“送元厚之诗”，误。]夫拣芽犹贵重如此，而况芽茶以供天子之新尝者乎！芽茶绝矣！

的王安石《送人官闽中》一诗中所咏“新茗斋中试一旗”，就是说的拣芽。有人说茶芽未展开的为枪，已展开的为旗，从而指摘王安石这首诗中所咏错误，这大概是因为尚不知道有所谓拣芽的缘故。[原注：当今皇上御制《茶论》说：“一旗一枪为拣芽。”又见岐国公王珪《和公仪饮茶》诗：“北苑（一作北焙）和香品最精（一作饮最真），绿芽未雨带旗新。”原任宰相康国公韩绛诗云：“一枪已笑将成叶，百草皆羞未散花。”这两首诗都是吟咏拣芽，与王安石诗意相同。][汪继壕按语：王安石被追封为舒王，上引乃王安石《送福建张比部》诗中的句子。《事文类聚·续集》记载王安石送给元绛（字厚之）的诗句，是错误的。]拣芽已经如此贵重，何况供奉天子尝新的芽茶呢！芽茶的开发可以说达到了登峰造极的境界！

至于水芽，则旷古未之闻也。宣和庚子岁，漕臣郑公可简［按：《潜确类书》作“郑可闻”］［继壕按：《福建通志》作“郑可简”，宣和间任福建路转运司使。《说郛》作“郑可问”］始创为银线水芽。盖将已拣熟芽再剔去，只取其心一缕，用珍器贮清泉渍之，光明莹洁，若银线然。其制方寸新銙，有小龙蜿蜒其上，号龙团胜雪。［按：《建安志》云：“此茶，盖于白合中，取一嫩条如丝发大者，用御泉水研造成。分试其色如乳，其味腴而美。”又“园”字，《潜确类书》作“团”。今仍从原本，而附识于此。］［继壕按：《说郛》《广群芳谱》“园”俱作“团”，下同。唯姚宽《西溪丛语》作

至于极品的水芽，就更是旷古未闻的了。宣和二年（庚子，1120），福建路转运使郑可简［四库馆臣按语：《潜确类书》写作“郑可闻”］［汪继壕按语：《福建通志》写作“郑可简”，宣和年间担任福建路转运司使。《说郛》写作“郑可问”］创制银线水芽。将已经过拣择的熟芽再剔除掉，只取小芽中心的一缕，置于珍贵器皿中以清泉浸渍，使之光明莹洁，好像银线一样。用银丝水芽制作成一寸见方的新銙，茶饼表面有小龙蜿蜒其上，命名为龙团胜雪。［四库馆臣按语：《建安志》记载：“这种茶，大概是从白合中选取一个嫩条，细如丝发，然后用御泉之水研磨焙制而成。分茶烹试时，其色泽白如乳，其香味丰腴而甘美。”另外，龙团胜雪的“团”字，原本写作“园”，《潜确类书》写作“团”，今仍遵从原本，并附记于此。］［汪继壕按语：《说郛》《广群芳谱》“园”字均作“团”字。以下同。只有姚宽《西溪丛语》写作“园”。］于是又废弃白乳、的乳、石乳等珍品，改造龙团胜雪花銙二十多个品种。起初，贡茶都要加入少量龙脑和膏，以助其香［原注：蔡襄《茶录》说：“茶有着天然的香气，而进贡朝廷的贡茶往往用少量的龙脑调和入茶膏之中，想以此增加茶的香气”］，到这时恐怕龙脑夺茶之真味，才不再使用。

"园"。] 又废白、的、石三乳，鼎造花銙二十余色。初，贡茶皆入龙脑［蔡君谟《茶录》云："茶有真香，而入贡者微以龙脑和膏，欲助其香"］，至是虑夺真味，始不用焉。

盖茶之妙，至胜雪极矣，故合为首冠。然犹在白茶之次者，以白茶上之所好也。异时，郡人黄儒撰《品茶要录》，极称当时灵芽之富，谓使陆羽数子见之，必爽然自失。蕃亦谓使黄君而阅今日，则前乎此者，未足诧焉。

宋代团茶制作的精妙，到龙团胜雪达到了顶点，因此堪称极品。但是龙团胜雪尚居白茶之下，因为白茶是皇上所喜爱的茶品。从前，建安人黄儒编撰《品茶要录》，极为称道当时仙品灵芽非常之多，并且说假使茶圣陆羽等人见到当今的芽茶，也一定会爽然自失。我也要说：假使黄儒先生看到今日的情况，那么此前的种种茶品就不足称道和惊诧了。

然龙焙初兴，贡数殊少。［太平兴国初，才贡五十片。］［继壕按：《能改斋漫录》云："建茶务，仁宗初，岁造小龙、小凤各三十斤，大龙、大凤各三百斤，入香、不入香京铤共二百斤，腊茶一万五

然而北苑龙焙采制贡茶的初期，入贡的数额很少。［原注：宋太宗太平兴国初年才上贡五十片。］［汪继壕按语：《能改斋漫录》记载："在建茶务这个贡茶管理机构，宋仁宗初年，每年制造小龙茶、小凤茶各三十斤，大龙茶、大凤茶各三百斤。加入龙脑香料、不加入龙脑香料的京铤共计二百斤，腊茶一万五千斤。"宋代王存《元丰九域志》记载："建州进贡龙凤团茶共计八百二十斤。"］后来逐渐增加，到宋哲宗

千斤。”王存《元丰九域志》云：“建州土贡龙凤茶八百二十斤。”]累增至元符，以片[继壕按：《说郛》作“斤”]计者一万八千，视初已加数倍，而犹未盛。今则为四万七千一百片[继壕按：《说郛》作“斤”]有奇矣。[此数皆见范逵所著《龙焙美成茶录》。逵，茶官也。][继壕按：《说郛》作“范达”。]

元符年间（1098—1010），已达到一万八千片[汪继壕按语：《说郛》“片”字写作“斤”字]，比较当初已增加数倍，但尚未达到极盛。如今已多达四万七千一百多片了。[汪继壕按语：《说郛》“片”字写作“斤”字。][原注：这些数据都记载在范逵所著的《龙焙美成茶录》一书中。范逵，是一名管理茶事的官员。][汪继壕按语：范逵，《说郛》写作“范达”。]

[名色]

自白茶、胜雪以次，厥名实繁，今列于左，使好事者得以观焉。

贡新銙。[大观二年造。]

试新銙。[政和二年造。]

白茶。[政和三年造。][继壕按：《说郛》作“二年”。]

[译解]

自极品贡茶白茶、龙团胜雪以下，名目繁多，现在我列举如下，供喜爱茶事的读者阅读参考（其中包括细色三十六种、粗色五种）。

贡新銙。[大观二年（1108）造。]

试新銙。[政和二年（1112）造。]

白茶。[政和三年造。][汪继壕按语：《说郛》本作“二年”。]

龙园胜雪。[宣和二年造。]	龙园胜雪。[宣和二年造。]
御苑玉芽。[大观二年造。]	御苑玉芽。[大观二年造。]
万寿龙芽。[大观二年造。]	万寿龙芽。[大观二年造。]
上林第一。[宣和二年造。]	上林第一。[宣和二年造。]
乙夜清供。[宣和二年造。]	乙夜清供。[宣和二年造。]
承平雅玩。[宣和二年造。]	承平雅玩。[宣和二年造。]
龙凤英华。[宣和二年造。]	龙凤英华。[宣和二年造。]
玉除清赏。[宣和二年造。]	玉除清赏。[宣和二年造。]
启沃承恩。[宣和二年造。]	启沃承恩。[宣和二年造。]
雪英。[宣和三年造。][继壕按:《说郛》作“二年”,《天中记》“雪”作“云”。]	雪英。[宣和三年造。][汪继壕按语:《说郛》本作“二年”,《天中记》“雪”作“云”。]
云叶。[宣和三年造。][继壕按:《说郛》作“二年”。]	云叶。[宣和三年造。][汪继壕按语:《说郛》本作“二年”。]
蜀葵。[宣和三年造。][继壕按:《说	蜀葵。[宣和三年造。][汪继壕按语:《说郛》本作“二年”。]

郛》作“二年”。]

金钱。[宣和三年造。]

金钱。[宣和三年造。]

玉华。[宣和三年造。][继壕按：《说郛》作“二年”。]

玉华。[宣和三年造。][汪继壕按语：《说郛》本作“二年”。]

寸金。[宣和三年造。][继壕按:《西溪丛语》作“千金”，误。]

寸金。[宣和三年造。][汪继壕按语：《西溪丛语》作“千金”，是错误的。]

无比寿芽。[大观四年造。]

无比寿芽。[大观四年造。]

万春银叶。[宣和二年造。]

万春银叶。[宣和二年造。]

玉叶长春。[宣和四年造。][继壕按：《说郛》《广群芳谱》此条俱在无疆寿龙下。]

玉叶长春。[宣和四年造。][汪继壕按语：《说郛》《广群芳谱》此条俱在无疆寿龙下。]

宜年宝玉。[宣和二年造。][继壕按：《说郛》作“三年”。]

宜年宝玉。[宣和二年造。][汪继壕按语：《说郛》作“三年”。]

玉清庆云。[宣和二年造。]

玉清庆云。[宣和二年造。]

无疆寿龙。[宣和二年造。]

无疆寿龙。[宣和二年造。]

瑞云翔龙。[绍圣二年造。][继壕按：《西溪丛语》及下图目

瑞云翔龙。[绍圣二年（1095）造。][汪继壕按语：《西溪丛语》及下图目并作“瑞雪翔龙”，应当是错误的。]

并作“瑞雪翔龙”，当误。]	
长寿玉圭。[政和二年造。]	长寿玉圭。[政和二年造。]
兴国岩铐。	兴国岩铐。
香口焙铐。	香口焙铐。
上品拣芽。[绍圣二年造。] [继壕按：《说郛》“绍圣”误“绍兴”。]	上品拣芽。[绍圣二年造。] [汪继壕按语：《说郛》“绍圣”误作“绍兴”。]
新收拣芽。	新收拣芽。
太平嘉瑞。[政和二年造。]	太平嘉瑞。[政和二年造。]
龙苑报春。[宣和四年造。]	龙苑报春。[宣和四年造。]
南山应瑞。[宣和四年造。] [继壕按：《天中记》“宣和”作“绍圣”。]	南山应瑞。[宣和四年造。] [汪继壕按语：《天中记》“宣和”作“绍圣”。]
兴国岩拣芽。	兴国岩拣芽。
兴国岩小龙。	兴国岩小龙。
兴国岩小凤。[已上号细色。]	兴国岩小凤。[原注：以上称为细色。]
拣芽。	拣芽。
小龙。	小龙。
小凤。	小凤。
大龙。	大龙。

大凤。［已上号粗色。］

大凤。[原注：以上称为粗色。]

又有琼林毓粹、浴雪呈祥、壑源拱秀、贡篚（fěi）推先、价倍南金、旸谷先春、寿岩都［继壕按：《说郛》《广群芳谱》作“却”］胜、延平石乳、清白可鉴、风韵甚高，凡十色，皆宣和二年所制，越五岁省去。

另外，还有琼林毓粹、浴雪呈祥、壑源拱秀、贡篚推先、价倍南金、旸谷先春、寿岩都胜［汪继壕按语：《说郛》《广群芳谱》“都”字写作“却”］、延平石乳、清白可鉴、风韵甚高，共十种名色，都是在宣和二年所制造，但仅仅过了五年就中止了。

右岁分十余纲。唯白茶与胜雪自惊蛰前兴役，浃日乃成。飞骑疾驰，不出中春，已至京师，号为头纲。玉芽以下，即先后以次发。逮贡足时，夏过半矣。欧阳文忠公诗曰：“建安三千五百里，京师三月尝新茶。”盖异时如此。［继壕按：《铁围山丛谈》云：“茶茁其芽，贵在社前，则已进御。自是迤逦。宣和间，皆占冬至而尝新

上列上贡朝廷的茶每年分为十余纲。只有白茶与龙团胜雪两个极品，从惊蛰前开始采制，十日完工。派遣快马飞驰，在仲春之前就已经到达京师（今河南开封），因此称为头纲。御苑玉芽以下各品，按照先后次序依次发送。等到贡事完毕，夏季已经过半了。欧阳修先生有诗写道：“建安三千五百里，京师三月尝新茶。”这大概是欧阳修所处时代的情况。［汪继壕按语：《铁围山丛谈》记载：“造茶选取其初生的嫩芽，贵在春社之前就已经进奉朝廷。从此以后拖延很久。宣和年间，都是到了冬至日品尝新茶。这大概是因为全部是人力操作，反而不及自然了。”］以今日贡茶的情况与当时相比，又是最早的。

茗，是率人力为之，反不近自然矣。”]以今较昔，又为最早。

因念草木之微，有瑰奇卓异，亦必逢时而后出，而况为士者哉？昔昌黎先生感二鸟之蒙采擢，而自悼其不如，今蕃于是茶也，焉敢效昌黎之感赋，姑务自警，而坚其守，以待时而已。

由此我生发感慨，茶以细微之草木，虽有珍奇卓异的禀赋，也必须时节到来方可彰显，更何况是士人君子呢？从前韩昌黎先生作《感二鸟赋》，以途中所见一只白鸟和一只白鸜鹆承蒙采擢要进献朝廷，感慨自己进士及第尚未获任用，还不如两只鸟儿。如今我面对这贡奉朝廷的茶品，怎么敢效仿韩愈有感作赋，姑且更加自我警醒，坚守士人的节操，以等待时机的到来罢了。

[图谱]

念草木之微有瓌奇卓異亦必逢時而後出而況爲士者哉昔昌黎先生感二鳥之蒙採擢而自悼其不如今蕃于是茶也焉敢效昌黎之感賦姑務自警而堅其守以待時而已

貢新銙
竹圈銀模 方一寸二分

宣和北苑貢茶錄 十 讀畫齋叢書辛

試新銙
竹圈銀模 方一寸二分

龍園勝雪
竹圈銀模 方一寸二分

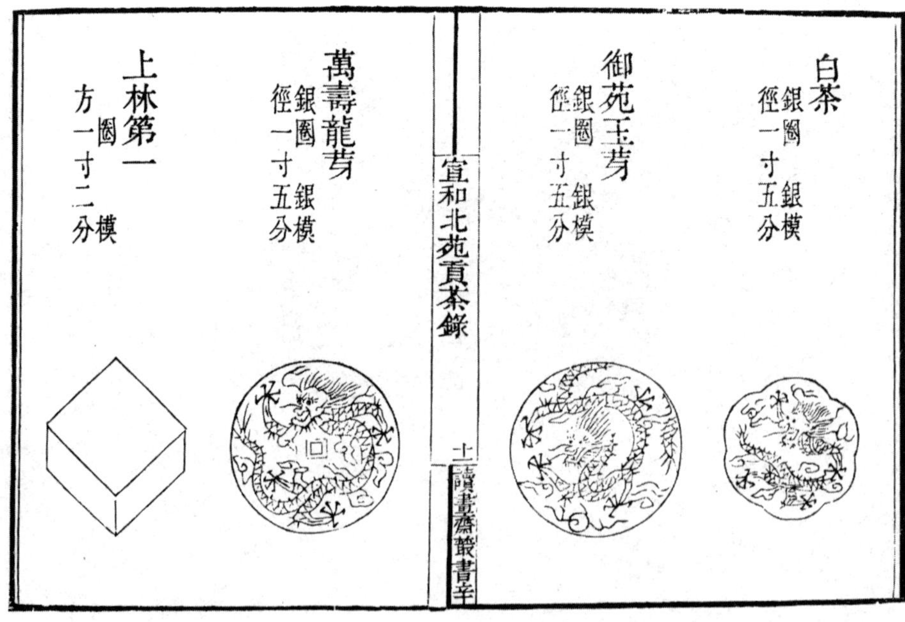

白茶
銀圈銀模 徑一寸五分

御苑玉芽
銀圈銀模 徑一寸五分

宣和北苑貢茶錄 十一 讀畫齋叢書辛

萬壽龍芽
銀圈銀模 徑一寸五分

上林第一
圈模 方一寸二分

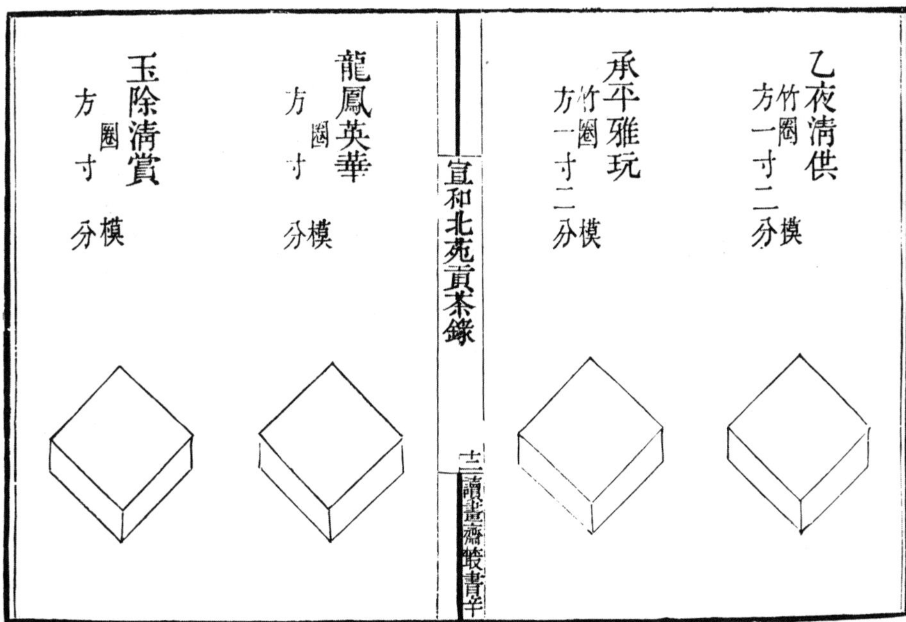

乙夜清供

竹圈模　方一寸二分

承平雅玩

竹圈模　方一寸二分

宣和北苑貢茶錄　十二　讀畫齋叢書辛

龍鳳英華

圈模　方　寸　分

玉除清賞

圈模　方　寸　分

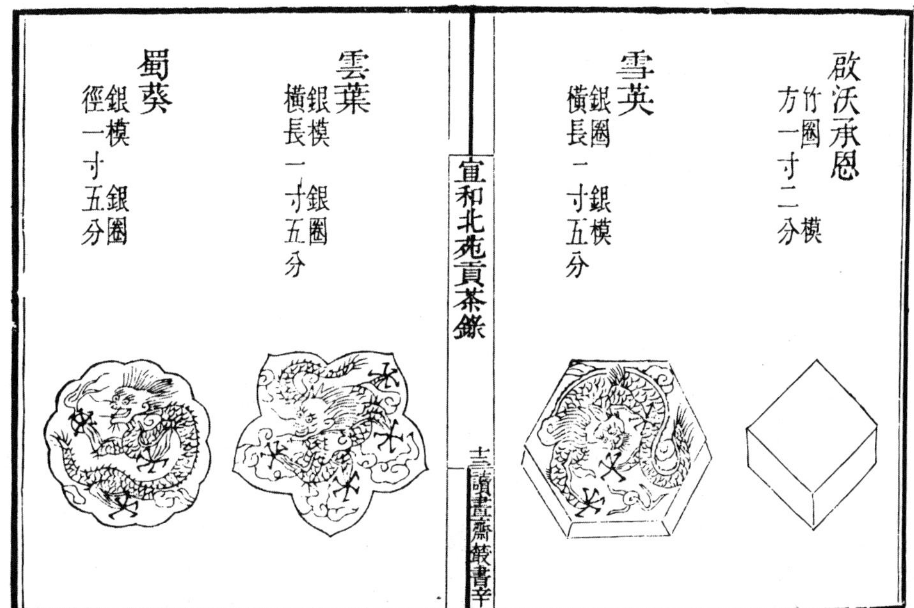

啟沃承恩

竹圈模　方一寸二分

雪英

銀圈　銀模　橫長一寸五分

宣和北苑貢茶錄　十三　讀畫齋叢書辛

雲葉

銀模　銀圈　橫長一寸五分

蜀葵

銀模　銀圈　徑一寸五分

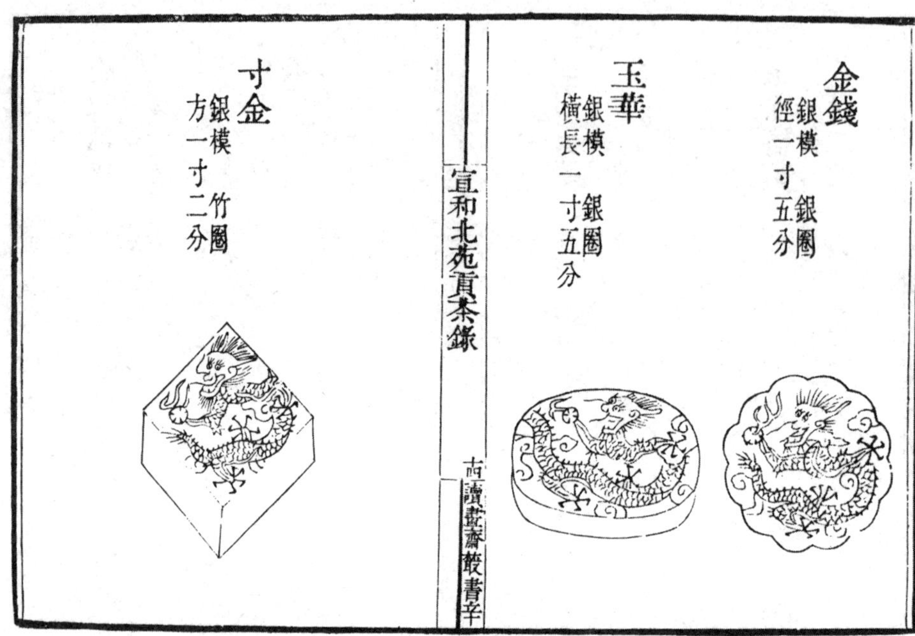

金錢
銀模 徑一寸五分
銀圈

玉華
銀模 橫長一寸五分
銀圈

宣和北苑貢茶錄 十四 讀畫齋叢書辛

寸金
銀模 方一寸二分
竹圈

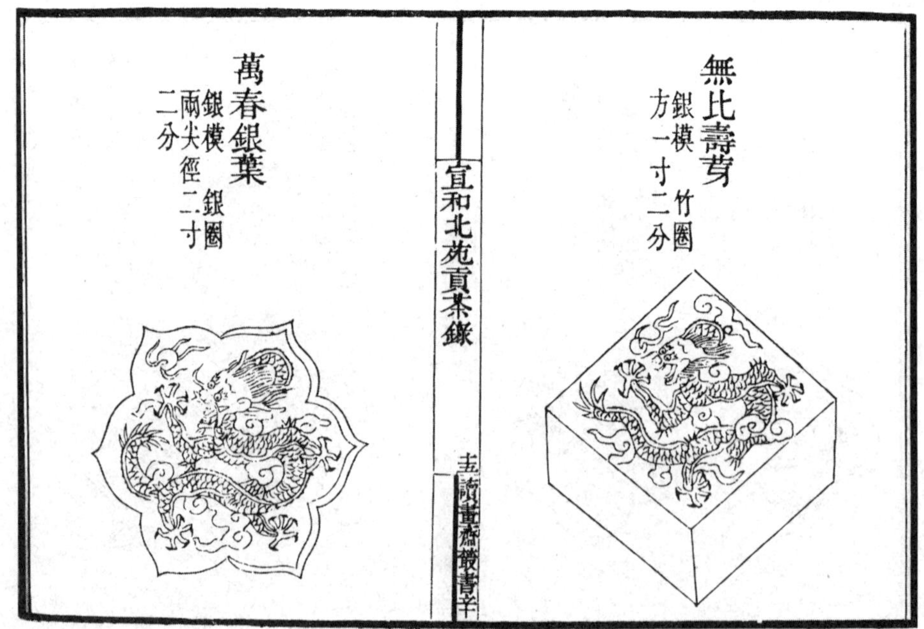

無比壽芽
銀模 方一寸二分
竹圈

宣和北苑貢茶錄 十五 讀畫齋叢書辛

萬春銀葉
銀模 兩尖徑二寸二分
銀圈

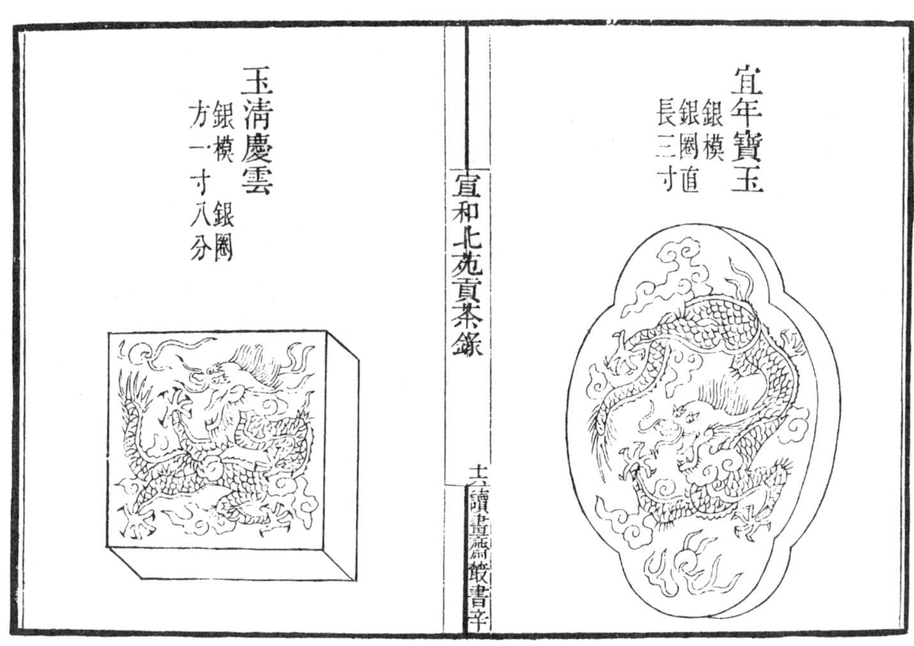

宜年寶玉
銀模 銀圈直長三寸

宣和北苑貢茶錄　十一　讀畫齋叢書辛

玉清慶雲
銀模 銀圈方一寸八分

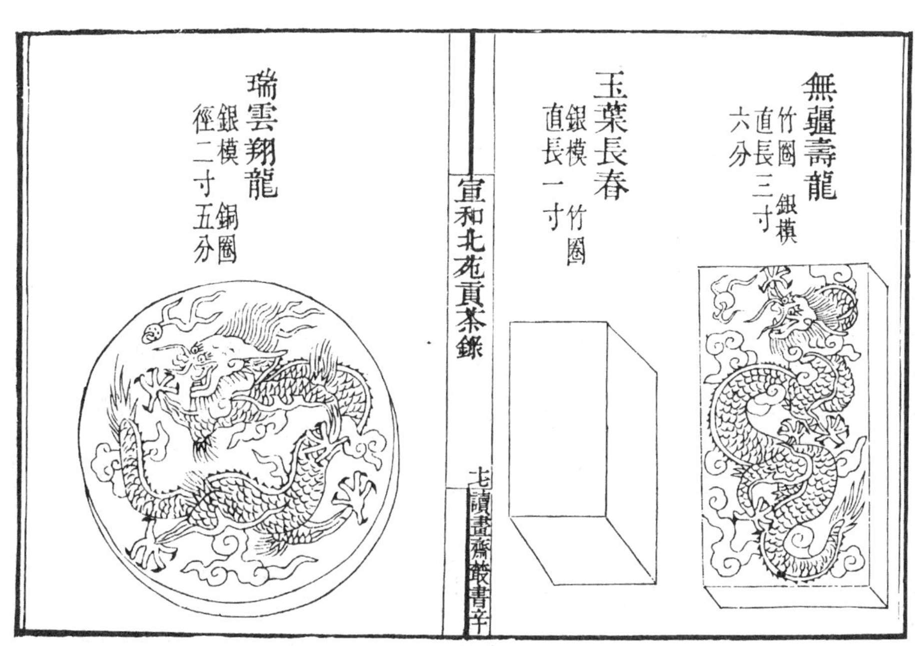

無疆壽龍
竹圈 銀模直長三寸六分

玉葉長春
銀模 竹圈直長一寸

宣和北苑貢茶錄　七　讀畫齋叢書辛

瑞雲翔龍
銀模 銅圈徑二寸五分

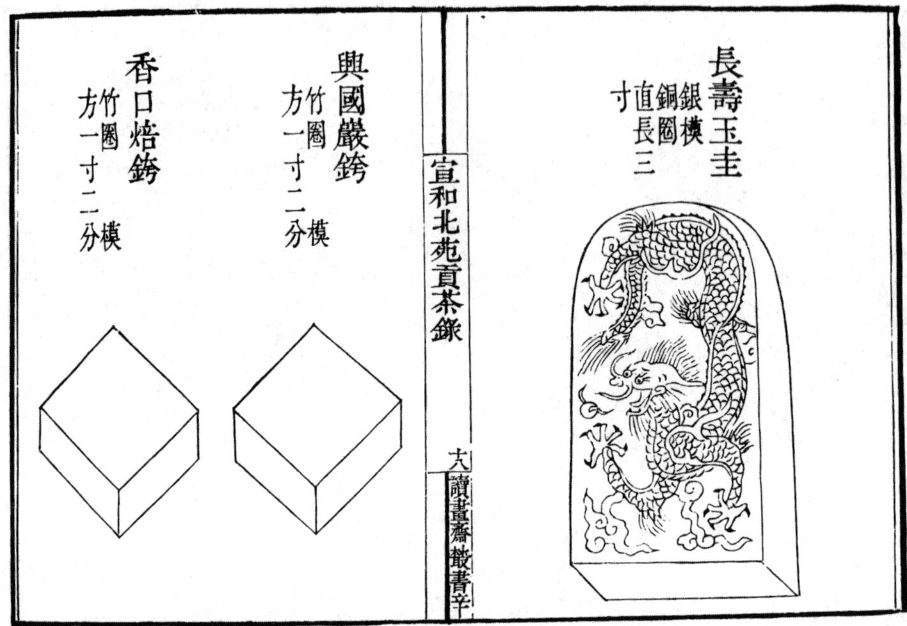

長壽玉圭

銀模

銅圈

直長三寸

宣和北苑貢茶錄 六 讀畫齋叢書辛

興國巖銙

竹圈模

方一寸二分

香口焙銙

竹圈模

方一寸二分

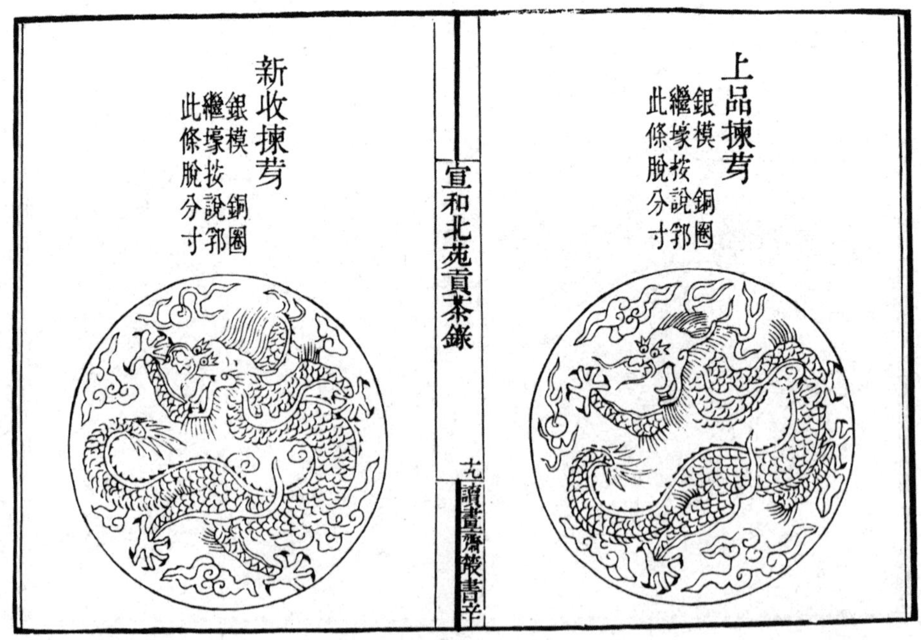

上品揀芽

銀模 銅圈

繼壕按說郛

此條脫分寸

宣和北苑貢茶錄 九 讀畫齋叢書辛

新收揀芽

銀模 銅圈

繼壕按說郛

此條脫分寸

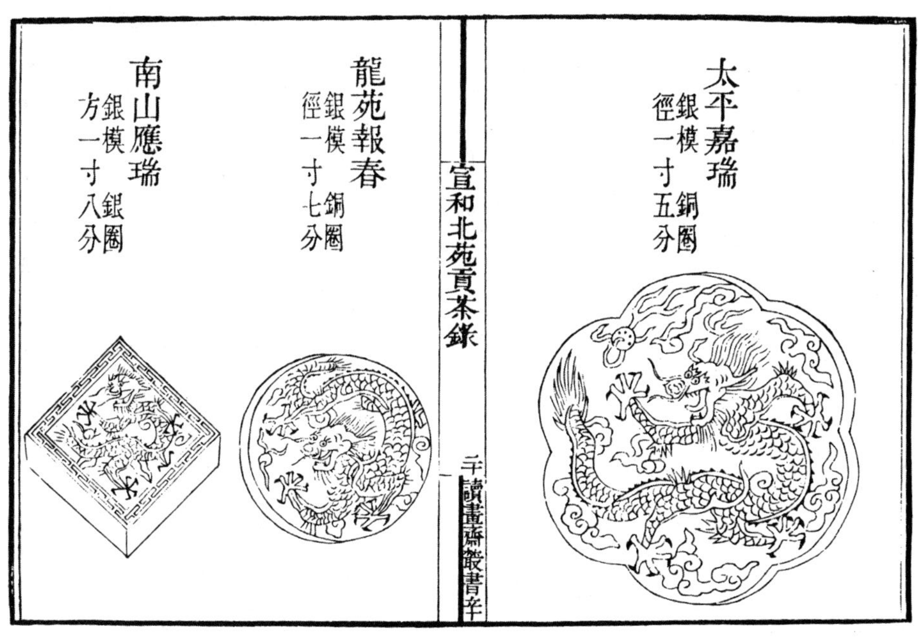

太平嘉瑞

銀模 銅圈

徑一寸五分

宣和北苑貢茶錄　二十　讀畫齋叢書辛

龍苑報春

銀模 銅圈

徑一寸七分

南山應瑞

銀模 銀圈

方一寸八分

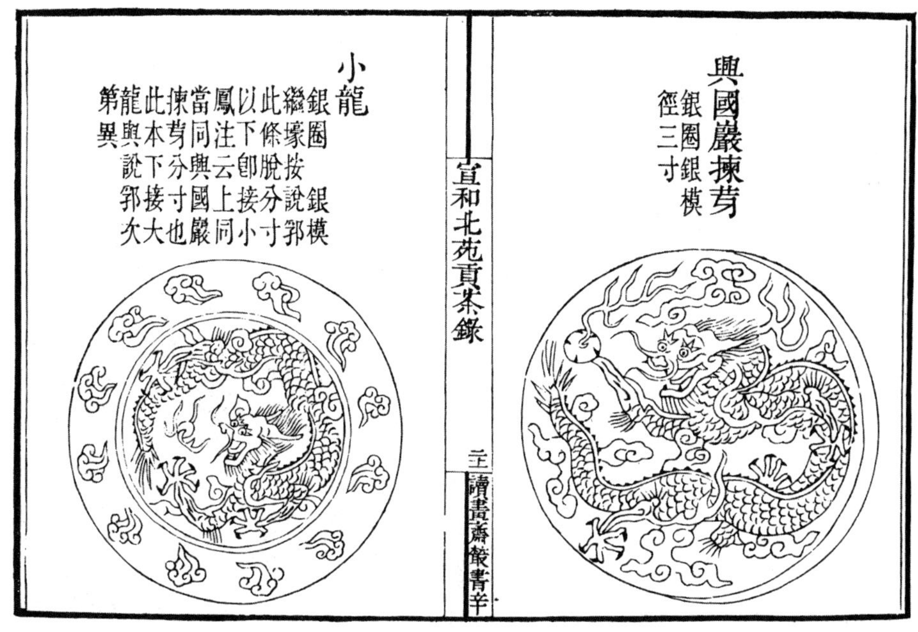

興國巖揀芽

銀圈 銀模

徑三寸

宣和北苑貢茶錄　二十一　讀畫齋叢書辛

小龍

銀圈 銀模

繼壞按說郛此條脫分寸以下郎接小鳳注云上同當同與國巖揀芽分寸也此本下接大龍與說郛次第異

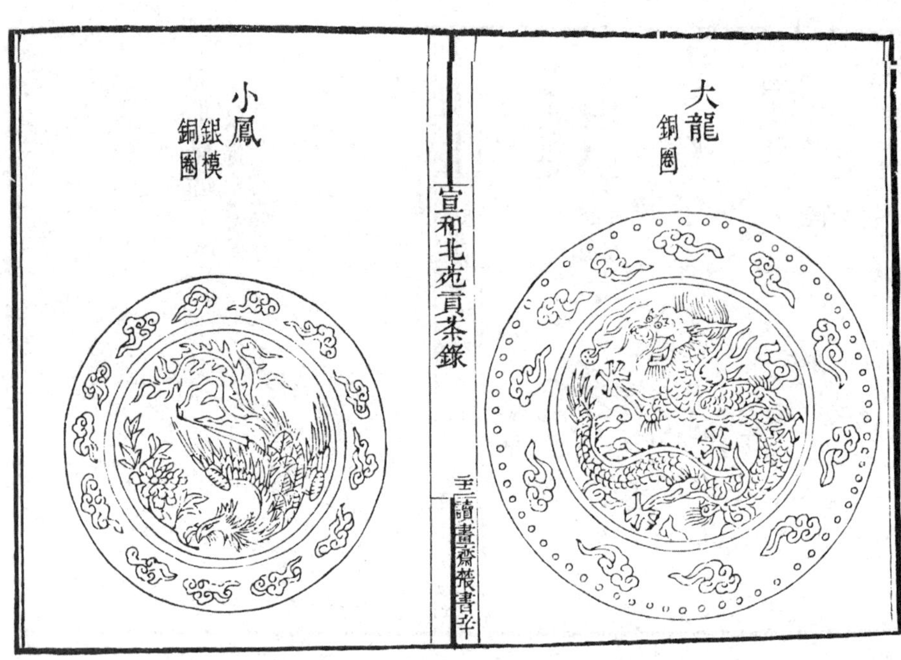

大龍
銅圈

宣和北苑貢茶錄　三二　讀畫齋叢書辛

小鳳
銀模
銅圈

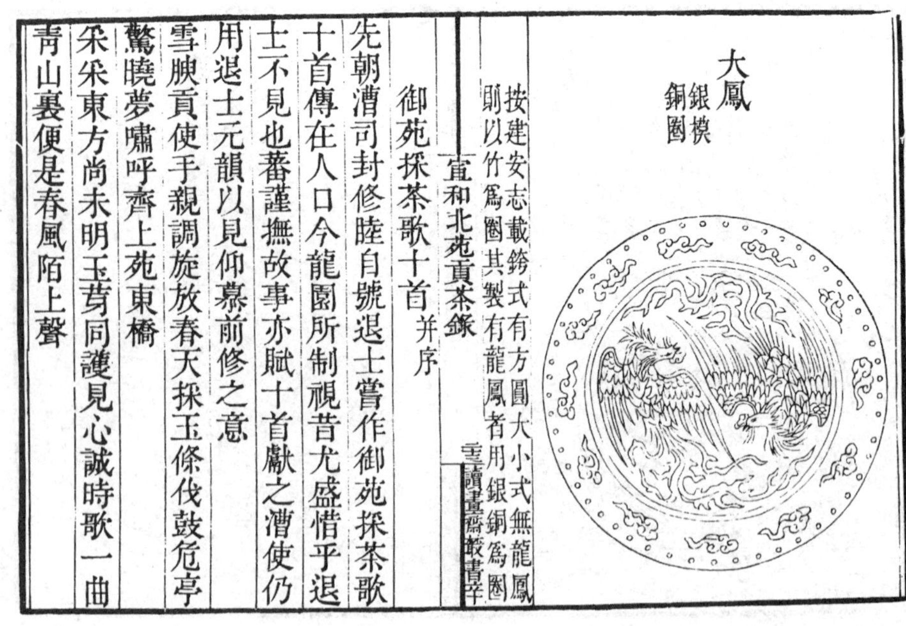

大鳳
銀模
銅圈

按建安志載銙式有方圓大小式無龍鳳
頭以竹爲圈其製有龍鳳者用銀銅爲圈

宣和北苑貢茶錄　三三　讀畫齋叢書辛

御苑採茶歌十首 并序

先朝漕司封修睦自號退士嘗作御苑採茶歌十首傳在人口今龍園所制視昔尤盛惜乎退士不見也蕃謹撫故事亦賦十首獻之漕使仍用退士元韻以見仰慕前修之意

雪腴貢使手親調旋放春天採玉條伐鼓危亭驚曉夢嘯呼齊上苑東橋

采采東方尚未明玉芽同護見心誠時歌一曲青山裏便是春風陌上聲

御苑采茶歌十首[并序]

先朝曹司封修睦，自号退士，尝作《御苑采茶歌十首》，传在人口。今龙园所制，视昔尤盛，惜乎退士不见也。蕃谨摭故事，亦赋十首，献之漕使。仍用退士元韵，以见仰慕前修之意。

云腴贡使手亲调，旋放春天采玉条。伐鼓危亭惊晓梦，啸呼齐上苑东桥。

采采东方尚未明，玉芽同护见心诚。时歌一曲青山里，便是春风陌上声。

共抽灵草报天恩，贡令分明［龙焙造茶，依御厨法］使指尊。逻卒日循云堑绕，山灵亦守御园门。

纷纶争径蹂新苔，回首龙园晓色开。一尉鸣钲三令趋，急持烟笼

［译解］

前朝司封员外郎曹修睦（987—1046，建安人），自号退士，曾经撰写有《御苑采茶歌十首》，人们争相传诵。如今北苑龙焙所制造的茶品，与昔日相比更加兴盛，可惜的是退士无法见到了。我恭谨地搜集当今贡茶的事例，也撰写了《御苑采茶歌十首》，献给转运使。仍然沿用退士的原韵，以表达我仰慕前贤的心意。

（下略）

下山来。[采茶不许见日出。]

红日新升气转和，翠篮相逐下层坡。茶官正要龙芽润，不管新来带露多。[采新芽，不折水。]

翠虬新范绛纱笼，看罢人生玉节风。叶气云蒸千嶂绿，欢声雷震万山红。

凤山日日滃非烟，剩得三春雨露天。棠坼浅红酣一笑，柳垂淡绿困三眠。[红云岛上多海棠，两堤宫柳最盛。]

龙焙夕薰凝紫雾，凤池晓濯带苍烟。水芽只是宣和有，一洗枪旗二百年。

修贡年年采万株，只今胜雪与初殊。宣和殿里春风好，喜动天颜是玉腴。

外台庆历有仙官，龙凤才闻制小团。[按

《建安志》："庆历间，蔡公端明为漕使，始改造小团龙茶，此诗盖指此。"］争得似金模寸璧，春风第一荐宸餐。

后序

先人作《茶录》，当贡品极盛之时，凡有四十余色。绍兴戊寅岁，克摄事北苑，阅近所贡皆仍旧，其先后之序亦同，唯跻龙团胜雪于白茶之上，及无兴国岩小龙、小凤。盖建炎南渡，有旨罢贡三之一而省去也。［按：《建安志》载："靖康初，诏减岁贡三分之一。绍兴间，复减大龙及京铤之半。十六年，又去京铤，改造大龙团。至三十二年，凡工用之费，篚羞之式，皆令漕臣专之，且减其数。虽府贡龙凤茶，亦附漕纲以进。"与此小异。］［继

［译解］

先父熊蕃编撰《宣和北苑贡茶录》一书，正当贡茶极盛的时期，共记载四十余种茶品。南宋高宗绍兴二十八年，我因兼掌北苑贡茶之事，看到近来所贡奉的茶品都是一仍其旧，而且先后次序也相同，唯一的改变是龙团胜雪的地位已跃居白茶之上，而且没有了兴国岩小龙、小凤的名目。这大概是高宗建炎年间（1127—1130）国都南迁临安（今浙江杭州）之后，有诏令取消贡茶三分之一，兴国岩小龙、小凤等因而被省去。［四库馆臣按语：《建安志》记载："宋钦宗靖康（1126—1127）初年，下诏减少每年贡额的三分之一。南宋高宗绍兴年间（1131—1162），又下诏减少大龙茶和京铤的一半贡额。绍兴十六年（1146）又罢贡京铤，改造大龙团茶。绍兴三十二年（1162），诏令大凡贡茶人力物力费用，包装用具的形制，都统一由福建路转运使专权管理，而且要减少费用开支数量。即使是建宁府附贡的龙凤茶，也要附于福建路转运使贡茶纲次中一并进奉。"与这里的记载略有不同。］［汪继壕按语：《宋史·食货

壕按：《宋史·食货志》："岁贡片茶二十一万六千斤。建炎以来，叶浓、杨勍等相因为乱，园丁散亡，遂罢之。绍兴二年，蠲未起大龙凤茶一千七百二十八斤。五年，复减大龙凤及京铤之半。"李心传《建炎以来朝野杂记·甲集》云："建茶岁产九十五万斤，其为团銙者，号腊茶，久为人所贵。旧制，岁贡片茶二十一万六千斤。建炎二年，叶浓之乱，园丁亡散，遂罢之。绍兴四年，明堂，始命市五万斤为大礼赏。五年，都督府请如旧额发赴建康，召商人持往淮北。检察福建财用章杰以片茶难市，请市末茶，许之。转运司言其不经久，乃止。既而官给长引，许商贩渡淮。十二年六月，兴榷场，遂取

志》记载："每年进贡片茶二十一万六千斤。南宋高宗建炎以来，建州地区叶浓、杨勍等相继叛乱，导致北苑园户流散逃亡，于是废罢贡茶。绍兴二年（1132），诏令蠲免尚未起运的大龙、大凤贡茶一千七百二十八斤。绍兴五年，再次减少大龙茶、大凤茶及京铤贡额之半。"李心传《建炎以来朝野杂记·甲集》记载："建茶每年产值九十五万斤，制作成为团銙的叫作腊茶，长期为人们所贵重。按照旧例，每年进贡片茶也就是腊茶二十一万六千斤。建炎二年，因为建州军卒叶浓的叛乱，北苑园户逃亡流散，于是废罢贡茶。到绍兴四年，朝廷才诏令购买五万斤，作为朝廷举行明堂大礼的赏赐品。绍兴五年，都督府请求按照旧例贡额发运到建康（今南京），召集商人运往淮北。检察福建财用的官员章杰因为片茶难以从市场购买，请求改为购买末茶，获得批准。福建路转运使上言这种办法不能持久，于是停止执行。不久，官府颁发长引凭证允许商贩渡过淮河进行交易。绍兴十二年六月，开展榷场贸易，于是调取腊茶作为榷场的本钱。九月，诏令禁止私贩茶叶，由官府全部实行专卖。进贡京师之余，才允许商人贸易，官府收取三倍的利息。又诏令私自贩运建茶入海贸易者，一律处斩。这是绍兴五年三月的诏旨，评论者于是请求允许在京城临安（今杭州）贩卖建茶。十月，将茶事司机构移置于建州，专门管理买茶进贡事宜。绍兴十

腊茶为场本。九月，禁私贩，官尽榷之。上京之余，许通商，官收息三倍。又诏，私载建茶入海者斩。此五年正月辛未诏旨，议者因请鬻建茶于临安。十月，移茶事司于建州，专一买发。十三年闰月，以失陷引钱，复令通商。今上供龙凤及京铤茶，岁额视承平才半。盖高宗以赐赉既少，俱伤民力，故裁损其数云。"］先人但著其名号，克今更写其形制，庶览之者无遗恨焉。先是，壬子春，漕司再葺茶政，越十三载，仍复旧额，且用政和故事，补种茶二万株。［政和间，曾种三万株。］次年，益虔贡职，遂有创增之目。仍改京铤为大龙团，由是大龙多于大凤之数。凡此皆近事，或者犹未之知也。先人又尝作

三年闰月，因为引钱亏空，又诏令允许茶叶通商。如今上贡龙凤茶及京铤茶，每年贡额与和平时代相比才刚足半数，这大概是高宗皇帝因为赏赐减少，贡茶损伤民力，所以不时裁减其数量。"］先父在书中只是著录茶品的名称，现在我又画出这些贡茶的图形，以便读者没有遗憾。此前，绍兴二年（壬子，1132）春天，转运使司再次整顿茶政，过了十三年，仍旧恢复以前的贡茶的数额，并且按照宋徽宗政和年间（1111—1117）的旧例，补种茶树两万株。［原注：政和年间，曾经栽种茶树三万株。］近年来，转运使司更加强化贡茶的职能，于是又有创制和新增的品种名目。又改京铤为大龙团，从此大龙团的数额较大凤团为多。这里所说的都是近来的事，或许仍有我所不知道的。先父又曾创作《贡茶歌十首》，读来可以使人想见当时的情形，因此我一并拿来附录于书后。（此句除底本及四库本外，诸本皆删去。大概是因为所谓的熊蕃诗十首已不存，故将此句一并删除。）三月初吉日，子熊克书于北苑寓舍。

《贡茶歌十首》，读之可想见异时之事，故并取以附于末。三月初吉男克北苑寓舍书。

北苑贡茶最盛，然前辈所录，止于庆历以上。自元丰之密云龙、绍圣之瑞云龙相继挺出，制精于旧，而未有好事者记焉，但见于诗人句中。及大观以来，增创新铸，亦犹用拣芽。盖水芽至宣和始有，故龙团胜雪与白茶角立，岁充首贡。复自御苑玉芽以下，厥名实繁。先子亲见时事，悉能记之，成编俱存。今闽中漕台新［继壕按：《说郛》作“所”］刊《茶录》，未备此书，庶几补其阙云。

北苑贡茶最为兴盛，然而前辈所记载的，只限于宋仁宗庆历年间以前的贡茶之事。从宋神宗元丰年间的密云龙茶、宋哲宗绍圣年间的瑞云翔龙茶相继出现之后，贡茶的制法比以前更加精致，但还没有有心的人加以详细记录，只是散见于文人的诗句之中。到宋徽宗大观年间以来，创制增加许多新的茶品，也还是沿用拣芽的名目。因为水芽到宣和年间（1119—1125）才创制入贡，闻名天下，所以龙团胜雪与白茶并立，每年充当首要的贡品。另外，从御苑玉芽以下各种茶品，其名目更加繁多。先父目睹当时的贡茶之事，都能一一记录下来，汇编成书，完整无缺地保存下来。如今福建路转运使司新刊的《茶录》［汪继壕按语：《说郛》本“新”写作“所”］，遗漏了这部书，我于是加以校补，希望能够弥补其中的遗漏。

淳熙九年冬十二月四日，朝散郎行秘书郎兼国史编修官学士院权直熊克谨记。

淳熙九年冬十二月四日，朝散郎行秘书郎兼国史编修官学士院权直熊克谨记。

北苑别录

[宋] 赵汝砺

[序]

建安之东三十里，有山曰凤凰。其下直北苑，旁联诸焙，厥土赤壤，厥茶唯上上。太平兴国中，初为御焙，岁模龙凤，以羞贡篚，益表珍异。庆历中，漕台益重其事，品数日增，制度日精。厥今茶自北苑上者，独冠天下，非人间所可得也。方其春虫震蛰，千夫雷动，一时之盛，诚为伟观。故建人谓至建安而不诣北苑，与不至者同。仆因摄事，遂得研究其始末。姑摭其大概，条为十余类目，曰《北苑别录》云。

[译解]

在福建建安（治今福建建瓯市）东方三十里的地方，有一座山叫作凤凰山。山下正对着北苑御茶园、官焙，周围连接着各个茶焙，这里的土壤是红色的黏土，这里出产的茶叶品质最为上乘。宋太宗太平兴国年间，最初在这里设置御焙，每年用模具制造龙凤团茶，作为贡品装入圆形竹器进献朝廷，更加表明其珍异非常。宋仁宗庆历年间，福建转运使司衙门更加重视贡茶事宜，品种与数量不断增加，有关的规制和器具也日益精细。到如今从北苑御焙采制上供的茶品，独冠天下，不是民间所可得到的。每当春天惊蛰时节，成百上千的采茶制茶夫役欢声雷动，一时的盛况，的确是令人叹为观止。因此，建安当地人称来到建安而不去北苑，就好像没有来到建安一样。我由于掌管贡茶事宜，因而得以研究其采制上贡的始末。于是搜集整理其大概情形，分为十多类，取名为《北苑别录》。

御园

九窠十二陇。[按：《建安志·茶陇》注云："九窠十二陇，即土之凹凸处，凹为

[译解]

九窠十二陇。[四库馆臣按语：《建安志·茶陇》注中说："九窠十二陇，就是说土地的凹凸之处，凹处叫作窠，凸处叫作陇。"][汪继壕按语：宋子安《东溪试茶录》记载："从青山

窠，凸为陇。”］［继壕按：宋子安《试茶录》：“自青山曲折而北，岭势属贯鱼，凡十有二，又隈曲如窠巢者九，其地利，为九窠十二陇。”］

曲折向北，山岭走势犹如一串贯穿起来的鱼儿，共有十二条岭，又有九个像窝巢一样的地方，这就是所谓的九窠十二垅。”］

麦窠。［按：宋子安《试茶录》作“麦园”，言其土壤沃并宜辫麦也。与此作“麦窠”异。］

麦窠。［四库馆臣按语：宋子安《东溪试茶录》称为“麦园”，是说这里的土壤肥沃都适宜大麦的生长。与这里所说的“麦窠”不同。］

壤园。［继壕按：《试茶录》：“鸡窠又南曰壤园、麦园。”］

壤园。［汪继壕按语：《东溪试茶录》记载：“鸡薮窠再向南叫作壤园、麦园。”］

龙游窠。

龙游窠。

小苦竹。［继壕按：《试茶录》作“小苦竹园”，园在鼯鼠窠下。］

小苦竹。［汪继壕按语：《东溪试茶录》称作“小苦竹园”，其茶园在鼯鼠窠的下面。］

苦竹里。

苦竹里。

鸡薮窠。［按：宋子安《试茶录》：“小苦竹园又西至大园绝尾，疏竹蓊翳，多飞雉，故曰鸡薮窠。”］［继壕按：《太平御览》

鸡薮窠。［四库馆臣按语：宋子安《东溪试茶录》记载：“从小苦竹园又向西到达大园，位于山脚之下，竹园苍翠而荫蔽，以前有很多雉鸡飞翔其间，所以叫作鸡薮窠（一作雉薮窠）。”］［汪继壕按语：《太平御览》征引《建安记》说：“鸡岩隔着山涧与西边的武夷山相对

引《建安记》："鸡岩隔涧西与武彝相对，半岩有鸡窠四枚，石峭，上不可登履。时有群鸡百飞翔，雄者类鹧鸪。"《福建省志》云："崇安县武彝山大小二藏峰，峰临澄潭。其半为鸡窠岩，一名金鸡洞。鸡薮窠未知即在此否？"]	峙，鸡岩的半山腰有鸡窠四枚，山石陡峭，上面无法攀登。不时有成群的雉鸡数百只飞翔其间，雄性的雉鸡类似鹧鸪鸟。"《福建通志》记载："崇安县武夷山上有大藏峰、小藏峰，峰下临着清澈的深潭。山峰的半腰叫作鸡窠岩，也叫作金鸡洞。鸡薮窠是否就在这里？"]
苦竹。[继壕按：《试茶录》："自焙口达源头五里，地远而益高，以园多苦竹，故名曰苦竹。以远居众山之首，故曰园头。下苦竹源，当即苦竹园头。"]	苦竹。[汪继壕按语：《东溪试茶录》记载："从焙口到源头五里许，地势辽阔，更加高耸。因为园中多长苦竹，故名苦竹园。又因为地势高远，居于众山之首，故名园头。下一条苦竹源，应当就是苦竹园头。"]
苦竹源。	苦竹源。
鼯鼠窠。[按：宋子安《试茶录》："直西定山之隈，土石回向如窠然，泉流积阴之处多飞鼠，故曰鼯鼠窠。"]	鼯鼠窠。[四库馆臣按语：宋子安《东溪试茶录》记载："一直向西是定山逶迤迂回的地方，其间土石回环像窝一样，南边泉水溪流积阴之处，有很多飞鼠出没，所以叫作鼯鼠窠。"]
教炼垅。[继壕按：《试茶录》作教练垅："焙南直东，岭极高峻，	教炼垅。[汪继壕按语：《东溪试茶录》作"教练垅"："官焙南边一直向东，山岭极其高峻，叫作教练垅。向东进入张坑，南边与苦竹

曰教练垅。东入张坑，南距苦竹。"《说郛》"炼"亦作"练"。]

园北边相邻。" 《说郛》本"炼"也写作"练"。]

凤凰山。[继壕按：《试茶录》："横坑又北出凤凰山，其势中跱，如凤之首，两山相向，如凤之翼，因取象焉。"曹学佺《舆地名胜志》："瓯宁县凤凰山，其上有凤凰泉，一名龙焙泉，又名御泉。宋以来上供茶，取此水濯之。其麓即北苑。"苏东坡序略云："北苑龙焙，山如翔凤下饮之状。山最高处有乘凤堂，堂侧竖石碣，字大尺许。"宋庆历中，柯适记："御茶泉，深仅二尺许，下有暗渠，与山下溪合，泉从渠出，日夜不竭。又龙山与凤凰山对峙，宋咸平间，丁谓于茶堂之前引二泉，为龙凤池，其中为红云岛。四面植海棠，

凤凰山。[汪继壕按语：《东溪试茶录》记载："横坑又北出凤凰山，其地势居中而高耸，好像是凤凰的头，又有两山相向而立，好像是凤凰的羽翼，于是依照其形象取名叫作凤凰山。"明代曹学佺《舆地名胜志》记载："瓯宁县凤凰山，山上有凤凰泉，也叫作龙焙泉，又名御泉。自宋朝以来上供的北苑茶，都是取此泉水冲瀹。凤凰山麓就是北苑。"苏东坡《凤鹬（zhōu）石砚铭序》中概括说："建安北苑的龙焙山，宛如飞翔的凤凰下落饮水的形状。凤凰山的最高处有乘风堂，乘风堂的旁边竖立有碑碣，碑文上的字有一尺见方那么大。"北宋仁宗庆历年间（摩崖石刻落款为庆历戊子仲春朔，即庆历八年二月初一日）福建路转运使柯适题记："御茶泉（俗称龙井），深度只有二尺有余，泉下有暗渠，与山下的建溪水相通，泉水从暗渠中汩汩流出，日夜不竭。另外龙山与凤凰山对峙，宋真宗咸平年间（998—1003）丁谓在御茶堂（遗址位于今建瓯东峰镇焙前村南山谷地）前引二泉，构筑为龙池、凤池，人工湖的中间叫作红云岛。四面种植海棠，池旁栽种柳树，每天旭日初升时分，阳光掩映湖光山色之间，宛如红云漂浮于其上。"顾祖禹《读史方舆纪要》记载："凤凰山，也叫作茶山。另外壑源山

池旁植柳，旭日始升时，晴光掩映，如红云浮于其上。”《方舆纪要》：“凤凰山一名茶山。又壑源山在凤凰山南，山之茶为外焙纲，俗名捍火山，又名望州山。”《福建通志》：“凤凰山，今在建安县吉苑里。”]

位于凤凰山之南，山上所产的茶为外焙贡茶，俗名叫作捍火山，又称为望州山。”《福建通志》记载：“凤凰山，位于今建安县吉苑里。”]

大小焊（ài）。[继壕按：《说郛》“焊”作“焊”。《试茶录·壑源》条云：“建安郡东望北苑之南山，丛然而秀，高峙数百丈，如郛郭焉。注云：民间所谓捍火山也。”“焊”，疑当作“捍”。]

大小焊。[汪继壕按语：《说郛》“焊”作“焊”。《东溪试茶录·壑源》条记载：“建安郡（又称建宁府）东望北苑的南山，这里群峰攒聚，风景秀美，高耸数百丈，好像城郭的外墙。原注：也就是当地民间所说的捍火山。”“焊”，怀疑应当作“捍”。]

横坑。[继壕按：《试茶录》：“教练垅带北，冈势横直，故曰坑。”]

横坑。[汪继壕按语：《东溪试茶录》记载：“教炼垅与苦竹园北边相邻，山冈走势横直，所以叫作坑。”]

猿游陇。[按：宋子安《试茶录》：“凤凰山东南至于袁云垅，又南至于张坑，言昔有

猿游陇。[四库馆臣按语：宋子安《东溪试茶录》记载：“从凤凰山向东南到达袁云垅，再向南到达张坑，这是说从前有袁姓、张姓人家居住在这里，因此命名其地为袁云垅、张坑。”

袁氏、张氏居于此，因名其地焉。”与此作猿游陇异。]

与这里所说的猿游陇不同。]

张坑。[继壕按：《试茶录》：“张坑又南最高处曰张坑头。”]

张坑。[汪继壕按语：《东溪试茶录》记载：“张坑南边最高处叫作张坑头。”]

带园。[继壕按：《试茶录》：“焙东之山，萦纡如带，故曰带园。其中曰中历坑。”]

带园。[汪继壕按语：《东溪试茶录》记载：“官焙东边的山脉，曲折回环如带，所以叫作带园。其中间的地方叫作中历坑。”]

焙东。

焙东。

中历。[按：宋子安《试茶录》作“中历坑”。]

中历。[四库馆臣按语：《东溪试茶录》作“中历坑”。]

东际。[继壕按：《试茶录》：“袁云陇之北，绝岭之表，曰西际。其东为东际。”]

东际。[汪继壕按语：《东溪试茶录》记载：“出袁云陇的北面，山岭的尽头，叫作西际。其东叫作东际。”]

西际。

西际。

官平。[继壕按：《试茶录》：“袁云陇之北，平下，故曰平园。”当即官平。]

官平。[汪继壕按语：《东溪试茶录》记载：“袁云陇的北面，地势低平，所以叫作平园。”应当就是官平。]

上下官坑。[继壕按：《试茶录》：“曾坑又北曰官坑，上园下坑，庆历中始入北

上下官坑。[汪继壕按语：《东溪试茶录》记载：“曾坑再往北则叫作官坑，上园下坑，仁宗庆历年间，才并入北苑。”《说郛》记载：在石碎窠之后。]

苑。”《说郛》：在石碎窠下。]

石碎窠。［继壕按：徽宗《大观茶论》作“碎石窠”。]

石碎窠。［汪继壕按语：宋徽宗《大观茶论》作“碎石窠”。]

虎膝窠。

虎膝窠。

楼陇。

楼陇。

蕉窠。

蕉窠。

新园。

新园。

大楼基。［按：《建安志》作“大楼基”。］［继壕按：《说郛》作“天楼基”。]

大楼基。(底本作“夫楼基”。)［四库馆臣按语：《建安志》作“大楼基”。］［汪继壕按语：《说郛》作“天楼基”。]

阮坑。

阮坑。

曾坑。［继壕按：《试茶录》：“又有苏口焙，与北苑不相属，昔有苏氏居之。其园别为四：其最高处曰曾坑，岁贡有曾坑上品一斤。曾坑，山浅土薄，苗发多紫，复不肥乳，气味殊薄。今岁贡以苦竹园茶充之。”叶梦得《避暑录话》云：“北苑茶，正所产为曾坑，谓之正焙；非曾坑为沙

曾坑。［汪继壕按语：《东溪试茶录》记载：“又有苏口官焙（今东峰镇杨梅村苏口自然村），与北苑不相连属，从前有苏姓人家居住于此。其茶园又分为四：最高处叫作曾坑，每年贡额有曾坑上品一斤。曾坑山势较浅，土地贫瘠，茶苗发芽多呈紫色，又不肥嫩，茶味不够醇厚。今年的贡茶就是用苦竹园茶充数。”叶梦得《避暑录话》记载：“北苑茶，正宗的产地为曾坑，称为正焙；不是曾坑所产的就是沙溪茶，称为外焙。二地相距不远，可是茶叶品种却相差甚大。沙溪茶色泽超过曾坑，但味道缺乏绵长而且微带苦涩。善于鉴别茶品的人一加品啜，便如泾渭分明。”]

溪，谓之外焙。二地相去不远，而茶种悬绝。沙溪色自过于曾坑，但味短而微涩。识茶者一啜，如别泾渭也。”］

黄际。［继壕按：《试茶录》“壑源”条：“道南山而东曰穿栏焙，又东曰黄际。”］

黄际。［汪继壕按语：《东溪试茶录》“壑源”条记载：“取道南山往东，叫作穿栏焙，再往东叫作黄际。”］

马鞍山。［继壕按：《试茶录》：“带园东又曰马鞍山。”《福建通志》：“建宁府建安县有马鞍山，在郡东北三里许，一名瑞峰，左为鸡笼山，当即此山。”］

马鞍山。［汪继壕按语：《东溪试茶录》记载：“带园以东又叫马鞍山。”《福建通志》记载：“建宁府建安县有马鞍山，在建宁府东北三里左右的地方，也叫作瑞峰，左边叫作鸡笼山，应当就是此山。”］

林园。［继壕按：《试茶录》：“北苑焙绝东为林园。”］

林园。［汪继壕按语：《东溪试茶录》记载：“北苑官焙的最东边叫作林园。”］

和尚园。

和尚园。

黄淡窠。［继壕按：《试茶录》：“马鞍山又东曰黄淡窠，谓山多黄淡也。”］

黄淡窠。［汪继壕按语：《东溪试茶录》记载：“马鞍山再向东叫作黄淡窠，是说其山中生长有很多黄淡（一种类似小橘、色褐、微酸而甜的果实）。”］

吴彦山。

吴彦山。

罗汉山。

罗汉山。

水桑窠。

水桑窠。

师姑园。［继壕按：《说郛》："在铜场下。"］

师姑园。［汪继壕按语：《说郛》记载："在铜场后面。"］

铜场。［继壕按：《福建通志》："凤凰山在东者，曰铜场峰。"］

铜场。［汪继壕按语：《福建通志》记载："凤凰山在东方的余脉，叫作铜场峰。"］

灵滋。

灵滋。

苑马园。

苑马园。

高畬。

高畬。

大窠头。［继壕按：《试茶录》"壑源"条："坑头至大窠，为正壑岭。"］

大窠头。［汪继壕按语：《东溪试茶录》"壑源"条记载："从壑岭坑头向东到大窠坑头，为正壑岭。"］

小山。

小山。

右四十六所，方广袤三十余里。自官平而上为内园，官坑而下为外园。方春灵芽莩坼［继壕按：《说郛》作"萌坼"］，常先民焙十余日，如九窠、十二陇、龙游窠、小苦竹、张坑、西际，又为禁园之先也。

以上四十六所，方圆广袤三十余里。从官平以上，称为内园，官坑以下，称为外园。每当春季茶叶开始发芽［汪继壕按语：《说郛》作"萌坼"］，官焙的茶常常比民焙提前十余日，而其中九窠、十二陇、龙游窠、小苦竹、张坑、西际，又是御茶园中茶叶萌芽比较早的。

开焙

惊蛰节，万物始萌，每岁常以前三日开焙，遇闰则反之［继壕按：《说郛》“反”作“后”、］，以其气候少迟故也。［按：《建安志》：“候当惊蛰，万物始萌，漕司常前三日开焙。令春夫喊山以助和气，遇闰则后三日。”］［继壕按：《试茶录》：“建溪茶，比他郡最先，北苑、壑源者尤早。岁多暖，则先惊蛰十日即芽；岁多寒，则后惊蛰五日始发。先芽者，气味俱不佳，唯过惊蛰者最为第一。民间常以惊蛰为候。”］

［译解］

春季惊蛰时节，万物刚刚萌芽，每年通常在惊蛰前三天开焙采制，如果遇到闰年就推迟到惊蛰之后［汪继壕按：《说郛》“反”字写作“后”字］，这是因为闰年气候变化稍微推迟的缘故。［四库馆臣按语：《建安志》记载：“每当惊蛰时节，万物开始萌发。福建路转运使司常常提前三天开始采制贡茶。在开园开焙之前，要命令采制夫役擂鼓呐喊，以助天地和气，遇到闰年则推迟三日。”］［汪继壕按语：《东溪试茶录》记载：“建溪所产的茶叶，与其他地方相比是最早的，其中北苑、壑源所产尤其早。如果年岁气候温暖，一般在惊蛰前十日就发芽；如果年岁气候寒冷，则在惊蛰后五日才发芽。惊蛰前发芽的，加工制作的茶气味都不好，只有惊蛰过后的最好。因此当地民间常常以惊蛰作为采茶的时节。”］

采茶

采茶之法，须是侵晨，不可见日。侵晨则夜露未晞，茶芽肥润。

［译解］

采茶的方法，首先必须是在清晨进行，不可见到阳光。这是因为清晨夜间的露水尚未消散，茶芽肥嫩润泽。见到阳光之后就会为阳气

见日则为阳气所薄，使芽之膏腴内耗，至受水而不鲜明。故每日常以五更檛鼓，集群夫于凤凰山［山有打鼓亭］，监采官人给一牌入山，至辰刻，则复鸣锣以聚之，恐其逾时，贪多务得也。

所侵夺，从而使得茶芽中所含丰富的养分消耗掉，以至于注水点茶之后色泽不鲜明。因此，采茶时节每日常常在五更时分擂鼓，召集一众夫役来到凤凰山［山上有打鼓亭］，监督采茶的官员给每个人发一个令牌，入山采茶，到辰时也就是早上七点以后，再次鸣锣召集下山，结束一天的采茶工作，恐怕超过辰时，贪多务得，影响茶叶的质量。

大抵采茶亦须习熟，募夫之际，必择土著及谙晓之人，非特识茶发早晚所在，而于采摘亦知其指要。盖以指而不以甲，则多温而易损；以甲而不以指，则速断而不柔。［从旧说也。］故采夫欲其习熟，政为是耳。［采夫日役二百二十五人。］［继壕按：《说郛》作二百二十二人。徽宗《大观茶论》："撷茶以黎明，见日则止。用爪断芽，不以指揉，虑气污熏渍，茶不鲜洁。故茶工多以新汲水自随，

一般说来，采茶之人也必须熟悉操作技艺，因而在募集夫役的时候，一定要选择当地土著和通晓茶事的人，不仅仅是能够辨识茶芽萌发的早晚以及芽叶所在的位置，而且对于采摘也必须掌握其中的要领。采摘茶叶时，如果是用指头而不是用指甲，就会因为体温多汗而容易损害茶的品质；如果是用指甲而不是用指头，就会使茶叶迅速折断而不加揉捻。［这是遵从原有的说法。］所以，采茶夫役一定要选择熟悉茶事的人，正是这个缘故。［原注：采茶夫役每天募集二百二十五人。］［汪继壕按语：《说郛》写作二百二十二人。宋徽宗《大观茶论》说："采茶要在黎明时分进行，等到旭日东升就要停止。采摘的时候，要用指甲掐断茶芽，而不要用手指揉搓，恐怕手上的汗气和污渍熏染，使得茶叶不新鲜、不洁净。所以，采茶的人们多把新汲来的清水带在身边，采到茶芽后就把它投进水里，以保持其新鲜清洁。"宋子安《东溪

得芽则投诸水。”《试茶录》：“民间常以春阴为采茶得时，日出而采，则芽叶易损，建人谓之采摘不鲜是也。”]

试茶录》说：“民间常常认为春日阴天是采茶的最佳时节，日出之后采茶，就会导致芽叶容易受损，建州人称之为采摘不鲜，指的就是这种情况。”]

拣茶

茶有小芽，有中芽，有紫芽，有白合，有乌蒂，此不可不辨。小芽者，其小如鹰爪。初造龙团胜雪、白茶，以其芽先次蒸熟，置之水盆中，剔取其精英，仅如针小，谓之水芽，是芽中之最精者也。中芽，古谓之［继壕按：《说郛》有“之”字］一枪一旗是也。紫芽，叶之［继壕按：原本作“以”，据《说郛》改］紫者是也。白合，乃小芽有两叶抱而生者是也。乌蒂，茶之蒂头是也。凡茶，以水芽为上，小芽次之，中芽又次之。紫芽、白合、乌

［译解］

茶芽有小芽，也有中芽，还有有害茶叶品质的紫芽、白合、乌蒂，这是不可不认真加以辨识的。所谓小芽，是说茶芽细小如鹰爪。最初制造龙团胜雪、白茶等极品贡茶的时候，将茶芽依次蒸熟后，放置到水盆之中，剔取其中的精英，仅仅像针那么小，称为水芽，这是茶芽中最为精华的部分。所谓中芽，也就是古人所说的一枪一旗。所谓紫芽，也就是紫色的茶芽。所谓白合，就是一个鹰爪般的小芽有两片小叶合抱而生的。所谓乌蒂，也就是带有蒂头的茶芽。一般来说，茶芽的品质，以水芽为上品，小芽次之，中芽又次之。而紫芽、白合、乌蒂，都是在所不取的下品。［汪继壕按语：宋徽宗《大观茶论》上说：“茶叶刚开始萌芽的时候，会出现一个小芽而外包较大二叶的情形，称为白合；采摘之后，则会出现带有蒂头的情形，称为乌蒂。如果不去掉白合，就会过于苦涩，损害茶味；如果不去掉乌蒂，就会过于黄黑，损害茶色。”原本遗漏了“不取”的“不”字，根据《说郛》补正。］假使茶叶的拣择非常

蒂，皆在所不取。［继壕按：《大观茶论》："茶之始芽萌，则有白合；既撷，则有乌蒂。白合不去，害茶味；乌蒂不去，害茶色。"原本脱"不"字，据《说郛》补。］使其择焉而精，则茶之色味无不佳。万一杂之以所不取，则首面不匀，色浊而味重也。［继壕按：《西溪丛语》："建州龙焙有一泉，极清澹，谓之御泉。用其池水造茶，不坏茶味。唯龙团胜雪、白茶二种，谓之水芽。先蒸后拣，每一芽先去外两小叶，谓之乌蒂；又次去两嫩叶，谓之白合；留小心芽，置于水中，呼为水芽。聚之稍多，即研焙为二品，即龙团胜雪、白茶也。茶之极精好者，无出于此。每铐计工价近三十千。其他茶虽好，

精细，那么制成的饼茶的色泽香味没有不佳的。万一掺杂进所不取的紫芽、白合、乌蒂等，就会使得制成的茶饼表面纹理不均匀，受水之后色泽浑浊、味道浓重。［汪继壕按语：南宋姚宽《西溪丛语》记载："建安龙焙有一泉水，极其清淡，称为御泉。用御泉水造茶，不会损害茶味。只有龙团胜雪、白茶这两种上品贡茶，所用茶芽称为水芽。先蒸熟后拣择，每一茶芽先要剔除外面的两个小叶，称为乌蒂；其次要剔除里面的两个嫩芽，称为白合；只保留中心的一个小芽，放置于水中，叫作水芽。积累得稍多，就加以研膏焙制，形成龙团胜雪、白茶这两种极品贡茶。茶中最为精妙的，没有超过这两种的。每铐计算其工值接近三万。其他贡茶虽然也很好，但都是先进行拣择，然后蒸熟研制，其香味也要依次降低了。"］

皆先拣而后蒸研，其味次第减也。”]

蒸茶

茶芽再四洗涤，取令洁净，然后入甑，俟汤沸蒸之。然蒸有过熟之患，有不熟之患。过熟，则色黄而味淡；不熟，则色青而易沉，而有草木之气。唯在得中之为当也。

[译解]

采摘来的茶芽要经过多次洗涤，使其非常洁净，然后放入甑中，等到水烧开后高温迅速蒸熟，以去其草木之气，保持纯正清香。然而，蒸茶既有蒸得过熟的弊病，也有蒸得不熟的弊病。蒸得过熟，就会使其色泽发黄，味道寡淡；蒸得不熟，就会使其色泽发青，受水后容易下沉，带有草木之气。只有得其中庸之道，也就是把握好火候才算恰到好处。

榨茶

茶既熟，谓茶黄。须淋洗数过［欲其冷也］，方入小榨，以去其水；又入大榨，出其膏。［水芽以马榨压之，以其芽嫩故也。］［继壕按：《说郛》“马”作“高”。］先是，包以布帛，束以竹皮，然后入大榨压之。至中夜，取出揉匀，复如前入榨，谓之翻榨。彻晓奋击，必至于干净

[译解]

茶芽蒸熟之后，称为茶黄。必须淋洗多次［原注：以便使其冷却］，才可以放入小榨，以便除去其中的水分；然后再放入大榨，以便除去其中的膏汁。［原注：水芽要使用马榨进行榨压，这是因为水芽过于娇嫩的缘故。］［汪继壕按语：《说郛》“马”写作“高”。］起初，茶黄还要用布帛包起来，外面用竹皮扎上，然后放入大榨压黄。到半夜时分，取出来揉捻均匀，再次像原来一样包扎起来放入大榨压黄，称为翻榨。整个榨茶过程需要通宵达旦奋力操作，一定要使其中的膏汁榨压干净才算完成。这大概是因为建茶味道绵长、茶力醇厚，不是一般的江南茶所可比拟。江南茶恐怕流出其中的膏

而后已。盖建茶味远而力厚，非江茶之比。江茶畏流其膏，建茶唯恐其膏之不尽。膏不尽，则色味重浊矣。

汁，而建茶则唯恐其膏汁没有榨压干净。膏汁榨压不干净，就会使制成的茶饼在点茶时色泽浑浊、香味浓重。

研茶

研茶之具，以柯为杵，以瓦为盆。分团酌水，亦皆有数。上而胜雪、白茶，以十六水，下而拣芽之水六，小龙、凤四，大龙、凤二，其余皆以十二焉。自十二水以上，日研一团；自六水而下，日研三团至七团。每水研之，必至于水干茶熟而后已。水不干，则茶不熟；茶不熟，则首面不匀，煎试易沉。故研夫尤贵于强而有力者也。

尝谓天下之理，未有不相须而成者。有北苑之芽，而后有龙井之水。龙井之水，其深不以丈尺［继壕按：文有

［译解］

研茶又称研膏，即将榨过的茶黄研磨成茶膏。研茶的工具，是用木棒作为杵，用陶器作为盆。根据茶叶等级不同，研茶的数量和兑水的多少也不一样，也都有一定的标准。上至龙团胜雪、白茶，研茶时要加十六次水（每注水研磨至水干为一水），下到拣芽，研茶时要加六次水，小龙、小凤要加四次水，大龙、大凤要加两次水，其余的贡茶都要加十二次水。从十二次水以上，每天每人只能研磨一团（也就是制成一个团饼的数量）；从六次水以下，每人每天则可以研磨三到七团。每次加水研磨，一定要达到水干茶熟而后进入下一水。如果水不干，茶就不熟；茶不熟，制成的茶饼表面纹理就不均匀，烹煎时容易下沉。因此，研茶工人必须选择身体强壮有力者。

我曾经认为天下的道理，没有不是相互依赖、相辅相成的。有北苑的贡茶，而后有御泉也就是龙井的泉水。龙井的泉水，其深不以丈尺论［汪继壕按语：原文可能有脱漏或讹误，《说郛》本没有这六个字，也是不对的。柯适

脱误，《说郛》无此六字，亦误。柯适记御茶泉云“深仅二尺许”]，清而且甘，昼夜酌之而不竭。凡茶，自北苑上者皆资焉。亦犹锦之于蜀江，胶之于阿井，讵不信然？

《御茶泉记》则谓“深仅仅二尺有余”]，然而清澈而甘洌，日夜取之而不尽。凡是从北苑进贡的茶叶，其制造都依赖于龙井之水。这也好比蜀锦，得益于长江蜀地段江水的漂洗，山东东阿的阿胶，得益于阿井之水的调制，难道不是这样的吗？

造茶

造茶，旧分四局。匠者起好胜之心，彼此相夸，不能无弊，遂并而为二焉。故茶堂有东局、西局之名，茶铐有东作、西作之号。

凡茶之初出研盆，荡之欲其匀，揉之于其腻，然后入圈制铐，随笪过黄。有方铐，有花铐，有大龙，有小龙，品色不同，其名亦异。随纲系之于贡茶云。

[译解]

造茶就是将研磨好的茶膏注入茶模内，压制成各式各样的团饼。北苑官焙原来分为四个茶局。因为造茶工匠起了好胜之心，彼此骄矜自夸，不免会导致很多弊端，于是合并成两个茶局。所以，茶堂也有所谓东局、西局之名，茶铐也有所谓东作、西作之号。

一般说来，制茶经过拣、蒸、榨、研的工序，刚从陶盆中拿出来的研磨好的茶膏，要通过摇荡使其均匀，通过揉搓使其韧腻，然后注入下垫银模，外有竹圈、银圈或铜圈套起来的模子中，制成茶铐，放在竹席上过黄也就是用炭火焙干。茶模的形状纹饰不同，制成的茶饼也有方铐，有花铐，有大龙，有小龙，品色不同，名号也各不一样。随着进奉批次即纲次的不同列入贡茶目录。

过黄

茶之过黄，初入烈火焙之，次过沸汤爁（lǎn）之，凡如是者三。而后宿一火，至翌日，遂过烟焙焉。然烟焙之火不欲烈，烈则面炮而色黑；又不欲烟，烟则香尽而味焦，但取其温温而已。凡火数之多寡，皆视其銙之厚薄。銙之厚者，有十火至于十五火；銙之薄者，亦［继壕按：《说郛》无“亦”字］七火至于十火。火数既足，然后过汤上出色。出色之后，当置之密室，急以扇扇之，则色泽自然光莹矣。

［译解］

茶饼烘焙的过程叫作过黄。首先要放在烈火上烘焙，其次要用沸水烫过再进行炙烤，一共要如此反复三次。然后在火上烘焙一次，到第二天，就过烟焙复烘。但是烟焙的火不要过于猛烈，过于猛烈茶饼表面会起泡，颜色也会发黑；也不要有烟气，有烟气就会使茶香出尽而味道焦苦，只需要火力温温然就可以了。一般说来，用火烘焙次数（烘焙茶饼正反两面为一宿火）的多少，都是根据茶銙的厚薄而定的。茶銙厚的，要经过十次火到十五次火；茶銙薄的，也要［汪继壕按语：《说郛》本没有“亦”字］经过七次火到十次火。烘焙次数达到之后，然后用热水在茶饼表面涮一下，叫作出色。出色之后，应当放到密室之中，赶快用扇子扇风，这样茶饼的色泽自然就会光亮莹润了。

纲次

［继壕按：《西溪丛语》云：“茶有十纲，第一、第二纲太嫩，第三纲最妙，自六

［译解］

［汪继壕按语：南宋姚宽《西溪丛语》记载：“北苑贡茶共有十纲，第一纲、第二纲太嫩，第三纲最好，从第六纲到第十纲，从小团到大团为止。第一名叫作试新，第二名叫作贡

纲至十纲，小团至大团而止。第一名曰试新，第二名曰贡新，第三名有十六色，第四名有十二色，第五名有十二色，已下五纲，皆大小团也。”云云。其所记品目，与《录》同，唯《录》载细色、粗色共十二纲，而宽云十纲。又云第一名试新，第二名贡新。又细色第五纲十二色内，有先春一色，而无兴国岩拣芽，并与《录》异。疑宽所据者宣和时《修贡录》，而此则本于淳熙间《修贡录》也。《清波杂志》云：“淳熙间，亲党许仲启官麻沙，得《北苑修贡录》，序以刊行。其间载岁贡十有二纲，凡三等四十一名。第一纲曰龙焙贡新，止五十余銙，贵重如此。”正与《录》合。曾敏行《独

新，第三名包括十六种名色，第四名有十二种名色，第五名有十二种名色，以下的五纲，都是大团、小团。”等等。姚宽所记录的品名，与《北苑别录》相同，只是《北苑别录》记载细色、粗色共十二纲，而姚宽却说是十纲。另外说第一名叫作试新，第二名叫作贡新。细色第五纲十二种名色中，有先春一色，却无兴国岩拣芽，这些都是与《北苑别录》不同之处。我怀疑姚宽所依据的资料是北宋宣和年间的《北苑修贡录》，而赵汝砺《北苑别录》所依据的则是南宋淳熙年间的《北苑修贡录》。周煇《清波杂志》记载：“南宋淳熙年间，亲党许开（字仲启）任职麻沙，得到《北苑修贡录》，作序并刊行于世。其中记载岁贡十二纲，一共分三等四十一种名色。第一纲龙焙贡新，只有五十余銙，其贵重如此。”这里的记载正与《北苑别录》相合。曾敏行《独醒杂志》记载：“北苑产茶，今年进贡三等十二纲，四万八千余銙。”祝穆《事文类聚·续集》也记载：“宋徽宗宣和、政和年间，福建路转运使郑可简以为贡茶有功被提拔重用，长期主管转运使司财计，不断创添新品，续补入贡茶目录，贡茶数量也逐年增加，至今仍然沿袭其旧例。”]

醒杂志》云："北苑产茶，今岁贡三等十有二纲，四万八千余銙。"《事文类聚·续集》云："宣、政间，郑可简以贡茶进用，久领漕计，创添续入，其数浸广，今犹因之。"]

细色第一纲

龙焙贡新：水芽，十二水，十宿火。正贡三十銙，创添二十銙。[按：《建安志》云："头纲用社前三日进发，或稍迟，亦不过社后三日。第二纲以后只火候数足发，多不过十日。粗色虽于五旬内制毕，却候细纲贡绝，以次进发。第一纲拜，其余不拜，谓非享上之物也。"]

细色第一纲

龙焙贡新：用上品水芽制作，研茶时经过十二次水，过黄时用十宿火烘焙。正式贡额三十銙，后增加二十銙。[四库馆臣按语：《建安志》记载："头纲贡茶要在社前三日进发，有时稍微推迟，也不超过社后三日。第二纲以下各色只要火候数足，就及时进发，一般不超过十天。粗色各个纲次，即使在五旬内制作完毕，也要等到细色各个纲次进贡完成之后，再依次进发。第一纲进贡时要举行祭拜仪式，其余纲次则免于祭拜，是说第一纲之下的贡茶并非皇上亲自享用之物。"]

细色第二纲

龙焙试新：水芽，十二水，十宿火。正贡一百銙，创添五十銙。[按：《建安志》云：

细色第二纲

龙焙试新：用上品水芽制作，研茶时经过十二次水，过黄时用十宿火烘焙。正式贡额一百銙，后增加五十銙。[四库馆臣按语：《建安志》记载："贡茶的数量有正式贡额，有增加贡

“数有正贡，有添贡，有续添。正贡之外，皆起于郑可简为漕日增。”]

额，有后续增加贡额。正式贡额之外，都是起源于郑可简担任福建路转运使时所增加的。”]

细色第三纲

龙园胜雪［按：《建安志》云：“龙团胜雪用十六水，十二宿火；白茶用十六水，七宿火。胜雪系惊蛰后采造，茶叶稍壮，故耐火。白茶无焙壅之力，茶叶如纸，故火候止七宿。水取其多，则研夫力胜而色白；至火力，则但取其适，然后不损真味”］：水芽，十六水，十二宿火。正贡三十銙，续添三十銙，创添六十銙。”［继壕按：《说郛》作“续添二十銙，创添二十銙”。］

细色第三纲

龙团胜雪［四库馆臣按语：《建安志》记载：“龙团胜雪，研茶时经过十六次水，过黄时用十二宿火烘焙；白茶则用十六次水，七宿火。龙团胜雪乃是惊蛰节后采摘制作，茶叶稍微粗壮，所以耐火。白茶娇嫩，没有耐焙之力，芽叶像纸一样，所以烘焙时只用七宿火。白茶在研茶时用水次数多，这样研茶工人力量强大，研磨到位，色泽纯白；至于烘焙时用火的次数，就只要求适宜，从而不损害茶的真味”］：用上品水芽制作，研茶时经过十六次水，过黄时用十二宿火烘焙。正式贡额三十銙，后续增加三十銙，又增加六十銙。”［汪继壕按语：《说郛》本写作“后续增加二十銙，又增加二十銙”。］

白茶：水芽，十六水，七宿火。正贡三十銙，续添十五銙［继壕按：《说郛》作“五十銙”］，创添八十銙。

白茶：用上品水芽制作，研茶时经过十六次水，过黄时用七宿火烘焙。正式贡额三十銙，后续增加五十銙［汪继壕按语：《说郛》本写作“五十銙”］，又增加八十銙。

御苑玉芽［按：

御苑玉芽［四库馆臣按语：《建安志》记载：

《建安志》云：“自御苑玉芽下，凡十四品，系细色第三纲。其制之也，皆以十二水。唯玉芽、龙芽二色，火候止八宿。盖二色茶日数，比诸茶差早，不敢多用火力”]：小芽[继壕按：据《建安志》，“小芽”当作“水芽”，详细色五纲条注]，十二水，八宿火。正贡一百片。

“从御苑玉芽以下，一共十四种名色，是细色第三纲。其研茶时都经过十二次水。只有御苑玉芽、万寿龙芽二种名色，过黄时只用八宿火。这是因为这两种茶制作时间，比其他各种名色要早，因而不敢多用火力”]：用上品小芽制作[汪继壕按语：根据《建安志》的记载，“小芽”应当为“水芽”。详见细色五纲条注释(《读画斋丛书》本细色五纲下并无相关注释)]，研茶时经过十二次水，过黄时用八宿火烘焙。正式贡额一百片。

万寿龙芽：小芽，十二水，八宿火。正贡一百片。

万寿龙芽：用上品小芽制作，研茶时经过十二次水，过黄时用八宿火烘焙。正式贡额一百片。

上林第一[按：《建安志》云：“雪英以下六品，火用七宿，则是茶力既强，不必火候太多。自上林第一至启沃承恩凡六品，日子之制同。故量日力以用火力。大抵欲其适当，不论采摘日子之浅深，而水皆十二。研工多，则茶色白故耳”]：小

上林第一[四库馆臣按语：《建安志》记载：“从雪英以下六种名色，过黄时用七宿火烘焙，是因为茶的力道很强，不需要火候太多。从上林第一到启沃承恩一共六种名色，进奉的日期规定相同。所以考量进贡日期决定使用火力的多少。大体说来，想要制造适当，不论采茶日期的长短，研茶时都经过十二次水。研茶的工夫多，茶色就会发白”]：用上品小芽制作，研茶时经过十二次水，过黄时用十宿火烘焙。正式贡额一百铸。

芽，十二水，十宿火。正贡一百銙。

乙夜清供：小芽，十二水，十宿火。正贡一百銙。

乙夜清供：用上品小芽制作，研茶时经过十二次水，过黄时用十宿火烘焙。正式贡额一百銙。

承平雅玩：小芽，十二水，十宿火。正贡一百銙。

承平雅玩：用上品小芽制作，研茶时经过十二次水，过黄时用十宿火烘焙。正式贡额一百銙。

龙凤英华：小芽，十二水，十宿火。正贡一百銙。

龙凤英华：用上品小芽制作，研茶时经过十二次水，过黄时用十宿火烘焙。正式贡额一百銙。

玉除清赏：小芽，十二水，十宿火。正贡一百銙。

玉除清赏：用上品小芽制作，研茶时经过十二次水，过黄时用十宿火烘焙。正式贡额一百銙。

启沃承恩：小芽，十二水，十宿火。正贡一百銙。

启沃承恩：用上品小芽制作，研茶时经过十二次水，过黄时用十宿火烘焙。正式贡额一百銙。

雪英：小芽，十二水，七宿火。正贡一百片。

雪英：用上品小芽制作，研茶时经过十二次水，过黄时用七宿火烘焙。正式贡额一百片。

云叶：小芽，十二水，七宿火。正贡一百片。

云叶：用上品小芽制作，研茶时经过十二次水，过黄时用七宿火烘焙。正式贡额一百片。

蜀葵：小芽，十二水，七宿火。正贡一百片。

蜀葵：用上品小芽制作，研茶时经过十二次水，过黄时用七宿火烘焙。正式贡额一百片。

金钱：小芽，十二

金钱：用上品小芽制作，研茶时经过十二

水，七宿火。正贡一百片。

次水，过黄时用七宿火烘焙。正式贡额一百片。

玉华：小芽，十二水，七宿火。正贡一百片。

玉华：用上品小芽制作，研茶时经过十二次水，过黄时用七宿火烘焙。正式贡额一百片。

寸金：小芽，十二水，九宿火。正贡一百銙。

寸金：用上品小芽制作，研茶时经过十二次水，过黄时用九宿火烘焙。正式贡额一百銙。

细色第四纲

细色第四纲

龙团胜雪［已见前］：正贡一百五十銙。

龙团胜雪［原注：制造情况已见前述］：正式贡额一百五十銙。

无比寿芽：小芽，十二水，十五宿火。正贡五十銙，创添五十銙。

无比寿芽：用上品小芽制作，研茶时经过十二次水，过黄时用十五宿火烘焙。正式贡额五十銙，又增加五十銙。

万春银叶［继壕按：《说郛》“芽”作“叶”。《西溪丛语》作“万春银叶”］：小芽，十二水，十宿火。正贡四十片，创添六十片。

万春银叶［汪继壕按语：《说郛》本“芽”写作“叶”。姚宽《西溪丛语》写作“万春银叶”］：用上品小芽制作，研茶时经过十二次水，过黄时用十宿火烘焙。正式贡额四十片，又增加六十片。

宜年宝玉：小芽，十二水，十二宿火。［继壕按：《说郛》作“十宿火”。］正贡四十片，创添六十片。

宜年宝玉：用上品小芽制作，研茶时经过十二次水，过黄时用十二宿火烘焙。［汪继壕按语：《说郛》本写作“十宿火”。］正式贡额四十片，又增加六十片。

玉清庆云：小芽，

玉清庆云：用上品小芽制作，研茶时经过

十二水，九宿火。［继壕按：《说郛》作“十五宿火”。］正贡四十片，创添六十片。

十二次水，过黄时用九宿火烘焙。［汪继壕按语：《说郛》本写作“十五宿火”。］正式贡额四十片，又增加六十片。

无疆寿龙：小芽，十二水，十五宿火。正贡四十片，创添六十片。

无疆寿龙：用上品小芽制作，研茶时经过十二次水，过黄时用十五宿火烘焙。正式贡额四十片，又增加六十片。

玉叶长春：小芽，十二水，七宿火。正贡一百片。

玉叶长春：用上品小芽制作，研茶时经过十二次水，过黄时用七宿火烘焙。正式贡额一百片。

瑞云翔龙：小芽，十二水，九宿火。正贡一百八片。

瑞云翔龙：用上品小芽制作，研茶时经过十二次水，过黄时用九宿火烘焙。正式贡额一百零八片。

长寿玉圭：小芽，十二水，九宿火。正贡二百片。

长寿玉圭：用上品小芽制作，研茶时经过十二次水，过黄时用九宿火烘焙。正式贡额二百片。

兴国岩銙：［岩属南剑州，顷遭兵火废。今以北苑芽代之。］中芽，十二水，十宿火。正贡二百七十銙。

兴国岩銙：［原注：兴国岩地属南剑州，不久前遭遇战火而茶事废弛，如今以北苑芽茶代替。］用中芽制作，研茶时经过十二次水，过黄时用十宿火烘焙。正式贡额二百七十銙。

香口焙銙：中芽，十二水，十宿火。正贡五百銙。［继壕按：《说郛》作“五十銙”。］

香口焙銙：用中芽制作，研茶时经过十二次水，过黄时用十宿火烘焙。正式贡额五百銙。［汪继壕按语：《说郛》本写作“五十銙”。］

上品拣芽：小芽，

上品拣芽：用上品小芽制作，研茶时经过

十二水，十宿火。正贡一百片。

新收拣芽：中芽，十二水，十宿火。正贡六百片。

细色第五纲

太平嘉瑞：小芽，十二水，九宿火。正贡三百片。

龙苑报春：小芽，十二水，九宿火。正贡六百片［继壕按：《说郛》作“六十片”，盖误］，创添六十片。

南山应瑞：小芽，十二水，十五宿火。正贡六十铸，创添六十铸。

兴国岩拣芽：中芽，十二水，十宿火。正贡五百一十片。

兴国岩小龙：中芽，十二水，十五宿火。正贡七百五十片。［继壕按：《说郛》作“七百五片”，盖误。］

兴国岩小凤：中

十二次水，过黄时用十宿火烘焙。正式贡额一百片。

新收拣芽：用中芽制作，研茶时经过十二次水，过黄时用十宿火烘焙。正式贡额六百片。

细色第五纲

太平嘉瑞：用上品小芽制作，研茶时经过十二次水，过黄时用九宿火烘焙。正式贡额三百片。

龙苑报春：用上品小芽制作，研茶时经过十二次水，过黄时用九宿火烘焙。正式贡额六百片［汪继壕按语：《说郛》本写作“六十片”，应当是错的］，又增加六十片。

南山应瑞：用上品小芽制作，研茶时经过十二次水，过黄时用十五宿火烘焙。正式贡额六十铸，又增加六十铸。

兴国岩拣芽：用中芽制作，研茶时经过十二次水，过黄时用十宿火烘焙。正式贡额五百一十片。

兴国岩小龙：用中芽制作，研茶时经过十二次水，过黄时用十五宿火烘焙。正式贡额七百五十片。［汪继壕按语：《说郛》本写作“七百零五片”，应当是错的。］

兴国岩小凤：用中芽制作，研茶时经过十

芽，十二水，十五宿火。正贡五十片。

先春两色

太平嘉瑞［已见前］：正贡二百片。

长春玉圭［已见前］：正贡一百片。

续入额四色

御苑玉芽［已见前］：正贡一百片。

万寿龙芽［已见前］：正贡一百片。

无比寿芽［已见前］：正贡一百片。

瑞云翔龙［已见前］：正贡一百片。

粗色第一纲

正贡：不入脑子上品拣芽小龙，一千二百片［按：《建安志》云：入脑茶，水须差多；研工胜则香味与茶相入。不入脑茶，水须差省，以其色不必白，但欲火候深，则茶味出耳］，六水，十宿火。入脑子小龙，七百片，

二次水，过黄时用十五宿火烘焙。正式贡额五十片。

先春两色

太平嘉瑞［原注：制作情况已见前述］：正式贡额二百片。

长寿玉圭［原注：制作情况已见前述］：正式贡额一百片。

续入额四色

御苑玉芽［原注：制作情况已见前述］：正式贡额一百片。

万寿龙芽［原注：制作情况已见前述］：正式贡额一百片。

无比寿芽［原注：制作情况已见前述］：正式贡额一百片。

瑞云翔龙［原注：制作情况已见前述］：正式贡额一百片。

粗色第一纲

正式贡额：不入脑子上品拣芽小龙茶一千二百片［四库馆臣按语：《建安志》记载：入脑茶，研茶时加水次数比较多；研茶功夫好，龙脑香味与茶味融合。不入脑茶，研茶时加水次数比较少，因为其色泽不一定要发白，只需要加强火候，茶味就会发挥出来］，研茶时经过六次水，过黄时用十宿火烘焙。入脑子小龙茶七百片，研茶时经过四次水，过黄时用十五宿火烘焙。

四水，十五宿火。

增添：不入脑子上品拣芽小龙，一千二百片。入脑子小龙，七百片。

又增加贡额：不入脑子上品拣芽小龙茶一千二百片，入脑子小龙茶七百片。

建宁府附发：小龙茶，八百四十片。

建宁府附加进贡：小龙茶八百四十片。

粗色第二纲

粗色第二纲

正贡：不入脑子上品拣芽小龙，六百四十片。入脑子小龙，六百七十二片。[继壕按：《说郛》“二”作“七”。] 入脑子小凤，一千三百四十四片，[继壕按：《说郛》无下“四”字]，四水，十五宿火。入脑子大龙，七百二十片，二水，十五宿火。入脑子大凤，七百二十片，二水，十五宿火。

正式贡额：不入脑子上品拣芽小龙茶六百四十片。入脑子小龙茶六百七十二片。[汪继壕按语：《说郛》本“二”写作“七”。] 入脑子小凤茶一千三百四十四片。[汪继壕按语：《说郛》本无后“四”字。] 研茶时经过四次水，过黄时用十五宿火烘焙。入脑子大龙茶七百二十片，研茶时经过二次水，过黄时用十五宿火烘焙。入脑子大凤茶七百二十片，研茶时经过二次水，过黄时用十五宿火烘焙。

增添：不入脑子上品拣芽小龙，一千二百片。入脑子小龙，七百片。

又增加贡额：不入脑子上品拣芽小龙茶一千二百片。入脑子小龙茶七百片。

建宁府附发：小凤

建宁府附加进贡：小凤茶一千二百片。[汪

茶，一千二百片。[继壕按：《说郛》“二”作“三”。]

继壕按语：《说郛》本“二”写作“三”。]

粗色第三纲

粗色第三纲

正贡：不入脑子上品拣芽小龙，六百四十片。入脑子小龙，六百四十四片。[继壕按：《说郛》无下“四”字。]入脑子小凤，六百七十二片。入脑子大龙，一千八片。[继壕按：《说郛》作“一千八百片”。]入脑子大凤，一千八片。

正式贡额：不入脑子上品拣芽小龙茶六百四十片。入脑子小龙茶六百四十四片。[汪继壕按语：《说郛》本无后一“四”字。]入脑子小凤茶六百七十二片。入脑子大龙茶一千零八片。[汪继壕按语：《说郛》本写作“一千八百片”。]入脑子大凤茶一千零八片。

增添：不入脑子上品拣芽小龙，一千二百片。入脑子小龙，七百片。

又增加贡额：不入脑子上品拣芽一千二百片。入脑子小龙茶七百片。

建宁府附发：大龙茶，四百片。大凤茶，四百片。

建宁府附加进贡：大龙茶四百片。大凤茶四百片。

粗色第四纲

粗色第四纲

正贡：不入脑子上品拣芽小龙，六百片。入脑子小龙，三百三十六片。入脑子小凤，三

正式贡额：不入脑子上品拣芽小龙茶六百片。入脑子小龙茶三百三十六片。入脑子小凤茶三百三十六片。入脑子大龙茶一千二百四十片。入脑子大凤茶一千二百四十片。

百三十六片。入脑子大龙，一千二百四十片。入脑子大凤，一千二百四十片。入脑子大凤茶一千二百四十片。

建宁府附发：大龙茶，四百片。大凤茶，四百片。［继壕按：《说郛》作“四十片”，疑误。］

建宁府附加进贡：大龙茶四百片。大凤茶四百片。［汪继壕按语：《说郛》本写作“四十片”，应当是错的。］

粗色第五纲

正贡：入脑子大龙，一千三百六十八片。入脑子大凤，一千三百六十八片。京铤改造大龙，一千六片。［继壕按：《说郛》作“一千六百片”。］

粗色第五纲

正式贡额：入脑子大龙茶一千三百六十八片。入脑子大凤茶一千三百六十八片。由京铤改造成大龙茶一千零六片。［汪继壕按语：《说郛》本写作“一千六百片”。］

建宁府附发：大龙茶，八百片。大凤茶，八百片。

建宁府附加进贡：大龙茶八百片。大凤茶八百片。

粗色第六纲

正贡：入脑子大龙，一千三百六十片。入脑子大凤，一千三百六十片。京铤改造大龙，一千六百片。

粗色第六纲

正式贡额：入脑子大龙茶一千三百六十片。入脑子大凤茶一千三百六十片。由京铤改造成大龙茶一千六百片。

建宁府附发：大龙茶，八百片。大凤茶，八百片。京铤改造大龙，一千三百片。[继壕按：《说郛》“三”作“二”。]

建宁府附加进贡：大龙茶八百片。大凤茶八百片。由京铤改造成大龙茶一千三百片。[汪继壕按语：《说郛》本“三”写作“二”。]

粗色第七纲

粗色第七纲

正贡：入脑子大龙，一千二百四十片。入脑子大凤，一千二百四十片。京铤改造大龙，二千三百五十二片。[继壕按：《说郛》作“二千三百二十片”。]

正式贡额：入脑子大龙茶一千二百四十片。入脑子大凤茶一千二百四十片。由京铤改造成大龙茶二千三百五十二片。[汪继壕按语：《说郛》本写作“二千三百二十片”。]

建宁府附发：大龙茶，二百四十片。大凤茶，二百四十片。京铤改造大龙，四百八十片。

建宁府附加进贡：大龙茶二百四十片。大凤茶二百四十片。由京铤改造成大龙茶四百八十片。

细色五纲

细色五纲

[按：《建安志》云：“细色五纲凡四十三品，形式各异。其间贡新、试新、龙团胜雪、白茶、御苑玉芽此五品中，水拣第一，生

[四库馆臣按语：《建安志》记载：“细色五纲一共四十三种名色，形式各不相同。其中，贡新、试新、龙团胜雪、白茶、御苑玉芽这五种名色，放在水中剔取精华的水芽最好，生拣的小芽次之。”]

拣次之。”]

贡新为最上，后开焙十日入贡。龙团胜雪为最精，而建人有“直四万钱”之语。夫茶之入贡，圈以箬叶，内以黄斗，盛以花箱，护以重篚，扃以银钥。花箱内外，又有黄罗幕之，可谓什袭之珍矣。[继壕按：周密《乾淳岁时记》：“仲春上旬，福建漕司进第一纲茶，名北苑试新。方寸小銙，进御止百銙。护以黄罗软盝，藉以青蒻，裹以黄罗夹复，臣封朱印，外用朱漆小匣、镀金锁，又以细竹丝织笈贮之，凡数重。此乃雀舌水芽所造，一銙之直四十万，仅可供数瓯之啜尔。或以一二赐外邸，则以生线分解，转遗好事，以为奇玩。”]

龙焙贡新最为上品，要在开焙后十日进贡朝廷。龙团胜雪制作最为精致，建州人有一个龙团胜雪饼茶价值四万钱的说法。北苑贡茶进奉朝廷时，要用箬叶衬托在团饼周围，装进黄色的斗状器皿中，再盛进雕花的箱子中，外面还要用双层的圆形竹器加以防护，以白银锁钥（又称茶钥、金钥）封固。雕花箱子内外，又有黄罗覆盖，可以说是层层包裹、郑重宝藏的珍品了。[汪继壕按语：周密《乾淳岁时记》记载：“仲春的上旬，福建路转运使司开始进奉第一纲北苑贡茶，叫作北苑试新。这种茶是方寸大小的小饼，进奉御用的只有一百銙。外面用黄罗和软质器皿防护，周围铺上箬叶，里面用黄罗包裹，转运使臣封固加盖印玺，再在外面用朱漆小匣、镀金的锁钥，然后盛入用细竹篾编制的容器，共有多层包装。这种茶是用如雀舌小的水芽制造，制造一个团饼的价值高达四十万钱，仅仅可供几杯茶的品啜而已。偶尔以一二团饼赏赐给朝中大臣，则要用生线将茶饼分解成若干份，分别赐予多人，受赐者也舍不得享用，往往转赠给酷爱茶事的人，作为奇异的玩赏品。”]

粗色七纲 [按：《建安志》云：“粗色

粗色七纲

[四库馆臣按语：《建安志》记载：“粗色

七纲凡五品，大小龙凤并拣芽，悉入脑和膏为团，其四万饼，即雨前茶。闽中地暖，谷雨前，茶已老而味重。”]

七纲一共有五种名色，小龙、大龙、小凤、大凤以及拣芽，都要加入龙脑香料与茶研磨成膏，制成团饼，共计四万饼，都是采摘雨前茶制成。因为福建地方气候温暖，谷雨之前，茶叶已经生长过老，味道浓重。”]

拣芽以四十饼为角，小龙、凤以二十饼为角，大龙、凤以八饼为角。圈以箬叶，束以红缕，包以红楮［继壕按：《说郛》“楮”作“纸”］，缄以蒨（qiàn）绫。唯拣芽俱以黄焉。

拣芽茶，以四十饼为一角包装起来，小龙茶、小凤茶，以二十饼为一角包装起来，大龙茶、大凤茶，以八饼为一角包装起来。周围铺上箬叶，用红色丝线束起来，再用红色楮纸包裹住［汪继壕按语：《说郛》“楮”写作“纸”］，用绛色的绫罗封固。只有拣芽的包装都要用黄色。

开畲

草木至夏益盛，故欲导生长之气，以渗雨露之泽。每岁六月兴工，虚其本，培其土，滋蔓之草，遏郁之木，悉用除之，政所以导生长之气而渗雨露之泽也。此之谓开畲。［按：《建安志》云：“开畲，茶园恶草，每遇夏日最烈时，用众锄治，杀去草根，以粪茶

［译解］

草木到了夏天生长得更加茂盛，所以要引导其生长之气，并用来渗透雨露的膏泽滋润。因而在茶园管理上，每年六月开始开工，进行一次土地翻耕，虚其下面的土壤，培其周围的浮土，地面滋蔓生长的杂草，上面遮蔽阳光雨露的树木，都要清除干净，这正是导引生长之气、渗透雨露膏泽的手段。这就叫作开畲。［四库馆臣按语：《建安志》中说：“开畲，就是说茶园中的杂草，每到夏天最酷热的时节，雇用众人进行锄地，清除草根，用来作为肥料养护茶根，叫作开畲。如果是私家开畲，就要在盛夏、初秋各进行一次，所以私园的茶叶生长最

根，名曰开畬。若私家开畬，即夏半、初秋各用工一次，故私园最茂，但地不及焙之胜耳。”］唯桐木则留焉。桐木之性，与茶相宜。而又茶至冬则畏寒，桐木望秋而先落；茶至夏而畏日，桐木至春而渐茂。理亦然也。

为茂盛，只是其地不如官焙更好罢了。”］需要注意的是，只有桐木可以保留下来。桐木的本性，与茶树相适宜。茶树到了冬季畏惧寒冷，而桐木到秋天就先行落叶，有益于茶树抵御寒冻；茶树到了夏天畏惧日晒，而桐木到了春天逐渐茂盛起来，有益于茶树遮蔽烈日。正是这样的道理。

外焙

石门、乳吉［继壕按：《试茶录》载丁氏《旧录》：东山之焙十四，有乳橘内焙、乳橘外焙。此作乳吉，疑误］、香口，右三焙，常后北苑五七日兴工，每日采茶，蒸榨以过黄，悉送北苑并造。

［译解］

石门、乳吉［汪继壕按语：宋子安《东溪试茶录》转载丁谓《北苑茶录》说：东山之焙共十四个，其中有乳橘内焙、乳橘外焙。这里写作“乳吉”，我怀疑有讹误］、香口，以上这三个外焙，常常要比北苑官焙晚五到七天兴工采制，每天采茶，然后经过蒸茶、榨茶、研茶以至过黄等工序，最后全部送到北苑官焙一并制造进贡。

［跋］

舍人熊公，博古洽闻，尝于经史之暇，辑其先君所著《北苑贡茶录》，锓（qǐn）诸

［译解］

曾任起居郎兼直学士院的熊克先生，博通史事，周遍见闻，曾经在研治经史的余暇，编辑整理其父亲熊蕃所著的《宣和北苑贡茶录》一书，于咸淳九年刊行，以流传后世。福建路

木以垂后。漕使侍讲王公，得其书而悦之，将命摹勒，以广其传。汝砺白之公曰："是书纪贡事之源委，与制作之更沿，固要且备矣。唯水数有盈缩、火候有淹亟、纲次有后先、品色有多寡，亦不可以或阙。"公曰然。遂摭书肆所刊《修贡录》，曰几水，曰火几宿，曰某纲，曰某品若干云者，条列之。又以所采择、制造诸说，并丽于编末，目曰《北苑别录》。俾开卷之顷，尽知其详，亦不为无补。

淳熙丙午孟夏望日，门生从政郎、福建路转运司主管帐司赵汝砺敬书。

转运判、曾任崇政殿说书的王师愈先生，得到该书非常喜欢，想要命人翻刻，以广流传。我向王先生进言说："这部书纪录北苑贡茶的原委以及贡茶制作的沿革，固然得其要领并详略兼备了。只是贡茶制造中水数的多少、火候的快慢、纲次的先后以及品色的多少，也不可以缺漏。"王先生深以为然。于是我就搜集坊间所刊行的《北苑修贡录》，关于多少水、几宿火、第几纲以及具体品名等资料，一一条列清楚。另以北苑贡茶采摘、拣择、制造等的种种掌故，一并附录于其后，命名为《北苑别录》。以便使读者开卷之际，全部了解北苑贡茶的详细情况，对于其书也不为无补。

淳熙丙午（十三年，1186）孟夏望日，门生从政郎、福建路转运司主管帐司赵汝砺恭敬撰写。

茶具图赞

[宋] 审安老人

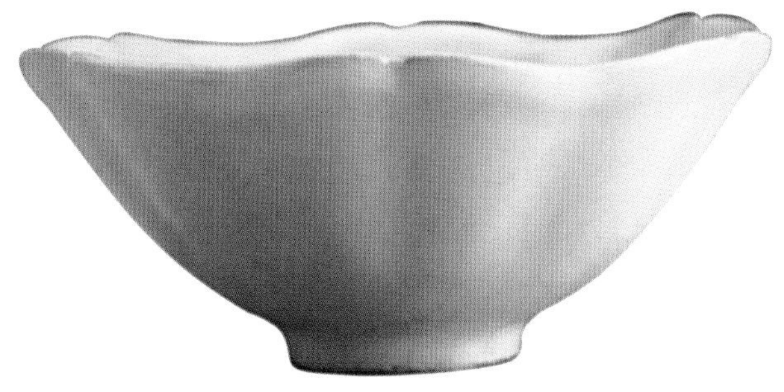

乾隆御题

茶具十二先生姓名字号

韦鸿胪	文鼎	景旸	四窗闲叟
木待制	利济	忘机	隔竹居人
金法曹	研古	元锴	雍之旧民
	轹古	仲铿	和琴先生
石转运	凿齿	遄行	香屋隐君
胡员外	唯一	宗许	贮月仙翁
罗枢密	若药	传师	思隐寮长
宗从事	子弗	不遗	扫云溪友
漆雕秘阁	承之	易持	古台老人
陶宝文	去越	自厚	兔园上客
汤提点	发新	一鸣	温谷遗老
竺副帅	善调	希点	雪涛公子
司职方	成式	如素	洁斋居士

咸淳己巳五月夏至后五日　审安老人书

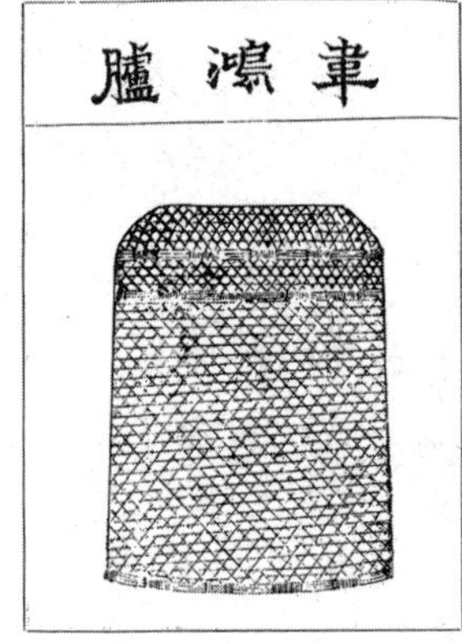

韦鸿胪

赞曰：祝融司夏，万物焦烁，火炎昆冈，玉石俱焚，尔无与焉。乃若不使山谷之英堕于涂炭，子与有力矣。上卿之号，颇著微称。

韦鸿胪，名文鼎，字景旸，号四窗闲叟。

即焙茶的竹器，也称“茶焙”“焙笼”“焙篓”“笪”。“韦”本义为皮绳，联编竹简，有“韦编三绝”的典故；又可代“苇”，取蒲草编织义；又谐“围”音，取围拢之义。“鸿胪”即鸿胪寺，官署名，其长官为大鸿胪，九卿之一，掌邦国礼仪；又谐音“烘炉”“烘笼”。“文鼎”，喻以文火焙茶的形制类鼎的器物。“景旸”，本义为旭日初出，喻阳气生发。“四窗”，指茶焙以竹子编成格子，四面通透；“闲叟”，则指茶焙置于鼎炉之上，一般不动。

赞词说：传说中的火神祝融掌管夏天，使得天气酷热，万物焦灼，大火燃烧到盛产玉石的昆山之冈（一说即昆仑山），玉石俱焚，而没有殃及你（茶焙）。至于以烘笼焙茶从而使山谷之英免受摧残破坏，你在这方面是有功劳的。尊奉你为上卿重臣，颇能让你隐匿的名声得到显扬。

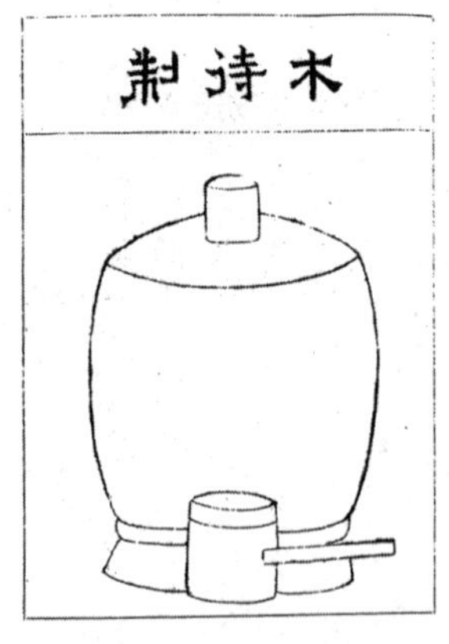

木待制

上应列宿，万民以

木待制，名利济，字忘机，号隔竹居人。

即碎茶的木制茶槌、茶臼。秦观《茶臼》诗：“幽人耽茗饮，刳木事捣撞。”蔡襄《茶录》：“砧椎，盖以碎茶。砧以木为之，椎或金或铁，取于便用。”“待制”为殿阁学士官，以备顾问，这里取其字面义，等待制备，也就是碎茶以待接下来的茶艺程序，有人以为谐音“待炙”，就流程而言似乎不妥。“利济”本义为济度、施恩，这里指碎茶以利于碾磨。“忘机”谓茶臼中空，无机巧之心。“隔竹”即宋林

济。秉性刚直，摧折强梗。使随方逐圆之徒，不能保其身，善则善矣，然非佐以法曹，资之枢密，亦莫能成厥功。

希逸《隔竹敲茶臼》诗“忽闻茶臼响，正隔竹窗敲”，隔竹敲臼之声形容茶事之风雅；“居人”即居家之人。

赞词说：对应于天上的星宿，广大民众得以依赖茶叶而受益。茶臼的秉性刚直，摧折强梗，击碎茶饼，使得依据不同模具而呈现方形、圆形的团茶（片茶），不能保有其原来的身形，喻指缺乏原则的人不能立身行事。茶槌、茶臼虽然很好，但是如果不借助于金法曹（茶碾）、罗枢密（茶罗）的佐助、支持，也无法成就其功业。

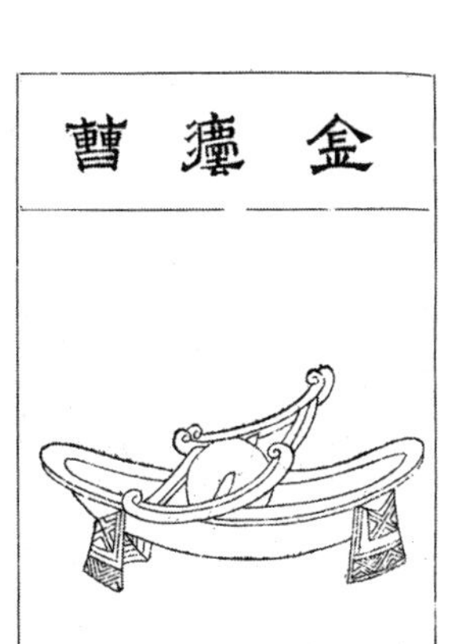

金法曹

柔亦不茹，刚亦不吐，圆机运用，一皆有法，使强梗者不得殊规乱辙，岂不韪与？

金法曹，名研古，又名轹古，字元锴，又字仲铿，号雍之旧民，又号和琴先生。

即金属制作的茶碾。“法曹”为宋代地方掌管司法的官署及其长官，又“曹”谐音“槽”，用来形容碾槽。“研古”有专研古物之义，“研”即细磨，“古”则取其象声，如宋元时语“古鲁鲁”“古剌剌”；“轹古”有车轮碾压之义，也有超越古人之义。“元锴”，喻最好的精铁；“仲铿”，“仲”为其次，与“元”相对，“铿”为金属撞击之声。“雍之旧民”喻原来出产于西周封地雍州；“和琴先生”喻碾茶铿锵有节奏，如琴瑟和鸣。

赞词说：对于柔弱者也不欺侮，对于刚强者也不避畏，碾轮沿中轴做圆周运动，却不离开碾槽，深得圆通机变之道，全部都有法度，从而使得茶的碎片保持在槽中，不致溢到外面，比喻使得跋扈妄为的人不能越礼犯法，难道不是很对的吗？

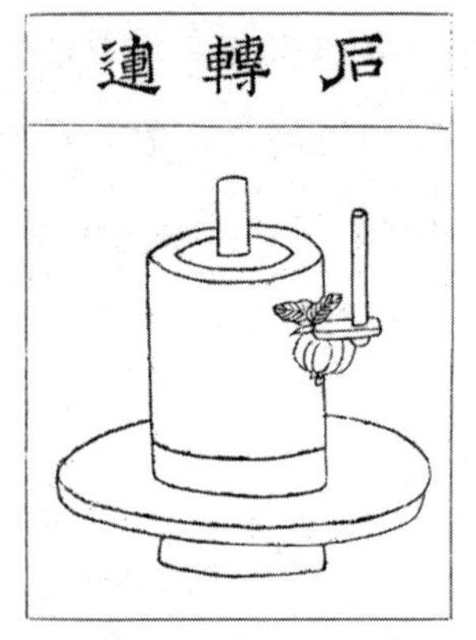

石转运

抱坚质，怀直心，哜嚅（jì rú）英华，周行不怠，斡摘山之利，操漕权之重，循环自常。不舍正而适他，虽没齿无怨言。

石转运，名凿齿，字遄行，号香屋隐君。

即石制的茶磨。“转运”即转运使，是唐宋时代主管财赋的官员，宋代的都转运使更发展成为掌管一路的行政长官，而以“转运”形容石磨的转动研磨，亦颇为形象。“凿齿”本为上古传说的野人或怪兽，这里也指石磨上下扇接触面所凿出的磨齿。“遄行”原指快速行进，这里指研磨时手持手柄快速往复的动作。“香屋隐君”形容研茶时香气四溢，而茶粉则隐藏于磨盘之中，表面看不到，隐君即隐士。

赞词说：茶磨材质是坚硬的石头，中间是竖直的孔，喻士大夫秉持坚定的志向，怀抱忠贞刚直的心意。细嚼研磨草木英华的茶叶，循环运行而不懈怠；运转从茶山采摘来的经济作物，掌管着漕运钱粮的重要权力。茶磨运转周而复始自有其经常的法则，从不舍弃自己的正道而到其他地方去，即使终其一生凿齿逐渐磨平也毫无怨言。

胡员外，名唯一，字宗许，号贮月仙翁。

即舀水的茶勺、茶瓢。“胡”指其材质葫芦，也就是《茶经》中所说的“瓠”“匏”。

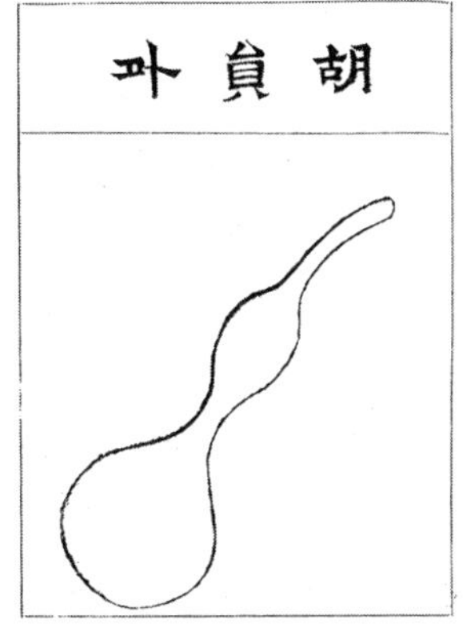

胡员外

周旋中规而不逾其闲，动静有常而性苦其卓。郁结之患，悉能破之。虽中无所有，而外能研究。其精微不足以望圆机之士。

“员外”即员外郎，郎中级别的非领导职务，后来也指有钱有势的人；同时也以谐音比喻茶瓢外形为圆。“唯一”，典出《论语》“一箪食，一瓢饮，在陋巷，人不堪其忧，回也不改其乐”，所谓“生涯付一瓢”，指代简单的物质生活。“宗许”即宗法上古隐士许由，出自《秦操》“许由挂瓢”的典故，指代隐士清高，弃绝世俗烦累。“贮月仙翁”，典出苏轼《汲江煎茶》“大瓢贮月归春瓮，小杓分江如夜瓶”，苏轼别称坡仙、仙翁。

赞词说：周旋应对都能合乎规范，不会超越法度，动与静都有其恒常的规律。品行艰苦卓绝，郁结的烦恼忧患都可以破除。中间空无所有而外部却能够不时研磨，只是其研磨的精微细致程度不如茶碾那样圆通机变。（此赞词与茶瓢特点并不完全符合，颇似研茶的钵，或许原文有错讹。）

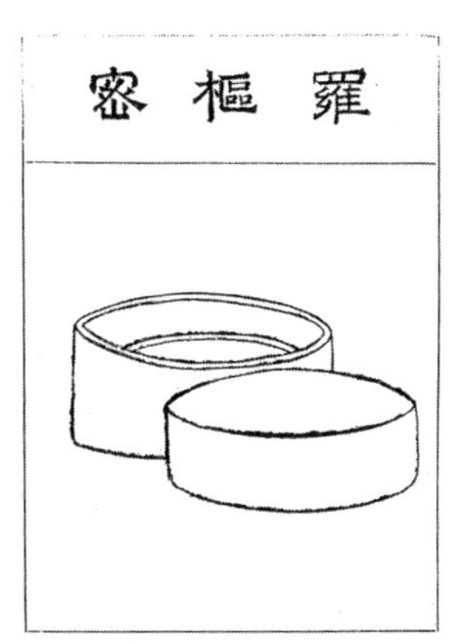

罗枢密

罗枢密，名若药，字传师，号思隐寮长。

即筛茶的罗合。“枢密”是宋代掌管军国机务、兵防、边备、军马等政令的枢密院及其长官枢密使，同时以谐音“疏密”“细密”指茶罗绢面网孔细密。“若药”指罗茶与筛药相似；或典出《尚书·说命》“若药弗瞑眩，厥疾弗疗”。“传师”指得师传承，又“筛”取“师”音，以师选才喻以筛择物。“思隐”即想要隐逸，谓茶粉从茶罗表面隐退下去；“寮”即小

几事不密则害成。今高者抑之，下者扬之，使精粗不致于混淆，人其难诸。奈何矜细行而事喧哗？惜之。

室、茶寮，“寮长”指茶寮主人。

赞词说：机要隐微之事如果不慎密，就会导致灾祸；罗筛如果不够细密，罗出的茶粉点茶就不会有好的效果。处世修身之道如果过高就需要适当就低，过低则需要适当提升；罗茶的动作同样要让上面的茶粉落下来，让下面的茶粉扬起来。这样，才能使得精与粗不至于混淆，然而去粗取精这件事对人们来说都是很困难的。为什么罗筛细密却有噪音、在细节方面谨慎却在大事上喧哗泄密呢？令人感到惋惜。

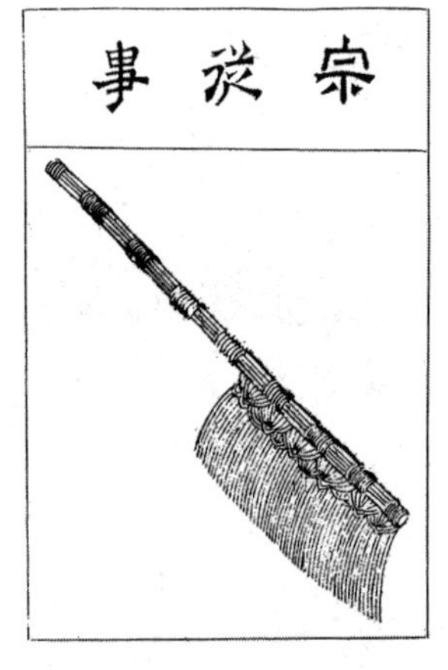

宗从事

孔门高弟，当洒扫应对事之末者，亦所不弃。又况能萃其既散、拾其已遗，运寸毫而使边尘不飞，功亦善哉！

宗从事，名子弗，字不遗，号扫云溪友。

即茶帚。“宗”谐音“棕”，谓其材质为棕丝。“从事”为州郡长官的佐吏，有辅助之义，比喻茶帚为辅助性茶具；“事”谐音“拭”，有擦拭、扫除的功能。“子弗”乃“拂子”之倒置，即拂尘。“不遗”指茶帚扫净茶粉没有遗漏，也喻片善不遗之义。“扫云”谓清扫云腴即茶；“溪友”谓居住在溪谷的友人，杜甫《解闷十二首》：“山禽引子哺红果，溪友得钱留白鱼。”

赞词说：孔圣人门下的弟子，遇到洒扫应对、进退礼仪这样的细枝末节，也从不轻忽放弃。况且从中还可以汇集已经散落的精华、拾取已经遗漏的东西，运用手中的茶帚使得沿边的粉尘不至于飘飞出去（也可以指从事官选精集粹、拾遗补缺，运用手中的毛笔安抚边疆而不起兵火战事），其功用也值得称善啊！

漆雕秘阁

危而不持，颠而不扶，则吾斯之未能信。以其弭执热之患，无坳堂之覆，故宜辅以宝文，而亲近君子。

漆雕秘阁，名承之，字易持，号古台老人。

即以承载和稳定茶碗的盏托。“漆雕”既指盏托，常用的是漆雕工艺制成，同时也是一个复姓，如孔门弟子漆雕开。“秘阁”为宫廷藏书处，由秘书监掌管，宋代置三馆秘阁，直秘阁为贴职；又“阁”通“搁”，取其搁物之义。“承之”典出唐李匡义《资暇录》卷下《茶托子》：“以茶杯无衬，病其烫手，取碟子承之。”“易持”即容易拿在手上，典出《老子》“其安易持”。“古台老人”，古台即古代的高而平的地方，形容托起而平坦。

赞词说：危险不去扶持，跌倒不去搀扶，所以孔子对其弟子漆雕开谦称自己“才德不足以出仕，所学有未信实处”表示满意。以盏托隔热可以消除烫手的忧患，使其不至于“覆杯水于坳堂之上”，所以说适宜辅以茶盏（陶宝文），从而亲近君子之流。

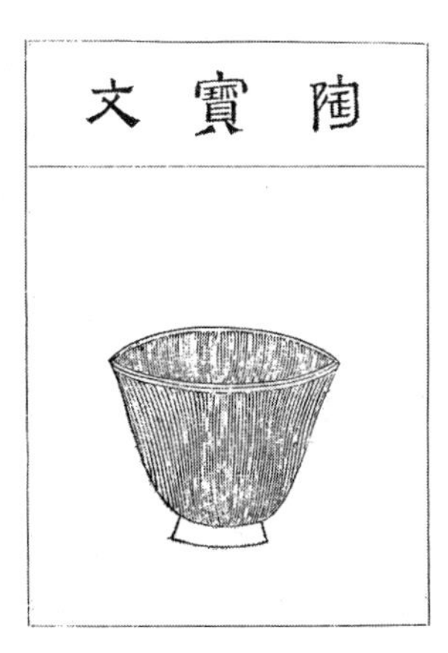

陶宝文

陶宝文，名去越，字自厚，号兔园上客。

即茶盏。“陶”指茶盏材质多用陶瓷；“宝文”指宋代的宝文阁及其长官宝文阁学士、直学士、待制等，同时取其以纹为宝之义，体现宋代斗茶的建盏非常注重表面鹧鸪、兔毫等纹路。“去越”既寓意茶盏弃用越窑而选择建窑，也有“去越蠡舸”即范蠡退隐时离开越国泛舟漂流之义。“自厚”既指建盏制作“其胎微厚”，也有自重、自责即《论语》“躬自厚而薄

出河滨而无苦窳（gǔ yǔ），经纬之象，刚柔之理，炳其绷中。虚己待物，不饰外貌。位高秘阁，宜无愧焉。

责于人”之义。“兔园”即汉梁孝王之东园，又称梁园，“兔园上客”既指建盏名品兔毫，也喻王侯宴宾之地的尊贵客人。

赞词说：上古虞舜制陶于黄河之滨，所造没有粗糙低劣的品质，其纹饰以天地为法度，其制作符合阴阳变化的道理，才德充盈于中，自然文采发扬于外。虚空其心用来容纳外物即茶汤，外表不加装饰。置于茶托之上，正如宝文阁相对于秘阁而言品格更高，应该没有什么值得惭愧的。

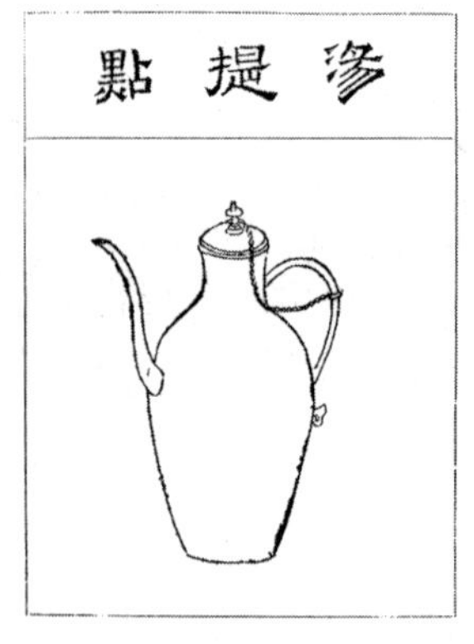

汤提点

养浩然之气，发沸腾之声。以执中之能，辅成汤之德。斟酌宾主间，功迈仲叔圉（yǔ）。然未免外烁之忧，复有内热之患，奈何？

汤提点，名发新，字一鸣，号温谷遗老。

即煮水注汤的汤瓶。“提点”为宋代官职名，如掌管地方司法、刑狱、河渠事务，提点刑狱公事、提点宫观等祠禄官，也取其提起、点茶之义。“发新”犹言煮水，水贵鲜活，煎煮发新。“一鸣”指候汤时依据声音分辨水温，有所谓一沸、二沸、三沸之法，也取其一鸣惊人之义。“温谷”指冬日和暖的山谷，也指温泉，比喻瓶中水热如温泉。

赞词说：汤瓶煮水产生蒸汽，堪比孟子所说的“善养吾浩然之气”，从而发出腾波鼓浪的声音；执其中间的壶柄发挥提水点茶的功用，正如孟子所说的商汤秉持中正、中和之道，成就开国大业；执掌提水点茶的职能，在宾主之间倒水品茶，其功劳超过了负责接待宾客的春秋卫灵公的大夫仲叔圉（孔圉，孔文子）。然而免不了被放置于炉火之上烤灼的忧患，又有瓶内容纳热水的忧虑之情，有什么办法呢？

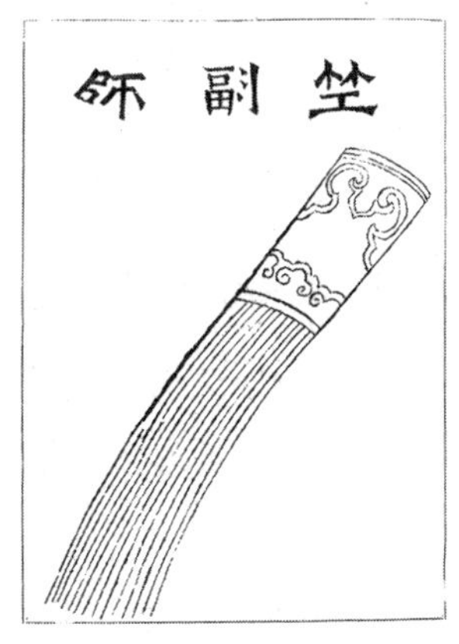

竺副帅

首阳饿夫，毅谏于兵沸之时。方金鼎扬汤，能探其沸者几希，子之清节，独以身试，非临难不顾者畴见尔。

竺副帅，名善调，字希点，号雪涛公子。

即用来点汤击拂的竹制茶筅。“竺”本义即“竹”，“副帅”乃唐代节度副使、宋代副都统制的别称，“副”“拂”谐音，喻点汤击拂之义。“善调”谓善于点汤击拂、和谐调配。“希点”谓希求点茶。“雪涛”一作素涛，比喻点茶时泛起的白色沫饽。

赞词说：耻食周粟、隐居首阳山的孤竹君之子伯夷、叔齐兄弟，在周武王大军讨伐殷纣王的时候毅然出来劝谏。孤竹指代茶筅，在热水注入时搅拌击拂，在金属火炉上煮水沸腾的危急时刻，敢于置身危难之中（即探入沸水中）的人太少了，竹子清高的志气节操，独自以身尝试，除非是面临危难而不顾身家性命的人，谁又能见到呢？

司职方

互乡童子，圣人犹

司职方，名成式，字如素，号洁斋居士。

即擦拭用的茶巾。“司”“丝”谐音，指茶巾以丝绸制成。“职方”典出《周礼·职方氏》，乃掌地图职贡之事，唐宋为兵部职方司，长官有郎中、员外郎等，又“职”“织”谐音，“方”为巾的形状，司职方，即丝织的方巾。“成式”本义为原有的规则格式，又“式”“拭”谐音，意为可以用来拂拭。“如素”谓没有染色的白色丝织物，也寓有质朴高洁之意。“洁斋”谓净洁身心，诚敬斋戒；“居士”指在

且与其进，况端方质素，经纬有理，终身涅而不缁者，此孔子所以与洁也。

家修行的佛道人士，也泛指有才德而隐居不仕的人。

赞词说：互乡的童子请见孔子，弟子们感到困惑，圣人尚且肯定其“洁己以进”，何况茶巾本身端方正直、本质素朴，经纬纵横皆有条理，而且品性高洁，不受外界环境影响，终身用涅（黑色染料）染也染不黑，这正是孔子之所以肯定其洁身自好的原因。

茶谱

[明] 朱　权

茶谱序

挺然而秀，郁然而茂，森然而列者，北园之茶也。泠然而清，锵然而声，涓然而流者，南涧之水也。块然而立，晬（zuì）然而温，铿然而鸣者，东山之石也。癯然而酸，兀然而傲，扩然而狂者，渠也。渠以东山之石，击灼然之火。以南涧之水，烹北园之茶。自非吃茶汉，则当握拳布袖，莫敢伸也。本是林下一家生活，傲物玩世之事，岂白丁可共语哉？予尝举白眼而望青天，汲清泉而烹活火，自谓与天语以扩心志之大，符水火以副内炼之功。得非游心于茶灶，又将有裨于修养之道矣，其唯清哉！涵虚子臞仙书。

［译解］

生长得枝叶挺拔而秀丽，郁郁葱葱而茂盛，繁密森严而排列，这是北部园圃之中的茶叶。清凉而明净，铿锵而有声，水流细小而流动不居，这是南部山涧之中的泉水。浑然一体而安然不动，表面润泽而令人感到温和，敲击之下则会发出铿锵的声音，这是东部山头的奇石。骨相清癯而迂腐，茫然无知而孤傲，行事张扬而狂放，这就是那个所谓的茶人的形象。这位茶人用东部山上的奇石击打生火，以星星之火点燃枯松枝之类的柴薪。然后汲取南部山涧之中的泉水，烹煮北部园圃之中出产的茶叶。这些自然是茶人所为，如果不是品茶的行家里手，就只能握起拳头把手缩进袖中，而不敢动手进行茶事活动。茶的烹试和品饮，本来是水边林下隐士居家文化生活的一个重要内容，是士人傲然物外、游离世间的一种精神寄托，怎么可以与庸俗之人一起讨论呢？我曾经举目向上，现出白眼珠仰望青天，也曾汲取清凉洁净的泉水，以活水烹煮新茶，自认为通过与青天的心灵沟通和对话以开阔自己的胸襟、树立远大的志向，通过清泉与活火的相战和交融以获得个人内心修炼的功效。这就不仅仅是游心于品茶之雅集，而且还将有益于个人身心修养的方法，其境界就只能归结于清和之道吧！涵虚子臞仙作。

[绪论]

茶之为物，可以助诗兴而云山顿色，可以伏睡魔而天地忘形，可以倍清谈而万象惊寒，茶之功大矣。其名有五：曰茶，曰槚，曰蔎，曰茗，曰荈。一云早取为茶，晚取为茗。食之能利大肠，去积热，化痰下气，醒睡，解酒，消食，除烦去腻，助兴爽神。得春阳之首，占万木之魁。始于晋，兴于宋。唯陆羽得品茶之妙，著《茶经》三篇。蔡襄著《茶录》二篇。盖羽多尚奇古，制之为末，以膏为饼。至仁宗时，而立龙团、凤团、月团之名，杂以诸香，饰以金彩，不无夺其真味。然天地生物，各遂其性，莫若叶茶，烹而啜之，以遂其自然之性也。予

[译解]

茶叶，作为一种上好的饮料，可以助人诗兴而使得云山黯然失色，可以降伏睡魔而使得天地失态忘形，可以倍增清谈而使得世间万象惊寒，茶的功效的确是大啊！茶有五种称谓，分别是：茶、槚、蔎、茗和荈。还有一种说法是早采的叫作茶，晚采的叫作茗。饮茶能有利于大肠消化，祛除积热，化痰通气，清醒昏睡，解酒消食，消除烦闷，化去油腻，助人清兴，爽人心神。作为一种瑞草、嘉木，茶叶独得春日阳光之首，占却万木百草之魁。饮茶的风尚开始于晋朝，经过唐朝的发展，至宋朝大为兴盛。只有茶神陆羽悟得品茶的奥妙，撰写了《茶经》三篇。北宋的蔡襄则撰写了《茶录》两篇。大概是因为陆羽过多地崇尚奇特古朴，将茶叶碾成细末，再以其膏脂做成茶饼。到了北宋仁宗时，还为这种饼茶设立了龙团、凤团、月团等繁多的名目，茶中还掺杂有各种香料，茶饼的表面则涂饰金银重彩，这些做法或多或少都不免侵夺了茶叶的自然真味。然而天地间所生的万物，都应各遂其自身的物性，就饮茶方法而言，没有比用散条形的叶茶直接烹煮而饮用更好的了，从而顺应了茶叶本身的自然之性。因此，我采用这种烹煮叶茶的方法，而利用末茶的器具，推崇新法，改易旧制，自成一家，与那些徜徉于云山雾海之间、餐霞饮露、

故取烹茶之法，末茶之具，崇新改易，自成一家，为云海餐霞服日之士，共乐斯事也。虽然，会茶而立器具，不过延客款话而已，大抵亦有其说焉。

服日养气的隐士们共同分享品饮的乐趣。虽然友朋相聚，摆设茶具，品茗清谈，只不过是接待宾客、会聚恳谈的一种方式罢了，但是大都有着各自不同的讲究和说法。

凡鸾俦鹤侣，骚人羽客，皆能忘绝尘境，栖神物外，不伍于世流，不污于时俗。或会于泉石之间，或处于松竹之下，或对皓月清风，或坐明窗静牖，乃与客清谈款话，探玄虚而参造化，清心神而出尘表。命一童子设香案，携茶炉于前，一童子出茶具，以瓢汲清泉注于瓶而炊之。然后碾茶为末，置于磨令细，以罗罗之，候汤将如蟹眼，量客众寡，投数匕入于巨瓯。候茶出相宜，以茶筅摔令沫不浮，乃成云头雨脚，分于啜瓯，置于竹架，童

大凡与鸾鸟和仙鹤为伴的隐士，超凡脱俗的诗人、道士，都能够忘记和隔绝喧闹的尘世，栖息神志于物外，不与世间的庸俗之辈为伍，不受当时的世俗风气所沾染。他们有时会聚于泉石之间，有时共处于松竹之下，有时面对皓月清风，有时倚坐于明窗净几，乃与客人清谈款话，探究虚幻玄妙的天地物理，研讨大自然的创造化育，清心益神，超出尘世之外。在这种氛围之中，命一童子摆设香案，并携来茶炉置于面前，另一童子端出茶具，用瓢轻轻汲取清澈的泉水注入茶瓶之中，点火加热。然后把茶叶放在茶碾中细研成末，用茶罗罗过，等水即将烧开、水面即将呈现出蟹眼状时，根据客人的多少，放数匙茶末于大茶瓯中。待茶味激发得适宜之时，用茶筅击拂，不让茶沫浮起来，从而形成云头雨脚，再将茶水分到饮茶的盏中，放于竹架之上，童子捧着茶献于主人面前。主人站起来接住，举盏敬客，说道：“为先生清泻胸臆。”客人起身，接过茶盏，高举还礼道：“非茶不足以破除孤独和郁闷。”然后众人又坐

子捧献于前。主起，举瓯奉客，曰："为君以泻清臆。"客起接，举瓯，曰："非此不足以破孤闷。"乃复坐。饮毕，童子接瓯而退。话久情长，礼陈再三，遂出琴棋，陈笔研。或庚歌，或鼓琴，或奕棋，寄形物外，与世相忘。斯则知茶之为物，可谓神矣。然而啜茶大忌白丁，故山谷曰"著茶须是吃茶人"。更不宜花下啜，故山谷曰"金谷看花莫谩煎"是也。卢仝吃七碗，老苏不禁三碗，予以一瓯，足可通仙灵矣，使二老有知，亦为之大笑。其他闻之，莫不谓之迂阔。

下品饮。饮茶完毕，童子接过茶盏退下。交谈许久，情谊深长，这一茶礼进行过两次、三次，遂取出古琴和围棋，摆上笔墨纸砚。主客之间有的作诗相唱和，有的鼓琴相伴奏，有的则对弈手谈，寄形置身于世事之外，与尘世俗事两相忘却。这样才可以称得上是深知茶为何物、得茶中之三昧，可谓玄妙神奇。然而，品茶非常忌讳不学无术、举止粗俗的人，所以宋代文学家黄庭坚诗中说"著茶须是吃茶人"。品茶更不可在花下对啜，所以黄庭坚诗中又说"金谷看花莫谩煎"（此为王安石《寄茶与平甫》诗句，当为作者误引）。唐代卢仝一气连饮七碗，宋代苏轼承受不住三碗，而我以一瓯清茗就可以通于仙灵了，卢仝、苏轼两位前辈地下有知，也会为之大笑。其他人听我如此说来，没有不说我迂阔的。

品茶

于谷雨前，采一枪一旗者制之为末，无得膏为饼，杂以诸香，失

［译解］

饮茶的方法，就是在谷雨之前，采摘一芽带一叶的新茶，研制成细末，然后煮水点茶，而不要再榨取膏脂做成茶饼，同时也不能掺杂

其自然之性，夺其真味。大抵味清甘而香，久而回味，能爽神者为上。独山东蒙山石藓茶，味入仙品，不入凡卉。虽世固不可无茶，然茶性凉，有疾者不宜多食。

其他香料，因为这样就会使得茶叶失去其自然本性，从而侵夺和破坏了茶的清香真味。大体说来，茶味清新甘甜，而又有香气，品饮之后能久久回味，令人神清气爽的，即为上品。唯独山东蒙山出产的石藓茶，味道独特，可入仙品，而不能等同于普通的草木花卉。虽然世上不能没有茶这种饮品，但是茶的本性是偏凉的，有病的人不宜多喝。

收茶

茶宜箬叶而收，喜温燥而忌湿冷，入于焙中。焙用木为之，上隔盛茶，下隔置火，仍用箬叶盖其上，以收火气。两三日一次，常如人体温，温则御湿润以养茶，若火多则茶焦。不入焙者，宜以箬笼密封之，盛置高处。或经年则香味皆陈，宜以沸汤渍之，而香味愈佳。凡收天香茶，于桂花盛开时，天色晴明，日午取收，不夺茶味。然收有法，非法则不宜。

［译解］

因为茶叶喜欢温暖干燥而忌怕潮湿寒冷，所以茶叶的收藏非常重要，适宜用箬叶也就是蒲草叶包装起来，放置到茶焙之中。茶焙用木头做成，分上下两层，上面一层盛茶，下面一层放上炭火，茶焙上面仍用箬叶盖住，以收拢火气。两三日烘焙一次，使之经常保持如人体的温度，就能抵御湿润之气，从而滋养茶叶，如果火力过大，就会使茶焦煳。没有放入茶焙的茶叶，应该用箬笼密封起来，装好放到高处。有的茶存放一年之后，香气和味道都陈旧了，应该用沸水浇淋一过，其香气、味道会更好一些。大凡收藏天香茶即窨制花茶，要在桂花盛开的时候，天气晴朗，中午阳光最好的时候收取封藏，这样不会侵夺茶的真味。然而收茶是有一定的方法的，不以正确的方法收藏是不好的。

点茶

凡欲点茶，先须熁盏。盏冷则茶沉，茶少则云脚散，汤少则粥面聚。以一匕投盏内，先注汤少许，调匀，旋添入，环回击拂，汤上盏可七分则止，着盏无水痕为妙。今人以果品为换茶，莫若梅、桂、茉莉三花最佳。可将蓓蕾数枚投于瓯内罨（yǎn）之。少顷，其花自开，瓯未至唇，香气盈鼻矣。

［译解］

大凡想要点茶也就是煮水沏茶，首先必须用开水烫热茶盏。茶盏如果较凉，就会使茶末下沉。茶末少了就会使得茶汤云脚涣散，而冲水少了则会使得茶汤粥面凝聚。正确的方法是将一匙茶末放入茶盏中，首先要倾注少量的开水，把茶调和均匀，随即再添加开水，使用茶筅旋转搅动，待茶汤上升到茶盏的七分处就停下来，以点茶时盏壁上没有水痕为最好。今人以果品花卉作为调料入茶，来增益茶的馨香和味道，没有比梅花、桂花、茉莉花三种再好的了。可以将数枚花蕾放进茶瓯中盖上。不一会儿，茶瓯中的花蕾就自然绽开了，茶瓯尚未到嘴边，就已经香气盈鼻了。

熏香茶法

百花有香者皆可。当花盛开时，以纸糊竹笼两隔，上层置茶，下层置花。宜密封固，经宿，开换旧花。如此数日，其茶自有香味可爱。有不用花，用龙脑熏者亦可。

［译解］

百花之中有香气的都可以用来熏制花茶。其具体制法是：每当百花盛开之时，用纸糊成一个上下两层的竹笼，上层放置茶叶，下层放置花卉。要密封得很牢固，经过一夜之后，打开取出旧花，放入新花。这样连续数日，茶叶就会兼有花的香味，令人喜爱。有的不用花进行熏制，而是用龙脑来熏，也可以达到这样的效果。

茶炉

与炼丹神鼎同制。通高七寸，径四寸，脚高三寸，风穴高一寸，上用铁隔，腹深三寸五分，泻铜为之。近世罕得。予以泻银坩埚瓷为之，尤妙。襻（pàn）高一尺七寸半，把手用藤扎，两傍用钩，挂以茶帚、茶筅、炊筒、水滤于上。

［译解］

茶炉，与道士炼丹所用的神鼎的规制相同。上下通高七寸，内径四寸，炉脚高三寸，进出风的风穴高一寸，上面安装一个铁隔子，茶炉的腹部深三寸五分，整个茶炉用铜汁浇铸而成。近来已经很难得到这种茶炉了。我用瓷做坩埚，用银汁浇铸，这样制成的茶炉感觉更妙。茶炉上面两个用来提携或系带的炉耳高一尺七寸半，以藤条扎成把手，两边做成钩子，上面悬挂茶帚、茶筅、吹火筒、水滤等用具。

茶灶

古无此制，予于林下置之。烧成瓦器如灶样，下层高尺五为灶台，上层高九寸，长尺五，宽一尺，傍刊以诗词咏茶之语。前开二火门，灶面开二穴以置瓶。顽石置前，便炊者之坐。予得一翁，年八十犹童，痴憨奇古，不知其姓名，亦不知何许人也。衣以鹤氅，系以

［译解］

茶灶，古时候没有这种规制，我在隐居林下时自己创制了一套方法。烧制成如同灶形的陶器，下层高一尺五寸，作为灶台，上层高九寸，长一尺五寸，宽一尺，旁边刊刻上咏茶的诗词名句，加以点缀。茶灶的前面开两个火门，灶面上挖两个灶口用来放置茶瓶。灶前放置一块大石头，以便煮茶的人坐下。我曾经结识了一位老翁，年已八十岁，还像个孩子那样天真，憨态可掬，奇异古怪，不知道他的姓名，也不知道他是什么人。老翁身披鹤氅，腰系麻绳，脚穿草鞋，后背驼而脖颈缩，头顶上梳着双髻，其外形就像一个“菊”字，于是我就称呼他为

麻绦，履以草屦，背驼而颈跧，有双髻于顶，其形类一“菊”字，遂以菊翁名之。每令炊灶以供茶，其清致倍宜。

菊翁。每次我都让他炊灶供茶，其清雅的风致与茶倍加相宜。

茶磨

磨以青礞（méng）石为之，取其化痰去热故也。其他石则无益于茶。

［译解］

茶磨，要用青礞石雕凿而成，是取其具有化痰去热功用的缘故。其他石头做成的茶磨对茶没有什么益处，所以不宜选用。

茶碾

茶碾，古以金、银、铜、铁为之，皆能生铁。今以青礞石最佳。

［译解］

茶碾，古人用金、银、铜、铁等金属做成，都会生锈。如今用青礞石制成的为最好。

茶罗

茶罗，径五寸，以纱为之。细则茶浮，粗则水浮。

［译解］

茶罗，直径有五寸，用经纬线极细的纱做成罗底。如果纱的网眼过细，筛出的茶末在冲点时就会漂浮在水面上；如果纱的网眼过粗，筛出的茶末在冲点时就会沉入杯底。

茶架

茶架，今人多用

［译解］

茶架是放置茶叶的器具，今人多用木头做

木，雕镂藻饰，尚于华丽。予制以斑竹、紫竹，最清。

成，雕刻上各式图案加以修饰，崇尚华丽。我则用斑竹、紫竹制作，最为清奇雅致。

茶匙

茶匙，要用击拂有力。古人以黄金为上，今人以银、铜为之。竹者轻。予尝以椰壳为之，最佳。后得一瞽（gǔ）者，无双目，善能以竹为匙，凡数百枚，其大小则一，可以为奇。特取其异于凡匙，虽黄金亦不为贵也。

［译解］

茶匙，要选用击拂有力的材料。古人以黄金茶匙为最好，今人则以银和铜制作。用竹子做成的茶匙较轻。我曾经用椰壳制作茶匙，效果最好。后来，我结识了一个盲人，双目失明，却擅长用竹子制作茶匙，一共制作了几百枚，大小全都一样，可以称得上是一件奇迹。单取其不同一般茶匙这一点来说，即便是黄金茶匙也不足为贵了。

茶筅

茶筅，截竹为之，广、赣制作最佳。长五寸许。匙茶入瓯，注汤筅之，候浪花浮成云头雨脚乃止。

［译解］

茶筅，截取竹竿制作而成，以广东、江西两地所产竹子制作的为最好。长五寸左右。用茶匙取茶放入茶瓯之后，在注入开水的同时，要用茶筅搅动，等到瓯中的茶沫浮起，形成云头雨脚，于是停止。

茶瓯

茶瓯，古人多用建安所出者，取其松纹兔

［译解］

茶瓯，古人多用建安所出产的瓷器，取其所独有的松纹、兔毫纹饰以为奇特。如今淦窑

毫为奇。今淦窑所出者，与建盏同，但注茶色不清亮，莫若饶瓷为上，注茶则清白可爱。

（故址在今江西新干县）所出产的茶盏，与建盏相同，但是注茶时色泽不甚清亮，不如饶瓷（今江西景德镇所产瓷器）为佳，在注茶时色泽清白可爱。

茶瓶

瓶要小者，易候汤，又点茶注汤有准。古人多用铁，谓之罂。罂，宋人恶其生鉎，以黄金为上，以银次之。今予以瓷石为之，通高五寸，腹高三寸，项长二寸，觜（zuǐ）长七寸。凡候汤不可太过，未熟则沫浮，过熟则茶沉。

［译解］

茶瓶是煮水的器具，要小一些，以便于观察和把握水温变化的情况，并且在点茶注水时易于掌握尺度标准。古人多用铁做成，称作罂。宋朝人嫌其生锈，改以黄金制作的为上品，以银制作的次之。现在我用烧造瓷器的瓷石制成茶瓶，通高五寸，腹部高三寸，瓶颈长二寸，瓶嘴长七寸。大凡观察和把握水温的变化时，要注意煮水不可太过，用未煮熟的水点茶，就会使沫浡漂浮；用煮得太过的水点茶，就会使茶末下沉。

煎汤法

用炭之有焰者，谓之活火。当使汤无妄沸。初如鱼眼散布，中如泉涌连珠，终则腾波鼓浪，水气全消。此三沸之法，非活火不能成也。

［译解］

煮水，要用有火焰的炭，称作活火。煎煮时不应当让水随意沸腾。水初沸时水面如同鱼眼散布，中沸时水面则好像泉水涌出、珍珠成串，最后水面就会波浪翻滚，水气完全消失。这就是煮水的三沸之法，不用活火是无法完成的。

品水

臞仙曰：青城山老人村杞泉水第一，钟山八功德水第二，洪崖丹潭水第三，竹根泉水第四。

［译解］

臞仙认为：天下名泉众多，青城山（今四川都江堰市西南）老人村的杞泉水应当排名第一，钟山（今江苏南京紫金山）灵谷寺的八功德水（佛教用语，指极乐世界中具有甘、冷、软、轻、清净、无臭、饮不伤喉、饮不伤腹等八种特质的水）排名第二，江西南昌西山洪崖的丹潭水（今江西南昌湾里区梅岭洪崖丹井）排名第三，竹根滩（今四川乐山市南岷江东岸）的泉水排名第四。

或云：山水上，江水次，井水下。伯刍以扬子江心水第一，惠山石泉第二，虎丘石泉第三，丹阳井第四，大明井第五，松江第六，淮水第七。

也有人说：山水为上，江水次之，井水为下。唐朝的刘伯刍认为：扬子江的江心水应当排名第一，无锡惠山石泉水排名第二，苏州虎丘的石泉水排名第三，丹阳观音寺的井水排名第四，扬州大明寺的井水排名第五，吴淞江水排名第六，淮河水排名第七。

又曰：庐山康王洞帘水第一，常州无锡惠山石泉第二，蕲州兰溪石下水第三，硖州扇子硖下石窟泄水第四，苏州虎丘山下水第五，庐山石桥潭水第六，扬子江中零水第七，洪州西山瀑布第八，唐州桐柏

还有一种说法：庐山康王洞帘水（据张又新《煎茶水记》当为“庐山康王谷帘水”）排名第一，常州无锡惠山石泉水排名第二，蕲州（治今湖北蕲春）兰溪泉的石下水排名第三，硖州（治今湖北宜昌）扇子硖下石窟泄水排名第四，苏州虎丘山下水排名第五，庐山石桥潭水（据张又新《煎茶水记》当为“庐山招贤寺下方桥潭水”）排名第六，扬子江的中零水排名第七，洪州（治今江西南昌）西山的瀑布水排

山淮水源第九，庐山顶天地之水第十，润州丹阳井第十一，扬州大明井第十二，汉江金州上流中零水第十三，归州玉虚洞下香溪水第十四，商州武关西谷水第十五，苏州吴松江第十六，天台西南峰瀑布水第十七，郴州圆泉第十八，严州桐庐江严陵滩水第十九，雪水第二十。

名第八，唐州（治今河南泌阳）桐柏山淮水源的水排名第九，庐山峰顶的天地之水（据张又新《煎茶水记》当为“庐州龙池山顶池水”）排名第十，润州（治今江苏镇江）丹阳的井水排名第十一，扬州大明寺的井水排名第十二，汉江在金州（治今陕西安康）上游的中零水排名第十三，归州（治今湖北秭归）玉虚洞的香溪水排名第十四，商州（今属陕西）武关的西谷水（据张又新《煎茶水记》当为“西洛水”）排名第十五，苏州吴淞江水排名第十六，天台山西南峰的瀑布水排名第十七，郴州（今属湖南）的圆泉水排名第十八，严州（治今浙江建德）桐庐江的严陵滩水排名第十九，雪水排名第二十。

茶录

[明] 张　源

采茶

采茶之候，贵及其时。太早则味不全，迟则神散，以谷雨前五日为上，后五日次之，再五日又次之。茶芽紫者为上，面皱者次之，团叶又次之，光面如篠叶者最下。彻夜无云，浥露采者为上，日中采者次之，阴雨中不宜采。产谷中者为上，竹下者次之，烂石中者又次之，黄砂中者又次之。

［译解］

采茶时候的把握，贵在正当其时。太早了茶叶的味道还未发挥充分，而太迟了就会神散而气竭，适宜采茶的时节，以谷雨前五日为最好，谷雨后五日次之，再过五日就又要差一些。茶叶的嫩芽，以颜色紫的为最好，叶面褶皱的较次一些，叶芽团起来的又差一些，叶面光滑犹如小竹叶的为最差。通夜没有一丝云彩，清晨沾着露水采摘的茶叶最好，正午采摘的茶叶次之，阴雨天气不适宜采摘茶叶。至于产茶的具体环境的优劣差别，则以产于山谷中的最好，产于竹子下面的次之，产于碎石土壤中的又次一些，产于黄沙土中的比较差。

造茶

新采，拣去老叶及枝梗碎屑。锅广二尺四寸，将茶一斤半焙之，候锅极热，始下茶急炒，火不可缓。待熟方退火，彻入筛中，轻团那数遍，复下锅中，渐渐减火，焙干为度。中有玄微，难以言显。火候均停，色香全美，玄

［译解］

刚刚采摘下来的茶叶，要仔细拣去其中的老叶和枝、梗、碎末。然后用一个直径二尺四寸的铁锅，称量一斤半的茶叶进行烘焙，必须要等到锅烧得非常热，才把茶叶放进去，急急地翻炒，火也要跟得上，不可放缓。等到炒熟之后才可以把火退去，同时把茶叶拿出来放到筛子里，轻轻地翻转揉捻几遍，然后再放进铁锅中，这时就可以减小火力，缓火烘烤，以烘焙干燥作为标准，也就可以了。在这样的加工工艺中，也有玄妙精微的方法，难以用言语表

微未究，神味俱废。

达出来。如果火候掌握得恰到好处，那么制成的茶叶就会色泽、香气、味道都达到完美的境地；如果其间的玄妙精微的方法不加讲究，那么制成的茶叶的神韵和味道就完全废弃不存在了。

辨茶

茶之妙，在乎始造之精，藏之得法，泡之得宜。优劣定乎始锅，清浊系乎末火。火烈香清，锅寒神倦。火猛生焦，柴疏失翠。久延则过熟，早起却还生。熟则泛黄，生则着黑。顺那则甘，逆那则涩。带白点者无妨，绝焦点者最胜。

[译解]

茶叶的奥妙，首先在于开始制造时就要做到精益求精；其次是收藏要得法，从而保持茶叶的新鲜和洁净；再次就是冲泡时要方法得当，使其色泽、香气、味道得以充分发挥。茶的优劣，早在开始下锅炒制时就决定了；而茶叶冲泡出来后的清浊，则取决于最后烘焙时火候的把握。火力强烈，制成的茶叶就会清香宜人；如果开始炒茶时锅比较凉，那么制成的茶叶就会缺少神韵。但是，如果火力过于猛烈，就会使茶叶变得焦枯；相反，如果柴薪火力过于弱小，那么制成的茶叶就会失去青翠的色泽。茶叶炒好后若不及时拿出来而在锅中停留时间过长，就可能使茶叶熟过了头；相反，如果拿出来过早，那么茶叶没有炒熟，就会显得生涩。炒得过熟，茶叶就会泛黄；没有炒熟，茶叶就会带有黑色。翻转揉捻经过炒制的茶叶时，如果顺着一个方向翻转揉捻，制成的茶叶味道甘甜；相反，如果错乱方向翻转揉捻，那么制成的茶叶味道就苦涩。炒制出来的茶叶，带有白点的无妨，没有一点烤焦的地方的最好。

藏茶

造茶始干，先盛旧盒中，外以纸封口。过三日，俟其性复，复以微火焙极干，待冷贮坛中。轻轻筑实，以箬衬紧。将花笋箬及纸数重封扎坛口，上以火煨砖冷定压之，置茶育中。切勿临风近火。临风易冷，近火先黄。

[译解]

经过炒制的茶叶刚刚烘烤干燥，先要盛放到旧的盒子中，外面用纸把口部密封。这样经过三天时间，等到茶叶的本性有所恢复，然后再用小火把茶叶烘焙得非常干燥，等待冷却之后贮存于坛中。要轻轻把茶叶压结实，用箬叶衬好。最后用花笋箬和纸多层把坛口密封并且捆扎起来，上面再用火煨烤过的砖冷却后压住，将坛子放在茶育（一种竹编木架的箱子，成品茶的复烘和封藏工具）中。收藏茶叶的茶育切不可临近风口和靠近火。临近风口，容易使茶叶过冷；靠近火，茶叶的色泽就会首先变黄。

火候

烹茶旨要，火候为先。炉火通红，茶铫（diào）始上。扇起要轻疾，待汤有声，稍稍重疾，斯文武之候也。过于文则水性柔，柔则水为茶降；过于武则火性烈，烈则茶为水制。皆不足于中和，非茶家要旨也。

[译解]

烹茶的关键，首先在于火候的把握。炉火要烧得通红，才把茶铫放在上面。用扇子扇火，开始时要又轻又快，等到水热发出声音时稍微用力又重又快，这就是所谓的文武之候。火力过于文即过于温和，那么烧出来的水性就柔和，水性柔和就会为茶所降伏；火力过于武即过于强烈，那么火性就猛烈，火性猛烈，茶就会为水所制伏。这两种情况都不足以称得上中正平和，不是茶人和鉴赏家的茶艺要旨。

汤辨

汤有三大辨、十五小辨。一曰形辨，二曰声辨，三曰气辨。形为内辨，声为外辨，气为捷辨。如虾眼、蟹眼、鱼眼连珠，皆为萌汤，直至涌沸如腾波鼓浪，水气全消，方是纯熟；如初声、转声、振声、骤声，皆为萌汤，直至无声，方是纯熟；如气浮一缕、二缕、三四缕，及缕乱不分，氤氲乱绕，皆为萌汤，直至气直冲贯，方是纯熟。

[译解]

关于茶汤也就是烹茶用水火候的掌握，有所谓三大辨，十五小辨。三大辨，第一叫作形辨，第二叫作声辨，第三叫作气辨。形辨就是通过水形加以鉴别，称为内辨；声辨就是通过水声加以鉴别，称为外辨；气辨就是通过水汽加以鉴别，称为捷辨。其中，形辨又可以分为四小辨：水面浮起水泡如虾眼，如蟹眼，如鱼眼连珠，这三种都是萌汤也即刚刚烧热的水，直到水面汹涌沸腾如腾波鼓浪，水汽全部消散，才达到了纯熟。声辨又可以分为五小辨：如初起之声、旋转之声、振动之声、骤雨之声，这四种声音，都是萌汤，直到无声，才达到了纯熟。气辨又可以分为六小辨：如水汽飘浮起一缕、二缕、三四缕，以及飘浮的汽缕混乱不分、水汽氤氲环绕飘动，这五种水汽都是萌汤的标志，直到水汽直升冲贯，才达到了纯熟。

汤用老嫩

蔡君谟汤用嫩而不用老。盖因古人制茶，造则必碾，碾则必磨，磨则必罗，则茶为飘尘飞粉矣。于是和剂，印作龙凤团，则见汤而茶神便浮，此用嫩而不用

[译解]

北宋蔡襄（字君谟）认为，茶汤用嫩而不用老。这是因为，古人制茶，一定要用碾，碾茶就一定要用茶磨，磨过之后一定要用罗，经过几番加工茶就变成了可以飘起飞动的粉末细尘。于是就调和成膏，压制成型，加上纹饰印记，制成龙团凤饼。这样茶末见水之后，其神韵便会很快散发，这就是茶汤用嫩而不用老的

老也。今时制茶，不假罗磨，全具元体。此汤须纯熟，元神始发也。故曰汤须五沸，茶奏三奇。

原因。如今的制茶，不再使用茶罗、茶磨进行加工，用的都是茶叶本来的叶芽。这样茶汤就必须达到纯熟，才能使茶叶本身的神韵得到充分发挥。所以说茶汤必须达到五沸，烹出的茶才可以达到色泽、香气、味道俱佳的三奇境界。

泡法

探汤纯熟便取起，先注少许壶中，祛荡冷气，倾出，然后投茶。茶多寡宜酌，不可过中失正。茶重则味苦香沉，水胜则色清气寡。两壶后，又用冷水荡涤，使壶凉洁，不则减茶香矣。罐热则茶神不健，壶清则水性常灵。稍俟茶水冲和，然后分釃（shī）布饮。釃不宜早，饮不宜迟。早则茶神未发，迟则妙馥先消。

［译解］

按照上述辨别茶汤的方法，观察到茶汤纯熟，就把烧水的茶瓶从茶炉上拿起来。先往茶壶中注入少量的开水，祛除和荡涤壶中的冷气，把水倒出来，然后投放茶叶。投放茶叶的多少要加以斟酌，不可过多或过少，失去中正之宜。茶多水少就会味道过于苦涩，香气沉滞；水多茶少就会色泽清淡，香气寡薄。冲泡过两壶茶后，还要用凉水荡涤茶壶，使其凉爽洁净，否则就会减损茶的香气。茶壶过烫，就会使茶叶的神韵不易发挥，茶壶清洁，就会使泉水的本性保持鲜活。冲泡之后，要稍微停一会儿，等待茶水相互融合，然后就可以分别斟入茶瓯，进行品饮。斟茶不宜过早，而品饮则不宜太迟。斟茶过早，茶叶的神韵尚未发挥出来；品饮太迟，那么茶叶的奇妙香气已经消散了。

投茶

投茶有序，毋失其宜。先茶后汤，曰下投。汤半下茶，复以汤

［译解］

往茶壶中投放茶叶要有一定的程序，不能违背其适宜的标准。先放茶叶后冲开水，叫作下投。先冲半壶开水，再投放茶叶，然后冲满

满，曰中投。先汤后茶，曰上投。春、秋中投，夏上投，冬下投。

开水，叫作中投。先冲满开水后投放茶叶，叫作上投。这三种方法要根据季节的不同而分别运用，春秋两季适宜用中投，夏季适宜用上投，冬季适宜用下投。

饮茶

饮茶，以客少为贵。客众则喧，喧则雅趣乏矣。独啜曰神，二客曰胜，三四曰趣，五六曰泛，七八曰施。

[译解]

品茶时，以宾客较少、环境幽静为贵。如果宾客众多，就会嘈杂喧闹，从而失去了品饮的雅趣。一人独啜叫作神饮，二人对饮叫作胜饮，三四个人饮茶叫作趣饮，五六个人饮茶叫作泛饮，七八个人饮茶就叫作施茶。

香

茶有真香，有兰香，有清香，有纯香。表里如一曰纯香，不生不熟曰清香，火候均停曰兰香，雨前神具曰真香。更有含香、漏香、浮香、间香，此皆不正之气。

[译解]

茶的香气有多种，有自然的真香，有兰惠的香气，有清香之气，有纯香之气。表里如一的香气叫作纯香，不生不熟的香气叫作清香，火候恰到好处就会散发出兰蕙的香气，雨前茶的神韵充足就会发出自然的真香。此外，还有含香（香气沉闷不爽）、漏香（香气消散）、浮香（稍停即逝也就是不持久的香气）、间香（间杂有其他气味），这些都不是正常的茶叶香气。

色

茶以青翠为胜，涛以蓝白为佳。黄黑红昏，俱不入品。雪涛为上，翠涛为中，黄涛为

[译解]

茶叶的色泽，以青翠为最好；茶水的色泽，以蓝白为最好。如果茶的色泽呈现黄、黑、红以及昏暗之色，都是不入品的劣质茶。烹好的茶水的色泽，以雪白为最好，苍翠次之，泛黄

下。新泉活火，煮茗玄工，玉茗冰涛，当怀绝技。

则比较差。新汲的泉水，有焰的活火，烹茶的精湛功夫，青翠的好茶，冰雪般的沫浡，要达到这样的境界，就要有独绝的技艺。

味

味以甘润为上，苦涩为下。

［译解］

茶的味道以甘甜滋润为上，以苦涩凝滞为下。

点染失真

茶自有真香，有真色，有真味。一经点染，便失其真。如水中着咸，茶中着料，碗中着果，皆失真也。

［译解］

茶叶自有其天然的纯正香气，有其天然的纯正色泽，有其天然的纯正味道。一旦经过其他物品的掺杂和点染，便会失去其天然的纯正。例如水中加入了盐味，茶中加入了作料，碗中加入了果品，都会使茶叶失去其天然纯正的色泽、香气和味道。

茶变不可用

茶始造则青翠，收藏不法，一变至绿，再变至黄，三变至黑，四变至白。食之则寒胃，甚至瘠气成积。

［译解］

茶叶开始加工制作时色泽青翠，如果收藏不得其法，首先会变成绿色，然后再变成黄色，第三次会变成黑色，最后变成白色。这样变质的茶叶，饮用之后就会使脾胃受寒，甚至有损元气，形成积滞和病变。

品泉

茶者水之神，水者茶之体。非真水莫显其神，非精茶曷窥其体。

［译解］

茶叶，是泉水的元神；泉水，是茶叶的载体。如果不是真正的好水，就不能彰显茶叶的天然神韵；而除非是精品的茶叶，又如何能凸

山顶泉清而轻，山下泉清而重，石中泉清而甘，砂中泉清而冽，土中泉淡而白。流于黄石为佳，泻出青石无用。流动者愈于安静，负阴者胜于向阳。真源无味，真水无香。

显作为其载体的水的功效？山顶的泉水清澈而重量较轻，山下的泉水清澈而重量较重，石中流出的泉水清澈而甘甜，沙中渗出的泉水清澈而寒冽，土中形成的泉水淡薄而色白。从黄色的石头中流出的泉水比较好，从青色的石头中流出的泉水不能饮用。流动的泉水要比静止不动的泉水好，在山的北面背阴的泉水要比在山的南面向阳的泉水好。真正的天然泉源的水是没有味道的，真正的天然泉水是没有香气的。

井水不宜茶

《茶经》云：山水上，江水次，井水最下矣。第一方不近江，山卒无泉水，唯当多积梅雨，其味甘和，乃长养万物之水。雪水虽清，性感重阴，寒人脾胃，不宜多积。

[译解]

陆羽《茶经》上说：山中的泉水最好，江河之水次之，井水的水质最差。但是如果一个地方既不临近江河，山中始终又找不到泉水，这样就只有多贮积梅雨，梅雨的味道甘甜平和，乃是可以滋养万物的好水。雪水虽然很清澈，但是其本性非常阴凉，饮用会使人的脾胃受寒，不适宜多加贮积饮用。

贮水

贮水瓮，须置阴庭中，覆以纱帛，使承星露之气，则英灵不散，神气长存。假令压以木石，封以纸箬，曝于日下，则外耗其神，内闭

[译解]

贮存泉水的陶瓮，必须放在阴凉的庭院中，用纱或者帛覆盖，以便使其承接星夜露水之气，这样泉水的灵性就不会消散，泉水的神韵就会长久保存。假如在贮水的陶瓮上面压上木板或石板，或者用纸、箬叶密封，在太阳下面曝晒，那么外面会耗散泉水的神韵，里面则会封闭和

其气，水神敝矣。饮茶，唯贵乎茶鲜水灵。茶失其鲜，水失其灵，则与沟渠水何异？

凝滞其灵气，这样泉水的神韵就被损坏了。饮茶，所贵的就在于茶的新鲜和水的灵气，一旦茶失去其新鲜，水失去其灵气，那么与沟渠间的弃置无用的污水有什么不同呢？

茶具

桑苎翁煮茶用银铫，谓过于奢侈。后用瓷器，又不能持久，卒归于银。愚意银者宜贮朱楼华屋，若山斋茅舍，唯用锡铫，亦无损于香、色、味也。但铜、铁忌之。

［译解］

茶圣陆羽（号桑苎翁）在《茶经》中说：烹煮茶汤用银铫（当为釜），认为这样虽然非常清洁，但是过于奢侈。后来用瓷器，可是又不坚实，不能持久，最终还是归于用银（《茶经》原作“铁”）为好。我个人的意见，银质的茶具只适宜于富贵之家的朱楼华屋，至于隐士平民所居的山斋茅舍，只有用锡铫，也无损于茶的色泽、香气和味道。但是要忌讳用铜、铁的茶具。

茶盏

盏以雪白者为上，蓝白者不损茶色，次之。

［译解］

茶盏，以雪白色的为最好，蓝白色的也无损于茶的色泽，次之。

拭盏布

饮茶前后，俱用细麻布拭盏，其他易秽，不宜用。

［译解］

饮茶的前后，都要用细麻布擦拭茶盏，用其他的物品擦拭容易产生污秽，不适宜使用。

分茶盒

以锡为之。从大坛中分用，用尽再取。

[译解]

分茶盒，用锡制成。其作用是从大坛中分取茶叶，一盒用完之后再从大坛中取用。

茶道

造时精，藏时燥，泡时洁。精、燥、洁，茶道尽矣。

[译解]

茶叶，制造时要精致，收藏时要干燥，冲泡时要洁净。能够做到精致、干燥、洁净，那么造茶、藏茶、泡茶的技艺也就完备了。

茶疏

[明] 许次纾

产茶

天下名山，必产灵草。江南地暖，故独宜茶。大江以北，则称六安。然六安乃其郡名，其实产霍山县之大蜀山也。茶生最多，名品亦振，河南、山陕人皆用之。南方谓其能消垢腻，去积滞，亦共宝爱。顾彼山中不善制造，就于食铛大薪炒焙，未及出釜，业已焦枯，讵堪用哉？兼以竹造巨笱（gǒu），乘热便贮，虽有绿枝紫笋，辄就萎黄，仅供下食，奚堪品斗？

[译解]

天下有名的山峰，必定出产灵异的草木。江南地区气候温暖湿润，所以非常适宜茶树的生长。长江以北的名茶产地，就要数六安了。然而，六安只是直隶州名，六安茶的真正产地是在六安州所属霍山县的大蜀山。这里的茶叶产量最大，品种也很知名，传扬于四方，河南、山西、陕西等北方地区的人们都饮用这种茶。南方的人们则认为六安茶能消除污垢油腻，化解饮食的积滞，所以也都非常珍爱它。只是大蜀山中的茶农不擅长加工制造，采摘的新茶就放在烧饭用的大锅中，用粗大的木柴烈火进行炒制，鲜茶还没有来得及出锅，就已经焦煳干枯了，怎么用来品饮呢？再加上他们还用竹子编制成大篓，不等炒制出的茶叶晾干就乘热贮存起来，这样，即便是炒出的茶叶还能保留一些绿叶紫芽的本色，也都会很快被捂得枯萎而发黄了，所以，六安茶只能作为普通的饮品，哪里能够充当斗茶战茗的佳品呢？

江南之茶，唐人首称阳羡，宋人最重建州，于今贡茶，两地独多。阳羡仅有其名，建茶亦非最上，唯有武夷雨前最胜。近日所尚者，为长兴之罗岕，疑

江南地区的名茶产地，唐朝人称道的是阳羡（今江苏宜兴），宋朝人最关注的是建州（治今福建建瓯），影响至于今日，进奉宫廷的贡茶仍以这两个地方为最多。然而，如今的阳羡茶早已是徒有虚名，建州茶也并非最上佳品，只有武夷山的雨前茶才是最好的。近来人们所崇尚的，是长兴（今属浙江）的罗岕茶，我怀疑

即古人顾渚紫笋也。介于山中谓之岕，罗氏隐焉故名罗。然岕故有数处，今唯洞山最佳。姚伯道云：明月之峡，厥有佳茗，是名上乘。要之，采之以时，制之尽法，无不佳者。其韵致清远，滋味甘香，清肺除烦，足称仙品。此自一种也。若在顾渚，亦有佳者，人但以水口茶名之，全与岕别矣。若歙之松萝，吴之虎丘，钱塘之龙井，香气秾郁，并可雁行，与岕颉颃。往郭次甫亟称黄山，黄山亦在歙中，然去松萝远甚。往时士人皆贵天池。天池产者，饮之略多，令人胀满。自余始下其品，向多非之。近来赏音者，始信余言矣。浙之产，又曰天台之雁宕，栝（kuò）苍之大盘，东阳之金华，绍兴之日

这就是古人所说的顾渚紫笋茶。因为其产地介于两山之间，所以就叫作岕；因为有罗姓的人家隐居在这里，所以又以罗来命名。然而，罗岕茶产地原本有多处，现在只有洞山（今长兴县白岘乡罗岕村）所出的最好。姚绍科（字伯道，姚绍宪之兄）说过：在明月峡，出产有好茶，这是上乘的佳品。概括说来，只要采摘及时，制造得法，就没有不是佳品的。这种茶的韵致清爽悠远，滋味甘甜醇香，清肺沁脾，除烦去腻，足可以称得上是仙品。罗岕茶是独具特色的一个品种。至于在顾渚山出产的茶叶，也有比较好的品种，人们只是以水口茶来命名，与罗岕茶全然不同。又如歙县的松萝茶、苏州的虎丘茶、杭州的龙井茶，也都清香浓郁，可以和罗岕茶并列佳品，不相上下。从前著名隐士郭第（字次甫）极力称道黄山茶，黄山茶也出产于歙县，然其品质却与松萝茶相差甚远。过去的读书仕进的人们都很推崇天池茶，然而天池所产茶叶，饮用略微多一些，就会使人感到腹中胀满。从我开始才降低了天池茶的品级，一向有很多人不以为然。直到近来，那些精通茶道鉴赏的知音茶人，才相信了我的话。浙江盛产茶叶的地方，还有天台的雁荡山，栝苍的大盘山，东阳的金华以及绍兴的日铸，所产茶叶都和武夷茶不相上下。但是，即使有了名茶，还要通晓制造和收藏的方法。如果加工制造不精，收藏也不得法，那么一旦运出山外，其色、

铸，皆与武夷相为伯仲。然虽有名茶，当晓藏制。制造不精，收藏无法，一行出山，香味色俱减。钱塘诸山，产茶甚多。南山尽佳，北山稍劣。北山勤于用粪，茶虽易茁，气韵反薄。往时颇称睦之鸠坑，四明之朱溪，今皆不得入品。武夷之外，有泉州之清源，倘以好手制之，亦是武夷亚匹，惜多焦枯，令人意尽。楚之产曰宝庆，滇之产曰五华，此皆表表有名，犹在雁茶之上。其他名山所产，当不止此，或余未知，或名未著，故不及论。

香、味都大大减损了。杭州附近的许多山中，产茶很多，其中生长在南山的茶叶品质俱佳，生长在北山的茶叶品质稍差一些。北山的茶农虽然勤于施肥，茶叶生长得也很茁壮，可是清香和韵味反而比较淡薄。以往人们颇为称道的睦州鸠坑茶、四明的朱溪茶，如今都不能进入佳品之列。福建名茶，除武夷茶之外，还有泉州的清源茶，如果请高手来加工制造，也可以与武夷茶相匹敌而稍逊一筹，可惜大多被炒制得焦枯，令人扫兴。两湖地区盛产茶叶的地方有宝庆府（今湖南邵阳）等，云南盛产茶叶的地方有五华山（今云南昆明市区北部）等，当地出产的茶叶都赫赫有名，品质甚至在雁荡茶之上。其余各名山胜地所产的茶叶，应当不止上述这些，有的是我不知道，有的则是名声尚未显著，因而我在这里没有评论和涉及。

古今制法

古人制茶，尚龙团凤饼，杂以香药。蔡君谟诸公，皆精于茶理，居恒斗茶，亦仅取上方珍品碾之，未闻新制。

[译解]

宋朝人制茶，崇尚龙团凤饼，并且还要夹杂一些香料。蔡襄（字君谟）等各位前辈，都精通茶理，平日起居经常要品茗斗茶，也只是取来上等的珍品经过碾、罗和烹点，没有听说过当时重新采制的。至于说转运使衙门所进贡

若漕司所进第一纲，名北苑试新者，乃雀舌、水芽所造，一銙之直，至四十万钱，仅供数盂之啜，何其贵也！然水芽先以水浸，已失真味，又和以名香，益夺其气，不知何以能佳？不若近时制法，旋摘旋焙，香色俱全，尤蕴真味。

的第一纲绝品芽茶，名叫北苑试新，乃是用雀舌、水芽等上等的嫩芽加工制造的，每一銙茶的价值，高达四十万钱，却仅供几杯茶的品饮，是何等的贵重啊！然而，人们采下的水芽要先用水浸泡，已经失去了茶叶的天然真味，又用名贵香药掺杂其中，更加侵夺了茶叶本身的香气，不知道怎么能制造出真正的佳品？不如近来人们采制茶叶的方法，当时采摘随即焙制，茶的香气和色泽保留得很完全，尤其是蕴含着茶叶的天然真味。

采摘

清明、谷雨，摘茶之候也。清明太早，立夏太迟，谷雨前后，其时适中。若肯再迟一二日期，待其气力完足，香烈尤倍，易于收藏。梅时不蒸，虽稍长大，故是嫩枝柔叶也。杭俗喜于盂中撮点，故贵极细，理烦散郁，未可遽非。吴淞人极贵吾乡龙井，肯以重价购雨前细者，狃（niǔ）于故常，未解妙理。岕中之人，

[译解]

清明到谷雨，是采摘茶叶的最佳时节。清明时间太早，立夏就显得太迟，谷雨前后，时间正适宜采茶。如果再推迟一两天，等到茶叶所蕴含的气力完全充足，然后采摘，茶的清香馥郁就更加成倍地增长，而且也容易收藏。梅雨时节天气还不太闷热，茶的芽叶虽然长得稍大一些，其实仍旧是嫩枝柔叶。杭州民间习俗喜欢在茶杯中撮茶以沸水点泡，所以很看重极为精细的茶叶，以此解除和驱散一切烦恼和忧愁，这种方法是不可以随便非议的。吴淞人极其看重我们家乡杭州的龙井茶，愿意出重价购买雨前采摘的细茶，有悖于传统的习俗，我还不能明白其中的奥妙。出产罗岕茶的岕中的人们，不到立夏前不采茶。初次试摘茶叶，叫作

非夏前不摘。初试摘者，谓之开园。采自正夏，谓之春茶。其地稍寒，故须待夏，此又不当以太迟病之。往日无有于秋日摘茶者，近乃有之。秋七八月重摘一番，谓之早春。其品甚佳，不嫌少薄。他山射利，多摘梅茶。梅茶涩苦，止堪作下食，且伤秋摘，佳产戒之。

开园。正当立夏时节所采的茶叶，称作春茶。这是因为当地稍稍偏寒，所以要等到立夏时节才可以采摘，对此不应当因为采摘太迟而有所批评。从前没有在秋天采茶的，近来才有人这样做。在秋天七八月间重新采摘一遍，称作早春茶。这种茶的品质非常好，饮用起来并没有味道淡薄的感觉。其他山区的茶农，为图谋经济利益，很多在梅雨季节采摘茶叶。这种梅雨茶味道又涩又苦，只可以充当很普通的饮品，而且有损于秋茶（即早春茶）的采摘，品种优良的茶树要力戒这种做法。

炒茶

生茶初摘，香气未透，必借火力，以发其香。然性不耐劳，炒不宜久。多取入铛，则手力不匀；久于铛中，过熟而香散矣，甚且枯焦，尚堪烹点？炒茶之器，最嫌新铁，铁腥一入，不复有香。尤忌脂腻，害甚于铁。须豫取一铛，专用炊饮，无得别作别用。炒茶之薪，仅可树枝，不用干叶，

［译解］

生茶刚刚采摘下来，香气还没有充分发透，必须借助火力进行炒制，以便把茶的清香促发出来。然而茶叶生性经不起折腾，炒制也不宜时间太久。如果一下子把很多的茶叶都放入茶铛内，那么在炒制时手工翻炒就会用力不均匀；如果茶叶在茶铛中的时间过长，就会因炒得过熟而使香气失散，甚至炒得干枯焦煳，怎么能用来烹煮和冲泡品饮？炒茶所用的器具，最忌讳新铁所制成的，铁腥味一旦进到茶叶中，茶就不再有清香之味了。炒茶时，尤其忌讳炒茶用具上沾有油腻，对茶的损害比铁腥更厉害。因此必须事先预备一个炒铛，专门用来炒茶，不能同时兼有其他用途。炒茶所用的柴薪，只

干则火力猛炽，叶则易焰易灭。铛必磨莹，旋摘旋炒。一铛之内，仅容四两。先用文火焙软，再用武火催之。手加木指，急急钞转，以半熟为度。微俟香发，是其候矣。急用小扇钞置被笼，纯棉大纸衬底燥焙，积多候冷，入瓶收藏。人力若多，数铛数笼；人力即少，仅一铛二铛，亦须四五竹笼。盖炒速而焙迟，燥湿不可相混，混则大减香力。一叶稍焦，全铛无用。然火虽忌猛，尤嫌铛冷，冷则枝叶不柔。以意消息，最难最难。

能是树枝，而不能用树干和树叶，树干燃烧时火力过大过猛，树叶燃烧时则容易起大火焰又容易熄灭，火力不稳定。炒茶时，炒铛要磨得光亮洁净，茶叶则要随摘随炒。一铛之中，只能放入四两生茶。首先要用文火烘软，然后再用大火迅速杀青。手上要戴上木指，急急地翻炒转动茶叶，炒茶以半熟为适度。等到茶的香气微微散发出来，也就到了火候了。这时，急忙用小扇似的铲子抄出来放置到焙笼之上，用纯棉大纸衬在下面，进行烘干，待炒好的茶积累多了，凉透以后，放进瓶子里收藏。如果炒茶的人手多，就多用一些炒铛和焙笼同时操作；即使人手少，只有一两个炒铛，也必须准备四五个竹笼。因为炒茶的速度较快，而烘干的速度就比较慢，已经烘焙干燥的茶和还潮湿的茶不可相互混杂，如果混在一起就会使茶的香气大为减损。如果一片叶子炒焦了，那么全铛的茶叶都没有用了。虽然说炒茶时最忌讳火力太猛，但是尤其不能使炒铛过冷，这样就会使得茶的枝叶不柔软。要凭着经验和灵感来把握炒茶时用火的火候和操作的分寸，的确是最难最难的事情。

岕中制法

岕之茶不炒，甑中蒸熟，然后烘焙。缘其摘迟，枝叶微老，炒亦

[译解]

岕中所产的罗岕茶不用炒制，而只是放在甑中蒸熟，然后进行烘烤。这是因为罗岕茶的采摘时间比较晚，茶树的枝叶稍微有点老，经

不能使软，徒枯碎耳。亦有一种极细炒岕，乃采之他山，炒焙以欺好奇者。彼中甚爱惜茶，决不忍乘嫩摘采，以伤树本。余意他山所产，亦稍迟采之，待其长大，如岕中之法蒸之，似无不可。但未试尝，不敢漫作。

过炒制也不能使其变软，反而使得茶叶干枯破碎罢了。又有一种极细的炒制岕茶，其实是从其他山上采摘的茶叶，经过炒制之后用来欺骗那些好奇的人。岕中的人们非常爱惜茶，决不忍心乘着茶芽很嫩时采摘，而伤害茶树的根本。我考虑其他山中所产的茶叶，也应当稍微晚一些采摘，等待茶芽长得大一些，再用岕中制茶的方法蒸过之后烘烤制成，也没有什么不可以的。但是没有经过尝试，也不敢贸然去推广这种方法。

收藏

收藏宜用瓷瓮，大容一二十斤，四周厚箬，中则贮茶。须极燥极新，专供此事，久乃愈佳，不必岁易。茶须筑实，仍用厚箬填紧，瓮口再加以箬，以真皮纸包之，以苎麻紧扎，压以大新砖，勿令微风得入，可以接新。

[译解]

茶叶的收藏保存适宜用瓷瓮，大的能容纳一二十斤，瓮内四周铺上厚厚的箬叶，中间则贮存茶叶。箬叶必须是干燥而新鲜的，而且是专门用来保藏茶叶的，时间越久就越好，不必每年更换。茶叶放入瓮中要压得很坚实，仍然用厚厚的箬叶填紧，瓮口再加上一层箬叶，用真皮纸包住瓮口，用苎麻扎紧，用一大块新砖压住，不能让一丝风儿得以透入，这样就可以保存到第二年新茶下来。

置顿

茶恶湿而喜燥，畏寒而喜温，忌蒸郁而喜清凉。置顿之所，须在

[译解]

茶叶生性忌讳潮湿而喜欢干燥，畏惧寒冷而喜欢温暖，忌讳闷热而喜欢清凉。所以放置茶叶的处所，必须选择人们时常坐卧起居的地

时时坐卧之处，逼近人气，则常温不寒。必在板房，不宜土室。板房则燥，土室则蒸。又要透风，勿置幽隐。幽隐之处，尤易蒸湿，兼恐有失点检。其阁庋（guǐ）之方，宜砖底数层，四周砖砌，形若火炉，愈大愈善，勿近土墙。顿瓮其上，随时取灶下火灰，候冷，簇于瓮旁，半尺以外，仍随时取灰火簇之，令里灰常燥，一以避风，一以避湿。却忌火气入瓮，则能黄茶。世人多用竹器贮茶，虽复多用箬护，然箬性峭劲，不甚伏帖，最难紧实，能无渗罅？风湿易侵，多故无益也。且不堪地炉中顿，万万不可。人有以竹器盛茶，置被笼中，用火即黄，除火即润。忌之！忌之！

方，靠近人的气息的地方，就会保持相对的温暖而不至于过分寒冷。一定要贮藏在木板房里，不适合放在土屋里。木板房比较干燥，而土屋就比较闷热。放置茶叶的地方还要保持通风，不要放在昏暗隐蔽的地方。昏暗隐蔽的地方，尤其容易闷热和潮湿，同时恐怕会在检点核查时不易发现。放置茶叶的方法，应该用几层砖铺底，四周也用砖围砌起来，形状如同火炉，越大越好，不要接近土墙。把收藏茶叶的瓷瓮搁在上面，随时取来灶下的火灰，等冷却之后堆于瓷瓮的旁边，半尺以外的地方，仍然要随时取来火灰堆于周围，从而使得里面的火灰经常保持干燥，一方面可以用来避风，另一方面可以用来防潮。但是要切忌火气进入瓷瓮中，那样就会使茶叶变黄。世人多用竹器贮存茶叶，虽然也用很多层箬叶包裹加以保护，然而箬叶生性坚劲峭直，很不服帖，最难做到包紧压实，怎么能没有渗漏的缝隙、潜在的风险呢？这样风和潮气容易侵入，铺的箬叶再多对于贮存茶叶也是没有益处的。况且这种包装形式也经不住在地炉中放置，所以万万不能采用。有的人用竹器盛放茶叶，但是这样铺于竹笼之中，有火烘烤马上就会发黄，离开了火就会受潮。这种方法也切忌不能使用。

取用

茶之所忌，上条备矣。然则阴雨之日，岂宜擅开？如欲取用，必候天气晴明，融和高朗，然后开缶，庶无风侵。先用热水濯手，麻帨拭燥。缶口内箬，别置燥处。另取小罂，贮所取茶，量日几何，以十日为限。去茶盈寸，则以寸箬补之，仍须碎剪。茶日渐少，箬日渐多，此其节也。焙燥筑实，包扎如前。

［译解］

有关茶叶盛放贮藏的忌讳，在上一条中已经详细说明了。虽然这样，但是在阴雨的天气里，怎么可以随意启封取茶呢？如果想要取出存放的茶叶饮用，一定要等到天色晴朗，气温融和的时候，然后才可以打开盛茶的瓷瓮，这样才不致为寒风和潮气所侵蚀。取茶之前，首先要用热水洗手，用麻做的佩巾擦干。瓮口所铺的箬叶，取出来要放到另外的干燥地方。另外拿来一个小瓶，贮存所取出的茶叶，估量每天用茶若干，以十天作为一个期限，决定取出茶叶的多少。如果取出大约有一寸厚的茶叶，那么就用一寸厚的箬叶填补进去，仍然要把箬叶剪碎。这样茶叶日渐减少，箬叶却日益增多，就是茶叶取用的准则。填补进去的箬叶要烘烤干燥，填压结实，然后把瓷瓮像以前一样包好扎紧，处置妥当。

包裹

茶性畏纸。纸于水中成，受水气多也。纸裹一夕，随纸作气尽矣。虽火中焙出，少顷即润。雁宕诸山，首坐此病。每以纸帖寄远，安得复佳？

［译解］

茶叶的本性惧怕纸。因为纸是在水中制成的，所以纸所受的水气比较多。用纸包裹一夜，茶叶就会随着纸中的水气而受潮了。即使刚从火上烘烤出来，用纸包裹不一会儿就变得湿润了。雁荡诸山的茶叶，就是首先存在着这个弊病，因而品质大受影响。人们常常用纸包把茶封起来寄给远方的亲友，怎么能够保持茶叶的良好品质呢？

日用顿置

日用所需，贮小罂中，箬包苎扎，亦勿见风。宜即置之案头，勿顿巾箱书簏，尤忌与食器同处。并香药则染香药，并海味则染海味，其他以类而推。不过一夕，黄矣变矣。

[译解]

日常所饮用的茶叶，应贮藏在小口大肚的小罐子中，用箬叶包裹、苎麻扎紧，也要注意不能见风。茶罐适宜放置于案头，不要放在存有杂物或者书籍的箱子里，尤其忌讳与饮食器具放在同一个地方。如果和香料放在一起，就会染上香料味道，和海产品放在一起，就会染上海味，其他也都可以以此类推。一旦这样的情况发生，那么过不了一晚上，茶叶就会发黄和变味了。

择水

精茗蕴香，借水而发，无水不可与论茶也。古人品水，以金山中泠为第一泉，或曰庐山康王谷第一。庐山，余未之到，金山顶上井，亦恐非中泠古泉。陵谷变迁，已当湮没。不然，何其漓薄不堪酌也？今时品水，必首惠泉，甘鲜膏腴，致足贵也。往三渡黄河，始忧其浊，舟人以法澄过，饮而甘之，尤宜煮茶，

[译解]

精品好茶蕴含着清香，要借助水的力量散发出来，所以没有水是无法品鉴茶的优劣的。古人品水，以镇江金山的中泠泉为天下第一泉，也有的以庐山康王谷的瀑布水为第一。庐山，我没有去过，金山顶上的水井，也恐怕已经不是中泠古泉了。随着地质变化，丘陵溪谷变迁，中泠古泉应当已经消失了。不然的话，为什么泉水如此浇漓而淡薄，不堪品饮呢？如今人们比较时下品茶用水，必定要以无锡的惠山泉为第一，惠山泉水甘甜鲜美，滋味醇厚，足以受到人们的珍爱。从前我曾经多次渡过黄河，开始的时候很担忧河水浑浊无法饮用，船夫用他们自己的办法进行澄清后，饮用起来居然很甘甜，尤其适合煮茶，口感不在惠泉之下。黄河

不下惠泉。黄河之水，来自天上。浊者，土色也。澄之既净，香味自发。余尝言，有名山则有佳茶。兹又言，有名山必有佳泉。相提而论，恐非臆说。余所经行，吾两浙、两都、齐鲁、楚粤、豫章、滇黔，皆尝稍涉其山川，味其水泉。发源长远，而潭沚澄澈者，水必甘美。即江河溪涧之水，遇澄潭大泽，味咸甘洌。唯波涛湍急，瀑布飞泉，或舟楫多处，则苦浊不堪。盖云伤劳，岂其恒性？凡春夏水长则减，秋冬水落则美。

之水天上来，流经黄土高原，河水浑浊是由于沾染了土色，经过澄清变得干净之后，自然会发出香甜的味道。我曾经说过，有名山就会出好茶。这里我再补充一句：有名山就一定会有佳泉。如此相提并论，恐怕并不是没有根据的说法。我曾经游历经过的地方，包括我的故乡浙江、南北两京、山东、两湖和两广、江西、云南和贵州等地，我都曾经对那里的山川大致游历了一番，也品尝了各地的泉水。凡是源远流长，而且潭底清澈的地方，泉水一定甘甜鲜美。即使是江河、溪流、山涧的水，如果遇到清澈的大潭和水泽，味道也全都会变得清凉甘甜。只有波涛汹涌、水流湍急之处，飞流直下的瀑布，或者是船只往来频繁的水域，那里的水才会变得苦涩、浑浊，不堪酌饮。这就是所谓的损伤于劳作，也就是过度扰攘而受到损害，难道是其与生俱来的本性吗？一般说来，春天和夏天是水势上涨的季节，水味相对而言会比较差，而秋天和冬天是水势下落的季节，水味就比较甘甜鲜美。

贮水

甘泉旋汲，用之斯良。丙舍在城，夫岂易得？理宜多汲，贮大瓮中。但忌新器，为其火气未退，易于败水，亦

[译解]

甘甜的泉水刚刚汲取来时，就用来烹茶品饮，效果非常好。然而客居城市，又怎么能轻易得到新鲜的泉水呢？所以应当一次多汲取些，贮存在大瓮之中。但是最忌讳用新的水容器，因为新容器烧制的火气还没有退尽，容易使水

易生虫。久用则善，最嫌他用。水性忌木，松杉为甚。木桶贮水，其害滋甚，挈瓶为佳耳。贮水瓮口，厚箬泥固，用时旋开。泉水不易，以梅雨水代之。

败坏，也容易生虫。长久使用的容器最好，但最忌讳兼作他用。水的本性很忌讳木器，尤其是松木和杉木更不行。用木桶贮存泉水，其危害非常严重，不如拿瓶子装水为好。贮水的瓮口，要用厚厚的箬叶和泥封闭牢固，用的时候再临时打开。如果泉水不容易汲取，可以用梅天的雨水来代替。

舀水

舀水必用瓷瓯。轻轻出瓮，缓倾铫中。勿令淋漓瓮内，致败水味，切须记之。

[译解]

从贮存水的瓮中往外舀水，一定要用瓷瓯。轻轻地把水舀出瓮，再慢慢地倒进茶铫中。不要让水淋漓，滴回瓮内，导致水味败坏，这一点必须要牢记。

煮水器

金乃水母，锡备柔刚，味不咸涩，作铫最良。铫中必穿其心，令透火气。沸速则鲜嫩风逸，沸迟则老熟昏钝，兼有汤气。慎之慎之！茶滋于水，水借乎器，汤成于火，四者相须，缺一则废。

[译解]

按五行生克的理论，金能涵养生水，锡则刚柔兼备，味道不咸不涩，是用来制作煮水器的茶铫的最好材料。茶铫的底部中间一定要旋起而中空一条椎管延伸至铫盖穿孔，以便能透过火气，也即穿心铫。在煮水时，如果水烧开得迅速，那么味道就鲜嫩可口，清馨宜人；如果水烧开得迟缓，那么味道就会因为过熟而混沌积滞，不清爽，并且兼有熟汤之气。所以在煮水的时机把握上一定要慎之又慎！茶的色香味要依赖水的滋润来发挥，而水的纯正甘美又要借助于煮水器具，而开水的效果又取决于火力的大小和火候的把握，四个方面相辅相成，缺一不可。

火候

火必以坚木炭为上。然木性未尽，尚有余烟。烟气入汤，汤必无用。故先烧令红，去其烟焰，兼取性力猛炽，水乃易沸。既红之后，乃授水器，仍急扇之，愈速愈妙，毋令停手。停过之汤，宁弃而再烹。

［译解］

煮水的火，要数坚硬的木炭为最好。然而木炭的木头本性尚未消除净尽，还有残留的烟气。烟气一旦进入水中，那么水就不能饮用了。所以要先把木炭烧红，使其烟焰冒尽，同时保持火力最猛最热的时候开始烧水，这样水才容易烧开。等到木炭烧红之后，再放上煮水器具，仍然要急急地扇火，使水开得越快越好，不要停止扇火。一旦停手之后，宁可把水倒掉，再重新烹煮。

烹点

未曾汲水，先备茶具。必洁必燥，开口以待。盖或仰放，或置瓷盂，勿竟覆之案上，漆气、食气，皆能败茶。先握茶手中，俟汤既入壶，随手投茶汤，以盖覆定。三呼吸时，次满倾盂内，重投壶内，用以动荡香韵，兼色不沉滞。更三呼吸顷，以定其浮薄，然后泻以供客，则乳嫩清滑，馥郁

［译解］

在没有汲取泉水之前，就要预先准备好茶具。茶具一定要清洁而干燥，打开盖子候用。茶具的盖子或者仰放着，或者放在瓷盘中，而不能直接向下扣着放置在桌案上，因为案上油漆的气味和食物的味道，都能败坏茶味，千万要注意避免。烹点的基本程序是：预先把茶叶握在手中，等到开水烧好，倒进茶壶之后，就随手把茶叶投进开水之中，然后用壶盖盖好。等待三次呼吸的时间后，依次倒满茶杯中，然后再重新倒回茶壶中，以便使茶水发生动荡，发挥其香气和韵味，而且色泽不会沉滞。再过三次呼吸的时间，以便稳定原来漂浮于水面的茶叶，然后就可以倒出来招待客人了。这样烹

鼻端。病可令起，疲可令爽，吟坛发其逸思，谈席涤其玄襟。

点出来的茶水鲜美滑口，清香扑鼻。品饮之后，有病的人可以痊愈，疲劳的人可以感到清爽，诗坛吟诵的人可以发挥其飘逸的文思，席间高谈的人可以荡涤胸中的郁闷。

秤量

茶注宜小，不宜甚大。小则香气氤氲，大则易于散漫。大约及半升，是为适可。独自斟酌，愈小愈佳。容水半升者，量茶五分。其余以是增减。

[译解]

用于沏茶的茶壶适宜小一些，而不宜太大。茶壶小，就可以使茶的香气氤氲，充满整个容器；如果太大，就容易使茶的香气分散弥漫开来。大约能容水半升，可以作为一个适可的标准。如果独自斟茶品饮，那么就越小越好。茶与水的比例，以能容水半升的茶壶，称量五分的茶叶为度。其他的情况就按照这个比例增减。

汤候

水一入铫，便须急煮。候有松声，即去盖，以消息其老嫩。蟹眼之后，水有微涛，是为当时。大涛鼎沸，旋至无声，是为过时。过则汤老而香散，决不堪用。

[译解]

泉水一放进茶铫，就必须急忙进行烹煮。等到有松涛声起，就要马上揭开盖子，以便于观察和把握水烧的老嫩程度。水面冒出蟹眼似的水泡过后，就开始有了微微的波涛，这就正是水烧开的火候。等到水面波涛汹涌、水声鼎沸，一会儿就又无声无息了，这就已经超过了水烧开的火候。超过了火候就使得开水过老而香气失散，决不能再用来沏茶品饮了。

瓯注

茶瓯，古取建窑兔毛花者，亦斗碾茶用之

[译解]

茶瓯，古人都推崇建窑出产的兔毛花即世称兔毫盏，非常适宜从前经过碾罗的饼茶进行

宜耳。其在今日，纯白为佳，兼贵于小。定窑最贵，不易得矣。宣、成、嘉靖，俱有名窑。今日仿造，间亦可用。次用真正回青，必拣圆整，勿用呰窳（zǐ yǔ）。

斗茶、点茶时使用。到了今天，流行的茶瓯以纯白色的为最好，同时以小巧为贵。定窑出产的茶瓯最为珍贵，可是不容易得到。宣德（1426—1435）、成化（1465—1487）、嘉靖（1522—1566）年间，都在景德镇建有名窑，烧制青花瓷器。现今人们所仿造的名窑瓷器，间或也有可以使用的。其次，是用真正的回青（颜料，石青中最贵重者，产于云南，可作为烧制瓷器的原料，明正德以后多以此做釉），一定要挑选圆润周正、形制美好的，不要用质量粗劣的。

茶注，以不受他气者为良，故首银次锡。上品真锡，力大不减，慎勿杂以黑铅。虽可清水，却能夺味。其次，内外有油瓷壶亦可，必如柴、汝、宣、成之类，然后为佳。然滚水骤浇，旧瓷易裂，可惜也。近日饶州所造，极不堪用。往时龚春茶壶，近日时彬所制，大为时人宝惜。盖皆以粗砂制之，正取砂无土气耳。随手造作，颇极精工。顾烧时必须火力极

茶壶，以不易受其他气味污染为好，所以最好选择银器，次则选择锡器。上好的真锡制品功效很好，不易减损壶中茶味，但当千万小心，不要掺杂进黑铅。混杂黑铅虽然可以使水清澈，但却能够破坏水味。其次，内外釉面光洁的瓷壶也可以用，但必须像柴窑（五代周世宗柴荣始建的名窑，故址在今河南郑州一带）、汝窑（宋代名窑之一，故址在今河南汝州）、宣德窑（明宣德年间的景德镇官窑）、成化窑（明成化年间的景德镇官窑）那样的名品瓷器，然后才能沏出好茶。然而，以滚烫的开水骤然浇下来，陈旧的瓷器容易有裂纹，这是很可惜的。近年来饶州（即景德镇，旧属饶州府浮梁县，故称）所制的瓷器，极不经用。往日龚春所制的紫砂茶壶，近日时大彬所制的茶壶，都非常受当今人们的珍重和爱惜。因为紫砂壶都是用

足，方可出窑。然火候少过，壶又多碎坏者，以是益加贵重。火力不到者，如以生砂注水，土气满鼻，不中用也。较之锡器，尚减三分。砂性微渗，又不用油，香不窜发，易冷易馊，仅堪供玩耳。其余细砂及造自他匠手者，质恶制劣，尤有土气，绝能败味，勿用勿用！

粗砂烧制而成，正是取其粗砂不含土气的优点。这些砂壶都是随手制作出来，却极尽精巧之工艺。但是烧制时必须火力非常充足，才可以出窑。然而火力稍微过头，砂壶又会有破碎损坏的，因此，砂壶的成品就更加珍贵。如果火力不到，烧得程度不够，那么就如同以生砂浇水，土气扑鼻，是不能用的。比起锡壶，陶瓷茶具泡茶效果还要逊色三分。砂本性微有渗漏，表面又不用釉彩，因而在沏茶时茶香就不容易散发出来，茶水既容易凉又容易变馊，这样的茶具只堪供人玩赏罢了。其他用细砂烧制的砂壶，以及出于其他匠人之手的砂壶，质地很差，工艺又很低下，尤其是含有土气，绝对会破坏茶叶的香味，千万不可使用，不可使用！

荡涤

汤铫瓯注，最宜燥洁。每日晨兴，必以沸汤荡涤，用极熟黄麻巾帨，向内拭干，以竹编架覆而庋之燥处，烹时随意取用。修事既毕，汤铫拭去余沥，仍覆原处。每注茶甫尽，随以竹箸尽去残叶，以需次用。瓯中残沈（shěn），必倾去之，以俟再斟。

[译解]

茶铫、茶杯、茶壶等器具，最应该保持干燥洁净。每天早晨起来，一定要用开水烫好洗净，用极熟的黄麻做成的很软的巾帕从里向外擦拭干净，用竹编的架子把这些茶具扣在上面，放置到干燥的地方，烹茶时随手取来使用。用完之后，要擦干净茶铫上面的剩水，仍然扣在原处。每一壶茶刚刚喝完，就随手用竹箸把残留的茶叶清除干净，以备第二次使用。茶杯中残留的茶水，一定要倒掉，以便再次斟水沏茶。如有茶水存留茶杯中，就会侵夺茶的香气、败坏茶的味道。必须一人一杯，不用再麻烦相互

如或存之，夺香败味。人必一杯，毋劳传递，再巡之后，清水涤之为佳。

传递；斟茶两巡之后，要用清水洗净茶杯为好。

饮啜

一壶之茶，只堪再巡。初巡鲜美，再则甘醇，三巡意欲尽矣。余尝与冯开之戏论茶候，以初巡为婷婷袅袅十三余，再巡为碧玉破瓜年，三巡以来，绿叶成阴矣。开之大以为然。所以茶注欲小，小则再巡已终，宁使余芬剩馥尚留叶中，犹堪饭后供啜漱之用，未遂弃之可也。若巨器屡巡，满中泻饮，待停少温，或求浓苦，何异农匠劳作？但需涓滴，何论品赏，何知风味乎？

［译解］

一壶茶水，只可以沏茶两巡。第一巡茶的味道鲜美，第二巡茶的味道甘甜醇厚，第三巡茶的味道就已经发挥将尽了。我曾经与冯梦祯（字开之，1546—1605）戏谈茶的色香味变化的征候，把第一巡茶比喻为亭亭玉立的十三四岁的少女，把第二巡茶比喻为正当十五六岁的花季女子，第三巡茶过后，就好比儿女成行、青春已逝的妇人。冯梦祯非常赞同我的比喻。所以茶壶要小，茶壶小就可以使茶过两巡便已倒完，宁愿让剩余的芬芳仍然残留在茶叶之中，还可以在饭后用来漱口，不要立即倒掉。如果是用大壶沏茶，就需要反复好多次，满满地斟上茶水，一口气喝下；或者因为大壶茶水温度高，要放在那里等待稍微降温；或者只是想用大壶把茶冲泡得又浓又苦。这样的饮茶方式与农夫和工匠的喝茶解渴有什么区别呢？他们辛勤地劳作，只是需要一点点的水解渴罢了，哪里谈得上品饮和鉴赏呢？又怎么懂得茶中蕴含的独特风味呢？

论客

宾朋杂沓，止堪交错觥筹；乍会泛交，仅须常品酬酢。唯素心同调，彼此畅适，清言雄辩，脱略形骸，始可呼童篝火，酌水点汤。量客多少，为役之烦简。三人以下，止爇（ruò）一炉。如五六人，便当两鼎。炉用一童，汤方调适。若还兼作，恐有参差。客若众多，姑且罢火，不妨中茶投果，出自内局。

[译解]

如果宾朋满座，环境嘈杂，就只可以觥筹交错，饮酒尽兴；如果是初次会面，或者是泛泛之交，就仅仅需要以普通品级的茶叶进行应酬。只有心地纯朴、志同道合的朋友，彼此心灵相通，畅心适意，清言款话，高谈雄辩，放浪形骸，这样才可以招呼童子用竹炉生火，汲取清泉，烹点好茶。根据客人的多少，来决定茶事活动的繁简。三人以下，只生一炉火就可以了。如果有五六人，就应当用两个鼎炉。每一炉专门用一个童子，来执掌烹煮和点茶，调和适度。如果一人兼顾两炉以上的茶事，就恐怕会操作不当或者出现差池。如果客人众多，就不妨姑且终止烹茶，取出果品，来到室外招待宾客。

茶所

小斋之外，别置茶寮。高燥明爽，勿令闭塞。壁边列置两炉，炉以小雪洞覆之。止开一面，用省灰尘腾散。寮前置一几，以顿茶注、茶盂，为临时供具。别置一几，以顿他器。旁列一架，巾帨悬之，见

[译解]

在小小的书斋之外，另外布置一个茶寮。茶寮的设置要求建在高处，通风干燥，明亮清爽，而不能处在低矮、潮湿、闭塞的环境之中。茶寮内临着一厢的墙壁，陈列设置两个茶炉，并用小雪洞即泥涂的小罩盖覆盖起来，仅仅露出一面，以免灰尘腾飞飘散。茶寮前面放置一个几案，用来放置茶壶、茶杯，作为临时的摆设。另外再放置一个几案，用来放置其他的器具。旁边陈列一个木架，用来悬挂麻布巾帨，

用之时，即置房中。斟酌之后，旋加以盖，毋受尘污，使损水力。炭宜远置，勿令近炉，尤宜多办，宿干易炽。炉少去壁，灰宜频扫。总之，以慎火防爇，此为最急。

使用的时候，就把木架放到房中。茶水沏好斟到茶杯中后，要随即把茶杯盖起来，以免受到灰尘的污染，而使得水质受到损害。木炭应当放得远一些，不要靠近茶炉，尤其应当多多置办，放得干燥就容易燃烧。茶炉应当稍微离开墙壁一些，上面落了灰尘也要及时清扫。总之，小心地照看火候，以防温度过高，是茶寮各项事务中最为急迫的工作。

洗茶

岕茶摘自山麓，山多浮沙，随雨辄下，即着于叶中。烹时不洗去沙土，最能败茶。必先盥手令洁，次用半沸水，扇扬稍和，洗之。水不沸，则水气不尽，反能败茶。勿得过劳，以损其力。沙土既去，急于手中挤令极干。另以深口瓷合贮之，抖散待用。洗必躬亲，非可摄代。凡汤之冷热，茶之燥湿，缓急之节，顿置之宜，以意消息，他人未必解事。

[译解]

岕茶是从山脚下的茶树上采摘的，因为山上有很多飘浮的沙尘，随着雨水降落下来，就会附着在茶叶上面。煮茶时如果不洗去尘土，最容易破坏茶的味道。因此，一定要先把手清洗洁净，然后再用半开的热水，扇动使其稍微温和一些，再用这水来洗茶。水不烧开沸腾，水气就无法散发出来，用来洗茶反而有损茶味；相反，洗茶也不可太过，以免损害茶的品质。茶中所含的沙尘清洗之后，要迅速把茶叶放在手中挤干其中的水分。另外用一个深口的瓷盒贮存起来，并且抖散开来以待取用。洗茶时一定要亲自动手，不可以由其他人代劳。大凡水烧开的温度把握、茶叶的干燥和潮湿、茶事活动节奏的快慢、各种原料器具摆设和处置的合适与否，都要自己心领神会地去体会和掌握，别人不一定能够准确地理解并进而做得到位。

童子

煎茶烧香，总是清事，不妨躬自执劳。然对客谈谐，岂能亲莅？宜教两童司之。器必晨涤，手令时盥，爪可净剔，火宜常宿，量宜饮之时，为举火之候。又当先白主人，然后修事。酌过数行，亦宜少辍。果饵间供，别进浓沛，不妨中品充之。盖食饮相须，不可偏废，甘酦杂陈，又谁能鉴赏也？举酒命觞，理宜停罢，或鼻中出火，耳后生风，亦宜以甘露浇之。各取大盂，撮点雨前细玉，正自不俗。

[译解]

煎茶和焚香，总归都是清高风雅之事，不妨亲自动手操作。然而，如果面对客人谈兴正浓，怎么能够亲自操劳？这就应该吩咐两名童子负责茶事活动。对于童子的要求，有关器具每天早晨必须清洗洁净，手要不时进行清洗，指甲要修剪和清洗干净，火应该保持常用的状态，估算适宜饮茶的时间，确定点火烹茶的时机。还应当首先禀告主人，然后才开始茶事活动。斟茶经过数巡之后，也应该稍微停顿一下。可以供应一些果品点心，另外再进奉浓茶，不妨用一些普通品质的茶叶。这样进食与饮茶相辅相成，不可偏废。如果是甘甜的果品与醇厚的烈酒陈列一起，又有谁能够有心鉴别和欣赏清雅的茶品呢？因此，把酒传觞的饮酒活动进行时，理应停止烹茶供饮；有时有人鼻中干燥上火，耳后生风发热，这时就应该换上似醍醐、甘露的茶叶进行浇灌，还其一片清凉。各人拿一个大杯，泡上雨前的细玉好茶，品饮款话，正是一件风雅而不俗的事情。

饮时

心手闲适，披咏疲倦，意绪棼（fén）乱，听歌闻曲，歌罢曲终，杜门避事，鼓琴看

[译解]

适宜饮茶的时间和环境有以下二十四种情况：心情愉快、闲适无事的时候，披阅书卷、吟咏诗词感到疲倦的时候，心烦意乱的时候，欣赏歌曲和音乐的时候，歌唱终了、乐曲结束

画，夜深共语，明窗净几，洞房阿阁，宾主款狎，佳客小姬，访友初归，风日晴和，轻阴微雨，小桥画舫，茂林修竹，课花责鸟，荷亭避暑，小院焚香，酒阑人散，儿辈斋馆，清幽寺观，名泉怪石。

的时候，紧闭家门、回避世事烦扰的时候，弹奏琴瑟、鉴赏画卷的时候，夜深人静、对坐叙话的时候，身处明窗净几的环境之中，身处内室楼阁之中，宾主殷勤相待、密切交往的时候，佳客相会、美人相约的时候，拜访朋友刚刚返回的时候，风和日丽、天气晴朗的时候，天色微阴、小雨飘洒的时候，小桥流水、画舫轻荡的时候，身处树林茂密、修竹参天的环境之中，侍弄观赏花草、把玩小鸟的时候，打坐亭中、观荷避暑的时候，在小院中焚香静坐的时候，饮酒尽兴、客人散去的时候，身处晚辈的书斋和学馆之中，身处清凉幽静的寺院和道观之中，身处名泉怪石的环境之中。

宜辍

作字，观剧，发书柬，大雨雪，长筵大席，翻阅卷帙，人事忙迫，及与上宜饮时相反事。

［译解］

应当终止饮茶活动的有以下八种情况：写字的时候，观看戏剧的时候，给朋友草拟和发送书信的时候，天下大雨和大雪的时候，在长时间大规模的筵席之上，翻看阅读书卷的时候，事务繁忙、应对急迫的时候，以及与上条中适宜饮茶的时间和环境相反的情况。

不宜用

恶水，敝器，铜匙，铜铫，木桶，柴薪，麸炭，粗童，恶婢，不洁巾帨，各色果

［译解］

茶事活动不适宜使用的人和物有以下十一种：不洁净的水，劣质的器具，铜制的茶匙，铜制的茶铫，木制的水桶，木头的柴火，细碎浮薄的木炭，笨手笨脚的童子，性情急躁、粗

实香药。

鄙的女佣，不干净的手巾，以及各色各样的果实香药。

不宜近

阴室，厨房，市喧，小儿啼，野性人，童奴相哄，酷热斋舍。

[译解]

茶事活动不适宜接近的外界环境有以下七种情况：阴暗的房屋，厨房，喧嚣的街市，小孩的啼哭，性格粗野的人，僮仆和奴婢相互哄闹，以及酷热难耐的斋堂居舍。

良友

清风明月，纸帐楮（chǔ）衾，竹床石枕，名花琪树。

[译解]

与茶事活动相宜的良友是：清风明月的自然环境，藤纸编织的床帐和衣物，竹制的床榻和石制的枕头，名贵珍奇的花草树木。

出游

士人登山临水，必命壶觞。乃茗碗薰炉，置而不问，是徒游于豪举，未托素交也。余欲特制游装，备诸器具，精茗名香，同行异室。茶罂一，注二，铫一，小瓯四，洗一，瓷合一，铜炉一，小面洗一，巾副之，附以香奁、小炉、香囊、匕箸，以为半肩。薄瓮贮

[译解]

一般来说，文人雅士外出游历，登山临水，一定要带上酒壶和酒杯，至于茶碗和薰炉，却弃置一旁不予理睬，这就只是在豪饮中游玩，而忘记了素心同调的老朋友——茶。我要外出游历时，特意制作出游的行装，准备好饮茶的各种器具，还有精品茶叶、名贵香料，行旅之中随身携带，住下时要放在另外一间房中。这些行装包括：茶瓶一个，茶壶两把，茶铫一个，小茶杯四个，茶洗一个，瓷盒一个，铜炉一个，小面盆一个，外加上手巾一条，附带着香奁、小炉、香囊、羹匙和筷子，装在担子的一边。用一只薄瓮盛上三十斤泉水，作为担子的另一

水三十斤，为半肩，足矣。

边。有这样的行装就足够了。

权宜

出游远地，茶不可少。恐地产不佳，而人鲜好事，不得不随身自将。瓦器重难，又不得不寄贮竹箁（pú）。茶甫出瓮，焙之。竹器晒干，以箬厚贴，实茶其中。所到之处，即先焙新好瓦瓶，出茶焙燥，贮之瓶中。虽风味不无少减，而气与味尚存。若舟航出入，及非车马修途，仍用瓦缶。毋得但利轻赍，致损灵质。

［译解］

外出游历到了很远的地方，茶是不能够缺少的。恐怕当地所产的茶叶不好，而当地人又很少喜好茶事活动的，所以不得不随身携带。陶瓷茶具很沉重，不便携带，又不得不把茶叶贮存在竹器中。把茶叶从瓮中取出来之初，要烘烤一下。然后把竹器晒干，用箬叶厚厚地铺在四周，然后把茶叶放入其中。到达目的地之后，就首先烘烤新的陶瓶，取出茶叶烘烤干燥，然后贮存到陶瓶中。这样即使茶叶的风味不得已有所减损，但香气与味道还保存完好。如果是乘船外出游历，以及不是乘坐车马就可以到达的平直的道路，仍然要用陶瓶盛茶。不能只图一时的轻装，致使茶叶的灵质美味受到损坏。

虎林水

杭两山之水，以虎跑泉为上。芳洌甘腴，极可贵重。佳者，乃在香积厨中上泉，故有土气，人不能辨。其次，若龙井、珍珠、锡杖、韬光、幽淙、灵峰，皆

［译解］

杭州南北两山之中的泉水，以虎跑泉为最好。芳香清凉，甘甜醇厚，极其贵重。其最好的泉水，是在香积厨中的上泉水，因为带有泥土的气味，人们不能够辨别。其次，像龙井、珍珠泉、锡杖泉、滔光庵、幽淙岭、灵峰寺等地方，都有上好的泉水，可供汲取烹茶。还有诸山之间的溪水、涧水以及清澈的河水，全都

有佳泉，堪供汲煮。及诸山溪涧澄流，并可斟酌。独水乐一洞，跌荡过劳，味遂漓薄。玉泉往时颇佳，近以纸局坏之矣。

可以用来煮水沏茶。只有水乐洞的泉水，因为流下来的时候落差过大，味道就浇漓浮薄，差了很多。玉泉的水以前很好，近年来因为造纸作坊的污染而变坏了。

宜节

茶宜常饮，不宜多饮。常饮则心肺清凉，烦郁顿释；多饮则微伤脾肾，或泄或寒。盖脾土原润，肾又水乡，宜燥宜温，多或非利也。古人饮水饮汤，后人始易以茶，即饮汤之意。但令色香味备，意已独至，何必过多，反失清洌乎！且茶叶过多，亦损脾肾，与过饮同病。俗人知戒多饮，而不知慎多费。余故备论之。

[译解]

茶叶作为一种饮料，适宜经常饮用，而不适宜过多饮用。经常饮茶，就会使人心肺清凉，烦恼和郁闷很快得以解除和释放；过多饮用，就会对脾、肾有所损伤，有的会腹泻，有的则会受寒。因为脾五行属土，本来就湿润，肾五行属水，是人体的水乡，都应该经常保持适当的干燥和温暖，多饮茶水或许是不利的。古时的人们只是喝水喝汤，后来的人才开始用茶叶取而代之，所以饮茶就是喝汤的意思。只要使得茶的色泽、香气、味道兼备，那么饮茶的意义也就达到了，又何必饮用过多，反而失去了清香和甘洌的本意呢？况且茶叶放得过多，也会损伤脾、肾，与饮酒过量有着同样的弊病。一般的人只知道要戒除饮酒过量的习惯，而不知道喝茶应当慎重，不要投放过多的茶叶。所以我要在这里全面地谈论这个问题。

辨讹

古人论茶，必首蒙

[译解]

古人评鉴茶叶品质的高下，必定首先推崇

顶。蒙顶山，蜀雅州山也。往常产，今不复有。即有之，彼中夷人专之，不复出山。蜀中尚不得，何能至中原、江南也。今人囊盛如石耳，来自山东者，乃蒙阴山石苔，全无茶气，但微甜耳，妄谓蒙山茶。茶必木生，石衣得为茶乎？

蒙顶茶。蒙顶山，是雅州（今四川雅安）的一座山。从前出产茶叶，如今已经不再出产了。即使出产少量的茶叶，也被那里的土著独自享用，不再运出山外。蜀地的人们还得不到蒙顶茶，怎么能传播到中原乃至江南地区呢？如今人们用袋子装起来像石耳一样的东西，是来自山东蒙阴山（今山东蒙阴城南）石头上滋生的苔藓，全然没有茶的气味，只是微微有点甜味罢了，却伪称蒙山茶。茶叶必定是木本的植物，石衣怎么能够叫作茶呢？

考本

茶不移本，植必子生。古人结婚，必以茶为礼，取其不移植子之意也。今人犹名其礼曰下茶。南中夷人定亲，必不可无，但有多寡。礼失而求诸野，今求之夷矣。

[译解]

茶树不能移栽，种植时一定要用种子播种。古人结婚，一定要用茶叶作为聘礼之一，就是取茶叶不能移栽和植子播种的意义。如今的人们还把这种礼节命名为下茶。西南地区的土著人家定亲，茶叶是必不可少的礼物，只是多少不同罢了。礼仪缺失消亡，就要从乡野民间去寻觅了，如今更要从边疆少数民族中去寻求了。

[跋]

余斋居无事，颇有鸿渐之癖。又桑苎翁所至，必以笔床、茶灶自随。而友人有同好者，

[译解]

我闲居书斋，无所事事，颇有茶圣陆羽（字鸿渐）饮茶的癖好。此外，陆羽（号桑苎翁）外出游历，所到之处，一定要随身携带着笔床和茶灶，一方面就地汲泉煎茶，品茶鉴水，

数谓余宜有论著，以备一家，贻之好事，故次而论之。倘有同心，尚箴余之阙，葺而补之，用告成书，甚所望也。次纾再识。

一方面记录下自己的茶学心得，从而成就了《茶经》这一伟大的著作，也给了我很大的启示。而朋友之中有不少与我同有饮茶癖好的，多次劝我应该有所论述，在茶史上聊备一家，并把著作流传给后世喜好饮茶的人们，所以我就平日品饮所得加以编次和论述，撰写了《茶疏》。倘若有志同道合的朋友，还能够指出我这部书中的阙失和不足，加以补充和修订，从而完成一部真正完备的茶书，这正是我的殷切期望。许次纾再识。

罗岕茶疏

[明] 熊明遇

［译解］

罗岕主人，尝浮慕卢、蔡诸贤嗜茶之癖。间一与好事者，致东南名产而次第之，指必首屈罗岕云。主人每于杜鹃鸣后，遣小吏微行山间购之，不以官檄致。即或采时晴雨未若，或产地阴阳未辨，甘露肉芝，艰于一遘（gòu），亦往往得佳品。主人舌根多为名根所役，时于松风、竹雨、暑昼、清宵，呼童子汲水吹炉，依依觉鸿渐之致不远。

罗岕主人（作者自称），曾经仰慕唐人卢仝、宋人蔡襄等诸位前贤嗜茶的癖好。偶尔与喜好茶事的朋友一起，设法收罗东南地区的名茶，逐一进行品鉴，评定其高下次第，必定以长兴的罗岕茶为首屈一指。罗岕主人每年在谷雨之后（谷雨时节，江南地区“杨花落尽子规啼”，“杜鹃夜啼”为谷雨三候之一），派遣身边的小吏微服私行，到山间收购岕茶，而不是以官府文书去催取征收。即便有时遇到采茶时节晴雨不常，有的是产地朝阳、背阴没有加以分辨标识清楚，以致像甘露、肉芝那样的上品难得一见，也往往能够获得佳茶。罗岕主人嗜好名茶，舌根常常为好名的根性所役使，不时于松风送爽、雨打疏竹、盛夏的白昼和清静的夜晚，招呼童子汲水吹炉，烹茶品饮，令人十分怀恋，感觉与茶圣陆羽品饮的风致相去不远。

至为邑六年，而得洞山者之产，脱尽凡茶之气。偶泛舟苕（tiáo）上，偕安吉陈刺史啜之。刺史故称鉴赏，不觉击节曰：“半世清游，当以今日为第一碗，名冠天下不虚也。”主人因念不及遇

我到任长兴知县的第六年（1607），得以品尝洞山岕茶佳品，完全没有一般茶叶的凡俗之气。偶尔泛舟于苕溪之上，与时任安吉知州的陈善（福建莆田举人，万历三十二年至三十七年在任）一同品啜。陈知州素称茶艺鉴赏名家，品饮之后不禁击节叹赏道：“我半生游心清茗，当以今日所饮岕茶为第一碗，罗岕名冠天下，名不虚传。”罗岕主人因此念及罗岕茶没有遇到蔡襄等前贤往哲加以品题，而如今江南地区的

君谟辈一品题，而吴中豪贵人与幽士所购，又仅其中驷，主人得为知己，因缘深矣。旦暮行，以瓜期代，必不能为梁溪水递。爰授之笔楮，永以为好。它时雨后花明，夏前莺老，展之几上消渴，庶乎神游明月之峡，清风两腋生也。因为之歌。歌曰："瑞草魁，摽（biào）幽芳，琅玕（láng gān）质，琼蕊浆，名为罗岕。问其乡，阳羡之阳。"

贵族势要与幽人隐士所购置的又都仅仅是其中的中等品质的茶品，罗岕主人得以为罗岕茶的知己，与之因缘堪称深厚了。而自己六年任期将满，经过朝觐考察，瓜代之期（又称瓜代有期，即任职期满换人接替的日期）越来越近，一定不能再经常以惠山泉水（梁溪源自无锡惠山，指代无锡、惠山；水递用唐李德裕千里接力运送惠山泉的故事）烹饮罗岕茶了。于是就以笔纸记录下罗岕茶事，以便其清茗风雅，得以永久流传。他日雨过天晴、鲜花盛开，立夏之前、莺声渐老之际，于几榻上展开诵读，差不多可以用来消渴涤烦、清心悦神，甚而至于神游明月之峡，两腋习习清风生。于是为之作歌道："瑞草之魁，飘落幽芳，琅玕之质，玉液琼浆，名为罗岕。问其故乡，乃在阳羡之阳。"

今人多以阳羡即罗岕，岕有茶不上百年，山不数陇，似于阳羡有名之时未合。按志乘，唐、宋、元贡顾渚茶，颇郑重，毗陵、吴兴二刺史亲为开园。考唐诗，有"牡丹花笑金钿动，传奏吴兴紫笋来"之句，陆龟蒙茶园亦在焉。意者顾渚即

［《文直行书》本有"疏九则"三字。］今人大多以为阳羡茶也就是罗岕茶，其实阳羡茶历史悠久，而罗岕产茶还不到一百年的历史，山上产茶也不过数陇，似乎与阳羡茶名传天下的时代并不吻合。检索当地史志文献，唐、宋、元历代都进贡顾渚茶，而且典制非常郑重［《文直行书》本作"珍重"］，毗陵（今江苏常州）、吴兴（今浙江湖州）两地的主官要亲自主持御茶园开园仪式。唐诗中有"牡丹花笑金钿动，传奏吴兴紫笋来"的句子，唐代名士陆龟蒙的茶园也在这里。大概顾渚也就是古人所谓

古所谓阳羡产茶处耶！今人谓义兴为阳羡，顾渚、罗岕俱在义兴南，只隔一岭，二山东西相距八十里而遥。

的阳羡茶产茶处吧！今人称义兴为阳羡，而顾渚、罗岕都在义兴县南部，只隔着一条岭，两座山东西相距八十里以上。

凡茶，以初出雨前细者佳，唯罗岕立夏开园。吴中所贵，梗粗叶厚，微有萧箬之气。还是夏前六七日，如雀舌者佳，最不易得。每岁只宜廉取，多则土人必淆杂为赢，无复真者。

一般来说，茶叶以谷雨之前初发的细芽为佳，只有罗岕茶较晚，在立夏时节开园采茶。吴中地区（以苏州为中心的太湖周围地区，而非今之苏州市吴中区）引以为贵重的，是枝梗粗壮、叶芽肥厚，稍微带有萧箬之苦气的。其实还是立夏之前六七日状如雀舌的嫩芽，最为难得。每年只适宜少取，如果多取，那么当地的土著居民必定混杂其他茶叶以图盈利，不是真正的罗岕茶。

两山之夹曰岕，俗止云岕茶，则山尽岕也。岕以罗名者，是产茶处。山之夕阳，胜于朝阳。庙后山西向，故称佳，总不如洞山南向，受阳气特专，称仙品。然只数十亩而已。

两山之间叫作岕，民间俗称只是说岕茶，似乎是说整个山都出产岕茶。至于岕茶以罗岕著名，是传说唐末名士罗隐居住的地方。这里的产茶之地，山中夕阳照射的阴坡，胜过朝阳直射的阳坡。庙后山（位于今浙江长兴县白岘乡罗岕村。《洞山岕茶系》谓“庙祀山之土神也”，又称小秦王庙、茶神庙，俗误为刘秀庙，今称柳宿土地庙）坐东向西，称为最佳产茶处，但总而言之，不如洞山，洞山（一名君山、荆南山，今宜兴铜官山）面南而立，接受阳气尤其集中，所以这里出产的岕茶称为仙品。但数量有限，只有数十亩罢了。

凡茶产平地，多受

一般来说，茶叶出产于平地，较多地受到

土气，故其质浊。岕茗产高山岩石，浑是风露清虚之气，故为可尚。

土气熏染，因而其品质重浊。罗岕茶出产于高山岩石之间，充满着风露清虚之气，因而其品质可尚。

茶之香重、色重、味重者，俱非上品。松萝香重，六安味苦，而香与松萝同；天池亦有草莱气，龙井如之；至云雾，则色重而味浓矣。尝啜虎丘，色白而香，似婴儿肉，真精绝。然产不数亩，无由悬购，即谓之虎丘无茶可也。

茶叶香气重、颜色重、味道重的，都不是上品好茶。徽州松萝茶的香气重，六安茶的味道苦，而香气与松萝茶相同；苏州天池茶也有草莱之气，杭州龙井茶也一样；至于庐山一带的云雾茶，则颜色重而味道更浓了。我曾经品啜苏州虎丘茶，茶色淡白，而香气像婴儿的体香，真堪称精绝。然而产茶之地不过数亩，无法采购得到，所以说虎丘无茶，也无不可。

蔡君谟谓“黄金碾畔绿尘飞，白玉瓯中碧涛起”二句，当改“绿”为“玉”，改“碧”为“素”，以色贵白也。然白亦不难，泉清、瓶净、叶少、水浣，旋烹旋啜，其色自白。然真味抑郁，徒为目食耳。若取青绿，则天池、松萝及岕茶之最下者，虽冬月，色亦如苔衣，何足为妙？莫若

宋人蔡襄认为范仲淹《和章岷从事斗茶歌》中“黄金碾畔绿尘飞，白玉瓯中碧涛起”两句，应当改“绿”为“玉”、改“碧”为“素”，正是本着茶色以白为贵的原则。然而，茶色淡白也并不难做到，只要泉水清洁，茶瓶干净，少放茶叶，且经过淋洗，当时烹煮当时品啜，其茶色自然会淡白。但是茶的真味却受到抑制，只是为了达到淡白的视觉效果罢了。如果以茶色青绿为尚，那么苏州天池茶、徽州松萝茶以及长兴罗岕茶中的最下品，即使是在冬天，也能显现色如苔衣的青绿效果，有什么奇妙可言呢？这些都不如我所采制的洞山岕茶，从谷雨后五日开始采摘，以热水轻轻浣洗一过，贮存

余所制洞山，自谷雨后五日者，以汤薄浣，贮壶良久，其色如玉。至冬则嫩绿、味甘、色淡、韵清、气醇，嗅之亦有虎丘婴儿之致，而芝芬浮荡，则虎丘所无也。有以木兰坠露、秋菊落英比之者，木兰仰萼，安得坠露？秋菊傲霜，安得落英？莫若李青莲“梨花白玉香”一语，则色味都在其中矣。

于壶中，良久之后仍色如绿玉。到冬天则茶色嫩绿，味道甘美，茶汤颜色也呈淡白，气韵清香醇厚，也有婴儿体香，而且灵芝清芬浮荡于茶汤之中，这是虎丘茶所没有的品质。有人以“木兰坠露”“秋菊落英”来比喻，但是木兰花萼仰天向上，如何能够从中坠落露珠？秋菊傲霜盛开，如何有落英缤纷？不如青莲居士李白《宫中行乐词八首》之二中的“柳色黄金嫩，梨花白玉［雪］香”之句来形容，其茶色、茶味都在其中了。

凡烹茶，水之功居大。择水，则惠泉称尚。如长邑之金沙泉，唐宋涌处，今亦湮塞。其下流为紫花濑（lài），澄泓有致，不能久停。东有光竹潭，妙甚，甘冽如惠泉，而淡亚之。然惠泉自梁溪牵挽而来，必逾数日，比光竹之新汲者，亦难辨淄渑矣。无泉则用天水，以布盛秋雨、梅

一般来说，烹茶，水的作用至为重要。而选择泉水，都以无锡惠山泉称佳。其他像我们长兴境内的金沙泉（唐代顾渚贡茶院侧），唐宋时期“碧泉涌沙，灿如金沙”的地方，如今已经湮塞无闻了。其下流叫作紫花濑，澄净有致，但泉水流淌，不能久停。其东边有光竹潭，非常奇妙，潭水甘冽如惠山泉，而味淡略逊一筹。然而惠山泉在无锡，沿着梁溪运载而来，必定要经过数日奔波，与光竹潭新汲之水相比，其品质也不相上下，难辨淄渑、难分轩轾了。如果没有泉水，就选择天然之水，以细布接盛秋雨、梅雨水，沉淀之后封存于陶瓮中，贮存越久越好。秋雨甘冽而色白，梅雨色白而醇厚。

雨，淀而封诸瓮中，愈久愈妙。秋雨冽而白，梅雨白而醇。雪水，五谷之精也。然旋煮色不能白，久淀亦自莹然。若用井水，灵芝亦浊醪矣。养水，须置石子于瓮底，不唯可以久贮，白石清泉，悠然见水帘瀑布，会心亦不在远。

雪水乃五谷之精华。但是当即煮沸色泽达不到白的效果，沉淀良久之后也会莹然如玉。如果使用井水，即使是灵芝仙草，也酿成带糟的浊酒了。滋养水质，需要在瓮底放置石子，不仅可以长久贮存保持水质不变，而且白石清泉，令人悠然如见水帘瀑布，赏心悦目。

藏茶，宜箬叶而畏香药，喜温燥而忌冷湿。收藏时，先用青箬以竹丝编之，置罂四周，焙茶俟冷，贮箬中。以生炭火煅过，烈日爆之令灭，置茶中。糊封罂口，覆以新砖，置高爽近人处。霉天雨候，切忌发覆。须于晴明皎洁，取出少许，别贮小瓶，仍行封置如故。空缺处即以箬叶满之，方为可久。或夏至后一焙，秋分后一焙，亦可。

收藏茶叶适宜用箬叶，而害怕用各种香料；偏爱温暖干燥，而忌讳阴冷潮湿。收藏之时，要先用青箬叶以竹篾编织起来，置于茶罂的四周，焙好的茶叶待冷却后贮存在箬叶中间。再用生炭经火煅烧过后，放于烈日下曝晒令其熄灭之后，置于茶中。然后将茶罂口糊封严密，上面用出窑的新砖压住，放在远离地面又接近人迹的明亮通风之处。阴冷和下雨的时候，切忌打开。必须等到天气晴朗或月色皎洁之时，取出来少许，另外贮存到小茶瓶中，仍然要密封放置于干燥通风处。如果茶瓶未满，还有空隙，就用箬叶充满，这样才可以长久保存。或者夏至后烘焙一次，也可以在秋分后烘焙一次。

凡煮茶，银瓶最

一般来说，煮茶用银质的茶瓶最好，但却缺乏儒者的朴素风致。所以适合用陶罐烧水，

佳，而无儒素之致。宜以瓷罐煨水，而以滇锡为注，活火煎汤，候其三沸，如坡翁云“蟹眼已过虾眼生，飕飕欲作松风声”，是火候也。取茶叶细者，用熟汤微浣，粗者再浣，置片晌，俟其香发，以汤冲入，注中方妙。冬月茶气内伏，须于半日前浣过，以听时取。亦有以时壶代锡注者，虽雅朴，而茶味稍醇，损风致。

而以云南所产的锡器作为茶注，以活火煎汤，把握其三沸之候，像苏轼所说的“蟹眼已过虾眼生，飕飕欲作松风声”，就是最佳火候。这时取出茶叶，其细嫩者用烧开过的温水轻轻洗涤一过，其枝叶粗壮者则要洗涤两次，停滞片刻，待其茶香挥发，以沸水倒入茶注冲瀹，方为得法。如果是在冬天，茶气内敛，需要在半天前洗茶一过，以备随时取用。也有以时大彬的紫砂壶代替锡质茶注的，虽然雅朴古拙，而茶味稍显醇厚，有损风致。

岕有秋茶。取过秋茶，明年无茶，土人禁之。韵清味薄，旋采旋烹，了无意趣。置磁瓶中，旬日，其臭味始发。枫落梧凋，月白露冷之后，杯中郁然，一种先春风味，亦奇快也。

罗岕茶有秋茶。一旦采过秋茶，那么第二年春天就无茶可采，所以当地土著居民禁止采摘秋茶。秋茶气韵清香，但味道稍薄，如果当即采制当即烹饮，一点意趣也没有。要把采来的茶叶放置于陶罐中，十日之后，其气味才开始挥发出来。等到深秋枫叶和梧桐凋落、月白露冷之后再冲泡品饮，杯中郁然，有一种先春茶的风味，也是一种奇妙快意之事。

诸茶唯岕茶轻清，能受众香。先以时花宿锡注中，良久，随浣茶

在各种名茶当中，唯有罗岕茶香味清淡，能够接受其他各种清淡的花香。花茶的制法，事先用时令花卉放置于锡注当中，良久之后，

入熟汤，气韵所触，滴滴如花上露也。梅兰第一，茉莉、玉兰次之，木犀则浊矣。梨花、藕花、豆花，随意错置，都自幽然。

随着洗茶一起注入沸过的开水，这样茶香与花香相宜相融，气韵清香而不浓郁，如花上的滴滴露珠。可以入茶的花卉，以梅花、兰花为最佳，茉莉花、玉兰花次之，木樨花则浑浊而不清淡。梨花、荷花、豆花随意窨（yìn）制，都自然会发出幽然清香。

茶解

[明] 罗 廪

总论

茶通仙灵，久服能令升举。然蕴有妙理，非深知笃好，不能得其当。盖知深斯鉴别精，笃好斯修制力。余自儿时，性喜茶。顾名品不易得，得亦不常有。乃周游产茶之地，采其法制，参互考订，深有所会。遂于中隐山阳栽植培灌，兹且十年。春夏之交，手为摘制，聊足供斋头烹啜。论其品格，当雁行虎丘。因思制度有古人意虑所不到，而今始精备者，如席地团扇，以册易卷，以墨易漆之类，未易枚举。即茶之一节，唐宋间，研膏、腊面、京挺、龙团，或至把握纤微，直钱数十万，亦珍重哉！而碾造愈工，茶性愈失，矧（shěn）杂以香物乎？曾不若今

［译解］

茶与仙灵相通，长期饮用能使人身强体健，飘飘欲仙。然而茶中蕴含着精微的道理，如果不是深通茶性并且非常喜好饮茶的人，是不可能得到其中的真谛的。这是因为，深通茶性，才能精确地鉴别茶品的高下；非常喜好饮茶，才能专心致志地修习和制作。我从少年时代起，生性就喜欢饮茶。但是名茶不容易得到，即使能得到也不能经常拥有。于是我就周游天下产茶之地，搜集各地各种茶的制作加工方法，相互参考订正，对于茶道有了很深的感悟和体会。于是我就在中隐山的南面隐居下来，栽培浇灌茶树，到如今已经将近十年了。每年的春夏之交，亲手采摘茶叶，加工制作，足以供书斋案头烹煮啜饮之用。如果论及此茶的品质，我认为可以与苏州的虎丘茶并列称美。由此想到诸多器物的制作方法都有着古人所考虑不到的地方，如今才达到了精致完备的境界，比如圆形有柄细竹编织、蒲席作地、形圆如月的团扇，以及用书册代替卷轴、用墨汁代替油漆之类，很难一一都列举出来。就拿茶的制作这一项来说，唐宋时代制成研膏、腊面、京挺、龙团，做工异常精细，有时一个一手可以把握的纤微茶饼，竟然价值数十万，也可以称得上珍贵了。但是碾造得越精致，茶叶的天然本性就损失得越多，更不要说掺杂各种香料了。不如现在的

人止精于炒焙，不损本真。故桑苎《茶经》，第可想其风致，奉为开山。其舂、碾、罗、则诸法，殊不足仿。余尝谓茶酒二事，至今日可称精妙，前无古人，此亦可与深知者道耳。

制茶方法，如今人们只精于茶叶的炒焙，不损害其天然本性，所以从桑苎翁陆羽的《茶经》，可以想见他的风致，奉为茶业的开山祖师。但是他所倡导的捣茶、碾茶、罗茶等制作方法，实在不值得仿效。我曾经说过，茶和酒这两件事，到了今天可以称得上精妙绝伦，前无古人。这话可以与深通茶性的人们讨论，进行交流。

原

鸿渐志茶之出，曰山南、淮南、剑南、浙东、黔州、岭南诸地。而唐宋所称，则建州、洪州、穆州、惠州、绵州、福州、雅州、南康、婺州、宣城、饶州、池州、蜀州、潭州、彭州、袁州、龙安、涪州、建安、岳州。而绍兴进茶，自宋范文虎始。余邑贡茶，亦自南宋季，至今南山有茶局、茶曹、茶园之名，不一而止。盖古多园中植茶，沿至我朝，贡茶为累，茶园尽废，

[译解]

陆羽《茶经》记述茶叶的产区，有山南、淮南、剑南、浙东、黔州、岭南等地。而唐宋时期以产茶著称的地区，还有建州、洪州、穆州（当为睦州）、惠州、绵州、福州、雅州、南康、婺州、宣城、饶州、池州、蜀州、潭州、彭州、袁州、龙安、涪州、建安、岳州。绍兴进贡茶叶，是从宋末范文虎（？—1302，南宋将领，后降元，官至尚书右丞）开始的。我们慈溪的贡茶，也是从南宋末年开始的，直到现在南山一带还保留有茶局、茶曹、茶园的名称，不能一一列举。因为古时候多在园中种植茶树，沿袭到了我们明朝，贡茶已经成为茶农的沉重负担，于是茶园全都荒废了，只好采取山中的野茶，敷衍塞责，这样茶叶的品质就无法与阳羡茶、天池茶相抗衡了。我认为唐宋时期的茶叶产地，仅仅如前面所讲到的，那么当今的虎丘、罗岕、天池、顾渚、松萝、龙井、雁荡、

第取山中野茶，聊且塞责，而茶品遂不得与阳羡、天池相抗矣。余按唐宋产茶地，堇堇如前所称，而今之虎丘、罗岕、天池、顾渚、松萝、龙井、雁荡、武夷、灵山、大盘、日铸诸有名之茶，无一与焉。乃知灵草在在有之，但人不知培植，或疏于制度耳。嗟嗟，宇宙大矣！

武夷、灵山、大盘、日铸等有名的好茶，没有一个列入其中。由此可以知道灵异的瑞草处处都有，只是人们不懂得培植，或者不善于采制加工罢了。哎，宇宙的确太大了！

《经》云：一茶、二槚、三葭、四茗、五荈，精粗不同，总之皆茶也。而至如岭南之苦薆（chéng）、玄岳之骞林叶、蒙阴之石藓，又各为一类，不堪入口。［《研北志》云：交趾薆茶如绿苔，味辛烈，而不言其苦恶，要非知茶者。］

《茶经》上说：茶的名称各自不同，一叫茶，二叫槚，三叫葭（《茶经·一之源》作“蔎”），四叫茗，五叫荈，其精致和粗劣不同，但总的说来都是茶。至于像岭南的苦薆、玄岳的骞林叶、蒙阴的石藓，又各自作为一类，不堪入口。［元人陆友《研北杂志》上说：交趾（今越南北部）的薆茶，就像绿色的苔藓，味道辛辣浓烈，可是却没有说其味道苦涩不堪，可见不是深通茶道的人。］

茶，六书作“荼”，《尔雅》《本草》《汉书·荼陵》俱作“荼”。

“茶”字，按照古代六书（象形、指事、会意、形声、转注、假借）构字法应当写作“荼”，《尔雅》《神农本草经》《汉书·地理

《尔雅注》云“树如栀子”是已。而谓冬生叶，可煮作羹饮，其故难晓。

志·茶陵》都写作“荼”。《尔雅注》中所说的“其树如同栀子一样”就是了。可是却说其“冬天生叶，可以煮成羹用来饮用”，其中的缘故很难知晓。

品

茶须色、香、味三美具备。色以白为上，青绿次之，黄为下。香如兰为上，如蚕豆花次之。味以甘为上，苦涩斯下矣。

茶色贵白。白而味觉甘鲜，香气扑鼻，乃为精品。盖茶之精者，淡固白，浓亦白；初泼白，久淀亦白。味足而色白，其香自溢。三者得，则俱得也。近好事家，或虑其色重，一注之水，投茶数片，味既不足，香亦杳然，终不免水厄之诮耳。虽然，尤贵择水。

茶难于香而燥。燥之一字，唯真岕茶足以当之。故虽过饮，亦自

［译解］

茶叶，必须色泽、香气、味道三种美德全都具备，才可以称为上品。茶的色泽，以白色为最好，青绿色次之，黄色较差。茶的香气，以如同兰花的香气为最好，如同蚕豆花的香气次之。茶的味道，以甘甜为最好，苦涩的味道就比较差。

茶的色泽以白为贵。茶色白，其味道就会感觉甘甜鲜美，香气扑鼻，这样的茶可以称为精品。茶中的精品，冲泡得淡时固然会呈白色，冲泡得浓时也会呈白色；刚刚沏好时是白色，存放时间长了也是白色。茶味足而且颜色白，其香气自然芬芳四溢。色泽、香气、味道三者都具备了，那么精品茶叶的一切标准也就具备了。近来有些好事的人家，或许是担心茶的颜色过重，一盏开水，只投放数片茶叶，不仅茶味不足，而且香气也十分淡薄，最终免不了要遭受“水厄”那样的讥讽。虽然如此，特别关键的还是要精心选择烹茶用水。

茶叶很难达到既芳香而又干燥的程度。单就一个“燥”字而言，只有真正的岕茶足以与之相称。所以，即使饮用岕茶过量，也自能令

快人。重而湿者，天池也。茶之燥湿，由于土性，不系人事。

人愉快。茶味厚重而润泽的，是天池茶。茶叶的干燥和湿润，在于各地的土性不同，与人们的采制和品饮方法无关。

茶须徐啜，若一吸而尽，连进数杯，全不辨味，何异佣作？卢仝七碗，亦兴到之言，未是实事。

饮茶，必须要慢慢地品啜，如果一饮而尽，连续喝上数杯，全然分辨不出茶的味道，这和受雇佣为他人工作的庸常之人有什么不同呢？卢仝《茶歌》中所吟咏的连饮七碗，乃是一时兴之所至的夸张性语言，未必是实际情况。

山堂夜坐，手烹香茗，至水火相战，俨听松涛，倾泻入瓯，云光缥缈。一段幽趣，故难与俗人言。

夜晚独坐山中草堂，亲手烹煮香茶，到了水火相战、即将沸腾的时候，俨然是在倾听松涛阵阵响起。将开水倾泻到茶瓯之中，茶面云光缥缈，时隐时现。这一段幽情雅趣，本来就很难与世俗之人叙说得清楚。

艺

[译解]

种茶，地宜高燥而沃。土沃，则产茶自佳。《经》云：生烂石者上，土者下；野者上，园者次。恐不然。

栽种茶树的地方，应该地势较高，土质干燥而肥沃。土壤肥沃，那么出产的茶叶自然就好。陆羽《茶经》上说：生长于风化较完全的土壤的比较好，生长于质地黏重的黄土的比较差；生长在野外的比较好，生长在茶园之中的比较差。我认为恐怕不是这样的。

秋社后，摘茶子，水浮取沉者，略晒去湿润，沙拌，藏于篓中，勿令冻损。俟春旺时种之。茶喜丛生，先治地平正，行间疏密，纵横

秋社（秋季祭祀土神的节日，通常在立秋后第五个戊日）之后，采摘茶子放入水中漂浮，选取沉入水中的茶子，略加晾晒，去其潮湿，和沙子搅拌在一起，收藏在竹篓之中，注意不要使其受冻而损坏。等到春回大地、万物复苏之时，将茶子种到地里。茶树喜欢丛生，要预

各二尺许。每一坑下子一掬，覆以焦土，不宜太厚。次年分植，三年便可摘取。

先把土地整治平坦方正，行距间距疏密有致，纵向横向各二尺左右。每一个坑中撒茶子一捧，用焦土覆盖好，不要太厚。第二年分株培植，第三年就可以摘取茶叶了。

茶地，斜坡为佳。聚水向阴之处，茶品遂劣。故一山之中，美恶相悬。至吾四明海内外诸山，如补陀、川山、朱溪等处，皆产茶，而色香味俱无足取者。以地近海，海风咸而烈，人面受之，不免憔悴而黑。况灵草乎？

茶园的土地以斜坡为最好。水分积聚、面向阴凉的地方，出产的茶叶的品质就会比较粗劣。因此，即使在同一座山中，茶叶的品质好坏相差也会很悬殊。至于说到我们四明（今浙江宁波西南）的海内外诸山，例如普陀山、川山、朱溪等处，都出产茶叶，可是其色泽、香气、味道都没有多少可以称道之处。这是由于其地理位置靠近大海，海风味咸而猛烈，人的脸面经海风一吹，都不免变得憔悴而粗黑。更何况是作为瑞草灵芽的茶叶呢？

茶根土实，草木难生，则不茂。春时薙草，秋夏间锄掘三四遍，则次年抽茶更盛。茶地觉力薄，当培以焦土。治焦土法，下置乱草，上覆以土，用火烧过。每茶根傍掘一小坑，培以升许。须记方所，以便次年培壅。晴昼锄过，可用米泔浇之。

茶树根部的土太结实，草木难以生长，茶树也不会茂盛。春天必须除草，夏秋之间用锄头翻土三四遍，那么第二年茶树抽芽就会更加茂盛。发觉茶园的地力瘠薄，就应当培上一些焦土。整治焦土的办法是：下面放上乱草，上面用土盖住，用火烧过即可。每株茶树的根部旁边挖一小坑，培上一升左右的焦土。必须要牢记焦土所处的方位，以便第二年培壅于茶树的根部。在天气晴朗的白天锄过之后，可以用淘米的水浇灌茶根。

茶园不宜杂以恶

茶园之中，不适宜混杂其他不洁净的树木。

木。唯桂、梅、辛夷、玉兰、苍松、翠竹之类，与之间植，亦足以蔽覆霜雪，掩映秋阳。其下可莳芳兰、幽菊及诸清芬之品。最忌与菜畦相逼，不免秽汗渗漉，滓厥清真。

只有桂花、梅花、辛夷、玉兰、苍松、翠竹之类，可以与茶树间植，也足以屏蔽和覆盖冬日的霜雪，掩映秋日的阳光。茶树下面可以种植芬芳的兰花、幽静的菊花以及各种清新芳香的花草。茶树最忌讳与菜畦接近，不可避免会有污秽之气渗透进来，玷污茶叶的清香和自然之味。

采

雨中采摘，则茶不香。须晴昼采，当时焙，迟则色、味、香俱减矣。故谷雨前后，最怕阴雨，阴雨宁不采。久雨初霁，亦须隔一两日方可，不然，必不香美。采必期于谷雨者，以太早则气未足，稍迟则气散，入夏则气暴而味苦涩矣。

采茶入箪，不宜见风日，恐耗其真液。亦不得置漆器及瓷器内。

[译解]

在雨中采摘的茶叶，就会没有香气。必须在天气晴朗的白天采摘茶叶，并且要当时烘焙，如果稍迟一点，那么茶的色泽、香气、味道就都要减损了。所以，谷雨前后最怕阴雨天气，阴天下雨时宁肯不采茶。久雨初晴，也必须隔上一两天才可以采摘，不然的话，采来的茶叶一定不会清香鲜美。采茶一定要等到谷雨时节，是因为采摘得太早就会使得茶的气力不足，采摘得稍微迟些就会使得茶的气力消散，入夏以后，茶的气力就会暴涨，味道也苦涩了。

采摘的茶叶放进一种圆形竹器里，不要让风吹日晒，恐怕会消耗茶的汁液。也不能放到漆器和瓷器里面，恐怕在密封环境中受潮变质。

制

炒茶，铛宜热；

[译解]

炒茶时，茶铛要热；焙茶时，茶铛要温。

焙，铛宜温。凡炒，止可一握，候铛微炙手，置茶铛中，札札有声，急手炒匀。出之箕上薄摊，用扇扇冷，略加揉挼。再略炒，入文火铛焙干，色如翡翠。若出铛不扇，不免变色。

大凡炒茶，一铛只能炒一把茶叶，要等到茶铛烧热稍微有点烤手时，将茶叶放进茶铛中；听到铛中“札札”响声时，快手翻炒均匀。出铛后薄薄地摊在簸箕上，用扇子扇凉，稍微加以揉搓。然后再略微炒一下，放入文火烧着的茶铛中烘焙干燥，使其色泽如同翡翠一般。如果茶叶出铛后不扇，就不免会变色。

茶叶新鲜，膏液具足。初用武火急炒，以发其香，然火亦不宜太烈。最忌炒制半干，不于铛中焙燥，而厚罨笼内，慢火烘炙。

茶叶新鲜，其中所含的脂膏和汁液都很饱满。所以炒茶的时候，最初要用武火急炒，是为了让茶发其清香，但是火势也不宜太猛烈。炒茶最忌讳炒制到半干，不在铛中烘焙干燥，就厚厚地掩盖于焙笼内，然后慢火烘焙。

茶炒熟后，必须揉挼，揉挼则脂膏熔液，少许入汤，味无不全。

茶叶炒熟之后，必须加以揉搓。揉搓就会使茶的脂膏融于汁液，将少许的茶放入开水中，味道没有不齐全的。

铛不嫌熟，摩擦光净，反觉滑脱。若新铛，则铁气暴烈，茶易焦黑。又若年久锈蚀之铛，即加磋磨，亦不堪用。

茶铛不嫌陈旧，摩擦得光亮洁净，反而觉得光滑顺手。如果是新铛，就会带有暴烈的铁腥气，使得茶叶容易焦枯变黑。如果是年久不用被铁锈腐蚀的茶铛，即使加以摩擦整治，也不能使用。

炒茶用手，不唯匀适，亦足验铛之冷热。

用手进行炒茶，不单是为了把茶炒得均匀适当，也足以验证茶铛的冷热温度。

薪用巨干，初不易燃，既不易熄，难于调

柴火如果用粗大的枝干，最初不容易燃烧，燃烧过后又不容易熄灭，很难进行调适。易于

适。易燃易熄，无逾松丝，冬日藏积，临时取用。

燃烧，易于熄灭的，没有比得上松丝的，要在冬天积累贮藏起来，临到炒茶之时取来即可使用。

茶叶不大苦涩，唯梗苦涩而黄，且带草气。去其梗，则味自清澈。此松萝、天池法也。余谓及时急采急焙，即连梗亦不甚为害。大都头茶可连梗，入夏便须择去。

茶的叶子不大苦涩，只有茶梗味道苦涩，而且颜色发黄，还带有草气。除去茶梗，茶的味道就自然会清香纯净。这正是松萝茶、天池茶的制作方法。我认为茶叶只要及时地急采急炒急焙，即使连带着茶梗也没有什么危害。一般来说，头茶可以连带茶梗一起采制，入夏以后采制的茶叶便必须把茶梗拣择去掉。

松萝茶，出休宁松萝山，僧大方所创造。其法，将茶摘去筋脉，银铫炒制。今各山悉仿其法，真伪亦难辨别。

松萝茶，出产于休宁（今属安徽）的松萝山，是僧人大方所创制的。其制作方法，是将茶叶的筋脉抽去，用银质的茶铫炒制而成。如今各山都仿效松萝茶的制作方法，其中的真伪也是很难辨别的。

茶无蒸法，唯岕茶用蒸。余尝欲取真岕，用炒焙法制之，不知当作何状。近闻好事者亦稍稍变其初制矣。

茶的制作，都没有使用蒸青的方法，只有罗岕茶用蒸青之法。我曾经设想获得真品的岕茶，使用炒青、烘焙的办法，不知道会制成什么样子。近来听说好事的人也稍微改变了岕茶的最初的制作方法。

藏

藏茶，宜燥又宜凉。湿则味变而香失，热则味苦而色黄。蔡君谟云茶喜温。此语有

[译解]

藏茶的地方，适宜干燥，又适宜凉爽。如果潮湿，就会使得茶叶味道变异而香气消失；如果闷热，就会使得茶叶味道苦涩而色泽变黄。蔡襄（字君谟）说过：茶叶喜欢温暖。这句话

疵。大都藏茶宜高楼，宜大瓮，包口用青箬。瓮宜覆，不宜仰，覆则诸气不入。晴燥天，以小瓶分贮用。又贮茶之器，必始终贮茶，不得移为他用。小瓶不宜多用青箬，箬气盛，亦能夺茶香。

说得有毛病。一般来说，贮藏茶叶适宜在高阁之上，适宜在大瓮之中，要用青箬叶把口封好。大瓮适宜底朝上放置，不适宜仰面朝上放置；底部朝上放置，各种气味就不会进入里面。要选择晴朗干燥的天气，用小瓶把茶叶分贮备用。另外，贮藏茶叶的器具，一定要始终贮存茶叶，不得改作他用。贮茶的小瓶不适宜用太多的青箬叶，因为箬竹的气味过盛，也能够侵夺茶的香气。

烹

名茶宜瀹以名泉。先令火炽，始置汤壶，急扇令涌沸，则汤嫩而茶色亦嫩。《茶经》云：如鱼目，微有声，为一沸；沿边如涌泉连珠，为二沸；腾波鼓浪，为三沸，过此则汤老，不堪用。李南金谓：当用背二涉三之际为合量。此真赏鉴家言。而罗大经惧汤过老，欲于松涛涧水后，移瓶去火，少待沸止而瀹之。不知汤既老矣，虽去火，何救耶？此语

［译解］

名茶，应当用名泉来烹煮冲泡。首先要把火烧旺，然后才放上水壶，急急地扇火使水沸腾起来，这样开水才会比较鲜嫩，沏出的茶色泽也就比较鲜嫩。《茶经》上说：水面起泡如鱼眼，微微有声，是一沸；沿边像泉水连珠般涌出，是第二沸；水面似波浪翻滚奔腾，是第三沸，过了三沸，水就煮老了，不能使用。宋朝的李南金认为：应当用二沸和三沸之间的开水烹茶，最为适用。这的确是鉴赏家的至理名言。而南宋的罗大经则害怕水煮得过老，想在开水发出松涛涧水一般的声响之后，将水壶从火上移开，稍等一会儿沸腾停止，再来烹茶。殊不知开水煮老了之后，即使从火上移开，又怎么能够补救呢？他这段话也没有抓住问题的关键。

亦未中窍。

岕茶用热汤洗过挤干，沸汤烹点。缘其气厚，不洗则味、色过浓，香亦不发耳。自余名茶，俱不必洗。

罗岕茶用热水洗过挤干后，再用开水烹点。因为这种茶的气味厚重，不经过洗茶，其味道、色泽都过于浓重，香气也不能散发出来。其余的名茶，都不用洗茶这道工序。

水

古人品水，不特烹时所须，先用以制团饼。即古人亦非遍历宇内，尽尝诸水，品其次第，亦据所习见者耳。甘泉偶出于穷乡僻境，土人或借以饮牛涤器，谁能省识？即余所历地，甘泉往往有之，如象川蓬莱院后，有丹井焉，晶莹甘厚，不必瀹茶，亦堪饮酌。盖水不难于甘，而难于厚，亦犹之酒不难于清香美洌，而难于淡。水厚酒淡，亦不易解。若余中隐山泉，止可与虎跑、甘露作对，较之惠泉，不免径庭。大凡名泉，

[译解]

古人品评泉水，不仅仅是出于烹茶时需要，首先要用来制作团饼茶。古人并非能够普遍游历天下各地，尝尽各种泉水，然后品评其高下等次，也是根据个人平素所闻所见所饮用泉水的体验罢了。甘甜清澈的泉水，偶然出于穷乡僻壤，当地的土著居民有的还用来饮牛或者洗涤器物，有谁能品评鉴识呢？就我所游历经过的地区而言，甘甜清澈的泉水，也是各地都有的，例如象川蓬莱院的后面，就有一口古人炼丹所用废井，井水晶莹剔透，甘甜醇厚，不一定用来沏茶，也可以直接品饮。因为泉水甘甜并不难得，而难得的是醇厚，也就好像酒的清香并不难得，难得的是清淡。水味醇厚，酒味清淡，这也是不容易理解的。至于我所居的中隐山的泉水，只可以和虎跑泉、甘露泉相比，如果与惠山泉相比，那就不免要大相径庭了。大凡天下名泉，多从石头中汩汩流出，得以融合其中的石髓（即矿物质），所以水质很好，其次要数从沙潭流出的泉水，从泥水中流出的泉

多从石中迸出，得石髓故佳，沙潭为次，出于泥者，多不中用。宋人取井水，不知井水止可炊饭作羹，瀹茗必不妙，抑山井耳？

水，大多不能饮用。宋人品水，都推崇井水，殊不知井水只可以用来烧饭做汤，用来烹茶一定不好，抑或是专指山间的井水吗？

瀹茶必用山泉，次梅水。梅雨如膏，万物赖以滋长，其味独甘。《仇池笔记》云：时雨甘滑，泼茶煮药，美而有益。梅后便劣，至雷雨最毒，令人霍乱。秋雨冬雨，俱能损人。雪水尤不宜，令肌肉销铄。

烹茶一定要用山泉，其次用梅水。梅雨如同膏泽滋润大地，万物赖以成长，其味道独具甘甜的特色。宋人《仇池笔记》中说：正当梅雨时节的雨水甘甜润滑，用来烹茶和煮药，味道鲜美而且有益于身体。梅雨季节过后，雨水的味道就差了，到了打雷季节的雨水最毒，饮用后会使人感染霍乱等疾病。秋天和冬天的雨水，都会对人体有所损害。雪水尤其不适宜于烹茶，甚至会使人肌肉萎缩。

梅水，须多置器，于空庭中取之，并入大瓮，投伏龙肝两许，包藏月余汲用，至益人。伏龙肝，灶心中干土也，乘热投之。

要汲取梅水，必须多多准备器具，放在空中没有障碍物的庭院中接取雨水，然后一并倒入大瓮，其中放上一两多的伏龙肝，密封起来贮存一个多月汲取烹茶，对人体极其有益。伏龙肝，也就是灶心的干土，要趁热放入水中。

武林南高峰下，有三泉，虎跑居最，甘露亚之，真珠不失下劣，亦龙井之匹耳。许然明武林人，品水不言甘

杭州南山的高峰下面有三个名泉，其中虎跑泉最好，甘露泉次之，真珠泉（一作珍珠泉）相对较差，但也算不上劣质，可以和龙井相匹敌。许次纾（字然明）是杭州人，他品第泉水时没有提到甘露泉，这是为什么呢？因为甘露

露，何耶？甘露寺在虎跑左，泉居寺殿角，山径甚僻，游人罕至，岂然明未经其地乎？

寺在虎跑泉的左边，甘露泉又处在甘露寺大殿外的一个角落，山路非常荒僻，游人很少有到这里的，难道是许次纾也没有游历过甘露泉的所在地吗？

黄河水，自西北建瓴而东，支流杂聚，何所不有，舟次无名泉，聊取充用可耳。谓其源从天来，不减惠泉，未是定论。

黄河之水，自西北发源向东奔流入海，沿途支流众多，交流汇聚，到处都有泉水，沿河行船途中如果没有名泉，姑且可以用来烹茶饮用。那种认为黄河之水从天上来，其水质较之惠山泉也毫不逊色的说法，不一定可以作为定论。

《开元逸事》纪逸人王休，每至冬时，取冰敲其精莹者，煮建茶以奉客，亦太多事。

五代王仁裕《开元天宝逸事》记载：隐士王休，每年到冬至的时候，都要凿开冰冻，敲取其晶莹剔透的化成水，烹煮建茶，招待客人。这也太过多事了。

禁

[译解]

采茶制茶，最忌手汗、羝气、口臭、多涕、多沫不洁之人及月信妇人。

采茶和制茶，最忌讳那些有手汗、腥膻之气、口臭、多鼻涕、多唾液的不清洁干净的人，以及月经期的妇人。

茶酒性不相入，故茶最忌酒气，制茶之人，不宜沾醉。

茶和酒的本性不相容，所以茶最忌讳酒气，制茶的人，不要沾染酒气。

茶性淫，易于染着，无论腥秽及有气息之物，不得与之近，即名香亦不宜相杂。

茶性润泽，因而容易被污染，所以无论是腥秽之物，还是有气味的东西，都不要与茶接近，即使是名贵的香料，也不适宜与茶叶混杂在一起。

茶内投以果核及盐、椒、姜、橙等物，皆茶厄也。茶采制得法，自有天香。不可方拟蔡君谟云：莲花、木犀、茉莉、玫瑰、蔷薇、惠兰、梅花种种，皆可拌茶。且云重汤煮焙收用，似于茶理不甚晓畅。至倪云林点茶用糖，则尤为可笑。

茶中放进果核以及盐、椒、姜、橙等物品，都可以说是茶的灾难。茶叶如果采摘和制作得法，自有天然的香气。不可比拟蔡襄（字君谟）的说法（此乃明人说法，非蔡襄语）：莲花、木樨、茉莉、玫瑰、蔷薇、蕙兰、梅花，这些花都可以与茶相拌。并且说要用水蒸或煮，然后烘烤干燥收藏起来备用，似乎与饮茶的道理不大相通。至于元代画家倪瓒（号云林）所说的用糖来点茶，就更加可笑了。

器

［译解］

箪　以竹篾为之，用以采茶，须紧密，不令透风。

箪　用竹篾编制而成，用于采茶时盛茶，编织时必须紧密，不要让它透风。

灶　置铛二，一炒一焙，火分文武。

灶　要置备两个茶铛，一个炒茶，一个焙茶；用火也要分为文火和武火。

箕　大小各数个，小者盈尺，用以出茶；大者二尺，用以摊茶，揉挼其上。并细篾为之。

箕　大的小的要分别准备几个，小的满一尺，用来出茶；大的满二尺，用来摊茶，并在上面揉捻茶叶。无论大小，都要用细篾编制而成。

扇　茶出箕中，用以扇冷，或藤，或箬，或蒲。

扇　茶叶炒好后倒进簸箕里，用扇子扇冷；制作扇子的材料有的用藤条，有的用箬叶，有的用香蒲。

笼　茶从铛中焙

笼　茶叶在茶铛中烘焙干燥，然后再全部

燥，复于此中再总焙入瓮，勿用纸衬。

放到笼中一总烘焙，才可以放入瓮中，茶笼中不要用纸衬垫。

帨 用新麻布，洗至洁。悬之茶室，时时拭手。

帨 用新麻布做成，要洗得非常干净。挂在茶室当中，随时用来擦手。

瓮 用以藏茶，须内外有油水者。预涤净晒干以待。

瓮 用来收藏茶叶，必须是里外都上过釉。要预先洗涤干净，晒干后备用。

炉 用以烹泉，或瓦或竹，大小要与汤壶称。

炉 用来烹煮泉水，用瓦或者竹子制成，茶炉的大小要与水壶相称。

注 以时大彬手制粗沙烧缸色者为妙，其次锡。

注 以时大彬亲手制作的粗砂褐色注子最为绝妙，其次是锡制的注子。

壶 内所受多寡，要与注子称。或锡或瓦，或汴梁摆锡铫。

壶 壶内容水多少，要与注子相称。或者是锡壶，或者是陶壶，或者是用汴梁所产的摆锡铫。

瓯 以小为佳，不必求古，只宜宣、成、靖窑足矣。

瓯 以小巧的为好，不必追求古雅，只要是宣德官窑、成化官窑、嘉靖官窑所出产的就足可用了。

夹 以竹为之，长六寸，如食箸而尖其末。注中泼过茶叶，用此夹出。

夹 用竹子做成，长六寸，像筷子一样末端是尖的。注子中煮过的茶叶，用夹取出来。

茶说

[明] 黄龙德

总论

茶事之兴，始于唐而盛于宋。读陆羽《茶经》及黄儒《品茶要录》，其中时代递迁，制各有异。唐则熟碾细罗，宋为龙团金饼，斗巧炫华，穷其制而求耀于世，茶性之真，不无为之穿凿矣。若夫明兴，骚人词客，贤士大夫，莫不以此相为玄赏。至于曰采造，曰烹点，较之唐宋，大相径庭。彼以繁难胜，此以简易胜；昔以蒸碾为工，今以炒制为工。然其色之鲜白，味之隽永，无假于穿凿。是其制不法唐宋之法，而法更精奇，有古人思虑所不到，而今始精备。茶事至此，即陆羽复起，视其巧制，啜其清英，未有不爽然为之舞蹈者。故述国朝《茶说》

［译解］

茶事活动的兴起，开始于唐代，而盛行于宋朝。研读陆羽的《茶经》和宋人黄儒的《品茶要录》，可知随着时代的变迁，制茶工艺各有不同。唐朝制茶，要经过反复地碾、细细地罗；宋朝制茶，更是制成龙团凤饼，与黄金争价。这样工序复杂，争奇斗巧，竞相豪华奢侈，穷尽其制作之工，从而求得炫耀于世人，使得茶叶自然本性，无不为之破坏殆尽了。我们明朝兴起以来，茶文化得到了弘扬，那些诗人词客，贤士官绅，无不以茶会友，相互品赏。至于说到茶叶的采摘制造，茶叶的烹煮品饮，与唐宋时代相比，已经大不一样了。唐宋时代以繁难取胜，明代则以简易取胜；从前以蒸压碾罗为工巧，如今则以炒制杀青为工巧。然而如今茶色的鲜白，茶味的隽永，都出于天然，而不假借各种复杂的工序。如此说来，今天的制茶工艺，不效法唐宋时代的遗制，却更加精湛神奇，的确有古人思虑所无法达到的地方，制茶工艺和品饮方式到今天才精到而完备。茶事活动达到如此的境界，即使是茶圣陆羽再生，看到其精巧的制茶工艺，品尝其清茗英华，也不能不感到畅快惬意，并为之手之舞之、足之蹈之。因此，我记述明朝茶事，编撰《茶说》十章，希望继宋朝黄儒《品茶要录》之后，补写中国茶文化史上这一新的篇章。

十章，以补宋黄儒《茶录》之后。

一之产

茶之所产，无处不有。而品之高下，鸿渐载之甚详。然所详者，为昔日之佳品矣，而今则更有佳者焉。若吴中虎丘者上，罗岕者次之，而天池、龙井、伏龙则又次之。新安松萝者上，朗源沧溪者次之，而黄山磻溪则又次之。彼武夷、云雾、雁荡、灵山诸茗，悉为今时之佳品。至金陵摄山所产，其品甚佳，仅仅数株，然不能多得。其余杭、浙等产，皆冒虎丘、天池之名；宣、池等产，尽假松萝之号。此乱真之品，不足珍赏者也。其真虎丘，色犹玉露，而泛时香味，若将放之橙花，此茶之所以为美。真松萝，出自

［译解］

茶叶的生产，无处不有。而其品质的高下，陆羽《茶经》有过很详细的记载。但是其中所详细记载的是唐代的佳品，如今又出现了一些品质更好的名茶。例如在以苏州为中心的江南地区，苏州虎丘出产的最好，湖州长兴出产的罗岕茶次之，苏州出产的天池茶、杭州出产的龙井茶、慈溪出产的伏龙茶又次之。在徽州地区，休宁出产的松萝茶为上品，休宁朗源山沧溪出产的次之，而黄山磻溪（在今安徽歙县境内）出产的又次之。至于武夷山、云雾山（在今安徽舒城西南）、雁荡山（在今浙江温州东北）、灵山（在今江苏无锡境内）等地所出产的茶叶，都是当今茶中的佳品。而金陵摄山（即今南京栖霞山）所产的茶叶，品质很好，但是仅有几棵茶树，不易多得。此外，浙江杭州等地所出产的茶，大多都是冒用虎丘、天池的名号；宣州（治今安徽宣城宣州区）、池州等地所出产的茶，大多都假借松萝的名号。这些都是以假乱真的品种，不值得珍爱和品赏。真正的虎丘茶，色泽犹如玉露一般，而其冲泡出的香味，就好像含苞待放的橙花，这就是茶叶之所以珍贵的地方。真正的松萝茶起源于大方和尚的采制加工，烹煮之后，色泽如同碧绿的竹子，

僧大方所制，烹之色若绿筠，香若兰蕙，味若甘露，虽经日而色香味竟如初烹，而终不易。若泛时少顷而昏黑者，即为宣、池伪品矣。试者不可不辨。又有六安之品，尽为僧房道院所珍赏，而文人墨士，则绝口不谈矣。

香气如同兰花蕙草，味道则如同甘露醍醐，即使经过一天时间，其色泽、香气、味道竟然如同刚刚烹煮之初，而且始终不会改变。如果冲泡后一会儿就变得色泽昏黑，就必定是宣州、池州的假冒伪劣茶品。烹试品饮的茶人不可不加以辨别。还有六安的茶品，寺院、道观中的僧人道士都颇为珍赏，可是文人墨客则绝口不谈。

二之造

采茶，宜于清明之后、谷雨之前。俟其曙色将开，雾露未散之顷，每株视其中枝颖秀者取之。采至盈篇即归，将芽薄铺于地，命多工挑其筋脉，去其蒂杪（miǎo）。盖存杪则易焦，留蒂则色赤故也。先将釜烧热，每芽四两作一次下釜，炒去草气，以手急拨不停。睹其将熟，就釜内轻手揉卷，取起铺于箕上，用扇扇冷。俟炒至十余

［译解］

采茶的时间，应该选择在清明之后、谷雨之前。要等到清晨曙光即将升起、晨雾和露水尚未消散的时刻，每一株茶树要观察其中枝叶挺拔颖秀的采取茶芽。采满一竹筐就马上回来，把茶芽薄薄地铺在地下，吩咐多个工人进行拣择，挑出其筋脉叶梗，去掉其枝蒂和梢尖。这是因为杂有枝梢炒制时就容易焦枯，保留枝蒂冲泡时颜色就容易变红。拣择好之后，先要将锅烧热，每四两茶芽分作一次下锅进行炒制，除去其中的草气，炒时要用手不停地翻动。观察即将炒熟，就在锅中用手轻轻揉搓翻卷，而后取出来铺于簸箕之上，用扇子扇动使其冷却。等到炒了十余锅后，把先前炒过的茶叶全都倒进锅里再炒一过。快速炒完随即扇凉，如此反复五次，就算完成了。炒成后的茶叶色泽碧绿，

釜，总覆炒之。旋炒旋冷，如此五次。其茶碧绿，形如蚕钩，斯成佳品。若出釜时而不以扇，其色未有不变者。又秋后所采之茶，名曰秋露白；初冬所采，名曰小阳春。其名既佳，其味亦美，制精不亚于春茗。若待日午阴雨之候，采不以时，造不如法，篮中热气相蒸，工力不遍，经宿后制，其叶畲（yǎn）黄，品斯下矣。是茶之为物，一草木耳。其制作精微，火候之妙，有毫厘千里之差，非纸笔所能载者。故羽云："茶之臧否，存乎口诀。"斯言信矣。

形如蚕钩，这就可以称得上佳品。如果出锅时不用扇子扇，那么以后茶色没有不变化的。另外，立秋之后所采的茶叶，名叫秋露白；初冬时节所采的茶叶，叫作小阳春。名称既好听，味道也很鲜美，如果制作精到，其品质不亚于春季所采制的茶叶。如果采茶时等到日近中午或者是阴雨天气，不仅采摘时间不好，而且制造方法不规范，茶叶在竹筐中经热气熏蒸，拣择工夫又不到家，间隔一晚上再进行炒制，那么茶叶就会因为封闭而堆积受潮变黄，其品质也就比较差了。如此，茶叶作为一种植物，只不过是一介草木罢了。但是其制作加工的精微，火候把握的奥妙，的确有差之毫厘则谬以千里的不同，这又不是用笔墨文字所能记述穷尽的。所以，陆羽《茶经·三之造》说："茶的品质好坏，存于口诀。"意为其运用之妙，存乎一心。的确是这样啊！

三之色

茶色以白、以绿为佳，或黄或黑，失其神韵者，芽叶受畲之病也。善别茶者，若相士

[译解]

茶的色泽，以白色和绿色为佳，至于有的茶呈黄色，有的茶呈黑色，失去了茶色的自然神韵，那是因为茶叶未能及时制作堆积受潮而造成的弊病。善于鉴别茶叶好坏的人，就好像

之视人气色，轻清者上，重浊者下，瞭然在目，无容逃匿。若唐宋之茶，既经碾罗，复经蒸模，其色虽佳，决无今时之美。

相面的先生观察人的气色一样，轻清透彻者浮在上面，沉重浑浊者沉到下面，一目了然，无法逃过先生的眼睛。像唐宋时期的饼茶，经过碾、罗之后，还要经过蒸压制造，其色泽虽然很好，但是绝没有如今茶的色泽之美。

四之香

茶有真香，无容矫揉。炒造时，草气既去，香气方全，在炒造得法耳。烹点之时，所谓“坐久不知香在室，开窗时有蝶飞来”。如是光景，此茶之真香也。少加造作，便失本真。遐想龙团金饼，虽极靡丽，安有如是清美？

[译解]

茶叶有其天然的真香，容不得任何矫揉造作。炒茶的时候，把其中的草气祛除之后，茶的香气才能得以保全，关键在于炒制加工的方法要得当。这样，在烹点冲泡茶的时候，清香四溢，正如元代诗人余同麓《咏兰》诗中所谓“坐久不知香在室，开窗时有蝶飞来”。如此的光景，充分体现了茶叶的天然真香。一旦稍微加以造作，就失去了天然的本性。遥想当年宋朝所制的龙团金饼，虽然极其奢靡华丽，怎么比得上如今茶叶的清香而甘美呢？

五之味

茶贵甘润，不贵苦涩。唯松萝、虎丘所产者极佳，他产皆不及也。亦须烹点得宜。若初烹辄饮，其味未出，而有水气。泛久后尝，

[译解]

茶叶的味道贵在甘甜滋润，而不看重苦涩的味道。只有松萝、虎丘所出产的茶叶非常好，其他地方的产品都比不上。但是，也必须煮水、点茶的方法得当。如果刚刚冲泡就饮用，茶的味道尚未发散出来，从而带有一些水气。如果是冲泡过后很久才品尝，那么茶味就失去了新

其味失鲜，而有汤气。试者先以水半注器中，次投茶入，然后满注。视其茶汤相合，云脚渐开，乳花满面。少啜则清香芬美，稍益润滑而味长，不觉甘露顿生于华池。或水火失候，器具不洁，真味因之而损，虽松萝诸佳品，既遭此厄，亦不能独全其天。至若一饮而尽，不可与言味矣。

鲜，而带有熟汤气。烹点试茶的人，首先在茶具中注入一半的开水，接着放进茶叶，然后再继续注满水。观察茶与水相互融合，茶叶云脚渐开，茶汤表面浮满乳花。这时小啜一口就会感到清香芬芳，味道甘美，稍后更加滋润滑畅，味道绵长，不知不觉就好像甘露突然从舌下生出，令人陶醉。有时水温与火候没有掌握好，或者是器具不洁净，茶的天然真味受到损害，即使是松萝等上品佳茶，受此损害之后，也不可能幸免于难而单独保全其天然本性。至于那些一饮而尽、不知品饮的俗人，就更无法和他们讨论交流茶味的鉴赏了。

六之汤

汤者，茶之司命，故候汤最难。未熟则茶浮于上，谓之婴儿汤，而香则不能出。过熟则茶沉于下，谓之百寿汤，而味则多滞。善候汤者，必活火急扇，水面若浮珠，其声若松涛，此正汤候也。余友吴润卿，隐居秦淮，适情茶政，品泉有又新之奇，候汤得鸿渐之妙，

[译解]

水质的高下和开水火候的把握，关系着茶的命运，所以掌握烧水的火候最难，古人就有“相传煎茶只煎水”的说法。如果水未烧开，那么冲泡之后茶就会浮于表面，叫作婴儿汤，亦即嫩汤，这样茶的香气就不能散发出来。如果水烧得超过了沸点，那么冲泡之后茶就会沉于杯底，叫作百寿汤，亦即老汤，这样品饮起来就感到味道淡薄而凝滞。擅长把握开水火候的茶人，一定要用活火，并且急急地用扇扇火，水面如果漂浮起乳白色的水珠，其声音也像松涛阵阵传来，这就正当火候。我的好朋友吴润卿，隐居于秦淮河畔，性情闲适，醉心茶艺，

可谓当今之绝技者也。

品水功夫有唐人张又新的奇异，把握煎水火候则深得茶圣陆羽的妙谛，可以称得上是当今社会的身怀绝技之人！

七之具

器具精洁，茶愈为之生色。用以金银，虽云美丽，然贫贱之士未必能具也。若今时姑苏之锡注，时大彬之砂壶，汴梁之汤铫，湘妃竹之茶灶，宣、成窑之茶盏，高人词客，贤士大夫，莫不为之珍重。即唐宋以来，茶具之精，未必有如斯之雅致。

[译解]

饮茶的器具精致而洁净，就会更加衬托出茶色之美。用金银做茶具，虽然说很高雅美丽，然而贫贱的读书人不一定能用得起。至于当今苏州的锡制小壶、宜兴出产的时大彬所制的紫砂壶、开封出产的汤瓶、用湘妃竹制成的茶灶以及宣德官窑、成化官窑所出产的茶盏，无论是高人隐士、诗人词客，还是贤士官绅，没有不倍加珍重和爱惜的。就是说到唐宋以来茶具的精美，也未必有当今如此雅致的。

八之侣

茶灶疏烟，松涛盈耳，独烹独啜，故自有一种乐趣。又不若与高人论道、词客聊诗、黄冠谈玄、缁衣讲禅、知己论心、散人说鬼之为愈也。对此佳宾，躬为茗事，七碗下咽而两腋

[译解]

茶灶中飘出缕缕轻烟，随即水声犹如松涛萦绕于耳畔，独自一人烹茶，一人独自品饮，自有一番独到的乐趣。然而，这种境界又不如与高人论道、与词客谈诗、与道士谈玄、与和尚说禅、与知己谈心、与闲散之人说鬼更为有趣。面对这些佳宾好友，亲自动手煎水点茶，品饮款话，七碗过后，不觉清风顿生于两腋之下，简直飘飘欲仙了。与独自一人品饮相比，

清风顿起矣。较之独啜，更觉神怡。

更觉心旷神怡。

九之饮

饮不以时为废兴，亦不以候为可否，无往而不得其宜。若明窗净几，花喷柳舒，饮于春也；凉亭水阁，松风萝月，饮于夏也；金风玉露，蕉畔桐阴，饮于秋也；暖阁红垆，梅开雪积，饮于冬也。僧房道院，饮何清也；山林泉石，饮何幽也；焚香鼓琴，饮何雅也；试水斗茗，饮何雄也；梦回卷把，饮何美也。古鼎金瓯，饮之富贵者也；瓷瓶窑盏，饮之清高者也。较之呼卢浮白之饮，更胜一筹。即有“瓮中百斛金陵春”，当不易吾炉头七碗松萝茗。若夏兴冬废，醒弃醉索，此不知茗事者，不可与言饮也。

[译解]

饮茶作为士大夫阶层所钟爱的一项生活艺术，它不因为季节的变化而时兴时废，也不因为气候的变化而有所可否，不同时令、不同环境中的饮茶各有不同的雅趣，没有不可得其所宜的。面对明窗净几，遥看花开柳舒，这是春天饮茶之美；坐于凉亭水阁，听松风阵阵，赏萝藤月色，这是夏日饮茶之妙；秋风送爽，玉露滋润，芭蕉侧畔，梧桐树荫，这是秋天饮茶之韵；身居暖阁，面对红垆，窗外梅花盛开、白雪盖地，这是冬天饮茶之乐。在佛寺和道观饮茶，是何等的清心；在山林泉石之间饮茶，是何等的幽静；一面焚香弹琴一面饮茶，是何等的古雅；茶人之间品水鉴泉、斗茶茗战，是何等的豪雄；从梦中醒来，把卷阅读，书香茶韵，是何等的美好。用古鼎煮水、金瓯品茶，这是富贵之人饮茶的讲究；用瓷瓶煮水、瓷盏品茶，这是清高之人饮茶的追求。无论什么时令、何种环境的饮茶，都是一种清心益神、文明高雅的生活艺术，和那种一面大呼小叫地赌博游戏一面行着酒令的饮酒相比，都要更胜一筹。即使有像李白诗中所谓的“堂上三千珠履客，瓮中百斛金陵春”，也换不来我这炉头七碗松萝茶。至于那种夏天饮茶而冬天废止，或者清醒时不饮而醉酒后索茶解酒，这都不是通晓茶事的人，无法与他们讨论交流品饮之道。

十之藏

茶性喜燥而恶湿，最难收藏。藏茶之家，每遇梅时，即以箬裹之，其色未有不变者，由湿气入于内而藏之不得法也。虽用火时时温焙，而免于失色者鲜矣。是善藏者，亦茶之急务，不可忽也。今藏茶，当于未入梅时，将瓶预先烘暖，贮茶于中，加箬于上，仍用厚纸封固于外。次将大瓮一只，下铺谷灰一层，将瓶倒列于上，再用谷灰埋之。层灰层瓶，瓮口封固，贮于楼阁，湿气不能入内。虽经黄梅，取出泛之，其色香味犹如新茗而色不变。藏茶之法，无愈于此。

［译解］

茶叶的本性喜欢干燥而畏惧潮湿，因而最难收藏。收藏茶叶的人家，每到农历五月梅雨时节，就要用箬叶包裹起来，但是茶的色泽没有不发生变化的，这是由于潮湿之气进入茶中而收藏又不得其法的缘故。即使用火时时进行加热烘烤，可是茶叶很少有不改变颜色的。因此，善于收藏也是茶事中的重要环节，决不可忽视。现今茶叶收藏的方法，应当在尚未进入梅雨季节时，首先将瓷瓶预先烘暖，把茶叶贮藏于其中，上面再加上箬叶，仍旧用厚纸从外面密封牢固。其次，用一只大瓮，底下铺一层谷灰，将瓷瓶放倒排列于谷灰之上，再用谷灰掩埋起来。这样一层灰一层瓶，放满后将瓮口密封牢固，放置到楼阁之中，从而使潮湿之气不能侵入茶中。这样即使经过黄梅季节，取出来冲泡品饮，茶的色泽、香气、味道就好像新制成的茶叶一样，色泽没有任何变化。收藏茶叶的方法，没有比这更好的了。

煮泉小品

[明] 田艺蘅

引

昔我田隐翁，尝自委曰“泉石膏肓”。噫！夫以膏肓之病，固神医之所不治者也；而在于泉石，则其病亦甚奇矣。余少患此病，心已忘之，而人皆咎余之不治。然遍检方书，苦无对病之药。偶居山中，遇淡若叟，向余曰：“此病固无恙也。子欲治之，即当煮清泉白石，加以苦茗，服之久久，虽辟谷可也，又何患于膏肓之病邪？”余敬顿首受之，遂依法调饮，自觉其效日著。因广其意，条辑成编，以付司鼎山童。俾遇有同病之客来，便以此荐之。若有如煎金玉汤者来，慎弗出之，以取彼之鄙笑。时嘉靖甲寅秋孟中元日钱唐田艺蘅序。

［译解］

从前我的父亲田汝成，号隐翁，曾经自称为“泉石膏肓”。深入膏肓的重病，本来是神医也无法治愈的；而这种膏肓之病却在于泉石之间，可见其病也是非常奇异的。我少年时也患有此病，内心早已忘记了，可是别人都归咎于我不去医治。然而，我翻遍了所有医书，仍苦于找不到对症的药方。后来偶然居住在山中，遇见了一位恬淡寡欲的老者，对我说：“这种病本来是没有危险的，您要想治愈，就应当烹煮白石间清澈的泉水，加入苦茶，长期地服用，即使去辟谷也可以，还担心什么膏肓之病呢？”我恭敬地拜谢并接受了他的建议，于是就依法调制饮用，自己感觉效果日益显著。因而推广其意，编辑成书，交给掌管煮水烹茶的小童。我吩咐他凡是遇到与我同病的客人来时，便以此法推荐给他们。如果有那些煎金玉汤的富贵宾客到来，千万不要把书拿出来，以免招致他们的鄙视和取笑。时在嘉靖三十三年（1554）孟秋中元日，钱塘人田艺蘅序。

源泉

积阴之气为水。水本曰源，源曰泉。水，本作巛，象众水并流，中有微阳之气也，省作水。源本作“原”，亦作厵，从泉出厂下。厂，山岩之可居者。省作原，今作源。泉，本作[illegible]，象水流出成川形也。知三字之义，而泉之品思过半矣。

山下出泉曰蒙。蒙，稚也。物稚则天全，水稚则味全。故鸿渐曰“山水上”。其曰乳泉石池漫流者，蒙之谓也。其曰瀑涌湍激者，则非蒙矣，故戒人勿食。

混混不舍，皆有神以主之，故天神引出万物。而《汉书》三神，山岳其一也。

源泉必重，而泉之

[译解]

阴冷之气积聚凝结为水。水的源头叫作源，源又叫作泉。“水”字本来写作“巛”，用来形容很多条水并流在一起的样子，中间有些微的阳气，后来就省略写法成为“水”。“源”字本来写作“原”，也写作“厵”，意思是泉水从“厂”下面涌出。“厂”，就是山岩天然形成的可以供人们居住的石洞。后来省略写法成为“原”，如今又写作“源”。“泉”字本来写作“[illegible]”，用来形容水流出来成为“川”的形状。了解了这三个字的本义和引申义，那么关于泉的品评和思考也就超过大半了。

山下涌出的泉水叫作蒙。蒙，就是稚嫩的意思。生物如果稚嫩，其自然本性就会比较完备；泉水如果稚嫩，其味道就会比较充足。所以茶圣陆羽在《茶经》中说“山下的泉水最好”。他所说的石钟乳滴下的水和石池中流速不急的水，就是指的“蒙”。他所说的像瀑布一样汹涌湍急的水，就不是“蒙”了，所以告诫人们不要饮用。

水流之所以奔腾不息（《孟子·离娄下》有“原泉混混，不舍昼夜”），都是有自然之灵在主导着，所以自然之灵引导和化育出万事万物。而《汉书·扬雄传》中所说的天神、地祇、山岳三神，山岳就是其中之一。

从山下涌出的泉水一定很重，而泉水中的

佳者尤重。余杭徐隐翁尝为余言：以凤凰山泉，较阿姥墩百花泉，便不及五钱。可见仙源之胜矣。

佳品就更重。余杭的徐隐翁曾经对我说过：以凤凰山的泉水和阿姥墩百花泉相比，重量就相差五钱。可见仙泉的品质更加优胜。

山厚者泉厚，山奇者泉奇，山清者泉清，山幽者泉幽，皆佳品也。不厚则薄，不奇则蠢，不清则浊，不幽则喧，必无佳泉。

山体厚重，那么其中的泉水的味道就醇厚；山势奇特，那么其中的泉水的味道就奇异；山脉清秀，那么其中的泉水就清澈；山峦幽深，那么其中的泉水就幽静。这都是泉水中的佳品。如果不醇厚就会淡薄，不奇异就会笨拙，不清澈就会浑浊，不幽静就会喧嚣，一定不会有上好的泉水。

山不亭处，水必不亭。若亭，即无源者矣。旱必易涸。

山脉蜿蜒不平的地方，水也不会静止。如果山脉平远，那么水也就没有了源泉。到了旱季必定会干涸。

石流

石，山骨也；流，水行也。山宣气以产万物，气宣则脉长，故曰“山水上”。《博物志》：“石者，金之根甲。石流精以生水。”又曰：“山泉者，引地气也。”

泉非石出者，必不佳。故《楚词》云：“饮石泉兮荫松柏。”

[译解]

石，就是山的骨骼；流，就是水的运行。山宣泄其地气以便生长万物，地气宣泄山脉就绵延悠长。所以茶圣陆羽《茶经》中说“山下的泉水最好”。西晋张华《博物志》说：“石，就是五行中金的根源和外壳。石流出精液从而产生了水，水又生木，木中含火。”又说：“山泉，导引着地气。”

泉水，如果不是从山石中流出就一定不好。所以《楚辞·九歌·山鬼》中说：“饮石泉兮荫松柏。”唐朝诗人皇甫曾在赠给陆羽的《送陆鸿

皇甫曾送陆羽诗："幽期山寺远，野饭石泉清。"梅尧臣《碧霄峰茗》诗："烹处石泉嘉。"又云："小石泠泉留早味。"诚可谓赏鉴者矣。

渐山人采茶回》诗中说："幽期山寺远，野饭石泉清。"宋朝诗人梅尧臣在《颖公遗碧霄峰茗》诗中说："烹处石泉嘉。"又在《依韵和杜相公谢蔡君谟寄茶》诗中说："小石泠泉留早味，紫泥新品泛春华。"的确可以称得上是鉴赏家了。

咸，感也。山无泽，则必崩；泽感而山不应，则将怒而为洪。

咸，就是感应的意思。山中若无水泽，就必定会崩塌；水泽有了感应而山脉没有相呼应，就会发怒而形成洪水。

泉，往往有伏流沙土中者，挹之不竭，即可食。不然，则渗潴之潦耳，虽清勿食。

泉水，往往有在沙土中形成伏流的，只要提取使用而不会枯竭的就可以饮用。否则，就是渗漏积聚的雨水罢了，即使很清也不要饮用。

流远则味淡。须深潭渟（tīng）畜，以复其味，乃可食。

水流淌得太远了，味道就会淡薄。因此必须有深潭使水停滞蓄养，以便恢复其自然性味，然后才可以饮用。

泉不流者，食之有害。《博物志》："山居之民，多瘿肿疾，由于饮泉之不流者。"

泉水不流动，饮用起来就会对人体有害。张华《博物志》中说："在山中居住的人们，很多患有瘿肿之病，就是因为长期饮用不流动的泉水的缘故。"

泉涌出曰濆（pēn）。在在所称珍珠泉者，皆气盛而脉涌耳，切不可食，取以酿酒，或有力。

泉水汹涌流出，叫作濆。各地所谓的珍珠泉，都是由于气势很盛，水脉汹涌，切记不可饮用，如果提取这样的泉水用来酿酒，或许很有劲道。

泉有或涌而忽涸者，气之鬼神也。刘禹

有的泉水，时而喷涌流出，时而又干涸不见，这就是由于地气的变幻莫测。唐朝诗人刘

锡诗“沸井今无涌”是也。否则徙泉、喝水，果有幻术邪？

禹锡《历阳书事七十韵》诗中所说的“沸井今无涌，乌江旧有名”，就是这种情况。否则，人们关于泉水可以迁徙、叫喊能使泉水涌出这样的传说，难道果真有幻术吗？

泉悬出曰沃，暴溜曰瀑，皆不可食。而庐山水帘，洪州天台瀑布，皆入水品，与陆经背矣。故张曲江《庐山瀑布》诗：“吾闻山下蒙，今乃林峦表。物性有诡激，坤元曷纷矫。默然置此去，变化谁能了？”则识者固不食也。然瀑布实山居之珠箔锦幕也，以供耳目，谁曰不宜？

泉水高处悬空喷出，叫作沃；突然飞流直下，叫作瀑。这两种泉水都不能饮用。可是庐山的水帘瀑布，洪州（今江西南昌）的天台瀑布，都被古人列入了水中佳品，与陆羽《茶经》关于泉水的说法相违背。因此，唐人张九龄（韶州曲江人，故世称张曲江）《庐山瀑布》诗中说：“吾闻山下蒙，今乃林峦表。物性有诡激，坤元曷纷矫。默然置此去，变化谁能了？”知道的人自然不会饮用这种泉水。然而，瀑布实在是山居之中像珠箔、锦幕一般的美景，用来满足耳目之娱，谁说不可以呢？

清寒

清，朗也，静也，澄水之貌。寒，冽也，冻也，覆冰之貌。泉不难于清，而难于寒。其濑峻流驶而清，岩奥阴积而寒者，亦非佳品。

[译解]

清，就是明亮、洁净的意思，形容泉水澄澈的样子。寒，就是寒冽、冰冷的意思，形容泉水凝结为冰、覆盖水面的样子。泉水达到明亮、洁净的标准并不难，难得的是寒冽、冰冷。而那种在高山巨石间湍急流荡而明亮、洁净的，在岩洞中阴冷积滞而寒冽、冰冷的泉水，也不是泉中的佳品。

石少土多、沙腻泥

如果泉水流出的地方石头少而泥土多，沙

凝者，必不清寒。

土细腻，胶泥凝结，那么泉水就一定不会清澈寒冷。

蒙之象曰果行，井之象曰寒泉。不果则气滞而光不澄，不寒则性燥而味必啬。

《周易》上经第四卦蒙卦的《象传》说："泉水从山下涌出，就是'蒙'的卦象，君子以果敢的行为来培养人的品质。"下经第四十八卦井卦第五阳爻："井水清，泉水凉，可以饮用。"《象传》说："'寒泉'可以食用，居上卦之中而正，象征贤人中正可用。"泉水如果没有"果行"的气象，就会杂气积滞而不清澈明亮，如果不寒冽，那么就会水性浮躁而味道苦涩。

冰，坚水也，穷谷阴气所聚，不泄则结而为伏阴也。在地英明者唯水，而冰则精而且冷，是固清寒之极也。谢康乐诗："凿冰煮朝飧。"《拾遗记》："蓬莱山冰水，饮者千岁。"

冰，就是坚硬的固体水，是荒山幽谷中的阴凉之气凝结而成；如果不宣泄出来就要郁结，从而成为伏积于地下的阴凉之气。大地上晶莹明亮、天赋灵禀的只有水，而冰则是水的精华经过冷冻而成的，这就自然是清澈寒冷至极的了。南朝诗人谢灵运（袭封康乐公，世称谢康乐）《苦寒行》诗中说："樵苏无夙饮，凿冰煮朝飧。"东晋王嘉《拾遗记》记载："蓬莱山的冰水，饮用的人可以长寿千岁。"

下有石硫黄者，发为温泉，在在有之。又有共出一壑，半温半冷者，亦在在有之，皆非食品。特新安黄山朱砂汤泉可食。《图经》云："黄山旧名黟（yī）山，东峰下有朱

泉下如果有硫黄矿的地方，就会流淌出温泉来，各地都有分布。又有温泉与非温泉共生于一条水流之中，一半温一半冷的，这种情况也随处可见，但是都不能饮用。只有新安（徽州古称，今安徽黄山市）黄山的朱砂汤泉可以饮用。《黄山图经》记载："黄山过去名叫黟山，东峰下有朱砂汤泉，可以用来点茶，其颜色微微带红，这就是天然的丹液（即矿泉）。"《拾

砂汤泉，可点茗，春色微红，此则自然之丹液也。”《拾遗记》：“蓬莱山沸水，饮者千岁。”此又仙饮。

遗记》记载：“蓬莱山的沸水，饮用的人可以长寿千岁。”这又是所谓的神仙饮品。

有黄金处水必清，有明珠处水必媚，有孑鲋处水必腥腐，有蛟龙处水必洞黑。媺（měi）恶，不可不辨也。

出产黄金的地方，其水必定清澈；出产明珠的地方，其水必定明媚；有蚊卵和蛤蟆生长的地方，其水必定腥臭腐朽；有蛟龙出没的地方，其水中必定有洞穴，而且水色深黑不能饮用。这些水质好坏不同的情况，不可不认真加以辨析。

甘香

甘，美也；香，芳也。《尚书》：“稼穑作甘。”黍甘为香，黍唯甘香，故能养人。泉唯甘香，故亦能养人。然甘易而香难，未有香而不甘者也。

[译解]

甘，就是甜美；香，就是芳香。《尚书·洪范》中说：“可以种植五谷的土壤会生出甜味。”黍米甜美就是香，而黍米正是因为甜美芳香，所以能够养人。泉水也是因为甜美芳香，所以也能够养人。然而，泉水甜美容易，芳香就比较难了，还没有听说过泉水芳香却不甜美的。

味美者曰甘泉，气芳者曰香泉，所在间有之。泉上有恶木，则叶滋根润，皆能损其甘香。甚者能酿毒液，尤宜去之。

泉水味道鲜美的，叫作甘泉；香气芬芳的，叫作香泉。各地间或有这样的泉水。泉水旁边如果生长有劣质的树木，那么树的叶子和根须都会得到泉水的滋润，都能损害泉水的甜美和芳香。更有甚者，能够酿成毒液，这样的树木尤其应该除掉。

甜水，以甘称也。

甜水，就是以味道甜美而著称的泉水。《拾

《拾遗记》：“员峤山北，甜水绕之，味甜如蜜。”《十洲记》：“元洲玄涧，水如蜜浆。饮之，与天地相毕。”又曰：“生洲之水，味如饴酪。”

遗记》记载：“在员峤山的北面，有甜水环绕，味道甜美如蜜。”《海内十洲记》记载：“在元洲的玄涧，其水甜美如同蜜浆。长期饮用，可以与天地一样长寿。”还说：“生洲的水，味道就如同甘甜的奶酪。”

水中有丹者，不唯其味异常，而能延年却疾，须名山大川诸仙翁修炼之所有之。葛玄少时，为临沅令。此县廖氏家世寿，疑其井水殊赤，乃试掘井左右，得古人埋丹砂数十斛。西湖葛井，乃稚川炼所，在马家园后，淘井出石匣，中有丹数枚如芡实，啖之无味，弃之。有施渔翁者，拾一粒食之，寿一百六岁。此丹水，尤不易得。凡不净之器，切不可汲。

泉水中含有丹砂的，不仅其味道异于平常，而且能够延年益寿、除病去疾，但必须是名山大川诸位仙翁道长修行炼丹的地方才会有。三国吴人葛玄（字孝先，丹阳人，道教尊为葛仙翁、太极仙翁）年轻的时候，担任临沅（今湖南常德）县令。该县姓廖的人家世代长寿，葛玄对他们家的井水与一般井水不同而呈现出红色表示怀疑，于是就尝试在井的周围进行发掘，结果挖得古人所埋的丹砂数十斛。杭州西湖的葛井，是葛洪（葛玄后人，字稚川）炼丹的地方，在马家园的后面，有人曾经在淘井时挖出一个石匣，匣中有仙丹数枚，看起来像水生植物芡的果实一样，尝了尝也没有什么味道，于是就把它扔掉了。有一个姓施的渔翁拾了一粒吃了，就活到一百零六岁高寿。这就是所谓的丹水，尤其不易得到。凡是不洁净的器具，切记不可以用来汲取泉水。

宜茶

茶，南方嘉木，日

[译解]

茶叶，是我国南方的一种优良的常绿树种，

用之不可少者。品固有嬾恶，若不得其水，且煮之不得其宜，虽佳弗佳也。

是人们日常生活所不可缺少的饮料。其品质固然有好坏的分别，但是若得不到适宜的泉水，而且烹煮不得其法，即使是好茶也达不到上佳的效果。

茶如佳人，此论虽妙，但恐不宜山林间耳。昔苏子瞻诗“从来佳茗似佳人”，曾茶山诗“移人尤物众谈夸”，是也。若欲称之山林，当如毛女、麻姑，自然仙风道骨，不浼烟霞可也。必若桃脸柳腰，宜亟屏之销金帐中，无俗我泉石。

好茶如佳人，这种说法虽然很精妙，但是恐怕不适宜于山林之间的茶人生活。从前苏东坡（字子瞻）《次韵曹辅寄壑源试焙新芽》诗中的“从来佳茗似佳人”，曾几（字吉甫，号茶山居士）《逮子得龙团胜雪茶两铸以归予其直万钱云》诗中的“移人尤物众谈夸”，都是茶如佳人的比喻。如果要想与山林生活相适应，就应该是古代神话中的毛女、麻姑，自然仙风道骨，不至于污染其烟霞之风致，这样才可以。若一定要比拟面如桃花、腰似细柳的美人，就应该赶紧把她们摈弃于销金帐中，千万不要俗化和侮辱我们山林泉石间高雅的饮茶生活。

鸿渐有云：“烹茶于所产处，无不佳，盖水土之宜也。”此诚妙论。况旋摘旋瀹，两及其新邪！故《茶谱》亦云“蒙之中顶茶，若获一两，以本处水煎服，即能祛宿疾。”是也。今武林诸泉，唯龙泓入品，而茶亦唯龙泓山为最。盖兹山深厚高

陆羽《茶经》中曾写道：“就在产茶之地汲水烹茶，没有不效果极佳的，这是因为水土相适宜。”这种说法的确是精妙之论。况且，随即采摘随即烹煮，茶叶和泉水二者都非常新鲜呢！因此，五代毛文锡《茶谱》中也说：“蒙山中顶上清峰的好茶，若能获取一两，用本地的泉水烹煮饮用，就能祛除长期的病痛。”说的就是这个道理。如今杭州各处的泉水，只有龙泓可以列入佳品，而当地的茶叶，也只有龙泓山出产的为最好。因为此山深厚高大，清秀壮丽，为南北两山的主峰。所以其泉水清澈寒冷、甘洌

大，佳丽秀越，为两山之主。故其泉清寒甘香，雅宜煮茶。虞伯生诗："但见瓢中清，翠影落群岫。烹煎黄金芽，不取谷雨后。"姚公绶诗："品尝顾渚风斯下，零落《茶经》奈尔何。"则风味可知矣，又况为葛仙翁炼丹之所哉！又其上为老龙泓，寒碧倍之。其地产茶，为南北山绝品。鸿渐第钱唐天竺、灵隐者为下品，当未识此耳。而郡志亦只称宝云、香林、白云诸茶，皆未若龙泓之清馥隽永也。余尝一一试之，求其茶泉双绝，两浙罕伍云。

芳香，非常适宜煮茶。元朝文学家虞集（字伯生）《游龙井》诗中写道："但见瓢中清，翠影落群岫。烹煎黄金芽，不取谷雨后。"明朝人姚绶（字公绶）《龙井》诗中写道："品尝顾渚风斯下，零落《茶经》奈尔何。"其独特风味从中可以想见，况且这里又曾经是葛仙翁炼丹的所在呢！在龙泓的上面还有老龙泓，其寒冷清澈又倍于龙泓。其地出产茶叶，为南北两山的绝品。茶圣陆羽品第钱塘天竺、灵隐二寺的茶叶为下品，当是尚未认识此茶。而当地的方志中也只记载有宝云、香林、白云等茶，都比不上龙泓茶的清香馥郁、滋味绵长。我曾经对上述各种茶叶一一进行品尝，得出的结论是龙泓茶叶和泉水堪称双绝，两浙地区没有能与其相比的。

龙泓今称龙井，因其深也。郡志称有龙居之，非也。盖武林之山，皆发源天目，以龙飞凤舞之谶，故西湖之山，多以龙名，非真有龙居之也。有龙，则泉

龙泓，如今叫作龙井，是因为其泉水很深的缘故。当地方志中称这里曾经有龙居住，故名，其实并非如此。大概是因为杭州的山脉，都发源于天目山，由于山脉有龙飞凤舞的预言，所以西湖周围的山，多以龙来命名，并非真的有龙居住于此。如果真的有龙，那么泉水就不能饮用了。龙井上面的亭阁，也应该紧急拆除。

不可食矣。泓上之阁，亟宜去之。浣花诸池，尤所当浚。

浣花等池，尤其应该加以疏浚。

鸿渐品茶，又云杭州下，而临安、於潜生于天目山，与舒州同，固次品也。叶清臣则云：“茂钱唐者，以径山稀。”今天目远胜径山，而泉亦天渊也。洞霄次径山。

陆羽在《茶经》中品第茶叶的好坏说：杭州出产的品质比较差，而临安、於潜也是源于天目山，所产茶叶与舒州出产的相同，本来就是较次的茶品。宋朝叶清臣《述煮茶泉品》中则说：“盛产于钱塘的茶叶，以径山茶为贵。”如今天目茶远胜于径山茶，而泉水也有天渊之别。洞霄茶又次于径山茶。

严子濑，一名七里滩。盖砂石上，曰濑、曰滩也，总谓之浙江，但潮汐不及，而且深澄，故入陆品耳。余尝清秋泊钓台下，取囊中武夷、金华二茶试之，固一水也，武夷则黄而燥冽，金华则碧而清香，乃知择水当择茶也。鸿渐以婺州为次，而清臣以白乳为武夷之右，今优劣顿反矣。意者所谓离其处，水功其半者耶？

浙江桐庐的严子濑，也叫七里滩。因为在砂石上水流较急，所以叫作濑、叫作滩，总称为浙江。但是潮汐不如钱塘江，而且水深而清澈，所以列入了陆羽的泉品。我曾经在清凉的秋天乘船停泊于严子陵的钓台之下，取出行囊中的武夷、金华两种茶，进行烹煮试验。本来是同一种水，可是冲泡出的茶就有很大差别：武夷茶则显得色黄而燥冽，金华茶则显得碧绿而清香。于是可知在选择水的同时还要选择茶。陆羽以婺州（今浙江金华）茶为次，而叶清臣以北苑贡茶的白乳比武夷茶为好，可是如今则其茶的优劣正好相反。恐怕这就是所谓的离开了茶的原产地进行实验的缘故，其中泉水的功效占有一半吧！

茶自浙以北皆较

浙江以北地区所出产的茶叶，品质都比较

胜，唯闽广以南，不唯水不可轻饮，而茶亦当慎之。昔鸿渐未详岭南诸茶，仍云“往往得之，其味极佳”。余见其地多瘴疠之气，染着草木，北人食之，多致成疾，故谓人当慎之。要须采摘得宜，待其日出山霁，露收岚静可也。

好，只有福建、广东以南地区，不仅其泉水不可轻易饮用，所出产的茶叶也应当谨慎或有选择地加以饮用。从前陆羽《茶经》没有详细记载岭南地区所出产的茶叶，但仍然说“往往能得到一些岭南所产的茶叶，味道都非常好”。我觉得岭南地区多为湿热瘴疠之气所笼罩，熏染到草木之上，北方人饮用这些地方所产的茶叶，常常会导致疾病发生，所以人们应当谨慎从事。概括说来，必须掌握适当的采摘时机和制作方法，要等待太阳出来，山间雨过天晴，露水蒸发，雾气消退，然后才可以采摘和制作加工。

茶之团者、片者，皆出于碾硙之末，既损真味，复加油垢，即非佳品，总不若今之芽茶也。盖天然者自胜耳。曾茶山《日铸茶》诗“宝铸不自乏，山芽安可无”，苏子瞻《壑源试焙新茶》诗“要知玉雪心肠好，不是膏油首面新”是也。且末茶瀹之有屑，滞而不爽，知味者当自辨之。

从前茶叶制成团饼，也称片茶、腊茶，都是经过碾制加工而成，不仅损害了茶的天然真味，而且又在团饼的表面涂上膏油，所以已不是上佳的好茶，总不如今天以新鲜嫩芽制成的芽茶。这是因为芽茶不损害茶的天然真性，所以自然会胜过团茶、片茶。宋代诗人曾几《日铸茶》诗中所说的“宝铸不自乏，山芽安可无”，苏轼《次韵曹辅寄壑源试焙新芽》诗中所说的“要知玉雪心肠好，不是膏油首面新”，都是这个道理。况且，那种碾制成末的茶，冲点之后会有很多细屑，品饮起来会感觉滞涩而不清爽，精于品茶之道的人应当自会加以鉴别。

芽茶以火作者为次，生晒者为上，亦更近自然，且断烟火气

芽茶经过炒制而成的，品质要稍差一些，而以阳光晒制而成的为最好，也更加接近于自然天成，并且断绝了烟火之气。况且，采制加

耳。况作人手器不洁，火候失宜，皆能损其香色也。生晒茶，瀹之瓯中，则旗枪舒畅，清翠鲜明，尤为可爱。

工的人手和器具不洁净，或者不能适当地控制火候，都能够损害茶叶的香气和色泽。阳光晒制的茶叶冲泡于茶瓯之中，就能达到芽叶舒展畅达、青翠鲜明的效果，尤为可爱。

唐人煎茶，多用盐姜。故鸿渐云："初沸，[则] 水合量，调之以盐味。"薛能诗："盐损添常戒，姜宜著更夸。"苏子瞻以为茶之中等，用姜煎信佳，盐则不可。余则以为二物皆水厄也。若山居饮水，少下二物，以减岚气，或可耳。而有茶，则此固无须也。

唐朝人煎茶而饮，往往加入姜和盐等佐料。所以陆羽《茶经》上说："煮水初沸时，按照水量的多少，适量加入一些盐调味。"薛能《蜀州郑使君寄鸟嘴茶因以赠答八韵》诗中说："盐损添常戒，姜宜著更夸。"而苏轼认为中等品质的茶加入姜作为佐料、煎煮品饮效果确实很好，加入盐就不行了。我则认为姜、盐这两种佐料都是饮茶的灾星，不可使用。如果是隐居山林，饮水时适当加入姜、盐以减轻水中的潮湿烟岚之气，有时还可以。但是有了茶，那么这两种佐料就毫无必要了。

今人荐茶，类下茶果，此尤近俗。纵是佳者，能损真味，亦宜去之。且下果则必用匙，若金银，大非山居之器，而铜又生腥，皆不可也。若旧称北人和以酥酪，蜀人入以白盐，此皆蛮饮，固不足责耳。

如今，人们在饮茶时大多加入一些果品于其中，这种做法尤其近乎庸俗。即便是很好的果品，也会损害茶叶的自然真味，所以也应当摈弃不用。况且加入果品必然要用茶匙之类的器具，如果质地是金银之类器皿，与山居品饮生活根本不相协调，如果是铜匙又会产生腥味，这两种都不可取。至于从前人们所说的北方一些民族以茶与乳酪调和饮用，巴蜀之人在茶中加入白盐即食盐，这都是蛮夷戎狄之人的饮茶方式，本来就不足以进行责备。

人有以梅花、菊花、茉莉花荐茶者，虽风韵可赏，亦损茶味。如有佳茶，亦无事此。

世人还有以梅花、菊花、茉莉花佐茶品饮的，虽然其风雅韵致颇足激赏，但也会有损于茶的自然真味。如果有上好的佳茶，也不需要采取这种品饮方式。

有水有茶，不可无火。非无火也，有所宜也。李约云："茶须缓火炙，活火煎。"活火，谓炭火之有焰者。苏轼诗"活水仍须活火烹"是也。余则以为山中不常得炭，且死火耳，不若枯松枝为妙。若寒月多拾松实，畜为煮茶之具，更雅。

有了好水，有了好茶，还不可无火。这里所说的"火"并非一般意义上的火，而是指适宜的煎水功夫。唐人李约说："茶必须以缓火即文火进行烘烤，以活火进行煎煮。"活火，就是指带有火焰的炭火。苏轼《汲江煎茶》诗中所说的"活水仍须活火烹"，就是这个意思。我则认为山居之中不可能常常有炭，况且炭乃是已经燃烧过的死火，不如用干枯的松枝煎茶为更妙。如果在秋冬季节多捡拾一些松果，储藏起来作为煎茶的燃料，就更为风雅。

人但知汤候，而不知火候。火然则水干，是试火先于试水也。《吕氏春秋》：伊尹说汤五味，九沸九变，火为之纪。

一般人只知道控制煎水的征候，而不懂得把握用火的征候。火燃烧起来就会使水蒸发，因此试验火力要比试验水温更为重要。《吕氏春秋·本味》上说："伊尹以调和五味之说向商汤进言，其中说到五味三材，九沸九变，都是以火候作为鉴别的标准的。"

汤嫩则茶味不出，过沸则水老而茶乏。唯有花而无衣，乃得点瀹之候耳。

如果茶汤煎得沸点不够，就不能使茶的自然真味充分发挥出来；如果超过沸点，水煎煮得过老则会使茶力消乏，失去清香。只有达到有花而无衣即烹点时泛出汤花而没有水痕的境界，才算是掌握了烹点冲瀹的火候。

唐人以对花啜茶为

唐朝人认为对花啜茶是煞风景之事。所以

杀风景，故王介甫诗：“金谷看花莫漫煎。”其意在花，非在茶也。余则以为金谷花前信不宜矣。若把一瓯，对山花啜之，当更助风景，又何必羔儿酒也？

宋代王安石（字介甫）《寄茶与平甫》诗中说：“金谷看花莫漫煎。”意谓对花啜茶时注意力集中在赏花，而不在品茶。我则认为在金谷园中对花啜茶，的确是不适宜的。而倘若是把一瓯茶面对山花品啜，则当会更有助于风景相宜，增添幽趣，又何必要以粗俗的羊羔儿酒来助兴呢？

煮茶得宜，而饮非其人，犹汲乳泉以灌蒿莸，罪莫大焉。饮之者一吸而尽，不暇辨味，俗莫甚焉。

煎茶的方法得当，倘若品饮的宾客不得其人，依然是大俗不雅，就好比汲取清澈甘美的泉水去浇灌有臭味的蒿草和莸草，实在是暴殄天物，莫大的罪过。如果饮茶的人端起茶瓯一饮而尽，根本来不及鉴别和品赏茶味，就再也没有比这更为庸俗的了。

灵水

灵，神也。天一生水，而精明不淆。故上天自降之泽，实灵水也。古称“上池之水”者非与？要之，皆仙饮也。

露者，阳气胜而所散也。色浓为甘露，凝如脂，美如饴，一名膏露，一名天酒。《十洲记》“黄帝宝露”，《洞冥记》“五色露”，皆

[译解]

灵，就是神明的意思。《易经》上说“天地合一产生了水”，从而使得万物精致鲜明而不相混淆。所以上天自然降落的雨泽，其实就是神明之水。古人所称的“上池之水”即未沾到地面的水，难道不就是指的这些吗？总而言之，都是神仙的饮品。

露水，是阳气旺盛而发散形成的。其中色泽比较浓重的是甘露，晶莹如脂膏，味美如饴糖，又叫作膏露，也叫作天酒。《海内十洲记》所说的“黄帝宝露”，《洞冥记》所说的“五色露”，都是指的蕴含灵气的甘露。《庄子·逍遥游》上说：“姑射山的神人，不吃五谷杂粮，而

灵露也。《庄子》曰："姑射山神人，不食五谷，吸风饮露。"《山海经》："仙丘绛露，仙人常饮之。"《博物志》："沃渚之野，民饮甘露。"《拾遗记》："含明之国，承露而饮。"《神异经》："西北海外人，长二千里，日饮天酒五斗。"《楚词》："朝饮木兰之坠露。"是露可饮也。

吸食大风，饮用甘露。"《山海经》记载："仙丘有红色的露水，仙人经常饮用。"《博物志》记载："沃渚之野，人民饮用甘露。"《拾遗记》记载："含明之国，承接露水来饮用。"《神异经》记载："西北方向的海外，有人身高两千里，每天饮用露水五斗。"《楚辞·离骚》吟咏道："清晨饮用木兰树上坠下的露水，傍晚食用秋菊的落花。"这些记载都说明露水是可以饮用的。

雪者，天地之积寒也。《氾胜书》："雪为五谷之精。"《拾遗记》："穆王东至大擮（xī）之谷，西王母来进嵰（qiǎn）州甜雪。"是灵雪也。陶穀取雪水烹团茶。而丁谓《煎茶》诗："痛惜藏书箧，坚留待雪天。"李虚己《建茶呈学士》诗："试将梁苑雪，煎动建溪春。"是雪尤宜于茶饮也。处士列诸末

雪，是天地之间的寒气蕴积而形成的。《氾胜之书》记载："雪是五谷的精华。"《拾遗记》记载："周穆王东行来到大擮之谷，西王母前来进献嵰州的甜雪。"这里的甜雪就是指的蕴含灵气的雪。宋初的学士陶穀取雪水来烹煮龙团茶。而宋人丁谓《煎茶》诗中吟咏道："痛惜藏书箧，坚留待雪天。"宋朝诗人李虚己《建茶呈使君学士》诗中说："试将梁苑雪，煎动建溪春。"这些都说明雪水尤其适宜于煎茶。可是处士陆羽在《茶经》中把雪水列入水中的末品，这是为什么呢？难道是因为雪水的味道带有燥性吗？如果说雪水太冷，就大谬不然了。

品，何邪？意者以其味之燥乎？若言太冷，则不然矣。

雨者，阴阳之和，天地之施。水从云下，辅时生养者也。和风顺雨，明云甘雨。《拾遗记》：“香云遍润，则成香雨。”皆灵雨也，固可食。若夫龙所行者，暴而霆者，旱而冻者，腥而墨者，及檐溜者，皆不可食。

雨，是阴阳之气的调和，天地恩泽的施舍。雨水从云头落下，配合时序的变化，滋养万物的生长。和煦的风，就会有平和的及时雨，明亮的云，就会有甘霖般的雨水。《拾遗记》记载：“香云漫天遍野地飘荡滋润，就会形成香雨。”这些都是蕴含灵气的雨，自然可以饮用。至于平常所下的雨，有时是暴雨而连绵多日的，有时是大旱而雨水成冰的，有时是雨水带有腥味而色泽暗黑的，以及顺着房檐流下来的雨水，这些都不可饮用。

《文子》曰：“水之道，上天为雨露，下地为江河。”均一水也，故特表灵品。

《文子》记载：“按照水的自然规律，升腾上天空就形成雨露，汇流于地上就形成江河。”从本质上讲都是一样的水，而可以发生千变万化，所以这里特别表述这样的水中灵品。

异泉

异，奇也。水出地中，与常不同，皆异泉也，亦仙饮也。

澧泉　澧，一宿酒也，泉味甜如酒也。圣王在上，得普天地，刑赏得宜，则澧泉出。食之，令人寿考。

［译解］

异，就是奇异的意思。水从大地下面生出，又与平常的泉水不同，都是奇异的泉水，也是神仙的饮品。

澧泉　澧就是香甜的陈酒，澧泉也就是说泉水的味道香甜如同美酒。圣明的君王端居高高的朝堂，其恩惠普洒人间、泽被天地，刑罚和赏赐恰如其分，这样澧泉就会从地下涌出。长期饮用，会使人延年益寿。

玉泉　玉石之精液也。《山海经》："密山出丹水，中多玉膏。其源沸汤，黄帝是食。"《十洲记》："瀛洲玉石高千丈，出泉如酒，味甘，名玉澧泉，食之长生。"又："方丈洲有玉石泉。""昆仑山有玉水。"《尹子》曰："凡水方折者有玉。"

玉泉　就是玉石中流出的精液。《山海经》记载："密山有一条丹水，其中含有玉石的膏脂。其发源的地方是沸腾的热水，黄帝以此为食。"《海内十洲记》记载："瀛洲的玉石矿山高达千丈，山下涌出的泉水像酒一样，味道甘甜，名叫玉澧泉，长期饮用可以使人长生不老。"又记载："方丈洲有玉石泉。""昆仑山有玉水。"《尹子》记载："凡是水流突然转折的地方，就会出产玉石。"

乳泉　石钟乳，山骨之膏髓也。其泉色白而体重，极甘而香，若甘露也。

乳泉　石钟乳是山体的脂膏和骨髓。乳泉水的色泽较白，而且重量相对较高，味道非常甘甜而清香，就像甘露一样。

朱砂泉　下产朱砂，其色红，其性温，食之延年却疾。

朱砂泉　水下出产朱砂，其泉水色泽较红，水性温和，长期饮用可以延年益寿，消除疾病。

云母泉　下产云母，明而泽，可炼为膏，泉滑而甘。

云母泉　水下出产云母，明亮而润泽，可以冶炼成膏脂，这种云母泉水润滑而甘甜。

茯苓泉　山有古松者，多产茯苓。《神仙传》："松脂沦入地中，千岁为茯苓也。"其泉或赤或白，而甘香倍常。又术泉，亦如之。

茯苓泉　山上有很多原始松林的地方，大多出产茯苓。葛洪《神仙传》记载："松脂浸入地下，经过上千年就会变成茯苓。"这种茯苓泉水色泽有的较红，有的较白，而其甘甜和清香都要比一般泉水加倍。另外，术泉也是这样的。并不是像旁边伴生有枸杞、菊花的泉水，从而

非若杞菊之产于泉上者也。

使泉水味道变化的那样。

金石之精，草木之英，不可殚述，与琼浆并美，非凡泉比也，故为异品。

金石矿物的精华所聚，草木植物的英气所凝，与泉水相结合，其变化之奇妙真是述说不尽，这种泉水可以和玉液琼浆并称而媲美，不是普通的泉水所可比拟的，所以这里把它们列入异品。

江水

江，公也，众水共入其中也。水共则味杂，故鸿渐曰“江水中”，其曰“取去人远者”，盖去人远，则澄清而无荡漾之漓耳。

泉自谷而溪而江而海，力以渐而弱，气以渐而薄，味以渐而咸，故曰“水曰润下”，“润下作咸”，旨哉！又《十洲记》：“扶桑碧海，水既不咸苦，正作碧色，甘香味美。”此固神仙之所食也。

潮汐近地，必无佳泉，盖斥卤诱之也。天下潮汐，唯武林最盛，

[译解]

江，就是公共的意思，是说众多的河水都汇流其中。许多河水汇流一起，味道就会混杂，所以陆羽《茶经》中说“江水次之”，他还说“饮用江水要汲取离开人们生活区域较远的”，这是因为离开人们生活区域较远的地方，水就会比较澄清，而且不会因为荡漾而味道浅薄。

泉水从山谷流入小溪，由小溪流入江河，由江河流入海洋，力道逐渐由强变弱，香气逐渐由厚变薄，味道逐渐由甜变咸，所以《尚书·洪范》上说“水性向下，可以滋润万物”，“向下滋润的水可以生出咸味”，的确抓住了水的根本特性！另外，《海内十洲记》记载：“扶桑的碧海，海水不仅不咸不苦，而且呈现出一片碧绿的颜色，甘甜清香，味道鲜美。”这本来就是供神仙饮用的水。

潮汐附近的地区，一定不会有好的泉水。这是因为潮汐形成的盐碱地的影响。天下的潮汐，就属杭州钱塘江潮最为盛大，所以杭州湾

故无佳泉。西湖山中则有之。

附近没有好的泉水。西湖的山中才有了佳泉。

扬子，固江也。其南泠，则夹石渟渊，特入首品。余尝试之，诚与山泉无异。若吴淞江，则水之最下者也，亦复入品，甚不可解。

扬子江，固然也是长江；而在长江下游镇江的南泠这一水段，则是两岸山石夹持，中间水流汇聚，水深而清澈，所以特别列入水中首品。我曾经品尝过，的确与山泉没有两样。至于吴淞江的水，那是水中品质最差的，有人也把它列入水品，实在不可以理解。

井水

井，清也，泉之清洁者也；通也，物所通用者也；法也，节也，法制居人，令节饮食，无穷竭也。其清出于阴，其通入于淆，其法、节由于不得已，脉暗而味滞。故鸿渐曰“井水下”。其曰“井取汲多者”，盖汲多，则气通而流活耳。终非佳品，勿食可也。

［译解］

井水，有这么三层意思：一是清，指比较清洁的泉水；二是通，指人们通用的物品；三是法，是节，指用法制礼节规范人们的行为，让他们饮食有节，财用有度，这样就不会有穷尽的时候。其清，是出于阴凉寒冽；其通，则由于通用而导致混淆污染；其法，其节，则是由于井水有限，不得已而为之。井水的泉脉暗昧不明，味道就显得苦涩，所以陆羽《茶经》中说“井水为下”。又说“井水要选择人们汲取比较多的”，因为汲取比较多的井水，就会气脉贯通而提高流动活性。但是井水终究不是佳品，不要用来烹茶也是可以的。

市廛民居之井，烟爨（cuàn）稠密，污秽渗漏，特潢潦耳。在郊原者庶几。

市场所在地和人民聚居地的井水，因为人烟稠密、炊事频繁，污染严重，各种秽物渗漏到地下，简直就是一个积水池。在郊外或者荒原上的井水还差不多可以饮用。

深井多有毒气。葛

深井之水很多会有毒气。传为葛洪所著的

洪方：五月五日，以鸡毛试投井中，毛直下，无毒；若回四边，不可食。淘法，以竹筛下水，方可下浚。

《肘后备急方》中记载有一个试验水质的方法：在五月五日端午节这一天，用鸡毛试着往井里投，如果鸡毛直接下落，可以证明水中无毒；如果鸡毛飘向四周井壁，那么井水就不可饮用。淘井的方法，是先用竹筛子下水，然后人才可以下去清理井底的杂物。

若山居无泉，凿井得水者，亦可食。

如果在山间居住，周围没有泉水，向地下凿井挖出了水，这样的井水也可以饮用。

井味咸，色绿者，其源通海。旧云东风时凿井，则通海脉，理或然也。

井水如果味道比较咸，水的颜色发绿，那么就说明其水源与大海相通。从前人们说在东风刮起的时候凿井，就会与大海水脉相通，或许有一定道理。

井有异常者，若火井、粉井、云井、风井、盐井、胶井，不可枚举。而冰井则又纯阴之寒沍（hù）也，皆宜知之。

有很多异于平常的水井，例如火井、粉井、云井、风井、盐井、胶井等，不能一一列举出来。而冰井则又是非常阴凉的寒气凝结之地，这都是人们所应该知道的。

绪谈

［译解］

凡临佳泉，不可容易漱濯。犯者每为山灵所憎。

大凡到了佳泉的去处，千万不可轻易在泉水中洗漱或洗澡。违反这一点的人往往会被山中的神灵所憎恶。

泉坎，须越月淘之，革故鼎新，妙运当然也。

泉坎，也就是泉水的池子，必须隔一个月清理一遍，革故鼎新，这是当然的道理。

山木固欲其秀而

泉水旁边的山林树木，固然希望其清秀而

荫，若丛恶，则伤泉。今虽未能使瑶草琼花披拂其上，而修竹幽兰，自不可少也。

有阴凉遮蔽泉水，但是如果灌木杂草丛生，其品质又不好，就不免会对泉水有害。现在虽然不能使得瑶草、琼花披拂于泉水之上，但是修竹、幽兰自然是不可少的。

作屋覆泉，不唯杀尽风景，亦且阳气不入，能致阴损，戒之戒之！若其小者，作竹罩以笼之，防其不洁之侵，胜屋多矣。

专门在泉水之上建起房屋覆盖住泉水，不仅杀尽了风景，而且也使得阳气无法进入，从而导致阴气过重，有损水质，千万不可这么做！如果是泉水比较小，就用竹子编制一个罩子笼罩在泉水之上，以防不洁净之物的侵入，这要比建造房屋强多了。

泉中有虾蟹、孑虫，极能腥味，亟宜淘净之。僧家以罗滤水而饮，虽恐伤生，亦取其洁也。包幼嗣《净律院》诗“滤水浇新长”，马戴《禅院》诗“滤泉侵月起”，僧简长诗“花壶滤水添”是也。于鹄《过张老园林》诗“滤水夜浇花”，则不唯僧家戒律为然，非修道者亦所当尔也。

泉水之中有虾米、螃蟹、蚊卵、虫子之类的东西，非常容易使水味变腥，所以应该及时清理干净。僧人用竹罗过滤泉水饮用，虽然他们的本意是唯恐伤害生灵，但也有饮水洁净的意味。唐人包何（字幼嗣）《同李郎中净律院梡子树》诗中的“滤水浇新长”，马戴《题僧禅院》诗中的“滤泉侵月起”，简长和尚《赠浩律师》诗中的“花壶滤水添”，吟咏的都是僧人过滤泉水的情况。于鹄《过张老园林》诗中的“滤水夜浇花”，则说明不仅佛教的戒律规劝人们应该这样，就是不信佛、修道的人们也应该这样讲究。

泉稍远而欲其自入于山厨，可接竹引之，承之以奇石，贮之以净

泉水相去较远，又希望泉水自动流入山居的厨房，可以用竹管接起来引泉水，用奇石铺道来承接架搁竹管，然后贮存到洁净的水缸之

缸，其声尤琤淙可爱。骆宾王诗“刳木取泉遥”，亦接竹之意。

中，其声音清脆动听，尤为可爱。传为唐朝诗人骆宾王的《灵隐寺》诗中有“刳木取泉遥”，也是以竹管相接引水的意思。

去泉再远者，不能自汲，须遣诚实山童取之，以免石头城下之伪。苏子瞻爱玉女河水，付僧调水符取之，亦惜其不得枕流焉耳。故曾茶山《谢送惠山泉》诗：“旧时水递费经营。”

如果泉水相去更远一些，不能亲自去汲取，必须派遣诚实的山童去汲取，以免出现以石头城下江水假冒扬子江中泠泉的故事。（五代南唐尉迟偓《中朝故事》记载有唐代李德裕以水递千里致水及鉴水之事。）宋朝苏轼（字子瞻）喜欢玉女河的水，吩咐僧人调取水符去汲取，仍然叹惜自己不能居住在泉边。所以曾几（号茶山先生）在《吴傅朋谢送惠山泉两瓶并所书石刻》诗中吟咏道：“新岁头纲须击拂，旧时水递费经营。”

移水，而以石洗之，亦可以去其摇荡之浊滓。若其味，则愈扬愈减矣。

运送泉水，用石子放在水中能起到纯净水质的作用，也可以吸取因为摇荡而形成的浑浊和污滓。至于泉水的味道，则会随着摇荡而越来越减损了。

移水，取石子置瓶中，虽养其味，亦可澄水，令之不淆。黄鲁直《惠山泉》诗“锡谷寒泉撱石俱”是也。择水中洁净白石，带泉煮之，尤妙尤妙。

运送泉水的时候，取干净的石子放到水瓶之中，不仅可以滋养水味，也可以使水澄清，不至于浑浊。宋朝诗人黄庭坚（字鲁直）《谢黄从善司业寄惠山泉》诗中所吟咏的“锡谷寒泉撱石俱”，就是指的这种情况。挑选水中洁净的白色石子，与泉水一起烹煮，尤其妙绝。

汲泉道远，必失原味。唐子西云：“茶不问团铐，要之贵新。水不问江井，要之贵

如果汲取泉水的路程太远，一定会失去其原有的味道。宋朝唐庚（字子西）在《斗茶记》中说：“茶叶不必问是龙团还是新铸，最重要的是以新鲜为贵。水也不必问是江水还是井

活。”又云：“提瓶走龙塘，无数千步，此水宜茶，不减清远峡。而海道趋建安，不数日可至。故新茶不过三月至矣。”今据所称，已非嘉赏。盖建安皆碾硙（wèi）茶，且必三月而始得。不若今之芽茶，于清明、谷雨之前，陟采而降煮也。数千步取塘水，较之石泉新汲，左杓右铛，又何如哉？余尝谓二难具享，诚山居之福者也。

水，最重要的是以流动的活水为贵。”还说：“如今提着水瓶到龙塘取水，不过数十步，这里的泉水适宜烹茶，并不逊于清远峡的水。而经过海上通道到达建安北苑，不过几天就可以抵达。所以每年的新茶，不超过三个月就能够得到了。”根据唐庚所说的情况，我们今天看来，已经不值得赞赏了。因为宋朝建安北苑的贡茶都是经过碾和罗制成的饼茶，并且必须经过三个月才可以做好。这就比不上今天的芽茶，在每年的清明、谷雨之前，上山采摘，下山就加工煮饮。即使行走数千步到龙塘汲水，比较起来，如今新汲取的石泉之水，左边放勺，右边置铛，随时煮饮，又怎么样呢？我曾经说过这是两项难以做到的事情（新茶与新泉），如今我都享受到了，的确是隐居山林的人的福祉。

山居之人，固当惜水，况佳泉更不易得，尤当惜之，亦作福事也。章孝标《松泉》诗：“注瓶云母滑，漱齿茯苓香。野客偷煎茗，山僧惜净床。”夫言偷，则诚贵矣；言惜，则不贱用矣。安得斯客斯僧也，而与之为邻邪？

隐居山林的人，本来就应当珍惜泉水，况且好的泉水更是不容易得到，尤其应当珍惜，这本身就是积善作福的好事。唐朝诗人章孝标《方山寺松下泉》诗中写道：“石脉绽寒光，松根喷晓霜。注瓶云母滑，漱齿茯苓香。野客偷煎茗，山僧惜净床。三禅不要问，孤月在中央。”诗中所说的“偷”，是说明的确珍贵；所说的“惜”，是说明不轻易使用。怎么能够结识这样的宾客和高僧，并且能够与他们比邻而居呢？

山居有泉数处，若

我居住的山上，有多处泉水，例如冷泉、

冷泉，午月泉，一勺泉，皆可入品。其视虎丘石水，殆主仆矣，惜未为名流所赏也。泉亦有幸有不幸邪！要之，隐于小山僻野，故不彰耳。竟陵子可作，便当煮一杯水，相与荫青松，坐白石，而仰视浮云之飞也。

午月泉、一勺泉，都可以列入水品，称得上是佳泉。这些泉水与苏州虎丘的石水相比，差不多可以说是主仆关系，可惜还没有得到名流大家的鉴赏。由此可见，泉水也是有幸运有不幸的啊！简要说来，就是因为泉水隐藏在小山和荒僻的原野之中，所以其名声没有彰显。茶圣陆羽（号竟陵子）如果能够死而复生，就应当烹煮一杯泉水，斟上一杯好茶，与我一起流连于青松之下，打坐在白石之上，仰观天上浮云的翻飞和消长。

阳羡茗壶系

[明] 周高起

[序]

壶于茶具，用处一耳。而瑞草名泉，性情攸寄，实仙子之洞天福地，梵王之香海莲邦。审厥尚焉，非曰好事已也。故茶至明代，不复碾屑和香药制团饼，此亦远过古人。近百年中，壶黜银、锡及闽、豫瓷，而尚宜兴陶，又近人远过前人处也。陶曷取诸？取诸其制。以本山土砂，能发真茶之色香味。不但杜工部云“倾银注玉惊人眼”，高流务以免俗也。至名手所作，一壶重不数两，价重每一二十金，能使土与黄金争价。世日趋华，抑足感矣。因考陶工、陶土而为之系。

[译解]

壶作为茶具，其用处不过是一种饮茶用具罢了。然而它却是作为瑞草的茶和作为名泉的水以及茶人性情的寄托，实在可以比得上仙人的洞天福地、佛祖的香海莲邦。考察这种风尚，并不仅仅是好事罢了。因为饮茶风尚发展到了明代，不再将茶碾成细末，加入香药制成团饼，而是以高温杀青的炒青法制成散茶，这也是远远超过古人的地方。近百年以来，茶壶淘汰了银壶、锡壶以及福建、河南所产的瓷壶，而崇尚宜兴紫砂陶壶，这又是近人远远超过前人的地方。宜兴陶壶的可取之处何在？就在于它的制作工艺。因为当地山中的陶土含砂，所制紫砂壶能够充分发挥天然真茶的色香味。不仅古朴清幽，如杜甫《少年行》诗中所吟咏的“倾银注玉惊人眼，共醉终同卧竹根”，而且其形制壶流即壶嘴（壶身之外出汤部件整体总称）高扬，也是着意免于流俗。至于名家所制作的茶壶，一个茶壶的重量不过数两，其价格往往高达一二十两银子，从而能使得泥土与黄金争价。世风日趋浮华，也足以令人感慨了。于是我考察宜兴陶工和陶土，分门别类，论述如下。

创始

金沙寺僧，久而逸

[译解]

宜兴金沙寺的和尚，因为年代久远已经不

其名矣。闻之陶家云，僧闲静有致，习与陶缸瓮者处。抟其细土，加以澄练，捏筑为胎，规而圆之，刳使中空，踵傅口、柄、盖、的，附陶穴烧成，人遂传用。

知道他的姓名了。我曾经听制陶的匠人们传说：这位老和尚为人安闲静穆而有情趣，常常与做陶缸陶瓮的陶人友好相处。他将做陶缸陶瓮用的陶泥中细腻的泥料揉捏在一起，用水浸泡，祛除杂质再加以揉练，用手捏方法塑成基形，再将泥坯规范加工成圆形，并将泥坯中间挖空，接着制作附件壶口、壶柄、壶盖、盖的（砂壶盖上摘手，俗称的子），做好的泥坯搭附在陶窑中与粗陶混合装烧而成，人们于是就相互传授，制作并使用开来。

正始

供春，学宪吴颐山公青衣也。颐山读书金沙寺中，供春于给役之暇，窃仿老僧心匠，亦淘细土抟胚。茶匙穴中，指掠内外，指螺文隐起可按。胎必累按，故腹半尚现节腠（còu），视以辨真。今传世者，栗色闇闇，如古金铁，敦庞周正，允称神明垂则矣。世以其孙龚姓，亦书为龚春。［人皆证为龚。予于吴问卿家见时大彬所仿，

［译解］

供春，是提学副使吴颐山先生（吴仕，字克学，又字颐山，宜兴人，明正德九年即1514年进士，曾任提学副使、四川参政）的青衣小童。颐山先生少年时曾经在金沙寺中读书，供春在服侍先生饮食起居的闲暇时间，私下模仿老和尚的制陶方法，也淘揉细土捏成泥坯。用茶匙在中间挖成穴状，用手指捏筑其内外形，所以壶上手指的螺纹隐隐泛起，清晰可辨。壶的泥胎必须各部分分别做成，然后合成整体，所以壶的腹部中间还保留着上下两部分衔接的痕迹，仔细观察可以辨别真伪。如今传世的供春壶，色泽如栗子黯然沉着，坚实刚硬，犹如古代的金银铁器，敦厚笃实，形制周正，可以称得上是神明垂则、为世范模了。世人因其孙子姓龚，所以也写作龚春。［人们都考证他姓

则刻"供春"二字，足折聚讼云。]

龚，我在吴洪裕（字问卿）家里见到时大彬所仿制的供春壶，就刻有"供春"二字，足以驳倒聚讼纷纭的不同说法。]

董翰，号后溪，始造菱花式，已殚工巧。

董翰，号后溪，最早创制菱花式（砂壶造型制成八条筋纹花瓣形），已经表现出相当的工艺技巧。

赵梁，多提梁式，亦有传为名良者。

赵梁，所制多提梁式砂壶，也有人传说他的名字为赵良。

玄锡。

玄锡，一作袁锡，见陈贞慧《秋园杂佩》。

时朋，即大彬父。是为四名家。万历间人，皆供春之后劲也。董文巧，而三家多古拙。

时朋，一作时鹏，就是时大彬的父亲。以上四人称为四大家，同为万历年间（1573—1620）的人，都是继供春之后的名家。在形制风格上，董翰的作品趋于文巧，而其他三人则古拙朴实。

李茂林，行四，名养心。制小圆式，妍在朴致中，允属名玩。

李茂林，排行第四，名叫养心。他制作圆形小壶，于朴素端庄之中见妩媚，可以称得上是有名的清玩之物。

自此以往，壶乃另作瓦缶，囊闭入陶穴。故前此茗壶，不免沾缸坛油泪。

从此以后，紫砂壶在烧制时才开始另外制作瓦缶，把茶壶装起来封闭放入陶窑烧成，以避免杂质侵入。所以在此以前制作的茶壶，免不了要沾染其他有釉陶器的釉料挥发物即油泪。

大家

时大彬，号少山。或淘土，或杂硇（náo）砂土，诸款具足，诸土色亦具足。不

[译解]

时大彬，号少山。他制作的茶壶，有时淘洗细泥，有时夹杂砂粒（即今之调沙、铺沙），各种款式都有，将紫砂泥的各种特质以及色泽变化都表现得非常充分。在艺术风格上，他不

务妍媚，而朴雅坚栗，妙不可思。初自仿供春得手，喜作大壶。后游娄东，闻陈眉公与琅琊、太原诸公品茶施茶之论，乃作小壶。几案有一具，生人闲远之思。前后诸名家，并不能及，遂于陶人标大雅之遗，擅空群之目矣。

追求妩媚，而以古朴、雅致、坚实、沉着作为特征，工艺奇妙，巧夺天工。起初，他从模仿供春入手，喜欢制作大壶。后来游历娄东（今江苏太仓），听闻著名书画家陈继儒（1558—1639，字仲醇，号眉公）与王鉴（1598—1677，字玄照，号湘碧，出于琅琊王氏）、王时敏（1592—1680，字逊之，号烟客，出于太原王氏）诸先生品茶施茶的高论，才开始制作小壶。文人雅士几案之上放置一具时大彬所制的小砂壶，令人生发出闲适悠远的思绪。前后各位制壶名家，都无法达到他的境界，于是就在陶艺领域标举大雅之遗风、独擅空群之名目（韩愈《送温处士赴河阳军序》云“伯乐一过冀北之野，而马群遂空”），奠定了他的大家地位。

名家

李仲芳，行大，茂林子。及时大彬门，为高足第一。制度渐趋文巧，其父督以敦古。仲芳尝手一壶，视其父曰：“老兄，这个何如?”俗因呼其所作为“老兄壶”。后入金坛，卒以文巧相竞。今世所传大彬壶，亦有仲芳作之，大彬见赏而自署款

[译解]

李仲芳，排行老大，李茂林的儿子。他是时大彬的入室弟子，在大彬的高足中名列第一。当时制壶风格逐渐趋于文巧，其父督促他要追求敦厚古朴的风格。李仲芳曾经制作了一把壶，就面对父亲诙谐地说道：“老兄，这把壶怎么样?”世人于是就习惯地称呼他所做的茶壶为“老兄壶”。后来他到了金坛，其壶艺最终追求文雅纤巧的风格。如今世上所流传的大彬壶，也有的是李仲芳制作，得到大彬的赏识而署名落款的。当时人们就说：“李大瓶，时大名。”

识者。时人语曰："李大瓶，时大名。"

徐友泉，名士衡，故非陶人也。其父好时大彬壶，延致家塾。一日，强大彬作泥牛为戏，不即从。友泉夺其壶土出门去，适见树下眠牛将起，尚屈一足，注视捏塑，曲尽厥状。携以视大彬，一见惊叹曰："如子智能，异日必出吾上。"因学为壶。变化式、土，仿古尊罍诸器，配合土色所宜，毕智穷工，移人心目。予尝博考厥制，有汉方、扁觯（zhì）、小云雷、提梁卣（yǒu）、蕉叶、莲方、菱花、鹅蛋、分裆索耳、美人垂莲、大顶莲、一回角、六子诸款；泥色有海棠红、朱砂紫、定窑白、冷金黄、淡墨、沉香、水碧、榴皮、葵黄、闪色、梨皮诸名。种种变

徐友泉，名叫士衡，本来不是从事制壶的陶人。他的父亲喜欢时大彬的茶壶，就聘请时大彬到家中制壶。有一天，他父亲要求大彬以牛的形象制作茶壶，作为游戏，大彬没有当即动手。这时徐友泉夺过大彬的壶泥来到门外，正好看到树下有一个牛卧在地上睡觉即将起来，还有一条腿跪着，没有站立起来，他就一边注视着牛的动作，一边用壶泥进行捏塑，形象地表现出牛的情状。然后拿回来请大彬指教，大彬一见，非常惊讶，感叹说："像你这样的智慧和才能，若从事陶艺，日后必定会超过我。"于是徐友泉就开始学习制作茶壶。他改变原有的土色和造型款式，模仿古代的尊罍等器物的造型，配合色泽相适宜的泥土，竭尽才智，穷其工巧，制作的茶壶妙出心裁，令人赏心悦目。我曾经广泛地考察他所制作茶壶的形制，有仿古的汉方壶、扁觯、小云雷、提梁卣、蕉叶、莲方、菱花、鹅蛋、分裆索耳、美人垂莲、大顶莲、一回角、六子等很多款式；泥色则有海棠红、朱砂紫、定窑白、冷金黄、淡墨、沉香、水碧、榴皮、葵黄、闪色、梨皮等名目。这样种种的变异和创新，妙出心裁。然而，徐友泉晚年还经常独自感叹说："我制作风格的精细工巧变化，始终比不上时大彬的粗犷朴雅。"

异，妙出心裁。然晚年恒自叹曰："吾之精，终不及时之粗。"

雅流

[译解]

欧正春，多规花卉果物，式度精妍。

欧正春，其制作造型多模仿自然的花卉、瓜果，款式和做工都非常精致美观。

邵文金，仿时大汉方独绝，今尚寿。

邵文金，一名亨祥，模仿时大彬的汉方壶独称绝技，至今还健在。

邵文银。

邵文银，一名亨裕，邵文金同胞兄弟。

蒋伯荂（fū），名时英。四人并大彬弟子。蒋后客于吴，陈眉公为改其字之"敷"为"荂"。因附高流，讳言本业，然其所作，坚致不俗也。

蒋伯荂，名叫时英。以上这四人都是时大彬的弟子。蒋伯荂后来客居于吴中，陈眉公给他把字"伯敷"改为"伯荂"。于是他就进入上流社会，忌讳提及自己陶人的身份。然而他所制作的茶壶，仍然坚实而雅致，没有俗气。

陈用卿，与时英同工，而年伎俱后。负力尚气，尝挂吏议，在缧绁中，俗名陈三呆子。式尚工致，如莲子、汤婆、钵盂、圆珠诸制，不规而圆，已极妍饬。款仿钟太傅帖意，落墨拙，用刀工。

陈用卿，与蒋时英一同学艺制壶，他的年龄较小，技艺也略逊一筹。他为人豪侠，自负力强，崇尚气节，曾经牵涉官司，被议定罪名而遭遇牢狱之灾，俗名陈三呆子。陈用卿所制作的茶壶款式追求工整雅致，例如莲子、汤婆、钵盂、圆珠等形制，不用规范而自成方圆，已经达到了极其美观而严整的境界。刻款则模仿魏太傅钟繇书法风格，落墨拙朴，用刀工整。

陈信卿，仿时、李

陈信卿，模仿时大彬、李仲芳等人的传世

诸传器，具有优孟叔敖处，故非用卿族。品其所作，虽丰美逊之，而坚瘦工整，雅自不群。貌寝意率，自夸洪饮，逐贵游间，不务壹志尽技，间多伺弟子造成，修削署款而已。所谓心计转粗，不复唱《渭城》时也。

器形，犹如春秋时代的艺人优孟模仿孙叔敖那样唯妙唯肖，所以与陈用卿的风格不属同类。品赏他所制作的茶具，虽然不很雍容饱满，较之时、李等名家略逊一筹，但其风格坚实瘦削而工整，雅致而不俗。因为他相貌丑陋、为人意气轻率，常自夸豪饮，追逐于尊贵名流之间，不能专心致志，精益求精，常常是看到弟子们制作完成，就加以修整署名落款罢了。这就是所谓的心计转粗，水准下降，不再出现像唐朝诗人王维那样一曲《渭城》而天下传唱的盛况了，也就是说其后期作品已不能与早期作品同日而语了。

闵鲁生，名贤，制仿诸家，渐入佳境。人颇醇谨，见传器则虚心企拟，不惮改。为伎也，进乎道矣。

闵鲁生，名叫闵贤，其制作模仿诸位名家，渐渐进入佳境。他为人比较醇厚严谨，见到流传的紫砂器具就虚心模拟，不怕反复修改自己的作品。其技艺已经进入了道的境界了。

陈光甫，仿供春、时大，为入室。天夺其能，早眚（shěng）一目，相视口的，不极端致。然经其手摹，亦具体而微矣。

陈光甫，模仿供春、时大彬，成为二人登堂入室的高足。可惜天夺其能，一只眼睛生翳，因而审视和安装壶口及壶盖上的的子等，就不十分端正有致。但是经过他用手摹制，也可以具体而微，不碍观瞻了。

神品

陈仲美，婺源人，初造瓷于景德镇。以业

[译解]

陈仲美，江西婺源人，最初在景德镇制造瓷器。因为从业之人太多，很难成就大名，就

之者多，不足成其名，弃之而来。好配壶土，意造诸玩，如香盒、花杯、狻猊（suān ní）炉、辟邪、镇纸，重镂（sōu）叠刻，细极鬼工。壶象花果，缀以草虫，或龙戏海涛，伸爪出目。至塑大士像，庄严慈悯，神采欲生，璎珞花鬘（mán），不可思议。智兼龙眠、道子，心思殚竭，以夭天年。

放弃旧业，来到宜兴制壶。他喜爱研究调配泥料，创新设计，制造了许多文玩器具，例如香盒、花杯、狻猊炉、辟邪、镇纸等，镂刻繁缛，重叠雕饰，极其细腻，堪称鬼斧神工。他制作的茶壶，好像花卉瓜果，再以草木虫鱼进行点缀；有的则如龙在海涛中嬉戏，张爪怒目，非常形象。至于所塑的观音大士像，庄严慈悯，富有神采，栩栩如生，作为装饰的璎珞花鬘，更令人叹为观止，不可思议。他兼有宋朝画家李公麟（号龙眠居士）和唐朝画家吴道子（世称画圣）的才智，可惜心思殚竭，不得安享天年，英年早逝了。

沈君用，名士良，踵仲美之智，而妍巧悉敌。壶式上接欧正春一派，至尚象诸物，制为器用，不尚正方圆，而笋缝不苟丝发。配土之妙，色象天错，金石同坚。自幼知名，人呼之曰沈多梳。[宜兴垂髫之称。] 巧殚厥心，亦以甲申四月夭。

沈君用，名叫士良，他继承陈仲美的才智，在制壶风格上美观纤巧，可与之并称而媲美。在制壶款式上承接欧正春一派，崇尚形象地表现各种事物，制作为不同的器具即所谓的仿生器，而不追求规正的方形、圆形器皿，在造型方面，口、盖严密合缝，丝发不差。他配制的各色泥土，色泽如同天然，坚实如同金石。因此，他从小就非常知名，人们亲切地称他“沈多梳”。[宜兴方言对小孩的称呼。] 可惜精巧的工艺耗费了他的心血，也在甲申年（崇祯十七年，1644）的四月夭亡了。

别派

诸人见汪大心《叶语》附记中。[休宁人，字体兹，号古灵。]

邵盖、周后溪、邵二孙，并万历间人。

陈俊卿，亦时大彬弟子。

周季山、陈和之、陈挺生、承云从、沈君盛，善仿友泉、君用。并天启、崇祯间人。

沈子澈，崇祯时人，所制壶古雅浑朴。尝为人制菱花壶，铭之曰："石根泉，蒙顶叶，漱齿鲜，涤尘热。"

陈辰，字共之，工镌壶款，近人多假手焉，亦陶家之中书君也。

镌壶款识，即时大彬初倩能书者落墨，用竹刀画之，或以印记，后竟运刀成字，书法闲雅，在《黄庭》《乐

[译解]

以下诸人，见于叶大心《叶语》一书的附记。[叶大心，安徽休宁人，字体兹，号古灵。]

邵盖、周后溪、邵二孙，都是明朝万历年间的人。

陈俊卿，也是时大彬的弟子。

周季山、陈和之、陈挺生、承云从、沈君盛，他们都善于模仿徐友泉、沈君用，都是天启（1621—1627）和崇祯年间（1628—1644）的人。

沈子澈，是崇祯年间人，所制作的茶壶古雅浑朴。他曾经为人制作菱花壶，并在上面刻上铭文："石根泉，蒙顶叶，漱齿鲜，涤尘热。"

陈辰，字共之，专攻茶壶落款的镌刻，近来的制壶家多请他代为刻款，他也可以称得上是陶艺行业的书法家了。

在茶壶上镌刻款识，作为紫砂文化的内涵之一，也是从时大彬开始的。大彬最初请擅长书法者书写，自己用竹刀（一种制壶工具）依样刻划，有时用印章拓印，后来经过自学，竟然能够运刀成字，而且书法闲雅，有王羲之

毅》帖间，人不能仿。鉴赏家用以为别。次则李仲芳，亦合书法。若李茂林，朱书号记而已。仲芳亦时代大彬刻款，手法自逊。

《黄庭经》《乐毅论》诸帖的逸韵，别人不能模仿。鉴赏家也可以通过款识来鉴别大彬壶的真伪。其次则属李仲芳，其款识也合乎书法规范。至于李茂林，他只是用朱笔书写记号罢了。李仲芳也不时代替时大彬镌刻款识，其手法自然略逊一筹。

规仿茗壶曰临，比于书画家入门时。

模仿名家茗壶叫作“临”，就如同书画家刚入门时要临摹名帖名画一样。

陶肆谣曰：“壶家妙手称三大。”谓时大彬、李大仲芳、徐大友泉也。予为转一语曰：“明代良陶让一时。”独尊大彬，固自匪佞。

陶肆之中流传着这样一句谣谚：“壶家妙手称三大。”说的是时大彬、李仲芳、徐友泉三人在这一领域所占的地位。我认为应该变换一句话：“明代良陶让一时。”独尊时大彬，就其在紫砂发展史上承前启后的作用而言，本来也没有什么不妥帖。

[陶土]

相传壶土初出用时，先有异僧经行村落，日呼曰：“卖富贵。”土人群嗤之。僧曰：“贵不要买，买富何如?”因引村叟，指山中产土之穴，去。及发之，果备五色，灿若披锦。

[译解]

传说制壶的原料紫砂泥土最初出土使用的时候，事先有一个怪异的和尚在当地村落间往返行走，每天高叫道：“卖富贵。”当地村民都嗤笑他。和尚说：“贵不要你们买，就买富吧，怎么样?”于是引着村中的老头，去指认山中出产紫砂泥的矿穴，然后离去。等发掘之后，果然五色俱备，如同展开的锦绣一般灿烂。

嫩泥，出赵庄山，以和一切色土，乃黏脂

嫩泥，出于赵庄山，可以用来调和一切不同颜色的陶土，这种泥黏性大，有助于捏塑成

可筑，盖陶壶之丞弼也。

型，可以说是陶壶的左辅右弼。（按：嫩泥是制作粗陶必备的原料，紫砂壶制作中不用嫩泥。）

石黄泥，出赵庄山，即未触风日之石骨也。陶之乃变朱砂色。

石黄泥，出于赵庄山，质地坚硬，是未经风吹日晒的石骨。经过风化、澄练后即为红泥，烧制后才变成朱砂色。

天青泥，出蠡墅，陶之变黯肝色。又其夹支，有梨皮泥，陶现梨冻色；淡红泥，陶现松花色；浅黄泥，陶现豆碧色；蜜□泥，陶现轻赭色；梨皮和白砂，陶现淡墨色。山灵腠络，陶冶变化，尚露种种光怪云。

天青泥是紫泥的一种，出于蠡墅，原矿为天青色，风化、澄练、烧制后变成黯肝色。另外，紫泥的夹层（又叫夹脂）有梨皮泥，出矿呈绿色，烧制后变为梨冻色；有淡红泥，烧制后变为松花色；有浅黄泥，烧制后变为豆碧色；有蜜□泥，烧制后变为轻赭色；梨皮与白砂泥调和，烧制后变为淡墨色。这说明由于地质成因，山脉的腠理脉络具有灵气，经过了陶冶变化，还能显露出种种光怪陆离的效果。

老泥，出团山，陶则白砂星星，按若珠琲。以天青、石黄和之，成浅深古色。

老泥又称团泥，出于赵庄山东南的团山，烧制成就会呈现出星星点点的白砂，宛如贯珠。用天青泥、石黄泥调和，烧制后变为浅深不同的古铜色。

白泥，出大潮山，陶瓶、盎、缸、缶用之。此山未经发用，载自吾乡白石山。［江阴秦望山之东北支峰。］

白泥，出于大潮山，是烧制陶瓶、陶盎、陶缸、陶缶等日用粗陶的原料。在此山的白泥矿未开发之前，白泥是从我们江阴白石山运来的。［白石山是江阴秦望山的东北支峰。］

出土诸山，为穴往往善徙。有素产于此，忽又他穴得之者，实山

出产陶土的各个山中，紫砂泥的矿穴往往善于迁徙变换，有的紫砂泥一向出产于这里，忽然又从那里的矿穴中发现，实在是山中有神

灵有以司之，然皆深入数十丈乃得。

灵司掌，但都要深入数十丈才可以挖得到，这其实就是矿脉时断时续、变化不定的自然现象。

造壶之家，各穴门外一方地，取色土筛捣，部署讫，弇（yǎn）窖其中，名曰养土。取用配合，各有心法，秘不相授。壶成幽之，以候极燥，乃以陶瓮庋五六器，封闭不隙，始鲜欠裂射油之患。过火则老，老，不美观；欠火则稚，稚，沙土气。若窑有变相，匪夷所思。倾汤贮茶，云霞绮闪，直是神之所为，亿千或一见耳。

制壶的人家，各自在开采陶土的坑道外一边的地上挖一土穴，取来经过风化的各色紫砂矿土捣碎、筛细，布置停当之后，用水浸泡、窖藏于其中，叫作养土。其选矿、选料及相互按比例配合，各自从实践中总结经验并在家族相传，对外秘不传授。做好的壶坯要封闭好，放在清凉透风处，等候自然干燥，然后才用陶瓮装上五六件器皿，密闭起来不留缝隙，才可以减少出现烧制中的射火、飞釉，或因温差太大而造成开裂等现象的隐患。烧制时，火候的把握非常重要，如果火力太过，温度过高，就会烧得过老，那么砂壶表面就不光滑，不美观；如果火力太小，温度过低，就会烧得过嫩，那么砂壶没有烧结，用来泡茶就会带有沙土气。如果烧制时发生难得的窑变，就会呈现意想不到的效果。用这样的茶壶冲泡茶叶，就会感到满目云霞，鲜艳闪亮，令人叹为观止，真是神力所为，烧制亿万件砂壶才可能出现一次。

陶穴环蜀山。山原名独，东坡先生乞居阳羡时，以似蜀中风景，改名此山也。祠祀先生于山椒，陶烟飞染，祠宇尽墨。按《尔雅·释山》云："独者，

紫砂泥的矿穴环绕在蜀山的周围。蜀山，原名独山，苏东坡先生当年请求定居阳羡时，因为这里的风景与其故乡蜀地很相似，所以为其改名叫蜀山。在蜀山的山顶建有祠堂专门奉祀东坡先生，因为陶烟的飞落和熏染，祠堂的建筑全都变成了墨色。据《尔雅·释山》考证：独，就是蜀。那么先生之所以锐意为独山改名，

蜀。”则先生之锐改厥名，不徒桑梓殷怀，抑亦考古自喜云尔。

并不仅仅是要表达满怀思乡之情，也可能是因为考证古书的结果与自己的心理暗合而心中高兴的表现。

[砂壶]

壶供真茶，正在新泉活火，旋瀹旋啜，以尽色声香味之蕴。故壶宜小不宜大，宜浅不宜深；壶盖宜盎不宜砥，汤力茗香，俾得团结氤氲；宜倾竭即涤，去厥渟滓。乃俗夫强作解事，谓时壶质地坚洁，注茶越宿，暑月不馊。不知越数刻而茶败矣，安俟越宿哉？况真茶如莼脂，采即宜羹，如笋味，触风随劣。悠悠之论，俗不可医。

壶，入用久，涤拭日加，自发闇然之光，入手可鉴，此为书房雅供。若腻滓斓斑，油光烁烁，是曰和尚光，最为贱相。每见好事家藏列，颇多名制，而爱护

[译解]

要用紫砂壶冲泡出清香纯正的佳茶，关键在于要用新汲的泉水，用无烟的炭火煮沸，随即冲泡随即品饮，充分发挥茶艺之中的色泽、声音、香气、味道的深厚蕴涵。所以茶壶宜小不宜大，宜浅不宜深；壶盖适宜弧形拱起而不适宜平面，这样可以使得汤力集中，茶香氤氲；饮茶完毕就应该立即倒掉茶渣，以防陈茶之气存留壶中。世俗之人强装通晓茶事，说时大彬所制的砂壶质地坚致，冲泡的茶经过一夜，即使在暑天也不会发馊。他们不知道冲泡的茶过了数刻味道就败坏了，怎么能经过一夜呢？况且真正的佳茶，讲究越新鲜越好，就好比莼菜，采下就要随即煮成羹；又好比鲜笋，见了风就不好了。这些不负责任的议论，真是庸俗得不可救药。

砂壶使用时间长了，就更要勤于洗涤和摩挲擦拭，自然会发出像玉一样的亚光效果，拿在手中把玩，光可鉴人，这就可以作为书房的清玩和雅供。如果污滓斑斑，油光闪烁，这就叫作和尚光，可以说是最为不雅的贱相。常常看到喜欢附庸风雅的人家藏有很多名家所制的茶壶，可是却爱护上面的尘垢污染，舒展衣袖

垢染，舒袖摩挲，唯恐拭去，曰："吾以宝其旧色尔。"不知西子蒙不洁，堪充下陈否耶？以注真茶，是藐姑射山之神人，安置烟瘴地面矣，岂不舛哉！

把玩摩挲，唯恐拭去壶上的污垢，还说："我这是为了珍爱其陈旧的色泽。"殊不知若让西施美女蒙受不洁，还能够作为吴王宫中的宠妃吗？用这样的茶壶冲泡纯正的佳茶，就是藐视姑射山的神人，并将其安置到烟瘴地面。这简直是对壶艺的糟蹋，岂不是大错特错了！

壶之土色，自供春而下，及时大初年，皆细土淡墨色。上有银沙闪点，迨硇砂和制，縠（hú）绉周身，珠粒隐隐，更自夺目。

砂壶所用的泥料，自从供春以后，到时大彬的初年，都是采用粗陶中较细腻的泥料即所谓细土，烧成后呈淡墨色。上面有银色的砂点（即泥料中所含的鳞片状白云母）发出闪光，用制好的泥料调和过筛后的粗颗粒砂料，制成壶坯，烧成后表面形成珠粒隐隐显现的特殊肌理效果，更加夺目。

或问予以声论茶，是有说乎？予曰：竹垆幽讨，松火怒飞，蟹眼徐窥，鲸波乍起，耳根圆通，为不远矣。然垆头风雨声，铜瓶易作，不免汤腥，砂铫亦嫌土气，唯纯锡为五金之母，以制茶铫，能益水德，沸亦声清。白金尤妙，第非山林所办尔。

有人问我凭借水沸的声音来评定所沏茶的优劣，有这样的说法吗？我回答说：用竹垆（煮水的泥炉，编竹为壳套于其外，故名）煮水，用松枝作薪，火烧得很旺，看到水面的小气泡如蟹眼渐起，接下来水将烧开，水面开始翻起波浪，水声逐渐消失，耳朵听不见了，就恰到火候，可以冲泡茶了。然而要聆听如风雨之声的水声，用铜瓶煮水最好，可是却不免沾染铜腥味，用砂铫煮水也嫌带有土气，只有纯锡是五金之母，用来制作茶铫，能够增益泉水的养分，沸声也很清幽。用白银所制的茶铫尤其绝妙，只是太过奢侈，非隐居山林的茶人们所能置办得到，也与饮茶的清幽意境不相协调。

壶若有宿杂气，须满贮沸汤涤之，乘热倾去，即没冷水中，亦急出水泻之，元气复矣。

如果砂壶长时间不用，带有陈杂气味，就要先用沸水倒满进行洗涤，趁热倒掉后，马上浸入冷水中，也要急忙拿出来将水倒掉，这样其元气就可以恢复了。

品茶用瓯，白瓷为良，所谓“素瓷传静夜，芳气满闲轩”也。制宜弇口邃肠，色泽浮浮而香味不散。

品茶所用的茶瓯，以白瓷为效果最好，也就是古诗中所形容的“素瓷传静夜，芳气满闲轩”。其造型应该是小口深腹，这样茶色在白色映衬下就更清晰，香气却不至于涣散。

茶洗，式如扁壶，中加一盎鬲（lì），而细窍其底，便过水漉沙。茶藏，以闭洗过茶者。仲美、君用各有奇制，皆壶史之从事也。水勺、汤铫，亦有制之尽美者，要以椰、匏、锡器，为用之恒。

茶洗是一种洗茶用具，样式像扁壶，中间加有一个弧形的鬲，底部有细孔，以便于冲洗掉茶叶上的沙尘。茶藏是一种用来留住洗过的茶叶的茶具。这两种茶具，陈仲美、沈君用都有非常奇异的制作，他们可以称得上是壶史的从事（古官职名，一作从吏史、从事史、从事掾，乃三公及州郡长官的属吏、僚佐）。至于水勺、汤铫之类的茶具，世间也都有制作得尽善尽美的，但日常使用还是以椰壳、葫芦器、锡器最为实用和常见。

续茶经

［清］陆廷灿

序

［译解］

嘉定陆君扶照，尝为崇安令，进秩当得部曹。需次里居，多病却扫，不即赴选。其先人所治陶圃，有林泉花木之胜。君徜徉其中，对寒花，啜苦茗，意甚乐之。曩尝手纂《菊志》，今复取鸿渐所著《茶经》，补且续焉。将锓以传世，而征序于予。

嘉定（今上海市嘉定区南翔镇）人陆廷灿（字扶照，一字幔亭，号南村、陶庵），曾经担任福建崇安知县，任满应当晋升为朝中六部的主事、员外郎等职务。按照资历依次补缺期间，回到故乡定居，以身体多病为由闭门谢客，不再到京城参加吏部的考选候任。他父亲陆培远所营造的园林叫作陶圃，也就是菊园，有着幽林清泉、花木茂盛的胜景。于是他就徜徉于其中，闲对菊花，品啜苦茗，内心非常快乐。以前曾经亲手编纂《艺菊志》八卷，如今又拿出唐人陆羽（字鸿渐）所著的《茶经》，加以增补和续编。书稿完成后即将刊刻行世，向我征求序言。

盖君素嗜茶，令崇安时，武夷隶其县境。仙山贡品，甲于寓内。

陆廷灿先生一向喜好饮茶，担任崇安知县期间，武夷山正隶属于崇安县境。武夷仙山的贡茶，名甲天下。先生居官廉洁，勤政余暇，

君官廉，政暇，间及茶事。于采摘、蒸焙、试汤、候火之法，益得其精。是书之成，良有自已。予考茶之名，不见于经。昔人以“荼荠”之“荼”，当之。汉魏以下，茶茗浸兴。高人胜流，资茗椀为谭助。然或比之“水厄”，斥为“酪奴”者，亦不少矣。自君家桑苎翁始抉摘精微，著为《茶经》，远近倾慕。异时，天随子亦深嗜之。好事者每为递泉致茗，清风高致，约略相方。而君又为编缀缺遗，发扬芳蕴，使千年剩简旷焉若新。微独桑苎有灵，叹为知己。试从新泉活火，纱帽试煎时，一一细品读之，有不两腋生风，抚掌称快者哉！

间或涉足茶事，对于茶叶的采摘、蒸焙、煎水、火候等茶艺要领，尤能得其精蕴。本书的编纂成书，自有其渊源。我考察茶叶之名，不见于六经。从前人们以《诗经》的“谁谓荼苦，其甘如荠”中的“荼”，对应为茶。汉魏六朝以来，茶业逐渐兴起。高人隐逸、才俊君子都借助茗饮作为清谈之助。但是也有人将饮茶比喻为“水厄”，斥其“与酪为奴”，也不在少数。自从唐代茶圣陆羽（号桑苎翁）搜集整理茶事的精微之论，编著《茶经》三卷，使得远近倾慕，茶道大行。到了晚唐时期，天随子陆龟蒙也嗜好茗饮。好事者每每邮递名泉，投赠佳茗，他们的清和之风、高雅之致，与陆羽、陆龟蒙可以相媲美。而陆廷灿先生又编辑整理茶事文献的阙遗，发扬光大茶文化的精神内涵，使得千年以来有关茶事的断编残简历久弥新。不仅仅陆羽在天有灵，会叹为知己，就是我们今天试着汲取新泉，活火烹之，纱帽笼头冲瀹新茶时，一一品读体味陆羽、陆廷灿二位先生的正、续《茶经》，难道不会感到两腋清风徐徐，从而拍手称快吗？

曩予羁寓吴门，君父子以旧好时相过从，数邀予至其园居。清流

从前我曾经寓居苏州，陆廷灿父子以老朋友的身份不时来往，多次邀请我到他们所居住的陶圃。其间清澈的流水、曲折的小径，古老

曲径，老圃秋容，至今缅想。窃意君虽不慕华膴，而清才雅量，当在山公水部间，正不必似陶彭泽一赋归来，便裹足东篱。《茶经》《菊谱》，亦偶有寄焉，未敢遽以吴松、苕、雪（zhà）高隐辈流相拟并也。他时相见，话旧论文，请用君法试泻一瓯，涵淡廉襜，共领清味可耳。

时雍正乙卯初夏，北平黄叔琳拜手撰。

园林的如画秋色，至今令人怀念。我私下认为，陆廷灿先生虽不羡慕美衣丰食，但其清才雅量，应当在山公（“竹林七贤”之一的山涛，一说其子山简）、水部（南朝梁文学家何逊，曾任水部员外郎）之间，不必像陶渊明（曾任彭泽令）一赋归去来，便裹足于东篱之下。他所著的《续茶经》和《艺菊志》，也是偶尔寄托志向于此，未敢断然将他与以吴淞江、苕溪、霅溪为代表的江南地区的高人隐逸相提并论。他日相见之时，畅叙旧谊，谈诗论文，请按照先生的方法试着冲点一瓯清茗，体味陆羽《茶经》所说的轻风拂水微波荡漾、衣带飘逸褶痕隐然的情状，共同领略其中的清风幽韵、明月情怀！

时当雍正乙卯年（十三年，1735）初夏，北平黄叔琳拱手拜撰。

凡例

一、《茶经》著自唐桑苎翁，迄今千有余载，不独制作各殊，而烹饮迥异，即出产之处，亦多不同。余性嗜茶，承乏崇安，适系武夷产茶之处。值制府满公，郑重进献，究悉源流，每以茶事下询。查阅诸书，于武夷之外，每多见闻，因思采集为《续茶经》之举。曩以簿书鞅掌，有志未遑。及蒙量移，奉文赴部，以多病家居，翻阅旧稿，不忍委弃。爰为序

[译解]

一、《茶经》的编撰从唐代陆羽（号桑苎翁）开始，迄今已经过一千多年的发展。不仅茶的制作各不相同，而且烹饮方式也大相径庭，即便是茶叶出产之地，也多有不同。我本性嗜好饮茶，曾经暂任崇安知县，正好是武夷山产茶之地。时值闽浙总督满公（满保，字九如，一字凫山，觉罗氏，正黄旗人。康熙三十三年进士，官至福建巡抚、闽浙总督。）郑重进献武夷茶，考究其发展源流，常常以茶事垂询。我于是查阅各种文献，除了考察武夷茶事之外，还补充其他见闻，就想要采集《茶经》之后的茶事文献，编纂成《续茶经》一书。以前因为文书簿册、职事烦扰，虽有心志，未能顾及。等到承蒙朝廷考核调任，接奉文书到吏部候选赴任，因为身体多病回乡定居，翻阅旧稿，不忍心丢弃。于是重新编排次第，恐怕学术荒废

次第，恐学术久荒，见闻疏漏，识者所鄙，谨质之高明，幸有以教之。幸甚！

已久，见闻疏漏，为高明的学人所鄙视，就谨慎地加以整理，刊刻行世，以便向高明的学人请教，希望得到他们的教益，这是我最大的荣幸！

一、《茶经》之后，有《茶记》及《茶谱》《茶录》《茶论》《茶疏》《茶解》等书，不可枚举，而其书亦多湮没无传。兹特采所见各书，依《茶经》之例，分之源、之具、之造、之器、之煮、之饮、之事、之出、之略，至其图无传，不敢臆补，以茶具、茶器图补足之。

二、《茶经》之后，又有《茶记》《茶谱》《茶录》《茶论》《茶疏》《茶解》等有关茶事的著作，不胜枚举。但这些书也大多湮没无闻，无法流传下来。本书特地采集所见各书的相关内容，依照《茶经》的体例，分为一之源、二之具、三之造、四之器、五之煮、六之饮、七之事、八之出、九之略，至于十之图，因为没有流传下来，不敢凭想象补充，只好用茶具、茶器之图补足十篇。

一、《茶经》所载，皆初唐以前之书。今自唐、宋、元、明以至本朝，凡有绪论，皆行采录。有其书在前，而《茶经》未录者，亦行补入。

三、陆羽《茶经》所记载征引的，都是唐朝初年以前的图书。如今编纂《续茶经》，从唐朝、宋朝、元朝、明朝一直到本朝，凡是有关茶事的讨论，一律加以采录。还有其书在唐代以前，而陆羽《茶经》没有采录的，也适当予以补入。

一、《茶经》原本止三卷，恐续者太繁，是以诸书所见，止摘要

四、陆羽《茶经》原本只有三卷，我担心续编资料过于繁杂，因此将所见的各种文献，只摘要征引，分类排列于各篇。

分录。

一、各书所引相同者，不取重复，偶有议论各殊者，姑两存之，以俟论定。至历代诗文，暨当代名公巨卿著述甚多，因仿《茶经》之例，不敢备录。容俟另编，以为外集。

五、各种文献所征引内容相同的，不再重复采录；偶尔有议论各不相同的，姑且都保存下来，以便等待后学研讨定论。至于历代有关茶事的诗文，以及当代名家的著述非常多，本书仿照陆羽《茶经》的体例，不敢一一采录。请容许我以后有机会另编一书，作为外集。

一、原本《茶经》，另列卷首。

六、陆羽原本《茶经》，另外排列于卷首。

一、历代茶法附后。

七、历代茶法文献，作为附录，置于卷末。

卷上

一之源

许慎《说文》：茗，茶芽也。

王褒《僮约》：前云“炰鳖烹茶”。后云“武阳买茶”。[注：前为苦菜，后为茗。]

张华《博物志》：饮真茶，令人少眠。

《诗疏》：椒树似茱萸，蜀人作茶，吴人作茗，皆合煮其叶以为香。

《唐书·陆羽传》：羽嗜茶，著经三篇，言茶之源、之具、之造、之器、之煮、之饮、之

[译解]

东汉许慎《说文解字》中说：茗，就是茶树的嫩芽。

东汉王褒的《僮约》在前面说“炰鳖烹茶”，即蒸熟蕨菜和烹煮苦菜，后面又说“武阳买茶”，即到武阳（今四川彭山东）集市上去买茶。[原注：前面是苦菜，后面指茶叶。]

西晋张华的《博物志》中说：品饮真正的好茶，能够使人解困少睡。

三国吴人陆玑的《诗草木鸟兽虫鱼疏》中说：花椒树很像茱萸，蜀人做茶、吴人做茗时，都要把花椒叶与茶一起烹煮，以增加其香味。

《新唐书·陆羽传》中说：陆羽嗜好饮茶，编撰有《茶经》上中下三篇，讲述茶的起源、采制工具、加工制造、煮饮器具、烤煮方法、品饮方式、茶事典故、产地、省略办法、图画

事、之出、之略、之图尤备，天下益知饮茶矣。

等很详备，于是天下的人渐渐都知道饮茶了。

《唐六典》：金英、绿片，皆茶名也。

《唐六典》中说：金英、绿片，都是茶叶的名称。

《李太白集·赠族侄僧中孚玉泉仙人掌茶序》：余闻荆州玉泉寺近青溪诸山，山洞往往有乳窟，窟多玉泉交流。中有白蝙蝠，大如鸦。按《仙经》：蝙蝠，一名仙鼠。千岁之后，体白如雪。栖则倒悬，盖饮乳水而长生也。其水边，处处有茗草罗生，枝叶如碧玉。唯玉泉真公常采而饮之，年八十余岁，颜色如桃花。而此茗清香滑熟，异于他茗，所以能还童振枯，扶人寿也。余游金陵，见宗僧中孚，示余茶数十片，拳然重叠，其状如掌，号为仙人掌茶。盖新出

《李太白文集》卷十六《答族侄僧中孚赠玉泉仙人掌茶并序》中写道：我听说荆州玉泉寺附近青溪等山，山洞里面往往有石钟乳丛生的洞窟，窟里有很多的泉水交汇。山洞中有白色的蝙蝠，大的就像乌鸦一样。按照《仙经》里的记载：蝙蝠又名仙鼠。千年之后，其身体如雪一样洁白。栖息的时候就倒挂起来，就是因为饮用了这里的钟乳水才能够长生的。泉水边到处都有茶叶丛生，其枝叶如碧玉一般。只有玉泉真人经常采摘并饮用，他到了八十多岁时，脸色仍如桃花一样。这里的茶叶清香滑熟而不同于其他的茶叶品种，所以能够返老还童、振起枯弱，增进人的寿命。我游览金陵，见到同宗的僧人中孚给我展示茶叶数十片，卷曲重叠在一起，形状就像手掌一样，故名仙人掌茶。这是玉泉山新近出产的，从前从来没有见到过。于是拿来赠送给我，并赠诗给我，邀请我酬答，所以才有了这首诗作，以便使得后世的高僧和隐士知道仙人掌茶起源于中孚禅子和青莲居士李白。

乎玉泉之山，旷古未觌。因持之见贻，兼赠诗，要余答之，遂有此作。俾后之高僧大隐，知仙人掌茶发于中孚禅子及青莲居士李白也。

《皮日休集·茶中杂咏诗序》：自周以降，及于国朝茶事，竟陵子陆季疵言之详矣。然季疵以前，称茗饮者，必浑以烹之，与夫瀹蔬而啜者无异也。季疵之始为经三卷，由是分其源，制其具，教其造，设其器，命其煮。俾饮之者，除痟（xiāo）而去疠，虽疾医之不若也。其为利也，于人岂小哉？余始得季疵书，以为备矣，后又获其《顾渚山记》二篇，其中多茶事；后又太原温从云、武威段碣（xì）之各补茶事数十节，并存于方册。茶

《皮日休集》中的《茶中杂咏并序》（又见《松陵集》卷四）写道：自从周朝以来，一直到我们唐朝的茶事，竟陵子陆羽（字季疵）讲得非常详尽了。但是在陆羽之前所谓的茗饮，一定是混合一起而烹煮茶叶，与一般的煮菜汤喝没有什么两样。陆羽在历史上第一次编撰《茶经》三卷，在书里分析了茶叶的起源，制造了采制的工具，教给了制造的方法，设置了烹饮的器具，命名了烹煮的方式，从而使得品饮的人解除了消渴病与毒疮的痛苦，即使是专门治疗疾病的医生也比不上。其对于人们的益处，难道还小吗？我刚得到陆羽的著作的时候，认为已经很详备了，后来又得到他所编撰的《顾渚山记》两篇，发现其中也有很多关于茶的内容；再后来又看到太原人温从云、武威人段碣之各自补充的茶事数十节，与陆羽《茶经》并存于方册。那么有关茶的史事从周朝至今就完全没有一点遗漏了。

之事，由周而至于今，竟无纤遗矣。

《封氏闻见记》：茶，南人好饮之，北人初不多饮。开元中，泰山灵岩寺有降魔师，大兴禅教。学禅务于不寐，又不夕食，皆许其饮茶。人自怀挟，到处煮饮。从此转相仿效，遂成风俗。起自邹、齐、沧、棣，渐至京邑。城市多开店铺，煎茶卖之，不问道俗，投钱取饮。其茶，自江淮而来，色额甚多。

唐朝封演的《封氏闻见记》卷六《饮茶》中说：茶叶，南方人喜欢品饮，北方人起初并不多饮。玄宗开元年间（713—741），泰山灵岩寺有一位降魔师，大力倡导禅宗。学习参禅务必不能睡觉，又不吃夜宵，只允许饮茶。人们各自挟带茶叶，到处烹煮品饮。从此彼此之间相互仿效，于是逐渐就形成了饮茶的风俗。从邹州（今山东邹城）、齐州（今山东淄博）、沧州（今属河北）、棣州（今山东无棣），渐渐传到了京都长安（今陕西西安）。城市里有许多人开店铺煎茶而卖，不管是僧徒还是凡俗的人，出钱就可以取来品饮。其茶叶则从江淮地区转运而来，名色和数量都很繁多。

《唐韵正》：茶字，自中唐始变作茶。

唐朝孙愐（miǎn）《唐韵正》中说：“茶”字，从中唐时期才开始减去一画变成了“茶”字。

裴汶《茶述》：茶，起于东晋，盛于今朝。其性精清，其味浩洁，其用涤烦，其功致和。参百品而不混，越众饮而独高。烹之鼎水，和以虎形，人人服之，永永不厌。得之则安，不

唐朝裴汶《茶述》中说：茶叶，起源于东晋，盛行于唐朝。其本性精良清澈，其味道丰富纯净，其作用是消除烦恼，其功能是达到中和。即使在百种物品中也不会相混，而且会超越各种饮品而独具风味。以古鼎盛水烹煮，以虎形茶具调和，人人品饮，久久不会满足。得茶而饮就会身体安康，不得而饮则会身患病痛。那些灵芝、白术、黄精等空自传说是益寿延年

得则病。彼芝术黄精，徒云上药，致效在数十年后，且多禁忌，非此伦也。或曰：多饮令人体虚病风。余曰不然。夫物能祛邪，必能辅正，安有蠲逐丛病而靡裨太和哉？今宇内为土贡实众，而顾渚、蕲阳、蒙山为上，其次则寿阳、义兴、碧涧、灉（yōng）湖、衡山，最下有鄱阳、浮梁。今者，其精无以尚焉。得其粗者，则下里兆庶，瓯碗纷糅。顷刻未得，则谓百病生矣。人嗜之若此者，西晋以前无闻焉。至精之味或遗也。因作《茶述》。

的上等药材，可是成效却在数十年之后，而且有很多禁忌，是不能和茶叶相类比的。有人说饮茶过多会令人体格削弱、容易患风痹病，我说不是这样的。一般说来物品能够祛除邪气，就一定能够辅助正气，哪里有只消除各种病痛而无益于健康的呢？如今天下以茶叶作为土产贡献给朝廷的其实很多，而以顾渚（山名，今浙江长兴境内）、蕲阳（今湖北蕲春北山）、蒙山（山名，今四川雅安境内）为上品，其次则有寿阳（今安徽寿县）、义兴（今江苏宜兴）、碧涧（今湖北松滋）、灉湖（今湖南岳阳）、衡山（今湖南衡山），最差的是鄱阳（今属江西）、浮梁（今江西景德镇）。如今其中的精品可以说没有比它们更好的了。即使得到其中的粗茶，那么下层的民众也无不推杯换盏，纷纷品饮。一时之间得不到茶叶品饮，肠胃内脏就会产生各种疾病。人们如此嗜好饮茶，在西晋以前从来没有听说过。考虑到如此天下最好的滋味，有时不免会被遗漏，所以我编撰了一部《茶述》。

宋徽宗《大观茶论》：茶之为物，擅瓯闽之秀气，钟山川之灵禀。祛襟涤滞，致清导和，则非庸人孺子可得而知矣。冲淡间洁，韵高致静，则非惶遽之时

宋徽宗《大观茶论·序》中说：至于说到茶这种植物，它占有浙江、福建一带地方的秀美之气，集中了山岭川流之间自然之灵性。饮茶可以使人开阔胸襟、涤除郁闷，进而达到精神清爽、心境平和的状态，其中的韵味却不是平庸之人和孩子所能体会得到的。品饮之中的那种淡泊高洁、韵致宁静的幽趣，也是无法在

可得而好尚矣。

本朝之兴，岁修建溪之贡，龙团凤饼，名冠天下，而壑源之品，亦自此而盛。延及于今，百废具举，海内宴然，垂拱密勿，幸致无为。缙绅之士，韦布之流，沐浴膏泽，薰陶德化，咸以雅尚相推，从事茗饮。故近岁以来，采择之精，制作之工，品第之胜，烹点之妙，莫不盛造其极。呜呼！至治之世，岂唯人得以尽其材，而草木之灵者，亦得以尽其用矣。偶因暇日，研究精微，所得之妙，后人有不自知为利害者，叙本末二十篇，号曰《茶论》。

一曰地产，二曰天时，三曰择采，四曰蒸压，五曰制造，六曰鉴别，七曰白茶，八曰罗碾，九曰盏，十曰筅，十一曰瓶，十二曰杓，

生计窘迫、兵荒马乱的岁月中体味和崇尚的。

自从宋朝建立以来，每年都要把福建建溪所产的茶叶作为贡品，这里所产的“龙团”“凤饼”，美名甲于天下，而建安壑源的茶品也从此而日负盛名。发展到了今天（北宋大观年间），我们的国家百废俱兴，海内晏然风清，朝廷之上君臣勤勉治国，幸而达到了无为而治、国泰民安的境地。无论是缙绅之士，还是平民百姓，都承蒙天地的恩泽，受到道德教化的熏陶，盛行高雅的生活风尚，竞相从事品茗斗茶之事。所以近年来，人们采摘和挑选茶叶之精心，制作茶叶之工巧，讲究茶叶品级之优秀，烹点品饮技巧之高妙，无不达到了登峰造极的地步。唉！天下升平的至治之世，不仅仅是人们得以充分发挥其才能，就是像茶叶这样本性通灵的草木之类，也得以充分展示其功用。我偶然借着闲暇的日子，潜心研究茶道的精微，领悟到了其中的奥秘，考虑到后世之人不一定能自然通晓品饮的利害，所以我在这里详细地叙述了茶事的本末，共分为二十篇，取名为《茶论》。

第一叫作地产，第二叫作天时，第三叫作择采，第四叫作蒸压，第五叫作制造，第六叫作鉴别，第七叫作白茶，第八叫作罗碾，第九叫作盏，第十叫作筅，第十一叫作瓶，第十二叫作杓，第十三叫作水，第十四叫作点，第十五叫作味，第十六叫作香，第十七叫作色，第

十三曰水，十四曰点，十五曰味，十六曰香，十七曰色，十八曰藏焙，十九曰品名，二十曰外焙。

十八叫作藏焙，第十九叫作品名，第二十叫作外焙。

名茶，各以所产之地，如叶耕之平园、台星岩，叶刚之高峰、青凤髓，叶思纯之大岚，叶屿之屑山，叶五崇林之罗汉山、水桑芽，叶坚之碎石窠、石臼窠［一作穴窠］。叶琼、叶辉之秀皮林，叶师复、师贶之虎岩，叶椿之无双岩芽，叶懋之老窠园，各擅其美，未尝混淆，不可概举。焙人之茶，固有前优后劣、昔负今胜者，是以园地之不常也。

《大观茶论·品名》中说：茶叶的命名，分别按其所产之地而取法。例如叶耕的平园、台星岩，叶刚的高峰、青凤髓，叶思纯的大岚，叶屿的屑山，叶五崇林的罗汉山、水桑芽，叶坚的碎石窠、石臼窠［也叫作穴窠］，叶琼、叶辉的秀皮林，叶师复、叶师贶的虎岩，叶椿的无双岩芽，叶懋的老窠园。这些茶各自有其独具的美味，不曾混淆，无法一一列举。制茶工人生产出来的茶，本来就有先前质优而后来质劣的，或者是先前质量低劣而后来质量提高的，这也是因为产茶园地本身并非一成不变的啊！

丁谓《进新茶表》：右件物产异金沙，名非紫笋。江边地暖，方呈“彼茁”之形，阙下春寒，已发“其甘”之味。有以少为贵者，焉

北宋丁谓《进新茶表》中写道：所进这件物产（惯例贡茶同时贡水），既不同于钱塘孤山的金沙泉水，其茶名也不是顾渚紫笋。长江南边气候温暖，茶叶初发，刚刚呈现出“彼茁者葭”的样子，都城里春天依然寒冷，已经发出“其甘如荠”的味道。物以稀为贵，但我怎么敢

敢韫而藏诸。见谓新茶，实遵旧例。

独自收藏起来。现在我所进贡的新茶，其实也是遵循旧有的惯例。

蔡襄《进〈茶录〉表》：臣前因奏事，伏蒙陛下谕臣先任福建运使日，所进上品龙茶，最为精好。臣退念草木之微，首辱陛下知鉴，若处之得地，则能尽其材。昔陆羽《茶经》，不第建安之品；丁谓《茶图》，独论采造之本。至烹煎之法，曾未有闻。臣辄条数事，简而易明，勒成二篇，名曰《茶录》。伏唯清闲之宴，或赐观采，臣不胜荣幸。

北宋蔡襄《进〈茶录〉表》中写道：臣先前上奏言事，承蒙陛下颁发诏谕，说我从前担任福建转运使的时候，所进贡的上品龙团茶最为精妙。臣退朝之后私下感念茶叶作为一种微不足道的草木，竟蒙陛下的知遇和品鉴，如果使其得地利之便，就可以充分发挥其材用。从前陆羽的《茶经》，没有列举建安（今福建建瓯）的茶品，我朝丁谓的《茶图》（即《北苑茶录》），仅仅论述了茶叶采制的方法。至于茶叶烹点品饮的方式，还未曾听说过有专门的记载。臣于是就罗列了几个方面，简单而易于明白，编成上下两篇，取名叫作《茶录》。诚恳希望陛下清闲安乐之时，能够予以观览和采纳，臣将不胜惶恐，荣幸之至。

欧阳修《归田录》：茶之品，莫贵于龙凤，谓之团茶，凡八饼重一斤。庆历中，蔡君谟始造小片龙茶以进，其品精绝，谓之小团，凡二十八饼重一斤，其价值金二两。然金可有，而茶不可得。每因南郊致

北宋欧阳修《归田录》中说：茶叶的精品，没有比龙团、凤饼更为珍贵的了，通称为“团茶”，八饼重一斤。庆历中，蔡襄（字君谟）开始创制小片龙团茶进贡，其品质精致绝伦，称为“小龙团”，二十八饼重一斤，价值黄金二两。然而，黄金易得，而小龙团茶却极其难得。每年冬至因于南郊举行祭天之礼而进行斋戒，中书省和枢密院各赏赐一饼龙团，四位大臣分享之。宫人往往在龙团表面贴上镂刻的金色花

斋，中书、枢密院各赐一饼，四人分之。宫人往往缕金花于其上，盖其贵重如此。

纹图案，由此可见其贵重的程度。

赵汝砺《北苑别录》：草木至夜益盛，故欲导生长之气，以渗雨露之泽。茶于每岁六月兴工，虚其本，培其末，滋蔓之草，遏郁之木，悉用除之，政所以导生长之气，而渗雨露之泽也。此之谓开畬。唯桐木则留焉。桐木之性，与茶相宜，而又茶至冬则畏寒，桐木望秋而先落，茶至夏而畏日，桐木至春而渐茂。理亦然也。

南宋赵汝砺《北苑别录》中说：草木到了晚间更加茂盛，所以要引导其生长之气，就要渗透雨露之润泽。茶园的管理一般在六月开始兴工，修剪茶树枝条，以涵养嫩枝细芽，园中滋蔓的杂草，遮蔽茶树的树木，都要清除干净，这就是所谓的引导生长之气、渗透雨露之泽，也叫作开畬。只有园中的桐木予以保留。桐木的本性与茶树相适宜，而且茶树到了冬天就害怕寒冷，桐木到了秋天就先落叶，茶树到了夏天就害怕日晒，桐木到了春天就日渐茂盛。其中的道理正是这样。

王辟之《渑水燕谈》：建茶盛于江南，近岁制作尤精，龙团最为上品，一斤八饼。庆历中，蔡君谟为福建运使，始造小团，以充岁贡，一斤二十八饼，所谓上品龙茶者也。仁宗

宋王辟之《渑水燕谈录》中说：建茶兴盛于江南，近年来制作尤其精妙，其中又以龙团最为上品，八饼重一斤。庆历中，蔡襄（字君谟）担任福建转运使，开始制作小龙团，作为每年的贡品，二十八饼重一斤，也就是所谓的上品龙茶。仁宗皇帝非常珍惜，即使宰相也不曾随意赏赐，只有到了南郊祭天大礼前斋戒的时候，中书省和枢密院两府各四位大臣合起来

尤所珍惜，虽宰相未尝辄赐，唯郊礼致斋之夕，两府各四人，共赐一饼。宫人剪金为龙凤花，贴其上。八人分蓄之，以为奇玩，不敢自试，有佳客，出为传玩。欧阳文忠公云：“茶为物之至精，而小团又其精者也。”嘉祐中，小团初出时也。今小团易得，何至如此多贵？

赏赐一饼。宫人剪金为龙凤花贴于其上。八个人分开珍藏，以为奇珍异宝，不敢轻易烹点取饮，有高雅的客人到来，才拿出来传阅把玩。欧阳修（谥号文忠）先生说：“茶是物产中的至精妙品，而小龙团则又是茶中的精品。”嘉祐中（1056—1063），是小龙团刚刚问世的时候。到如今小龙团也容易得到了，怎么能到如此珍贵的地步呢？

周煇《清波杂志》：自熙宁后，始贡密云龙。每岁头纲修贡，奉宗庙及贡玉食外，赉及臣下无几。戚里贵近，丐赐尤繁。宣仁太后令建州不许造密云龙，受他人煎炒不得也。此语既传播于缙绅间，由是密云龙之名益著。淳熙间，亲党许仲启官麻沙，得《北苑修贡录》，序以刊行。其间载：岁贡十有二纲，凡

南宋周煇《清波杂志》中说：自北宋神宗熙宁年间以后，北苑开始制造和进贡密云龙。每年第一批所贡的茶叶，除宗庙祭祀和皇宫饮用之外，赏赐臣下的没有多少了。皇帝的亲戚与身边亲近的人请求赏赐者越来越多。宣仁太后下令建州不许再制造密云龙，就是因为受不了他人求索烦扰的缘故。这样的消息在缙绅士大夫之间传播之后，密云龙的名气从此就更大了。南宋孝宗淳熙年间（1174—1189），亲党许开（字仲启，丹徒人，官至中奉大夫）在麻沙做官，得到一部《北苑修贡录》，就为之作序并刊刻行世。其间记载每年进贡茶叶十二批，共三等，四十一个品种。第一批叫作龙焙贡新，只生产五十多銙。其贵重如此，其中独无所谓

三等，四十有一名。第一纲曰龙焙贡新，止五十余銙。贵重如此，独无所谓密云龙者。岂以贡新易其名耶？抑或别为一种，又居密云龙之上耶？

“密云龙”。难道是以“贡新”改易其名呢？或者是别为一种，又位居“密云龙”之上呢？

沈存中《梦溪笔谈》：古人论茶，唯言阳羡、顾渚、天柱、蒙顶之类，都未言建溪。然唐人重串茶粘黑者，则已近乎建饼矣。建茶皆乔木，吴、蜀、淮南唯丛茇（bá）而已，品自居下。建茶胜处曰郝源、曾坑，其间又有坌根、山顶二品尤胜。李氏号为北苑，置使领之。

北宋沈括（字存中）《梦溪笔谈》中说：古人谈论茶叶，只说阳羡、顾渚、天柱、蒙顶之类，都没有谈到建溪。然而唐朝人很看重的一种黏黑的串茶，已经接近于建溪的饼茶了。建溪的茶树都是乔木，而吴地、蜀地以及淮南的茶叶只是丛生的灌木，品质自然居下。建茶著名的产地叫作郝源（即壑源）、曾坑，其间又有坌根、山顶两个品种更胜一筹。南唐李氏将其命名为北苑，并设置官吏管理其事。

胡仔《苕溪渔隐丛话》：建安北苑，始于太宗太平兴国二年，遣使造之，取象于龙凤，以别庶饮，由此入贡。至道间，仍添造石乳、腊面。其后大小龙，又

南宋胡仔《苕溪渔隐丛话》中说：建安北苑进贡茶叶，开始于宋太宗太平兴国二年，朝廷派遣使者监督制造，取龙凤图像，以便与庶民饮茶相分别，从此开始进贡。到至道年间，添造石乳、腊面。其后又兴起大小龙团，起于丁谓而成于蔡襄。到徽宗宣和、政和年间（依顺序应为政和、重和、宣和年间1111—1125），

起于丁谓而成于蔡君谟。至宣、政间，郑可简以贡茶进用，久领漕，创添续入，其数浸广，今犹因之。

福建漕臣郑可简因为贡茶得宠，晋升为福建路转运使，长期掌管漕运，不断创制增加新品种进贡，其贡品数量渐广，至今仍然承袭以前的做法。

细色茶五纲，凡四十三品，形制各异，共七千余饼，其间贡新、试新、龙团胜雪、白茶、御苑玉芽，此五品乃水拣，为第一；余乃生拣，次之。又有粗色茶七纲，凡五品。大小龙凤并拣芽，悉入龙脑和膏，为团饼茶，共四万余饼。盖水拣芽，即社前者；生拣茶，即火前者；粗色茶，即雨前者。闽中地暖，雨前茶已老而味加重矣。又有石门、乳吉、香口三外焙，亦隶于北苑，皆采摘茶芽，送官焙添造。每岁縻金共二万余缗，日役千夫，凡两月方能迄事。第所造之茶，不许过数，入贡之后，市

细色茶五批，共有四十三个品种，形制各异，共计七千多饼，其中贡新、试新、龙团胜雪、白茶、御苑玉芽五个品种，乃是水拣茶，为第一等；其余都是生拣茶，质量次之。还有粗色茶七批，共有五个品种。大小龙凤茶以及拣芽，都要加入龙脑香料，调和为膏，制成团饼茶，共计四万余饼。水拣茶就是春社之前采摘的茶芽，生拣茶则是火前即寒食禁火之前采摘的茶芽，粗色茶则是雨前即雨水节气之前采摘的茶芽。福建气候温暖，雨前茶已经显老而味道浓重了。另外还有石门、乳吉、香口三个外焙，也隶属于北苑，都是采摘茶芽，送到官焙添造。每年花费白银两万多缗，每天动用上千的夫役采制茶叶，持续两月方才完成。只是所采制的茶叶不允许超过规定数目，进贡之后市面上已无货可买了，所以民间很少能够得到。只有壑源等地的私焙茶，其中的绝品也可以与官焙茶相提并论，从古到今，也进贡朝廷，而那些流贩四方的茶叶，全都是私焙茶罢了。

无货者，人所罕得。唯婺源诸处私焙茶，其绝品亦可敌官焙，自昔至今，亦皆入贡，其流贩四方者，悉私焙茶耳。

北苑在富沙之北，隶建安县，去城二十五里，乃龙焙造贡茶之处，亦名凤凰山。自有一溪，南流至富沙城下，方与西来水合而东。

北苑在富沙驿的北面，隶属于建安县，距离县城二十五里，乃是龙焙制造贡茶的地方，又名凤凰山。那里有一条小溪，向南流到富沙城下，才与自西而来的水汇合一起向东流去。

车清臣《脚气集》：《毛诗》云："谁谓荼苦，其甘如荠。"注：荼，苦菜也。《周礼·掌荼》："以供丧事。"取其苦也。苏东坡诗云："周《诗》记苦荼，茗饮出近世。"乃以今之茶为荼。夫茶，今人以清头目。自唐以来，上下好之，细民亦日数碗，岂是荼也。茶之粗者，是为茗。

南宋车若水（字清臣）《脚气集》中说：《诗经·邶风·谷风》记载："谁谓荼苦，其甘如荠。"毛注：荼，即苦菜。《周礼·地官司徒·掌荼》记载："(掌管按时征收荼,) 以供丧事之需要。"就是取其苦的涵义。苏东坡有诗咏道："周《诗》记苦荼，茗饮出近世。"乃是以今天的茶为荼。茶叶，今天的人们用来清心明目，自唐朝以来，上下各阶层的人们都普遍喜欢品饮，即使平民百姓也每天饮茶数碗，难道会是荼吗？茶中比较粗糙的，叫作茗。

宋子安《东溪试茶录·序》：茶宜高山之

南宋宋子安《东溪试茶录·序》中说：茶叶适宜高山的阴坡，而喜欢阳光普照的早晨。

阴，而喜日阳之早。自北苑凤山，南直苦竹园头，东南属张坑头，皆高远先阳处，岁发常早，芽极肥乳，非民间所比。次出壑源岭，高土沃地，茶味甲于诸焙。丁谓亦云：凤山高不百丈，无危峰绝崦，而冈翠环抱，气势柔秀，宜乎嘉植灵卉之所发也。又以建安茶品甲天下，疑山川至灵之卉，天地始和之气，尽此茶矣。又论石乳出壑岭断崖缺石之间，盖草木之仙骨也。近蔡公亦云："唯北苑凤凰山连属诸焙，所产者味佳，故四方以建茶为目，皆曰北苑云。"

从北苑凤凰山，向南到苦竹园头，向东南则属于张坑头，都是地处高远而且先得阳光照耀的地方，每年发芽都较早，茶芽极为肥嫩，非民间茶山所可比拟。其次出产于壑源岭，山势较高，土地肥沃，所产茶味在诸焙中独占鳌头。丁谓也说凤凰山高不过百丈，也没有险峻的高峰和陡峭的山头，而是山岗环抱，满目苍翠，气势柔美灵秀，非常适宜嘉木灵卉的生长繁衍。又因为建安茶品甲于天下，所以有人认为山川之间最美好的灵气，天地之间最和谐之气，都凝聚在这里的茶叶当中。又有人议论说壑源岭的断崖残石之间有石乳生出，正是灵草嘉木的仙骨。近来蔡襄也说过："只有北苑凤凰山一带各个茶焙所产茶叶味道最好，因此天下四方以建茶为名的，都自称是北苑茶。"

黄儒《品茶要录·序》：说者尝谓陆羽《茶经》不第建安之品。盖前此茶事未甚兴，灵芽真笋，往往委翳消腐而人不知惜。自

南宋黄儒《品茶要录·序》中说：谈论茶史的人们常常责备陆羽《茶经》没有论列建安茶品级，大概是因为在这以前茶事还不是很兴盛，上好的茶叶往往任其枯萎腐败，自然消逝，而人们却不知道珍惜。自从宋朝初年以来，士大夫承蒙皇上的恩泽，歌咏升平盛世，已经很

国初以来，士大夫沐浴膏泽，咏歌升平之日久矣。夫身世洒落，神观冲淡，唯兹茗饮为可喜。园林亦相与摘英夸异，制卷鬻新，以趋时之好。故殊异之品，始得自出于榛莽之间，而其名遂冠天下。借使陆羽复起，阅其金饼，味其云腴，当爽然自失矣。因念草木之材，一有负瑰伟绝特者，未尝不遇时而后兴，况于人乎？

久了。他们风度潇洒脱俗，精神清静淡泊，只有品茶这种生活艺术与之相契合，成了他们修身养性的赏心乐事。生产茶叶的园户也争相采摘上好的茶叶，不断发现新奇的品种，精心加工制造出新茶珍品，以迎合士大夫的时尚需求。所以茶中的珍稀绝品才得以从杂乱丛生的草木中被发现和开发出来，从此就名冠天下。假使茶圣陆羽能够复生，观赏那色泽金黄的茶饼，品味那清香馥郁的茶汤，恐怕也会觉得自己有所疏漏，而茫无所见，无所适从。由此使人想到，在普通的草木之中，一旦出现了珍异独特、新奇殊绝的名优品种，没有不遇到好时机而后兴起盛行的，何况是人呢！

苏轼《书黄道辅〈品茶要录〉后》：黄君道辅，讳儒，建安人。博学能文，淡然精深，有道之士也。作《品茶要录》十篇，委曲微妙，皆陆鸿渐以来论茶者所未及。非至静无求，虚中不留，乌能察物之情如此其详哉？

苏轼《书黄道辅〈品茶要录〉后》中说：黄道辅先生，名儒，建安（今福建建瓯）人，博学能文，淡然精深，是一位学养深厚的人。编撰有《品茶要录》十篇，洞悉其原委，臻于微妙，都是陆羽以来谈论茶事的人们所不曾涉及的。如果不是内心修为极度平和，一无所求，襟怀空阔，不滞于物，怎么能够体察事物的情状如此详尽呢？

《茶录》：茶，古不闻食之，自晋、宋已

唐代杨晔《膳夫经手录·茶录》中说：茶叶，古时不曾听说有人食用，自从东晋、南朝

降，吴人采叶煮之，名为茗粥。

宋以来，吴人采摘其叶煮之，叫作茗粥。

叶清臣《煮茶泉品》：吴楚山谷间，气清地灵，草木颖挺，多孕茶荈。大率右于武夷者为白乳，甲于吴兴者为紫笋，产禹穴者以天章显，茂钱塘者以径山稀。至于桐庐之岩，云衢之麓，鸦山著于宣、歙，蒙顶传于岷、蜀，角立差胜，毛举实繁。

北宋叶清臣《述煮茶泉品》中说：长江中下游地区的山谷之间，空气清新，土地灵异，草木茁壮挺拔，多孕育生长着茶叶。大体说来，武夷山区所产最好的是白乳茶，吴兴地区（今浙江湖州）所产最好的是紫笋茶，会稽地区（今浙江绍兴）所产最好的是天章茶，钱塘地区（今浙江杭州）所产最好的是径山茶。至于说到桐庐（一作续庐）的山岩、云衢（一作云衡）的山麓，都是名茶的产地，鸦山茶著称于宣城、歙县一带，蒙顶茶则驰名于四川地区，这些名茶相比较而言，都卓然并立，各擅胜场，如果要一一列举实在是过于烦琐了。

周绛《补茶经》：芽茶只作早茶，驰奉万乘尝之可矣。如一旗一枪，可谓奇茶也。

北宋周绛《续茶经》中说：芽茶只是作为早茶，乘驿传进奉给皇上，品尝新茶就可以了。如果是一旗一枪（即一叶一芽），可以说是茶中的奇异品种了。

胡致堂曰：茶者，生人之所日用也。其急甚于酒。

元代马端临《文献通考》引宋人胡寅（1098—1156，字明仲，世称致堂先生）说：茶叶，是人们日常生活所必需的物品，其急切实用远远超过了酒。

陈师道《后山丛谈》：茶，洪之双井，越之日注，莫能相先后，而强为之第者，皆胜心耳。

南宋陈师道《后山丛谈》（当为《后山谈丛》）中说：茶叶，洪州（今江西修水）的双井茶、越州（今浙江绍兴）的日注茶（一作日铸茶），都是极品，无法确定先后次序，如果强行分出个等第来，那只能是心中比试的结果。

陈师道《茶经·序》：夫茶之著书自羽始，其用于世亦自羽始，羽诚有功于茶者也。上自宫省，下逮邑里，外及戎夷蛮狄，宾祀燕享，预陈于前；山泽以成市，商贾以起家，又有功于人者也。可谓智矣。《经》曰："茶之否臧，存于口诀。"则书之所载，犹其粗也。夫茶之为艺下矣，至其精微，书有不尽，况天下之至理，而欲求之文字纸墨之间，其有得乎？昔者，先王因人而教，同欲而治，凡有益于人者，皆不废也。

陈师道《茶经·序》中写道：茶的专门著作是从陆羽开始的，其为世所用也是从陆羽开始的，陆羽的确是茶文化的有功之臣。上自宫廷官府，下到城邑乡里，外到边疆异域，礼宾祭祀，宴会应酬，都要预先设置茶饮；山泽因茶叶而形成市场，商贾因茶叶而起家发财，陆羽又是人类的有功之臣，可以说是一位智者。《茶经》上说："茶叶品质好坏的鉴别，另存有一套口诀。"那么书中所记载的，还是比较粗略的。饮茶的技艺是形而下者，至于其中的精深微妙之处，书中有不尽的余味，况且天下的至理名言，如果想从文字纸墨之间求得，怎么能够得到呢？从前，古圣先王对不同的人实行不同的教育，根据人们想法不同而采用不同的治理方式，所以凡是有益于人的方法，都不可轻易偏废。

吴淑《茶赋》注：五花茶者，其片作五出花也。

宋吴俶《茶赋》注释中说：所谓五花茶，它的叶片像五瓣形状的花。

姚氏《残语》：绍兴进茶，自范文虎始。

宋姚宽《残语》（出处误引，当为元陆友仁《研北杂志》）中记载：绍兴府进贡茶叶，从南宋降元将领、元两浙大都督范文虎开始。

王楙《野客丛书》：

南宋王楙（字勉夫，长洲人）《野客丛书》

世谓古之荼，即今之茶。不知荼有数种，非一端也。《诗》曰“谁谓荼苦，其甘如荠”者，乃苦菜之荼，如今苦苣之类。《周礼》“掌荼”、《毛诗》“有女如荼”者，乃苕荼之荼也，正萑苇之属。唯荼槚之荼，乃今之茶也。世莫知辨。

中记载：世俗认为古代的荼，就是今天的茶。殊不知荼有很多种类，并不是只有一种涵义。《诗经·邶风·谷风》所说的“谁谓荼苦，其甘如荠。”荼就是指的苦菜，如同今天的苦苣菜之类。《周礼·地官司徒》所谓的“掌荼”、《诗经》毛注所谓的“有女如荼”，都是指的苕荼之荼，属于芦苇一类的植物。只有荼槚的荼，才是今天所说的茶。世俗的人都不知道加以辨别。

《魏王花木志》：茶叶似栀，可煮为饮。其老叶谓之荈，嫩叶谓之茗。

北魏宗室元欣《魏王花木志》中说：茶叶与栀子树叶很相似，可以烹煮作为饮料。其老叶称为荈，嫩叶则称为茗。

《瑞草总论》：唐宋以来，有贡茶，有榷茶。夫贡茶，犹知斯人有爱君之心。若夫榷茶，则利归于官，扰及于民，其为害又不一端矣。

宋谢维新《古今合璧事类备要·香茶门·茶·瑞草总论》中说：唐宋以来就有贡茶，有榷茶。贡茶，还可从中知晓此人有爱戴君王的心思；至于说榷茶，则是对茶叶进行征税和专卖，利益归于官府，烦扰则归于百姓，它的危害远不止一个方面。

元熊禾《勿轩集·北苑茶焙记》：贡，古也。茶贡，不列《禹贡》《周·职方》，而昉（fǎng）于唐，北

元代熊禾《勿轩集·北苑茶焙记》中说：任土作贡，是一种古老的经济制度；贡茶，《尚书·禹贡》《周礼·职方氏》都没有记载，而是开始于唐代，而宋代的北苑贡茶又是其中最为著名的。北苑位于建安城东二十五里，唐朝末

苑又其最著者也。苑在建城东二十五里，唐末里民张晖始表而上之。宋初丁谓漕闽，贡额骤益，斤至数万。庆历承平日久，蔡公襄继之，制益精巧，建茶遂为天下最。公名在四谏官列，君子惜之。欧阳公修虽实不与，然犹夸侈歌咏之。苏公轼则直指其过矣。君子创法可继，焉得不重慎也。

年当地人张晖（即张廷晖）才上表并贡茶于朝廷。宋初丁谓担任福建转运使，贡茶数额急剧增加，达到数万斤。庆历年间承平日久，蔡襄继任，贡茶的制造更加精巧，建茶于是成为天下最好的茶品。蔡襄名列四谏官（另外有欧阳修、余靖、王素）之中，正人君子都为之感到惋惜。欧阳修虽然没有参与贡茶的实践活动，还是写下了《和章岷从事斗茶歌》等诗文夸张铺排，吟咏贡茶。苏轼则直截了当指出贡茶的危害和错误。由此可见，君子创始法制必须考虑其可继承性，怎么可以不慎重呢？

《说郛·臆乘》：茶之所产，六经载之详矣，独异美之名未备。唐宋以来，见于诗文者尤夥，颇多疑似，若蟾背、虾目、雀舌、蟹眼、瑟瑟尘、霏霏雪、鼓浪、涌泉、琉璃眼、碧玉池，又皆茶事中天然偶字也。

元代陶宗仪《说郛》所收宋人杨伯嵒（yán）《臆乘》中说：茶叶的生产，六经中都有详细记载，只是还没有形成奇异、美好的名声。唐宋以来，诗文之中的记载尤其繁多，词藻和用典颇多疑似之处，例如蟾背、虾目，雀舌、蟹眼，瑟瑟尘、霏霏雪，鼓浪、涌泉，琉璃眼、碧玉池，这些都是用来形容磨茶、煮水、点茶等茶事活动中天然的对仗词语。

《茶谱》：衡州之衡山、封州之西乡茶，研膏为之，皆片团如月。又彭州蒲村、堋

五代毛文锡《茶谱》中说：衡州（今湖南衡阳）的衡山茶，封州（今广东新兴东南、开平西）的西乡茶，都是蒸青后研成膏状、压制成饼，成片、成团如同月亮。另外彭州的蒲村、

（péng）口，其园有仙芽、石花等号。

堋口，当地茶园中有“仙芽”“石花”等名号。

明人《月团茶歌序》：唐人制茶，碾末以酥滫（xiǔ）为团，宋世尤精，元时其法遂绝。予效而为之，盖得其似，始悟古人咏茶诗所谓“膏油首面”，所谓“佳茗似佳人”，所谓“绿云轻绾湘娥鬟”之句。饮啜之余，因作诗记之，并传好事。

明代文学家杨慎《月团茶歌序》中说：唐人制茶，将茶叶碾成细末，以酥调和做成团状。宋代制茶方法更加精巧，发展到元代这种饼茶制法逐步消失。我曾仿效其法制茶，只得其形似，然而也因此才领悟了古人咏茶诗所谓的“膏油首面”“佳茗似佳人”“绿云轻绾湘娥鬟”等诗句的含义。品饮之余，于是作诗记录，并希望以此方式传播这件好事。

屠本畯《茗笈·评》：人论茶叶之香，未知茶花之香。余往岁过友大雷山中，正值花开，童子摘以为供，幽香清越，绝自可人，惜非瓯中物耳。乃予著《瓶史月表》以插茗花为斋中清玩。而高濂《盆史》亦载“茗花足助玄赏”云。

明代屠本畯《茗笈·第十六玄赏章·评》中说：人们谈论茶叶的香，却不知道茶花的香。往年我曾经到大雷山（雁荡山支脉，浙江玉环、温岭分水岭）中去拜访朋友，正值茶花盛开，童子采摘茶花以供欣赏，香气清幽脱俗，非常宜人，可惜并不能作为瓯中品饮之物罢了。因此，我在所著《瓶史月表》中，以插茶花作为书斋中的清赏之一。高濂《盆史》也记载有茗花，并有“茗花足以助吾玄赏”的说法。

《茗笈·赞》十六章：一曰溯源，二曰得地，三曰乘时，四曰揆

明代屠本畯《茗笈·赞》（《茗笈》，每章前有“赞”，后有“评”）上下篇共十六章，第一章叫作溯源，第二章叫作得地，第三章叫

制，五曰藏茗，六曰品泉，七曰候火，八曰定汤，九曰点瀹，十曰辨器，十一曰申忌，十二曰防滥，十三曰戒淆，十四曰相宜，十五曰衡鉴，十六曰玄赏。

作乘时，第四章叫作揆制，第五章叫作藏茗，第六章叫作品泉，第七章叫作候火，第八章叫作定汤，第九章叫作点瀹，第十章叫作辨器，第十一章叫作申忌，第十二章叫作防滥，第十三章叫作戒淆，第十四章叫作相宜，第十五章叫作衡鉴，第十六章叫作玄赏。

谢肇淛《五杂俎》：今茶品之上者，松萝也，虎丘也，罗岕也，龙井也，阳羡也，天池也。而吾闽武夷、清源、鼓山三种，可与角胜。六安、雁宕、蒙山三种，祛滞有功而色香不称，当是药笼中物，非文房佳品也。

明代谢肇淛《五杂俎》中说：如今茶叶中的上品，有松萝茶、虎丘茶、罗岕茶、龙井茶、阳羡茶、天池茶。而我们福建武夷、清源、鼓山三个品种，可以与这些名茶一争高下。六安、雁宕、蒙山这三个品种，对于消除积食很有作用，可是色泽和香味却不突出，应当说是医家实用之物，而不是文人书房的清玩佳品。

《西吴枝乘》：湖人于茗，不数顾渚，而数罗岕。然顾渚之佳者，其风味已远出龙井。下岕稍清隽，然叶粗而作草气。丁长孺尝以半角见饷，且教余烹煎之法。迨试之，殊类羊公鹤。此余有解有未解也。余尝品茗，以武

明代谢肇淛《西吴枝乘》中说：湖州人对于当地所产茶叶，不推崇顾渚，而推崇罗岕。但是顾渚茶中的上品，风味已经远远超过了龙井。罗岕茶中的下品稍显清隽，可是叶粗而带有草气。丁元荐（字长孺，号慎所，长兴人）曾经赠送给我半角的罗岕茶，而且教我烹煎的方法，等到我自己试茶时，感到特别像羊公即羊叔子所养的鹤（典出《世说新语·排调》）名不副实。这就是我有所理解而又没有完全理解的缘故。我曾经品饮天下名茶，以武夷茶、虎

夷、虎丘第一，淡而远也。松萝、龙井次之，香而艳也。天池又次之，常而不厌也。余子琐琐，勿置齿喙。［谢肇淛］

丘茶为第一，因为其茶冲淡而悠远；松萝茶、龙井茶次之，因为其茶馨香而娇艳；天池茶又次之，因为其茶味平常却饮之不厌。其余的都比较平常，不值得加以评论。［谢肇淛］

屠长卿《考槃余事》：虎丘茶，最号精绝，为天下冠，惜不多产，皆为豪右所据，寂寞山家无由获购矣。天池，青翠芳馨，啖之赏心，嗅亦消渴，可称仙品。诸山之茶，当为退舍。阳羡，俗名罗岕，浙之长兴者佳，荆溪稍下。细者，其价两倍天池，惜乎难得，须亲自收采方妙。六安，品亦精，入药最效，但不善炒，不能发香而味苦，茶之本性实佳。龙井之山，不过数十亩，外此有茶，似皆不及。大抵天开龙泓美泉，山灵特生佳茗以副之耳。山中仅有一二家炒法甚精，

明代屠隆（字长卿，号赤水）《考槃余事》中说：苏州虎丘茶最称精妙绝伦，为天下名茶之冠，可惜这种茶产量不多，都被当地豪强势要所把持，寂寞无闻的山林之家没有办法购买得来。天池茶青翠芳香，品饮之下赏心悦目，即使闻一闻也能消渴，堪称仙品。其他诸山的茶叶都当退避三舍，无法相提并论。阳羡茶俗名罗岕茶，产于浙江长兴县的最佳，产于荆溪的稍嫌不足。其中精细的品种，价格两倍于天池茶，只可惜十分难得，必须亲自采摘加工才好。江北的六安茶品质也很精妙，入药最好，但是当地人们不善于炒茶，不能使茶的真香充分发挥出来，从而略感味道偏苦，其实茶的本性非常好。龙井茶山方圆不过数十亩，超过这一范围有茶出产与龙井外表相似却品质不及。大约大自然开辟了龙泓美泉（即龙井泉，在西湖凤凰岭下龙泓村），山中则特意生长佳茶与之相配。龙井山中只有一两家炒法非常精妙。近年来有山中和尚烘焙的茶叶也非常好，其真品即使天池茶也无法企及。天目山茶在品质上略次于天池茶、龙井茶，也称得上是茶中佳品。

近有山僧焙者亦妙，真者，天池不能及也。天目，为天池、龙井之次，亦佳品也。地志云：“山中寒气早严，山僧至九月即不敢出。冬来多雪，三月后方通行，其萌芽较他茶独晚。”

当地方志记载：“山中寒气来得早而且重，山中和尚到九月以后就不敢出山。冬天多雪，三个月以后才可以通行，所以茶叶萌芽比其他茶叶要晚。”

包衡《清赏录》：昔人以陆羽饮茶比于后稷树谷，及观韩翃《谢赐茶启》云：“吴主礼贤，方闻置茗；晋人爱客，才有分茶。”则知开创之功，非关桑苎老翁也。若云在昔茶勋未普，则比时赐茶已一千五百串矣。

明代包衡（字彦平，秀水人）《清赏录》中说：从前，人们以陆羽对饮茶的贡献与后稷教民种植谷物相提并论，等到读到唐代韩翃《谢赐茶启》（即《为田神玉谢茶表》）中说：“三国吴主礼贤下士，才听说了置茗以代酒的典故；东晋王濛好客善饮，才有了分茶的品饮技艺。”于是知道饮茶艺术的开创之功，并不是桑苎翁陆羽的功劳。如果说从前茶叶的功效尚未普及传播，那么当时赐茶数量已经达到一千五百串了。

陈仁锡《潜确类书》：紫琳腴、云腴，皆茶名也。茗花，白色，冬开似梅，亦清香。[按：冒巢民《岕茶汇钞》云：“茶花味浊，无香，香凝叶内。”二说不同。岂岕

明代陈仁锡（字明卿，长洲人）《潜确类书》中说：紫琳腴、云腴，都是茶的名称。茶花呈白色，冬天盛开，与梅花相似，也清香异常。[按语：冒襄（字辟疆，号巢民，如皋人）《岕茶汇钞》记载：“茶花味浊，没有香味，香气凝结在叶内。”这两种说法不一样，难道唯独岕茶与其他茶不一样吗?]

与他茶独异欤！]

《农政全书》：六经中无"茶"，"荼"即"茶"也。《毛诗》云："谁谓荼苦，其甘如荠。"以其苦而甘味也。

明代徐光启（字子先，号玄扈，上海人）《农政全书》中说：六经中没有"茶"字，其中的"荼"也就是"茶"字。《诗经》中说"谁谓荼苦，其甘如荠"，是因为茶叶清苦而味道甘香。

夫茶，灵草也。种之则利溥，饮之则神清。上而王公贵人之所尚，下而小夫贱隶之所不可阙，诚民生食用之所资，国家课利之一助也。

茶叶是一种灵草，种植茶叶能够获得可观的利益，品饮茶叶则能使人神清气爽。上层社会中的王公贵族非常崇尚这一风习，下层社会中的夫役皂隶也都日用而不可缺少，茶叶的确是民生日用所凭借的经济作物，也是国家赋税收入的一项来源。

罗廪《茶解》：茶园不宜杂以恶木，唯古梅、丛桂、辛夷、玉兰、玫瑰、苍松、翠竹，与之间植，足以蔽覆霜雪，掩映秋阳。其下可植芳兰、幽菊清芬之品。最忌菜畦相逼，不免渗漉，滓厥清真。

明代罗廪（字高君，慈溪人）《茶解》中说：茶园之中不适宜混杂其他不洁净的树木。只有桂花、梅花、辛夷、玉兰、苍松、翠竹之类，可以与茶树间植，也足以屏蔽和覆盖冬日的霜雪，掩映秋日的阳光。茶树下面可以种植芬芳的兰花、幽静的菊花以及各种清新芳香的花草。茶树最忌讳与菜畦接近，不可避免会有污秽之气渗透进来，玷污茶叶的清香和自然之味。

茶地，南向为佳，向阴者遂劣。故一山之中，美恶相悬。

茶园土地以向南朝阳为佳，向北背阴的就较差。所以即使在同一座山中，茶叶的品质好坏相差也会很悬殊。

李日华《六研斋笔

明代李日华（字君实，嘉兴人）《六研斋笔

记》：茶事于唐末未甚兴，不过幽人雅士手撷于荒园杂秽中，拔其精英，以荐灵爽，所以饶云露自然之味。至宋设茗纲，充天家玉食。士大夫益复贵之。民间服习浸广，以为不可缺之物。于是，营殖者拥溉孳粪，等于蔬蔌，而茶亦隤（tuí）其品味矣。人知鸿渐到处品泉，不知亦到处搜茶。皇甫冉《送羽摄山采茶》诗数言，仅存公案而已。

记》中说：茶事在唐朝末年还没有很兴盛，只是幽人雅士亲自从荒凉的茶园或杂草丛生的地方采摘出来，选择其中的精华，以供人获得物质和精神的享受，所以富有云水烟霞的自然之味。到了宋朝，形成了成批进攻朝廷的制度，茶叶充作皇室的美食。士大夫阶层更加推重，民间品饮之风也日渐推广，从而成为不可或缺的生活必需品。于是种植茶叶的人们灌溉培植，与管理种植蔬菜的园圃一样，而茶叶本性的品味也逐渐丧失了。人们知道陆羽到处品评泉水，却不知道他到处探访、品味名茶。皇甫冉《送羽摄山采茶》（一作《送陆鸿渐栖霞寺采茶》）诗中所说的“采茶非采菉，远远上层崖。布叶春风暖，盈筐白日斜。旧知山寺路，时宿野人家。借问王孙草，何时泛碗花。”只是仅存的故事罢了。

徐岩泉《六安州茶居士传》：居士姓茶，族氏众多，枝叶繁衍遍天下。其在六安一枝最著，为大宗；阳羡、罗岕、武夷、匡庐之类，皆小宗；若蒙山，又其别枝也。

明代徐爌（字明宇，号岩泉，太仓人）《六安州茶居士传》中说：居士姓茶，宗族众多，枝叶繁衍，遍于天下。其在六安的这一支脉最为著名，称为大宗；至于阳羡、罗岕、武夷、匡庐之类，都是小宗；至于蒙山，则又是其另外一个支脉。

乐思白《雪庵清史》：夫轻身换骨，消渴涤烦，茶荈之功，至

明代乐纯（字思白，号雪庵，沙县人）《雪庵清史》中说：能够使人身轻如脱胎换骨，解渴消除烦恼，茶叶的功用，堪称至妙至神。从

妙至神。昔在有唐，吾闽茗事未兴，草木仙骨，尚閟其灵。五代之季，南唐采茶北苑，而茗事兴。迨宋至道初，有诏奉造，而茶品日广。及咸平、庆历中，丁谓、蔡襄造茶进奉，而制作益精。至徽宗大观、宣和间，而茶品极矣。断崖缺石之上，木秀云腴，往往于此露灵。倘微丁、蔡来自吾闽，则种种佳品，不几于委翳消腐哉？虽然，患无佳品耳。其品果佳，即微丁、蔡来自吾闽，而灵芽真笋岂终于委翳消腐乎？吾闽之能轻身换骨、消渴涤烦者，宁独一茶乎？兹将发其灵矣。

前在唐朝的时候，我们福建的茶事尚未兴起，被誉为草木仙骨的茶叶还隐藏其灵性。五代后期的南唐，开始在北苑采制茶叶，茶事从此兴起。到北宋太宗至道初年，有诏令造茶进奉，于是茶品日渐增多。到真宗咸平、仁宗庆历年间，丁谓、蔡襄相继任职福建转运使，造茶进贡朝廷，于是建茶制造更加精致。到宋徽宗大观、宣和年间，建茶的品质达到了兴盛的极点。在山间的断崖残石之上，林木挺秀，云气氤氲，茶叶往往于此显其灵异。如果没有丁谓、蔡襄来自我们福建，那么这种种的茶中佳品，不是也会被遗弃不见、自然消逝腐败了吗？即使如此，还是担忧没有佳品。其品质如果真好，那么即使没有丁谓、蔡襄来自我们福建，而灵芽真笋的茶叶难道最终会被遗弃不见、自然消逝腐败吗？我们福建的物产能够使人轻身换骨、消渴涤烦的，难道只有茶叶这一种吗？这里我将揭示其灵异的特性。

冯时可《茶谱》：茶全贵采造。苏州茶饮遍天下，专以采造胜耳。徽郡向无茶，近出松萝，最为时尚。是茶

明代冯时可（字敏卿，号元成，华亭人）《茶谱》（当为《茶录》）中说：茶叶，最关键的全在采摘制造技术。苏州茶之所以能饮遍天下，就完全是因为采摘制造技术取胜。徽州向来不产茶叶，最近出产松萝茶，最为时尚。这

始比丘大方。大方居虎丘最久，得采造法。其后，于徽之松萝结庵，采诸山茶，于庵焙制，远迩争市，价忽翔涌。人因称松萝，实非松萝所出也。

种茶创始于大方和尚。大方和尚在苏州虎丘居住最久，深得虎丘茶的采摘制造方法。后来在徽州休宁松萝山结庵修行，采摘各山的茶叶，在庵中烘焙制造，远近的人们争相来买，价格飞快上涨。人们于是称为松萝茶，其实并非都是松萝山所出产的茶叶。

胡文焕《茶集》：茶，至清至美物也，世皆不味之，而食烟火者又不足以语此。医家论茶性寒，能伤人脾。独予有诸疾，则必借茶为药石，每深得其功效。噫！非缘之有自，而何契之若是耶！

胡文焕（字德甫，号全庵，钱塘人）《茶集》中说：茶叶是至清至美的物品，世上的人都不能体味到这一点，而世俗的人又不足以谈论这一点。医家谈论茶叶，说性寒会伤害人的脾脏。只有我因患有各种疾病，必须借助茶叶作为药物和针石，所以每每深得其功效。唉！如果不是自有缘分，怎么可能如此契合相得呢？

《群芳谱》：蕲州蕲门团黄，有一旗一枪之号，言一叶一芽也。欧阳公诗有“共约试新茶，旗枪几时绿”之句。王荆公《送元厚之诗》云“新茗斋中试一旗”。世谓茶始生而嫩者为一枪，浸大开者为一旗。

明代王象晋（字荩臣，一字康宇，山东新城人）《群芳谱》中说：蕲州（今湖北蕲春）的蕲门团黄茶，有一旗一枪之号，说的是一叶一芽。欧阳修先生有诗句咏道：“共约试新茶，旗枪几时绿。”王安石《送元厚之诗》中也有“新茗斋中试一旗”的句子。世人称茶叶开始发的嫩芽为一枪，逐渐长大展开的叶片为一旗。

鲁彭《刻〈茶经〉

明代鲁彭（字寿卿，竟陵人）《刻〈茶经〉

序》：夫茶之为经，要矣。兹复刻者，便览尔。刻之竟陵者，表羽之为竟陵人也。按羽生甚异，类令尹子文。人谓子文贤而仕，羽虽贤，卒以不仕。今观《茶经》三篇，固具体用之学者。其曰“伊公羹、陆氏茶”，取而比之，实以自况。所谓易地皆然者，非欤？厥后茗饮之风，行于中外。而回纥亦以马易茶，由宋迄今，大为边助。则羽之功，固在万世，仕不仕，奚足论也。

序》中说：以茶书而称经，说明其重要；如今重刻行世，是为了便于阅览；之所以在竟陵（今湖北天门）刊刻，是为了表明陆羽是竟陵人士。陆羽出生颇具传奇色彩，与楚国的令尹子文很类似，都是弃儿。世人都说令尹子文贤明而入仕，陆羽虽然贤明，却终身不仕。如今读《茶经》三篇，本来就是具备实用的学问。其中说到“伊公羹、陆氏茶”，取来类比，其实是以自己作比。《孟子·离娄下》所谓的更换彼此的环境地位都是一样的，难道不是这样的吗？此后饮茶的风气，流行于中土和外国。而回纥也以马匹来交换茶叶，从宋朝至今，对于边疆防务大有助益。如此说来，陆羽的功劳，本来就功在万世，是否出仕哪里值得争议呢！

沈石田《书岕茶别论后》：昔人咏梅花云：“香中别有韵，清极不知寒。”此唯岕茶足当之。若闽之清源、武夷，吴郡之天池、虎丘，武林之龙井，新安之松萝，匡庐之云雾，其名虽大噪，不能与岕

明代沈周（字启南，号石田，长洲人。此文非沈周之作，乃陈继儒的作品，见其《白石樵真稿》卷二十二）《书岕茶别论后》中说：古人吟咏梅花道：“香中别有韵，清极不知寒。”这种境界只有岕茶足以当之。例如福建的清源茶、武夷茶，苏州的天池茶、虎丘茶，杭州的龙井茶，徽州的松萝茶，庐山的云雾茶，名声虽然已经大噪，但是依然不能与岕茶相提并论。顾渚茶每年进贡三十二斤，说明岕茶在明朝初

相抗也。顾渚每岁贡茶三十二斤，则岕于国初，已受知遇。施于今，渐远渐传，渐觉声价转重。既得圣人之清，又得圣人之时，第蒸、采、烹、洗，悉与古法不同。

年已经受到重视。流传至今，其名声越传越远，更加为世所重。不仅深得圣人之道的清和之性，而且还恭逢圣人治世之时，只是其蒸、采、烹、洗各道工序，都与古时的方法不同。

李维桢《茶经·序》：羽所著《君臣契》三卷，《源解》三十卷，《江表四姓谱》十卷，《占梦》三卷，不尽传，而独传《茶经》，岂他书人所时有，此为觭长，易于取名耶？太史公曰："富贵而名磨灭，不可胜数，唯俶傥非常之人称焉。"鸿渐穷厄终身，而遗书遗迹，百世下宝爱之，以为山川邑里重。其风足以廉顽立懦，胡可少哉？

明代李维桢（字本宁，京山人）《茶经·序》中说：陆羽所著有《君臣契》三卷，《源解》三十卷，《江表四姓谱》十卷，《占梦》三卷，都没有流传下来，流传于世的只有《茶经》，难道是因为其他书人们随时都能得到，此书比较奇特，因而容易出名吗？司马迁说："富有而显贵却名声磨灭的人，历史上不可胜数，只有奇特卓异而不同凡俗的人得以青史留名。"陆羽终身贫穷困顿，可是他留下的著作和遗迹，百代以下却备受人们的珍惜爱护，成为山川城乡所重的标志性遗产。其高尚的节操能够使顽者清廉、懦夫独立，奋发向上，怎么可以缺少呢？

杨慎《丹铅杂录》：茶，即古"荼"字也。周《诗》记"荼苦"，

明代杨慎（字用修，号升庵，四川新都人）《丹铅总录》卷二十七中说：茶，也就是古代的"荼"字。例如《诗经》所说的"荼苦"，《春

《春秋》书“齐荼”，《汉志》书“荼陵”。颜师古、陆德明虽已转入“茶”音，而未易字文也。至陆羽《茶经》、玉川《茶歌》、赵赞茶禁以后，遂以“茶”易“荼”。

秋》记载的“齐荼”，《汉书·地理志》记载的“荼陵”。到唐代颜师古注释《汉书》、陆德明编撰《经典释文》虽然已经转入“茶”字的读音，但还没有改变“荼”字的写法。一直到陆羽《茶经》、卢仝《茶歌》以及赵赞实行茶禁以后，才以“茶”字取代了“荼”字。

董其昌《〈茶董〉题词》：荀子曰：“其为人也多暇，其出入也不远矣。”陶通明曰：“不为无益之事，何以悦有涯之生？”余谓茗碗之事足当之。盖幽人高士，蝉脱势利，藉以耗壮心而送日月。水源之轻重，辨若淄渑；火候之文武，调若丹鼎。非枕漱之侣不亲，非文字之饮不比者也。当今此事，唯许夏茂卿拈出。顾渚、阳羡，肉食者往焉，茂卿亦安能禁？壹似强笑不乐，强颜无欢，茶韵故自胜耳。予夙秉幽尚，入山

明代董其昌（字玄宰，又字思白，华亭人）《〈茶董〉题词》中说：荀子说：“为人处世多有闲暇，那么距其出入进退的自由就不远了。”陶弘景（字通明）说：“不做无益的事情，如何使有限的生命充满愉悦呢？”我认为饮茶之事就足以当之。高人隐士，摆脱名利的烦扰，以此来消磨雄壮之心和打发悠长的时光。水源的轻清重浊，辨别起来就如同淄水和渑水一样困难；火候的文武急缓，操作起来则如同调和炼丹的鼎炉一样不易。如果不是枕石漱流的隐逸之人，不能与茶亲近；如果不是文人之间的品饮赋诗，不能与茶相融。当今天下的茶事，只有夏树芳（字茂卿）予以拈出，撰成《茶董》一书。顾渚茶、阳羡茶，都是做官的人往来采制，茂卿怎么能够禁止？正像强笑而不快乐，强颜而不欢忭一样，茶的韵致也就在于以此克制并超越自己罢了。我一向具有爱好山林的意愿，入山隐居十年，大概可以无愧于茂卿的说法。如今驱车来到福建，感念龙团凤饼，机缘巧合得以

十年，差可不愧茂卿语。今者驱车入闽，念凤团龙饼，延津为瀹，岂必土思如廉颇思用赵？唯是《绝交书》，所谓“心不耐烦，而官事鞅掌”者，竟有负茶灶耳。茂卿犹能以同味谅吾耶！

寓目亲见，难道一定如廉颇逃到魏国依然想为赵王所重用那样“我思用赵人”？而像嵇康《与山巨源绝交书》所谓的“心中不耐烦，而官事又烦杂无暇”，终究有负于茶灶的中和之性。茂卿是否还能以共同的感受谅解我呢？

童承叙《题陆羽传后》：余尝过竟陵，憩羽故寺，访雁桥，观茶井，慨然想见其为人。夫羽少厌髡（kūn）缁，笃嗜坟素，本非忘世者。卒乃寄号桑苎，遁迹苕霅，啸歌独行，继以痛哭，其意必有所在。时乃比之接舆，岂知羽者哉？至其性甘茗荈，味辨淄渑，清风雅趣，脍炙今古。张颠之于酒也，昌黎以为有所托而逃，羽亦以是夫！

明代童承叙（字汉臣，号内方，沔阳人）《题陆羽传后》（一作《陆羽赞》）中说：我曾经过访陆羽故里竟陵，下榻于陆羽故寺，探访雁桥，参观茶井，深有感慨地想到陆羽的为人。陆羽从小厌烦佛教僧徒的生活，而酷爱图书典籍，本来就不是出世忘世的人。最终寄号桑苎翁，隐居在苕、霅二溪，狂歌独行，继之以痛哭，其本意必定有其所在，当时人把他比作春秋时代的隐士接舆，怎么能算是理解陆羽呢？至于他生性喜欢茶叶，能够辨别水味，清风雅趣，脍炙千古。唐代张旭嗜酒，世称酒颠，韩愈认为他是有所寄托而逃避于此，陆羽于茶想必也是这样吧！

《谷山笔麈（zhǔ）》：茶自汉以前不见于书，

明代于慎行（字可远，一字无垢，谥文定）《谷山笔麈》中说：茶事在汉代以前不见于文献

想所谓槚者，即是矣。

张萱《疑耀》：古人冬则饮汤，夏则饮水，未有茶也。李文正《资暇录》谓茶始于唐崔宁，黄伯思已辨其非。伯思尝见北齐杨子华作《邢子才魏收勘书图》，已有煎茶者。《南窗记谈》谓饮茶始于梁天监中，事见《洛阳伽蓝记》。及阅《吴志·韦曜传》赐茶荈以当酒，则茶又非始于梁矣。余谓饮茶亦非始于吴也。《尔雅》曰："槚，苦荼。"郭璞注："可以为羹饮。早采为茶，晚采为茗，一名荈。"则吴之前亦以茶作饮矣，第未如后世之日用不离也。盖自陆羽出，茶之法始讲。自吕惠卿、蔡君谟辈出，茶之法始精。而茶之利，国家且藉之矣。此古人所不及详者也。

记载，我想所谓的槚，也就是茶了。

明代张萱《疑耀》中说：古人冬天就饮汤，夏天就饮水，并没有所谓的茶。李匡文（唐宗室，宰相李夷简之子，官至宗正卿，宋时避讳，改为李文正，字济翁）《资暇录》（一名《资暇集》）记载：茶事起源于唐代蜀相崔宁茶托子的故事，宋代黄伯思已经考辨其非，伯思曾经见到过北齐杨子华所作的《邢子才魏收勘书图》，其中已经有煎茶了。宋人《南窗记谈》记载：饮茶开始于南朝梁天监年间（502—519），其事见载于《洛阳伽蓝记》。等到阅读《三国志·吴志·韦曜传》，有赏赐茶叶以代替酒的说法，可知饮茶又不是开始于天监年间了。我认为饮茶也不是开始于三国时吴国。《尔雅》中说"槚，苦荼"，郭璞的注释说："可以作为羹饮，早采者称为茶，晚采者称为茗，也叫荈。"那么吴之前也已经以茶作饮品了，但没有像后世民生日用离不开茶。大约从陆羽开始，才讲究品饮之法的。自从宋朝的吕惠卿、蔡襄等人开始，饮茶之法才更加精巧。而茶叶也借此成为专卖商品，从而有裨于国家财政。这些都是古人没有详细记载的。

王象晋《〈茶谱〉小序》：茶，喜木也。一植不再移，故婚礼用茶，从一之义也。虽兆自《食经》，饮自隋帝，而好者尚寡。至后兴于唐，盛于宋，始为世重矣。仁宗，贤君也，颁赐两府，八人仅得两饼，一人分数钱耳。宰相家至不敢碾试，藏以为宝，其贵重如此。近世蜀之蒙山，每岁仅以两计。苏之虎丘，至官府预为封识，公为采制，所得不过数斤。岂天地间尤物，生固不数数然耶？瓯泛翠涛，碾飞绿屑，不藉云腴，孰驱睡魔？作《茶谱》。

明代王象晋《群芳谱·〈茶谱〉小序》中说：茶叶，是一种优良的树木，民间也作为具有喜庆意义的喜木。因为茶树一经种植就不可移栽，所以婚姻聘礼中用茶，就是取其从一而终的涵义。茶事虽然萌芽于《神农食经》，饮用于隋文帝杨坚，但当时喜爱饮用的人还很少。到了后来，兴起于唐朝，鼎盛于宋朝，才为世人所推重。宋仁宗是个贤明的君主，每年南郊祭天前赏赐给中书省和枢密院的龙团，八个大臣合得两饼，一个人只分得几钱罢了。以至于宰相之家也舍不得烹点试茶，而作为珍宝收藏起来，宋朝龙凤团茶贵重如此。近代四川的蒙山茶，每年进贡的仅以两计。苏州的虎丘茶，甚至于官府预先封上标记，统一组织采制，所得也不过数斤。难道天地之间人们喜爱之物本来就不会频繁出现吗？茶盏中泛着翠涛，茶碾上飘着绿屑，不借助佳茶，如何驱除睡魔？于是编撰了《茶谱》。

陈继儒《〈茶董〉小序》：范希文云："万象森罗中，安知无茶星。"余以"茶星"名馆，每与客茗战，旗枪标格，天然色香映

明代陈继儒（字仲醇，号眉公，华亭人）《〈茶董〉小序》中说：范仲淹（字希文）曾写下诗句："万象森罗中，安知无茶星。"我于是以茶星来命名自己的馆舍，常常与客人斗茶，以茶的芽叶旗枪作为标志，使其天然的色泽和香味发挥出来。如果是茶圣陆羽复生，怎么忍

发。若陆季疵复生，忍作《毁茶论》乎？夏子茂卿叙酒，其言甚豪。予曰：何如隐囊纱帽，翛然林涧之间，摘露芽，煮云腴，一洗百年尘土胃耶？热肠如沸，茶不胜酒；幽韵如云，酒不胜茶。酒类侠，茶类隐。酒固道广，茶亦德素。茂卿，茶之董狐也，因作《茶董》。东佘陈继儒书于素涛轩。

心再作《毁茶论》呢？夏茂卿先生叙述酒事，其言论非常豪气。我说："酒事怎么比得上茶事，身着隐士的装束，悠游于山林泉石之间，采摘带露的茶芽，烹点茶中的佳品，一洗为百年尘土所污染的肠胃呢？若论使热肠如沸，则茶不胜酒；至于说幽韵如云，则酒不胜茶。酒事与侠客相类，茶事则与隐士相似。酒的内涵固然很广泛，而茶的品德也很高洁。茂卿先生就是茶中的良史董狐，于是就编撰《茶董》一书。隐居东佘山的山人陈继儒书于素涛轩。

夏茂卿《茶董·序》：自晋唐而下，纷纷郴（zhū）莒之会，各立胜场，品别淄渑，判若南董，遂以《茶董》名篇。语曰：穷《春秋》，演河图，不如载茗一车。诚重之矣。如谓此君面目严冷，而且以为"水厄"，且以为"乳妖"，则请效綦毋先生，无作此事。冰莲

夏树芳（字茂卿，号冰莲道人）《茶董·序》中说：自从晋朝和唐朝以来，各种饮食之会社雅集纷纷纭纭，茶与其他饮食各有所长，品质如淄渑之水难分轩轾，要像南史、董狐那样秉笔直书，所以就以《茶董》来命名本书。俗话说：穷研《春秋》，推演河图，不如载茗一车。的确很推崇茶叶。如果认为此君面目严酷冷峻，而且认为饮茶是"水厄"，是"乳妖"，那么请仿效綦毋先生（鲁褒《钱神论》中虚构人物）不要从事饮茶。冰莲道人识。

道人识。

《本草》：石蕊，一名云茶。

《本草》中说：石蕊，又叫作云茶。

卜万祺《松寮茗政》：虎丘茶，色味香韵，无可比拟。必亲诣茶所，手摘监制，乃得真产。且难久贮，即百端珍护，稍过时，即全失其初矣。殆如彩云易散，故不入供御耶！但山岩隙地，所产无几，又为官司禁据，寺僧惯杂赝种，非精鉴家卒莫能辨明。明万历中，寺僧苦大吏需索，薙除殆尽。文文肃公震孟作《薙茶说》以讥之。至今真产尤不易得。

明末清初卜万祺（秀水人，天启元年举人，官至韶州知府）《松寮茗政》中说：虎丘茶的色泽、味道、香气和韵致，都是无可比拟的。一定要亲临产茶之处，亲手采摘，并监督制造，才能够成就真正的上品好茶。况且虎丘茶难以长久保存，即便是千方百计加以珍藏保管，稍一过时立即丧失其初始的真味馨香，差不多就像天上的彩云，容易飘散，因而没有列入上贡朝廷的品种。然而山岩之间的间隙之地，所产的真的虎丘茶没有多少，加上其地被列入官府禁地，即使当地寺院的僧侣也习惯于掺杂赝品，如果不是精于鉴赏的行家，终究分辨不出来。明朝万历年间当地寺院的僧人苦于官吏的需索苛求，忍痛将茶树铲除殆尽。文震孟（字文起，谥文肃，长洲人）曾为此写下一篇《薙茶说》，加以讽刺评论。时至今日，真正的虎丘茶更加难以得到了。

袁了凡《群书备考》：茶之名，始见于王褒《僮约》。

明代袁黄（字坤仪，号了凡，浙江嘉善人）《群书备考》中说：茶之名称，最早见于东汉王褒的《僮约》。

许次纾《茶疏》：唐人首称阳羡，宋人最重建州。于今贡茶，两地独多。阳羡仅有其

明代许次纾（字然明，钱塘人）《茶疏》中说：江南名茶，唐朝人称道的是阳羡（今江苏宜兴）茶，宋朝人最推重的是建州（今福建建瓯）茶。影响至于今日，进奉朝廷的贡茶仍

名，建州亦非上品，唯武夷雨前最胜。近日所尚者，为长兴之罗岕，疑即古顾渚紫笋。然岕故有数处，今唯洞山最佳。姚伯道云："明月之峡，厥有佳茗。韵致清远，滋味甘香，足称仙品。其在顾渚，亦有佳者，今但以水口茶名之，全与岕别矣。若歙之松萝，吴之虎丘，杭之龙井，并可与岕颉颃。"郭次甫极称黄山，黄山亦在歙中，去松萝远甚。往时士人皆重天池，然饮之略多，令人胀满。浙之产曰雁宕、大盘、金华、日铸，皆与武夷相伯仲。钱塘诸山，产茶甚多，南山尽佳，北山稍劣。武夷之外，有泉州之清源，倘以好手制之，亦是武夷亚匹。惜多焦枯，令人意尽。楚之产曰宝庆，滇之产曰五

以这两地为最多。然而，如今的阳羡茶已是徒有虚名，建州茶也并非最上佳品，只有武夷山的雨前茶才是最好的。近来人们所崇尚的，是长兴（今属浙江湖州）的罗岕茶，我怀疑这就是古人所说的顾渚紫笋茶。但是罗岕茶产地原本有多处，现今只有洞山所出的最好。长兴茶人姚绍科（字伯道）曾经说过："在明月之峡，出产有好茶。这种茶的韵致清爽悠远，滋味甘甜醇香，足可以称得上是仙品。至于在顾渚山出产的茶叶，也有比较好的品种，今人只是以水口茶来命名，与罗岕茶全然不同。至于歙县的松萝茶，苏州的虎丘茶，杭州的龙井茶，都可以与罗岕茶并列佳品，不相上下。"从前郭第（字次甫，长洲人，隐于焦山，著名茶人，有《独往生集》）极力称道黄山茶，黄山也在歙县，但是黄山茶的品质却与松萝茶相差甚远。过去的士人都很推重天池茶，然而天池所产茶叶饮用略微多一些，就会使人感到腹中胀满。浙江盛产茶叶的地方，还有天台的雁荡山，括苍的大盘山，东阳的金华，绍兴的日铸，所产茶叶都可与武夷茶不相上下。杭州附近的许多山中，产茶很多，其中生长在南山的茶叶品质俱佳，生长在北山的茶叶品质稍差一些。福建名茶，除了武夷茶以外，还有泉州的清源茶，如果请高手来加工制造，也可以与武夷茶相匹敌而略逊一筹。可惜大多被炒制得焦枯，令人扫兴。两湖地区生产茶叶的地方有宝庆（今属

华，皆表表有名，在雁茶之上。其他名山所产，当不止此。或余未知，或名未著，故不及论。

湖南）等地，云南盛产茶叶的地方有五华等地，所产茶叶都赫赫有名，品质甚至在雁荡茶之上。其余各名山胜地所产的茶叶，应当不止上述这些，有的是我不知道，有的则是名声尚未显著，因而我在这里没有评论和涉及。

李诩《戒庵漫笔》：昔人论茶，以枪旗为美，而不取雀舌、麦颗。盖芽细，则易杂他树之叶而难辨耳。枪旗者，犹今称壶蜂翅是也。

明代李诩（字厚德，号戒庵老人，江阴人）《戒庵漫笔》（一作《戒庵老人漫笔》）中说：从前人们论茶，以枪旗为美，而不重视雀舌、麦颗（一作谷粒），因为此类茶芽细嫩，容易混杂其他树木之叶，从而难以分辨。所谓枪旗，也就是一个茶芽带一片嫩叶，形状如马蜂翅，即今人所说的壶峰翅。

《四时纂要》：茶子，于寒露候收，晒干，以湿沙土拌匀，盛筐笼内，穰草盖之。不尔，即冻不生。至二月中取出，用糠与焦土种之于树下，或背阴之地。开坎，圆三尺，深一尺，熟劚（zhú），著粪，和土，每坑下子六七十颗，覆土厚一寸许。相离二尺，种一丛。性恶湿，又畏日，大概宜山中斜坡、峻坂、走水处。若平地，

五代韩鄂《四时纂要》中说：茶子在寒露时收取晒干，用潮湿的沙土拌匀，盛于筐笼之内，用草秸覆盖，否则就会因受冻而无法生长。到次年二月中取出来，用糠和焦土播种下去。播种之时，要选择树下或背阴之地开挖一个坎，方圆三尺，深一尺，反复刨掘挖好之后放进粪和土，每个坑中下六七十颗子，然后覆盖一寸左右的土，坑与坑之间距离二尺，每坑种植一丛。茶的本性害怕潮湿，又畏惧阳光直射，一般适宜山中的斜坡、较陡的坂原以及排水较好的地方。如果是平地，必须深挖沟垄以便泄水，种植三年之后才可以收茶。

须深开沟垄以泄水，三年后，方可收茶。

张大复《梅花笔谈》：赵长白作《茶史》，考订颇详，要以识其事而已矣。龙团、凤饼，紫茸、拣芽，决不可用于今之世。予尝论今之世，笔贵而愈失其传，茶贵而愈出其味。天下事，未有不身试而出之者也。

明代张大复（字长元，一字星期、心其，号寒山子、病居士，昆山人）《梅花草堂笔谈》中说：赵长白作《茶史》，考订颇为详尽，主要是因为他对茶事比较精通罢了。龙团、凤饼，紫茸、拣芽，这些宋代饼茶的名色和做法绝不可能在当今之世通行。我曾经谈论当今之世，毛笔价格腾贵，制笔技艺就更会失传，茶叶价格腾贵，其本色香味就更能生发出来。天下的事情，没有不亲身实践而能够得出结论的。

文震亨《长物志》：古今论茶事者，无虑数十家。若鸿渐之《经》，君谟之《录》，可为尽善。然其时法用熟碾，为丸、为铤，故所称有龙凤团、小龙团、密云龙、瑞云翔龙。至宣和间，始以茶色白者为贵。漕臣郑可简始创为银丝水芽，以茶剔叶取心，清泉渍之，去龙脑诸香，唯新镑小龙蜿蜒其上，称龙团胜雪。当时以为不更

明代文震亨（字启美，长洲人）《长物志》卷十二《香茗·茶品》中说：古往今来谈论茶事的，不下数十家，例如陆羽的《茶经》、蔡襄的《茶录》，都可以说是尽善尽美之作。但是当时的制茶方法，是用茶碾碾碎，调和成膏，制成茶丸、茶铤，因而其名称有龙凤团、小龙团、密云龙、瑞云翔龙等。到宋徽宗宣和年间，才以茶色白者为贵。福建转运使郑可简开始创制银丝水芽，将茶叶剔除叶子而取其中心一缕，以清泉浸泡，抛开龙脑等香料，只用新刻的小龙蜿蜒盘旋在上面的模具压制而成，称为龙团胜雪。当时以为是无可取代的新法。我们明朝的风尚有所不同，烹点试茶的方法，又与前人有异。但是却非常简便，充分发挥其天然之趣味，可以称得上是穷尽了茶叶的真味。至于洗

之法。而吾朝所尚又不同，其烹试之法，亦与前人异。然简便异常，天趣悉备，可谓尽茶之真味矣。而至于洗茶、候汤、择器，皆各有法，宁特侈言乌府、云屯、苦节、建城等目而已哉？

茶、候汤、择器也都各有其法，难道只是侈谈乌府（盛炭的篮子）、云屯（盛水的杯子）、苦节君（斑竹风炉）、建城（藏茶竹筒）等茶具名目罢了吗？

《虎丘志》：冯梦祯云："徐茂吴品茶，以虎丘为第一。"

《虎丘志》中记载：冯梦祯（字开之，秀水人）说："徐桂（字茂吴，长洲人，后居杭州）品茶，以苏州虎丘茶为第一。"

周高起《洞山岕茶系》：岕茶之尚于高流，虽近数十年中事，而厥产伊始，则自卢仝隐居洞山，种于阴岭，遂有茗岭之目。相传古有汉王者，栖迟茗岭之阳，课童艺茶，踵卢仝幽致，故阳山所产，香味倍胜茗岭。所以老庙后一带茶，犹唐宋根株也。贡山茶，今已绝种。

明代周高起（字伯高，江阴人）《洞山岕茶系》中说：罗岕茶被上流社会所喜爱，虽然是近数十年之间的事情，但是其出产之初，则从唐朝卢仝隐居洞山、种茶阴岭开始，于是就有茗岭的说法。相传古代有汉王居住在茗岭的南边，一边教育儿童读书，一边研习茶艺，继承卢仝的清幽韵致，所以南山所产茶叶，香味远远超过茗岭。据说如今老庙后一带所产的茶叶，还是唐宋时期的茶树。贡山茶如今已经绝种。

徐𤊹《茶考》：按《茶录》诸书，闽中所

明代徐𤊹（字唯起、兴公，闽县人）《茶考》中说：考查《茶录》等书，福建所产的茶

产茶，以建安北苑为第一，婺源诸处次之，武夷之名，未有闻也。然范文正公《斗茶歌》云："溪边奇茗冠天下，武夷仙人从古栽。"苏文忠公云："武夷溪边粟粒芽，前丁后蔡相笼加。"则武夷之茶，在北宋已经著名，第未盛耳。但宋元制造团饼，似失正味。今则灵芽仙萼，香色尤清，为闽中第一。至于北苑、婺源，又泯然无称。岂山川灵秀之气，造物生殖之美，或有时变易而然乎？

叶，以建安北苑为第一，婺源等处次之，武夷之名尚未为世人所知。但是范仲淹（谥文正）《斗茶歌》中有"溪边奇茗冠天下，武夷仙人从古栽"的诗句，苏轼（谥文忠）《荔枝叹》中有"武夷溪边粟粒芽，前丁后蔡相笼加"的诗句，可见武夷之茶在北宋时期已经著名，只是尚未达到鼎盛罢了。但是宋元时期制造团饼，似乎已经失去茶的正味。如今武夷茶灵芽仙萼，香味和色泽尤其清新，堪称福建茶中第一。至于北苑、婺源等地所产，又泯然无闻、不为人知了。难道自然山川灵秀之气、造物生产繁衍之美有时会随时势变易而形成如此局面吗？

劳大舆《瓯江逸志》：按茶非瓯产也，而瓯亦产茶，故旧制以之充贡，及今不废。张罗峰当国，凡瓯中所贡方物，悉与题蠲，而茶独留。将毋以先春之采，可荐馨香，且岁费物力无多，故存之，以

清初劳大舆（字宜斋，石门人）《瓯江逸志》中说：茶叶并非浙江南部温州地区的特产，但这里也产茶，因此旧时制度以茶充作贡品，至今尚未废止。明朝张璁（字秉用，赐名孚敬，字茂恭，号罗峰，瓯海即今温州人）执政时，凡是浙江南部所进贡的特产，都奏请蠲免，只有贡茶保留下来。也许是因为早春采制茶叶，可以作为祭祀用茶，而且每年所费人力物力也不多，姑且保留，以便稍微用作向朝廷进献忠

稍备芹献之义耶！乃后世因按办之际，不无恣取，上为一，下为十，而艺茶之圃，遂为怨丛。唯愿为官于此地者，不滥取于数外，庶不致大为民病耳。

忱的礼仪。只是后世在具体实施的时候，不免会有恣意多取的情况，上定一分，下派十分，从而使得制茶的园圃成了民众怨声汇聚的地方。只希望在这里做官的人不要在规定的数额之外滥取无度，至少不造成民众的沉重负担。

《天中记》：凡种茶树必下子，移植则不复生。故俗聘妇，必以茶为礼，义固有所取也。

明代陈耀文《天中记》中说：大凡茶树的种植，一定要先下茶子。如果采取移植的办法，就不可能成活了。因此民俗婚姻中的聘礼，必定以茶作为礼物，也是取其从一而终的含义。

《事物纪原》：榷茶起于唐建中、贞元之间。赵赞、张滂建议，税其什一。

宋代高承《事物纪原》中说：榷茶起源于唐朝建中（780—783）、贞元之间。赵赞（建中三年）、张滂（贞元九年）建议按照每十税一的标准征收茶税。

《枕谭》：古传注："茶树初采为茶，老为茗，再老为荈。"今概称茗，当是错用事也。

明代陈继儒《枕谭》中说：古传注（郭璞为《尔雅·释木》所作的注释）认为"茶树初次采摘的嫩芽叫作茶，采摘较晚而茶叶长老的叫作茗，再老一些的叫作荈"。如今一概通称茶作茗，当是错用其事了。

熊明遇《岕山茶记》：产茶处，山之夕阳胜于朝阳。庙后山西向，故称佳，总不如洞山南向，受阳气特专，足称仙品云。

明代熊明遇（字良孺，进贤人）《岕山茶记》（一作《罗岕茶记》，原作《罗岕茶疏》）中说：产茶的地方，山中夕阳照射的地方要胜过朝阳照射的地方。罗岕产地的庙后山正好是西向，所以产茶上好；但总不如洞山南向，接受阳气最为集中，所产茶叶足可以称为仙品。

冒襄《岕茶汇钞》：茶产平地，受土气多，故其质浊。岕茗产于高山，浑是风露清虚之气，故为可尚。

明末清初冒襄《岕茶汇钞》中说：茶叶产于平地，接受的土气较多，因而其品质重浊。岕茶产于高山之上，全是风霜雨露清虚之气，所以非常值得推崇。

吴拭《武夷杂记》云：武夷茶，赏自蔡君谟始，谓其味过于北苑龙团，周右文极抑之。盖缘山中不谙制焙法，一味计多，狥利之过也。余试采少许，制以松萝法，汲虎啸岩下语儿泉烹之，三德俱备，带云石而复有甘软气。乃分数百叶，寄右文，令茶吐气；复酹一杯，报君谟于地下耳。

明末吴拭（字去尘，号逋道人，休宁人）《武夷杂记》（一作《武夷游记》）中说：武夷茶，其赏鉴从北宋蔡襄开始，认为其味道超过北苑的龙团茶，但我的朋友周右文却极力贬低它。大概是因为山中不熟悉采制烘焙方法，一味追求量大利多的结果。我曾经试着采摘少许，以松萝茶的制法进行加工，汲取虎啸岩下语儿泉水烹煮，色、香、味三德俱备，既有青云白石的高洁之性，还有甘香绵软之气。于是我分出数百叶寄给周右文，希望使武夷佳茶扬眉吐气；同时又洒一杯于地，以告慰蔡襄的在天之灵。

释超全《武夷茶歌·序》：建州一老人，始献山茶，死后传为山神，喊山之茶始此。

清初超全和尚（俗名阮旻锡，字畴生，号梦庵，同安人）《武夷茶歌·序》中说：建州有一位老人，最初献上山茶，民间传说他死后成了山神，喊山之茶的习俗就是由此兴起的。

中原市语：茶曰渲老。

中原市语说：茶叫作渲老（倡优阶层中流行的秘密语）。

陈诗教《灌园史》：予尝闻之山僧，言茶

明代陈诗教（字四可，自号灌园叟，秀水人）《灌园史》中说：我曾经听山中和尚说：数

子数颗落地，一茎而生，有似连理，故婚嫁用茶，盖取一本之义。旧传茶树不可移，竟有移之而生者，乃知晁采寄茶，徒袭影响耳。

颗茶子落地，只生长出一茎茶树，好比连理枝，因此婚嫁要以茶为礼，大概也是取其同一根本的含义。旧时传说茶树不可移植，终究也有移植而存活下来的，于是可知将唐代才女晁采寄莲子传情误为寄茶子达意，只是沿袭前人的错误影响罢了。

唐李义山以对花啜茶为杀风景。予苦渴疾，何啻七碗，花神有知，当不我罪。

唐朝李商隐（字义山，河内人）《杂纂》以对花啜茶作为煞风景之事的一种。我苦于口渴病，每日饮茶何止七碗，那么花神能够体察的话，当不会以为得罪。

《金陵琐事》：茶有肥瘦。云泉道人云："凡茶肥者甘，甘则不香。茶瘦者苦，苦则香。"此又《茶经》《茶诀》《茶品》《茶谱》之所未发。

明代周晖（字吉甫，江宁上元人）《金陵琐事》中说：茶叶有肥瘦之分。云泉道人说："大凡茶叶肥者味甘，味甘就不香。茶叶瘦者味苦，味苦就香。"这又是《茶经》《茶诀》《茶品》《茶谱》等书所未曾阐发的观点。

野航道人朱存理云：饮之用，必先茶。而茶不见于《禹贡》，盖全民用而不为利。后世榷茶立为制，非古圣意也。陆鸿渐著《茶经》，蔡君谟著《茶录》，孟谏议寄卢玉川三百月团，后侈至龙凤

明代野航道人朱存理（字性甫，吴县人）在《跋欣赏编戊集·茶具》（一作《茶具图赞后序》）中说：品饮之用，以茶为首，可是茶叶却不见载于《尚书·禹贡》，大概是为了保全民生日用，而不以此为利。后世榷茶成为制度，并非古圣先王的本意。陆羽编撰《茶经》，蔡襄编撰《茶录》，孟谏议寄给卢仝（号玉川）三百片月团，后来奢侈浪费以至于雕饰龙凤，责任全在蔡襄。然而饮茶清逸高远，上通王公贵

之饰，责当备于君谟。然清逸高远，上通王公，下逮林野，亦雅道也。

族，下至山林隐逸，也可以说是一种雅道。

《佩文斋广群芳谱》：茗花，即食茶之花。色月白而黄心，清香隐然，瓶之高斋，可为清供佳品。且蕊在枝条，无不开遍。

清朝《佩文斋广群芳谱》中说：茗花，也就是食茶的花，色泽月白，中间黄心，隐然清香，插在书斋的花瓶中，可以作为清供佳品。而且花蕊在枝条之上，无不开遍。

王新城《居易录》：广南人以苺为茶。予顷著之《皇华纪闻》。阅《道乡集》有《张纠惠吴洞苺》绝句，云："茶选修仁方破碾，苺分吴洞忽当筵。君谟远矣知难作，试取一瓢江水煎。"盖志完迁昭平时作也。

清代王士祯（字子真，号渔阳山人，山东新城人）《居易录》中说：广南（宋置广南路，后又分为广南东路、西路，即今广东、广西之来历）人以苺（即苦丁，又名皋卢）为茶。我将其写入《皇华纪闻》中。阅读宋代邹浩（字志完，自号道乡居士，常州晋陵人，元丰五年进士，官至直龙图阁，谥忠）的《道乡集》，其卷十三有一首《张纠惠吴洞苺》绝句："茶选修仁方破碾，苺分吴洞忽当筵。君谟远矣知难作，试取一瓢江水煎。"大约是志完贬任昭平（今属广西，宋时隶广南西路昭州）时所作。

《分甘余话》：宋丁谓为福建转运使，始造龙凤团茶上供，不过四十饼。天圣中，又造小团，其品过于大团。神宗时，命造密云龙，其

王士祯《分甘余话》卷一中说：北宋丁谓担任福建转运使，开始制造龙凤团茶上供朝廷，总量不超过四十饼。天圣中，又制造小龙团，其品质要超过大龙团。神宗时期，诏令制造密云龙，其品质又超过了小龙团。元祐（1086—1094）初年，摄政的宣仁皇太后说："敕令建

品又过于小团。元祐初，宣仁皇太后曰："指挥建州，今后更不许造密云龙，亦不要团茶，拣好茶吃了，生得甚好意智。"宣仁改熙宁之政，此其小者。顾其言，实可为万世法。士大夫家，膏粱子弟，尤不可不知也。谨备录之。

州，今后不许再造密云龙，也不要再造龙凤团茶，只选择上好的茶品吃了，就会生得甚好智慧。"宣仁皇太后一改熙宁新政，贡茶的改制只是其中的一件小事。然而审视其言论，实在可以为万世所效法。士大夫之家，尤其是其膏粱子弟不可不知道其中的道理。因而恭谨地完整记录于此。

百夷语：茶曰芽。以粗茶曰芽以结，细茶曰芽以完。缅甸夷语，茶曰腊扒，吃茶曰腊扒仪索。

在西南地区少数民族百夷的方言中，茶也叫作芽。将粗茶叫作芽以结，将细茶叫作芽以完。缅甸少数民族语言把茶叫作腊扒，吃茶叫作腊扒仪索。

徐葆光《中山传信录》：琉球呼茶曰札。

清代徐葆光（字澄斋，吴江人，康熙五十七年曾以副使册封琉球国王）《中山传信录》中说：琉球称茶叫作札。

《武夷茶考》：按丁谓制龙团，蔡忠惠制小龙团，皆北苑事。其武夷修贡，自元时浙省平章高兴始，而谈者辄称丁、蔡。苏文忠公诗云："武夷溪边粟粒芽，前丁后蔡相笼

明代徐𤊹《武夷茶考》中说：北宋丁谓制造龙团，蔡襄制造小龙团，都是北苑的事情。武夷茶进贡朝廷，是从元朝浙江行省平章政事高兴（字功起，蔡州人，元朝时历任福建、浙江、河南行省平章政事，拜左丞相，卒赠太师、封梁国公，谥武宣）开始的，可是谈论此事的人们动辄就称是丁谓、蔡襄。苏轼诗句："武夷溪边粟粒芽，前丁后蔡相笼加。"可见在北苑修

加。”则北苑贡时，武夷已为二公赏识矣。至高兴武夷贡后，而北苑渐至无闻。昔人云：茶之为物，涤昏雪滞，于务学勤政，未必无助，其与进荔枝、桃花者不同。然充类至义，则亦宦官、宫妾之爱君也。忠惠直道高名，与范、欧相亚，而进茶一事，乃侪晋公。君子举措，可不慎欤？

贡之时，武夷茶已经为两位先生所赏识了。到了高兴以武夷茶进贡之后，北苑就逐渐湮没无闻了。从前有人说过，茶叶作为一种物产，涤除昏寐，消化积滞，对于学习、从政都是有帮助的，所以贡茶与进贡荔枝、桃花是不同的。然而，将此道理放在更高的正道大义层面来看，贡茶也不过是和宦官、宫女敬爱君王的表现类似。蔡襄直言敢谏，名高天下，与名臣范仲淹、欧阳修差不多齐名，可是因为贡茶一事却与号称贪婪小人的丁谓相提并论。如此说来，君子的言行举动，怎么可以不慎重呢？

《随见录》：按沈存中《笔谈》云：“建茶皆乔木。吴、蜀唯丛茇而已。”以余所见，武夷茶树俱系丛茇，初无乔木，岂存中未至建安欤？抑当时北苑与此日武夷有不同欤？《茶经》云“巴山峡川有两人合抱者”，又与吴、蜀丛茇之说互异，姑识之以俟参考。

清代屈擢升《随见录》中说：按照沈括（字存中）《梦溪笔谈》的说法：“建州茶都是乔木，而吴地、蜀地的茶叶只是丛生的灌木罢了。”根据我的见闻，武夷茶树都是丛生，起初并无乔木，难道沈括没有到过建安吗？抑或是当时的北苑与如今的武夷有所不同呢？《茶经》记载“巴山峡川中有两人合抱的”，这又与吴地、蜀地茶叶是丛生灌木的说法不同，姑且记述于此以便参考。

《万姓通谱》载：

明代凌迪知（字稚哲，号绎泉，乌程人）

汉时人有荼恬，出江都易王传。按《汉书》："荼恬［苏林曰，荼，食邪反］则荼本两音，至唐而荼、茶始分耳。"

《万姓通谱》中记载：汉朝的时候有人名叫荼恬，出处是《汉书》卷十三《江都易王非传》。《汉书》所说的荼恬［三国魏苏林说：荼，读音为食邪二字的反切］，就说明荼本有两种读音，到唐朝时，荼、茶才分开了。

《焦氏说楛(kǔ)》：茶曰玉茸。［补。］

明代焦周（字茂孝，上元人，焦竑之子）《焦氏说楛》中说：茶叶，又叫作玉茸。［此条为增补。］

二之具

［译解］

《陆龟蒙集·和茶具十咏》

《陆龟蒙集·和茶具十咏》（略）

茶坞

茗地曲隈回，野行多缭绕。向阳就中密，背涧差还少。遥盘云髻慢，乱簇香篝小。何处好幽期，满岩春露晓。

茶人

天赋识灵草，自然钟野姿。闲来北山下，似与东风期。雨后探芳去，云间幽路危。唯应报春鸟，得共斯人知。［顾渚山有报春鸟。］

茶笋

所孕和气深，时抽玉笤（tiáo）短。轻烟渐结华，嫩蕊初成管。寻来青霭曙，欲去红云暖。秀色自难逢，倾筐不曾满。

茶籯

金刀劈翠筠，织似波纹斜。制作自野老，携持伴山娃。昨日斗烟粒，今朝贮绿华。争歌调笑曲，日暮方还家。

茶舍

旋取山上材，架为山下屋。门因水势斜，壁任岩隈曲。朝随鸟俱散，暮与云同宿。不惮采掇劳，只忧官未足。

茶灶［《经》云：茶灶无突。］

无突抱轻岚，有烟映初旭。盈锅玉泉沸，满甑云芽熟。奇香袭春桂，嫩色凌秋菊。炀者若吾徒，年年看不足。

茶焙

左右捣凝膏，朝昏布烟缕。方圆随样拍，次第依层取。山谣纵高下，火候还文武。见说焙前人，时时炙花脯。［紫花，焙人以花为脯。］

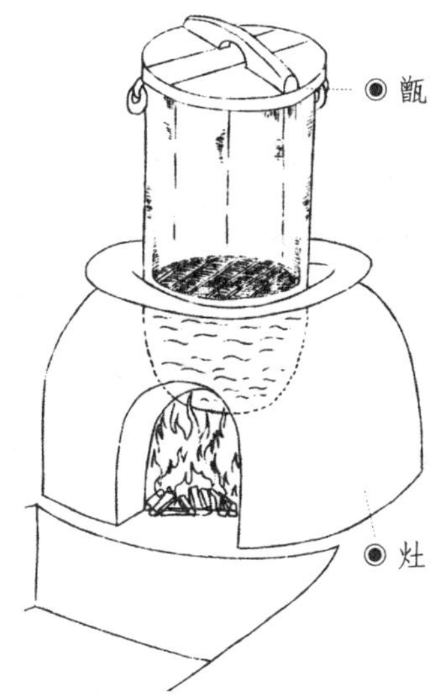

茶鼎

新泉气味良，古铁形状丑。那堪风雪夜，更值烟霞友。曾过赭石下，又住清溪口。［赭石、清溪，皆江南出茶处。］且共荐皋卢［皋卢，茶名］，何劳倾斗酒。

茶瓯

昔人谢塸埞（ōu dī），徒为妍词饰。［《刘孝威集》有《谢塸埞启》。］岂如珪璧姿，又有烟岚色。光参筠席上，韵雅金罍侧。直使于阗君，从来未尝识。

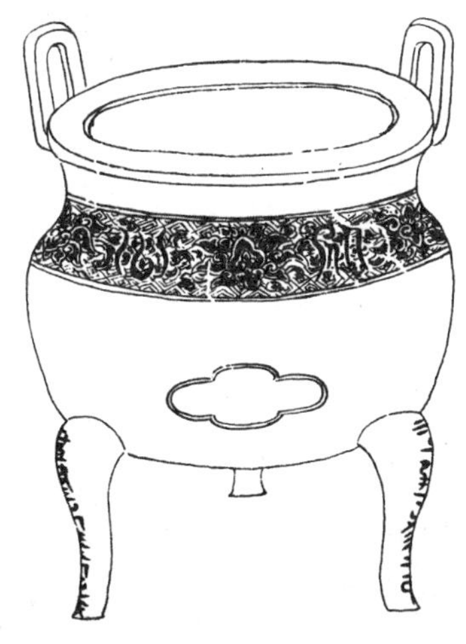

煮茶

闲来松间坐，看煮松上雪。时于浪花里，并下蓝英末。倾余精爽健，忽似氛埃灭。不合别观书，但宜窥玉札。

《皮日休集·茶中杂咏·茶具》

茶籝

筤篣晓携去，暮过山桑坞。开时送紫茗，负处沾清露。歇把傍云泉，归将挂烟树。满此是生涯，黄金何足数。

茶灶

南山茶事动，灶起岩根傍。水煮石发气，薪燃杉脂香。青琼蒸后凝，绿髓饮来光。如何重辛苦，一一输膏粱。

茶焙

凿彼碧岩下，恰应深二尺。泥易带云根，烧难碍石脉。初能燥金饼，渐见干琼液。九里共杉林［皆焙名］，相望在山侧。

《皮日休集·茶中杂咏·茶具》（略）

茶鼎

龙舒有良匠，铸此佳样成。立作菌蠢势，煎为潺湲声。草堂暮云阴，松窗残月明。此时勺复茗，野语知逾清。

茶瓯

邢客与越人，皆能造瓷器。圆似月魂堕，轻如云魄起。枣花势旋眼，蘋沫香沾齿。松下时一看，支公亦如此。

《江西志》：余干县冠山有陆羽茶灶。羽尝凿石为灶，取越溪水煎茶于此。

《江西通志》记载：在余干县冠山，有陆羽茶灶。陆羽曾经在这里凿石为灶，取越溪（即余干市湖，又称琵琶湖）水煎茶。

陶穀《清异录》：豹革为囊，风神呼吸之具也。煮茶啜之，可以涤滞思而起清风。每引此义，称之为水豹囊。

宋初陶穀（字秀实，邠州新平人）《清异录》记载：用豹子皮做风囊，可以作为风神呼吸也就是鼓风的器具。烹煮茶叶品饮，可以荡涤艰涩不通的思虑，从而生发飘然清风的愉悦。人们常常引申此义，称之为水豹囊。

《曲洧旧闻》：范蜀公与司马温公同游嵩山，各携茶以行。温公以纸为帖，蜀公用小黑木合子盛之。温公见而惊曰："景仁乃有茶器

南宋朱弁（字少章，号观如居士，婺源人）《曲洧旧闻》记载：北宋名臣范镇（字景仁，封蜀郡公）与司马光（字君实，卒赠温国公）一同游览嵩山，各自挟带茶叶出行。司马光取纸为帖包裹茶叶，范镇则用小黑木盒子盛茶，司马光见后惊叹道："景仁还有如此精致的茶器

也。”蜀公闻其言，留合与寺僧而去。后来士大夫，茶具精丽，极世间之工巧，而心犹未厌。晁以道尝以此语客，客曰：“使温公见今日之茶具，又不知云如何也。”	呢！”范镇听到他的话，把茶盒子留给寺中的和尚就离去了。后来士大夫所用的茶具精致华丽，可以说极世间之工巧，可是心中尚且追求豪华没有止境。晁说之（字以道，号景迂生）曾经对客人说过这番话，客人回答：“假使司马光先生见到今天的茶具，又不知道会如何说了。”
《北苑贡茶别录》：茶具有银模、铜模、银圈、竹圈、铜圈等。	宋代熊蕃《宣和北苑贡茶录》中记载的茶具有银模、铜模、银圈、竹圈、铜圈等。
梅尧臣《宛陵集·茶灶》诗：山寺碧溪头，幽人绿岩畔。夜火竹声干，春瓯茗花乱。兹无雅趣兼，薪桂烦燃爨。	北宋梅尧臣《宛陵集》卷一中有《茶灶》诗写道：“山寺碧溪头，幽人绿岩畔。夜火竹声干，春瓯茗花乱。兹无雅趣兼，薪桂烦燃爨。”
又《茶磨》诗云：楚匠斫山骨，折檀为转脐。乾坤人力内，日月蚁行迷。	北宋梅尧臣《宛陵集》卷四十三又有《茶磨》诗写道：“楚匠斫山骨，折檀为转脐。乾坤人力内，日月蚁行迷。”
又有《谢晏太祝遗双井茶五品茶具四枚》诗。	卷三十六又有《晏成绩太祝遗双井茶五品茶具四枚近诗六十篇因以为谢》诗。
《武夷志》：五曲朱文公书院前，溪中有茶灶。文公诗云：“仙	《武夷志》记载：武夷山五曲朱文公（朱熹，谥文）书院前，山溪中有茶灶。朱熹《茶灶》诗写道：“仙翁遗石灶，宛在水中央。饮罢

翁遗石灶，宛在水中央。饮罢方舟去，茶烟袅细香。”

方舟去，茶烟袅细香。”

《群芳谱》：黄山谷云：“相茶瓢与相筇（qióng）竹同法，不欲肥而欲瘦，但须饱风霜耳。”

明代王象晋《群芳谱》记载：黄庭坚（号山谷道人）曾说过：“观赏选择茶瓢与观赏选择筇竹方法相同，不要过于粗大的而要细小的，只是需要饱经风霜罢了。”

乐纯《雪庵清史》：陆叟溺于茗事，尝为茶论，并煎炙之法，造茶具二十四事，以都统笼贮之。时好事者家藏一副，于是若韦鸿胪、木待制、金法曹、石转运、胡员外、罗枢密、宗从事、漆雕秘阁、陶宝文、汤提点、竺副帅、司职方辈，皆入吾篑中矣。

明代乐纯《雪庵清史》卷二记载：陆羽沉湎于茶事，曾经著有《茶论》，兼及煎煮、烘焙的方法，并创制了一套茶具，包括二十四件，以都统笼盛起来贮藏。当时喜欢茶事的人将家中都收藏一副，于是像韦鸿胪、木待制、金法曹、石转运、胡员外、罗枢密、宗从事、漆雕秘阁、陶宝文、汤提点、竺副帅、司职方等以古代官爵名称命名的茶具，都进入了我的箱笼之中。

许次纾《茶疏》：凡士人登山临水，必命壶觞，若茗椀薰炉，置而不问。是徒豪举耳。余特置游装，精茗名香，同行异室。茶罂、铫、注、瓯、洗、盆、

许次纾《茶疏》记载：大凡士大夫外出游历，登山临水，一定要带上酒壶和酒杯，至于茶碗和薰炉，却弃置一旁不予理睬，这就只是在豪饮中游玩，而忘记了老朋友茶。我外出游历时，特意置备一套行装，准备好精品茶叶、名贵香料，行旅之中随身挟带，住下时则要放在另外一间房中。这些行装包括：茶瓶、茶铫、

巾诸具毕备，而附以香奁、小炉、香囊、匙、箸。

茶壶、小茶杯、茶洗、瓷盒、手巾等各种茶具，附带着香奁、小炉、香囊、羹匙、茶箸。

未曾汲水，先备茶具，必洁，必燥。瀹时壶盖必仰置，磁盂勿覆案上。漆气、食气，皆能败茶。

在没有汲取泉水之前，就要预先准备好茶具。茶具一定要清洁而干燥。冲泡时壶盖一定要仰放着，瓷盘不能直接向下扣着放置在桌案上。油漆的气味和食物的味道，都会败坏茶味。

朱存理《茶具图赞序》：饮之用必先茶，而制茶必有其具。锡具姓而系名，宠以爵，加以号，季宋之弥文；然清逸高远，上通王公，下逮林野，亦雅道也。愿与十二先生周旋，尝山泉极品以终身，此间富贵也，天岂靳乎哉？

明代朱存理《茶具图赞后序》中说：品饮的功用，以茶为首选，而制茶必须具备相应的茶具。赐予茶具姓名，并宠以爵位，加以名号，这是宋朝末年更加崇尚文采的表象；但是这种做法格调清逸，蕴涵高远，上通王公贵族，下达山林隐逸，也是一种雅道。我希望能够常与茶具十二先生周旋往还，品尝山泉极品，并以此终老此生。这种富贵，上天难道吝惜而不给予吗？

审安老人茶具十二先生姓名：韦鸿胪［文鼎，景旸，四窗闲叟］，木待制［利济，忘机，隔竹主人］，金法曹［研古，元锴，雍之旧民；铄古，仲鉴，和琴先生］，石转运［凿齿，遄行，香

南宋审安老人《茶具图赞》中关于茶具十二先生的姓、名、字、号如下：韦鸿胪［文鼎，景旸，四窗贤叟］，木待制［利济，忘机，隔竹主人］，金法曹［研古，元锴，雍之旧民；铄古，仲鉴，和琴先生］，石转运［凿齿，遄行，香屋隐君］，胡员外［唯一，宗许，贮月仙翁］，罗枢密［若药，傅师，思隐寮长］，宗从事［子弗，不遗，扫云溪友］，漆雕秘阁［承之，易持，古台老人］，陶宝文［去越，自厚，兔园上

屋隐君]，胡员外［唯一，宗许，贮月仙翁]，罗枢密［若药，傅师，思隐寮长]，宗从事［子弗，不遗，扫云溪友]，漆雕秘阁［承之，易持，古台老人]，陶宝文［去越，自厚，兔园上客]，汤提点［发新，一鸣，温谷遗老]，竺副帅［善调，希默，雪涛公子]，司职方［成式，如素，洁斋居士]。

客]，汤提点［发新，一鸣，温谷遗老]，竺副帅［善调，希默，雪涛公子]，司职方［成式，如素，洁斋居士]。

高濂《遵生八笺》：茶具十六事，收贮于器局内，供役于苦节君者，故立名管之。盖欲归统于一，以其素有贞心雅操，而自能守之也。商象［古石鼎也，用以煎茶]，降红［铜火箸也，用以簇火，不用联索为便]，递火［铜火斗也，用以搬火]，团风［素竹扇也，用以发火]，分盈

明代高濂（字深甫，钱塘人）《遵生八笺》中说：茶具十六件，都收藏贮存在器局即方箱之内，供役于苦节君即风炉，所以将其一一命名以便于管理。这也是想将其归于一统，由于茶具素有坚贞的心志和高雅的节操，自然能够坚守。商象［就是古石鼎，以商彝周鼎刻纹铸象，用来煎茶]，降红［就是铜火箸，用来夹拢火，不用铁链连在一起很方便]，递火［就是铜火斗，用来搬火]，团风［就是素竹扇，用来发火]，分盈［就是挹水杓，用来度量水的多少，相当于《茶经》中的水则]，执权［就是称量茶的秤，用来计量茶的多少，每杓水二斤，用茶一两]，注春［就是瓷瓦壶，用来倒茶]，啜

[挹水杓也，用以量水斤两，即《茶经》水则也]，执权[准茶秤也，用以衡茶，每杓水二斤，用茶一两]，注春[磁瓦壶也，用以注茶]，啜香[磁瓦瓯也，用以啜茗]，撩云[竹茶匙也，用以取果]，纳敬[竹茶橐也，用以放盏]，漉尘[洗茶篮也，用以浣茶]，归洁[竹筅帚也，用以涤壶]，受污[拭抹布也，用以洁瓯]，静沸[竹架，即《茶经》支𫓧也]，运锋[刺果刀也，用以切果]，甘钝[木砧墩也]。

香[就是瓷瓦瓯，用来喝茶]，撩云[就是竹茶匙，用来取果]，纳敬[就是竹茶橐，用来放茶盏]，漉尘[就是洗茶篮，用来洗茶]，归洁[就是竹筅帚，用来清洗茶壶]，受污[就是擦拭茶具的抹布，用来清洁茶瓯]，静沸[就是竹架，相当于《茶经》中的支𫓧]，运锋[就是刺果刀，用来切水果]，甘钝[就是木制的砧墩]。

王友石《谱》：竹炉并分封茶具六事：苦节君[湘竹风炉也，用以煎茶，更有行省收藏之]，建城[以箬为笼，封茶以贮度阁]，云屯[磁瓦瓶，用以

明代王绂（字孟端，号友石生、九龙山人，无锡人）《茶谱》（即钱椿年《茶谱》的附录）记载竹炉并分封茶具六事：苦节君[就是湘竹做的风炉，用来煎茶，另外用行省即陆羽都统笼那样的竹器盛起来收藏]，建城[用竹叶做成笼子，包裹茶叶以便收藏贮存]，云屯[就是瓷瓦瓶，用来舀取泉水以供应煮水]，水曹[就是

杓泉以供煮水]，水曹[即磁缸瓦缶，用以贮泉以供火鼎]，乌府[以竹为篮，用以盛炭，为煎茶之资]，器局[编竹为方箱，用以总收以上诸茶具者]，品司[编竹为圆撞提盒，用以收贮各品茶叶，以待烹品者也]。

瓷缸瓦缶，用来贮存泉水以供应火鼎]，乌府[用竹子做篮，以盛木炭，作为煎茶的燃料]，器局[用竹子编成方箱，用来把上述茶具收拢起来集中贮存]，品司[用竹子编成圆形的提盒，用来收藏贮存各种茶叶，以待烹煮品饮]。

屠赤水《茶笺》：茶具：湘筠焙[焙茶箱也]，鸣泉[煮茶磁罐]，沉垢[古茶洗]，合香[藏日支茶瓶，以贮司品者]，易持[用以纳茶，即漆雕秘阁]。

明代屠隆（号赤水）《茶笺》记载的茶具有：湘筠焙[就是烘焙茶叶的箱子]，鸣泉[就是煮茶的瓷罐]，沉垢[就是古代的茶洗]，合香[就是收藏日支茶瓶，以贮存司品]，易持[用来盛茶，就是漆雕秘阁]。

屠隆《考槃余事》：构一斗室，相傍书斋，内设茶具，教一童子专主茶役，以供长日清谈，寒宵兀坐。此幽人首务，不可少废者。

屠隆《考槃余事》中说：构建一个小屋，与书斋相邻，室内设置茶具，指导一个童子专门从事烹茶，以供应终日清谈，寒夜独坐。这是幽人隐士的首要工作，不可稍有荒废。

《灌园史》：卢廷璧嗜茶成癖，号茶庵。

明代陈诗教《灌园史》记载：元代卢庭璧嗜茶成癖，号称茶庵。他曾经收藏元代和尚讵

尝蓄元僧讵可庭茶具十事，具衣冠拜之。

可庭茶具十件，每每衣冠整齐进行参拜。

周亮工《闽小记》：闽人以粗磁胆瓶贮茶。近鼓山支提新茗出，一时尽学新安，制为方圆锡具，遂觉神采奕奕不同。

周亮工《闽小记》（四库本改为王象晋《群芳谱》）记载：福建人用粗瓷胆瓶贮存茶叶。近年来鼓山佛教寺院半岩茶下来后，一时风气全都学习新安（即徽州，今安徽黄山），制成方形或圆形锡茶具，就觉得神采奕奕，与众不同。

冯可宾《岕茶笺·论茶具》：茶壶，以窑器为上，锡次之。茶杯，汝、官、哥、定如未可多得，则适意者为佳耳。

明代冯可宾《岕茶笺·论茶具》中说：茶壶，以瓷器为最好，锡器次之。茶杯，汝窑（今河南汝州）、官窑（今河南开封）、哥窑（今浙江龙泉）、定窑（今河北曲阳）为佳，如果不可多得，只要适意就好了。

李日华《紫桃轩杂缀》：昌化茶，大叶如桃枝柳梗，乃极香。余过逆旅偶得，手摩其焙甑，三日龙麝气不断。

明代李日华《紫桃轩杂缀》记载：昌化（今浙江临安）茶，大叶好像桃叶和柳梗，味道特别香。我经过当地的旅馆偶然得到昌化茶，用手在制茶的焙甑上摩挲，龙涎、麝香的味道三日依然不绝。

臞仙云：古之所有茶灶，但闻其名，未尝见其物，想必无如此清气也。予乃陶土粉以为瓦器，不用泥土为之，大能耐火。虽猛焰不裂。径不过尺五，高不过二尺余，上下皆镂

臞仙（当为明初宁王朱权，晚年自号臞仙，然以下文字不见于朱权《茶谱》）说：古代所用的茶灶，只听说过其名声，不曾见过其实物，想必没有如此的清香之气。我于是以陶土做成粗拙的陶器，不用泥土烧制，更能耐火，即使以猛烈的高温焰火也不会烧裂。直径不超过一尺五寸，高不过二尺多，上下都雕刻有铭、颂、箴、戒之类的文字。又把汤壶放在上面，底座

铭、颂、箴、戒之。又置汤壶之上，其座皆空，下有阳谷之穴，可以藏瓢瓯之具，清气倍常。

都是空的，下面还有空穴，可以贮藏瓢、瓯等茶具，清香之气倍于平常。

《重庆府志》：涪江青蟣石，为茶磨极佳。

《重庆府志》记载：涪江的青礤石，用来制作茶磨极好。

《南安府志》：崇义县出茶磨，以上犹县石门山石为之尤佳。苍礐缜密，镌琢堪施。

《南安府志》记载：崇义县出产茶磨，以上犹县石门山的石头制成的尤其好。那里的石头色呈青黑，纹理缜密，非常适宜镌刻雕琢。

闻龙《茶笺》：茶具涤毕，覆于竹架，俟其自干为佳。其拭巾只宜拭外，切忌拭内。盖布帨虽洁，一经人手，极易作气。纵器不干，亦无大害。

明代闻龙《茶笺》记载：茶具洗涤好之后，反扣过来放在竹架上面，等待其自然风干为佳。擦拭的抹布只适宜擦拭茶具表面，切忌擦拭茶具内部。因为布巾虽然清洁，但一旦经过人手，非常容易产生异味。即使茶具不干燥，也没有什么大碍。

三之造

[译解]

《唐书》：太和七年正月，吴蜀贡新茶，皆于冬中作法为之。上务恭俭，不欲逆物性，诏所在贡茶，宜于立春后造。

《旧唐书》记载：唐文宗太和七年（833）正月，吴地、蜀地进贡新茶，都是在冬天特别加工而成。皇上为政恭俭，不想忤逆植物的自然之性，于是诏令各地贡茶，应在立春以后加工制造。

《北堂书钞》：《茶

《北堂书钞》记载：《茶谱续补》（当为五

谱续补》云：龙安造骑火茶，最为上品。骑火者，言不在火前，不在火后作也。清明改火，故曰火。

代前蜀毛文锡《茶谱》）中说：龙安（今四川安县东北）制造有骑火茶，最称上品。骑火的意思，就是说既不在改火前，也不在改火后。清明节改火（传统习俗，寒食节要禁火一日，熄灭所有火种，到清明节则重新取火，称为改新火、改火。），所以称为火。

《大观茶论》：茶工作于惊蛰，尤以得天时为急。轻寒，英华渐长，条达而不迫，茶工从容致力，故其色味两全。故焙人得茶天为庆。

宋徽宗《大观茶论》中说：茶叶采摘和加工制造开始于每年的惊蛰时节，尤其要把得天时之利，也就是把握气候寒暖、阴晴变化，作为最为急迫的事情。如果天气还稍微有些寒冷，茶树芽叶开始生长，枝条伸展得比较缓慢，茶农可以从容不迫地投入劳动，所以采制而成的茶叶，其色泽与味道两全而兼美。所以采制茶叶的人们都把得到天时之利作为最可庆幸的事情。

撷茶以黎明，见日则止。用爪断芽，不以指揉。凡芽如雀舌、谷粒者，为斗品。一枪一旗为拣芽，一枪二旗为次之，余斯为下。茶之始芽萌，则有白合，不去害茶味。既撷则有乌蒂，不去害茶色。

采茶要在黎明时分进行，看到太阳出来就要停止。采摘时要用指甲掐断茶芽，而不要用手指揉搓。一般说来，采摘的茶芽如果像雀舌、谷粒般大小，便可以称作斗品；一芽带一叶，也就是所谓的一枪一旗，称作拣芽；一芽带二叶，也就是所谓的一枪二旗，称作中芽，质量次之；其余的质量就更等而下之了。茶叶刚开始萌芽的时候，会出现一个小芽而外包较大二叶的情形，称作白合，如果不去掉，就会过于苦涩，损害茶味；采摘之后则会出现带有蒂头的情形，称作乌蒂，如果不去掉乌蒂，就会过于黄黑，损害茶色。

茶之美恶，尤系于

茶叶质量的优劣高下，尤其取决于蒸芽、压

蒸芽、压黄之得失。蒸芽欲及熟而香，压黄欲膏尽亟止。如此则制造之功十已得八九矣。

黄这两道工序操作的得失成败。蒸芽这一工序的关键，就是要把握刚好蒸熟的时机，茶味最香；压黄这一工序的关键，就是要把握膏汁榨尽的火候，便果断停止。能够做到这样，那么制造茶叶的功夫，十分之中已经掌握了八九分了。

涤芽唯洁，濯器唯净，蒸压唯其宜，研膏唯熟，焙火唯良。造茶，先度日晷之长短，均工力之众寡，会采择之多少，使一日造成。恐茶过宿，则害色味。

在制茶过程中，工艺要求非常严格：洗涤茶芽务求清洁，清洗茶具务求干净，蒸芽和压黄务求时机火候把握得当，研膏（即将经过压黄的茶叶碾成细末并调和成胶合状态）则务求水干茶熟，烘焙茶饼则务求火力均匀，不烟不烈。制茶的时候，首先要考虑时间的长短，均衡所用劳动力的多少，合计采摘茶叶的多少，从而计划在一天之内将这些茶叶制造完成。恐怕采摘下来而没有经过加工的茶叶，在那里存放一夜，将会损害其色泽和香味。

茶之范度不同，如人之有首面也。其首面之异同，难以概论。要之，色莹彻而不驳，质缜绎而不浮，举之则凝结，碾之则铿然，可验其为精品也。有得于言意之表者。

由于制茶的范模大小、形状、纹饰、风格不同，加上制作工艺和制作人员操作的区别，所以制成的茶饼就像人各有其面容，彼此不同。茶饼表面形态各不相同，很难一概而论。择要而言之，茶饼的表面颜色晶莹剔透而不杂乱，质地细密厚实而不浮漂，举在手中就会感到凝结得很坚固，用茶碾碾时就会铿然有声，这样就可以验证为茶中精品了。有的可以从中得到结论，有的则不可得知，需要用心去体味。

白茶自为一种，与常茶不同。其条敷阐，其叶莹薄。崖林之间，

白茶风格独特，自成一种，与一般的茶叶不同。它的枝条舒展，叶芽晶莹单薄。这种茶树是在山崖丛林之间偶然生长出来的珍稀品种，

偶然生出。有者不过四五家，生者不过一二株，所造止于二三镑而已。须制造精微，运度得宜，则表里昭澈，如玉之在璞，他无与伦也。

并不是通过人工种植可以得到的。官园正焙有此茶者也不过四五家，每家也不过一二株，所制造出来的白茶也不过二三镑罢了。白茶的制造必须做到精致入微，运作把握得恰到好处，这样才会使得茶叶的表里鲜明透彻，如同美玉蕴含于璞石之中，其品质是无与伦比的。

蔡襄《茶录》：茶味主于甘滑，唯北苑凤凰山连属诸焙所造者味佳。隔溪诸山，虽及时加意制作，色味皆重，莫能及也。又有水泉不甘，能损茶味，前世之论水品者以此。

北宋蔡襄《茶录》中说：茶味的评判标准，主要是甘甜和润滑。只有建安（今福建建瓯）北苑凤凰山一带的茶焙所制的贡茶味道最好。隔建溪对岸各山所产的茶叶，即使及时采摘、精心制作，但是其色泽比较浑浊、味道也比较厚重，比不上北苑凤凰山的茶。另外，有的水泉不甘甜，也会损害茶的味道，前人之所以论述水泉的品质，就是因为这个缘故。

《东溪试茶录》：建溪茶，比他郡最先，北苑、壑源者尤早。岁多暖，则先惊蛰十日即芽；岁多寒，则后惊蛰五日始发。先芽者，气味俱不佳，唯过惊蛰者最为第一。民间常以惊蛰为候。诸焙后北苑者半月，去远则益晚。

宋子安《东溪试茶录》记载：建溪所产的茶，比其他地方都要早，出产于北苑、壑源的就更早了。如果气候暖和的话，惊蛰前十天就发芽了；如果气候寒冷的话，惊蛰后五天才开始发芽。最先萌发的茶芽气味都不好，只有过惊蛰之后的茶芽最好。所以民间经常以惊蛰作为采制茶叶的时节。其他地方的茶焙要比北苑官焙晚半个月左右。距离较远的地方就更晚了。

凡断芽必以甲，不以指。以甲则速断不

一般说来，采茶的时候掐断茶芽，只能用指甲，不能用手指。用指甲就会快速掐断而不

柔，以指则多湿易损。择之必精，濯之必洁，蒸之必香，火之必良，一失其度，俱为茶病。

致揉损茶叶，用手指则容易沾染湿气而损伤茶叶。拣择茶叶一定要精细，清洗茶叶一定要干净，蒸压茶叶一定要散发并保留其香味，烘焙茶叶一定要把握好火候，一旦任何一个环节失去其应有的标准尺度，都会给茶叶带来危害。

芽择肥乳则甘香，而粥面著盏而不散。土瘠而芽短，则云脚涣乱，去盏而易散。叶梗长，则受水鲜白；叶梗短，则色黄而泛。乌蒂、白合，茶之大病。不去乌蒂，则色黄黑而恶。不去白合，则味苦涩。蒸芽必熟，去膏必尽。蒸芽未熟，则草木气存；去膏未尽，则色浊而味重。受烟则香夺，压黄则味失，此皆茶之病也。

茶芽选择肥嫩厚实的，制成的茶味道就会甘甜清香，烹点出的茶汤表面沫饽着盏而不涣散。如果是土地贫瘠、茶芽短小浅薄，那么烹点出的茶汤表面就会云脚涣散，沫饽去盏而易散。茶叶的梗长，经过烹点之后就色泽鲜白；茶叶的梗短，经过烹点之后就色泽泛黄。乌蒂、白合，是茶叶的两种大的病害。不去掉乌蒂，那么茶汤的色泽就显得黄黑而难看；不去掉白合，那么茶汤的味道就会苦涩。蒸芽的时候一定要使得茶叶蒸熟，压黄的时候一定要去尽茶中的膏油。如果蒸芽不熟，就会使茶中保存有草木之气；如果去膏未尽，就会使茶色浑浊而茶味过重。过黄的时候火中烟气过多就会侵夺茶的香味，压黄去膏的时候久压而不研造就会使茶味丧失，这些都是制造茶叶过程中的弊病。

《北苑别录》：御园四十六所，广袤三十余里。自官平而上为内园，官坑而下为外园。方春灵芽萌坼，先民焙十余日，如九窠十二陇、龙游窠、小苦竹、

赵汝砺《北苑别录》记载：北苑御茶园共有四十六所，分布在方圆三十余里的广袤地区。从官平以上称为内园，官坑以下称为外园。每到春暖花开之时，茶树开始发芽，采制茶叶要比民间茶园早十多天。例如九窠十二陇、龙游窠、小苦竹、张坑、西际等，又是御茶园中开始制茶最早的官焙。而石门、乳吉、香口三个

张坑、西际，又为禁园之先也。而石门、乳吉、香口三外焙，常后北苑五七日兴工。每日采茶、蒸榨，以其黄悉送北苑并造。

外焙，经常是比北苑晚五到七天开工。每天采茶、蒸芽、榨膏，然后把压好的茶黄全部送到北苑进行烘焙制造。

造茶，旧分四局。匠者起好胜之心，彼此相夸，不能无弊，遂并而为二焉。故茶堂有东局、西局之名，茶銙有东作、西作之号。凡茶之初出研盆，荡之欲其匀，揉之欲其腻，然后入圈制銙，随笪过黄。故有方銙，有花銙，有大龙，有小龙，品色不同，其名亦异。随纲系之于贡茶云。

北苑官焙造茶，原来分为四个茶局。因为工匠起了好胜之心，彼此骄矜自夸，不免会导致很多弊端，于是合并成为两个茶局。所以茶堂也有所谓的东局、西局之名号，茶銙也有所谓的东作、西作之名号。大凡茶叶经过拣、蒸、榨、研的工序，刚从陶盆中拿出来研磨好的茶膏，要通过摇荡使其均匀，通过揉搓使其细腻，然后把已成糊状的茶注入茶模，制成茶銙，放在竹席上过黄也就是用炭火焙干。茶模的形状纹饰不同，所以制成的茶饼有方銙，有花銙，有大龙，有小龙，品种不同，名号也不一样，所以根据进奉的纲次不同列入贡茶的目录。

采茶之法，须是侵晨，不可见日。晨则夜露未晞，茶芽肥润。见日则为阳气所薄，使芽之膏腴内耗，至受水而不鲜明。故每日常以五更挝鼓集群夫于凤凰山。[注：山有伐鼓

采茶的时间，必须是在早晨，不可见到阳光。早晨夜间露水尚未干燥，茶芽肥嫩湿润。见到太阳就会被阳气所迫，使茶芽的汁液养分从内部消耗，等到烹点时色泽就不鲜明清澈。因此，到了采茶时节，每天五更时分就擂鼓聚集劳力到凤凰山。[原注：山上有伐鼓亭，每天参加采茶的劳力达到二百二十二人。] 监采官发给每人一个牌子，入山采茶到辰时，就要再次

亭，日役采夫二百二十二人。］监采官人给一牌，入山至辰刻，则复鸣锣以聚之，恐其逾时贪多务得也。大抵采茶亦须习熟，募夫之际，必择土著及谙晓之人，非特识茶发早晚所在，而于采摘亦知其指要耳。

鸣锣集合，恐怕采茶人贪多务得超过时辰，影响茶叶的质量。大抵采茶之人也必须熟练操作技艺，招募劳力的时候，一定要选择当地居民或者熟悉茶事的人，不仅仅是为了了解何处茶芽萌发早晚的情况，而且采摘茶芽也知道其中的要领。

茶有小芽，有中芽，有紫芽，有白合，有乌蒂，不可不辨。小芽者，其小如鹰爪。初造龙团胜雪、白茶，以其芽先次蒸熟，置之水盆中，剔取其精英，仅如针小，谓之水芽，是小芽中之最精者也。中芽，古谓之一枪二旗是也。紫芽，叶之紫者是也。白合，乃小芽有两叶抱而生者是也。乌蒂，茶之带头是也。凡茶，以水芽为上，小芽次之，中芽又次之。紫芽、白合、乌蒂，在所

茶芽有小芽，有中芽，有紫芽，有白合，有乌蒂，不可不仔细加以辨别。小芽，小如鹰爪，当初制造龙团胜雪、白茶之时，就是用小芽按照先后次序蒸熟，放到水盆中，剔取其精英，只有针尖般大小，称作水芽，这是小芽中最为精华的部分。中芽，也就是古人所谓的一枪二旗。紫芽，是叶子呈紫色的茶芽。白合，是小芽外有两叶合抱而生的茶芽。乌蒂，则是指带有蒂头的茶芽。一般说来，茶芽以水芽为最好，小芽次之，中芽又次之。紫芽、白合、乌蒂，则有害茶的色香味，决不能要。只要选择茶叶时仔细精当，那么茶的色香味没有不好的。万一混杂了不能要的紫芽、白合和乌蒂，就会使得制成的茶饼表面纹理不均匀，受水之后茶色浑浊而且味道苦涩浓重。

不取。使其择焉而精，则茶之色味无不佳。万一杂之以所不取，则首面不均，色浊而味重也。

惊蛰节，万物始萌。每岁常以前三日开焙，遇闰则后之，以其气候少迟故也。

惊蛰时节，万物开始萌芽。每年常常在惊蛰前三日开焙造茶，遇到闰年就相应推迟，这是气候稍微迟后的缘故。

蒸芽，再四洗涤，取令洁净，然后入甑，俟汤沸蒸之。然蒸有过熟之患，有不熟之患。过熟则色黄而味淡，不熟则色青而易沉，而有草木之气。故唯以得中为当。

采来的茶芽要经过多次的洗涤，取出来清洁干净，然后放入甑中，等候水烧开后进行蒸茶。但是蒸茶有蒸得过熟的问题，也有蒸得不熟的问题。蒸得过熟就会使茶叶颜色发黄而味道寡淡，蒸得不熟就会使茶叶颜色发青而容易沉在水底，从而带有草木之气。因此，蒸茶只有得其中庸之道，也就是把握好火候才算恰到好处。

茶既蒸熟，谓之茶黄，须淋洗数过［欲其冷也］，方入小榨，以去其水，又入大榨，以出其膏。［水芽则以高榨压之，以其芽嫩故也。］先包以布帛，束以竹皮，然后入大榨压之，至中夜取出揉匀，复如前入榨，谓之翻

茶芽蒸熟之后，称作茶黄，必须淋洗多遍［以便使茶冷却］，才放入小榨，去其水分，然后再放入大榨，以便压出茶膏。［水芽则用高榨压之，因为其茶芽鲜嫩的缘故。］接下来先用布帛包起来，用竹皮束扎好，然后放入大榨压黄，到半夜时分取出来揉搓均匀，再按前一道工序入榨，称作翻榨。直到拂晓，用力捶打，一定要达到彻底干净为止。因为建茶味道绵长而力道厚重，不是江茶即草茶、散茶所能比拟。江茶在压榨时害怕膏油流出，建茶则唯恐膏油流

榨。彻晓奋击，必至于干净而后已。盖建茶之味远而力厚，非江茶之比。江茶畏沉其膏，建茶唯恐其膏之不尽。膏不尽则色味重浊矣。

不尽，膏油流不尽，茶的色泽和味道就厚重而浑浊。

茶之过黄，初入烈火焙之，次过沸汤爁（làn）之，凡如是者三。而后宿一火，至翌日遂过烟焙焉。然烟焙之火不欲烈，烈则面泡而色黑。又不欲烟，烟则香尽而味焦。但取其温温而已。凡火之数多寡，皆视其銙之厚薄。銙之厚者，有十火至于十五火。銙之薄者，六火至于八火。火数既足，然后过汤上出色。出色之后，置之密室，急以扇扇之，则色泽自然光莹矣。

茶饼烘焙的过程叫作过黄，先放在烈火上烘焙，其次以沸水烫过再进行炙烤，共如此反复三次。而后在火上烘烤一宿，到第二天就过烟烘焙，火不要过于猛烈，过于猛烈茶饼表面会起泡，颜色也会发黑；也不要烟气过于浓重，烟气过于浓重就会使茶香味出尽而味道焦苦，只是温火烘焙就可以了。大凡烘焙次数的多少（烘焙茶饼正反两面为一宿火），都是根据茶銙的厚薄而定。茶銙厚的，有经过十次火甚至十五次火；茶銙薄的，则经过六次火到八次火。烘焙次数用足之后，然后过汤出色（用热水在茶饼表面冲一遍）；出色之后，放置到密室之中，赶快用扇子扇风，这样茶饼的色泽自然就会光亮莹润了。

研茶之具，以柯为杵，以瓦为盆，分团酌水，亦皆有数。上而胜雪、白茶以十六水，下

研茶（将榨过的茶黄研磨成膏）的器具，用木棒作为杵，以陶器作为盆，根据茶芽等级不同，研茶中兑水多少也不一样，也都有一定的标准。上到龙团胜雪、白茶，研茶时要加十

而拣芽之水六，小龙凤四，大龙凤二，其余皆一十二焉。自十二水而上，曰研一团，自六水而下，曰研三团至七团。每水研之，必至于水干茶熟而后已。水不干，则茶不熟，茶不熟，则首面不匀，煎试易沉。故研夫尤贵于强有力者也。尝谓天下之理，未有不相须而成者。有北苑之芽，而后有龙井之水。龙井之水清而且甘，昼夜酌之而不竭，凡茶自北苑上者皆资焉。此亦犹锦之于蜀江，胶之于阿井也，讵不信然！

六次水（每注水研茶至水干为一水），下到拣芽研茶时要加六次水，小龙凤茶要加四次水，大龙凤茶要加两次水，其余的贡茶都要加十二次水。从十二次水以上，叫作研一团（制成一个茶饼的量），从六次水以下，叫作研三团至研七团。每次加水研茶，一定要达到水干茶熟而后进入下一水。水不干，茶就不熟，茶不熟，茶饼表面就不均匀，烹煎时容易下沉。因此，研茶工人必须选择强而有力者。我曾经认为天下的道理，没有不是互相依赖、相辅相成的。有北苑的茶叶，而后有龙井（即北苑御泉井）的泉水。龙井的泉水清澈而甘冽，日夜取之而不尽，凡是茶叶从北苑进贡的，都有赖于龙井之水。这也好比四川地区的蜀锦，因为蜀江水的漂洗而最佳，山东东阿的阿胶，因为阿井之水的调制而最佳，难道不是这样的吗？

姚宽《西溪丛语》：建州龙焙面北，谓之北苑。有一泉极清淡，谓之御泉。用其池水造茶，即坏茶味。唯龙团胜雪、白茶二种，谓之水芽，先蒸后拣。每一芽先去外两小叶，谓乌

南宋姚宽（字令威，号西溪，嵊县人）《西溪丛语》记载：建州龙焙面向北方，称作北苑。有一泓泉水，极为清淡，称作御泉。用御泉即龙井之水造茶，最为上品；如果用其池中之水造茶，就会败坏茶味。只有龙团胜雪、白茶这两种极品，称作水芽，先蒸后拣。每一个茶芽先去掉外面的两个小叶，称作乌蒂；其次则要去掉两个嫩叶，称作白合；留下中心的小芽放

蒂；又次去两嫩叶，谓之白合；留小心芽置于水中，呼为水芽。聚之稍多，即研焙为二品，即龙团胜雪、白茶也。茶之极精好者，无出于此。每銙计工价近二十千。其他茶皆先拣而后蒸研，其味次第减也。茶有十纲，第一纲、第二纲太嫩，第三纲最妙，自六纲至十纲，小团至大团而止。

到水中，称作水芽。积累较多之后，即研制、烘焙成为二品，也就是龙团胜雪、白茶。茶叶中极精的绝品，没有超过这两种的。每一銙茶计算工价接近二万钱。其他品种都是先拣茶而后蒸茶和研茶，其味道也依次递减。贡茶分批入贡，一批称作一纲，建茶共分十纲，第一、第二纲太嫩，第三纲最好，从第六纲到第十纲，从小团到大团而止。

黄儒《品茶要录》：茶事起于惊蛰前，其采芽如鹰爪。初造曰试焙，又曰一火，其次曰二火。二火之茶，已次一火矣。故市茶芽者，唯伺出于三火前者为最佳。尤喜薄寒气候，阴不至冻。芽发时尤畏霜，有造于一火二火者皆遇霜，而三火霜霁，则三火之茶胜矣。晴不至于暄，则谷芽含养约勒而滋长有渐，采工亦

北宋黄儒《品茶要录》中说：每年的茶事活动开始于惊蛰之前，所采摘的茶芽就像鹰爪般大小。第一次制造称作试焙，又叫一火，其次叫作二火。二火所制的茶叶，已经比第一火所制的次一等了。再次叫作三火。所以购买茶芽的人们，只认准出于三火之前的茶叶是最好的。尤其喜欢在微寒的气候下所采的茶叶，那时天气虽然阴冷，却达不到冰冻的程度。初生的茶芽特别怕霜，有时在一火、二火制茶时都遇上了霜冻，而三火时霜寒已经消散，因而三火所制的茶叶就是最好的了。天气虽然晴朗，却达不到暴晒的程度，这样茶叶像谷粒般的幼芽蕴含着长期积存的养分，又受气候的制约，从而渐渐滋长起来，而对采制茶叶的人们来说也

优为矣。凡试时泛色鲜白，隐于薄雾者，得于佳时而然也。有造于积雨者，其色昏黄，或气候暴暄，茶芽蒸发，采工汗手薰渍，拣摘不洁，则制造虽多，皆为常品矣。试时色非鲜白、水脚微红者，过时之病也。

是最佳的工作时机了。大凡在烹试时泛出鲜白色泽、隐隐约约好像处于薄雾之中的茶叶，都是在最佳时节采制的好茶。有的茶叶在采制时正好遇到阴雨连绵的天气，其色泽昏黄发暗；有的茶叶在采制时正好遇到阳光暴晒的天气，茶芽上的水分蒸发，采茶人的汗手沾染，挑拣不干净，这样采制的茶叶虽然很多，但全都是平常的品级。烹试的时候，如果茶汤不能呈现出鲜白的色泽，茶汤表面沫饽消退时在盏壁上留下的水痕也就是所谓的水脚微微泛红，这就是茶叶采制超过了适当时机的弊病。

茶芽初采，不过盈筐而已，趋时争新之势然也。既采而蒸，既蒸而研。蒸或不熟，虽精芽而所损已多。试时味作桃仁气者，不熟之病也。唯正熟者，味甘香。

茶芽初次采摘，也不过采满一筐罢了。这是人们追求时尚、争竞新鲜的趋势所造成的。茶芽采摘之后就要蒸，蒸好了榨去水分就要进行研茶，使之成为胶和状态。蒸茶有时会出现火候欠缺而不熟的问题，即使是精选出来的优质芽茶，其成色也会因此而受损很多。烹试的时候茶色泛青而且容易下沉，茶味之中杂有核桃仁的气味，就是蒸茶不熟所带来的弊病。只有蒸到恰到火候的茶，其味道才是甘甜清香，非常纯正的。

蒸芽以气为候，视之不可以不慎也。试时色黄而粟纹大者，过熟之病也。然过熟愈于不熟，以甘香之味胜也。故君谟论色，则以青白

蒸茶，可以根据蒸气来判断火候，所以观测蒸气的大小变化，是不可不谨慎的。烹试的时候茶色泛黄而且粟纹过大的，就是蒸得过熟的弊病。但是蒸得过熟，还是要胜过蒸得不熟的茶叶，因为甘甜清香的味道要胜过没有蒸熟的茶叶。所以，蔡襄评论茶的色泽，就认为青

胜黄白。而余论味，则以黄白胜青白。

白色（指没有蒸熟的茶）要胜过黄白色（指蒸得过熟的茶），而我论茶的味道，就认为黄白色要胜过青白色。

茶，蒸不可以逾久，久则过熟，又久则汤干而焦釜之气出。茶工有泛薪汤以益之，是致薰损茶黄。故试时色多昏黯，气味焦恶者，焦釜之病也。建人谓之热锅气。

蒸茶的时间不能过久，如果时间久了，超过了一定火候就会过熟，熟的时间过久了，其中的水分就会烤干，从而发出锅底焦煳的气味。有的茶工这时就往里面加进新水，这样做必然导致烟熏之味损坏茶黄。因而烹试的时候茶色多为暗红，气味焦煳难闻的，正是这种锅底焦煳的弊病。建安人把这种气味称为热锅气。

夫茶，本以芽叶之物就之棬模。既出棬，上笪焙之，用火务令通彻，即以灰覆之，虚其中，以透火气。然茶民不喜用实炭，号为冷火。以茶饼新湿，急欲干以见售，故用火常带烟焰。烟焰既多，稍失看候，必致薰损茶饼。试时其色昏红，气味带焦者，伤焙之病也。

茶叶，本来是芽叶形状的东西，采制之后放入卷模当中压制成型。取出后，放在用粗竹篾编成的状如竹席的笪上用炭火烘烤。烘烤的时候，一定要用文火把茶饼烤得均匀透彻。烤好之后，随即用灰把炭火覆盖，炭火的中间要虚，从而使炭火充分燃烧，保持火温，以涵养茶之色香味。可是茶农不喜欢用实炭，称之为冷火。因为刚刚制成的茶饼很潮湿，茶农都希望迅速烘烤干燥，以便早日出售，所以烘烤时用的火都比较大，并常常冒着烟、带着火焰。这样烟气和火焰既然很多，烘烤时稍微不留意看护守候，就会熏坏和烤煳茶饼，使得茶的质量严重受损。烹试的时候茶色昏暗发红，茶味带有焦煳之气，这就是伤焙之病，即烘烤时茶饼熏烤过重所导致的弊病。

茶饼光黄而又如阴

加工制作出来的茶饼，如果光亮发黄，又

润者，榨不干也。榨欲尽去其膏，膏尽则有如干竹叶之意。唯喜饰首面者，故榨不欲干，以利易售。试时色虽鲜白，其味带苦者，渍膏之病也。

好像潮湿润泽的样子，就是蒸过的茶黄没有榨干膏油和水分的缘故。榨茶就是要把其中的膏油清除干净，膏油除尽之后，茶叶就好像干竹叶的色泽。只有那些为了装饰茶饼表面色泽的人，才故意不把茶叶中的膏油榨尽，以使茶饼显得色泽光莹、精致华丽，便于销售。至于制成的茶在烹试的时候色泽虽然鲜白，其味道却带有苦涩，这就是渍膏之病，即茶中含有膏油所带来的弊病。

茶色清洁鲜明，则香与味亦如之。故采佳品者，常于半晓间冲蒙云雾而出，或以瓷罐汲新泉悬胸臆间，采得即投于中，盖欲其鲜也。如或日气烘烁，茶芽暴长，工力不给，其采芽已陈而不及蒸，蒸而不及研，研或出宿而后制。试时色不鲜明、薄如坏卵气者，乃压黄之病也。

茶色清洁鲜明，那么香气和色泽就会很好。因此采摘上品茶的人，往往在拂晓的时候顶着云雾去工作，有人还用瓷罐汲上新鲜的泉水挂在胸间，采摘茶芽就投入其中，大概是想保持茶的新鲜。有时遇到阳光很好，茶园烘热，茶芽疯长，而采茶的人力跟不上，他们采摘的茶芽已经放得不新鲜了，还来不及蒸，蒸过之后却来不及研磨，研成细末之后经过一夜而后才能放入模具制作茶饼。这样制成的茶在烹试的时候色泽就不鲜明，味道也稍微带有坏鸡蛋的气味，这就是所谓的压黄之病，即压了工时的茶黄带来的弊病。

茶之精绝者曰斗，曰亚斗，其次拣芽。茶芽，斗品虽最上，园户或止一株，盖天材间有特异，非能皆然也。且

茶叶之中的精品、绝品，叫作斗、亚斗，其次叫作拣芽。茶芽之中，斗品虽然最为上乘，但是生产茶叶的园户有的只有一株。大概是天然茶树中非常稀有的特殊品种，不是所有的茶树都能生长出这样的茶芽。况且事物的变化无

物之变势无常，而人之耳目有尽，故造斗品之家，有昔优而今劣、前负而后胜者。虽人工有至有不至，亦造化推移不可得而擅也。其造，一火曰斗，二火曰亚斗，不过十数銙而已。拣芽则不然，遍园陇中择其精英者耳。其或贪多务得，又滋色泽，往往以白合、盗叶间之。试时色虽鲜白，其味涩淡者，间白合、盗叶之病也。[一凡鹰爪之芽，有两小叶抱而生者，白合也。新条叶之抱生而白者，盗叶也。造拣芽者只剔取鹰爪，而白合不用，况盗叶乎！]

穷无尽，而人们的目见耳闻却是十分有限的，所以能够制造斗品的园户，有的从前产品优质如今变得粗劣、从前质量低劣如今质量优胜的。这虽然有人为的技艺的差别，可也是大自然的发展变化、时光的转化推移不可能使某个人得以专有和垄断。茶叶的制造，一火叫作斗，二火叫作亚斗，每年仅仅生产十多銙罢了。而拣芽却不是这样，遍寻茶园山陇之间，只要选择其中的上好的茶芽就可以了。有的茶农贪多务得，又要滋润茶叶的色泽，往往就把白合、盗叶也掺杂进茶芽当中。这样的茶叶，在烹试的时候虽然色泽鲜白，味道却苦涩而淡薄，这就是其中掺杂了白合、盗叶的弊病。[一个鹰爪般的茶芽，有两片小叶合抱而生，就叫作白合；茶树新枝条上的叶芽合抱而生，而颜色又发白的，就叫作盗叶。采制拣芽的时候，常常要剔取鹰爪，去掉白合而不用，更何况是盗叶呢?]

物固不可以容伪，况饮食之物，尤不可也。故茶有入他叶者，建人号为入杂。銙列入柿叶，常品入桴槛叶。二叶易致，又滋色泽，园民欺售直而为之。试

人们日常所用的物品当然容不得假冒伪劣，何况是饮食的物品，尤其不可以容忍假冒伪劣产品。所以茶叶中掺杂进其他草木叶子，建安人就叫作入杂。通常的情况是上等的銙茶中掺杂柿树叶子，普通的茶芽中掺杂进桴槛叶子。这两种叶子很容易得到，又可增加茶叶的色泽，茶农为了欺骗客商从而卖得高价常这样做。这

时无粟纹甘香，盏面浮散，隐如微毛，或星星如纤絮者，入杂之病也。善茶品者，侧盏视之，所入之多寡，从可知矣。向上下品有之，近虽銙列，亦或勾使。

种茶叶在烹试的时候没有粟纹和甘香的味道，茶汤表面浮散而不能凝聚，隐隐好像细细的毛发，有的则是星星点点好像纤细的絮丝一般，这就是茶中入杂掺入其他叶子的弊病。善于品茶的人遇到这种情况，就会把茶盏侧起来进行观察，那么茶中掺进杂叶的多少，就可以一目了然了。从前通常是上品、下品茶叶中有入杂的情况，近来即使极品的銙茶当中也有假冒伪劣、掺进杂叶的现象。

《万花谷》：龙焙泉在建安城东凤凰山，一名御泉。北苑造贡茶，社前芽细如针。用此水研造，每片计工直钱四万。分试其色如乳，乃最精也。

《锦绣万花谷》前集卷三十五记载：龙焙泉在建安城东凤凰山，也叫作御泉。北苑制造贡茶，社前茶芽细如针，用此泉水研造，每片合计工值四万钱。烹试的时候其色泽如乳汁，是茶中最佳的精品。

《文献通考》：宋人造茶有二类，曰片，曰散。片者即龙团旧法，散者则不蒸而干之，如今时之茶也。始知南渡之后，茶渐以不蒸为贵矣。

南宋马端临《文献通考》记载：宋代茶的制造分为两类，一种叫作片茶，一种叫作散茶。片茶就是龙团茶的传统制法，散茶则是不经过蒸而直接焙干的，就像今天的制茶方法。由此可知，宋室南渡之后，茶叶的制造逐渐以不蒸为贵了。

《学林新编》：茶之佳者，造在社前；其次火前，谓寒食前也；其下则雨前，谓谷雨前

宋代王观国（字彦宾，长沙人）《学林新编》中说：茶中的上品，要在社前制造，也就是春社（立春后的第五个戊日）前；其次，要在火前制造，也就是寒食前；其下品则在雨前

也。唐僧齐己诗曰："高人爱惜藏岩里，白甀（zhuì）封题寄火前。"其言火前，盖未知社前之为佳也。唐人于茶，虽有陆羽《茶经》，而持论未精。至本朝蔡君谟《茶录》，则持论精矣。

制造，也就是谷雨前。唐代僧人齐己《闻道林诸友尝茶因有寄》诗中写道："高人爱惜藏岩里，白甀封题寄火前。"他所说的火前茶，大概是还不知道社前茶更佳的缘故。唐代人对于茶的研究，虽然有陆羽《茶经》，但持论并未达到精审。到了本朝的蔡襄《茶录》，才达到持论精审的境界。

《苕溪诗话》：北苑，官焙也，漕司岁贡为上；壑源，私焙也，土人亦以入贡，为次。二焙相去三四里间。若沙溪，外焙也，与二焙绝远，为下。故鲁直诗"莫遣沙溪来乱真"是也。官焙造茶，常在惊蛰后。

南宋胡仔《苕溪渔隐丛话》记载：北苑，是官府的茶焙，制造福建路转运司每年的贡茶，称为上品；壑源，是私人茶焙，当地民间也制茶上贡，品质较次。这两处茶焙相距三四里。至于像沙溪，则称为外焙，与以上二焙相距很远，品质下等。因此黄庭坚诗句"莫遣沙溪来乱真"，正是说的这种情况。官焙制茶，一般在惊蛰之后一二日。

朱翌《猗觉寮杂记》：唐造茶与今不同，今采茶者得芽即蒸熟焙干，唐则旋摘旋炒。刘梦得《试茶歌》："自傍芳丛摘鹰嘴，斯须炒成满室香。"又云："阳崖阴

宋代朱翌（字新仲，舒州怀宁人）《猗觉寮杂记》记载：唐朝的制茶方法与今天不同，今天采摘茶芽随即蒸熟焙干，唐朝人则是旋摘旋炒。刘禹锡《西山兰若试茶歌》写道："自傍芳丛摘鹰嘴，斯须炒成满室香。"又说："阳崖阴岭各不同（当作'各殊气'），未若竹下莓苔地。"竹林间的茶叶最好。

岭各不同，未若竹下莓苔地。”竹间茶最佳。

《武夷志》：通仙井在御茶园，水极甘洌。每当造茶之候，则井自溢，以供取用。

《武夷志》记载：通仙井在御茶园，泉水非常甘甜清澈。每当制茶的时节，井水自然溢出，以供取用。

《金史》：泰和五年春，罢造茶之坊。

《金史》卷四十九《食货四》记载：金章宗泰和五年（1205）春，取缔造茶的作坊。

张源《茶录》：茶之妙，在乎始造之精，藏之得法，点之得宜。优劣定于始铛，清浊系乎末火。火烈香清，铛寒神倦。火烈生焦，柴疏失翠。久延则过熟，速起却还生。熟则犯黄，生则著黑。带白点者无妨，绝焦点者最胜。

明代张源（字伯渊，号樵海山人）《茶录》中说：茶叶的奥妙，首先在于开始制作时就要做到精益求精；其次收藏要得法；再次是冲泡时方法得当。茶叶的优劣，在开始下锅炒制时就决定了；而茶叶冲泡出来的清浊，则取决于最后烘焙时火候的把握。火力强烈，制成的茶叶就会清香宜人；开始炒茶时锅比较凉，那么制成的茶叶就会缺少神韵。但是如果火力过于猛烈，就会使茶叶变得焦枯；相反，如果柴薪火力跟不上，那么制成的茶叶就会失去青翠的色泽。茶叶炒好后在锅中停留时间过长，就会使茶叶过熟；相反，如果拿出来过早，那么茶叶就可能没有炒熟。过熟，茶叶就会泛黄；不熟，茶叶就会带有黑色。炒制出来的茶叶，带有白点的无妨，没有一点炒焦的地方的最好。

藏茶切勿临风近火。临风易冷，近火先黄。

收藏茶叶的茶育切不可临近风口和靠近火。临近风口，容易使茶叶过冷；靠近火，茶叶的色泽就会首先变黄。

[许次纾《茶疏》]：

［明代许次纾《茶疏》中说：］放置茶叶的

其置顿之所，须在时时坐卧之处，逼近人气，则常温而不寒。必须板房，不宜土室。板房温燥，土室潮蒸。又要透风，勿置幽隐之处，不唯易生湿润，兼恐有失检点。

处所，必须选择人们时常坐卧起居的地方。靠近人的气息的地方，就会保持相对的温暖而不至于过分寒冷。一定要放置木板房内，不适合放在土屋里。木板房比较干燥，而土屋就比较闷热。放置茶叶的地方还要保持通风，不要放在昏暗隐蔽的地方。昏暗隐蔽的地方不仅容易闷热和潮湿，同时恐怕会在检点核查时不易发现。

谢肇淛《五杂俎》：古人造茶，多舂令细末而蒸之。唐诗“家僮隔竹敲茶臼”是也。至宋始用碾。若揉而焙之，则本朝始也。但揉者，恐不及细末之耐藏耳。

明代谢肇淛《五杂俎》中说：古人制茶，大多是把茶叶舂成细末，然后再蒸。唐柳宗元《夏昼偶作》诗中所说的“日午独觉无余声，山僮隔竹敲茶臼”就是指的这种情况。到宋朝开始运用茶碾。至于揉而炒之的方法，则从本朝开始。只不过，揉后炒青的方法，恐怕比不上研成细末方便贮藏罢了。

今造团之法皆不传，而建茶之品，亦远出吴会诸品下。其武夷、清源二种，虽与上国争衡，而所产不多，十九赝鼎，故遂令声价靡复不振。

如今团饼茶的制造方法都不再流传，因而建茶的品质，也远远落后于江浙各个品种之下。其中福建的武夷茶、清源茶两个品种，虽然可与江浙诸茶相抗衡，可是所产不多，而且十之八九为赝品，因而使得福建茶叶的声誉一再地萎靡不振。

闽之方山、太姥、支提，俱产佳茗，而制造不如法，故名不出里闬（hàn）。予尝过松

福建的方山（今福州城南五虎山）、太姥山（今福建福鼎南）、支提山（今福建宁德）都出产上品佳茶，但制造不得其法，所以其名声不出里巷。我曾经过访松萝，遇到一个制茶的高

萝，遇一制茶僧，询其法，曰：“茶之香，原不甚相远，唯焙之者火候极难调耳。茶叶尖者太嫩，而蒂多老。至火候匀时，尖者已焦，而蒂尚未熟。二者杂之，茶安得佳？”制松萝者，每叶皆剪去其尖蒂，但留中段，故茶皆一色。而工力烦矣，宜其价之高也。闽人急于售利，每斤不过百钱，安得费工如许？若价高，即无市者矣。故近来建茶所以不振也。

僧，向他询问制茶的方法，他回答说：“茶叶的香味本来相差并不太多，只是在烘焙之时火候非常难以把握罢了。茶叶的尖蕊太嫩，而蒂部过老，烘焙时火候均匀，其尖蕊已经焦枯，可是蒂部还没有炒熟。二者掺杂在一起制造，制成的茶叶怎么能好呢？”松萝茶的制造方法，是每个叶子都剪去其尖蕊和蒂部，只保留中段，因而制成的茶叶都是一色。既然工序繁杂，其价格提高也是适宜的。福建人急于抛售求利，每斤茶叶不超过百钱，怎么能够做到耗费工力、精心制造呢？如果提高价格，就没人买了，这就是福建茶叶近来萎靡不振的原因。

罗廪《茶解》：采茶制茶，最忌手汗、体膻、口臭、多涕、不洁之人及月信妇人，更忌酒气。盖茶酒性不相入，故采茶制茶，切忌沾醉。

明代罗廪《茶解》中说：采摘和制造茶叶，最忌讳手汗、身体有膻味、口臭、多鼻涕、不干净整洁的人以及月经来潮的妇女，更忌讳酒气。因为茶与酒的本性不相得，所以采摘和制造茶叶，切忌沾酒醉酒。

茶性淫，易于染着，无论腥秽及有气息之物不宜近，即名香亦不宜近。

茶叶本性容易发散，容易沾染，所以无论是油腥污秽以及一切有气味的物品都不宜接近，即使是名贵香料也不宜接近。

许次纾《茶疏》：岕茶非夏前不摘。初试摘者，谓之开园；采自正夏，谓之春茶。其地稍寒，故须待时，此又不当以太迟病之。往时无秋日摘者，近乃有之。七八月重摘一番，谓之早春。其品甚佳，不嫌少薄。他山射利，多摘梅茶，以梅雨时采，故名。梅茶苦涩，且伤秋摘，佳产戒之。

明代许次纾《茶疏》中说：出产于长兴的罗岕茶，不到立夏前不采摘。初次试摘茶叶，叫作开园；正当立夏时节所采茶叶，称作春茶。这是因为当地气候稍微偏寒，所以要等到立夏时节，对此不应当因为采摘太迟而有所批评。从前没有在秋天采茶的，近来才有人这样做。在秋天七八月间重新采摘一遍，称作早春茶。这种茶的品质非常好，饮用起来并没有味道淡薄的感觉。其他山中的茶农为了图谋经济利益，很多在梅雨季节采摘茶叶，故称梅茶。这种梅茶味道又涩又苦，只可以充当很普通的饮品，而且有损于秋茶的采摘，品种优良的茶树要力戒这种做法。

茶初摘时，香气未透，必借火力以发其香。然茶性不耐劳，炒不宜久。多取入铛，则手力不匀。久于铛中，过熟而香散矣。炒茶之铛，最忌新铁。须预取一铛以备炒，毋得别作他用。一说唯常煮饭者佳，既无铁锃，亦无脂腻。炒茶之薪，仅可树枝，勿用干叶。干则火力猛炽，叶则易焰、易灭。铛必磨洗莹洁，旋

新鲜的茶芽刚刚采摘下来，香气还没有充分散发透，必须借助火力进行炒制，以便把茶的清香促发出来。然而茶叶生性经不起折腾，炒制也不宜时间太久。如果一下子把很多茶叶放入茶铛内，那么在炒制时手力翻炒就会用力不均匀。如果茶叶在茶铛中的时间过长，就会因炒得过熟而使香气失散，甚至炒得干枯焦煳，无法烹煮和冲泡品饮。炒茶所用的茶铛，最忌讳以新铁制成。因此必须事先预备一个炒铛，专门用来炒茶，不能同时兼有其他用途。也有人认为经常用来煮饭的炒铛较好，既没有铁腥气，也没有油腻。炒茶所用的柴薪只能是树枝，而不能用树干和树叶，树干燃烧时火力过大过猛，树叶燃烧时则容易起大火焰又容易熄灭，

摘旋炒。一铛之内，仅可四两，先用文火炒软，次加武火催之。手加木指，急急钞转，以半熟为度，微俟香发，是其候也。

清明太早，立夏太迟，谷雨前后，其时适中。若再迟一二日，待其气力完足，香烈尤倍，易于收藏。

藏茶于庋阁，其方宜砖底数层，四围砖砌。形若火炉，愈大愈善，勿近土墙。顿瓮其上，随时取灶下火灰，候冷簇于瓮傍，半尺以外，仍随时取火灰簇之，令里灰常燥，以避风湿。却忌火气入瓮，盖能黄茶耳。日用所须，贮于小磁瓶中者，亦当箬包苎扎，勿令见风。且宜置于案头，勿近有气味之物，亦不可用纸包。盖茶性畏纸，纸成于水中，受水气多

火力不稳定。炒茶的茶铛要磨得光亮洁净，茶叶则要随摘随炒。一铛之中，只能放入四两茶青；首先用文火烘软，然后再用武火炙烤。手上要戴上木指，快速地翻炒转动茶叶；炒茶以半熟为适度，等到茶的香气微微散发出来，也就到了火候了。

采茶的最佳时节，清明时间太早，立夏就显得太迟，谷雨前后，时间正适宜。如果再推迟一两天，等到茶叶所蕴含的气力完全充足，然后采摘，茶叶的清香甘冽就更加成倍地增长，而且也容易收藏。

藏茶于庋阁，其方法应该用几层砖铺地，四周也用砖围砌起来，形状如同火炉，越大越好，不要接近土墙。把收藏茶叶的瓷瓮搁在上面，随时取来灶下的火灰，等冷却之后堆于瓷瓮的周围，半尺以外的地方，仍旧随时取来火灰堆于周围，从而使得里面的火灰经常保持干燥，可以用来避风防潮。但是要切忌火气进入瓷瓮中，因为那样就会使茶叶变黄。日常生活所要用的茶叶，贮存到小瓷瓶中，也应当用箬叶包裹、苎麻扎紧，不要让茶叶见风。而且适宜经常放置在案头，不可接近有气味的物品，也不可用纸来包裹。这是因为茶叶的本性害怕纸，而纸是由水浆制成的，接受水气较多。用纸包裹茶叶一晚上过后，就会随纸作气，茶味就被败坏殆尽了。即使再次烘焙茶叶，可是不一会儿就又湿润了。雁宕各山所产的茶叶，首

也。纸裹一夕，即随纸作气而茶味尽矣。虽再焙之，少顷即润。雁宕诸山之茶，首坐此病。纸帖贻远，安得复佳？

先就存在这种弊病。至于用纸包裹寄赠远方的友朋，又怎能保持茶的良好品质呢？

茶之味清，而性易移，藏法喜温燥而恶冷湿，喜清凉而恶郁蒸，宜清触而忌香惹。藏用火焙，不可日晒。世人多用竹器贮茶，虽加箬叶拥护，然箬性峭劲，不甚伏帖，风湿易侵。至于地炉中顿放，万万不可。人有以竹器盛茶，置被笼中，用火即黄，除火即润。忌之！忌之！

茶叶的味道清香，而其本性却容易转移，所以收藏茶叶的方法，是喜欢温暖干燥而忌讳阴冷潮湿，喜欢清凉而忌讳闷热，适宜接近清新之物而忌讳沾染香气。收藏的时候用炭火烘焙，而不可阳光暴晒。世人多用竹器贮存茶叶，虽然也用很多层箬叶包裹加以保护，但是箬叶生性坚劲峭直，不很服贴，寒风和潮气容易侵入，对于贮存茶叶是没有益处的。至于在地炉中放置，更是万万不可采用。有人用竹器盛放茶叶，铺于被笼之中，用火烘焙马上就会发黄，离开了火就会受潮湿润。这种方法也切忌使用。

闻龙《茶笺》：尝考《经》言茶焙甚详。愚谓今人不必全用此法。予构一焙室，高不逾寻，方不及丈，纵广正等，四围及顶绵纸密糊，无小罅隙。置三四火缸于中，安新竹筛于缸内，预洗新麻布一片

明代闻龙《茶笺》中说：我曾经考察《茶经》讲述茶焙非常详尽，但我认为今人不必要完全采用这种方法。我自己建造一间茶焙室，高不过八尺，周长不过一丈，长和宽相等，四周墙壁和房顶都用棉纸严密糊裱起来，不留一点小的缝隙。然后放置三四个火缸在室内，安装新的竹筛于缸内，预先洗好新麻布一片衬着。把炒好的茶叶散置在竹筛上，关起门来进行焙制。竹筛上面不可覆盖，因为茶叶还不够干燥，

以衬之。散所炒茶于筛上，阖户而焙。上面不可覆盖，以茶叶尚润，一覆则气闷罨黄，须焙二三时，俟润气既尽，然后覆以竹箕。焙极干出缸，待冷，入器收藏。后再焙，亦用此法，则香色与味犹不致大减。

一旦覆盖就会气闷而发黄。必须焙制两三个时辰，等到茶叶的湿润之气烘焙散尽之后，而后用竹簸箕盖上。烘焙非常干燥之后出缸，等待冷却后放入器皿收藏。以后再次烘焙，也采用这种方法，这样茶的色泽和香味还不至于有较大的消减。

诸名茶法多用炒，唯罗岕宜于蒸焙，味真蕴藉，世竞珍之。即顾渚、阳羡，密迩洞山，不复仿此。想此法偏宜于岕，未可概施诸他茗也。然《经》已云“蒸之”“焙之”，则所从来远矣。

各种名茶的制法多采用炒法，只有罗岕茶适宜用蒸焙，茶味纯正而持久，世人竞相珍藏。即使接近罗岕茶所出产的洞山的顾渚茶、阳羡茶，也不再仿照这种方法。可想而知这种方法只适宜于罗岕茶，不可一概适用于其他名茶。然而《茶经》已经讲道“蒸之”“焙之”，那么这种方法由来已久了。

吴人绝重岕茶，往往杂以黑箬，大是阙事。余每藏茶，必令樵青入山采竹箭箬。拭净烘干，护罂四周，半用剪碎拌入茶中。经年发覆，青翠如新。

以苏州为中心的吴中地区的人们非常推重罗岕茶，往往掺杂青黑色的箬竹叶，的确是令人遗憾的事情。我每当收藏茶叶的时候，一定要让打柴的人采摘竹箭箬叶，擦拭干净烘焙干燥，围护在藏茶陶罐的四周，另以一半剪碎后拌入茶中。一年后打开封口，茶叶依然青翠如新。

吴兴姚叔度言：

吴兴姚绍宪（字叔度）说：“茶叶如果多烘

"茶若多焙一次，则香味随减一次。"予验之良然。但于始焙时，烘令极燥，多用炭箬，如法封固，即梅雨连旬，燥仍自若。唯开坛频取，所以生润，不得不再焙耳。自四月至八月，极宜致谨。九月以后，天气渐肃，便可解严矣。虽然，能不弛懈尤妙。

焙一次，其香味就随之消减一次。"我经过试验，果然如此。但是在初次烘焙的时候，烘焙得非常干燥，多用木炭和箬竹叶，按照上述方法密封起来，即使是梅雨连旬，茶叶依然和原来一样干燥。只是因为频繁地开坛取茶，所以会使茶叶湿润，不得不再次烘焙罢了。从四月到八月，尤其应当加倍小心谨慎。九月以后，天气逐渐转冷，便可以稍微解严了。即使如此，若能仍不懈怠放松更好。

炒茶时，须用一人从傍扇之，以祛热气。否则茶之色香味俱减，此予所亲试。扇者色翠，不扇者色黄。炒起出铛时，置大磁盆中，仍须急扇，令热气稍退。以手重揉之，再散入铛，以文火炒干之。盖揉则其津上浮，点时香味易出。田子艺以生晒不炒不揉者为佳，其法亦未之试耳。

炒茶的时候，必须有一个人从旁边扇风，以便祛除其中的热气，否则茶的色香味都会有所消减，这是我亲自试验的结果。有人扇风的茶色青翠，无人扇风的茶色泛黄。炒茶完毕出铛之时，要放在大瓷盆中，仍然要快速扇风，使热气稍退，用手反复揉搓，再次散入茶铛之中，用文火烘焙干燥。因为揉搓就会使茶中的津液上浮，烹点的时候香味容易散发。田艺蘅（字子艺）认为茶叶生晒不炒不揉为最佳，这种方法也没有经过尝试。

《群芳谱》：以花拌茶，颇有别致。凡梅

明代王象晋《群芳谱》中说：以花拌茶，颇为别致。大凡梅花、木樨花、茉莉花、玫瑰

花、木樨、茉莉、玫瑰、蔷薇、兰、蕙、金橘、栀子、木香之属，皆与茶宜。当于诸花香气全时摘拌，三停茶，一停花，收于磁罐中，一层茶一层花，相间填满，以纸箬封固入净锅中，重汤煮之，取出待冷，再以纸封裹，于火上焙干贮用。但上好细芽茶忌用，花香反夺其真味。唯平等茶宜之。

花、蔷薇花、兰花、蕙花、金橘花、栀子花、木香花之类，都与茶性相适宜。应当在各种花卉盛开、香气充盈之时采摘下来拌入茶中，其比例大体是三份茶叶里放一份花，收藏到瓷罐中，一层茶一层花，相间填满，用纸或箬叶密封放到干净的锅中，热水煮过，取出来等待冷却后，再用纸封裹起来，在火上烘焙干燥贮存待用。但是上好的精细芽茶，忌讳用花香，以花入茶反而会侵夺其纯正的味道。只有普通等级的茶叶适宜。

《云林遗事》：莲花茶，就池沼中，于早饭前日初出时，择取莲花蕊略绽者，以手指拨开，入茶满其中，用麻丝缚扎定，经一宿。次早连花摘之，取茶纸包晒。如此三次，锡罐盛贮，扎口收藏。

明代顾元庆《云林遗事·饮食》记载有莲花茶的制作方法：就莲花盛开的池沼中，在早饭前太阳刚刚出来的时候，选择莲花花蕊略开者，用手指拨开，把茶叶放满其中，用麻线或丝线扎紧绑定，经过一个晚上。次日早晨连同莲花采摘下来，取茶纸包好晒干。如此三次，用锡罐盛着贮存，扎口收藏。

邢士襄《茶说》：凌露无云，采候之上。霁日融和，采候之次。积日重阴，不知其可。

明代邢士襄（字三若）《茶说》中说：清晨踏着露水，天空无云，这是采茶最好的时候；雨过初晴，天气融和，是采茶较好的时候；阴雨连绵或阴天多云，是不可以采茶的时候。

田艺蘅《煮泉小

明代田艺蘅《煮泉小品》中说：芽茶，经

品》：芽茶，以火作者为次，生晒者为上，亦更近自然，且断烟火气耳。况作人手器不洁，火候失宜，皆能损其香色也。生晒茶，瀹之瓯中，则旗枪舒畅，清翠鲜明，香洁胜于火炒，尤为可爱。

过炒制而成的，品质要次一些，而以阳光晒制而成的为最好，也更加接近于自然天成，并且断绝了烟火之气。况且，制作加工的人手和器具不洁净，或者不能恰当地掌握火候，都能够损害茶叶的香气和色泽。阳光晒制的芽茶冲泡于茶瓯之中，叶芽舒展畅达、青翠鲜明。其香味和洁净都胜过火炒的茶叶，尤其可爱。

《洞山岕茶系》：岕茶采焙，定以立夏后三日，阴雨又需后之。世人妄云“雨前真岕”，抑亦未知茶事矣。茶园既开，入山卖草枝者，日不下二三百石。山民收制，以假混真。好事家躬往予租，采焙戒视唯谨，多被潜易真茶去。人地相京，高价分买，家不能二三斤。近有采嫩叶、除尖蒂、抽细筋焙之，亦曰片茶。不去尖筋，炒而复焙，燥如叶状，曰摊茶，并难多得。又有俟茶市将阑，采取剩叶焙之，名

明代周高起《洞山岕茶系》中说：罗岕茶的采摘和焙制，一定要在立夏后三日，遇到阴雨又须推迟。世人妄言说“雨前真岕”，也可能是不懂得茶事的说法。茶园开放之后，入山贩卖草枝的规模很大，每天不下二三百石，山中茶农收购制造，以假乱真。喜好茶事之人亲自到山中预先租下茶园，进行采摘焙制，谨慎仔细地加以监督视察，但也多被暗中换掉真茶而去。但是人们依然竞相以高价购买，每家不到二三斤。近来有人采摘嫩叶、除去尖蒂、抽取细筋进行焙制，也叫作片茶。如果不去除尖蒂、细筋，炒后再烘焙干燥，形状如叶，就叫作摊茶，都很难多得。又有等到茶市接近尾声的时候，采摘剩余的茶叶进行焙制，叫作修山茶，这种茶香味充足但色泽较老。如今四方所贩卖的岕片，大多是南岳片子，可以称作“骗茶”了。茶商为了炫人耳目，纷纷以不入品的长潮等地茶叶充数，真正的岕茶已经无法得到了。

曰修山茶，香味足而色差老。若今四方所货岕片，多是南岳片子，署为“骗茶”可矣。茶贾炫人，率以长潮等茶，本岕亦不可少得。噫！安得起陆龟蒙于九京，与之赓《茶人》诗也。茶人皆有市心，今予徒仰真茶而已。故余烦闷时，每诵姚合《乞茶诗》一过。

唉！怎么能够使陆龟蒙复起于地下，与他一起续写并唱和其《茶人》之诗呢？当地茶农都有谋利之心，我如今只能徒自仰望真茶罢了。因此，我在烦闷的时候，常常诵读一遍唐代姚合的诗《乞新茶》（“嫩绿微黄碧涧春，采时闻道断荤辛。不将钱买将诗乞，借问山翁有几人”）。

《月令广义》：炒茶每锅不过半斤，先用干炒，后微洒水，以布卷起，揉做。

明代冯应京《月令广义》中说：炒茶时每锅不能超过半斤，首先采用干炒，然后稍微洒一点水，用布卷起来揉搓。

茶择净微蒸，候变色摊开，扇去湿热气。揉做毕，用火焙干，以箬叶包之。语曰：“善蒸不若善炒，善晒不若善焙。”盖茶以炒而焙者为佳耳。

茶叶要拣择干净，轻微蒸过，等到色泽变化后摊开，用扇扇去其湿热之气。揉搓完毕，用火烘焙干燥，用箬竹叶包裹起来。俗语说：“善蒸不若善炒，善晒不若善焙。”因为茶叶以炒过之后再进行烘焙的为最好。

《农政全书》：采茶在四月。嫩则益人，粗则损人。茶之为道，释滞去垢，破睡除烦，功

明代徐光启《农政全书》中说：采茶一般在四月，茶嫩就对人体有益，粗老就对人体有害。茶之为道，消除壅滞，祛除污垢，破除睡眠，清除烦闷，其功用非常显著。有时因为采

则著矣。其或采造藏贮之无法，碾焙煎试之失宜，则虽建芽浙茗，只为常品耳。此制作之法，宜亟讲也。

摘、制造或者收藏贮存不得要领，有时因为焙制烹试不合法度，这样的话，即使是宋代的建安贡茶、当今的浙茶极品，也只能变为平常的茶叶。因此茶叶制作的方法，亟待多加讲究。

冯梦祯《快雪堂漫录》：炒茶锅令极净。茶要少，火要猛，以手拌炒，令软净，取出，摊于匾中，略用手揉之。揉去焦梗，冷定复炒，极燥而止，不得便入瓶。置于净处，不可近湿。一二日后再入锅炒，令极燥，摊冷，然后收藏。

明代冯梦祯（字开之，秀水人）《快雪堂漫录》中说：炒茶的时候，炒锅要求极其干净。茶叶要少，火力要猛，用手搅拌着炒制，使茶叶绵软洁净，然后取出来，摊在竹制的平底匾中，稍微用手揉搓，拣去其中的炒焦的茶梗，冷却后再次炒制，直到极为干燥才停止，炒制完后不可当即放入瓶中。焙制好的茶叶应当贮放在干净的地方，切不可接近潮湿之气，一两天之后再次入锅炒制，使茶叶非常干燥，摊出晾冷，然后收藏起来。

藏茶之罂，先用汤煮过烘燥。乃烧栗炭透红，投罂中，覆之令黑。去炭及灰，入茶五分，投入冷炭，再入茶，将满，又以宿箬叶实之，用厚纸封固罂口。更包燥净无气味砖石压之，置于高燥透风处，不得傍墙壁及泥地方得。

藏茶的瓷器，要预先用开水煮过，烘烤干燥。把烧红的栗木炭投入其中，覆盖起来让炭火变黑，然后去掉木炭和炭灰，放入一半茶叶，再投入冷却的木炭，再在上面放入茶叶，将近装满时，用烘焙干燥的旧箬竹叶填实，用厚纸密封瓶口。还要用包好的干燥洁净无气味的砖石压在上面，放到高处干燥通风的地方，不能靠近墙壁以及有泥土的地方，这样才算适宜。

屠长卿《考槃余事》：茶宜箬叶而畏香药，喜温燥而忌冷湿。故收藏之法，先于清明时收买箬叶，拣其最青者，预焙极燥，以竹丝编之，每四片编为一块听用。又买宜兴新坚大罂，可容茶十斤以上者，洗净焙干听用。山中采焙回，复焙一番，去其茶子、老叶、梗屑及枯焦者，以大盆埋伏生炭，覆以灶中敲细赤火，既不生烟，又不易过，置茶焙下焙之，约以二斤作一焙。别用炭火入大炉内，将罂悬架其上，烘至燥极而止。先以编箬衬于罂底，茶焙燥后，扇冷方入。茶之燥，以拈起即成末为验。随焙随入，既满，又以箬叶覆于茶上，每茶一斤约用箬二两。罂口用尺八纸焙燥封固，约六七层，压以方厚白

明代屠隆（字长卿）《考槃余事》卷三《茶笺》中说：茶叶适宜箬叶而畏惧香料，喜欢温暖干燥而忌讳阴冷潮湿。所以茶叶的收藏之法，要在清明之前就收购箬叶，选择其中最为青翠的，预先烘焙到非常干燥，用竹篾编起来，每四片箬叶编为一块，以便备用。再购买宜兴新出产的坚固的大陶罂，可以盛茶十斤以上，清洗洁净并烘焙干燥待用。山中采摘焙制的茶叶，回来后要再烘焙一番，去除其中的茶子、老叶、梗屑以及枯焦的部分，用大盆装满生炭，用灶中敲碎的赤火加以覆盖，既不会生发烟气，又不容易过热。放到茶焙下面烘焙，大约以两斤茶叶作一焙。另外用炭火放入大炉内，将盛茶的陶罂悬架在上面，烘焙到极其干燥为止。预先用竹篾编好的箬叶衬到陶罂底下，茶叶烘焙干燥后，扇冷才放进去。茶叶的干燥程度，以拈起来即成细末作为标准。随即烘焙随即放入陶罂，盛满之后再用箬叶覆盖到茶叶上面，每一斤茶叶大约需要二两箬叶。陶罂的口部用一尺八寸见方的纸烘焙干燥密封起来，大约密封六七层，压上一块方形厚重白木板，也要选择烘焙干燥的。然后选择朝向明亮的净室或者高阁收藏起来。取用的时候要用新买干燥的宜兴小陶瓶，大约可以盛茶四五两，另外单独贮藏。取用后，要随即包装整齐。夏至后三天再拿出来烘焙一次，秋分后三天再烘焙一次，冬至后三天还要烘焙一次，加上山中第一次烘焙，

木板一块，亦取焙燥者。然后于向明净室或高阁藏之。用时，以新燥宜兴小瓶约可受四五两者另贮。取用后，随即包整。夏至后三日再焙一次，秋分后三日又焙一次，一阳后三日又焙一次，连山中共焙五次。从此直至交新，色味如一。罂中用浅，更以燥箬叶满贮之，虽久不浥。

共计五次。从此直到来年新茶上市，其色泽香味依然保持如新。陶罂中的茶叶取用少了之后，就要用干燥的箬叶填满贮藏，这样即使贮藏时间很久，茶叶也不会受潮。

又一法，以中坛盛茶，约十斤一瓶。每年烧稻草灰入大桶内，将茶瓶座于桶中，以灰四面填桶，瓶上覆灰筑实。用时，拨灰开瓶，取茶些少，仍复封瓶覆灰，则再无蒸坏之患。次年另换新灰。

还有一种藏茶的方法，用中型的坛子盛茶，大约十斤一瓶。每年烧稻草灰放入大桶内，将茶瓶放置到桶中，用灰把四周填满，茶瓶上面也覆盖上灰压实盖好。取用的时候拨开灰打开茶瓶，取茶少许，仍旧密封茶瓶，覆盖上灰，这样就再也不会出现蒸坏的弊病。次年需要另换新灰。

又一法，于空楼中悬架，将茶瓶口朝下放，则不蒸。缘蒸气自天而下也。

还有一种藏茶的方法，是在空楼中悬挂一个架子，把茶瓶口朝下放置，这样就不会有蒸气而受潮。因为蒸气是从上而下的。

采茶时，先自带锅

采摘茶叶的时候，要预先带着锅和灶入山，

入山，别租一室。择茶工之尤良者，倍其雇值，戒其搓摩，勿使生硬，勿令过焦。细细炒燥，扇冷，方贮罂中。

另外租赁一间房子。挑选制茶工人中的优秀者，加倍付给他们工钱，告诫他们采茶时不可搓摩，制茶时不要使茶叶生硬，也不可使茶叶过焦。仔细炒制干燥，扇冷后才贮藏到陶罂之中。

采茶，不必太细，细则芽初萌而味欠足；不可太青，青则叶已老而味欠嫩。须在谷雨前后，觅成梗带叶、微绿色而团且厚者为上。更须天色晴明，采之方妙。若闽广岭南，多瘴疠之气，必待日出山霁，雾瘴岚气收净，采之可也。

采摘茶叶，不必要太过选择细小的茶芽，细小的茶芽刚刚萌发，味道欠足；也不可以采摘过于青翠的茶叶，茶叶过青就说明茶叶已经过老，味道欠嫩。必须在谷雨前后，寻找成梗、带叶、色泽微绿呈团状而且厚实的茶叶，这才是上品。还必须是天气晴朗，采茶才好。至于福建、广东岭南地区，多有瘴疠之气，一定要等到太阳出来、雾气消散，瘴疠和山岚之气都散尽，才可以开始采摘茶叶。

冯可宾《岕茶笺》：茶，雨前则精神未足，夏后则梗叶太粗。然以细嫩为妙，须当交夏，时时看风日晴和，月露初收，亲自监采入篮。如烈日之下，应防篮内郁蒸，又须伞盖至舍，速倾于净匾内薄摊，细拣枯枝、病叶、蛸丝、青牛之类，一一剔去，

明代冯可宾《茶笺》中说：茶叶，在谷雨之前精神尚未充足，立夏以后则梗叶太粗。但是茶叶以细嫩为佳，所以采茶应当选择立夏之即，时时观察天气变化，待到风和日丽，清晨月光和露水刚刚收起，亲自监督采摘放入篮中。如果在烈日之下采摘，应当防止竹篮内闷热潮湿，还需要用伞盖住拿回房中，尽快倒入洁净的平底浅框竹匾中，薄薄地摊上一层，仔细拣出其中的枯枝、病叶、蛸丝（蟢子、蜘蛛等所结的网）、青牛（一种吸食茶树芽叶、嫩枝的昆虫）之类的杂物，一一剔除干净，才能保持茶

方为精洁也。

叶的精致洁净。

蒸茶，须看叶之老嫩，定蒸之迟速。以皮梗碎而色带赤为度，若太熟，则失鲜。其锅内汤须频换新水，盖熟汤能夺茶味也。

蒸茶，必须根据茶叶的老或嫩，决定蒸茶的快与慢。要以皮梗煮碎、汤色略带红色作为标准。如果过熟，就会失去茶叶的鲜味。蒸茶锅中的水必须频繁地更换新水，因为熟汤能够侵夺茶叶的纯正香味。

陈眉公《太平清话》：吴人于十月中采小春茶。此时不独逗漏花枝，而尤喜日光晴暖。从此蹉过，霜凄雁冻，不复可堪矣。

陈继儒（字仲醇，号眉公）《太平清话》记载：以苏州为中心的吴中地区的人们，在每年的十月采摘小春茶。这时小阳天气，不仅有些花开始绽放，而且尤其可喜的是阳光晴朗温和。错过时机，霜冻降临，就不能再采茶了。

眉公云：“采茶欲精，藏茶欲燥，烹茶欲洁。”

陈继儒说：“采茶时要讲究精细，藏茶时要讲究干燥，烹茶时要讲究洁净。”

吴拭云：“山中采茶歌，凄清哀婉，韵态悠长，一声从云际飘来，未尝不潸然堕泪。吴歌未便能动人如此也。”

吴拭说：“山中所流行的采茶歌，凄清哀婉，韵味悠长，一声声从云际飘来，未尝不令人潸然泪下。即使是以苏州为中心的吴中地区的民歌也不一定能如此动人！”

熊明遇《岕山茶记》：贮茶器中，先以生炭火煅过，于烈日中暴之，令火灭，乃乱插茶中，封固罂口，覆以

熊明遇（字良儒，号坛石，江西进贤人）《岕山茶记》（原作《罗岕茶疏》，一作《罗岕茶记》）中说：贮藏茶叶的陶罂，预先要用生炭火烘烤，并在烈日下暴晒，使火熄灭，再散乱地放入茶叶，密封罂口，上面用新砖覆盖，放

新砖，置于高爽近人处。霉天雨候，切忌发覆，须于清燥日开取。其空缺处，即当以箬填满，封闳如故，方为可久。

到高处通风且接近人气的地方。潮湿或下雨的天气，切忌打开封口，必须在清爽干燥的天气打开取用。取用茶叶留下的空缺，就要用箬叶填满，封闭如故，这样才可以持久保存。

《云蕉馆纪谈》：明玉珍子昇在重庆，取涪江青蟆石为茶磨，令宫人以武隆雪锦茶碾［之］，焙以大足县香霏亭海棠花，味倍于常。海棠无香，独此地有香，焙茶尤妙。

明初孔迩《云蕉馆纪谈》记载：明玉珍的儿子明昇，在其割据政权所在地重庆，用涪江青蟆石做成茶磨，让宫人用武隆（今重庆市武隆区）雪锦茶碾制，与大足县香霏亭海棠花一起焙制，味道倍于平常的茶叶。海棠花一般没有香味，只有这里的海棠花有香味，用来焙茶效果非常好。

《诗话》：顾渚涌金泉，每岁造茶时，太守先祭拜，然后水稍出。造贡茶毕，水渐减，至供堂茶毕，已减半矣。太守茶毕，遂涸。北苑龙焙泉亦然。

宋代蔡居厚《蔡宽夫诗话》记载：浙江长兴顾渚涌金泉，每年造茶的时候，太守（即湖州知府）首先祭拜，然后泉水稍稍涌出。贡茶制造完毕，泉水逐渐减小，到供堂茶制造完毕，已经减半了。太守茶制造完毕，泉水就干涸了。福建北苑龙焙泉也是这样。

《紫桃轩杂缀》：天下有好茶，为凡手焙坏。有好山水，为俗子妆点坏。有好子弟，为庸师教坏。真无可奈何耳！

明代李日华《紫桃轩杂缀》中说：天下有佳茶，却被凡夫焙制坏了。天下有好山好水，却被俗人装点坏了。天下有好子弟，却被庸师教育坏了。真是无可奈何啊！

匡庐绝顶产茶，在云雾蒸蔚中，极有胜韵，而僧拙于焙，瀹之为赤卤，岂复有茶哉？戊戌春，小住东林，同门人董献可、曹不随、万南仲，手自焙茶，有“浅碧从教如冻柳，清芬不遣杂花飞”之句。既成，色香味殆绝。

庐山最高峰出产茶叶，在云蒸霞蔚之中，极有韵味，可是僧人不擅焙制，冲泡之后茶汤呈红褐色，味道涩苦，难道还有茶味吗？戊戌年（即万历二十六年，1598）春天，我在庐山东林寺小住，同门人董献可、曹不随、万南仲亲自焙制，留下了“浅碧从教如冻柳，清芬不遣杂花飞”的诗句。制成之后，茶的色香味差不多可以达到绝佳的境界。

顾渚，前朝名品，正以采摘初芽，加之法制，所谓罄一亩之入，仅充半环，取精之多，自然擅妙也。今碌碌诸叶茶中，无殊菜沈，何胜括目。

顾渚茶，是前朝的名品，正是因为采摘刚刚萌发的茶芽，如法焙制，所谓罄尽一亩茶园所产，仅仅制成半方茶饼，选取精华之多，自然独擅精妙。如今的顾渚茶制作不精，混杂于平常茶品之中，和菜叶没有两样，怎么能经得起不同往昔的新的眼光看待呢？

金华仙洞与闽中武夷，俱良材而厄于焙手。

浙江金华仙洞和福建武夷山出产的茶叶，都是优良的品种，却受制于焙制技术的不精。

埭头本草市、溪庵施济之品，近有苏焙者，以色稍青，遂混常价。

埭头茶本来是草市、溪庵施茶的廉价品种，近来有苏州人进行焙制，因为色泽稍青，于是价格也与平常茶品无异。

《岕茶汇钞》：岕茶不炒，甑中蒸熟，然后烘焙。缘其摘迟，枝叶

冒襄《岕茶汇钞》中说：罗岕茶不用炒制，而是先放入甑中蒸熟，然后再进行烘焙。这是因为岕茶采摘较晚，枝叶稍微偏老，炒制不能

微老，炒不能软，徒枯碎耳。亦有一种细炒岕，乃他山炒焙，以欺好奇者。岕中人惜茶，决不忍嫩采，以伤树木。余意他山摘茶，亦当如岕之迟摘老蒸，似无不可。但未尝试，不敢漫作。

使茶叶变软，徒自使之焦枯揉碎罢了。也有一种细炒岕，是用其他山中所产茶叶进行炒制烘焙而成，以欺骗好奇者的。岕山中的茶农爱惜茶叶，决不忍心在茶芽鲜嫩时采摘，以伤害茶树。我想其他山中采摘茶叶，也应当像岕茶一样，较晚采摘，采取蒸的方法，似乎没有什么不可以。但没有经过尝试，不敢随意作出论断。

茶以初出雨前者佳，唯罗岕立夏开园。吴中所贵，梗粗叶厚者，有箫箬之气。还是夏前六七日如雀舌者，最不易得。

茶叶以谷雨之前初萌的芽茶为佳，只有罗岕在立夏时节才开园采茶。吴中地区人们所珍视的佳品，是梗粗叶厚的茶叶，夹带有萧艾和竹叶的气味。还是立夏前六七天犹如雀舌的芽茶，最为难得。

《檀几丛书》：南岳贡茶，天子所尝，不敢置品。县官修贡，期以清明日入山肃祭，乃始开园采造。视松萝、虎丘而色香丰美，自是天家清供，名曰片茶。初亦如岕茶制法，万历丙辰，僧稠荫游松萝，乃仿制为片。

清代王晫《檀几丛书》所收周高起《洞山岕茶系·贡茶》记载：南岳（今江苏宜兴南岳山，上有南岳寺，为历代阳羡贡茶之所）的贡茶，是天子所品尝的名品，不敢置评。县官负责贡茶事务，定期在清明节这一天入山进行祭拜，才开始开园采摘制造。与松萝茶、虎丘茶相比，色香丰美，自然不愧为皇家清供，称为片茶。起初其制造方法与罗岕一样，万历丙辰（万历四十四年，1616），僧人稠荫游历松萝，才开始仿制为片茶。

冯时可《滇行纪略》：滇南城外石马井

明代冯时可《滇行纪略》记载：滇南城外的石马井泉，水质与号称天下第二泉的无锡惠

泉，无异惠泉；感通寺茶，不下天池、伏龙。特此中人不善焙制耳。徽州松萝旧亦无闻，偶虎丘一僧往松萝庵，如虎丘法焙制，遂见嗜于天下。恨此泉无逢陆鸿渐，此茶不逢虎丘僧也。

山泉没有什么差别；大理感通寺的茶叶，也不下于苏州天池茶和伏龙茶；只可惜当地人不善于焙制罢了。徽州的松萝茶原来也是默默无闻，偶然有一位苏州虎丘的和尚到松萝庵，按照虎丘茶的制法进行焙制，于是就被天下人所嗜好和喜爱。遗憾的是石马井泉没有得到陆羽的品鉴，感通寺茶没有遇到虎丘和尚的焙制！

《湖州志》：长兴县啄木岭金沙泉，唐时每岁造茶之所也，在湖、常二郡界。泉处沙中，居常无水。将造茶，二郡太守毕至，具仪注拜敕祭泉，顷之发源，其夕清溢。供御者毕，水即微减；供堂者毕水已半之；太守造毕，水即涸矣。太守或还斾（pèi）稽期，则示风雷之变，或见鸷兽、毒蛇、木魅、阳晱之类焉。商旅多以顾渚水造之，无沾金沙者。今之紫笋，即用顾渚造者，亦甚佳矣。

《湖州志》记载：长兴县啄木岭的金沙泉，唐朝的时候是每年制造贡茶的地方，该地正好处于湖州、常州两郡（府）的交界处。泉水处于沙中，平常没有水。每年制造贡茶开始的时候，两郡太守（知府）都来到这里，举行完备的礼仪，拜读诏敕，祭祀泉水，顷刻间泉水涌出，当晚清泉四溢。等到进贡皇帝的茶叶制造完毕，泉水就稍微减小了；进贡朝廷各部堂官的茶叶制造完毕，泉水只剩一半；等到太守（知府）所要的茶叶制造完毕，泉水就干涸了。一旦太守（知府）用泉水制造茶叶的日期拖延，就会有风雪之变示警，有时会出现凶恶的野兽、毒蛇、山间的鬼怪、阳光下的幻景之类的怪异现象。一般商旅之人多用顾渚泉水造茶，无法沾溉金沙泉水的惠泽。如今的紫笋茶，就是用顾渚泉水制造的，也非常好。

高濂《八笺》：藏茶之法，以箬叶封裹入茶焙中，两三日一次，用火当如人体之温温然，而湿润自去。若火多，则茶焦不可食矣。

明代高濂《遵生八笺·饮馔服食笺·茶》中说：收藏茶叶的方法，用箬叶密封包裹放入茶焙之中，两三天一次进行烘焙，用火应当像人体温度一样，这样茶中的湿润自然祛除。如果火力过大，就会使茶叶焦枯不可饮用了。

周亮工《闽小记》：武夷、岁崱（lì zè）、紫帽、龙山皆产茶。僧拙于焙，既采，则先蒸而后焙，故色多紫赤，只堪供宫中浣濯用耳。近有以松萝法制之者，既试之，色香亦具足，经旬月则紫赤如故。盖制茶者，不过土著数僧耳。语三吴之法，展转相效，旧态毕露。此须如昔人论琵琶法，使数年不近，尽忘其故调，而后以三吴之法行之，或有当也。

周亮工《闽小记》（《四库全书》本改为陈眉公《太平清话》）记载：福建武夷山、鼓山岁崱峰、晋江紫帽山、清流龙山，都出产茶叶。当地的僧人不善焙制，采摘之后先蒸后焙，所以茶色多呈紫红，只可以供应宫中洗涤器具所用罢了。近来有采用松萝茶的制法进行焙制的，经过试验，色泽香味都很充足。经过数旬甚至一月，茶色依然紫红如故。大概以此法制茶的，不过是当地的几个僧人。谈论三吴地区的制茶方法，转相仿效，旧态毕露。这就好比古人谈论琵琶弹奏方法，假如数年不弹奏，就把原来的音调全忘记了，而后再用三吴地区的制茶方法进行焙制，或许有其适当之处。

徐茂吴云：实茶大瓮底，置箬瓮口，封闭倒放，则过夏不黄，以其气不外泄也。子晋云：当倒放有盖缸内。

徐桂（字茂吴，长洲人）说：把茶叶装在大瓮底部，瓮口放上箬叶密封，颠倒起来放置，这样就可以使茶叶经过夏天也不变黄。这是因为其气味不会外泄的缘故。乐子晋说：茶叶应当倒置在有盖的缸内，缸是砂底的，这样就不

缸宜砂底，则不生水而常燥。加谨封贮，不宜见日，见日则生翳而味损矣。藏又不宜于热处。新茶不宜骤用，贮过黄梅，其味始足。

致产生水汽而保持经常干燥。谨慎地密封贮存，不宜见到阳光，见到阳光就会长斑而有损茶味。茶叶贮藏还不宜在湿热之处。新茶不宜马上饮用，贮藏过了梅雨季节，其味道才会充足。

张大复《梅花笔谈》：松萝之香馥馥，庙后之味闲闲。顾渚扑人鼻孔，齿颊都异，久之不忘。然其妙在造，凡宇内道地之产，性相近也，习相远也。吾深夜被酒，发张震封所遗顾渚，连啜而醒。

明代张大复《梅花草堂笔谈》中说：松萝茶的香味馥郁，庙后的岕茶香味清淡，顾渚茶的香味扑人鼻孔，品饮口感都不一样，却都会令人难忘。然而其中的奥妙在于制造，大凡天下道地的名茶，其本性都相近，只是制造和品饮的风习相去甚远。我曾经在深夜因酒而醉，打开张震封所赠送的顾渚紫笋茶，连饮数杯，随即清醒。

宗室文昭《古瓻(chī)集》：桐花颇有清味，因收花以熏茶，命之曰桐茶。有“长泉细火夜煎茶，觉有桐香入齿牙”之句。

清代宗室文昭（字子晋，号芗婴居士）《古瓻集》中说：桐花颇有清淡之味，于是收桐花用来熏茶，命名叫作桐茶。因此，我曾经写下“长泉细火夜煎茶，觉有桐香入齿牙”的诗句。

王草堂《茶说》：武夷茶自谷雨采至立夏，谓之头春；约隔二旬复采，谓之二春；又隔又采，谓之三春。头春叶粗味浓，二春、三

清代王复礼（字需人，号草堂，钱塘人）《茶说》中说：武夷茶从谷雨到立夏采制，称作头春；大约间隔两旬再采，称作二春；再间隔两旬又采，称作三春。头春茶叶粗，味道浓，二春、三春茶叶逐渐纤细，味道也逐渐淡薄，而且带有苦味。夏末秋初再次采摘一次，称作

春叶渐细，味渐薄，且带苦矣。夏末秋初，又采一次，名为秋露，香更浓，味亦佳，但为来年计，惜之不能多采耳。茶采后以竹筐匀铺，架于风日中，名曰晒青。俟其青色渐收，然后再加炒焙。阳羡岕片只蒸不炒，火焙以成。松萝、龙井皆炒而不焙，故其色纯。独武夷炒焙兼施，烹出之时，半青半红，青者乃炒色，红者乃焙色也。茶采而摊，摊而摝(lù)，香气发越即炒，过时、不及皆不可。既炒既焙，复拣去其中老叶枝蒂，使之一色。释超全诗云："如梅斯馥兰斯馨，心闲手敏工夫细。"形容殆尽矣。

秋露，香更浓，味道也很好，但是为了来年考虑，珍惜茶叶而不能多采。茶叶采摘之后，用竹筐均匀摊开铺好，悬架到通风而且阳光充足的地方，称作晒青。等到其青色逐渐消褪，然后再进行炒焙。阳羡的岕片只蒸不炒，以火烘焙而成。松萝茶、龙井茶则是只炒而不焙，所以其色泽更为纯正。只有武夷茶兼用炒法和烘焙，烹点之时茶色半青半红，青的是炒色，红的是焙色。茶叶采摘之后要摊开，摊开之后要摇动，等到香气散发出来随即炒制。炒茶火候的把握非常重要，超过或不到时机都不行。经过炒制和烘焙之后，还要拣择去掉其中的老叶和枝蒂，使之色泽一致。超全和尚有诗句写道："如梅斯馥兰斯馨，心闲手敏工夫细。"可以说形容殆尽了。

王草堂《节物出典》：《养生仁术》云：谷雨日采茶，炒藏合法，能治痰及百病。

王复礼《节物出典》（一作《节品出典》）中说：《养生仁术》记载：谷雨日采摘茶叶，炒制、收藏方法合乎标准，就能治疗痰疾以及其他各种疾病。

《随见录》：凡茶见日则味夺，唯武夷茶喜日晒。

清代屈擢升《随见录》中说：一般说来，茶叶遇到阳光照射，茶味就会被侵夺，只有武夷茶喜欢阳光暴晒。

武夷造茶，其岩茶以僧家所制者最为得法。至洲茶中采回时，逐片择其背上有白毛者，另炒另焙，谓之白毫，又名寿星眉。摘初发之芽，一旗未展者，谓之莲子心。连枝二寸剪下烘焙者，谓之凤尾龙须。要皆异其制造，以欺人射利，实无足取焉。

武夷山制造茶叶，其中的岩茶以僧人所制的最为得法。至于洲茶，采摘回来要逐片拣择，其背上有白毛的茶叶，另外炒制和烘焙，称作白毫，又叫作寿星眉。采摘刚刚萌发的茶芽，一个茶芽尚未舒展开来的，称作莲子心。连同茶枝二寸剪下来烘焙的，称作凤尾龙须。总之都是追求制作方法的新奇，以便欺骗世人，谋求厚利，这些方法其实都不足取。

卷中

四之器

《御史台记》：唐制，御史有三院：一曰台院，其僚为侍御史；二曰殿院，其僚为殿中侍御史；三曰察院，其僚为监察御史。察院厅居南，会昌初，监察御史郑路所葺。礼察厅，谓之松厅，以其南有古松也；刑察厅谓之魇厅，以寝于此者多梦魇也。兵察厅，主掌院中茶，其茶必市蜀之佳者，贮于陶器，以防暑湿。御史辄躬亲缄启，故谓之茶瓶厅。

[译解]

唐代韩琬（字茂贞，南阳人）《御史台记》记载：唐朝制度，御史有三院，第一个叫作台院，其官员叫作侍御史；第二个叫作殿院，其官员叫作殿中侍御史；第三个叫作察院，其官员叫作监察御史。察院的办公场所察院厅位于南边，唐武宗会昌（841—846）初年监察御史郑路所修葺。其中的礼察厅，称作松厅，因为其南有一棵古松；刑察厅，称作魇厅，因为在这里就寝的人多梦魇；兵察厅，主管察院的茶饮。其茶叶一定要购买蜀茶中的佳品，贮存在陶器中，以防备暑天发潮变质。御史往往亲自封存或者开启，所以兵察厅又称为茶瓶厅。

《资暇集》：茶托子，始建中蜀相崔宁之女。以茶杯无衬，病其熨指，取楪（dié）子承之。既啜而杯倾，乃以蜡环楪子之央，其杯遂定。即命工匠以漆代蜡环，进于蜀相。蜀相奇之，为制名而话于宾亲，人人为便，用于当代。是后传者更环其底，愈新其制，以至百状焉。

唐代李匡文《资暇集》记载：茶托子，创始于唐德宗建中年间（780—783）蜀相崔宁之女。因为茶杯没有衬垫，害怕烫手，于是就取碟子托起来。品饮之后，杯子又倾倒了，于是就用蜡环绕在碟子中央，茶杯就固定下来。随即派工匠用漆代替蜡环，进奉给蜀相。蜀相很惊奇，就为之命名并告诉亲朋好友，人们都认为很方便，当时就流行开来。此后，传承者再环其底部，更新其规制，从而使茶托子发展为各种形状的日用器具。

贞元初，青郓油缯为荷叶形，以衬茶椀，别为一家之楪。今人多云托子始此，非也。蜀相即今升平崔家，讯则知矣。

唐德宗贞元初年，青州郓城用缯布加油漆制成荷叶形状，用来衬垫茶碗，形成另外一种碟子。今人大多说茶托子就是起源于此，其实不然。蜀相即如今的升平崔家，一问便知究竟。

《大观茶论·茶器》：罗、碾。碾以银为上，熟铁次之。槽欲深而峻，轮欲锐而薄。罗欲细而面紧。碾必力而速。唯再罗，则入汤轻泛，粥面光凝，尽茶之色。

宋徽宗《大观茶论·茶器》中说：关于茶罗和茶碾：茶碾以银质的为最好，熟铁制成者次之。制作茶碾的规范是：槽要做得又深又陡，轮要做得又锐又薄。制作茶罗的规范是：罗网要细密，罗面要拉紧。碾茶时一定要用力，并且速度要快。（罗茶时则要动作轻缓，罗面掌握水平，不怕反复多次，这样茶的细末几乎不会有什么损耗。）只有经过两次过罗的茶末，入水之后会轻轻漂起，在茶汤的表面有光泽凝聚，从而充分显现出好茶所应有的色泽。

盏须度茶之多少，用盏之大小。盏高茶少，则掩蔽茶色；茶多盏小，则受汤不尽。唯盏热，则茶发立耐久。

茶盏，必须度量茶的多少，从而决定所用茶盏的大小。如果茶盏高大而茶较少，就会遮盖住茶的色泽；如果茶较多而盏较小，就会使水量不足以充分溶解茶末，尽显茶之真味。茶盏只有在加热的情况下，才会使茶充分发挥其色香味，而且持续时间较长。

筅以筋竹老者为之，身欲厚重，筅欲疏劲，本欲壮而末必眇，当如剑脊之状。盖身厚重，则操之有力而易于运用；筅疏劲如剑脊，则击拂虽过，而浮沫不生。

茶筅，是击拂专用的工具，以竹节细密的老竹加工而成。筅身即筅把要厚重，筅头即前端的竹帚则要稀疏有力，根部要粗壮而末梢要纤细，应当像剑脊般的形状。这是因为筅身厚重，就能在操作时有力，便于运用；筅头稀疏有力，根粗末细如剑脊的形状，就会使得在击拂时即便用力过猛也不会产生浮沫。

瓶宜金银，大小之制，唯所裁给。注汤利害，独瓶之口嘴而已。嘴之口，［欲］差大而宛直，则注汤力紧而不散。嘴之末，欲圆小而峻削，则用汤有节而不滴沥。盖汤力紧，则发速有节；不滴沥，则茶面不破。

茶瓶，适合用金银铸造，其大小规格，只有按照具体需要来决定。注汤（即将煎好的水注入茶盏）这个环节的关键，只是取决于茶瓶口嘴的大小和形状罢了。茶瓶的口，要稍微大一些，而且曲度要小一些，这样注汤时力量就比较集中，水流不会分散。茶瓶嘴的末端，要圆小而且尖削，那么在注汤时就会有所节制，水流不会形成滴沥。这是因为注汤时力量集中，那么茶叶的色香味就能迅速发挥出来；注汤时有所节制而不形成滴沥，那么茶汤表层的粥面就不会被破坏。

杓之大小，当以可受一盏茶为量。有余不足，倾杓烦数，茶必冰矣。

茶杓，是添续茶水的工具，其规格大小，应当以可以盛下一盏茶水为适量标准。如果盛水超过一盏，就要把多余的水倒回去；如果不足一盏，又要再舀一次加以补充。这样倾倒数次，就会使盏中的茶水凉了。

蔡襄《茶录·茶器》：茶焙，编竹为之，裹以箬叶。盖其上，以收火也；隔其中，以有容也。纳火其下，去茶尺许，常温温然，所以养茶色香味也。

北宋蔡襄《茶录》下篇论茶器：茶焙，用竹篾编制而成，外面包裹箬叶。上面盖起来，以便收拢火气；中间隔成两层，以便扩大容量。把茶饼放在上层，下层放置炭火，与茶饼保持一尺左右距离，使其中保持温暖的状态，就是为了保养茶的色香味。

茶笼，茶不入焙者，宜密封裹，以箬笼盛之，置高处，切勿近湿气。

茶笼，没有放入茶焙烘烤的茶饼，应当用箬叶紧密封裹，放在茶笼中盛起来，置于高处，而不要接近潮湿之气。

砧椎，盖以碎茶。砧，以木为之，椎则或金或铁，取于便用。

砧椎，砧和椎是用来捶碎茶饼的工具。砧板以木头做成，椎以金或者铁制成，取其方便实用。

茶钤，屈金铁为之，用以炙茶。

茶钤，用金或铁屈曲而制成，用来夹住茶饼进行烘焙。

茶碾，以银或铁为之。黄金性柔，铜及鍮石皆能生鉎［音星］，不入用。

茶碾，用银或铁制成。黄金本性柔软，而铜和黄铜都容易生锈，不能选用。

茶罗，以绝细为佳。罗底用蜀东川鹅溪绢之密者，投汤中揉洗，以罩之。

茶罗，以罗网极细的为最好。罗底要用四川东川鹅溪画绢中特别细密的，放到开水中揉洗干净后罩在罗圈之上。

茶盏，茶色白，宜黑盏。建安所造者绀黑，纹如兔毫，其坯微厚，熁之久热难冷，最为要用。出他处者，或薄或色紫，皆不及也。其青白盏，斗试自不用。

茶盏，茶色浅白，适宜黑色的茶盏。建安所制造的茶盏黑里透红，纹理犹如兔毫，其胚胎稍厚，经过烘烤后久热难冷，最适宜饮茶之用。其他地方出产的茶盏，有的胚胎太薄，有的颜色发紫，都比不上建盏。那些青白色的茶盏，斗茶品茗的行家自然不会使用。

茶匙要重，击拂有力，黄金为上，人间以银铁为之。竹者太轻，建茶不取。

茶匙，茶匙要有一定重量，这样用来击拂才会有力。以黄金制作的茶匙为最好，民间多用银、铁制成。用竹子制成的茶匙太轻，建茶一般不用。

茶瓶要小者，易于候汤，且点茶注汤有准。黄金为上，若人间以银铁或瓷石为之。若瓶大，啜存停久味过，则不佳矣。

茶瓶，用于烧水的汤瓶要小一点，以便于观察开水变化的情形，而且点茶注水的时候能够把握好分寸。汤瓶以黄金制作的为最好，民间多用银、铁或者瓷器制作。如果茶瓶过大，品饮时有所剩余，放久了茶味过熟，就不好了。

孙穆《鸡林类事》：高丽方言，茶匙曰茶戍。

北宋孙穆《鸡林类事》记载：高丽方言，茶匙叫作茶戍。

《清波杂志》：长沙匠者，造茶器极精致，

宋代周煇《清波杂志》记载：长沙的工匠，制造茶具极其精致，其工价之高几乎与所使用

工直之厚，等所用白金之数。士大夫家多有之，置几案间，但知以侈靡相夸，初不常用也。凡茶宜锡，窃意若以锡为合，适用而不侈。贴以纸，则茶味易损。

的白银的价格相等。士大夫之家多有收藏，放置到几案之间，只知道相互夸耀珍贵奢侈，并不经常使用。一般说来茶叶适宜锡器，我认为用锡器制作茶盒，既切实用又不奢侈。如果器具上贴上纸，则容易损坏茶的味道。

张芸叟云：吕申公家有茶罗子，一金饰，一银饰，一棕栏。方接客，索银罗子，常客也；金罗子，禁近也；棕栏，则公辅必矣。家人常挨排于屏间，以候之。

北宋张舜民（字芸叟）说：吕公著（字晦叔，封申国公，世称吕申公）家有茶罗子，一个以黄金装饰，一个以白银装饰，一个以棕毛为栏。接待宾客的时候，招呼要银罗子，就是接待平常的客人；索要金罗子，就是接待皇帝身边的人；索要棕栏罗子，就一定是公辅大臣。家人经常将三种茶罗子都排列在屏风间等候召唤。

《黄庭坚集·同公择咏茶碾》诗：要及新香碾一杯，不应传宝到云来。碎身粉骨方余味，莫厌声喧万壑雷。

北宋黄庭坚《黄庭坚集》中有《同公择咏茶碾》诗（原题作《奉同六舅尚书咏茶碾煎烹三首》之一）写道：要及新香碾一杯，不应传宝到云来。碎身粉骨方余味，莫厌声喧万壑雷。

陶穀《清异录》：富贵汤，当以银铫煮之，佳甚。铜铫煮水，锡壶注茶，次之。

北宋陶穀《清异录》中说：富贵汤，应当用白银制作的茶铫煎煮，非常好。用铜制的茶铫煮水，用锡制的茶壶注茶，就次一等了。

《苏东坡集·扬州石塔试茶》诗：坐客皆

北宋苏轼《苏东坡集》中有《扬州石塔试茶》（原题作《到官病倦未尝会客毛正仲惠茶乃

可人，鼎器手自洁。

以〈端午小集·石塔戏作〉一诗为谢》）诗写道：坐客皆可人，鼎器手自洁。

《秦少游集·茶臼》诗：幽人耽茗饮，刳木事捣撞。巧制合臼形，雅音伴柷椌（zhù qiāng）。

北宋秦观《秦少游集》中有《茶臼》（原题作《石臼》）诗写道：幽人耽茗饮，刳木事捣撞。巧制合臼形，雅音伴柷椌。

《文与可集·谢许判官惠茶器图》诗：成图画茶器，满幅写茶诗。会说工全妙，深谙句特奇。

北宋文同《文与可集》中有《谢许判官惠茶器图》诗写道：成图画茶器，满幅写茶诗。会说工全妙，深谙句特奇。

谢宗可《咏物诗·茶筅》：此君一节莹无瑕，夜听松声漱玉华。万里引风归蟹眼，半瓶飞雪起龙芽。香凝翠发云生脚，湿满苍髯浪卷花。到手纤毫皆尽力，多因不负玉川家。

元代谢宗可《咏物诗》百首中有《茶筅》一诗写道：此君一节莹无暇，夜听松声漱玉华。万里引风归蟹眼，半瓶飞雪起龙芽。香凝翠发云生脚，湿满苍髯浪卷花。到手纤毫皆尽力，多因不负玉川家。

《乾淳岁时记》：禁中大庆会，用大镀金瞥（piè），以五色果簇饤龙凤，谓之绣茶。

南宋周密《乾淳岁时记》记载：宫中大的庆典活动，用镀金的大瞥（陶制的扁形口大而撇的器皿）摆设五色水果，中间放龙凤团茶，称作绣茶。

《演繁露》：《东坡后集二·从驾景灵宫》诗云："病贪赐茗浮铜

南宋程大昌《演繁露》卷十一《铜叶盏》中说：《东坡后集二》中有《从驾景灵宫》诗写道："病贪赐茗浮铜叶。"按：今天御前赐茶

叶。”按：今御前赐茶皆不用建盏，用大汤甏，色正白，但其制样，似铜叶汤甏耳。铜叶色，黄褐色也。

都不用建盏，而用大汤甏，色泽正白，只是其制作的形制类似薄铜片所做的铜叶汤甏罢了。这种称为铜叶的茶盏，呈黄褐色。

周密《癸辛杂志》：宋时，长沙茶具精妙甲天下。每副用白金三百星或五百星，凡茶之具悉备。外则以大缨银合贮之。赵南仲丞相帅潭，以黄金千两为之，以进尚方。穆陵大喜，盖内院之工所不能为也。

南宋周密《癸辛杂志》记载：宋代，长沙茶具制造精妙，甲于天下。每副茶具用白银三百星或五百星（金银一钱为一星），凡是有关茶的器具都应有尽有。外面用一个饰有穗带的银盒子盛起来贮存。赵葵丞相（字南仲）做潭州（治今长沙）知府的时候，用黄金千两制造茶具，进贡给朝廷。理宗皇帝（葬穆陵）大喜，因为这是宫中的工匠所不能制作的。

杨基《眉庵集·咏木茶炉》诗：绀绿仙人炼玉肤，花神为曝紫霞腴。九天清泪沾明月，一点芳心托鹧鸪。肌骨已为香魄死，梦魂犹在露团枯。孀娥莫怨花零落，分付余醺与酪奴。

元末杨基《眉庵集》中有《咏木茶炉》诗写道：绀绿仙人炼玉肤，花神为曝紫霞腴。九天清泪沾明月，一点芳心托鹧鸪。肌骨已为香魄死，梦魂犹在露团枯。孀娥莫怨花零落，分付余醺与酪奴。

张源《茶录》：茶铫，金乃水母，银备刚柔，味不咸涩，作铫最良。制必穿心，令火气

明代张源《茶录》（当为程用宾《茶录》）中说：茶铫，金是水之母，银则刚柔兼备，味道不咸不涩，是用来做茶铫的最好材料。茶铫的中间一定要钻孔穿透，以便能透过火气。

易透。

茶瓯，以白磁为上，蓝者次之。

茶瓯，以白瓷为最好，蓝白色的次之。

闻龙《茶笺》：茶馥，山林隐逸，水铫用银尚不易得，何况馥乎？若用之恒，归于铁也。

明代闻龙《茶笺》中说：茶馥，山林隐逸之人，所用茶铫以白银制成尚且不易得到，何况用黄金制作茶馥呢？如果就使用长久而言，还是用铁制作的为好。

罗廪《茶解》：茶炉，或瓦或竹皆可，而大小须与汤铫称。

明代罗廪《茶解》中说：茶炉，用陶器或者竹子制成都可以，其大小要与茶壶的大小相称。

凡贮茶之器，始终贮茶，不得移为他用。

凡是贮藏茶叶的器具，一定要始终贮藏茶叶，不能改作他用。

李如一《水南翰记》：韵书无"瓷"字，今人呼盛茶酒器曰瓷。

明代李如一（名鹗翀，以字行，又字贯之，江阴人）《水南翰记》中说：韵书没有"瓷"字，今人称盛茶、酒的器具叫作瓷。

《檀几丛书》：品茶用瓯，白瓷为良，所谓"素瓷传静夜，芳气满闲轩"也。制宜弇口邃肠，色浮浮而香不散。

《檀几丛书》所收明周高起《阳羡茗壶系》中说：品茶所用的茶瓯，以白瓷为佳，正如唐诗所谓"素瓷传静夜，芳气满闲轩"。其形制适宜小口而中间部分较深，这样能使茶色漂浮而香味不散。

《茶说》：器具精洁，茶愈为之生色。今时姑苏之锡注，时大彬之沙壶，汴梁之锡铫，

明代黄龙德《茶说》中说：饮茶器具精致洁净，茶就会因此而增添光彩。至于当今苏州的锡壶、宜兴出产的时大彬紫砂壶、开封出产的锡铫、湘妃竹所制成的茶灶以及宣德窑、成

湘妃竹之茶灶，宣成窑之茶盏，高人词客、贤士大夫，莫不为之珍重。即唐宋以来，茶具之精，未必有如斯之雅致。

化窑所出产的茶盏，无论高人隐士、诗人词客，还是贤明的士大夫，没有不备加珍爱的。就是说到唐宋以来茶具的精致，也未必有当今如此雅致的。

《闻雁斋笔谈》：茶既就筐，其性必发于日，而遇知己于水。然非煮之茶灶、茶炉，则亦不佳。故曰饮茶富贵之事也。

明代张大复《闻雁斋笔谈》中说：茶叶采摘之后，其自然之性一定要借阳光散发出来，并且遇到作为知己的水。但是，不经过茶灶、茶炉烹煮，也达不到最佳效果。所以说，饮茶是一种富贵之事。

《雪庵清史》：泉冽性驶，非扃以金银器，味必破器而走矣。有馈中泠泉于欧阳文忠者，公讶曰："君故贫士，何为致此奇贶?"徐视馈器，乃曰："水味尽矣。"噫！如公言，饮茶乃富贵事耶。尝考宋之大小龙团，始于丁谓，成于蔡襄。公闻而叹曰："君谟士人也，何至作此事！"东坡诗曰："武夷溪边粟粒芽，前丁后蔡相笼加。

明代乐纯《雪庵清史》中说：甘冽的泉水生性容易发生变质，如果不是用金银器盛起来，那么其味道必定冲破茶具的局限而散发出来。宋代有人赠送中泠泉给欧阳修，他惊讶地说道："先生您本来是贫寒的士人，为什么还要奉送如此厚重的礼物呢?"然后慢慢观察所馈赠的盛水器具，于是说道："水味已经穷尽啦!"唉！诚如欧阳修先生所说，饮茶乃是富贵的事情。考察宋朝的大小龙团茶，创始于丁谓，成于蔡襄。欧阳修曾经感慨道："君谟作为一个士人，怎么能够做这样的事情?"苏东坡《荔支叹》诗写道："武夷溪边粟粒芽，前丁后蔡相笼加。吾君所乏岂此物，致养口体何陋耶。"由此可见，丁、蔡二人的声誉因为事茶而败坏很多啊！因此，我面对茶瓶而有所感触。

吾君所乏岂此物，致养口体何陋耶。”观此，则二公又为茶败坏多矣。故余于茶瓶而有感。

茶鼎，丹山碧水之乡，月涧云龛之品，涤烦消渴，功诚不在芝术下。然不有似泛乳花，浮云脚，则草堂暮云阴，松窗残雪明，何以勺之野语清。噫！鼎之有功于茶大矣哉！故日休有“立作菌蠢势，煎为潺湲声”；禹锡有“骤雨松风入鼎来，白云满盌花徘徊”；居仁有“浮花原属三昧手，竹斋自试鱼眼汤”；仲淹有“鼎磨云外首山铜，瓶携江上中零水”；景纶有“待得声闻俱寂后，一瓯春雪胜醍醐”。噫！鼎之有功于茶大矣哉！虽然，吾犹有取卢仝“柴门反关无俗客，纱帽笼头自煎

茶鼎，是炼丹和煮水的地方，那些在明月之涧和白云之龛所出产的茶品，经过茶鼎的烹煎，可以涤烦消渴，其功用确实不在灵芝、白术等养生妙品之下。然而，如果没有泛乳花(烹茶时茶盏上所泛的浮沫)、浮云脚（盏面所浮的蒸气）的茶，那么草堂暮云阴，松窗残雪明的优雅环境之中，用什么伴随野语清谈呢？可见，鼎对于茶事的功用太大了！因此，唐代皮日休有“立作菌蠢势，煎为潺湲声”的诗句；刘禹锡有“骤雨松风入鼎来，白云满盌花徘徊”的诗句；宋代吕本中（字居仁）有“浮花原属三昧手，竹斋自试鱼眼汤”的诗句；范仲淹有“鼎磨云外首山铜，瓶携江上中零水”的诗句；罗大经（字景纶）有“待得声闻俱寂后，一瓯春雪胜醍醐”的诗句。鼎对于茶事的功用的确是太大了！即使如此，我还是叹赏卢仝的“柴门反关无俗客，纱帽笼头自煎吃”；杨万里的“老夫平生爱煮茗，十年烧穿折脚鼎”。像这两位先生，差不多可以算是没有辜负此鼎了。

吃”；杨万里“老夫平生爱煮茗，十年烧穿折脚鼎”。如二君者，差可不负此鼎耳。

冯时可《茶录》：芘莉，一名篣筤，茶笼也。牺，木杓也，瓢也。

明代冯时可《茶录》记载：芘莉，也叫作篣筤，就是茶笼。牺，也就是木杓，就是茶瓢。

《宜兴志》：茗壶，陶穴环于蜀山。原名独山，东坡居阳羡时，以其似蜀中风景，改名蜀山。今山椒建东坡祠以祀之，陶烟飞染，祠宇尽黑。

《宜兴志》记载：制作茗壶的陶窑，分布于蜀山的周围。蜀山原名叫作独山，苏东坡在阳羡居住的时候，认为这里很像他家乡蜀中的风景，改名叫作蜀山。如今山顶还建有东坡祠进行祭祀，因为被制陶时飘来的烟雾熏染，东坡祠的建筑尽呈黑色。

冒巢民云：茶壶以小为贵，每一客一壶，任独斟饮，方得茶趣。何也？壶小则香不涣散，味不耽迟。况茶中香味，不先不后，恰有一时。太早或未足，稍缓或已过，个中之妙，清心自饮，化而裁之，存乎其人。

冒襄（字辟疆，号巢民）《岕茶汇钞》中说：茶壶，以小巧为最佳，每一个客人一个茶壶，任其独自斟茶品饮，这样才能得到茶中真味。为什么呢？茶壶小巧就不会使香气消散，味道也不会耽搁而迟迟不出。况且茶中的香味，不早不晚，恰在一时之间，太早或者未足，稍缓或者已过，其中的奥妙，清心悦神，品饮自知，通晓其中的变化而采取适当的措施，完全在于其人的自我体味。

周高起《阳羡茗壶系》：茶至明代，不复碾屑和香药制团饼，已

明代周高起《阳羡茗壶系》中说：饮茶风尚发展到明代，不再碾成细末加入香药制成团饼，这也是远远超过古人的地方。近百年以来，

远过古人。近百年中，壶黜银锡及闽豫瓷，而尚宜兴陶，此又远过前人处也。陶曷取诸？取诸其制，以本山土砂，能发真茶之色香味，不但杜工部云“倾银注玉惊人眼”，高流务以免俗也。至名手所作，一壶重不数两，价每一二十金，能使土与黄金争价。世日趋华，抑足感矣。

茶壶淘汰了银壶、锡壶以及福建、河南的瓷壶，而崇尚宜兴紫砂陶壶，这又是近人远远超过前人的地方。宜兴陶壶的可取之处何在？就在于它的制作工艺。因为当地山中的陶土含砂，能够充分发挥天然真茶的色香味，不仅朴雅清幽，如杜甫《少年行》诗中所吟咏的“倾银注玉惊人眼，共醉终同卧竹根”，而且其形制高流也是着意免于流俗。至于名家所制作的茶壶，一个茶壶的重量不过数两，其价格往往高达一二十两银子，从而能使泥土与黄金争价。世风日趋浮华，也足以令人感慨了。

考其创始，自金沙寺僧，久而逸其名。又提学颐山吴公读书金沙寺中，有青衣供春者，仿老僧法为之。栗色暗暗，敦庞周正，指螺纹隐隐可按，允称第一，世作龚春，误也。

考察宜兴陶壶的创始，可以追溯到金沙寺的和尚，因为年代久远已经不知道他的名字了。另一种说法，是提学副使吴仕（字克学，又字颐山，宜兴人）曾在金沙寺中读书，其青衣小童名叫供春，他模仿老和尚的方法制作陶壶。如今传世的供春壶，色泽如栗子，黯然沉着，坚实刚硬，犹如古代的金银铁器；敦厚笃实，形制周正，壶上手指的螺纹隐隐泛起，清晰可辨，可以称得上天下第一了。世人也称他为龚春，是不对的。

万历间，有四大家：董翰、赵梁、玄锡、时朋。朋即大彬父也。大彬号少山，不务

万历年间，有四大制壶名家：董翰（号后溪）、赵梁（一作赵良）、玄锡、时朋。时朋即时大彬的父亲。时大彬号少山，他在艺术风格上不追求靓丽妩媚，而以古朴、雅致、坚实、

妍媚，而朴雅坚栗，妙不可思，遂于陶人擅空群之目矣。此外，则有李茂林、李仲芳、徐友泉；又大彬徒欧正春、邵文金、邵文银、蒋伯荂四人；陈用卿、陈信卿、闵鲁生、陈光甫；又婺源人陈仲美，重锼叠刻，细极鬼工；沈君用、邵盖、周后溪、邵二孙、陈俊卿、周季山、陈和之、陈挺生、承云从、沈君盛、陈辰辈，各有所长。徐友泉所自制之泥色，有海棠红、朱砂紫、定窑白、冷金黄、淡墨、沉香、水碧、榴皮、葵黄、闪色、梨皮等名。大彬镌款，用竹刀画之，书法闲雅。

栗色作为特征，工艺奇妙，巧夺天工。于是就在陶艺领域标举大雅遗风，独擅空群之名目(韩愈《送温处士赴河阳军序》：“伯乐一过冀北之野，而马群遂空。”后以“空群”喻指人才被选拔一空。此处形容时大彬技艺超群)。此外，还有李茂林（名养心)、李仲芳（茂林子)、徐友泉（名士衡)；又有时大彬的徒弟欧正春、邵文金、邵文银、蒋伯荂（名时英）四人；陈用卿（俗名陈三呆子)、陈信卿、闵鲁生(名贤)、陈光甫；还有婺源人陈仲美，所制文玩器具反复镂刻，重叠雕饰，极其细腻，堪称鬼斧神工；沈君用（名士良)、邵盖、周后溪、邵二孙、陈俊卿、周季山、陈和之、陈挺生、承云从、沈君盛、陈辰（字共之）等，也都各有所长。徐友泉所自制的茶壶，泥色有海棠红、朱砂紫、定窑白、冷金黄、淡墨、沉香、水碧、榴皮、葵黄、闪色、梨皮等名目。在茶壶上镌刻题款也是从时大彬开始的，运用竹刀刻画，书法娴雅有致。

茶洗，式如扁壶，中加一盎鬲而细窍其底，便于过水漉沙。茶藏，以闭洗过之茶者。陈仲美、沈君用各有奇

茶洗，又叫作漉尘，式样像扁壶，中间加有一个弧形的鬲，底部有细孔，以便于冲洗掉茶叶中的沙尘。茶藏，是用来留住洗过的茶叶的工具。这两种茶具，陈仲美、沈君用都有非常奇异的制作。至于水杓、汤铫之类的茶具，

制。水杓、汤铫，亦有制之尽美者，要以椰瓢、锡缶为用之恒。

世间也有制作得尽善尽美的，但日常使用还是以椰壳、葫芦器、锡器最为实用和常见。

茗壶宜小不宜大，宜浅不宜深。壶盖宜盎不宜砥，汤力茗香，俾得团结氤氲，方为佳也。

茶壶的制作，宜小不宜大，宜浅不宜深；壶盖适宜弧形拱起而不适宜平面，这样可以使得汤力凝聚，香气氤氲，才称得上达到了最佳效果。

壶若有宿杂气，须满贮沸汤涤之，乘热倾去，即没于冷水中，亦急出水泻之，元气复矣。

茶壶如果出现有陈杂气味，就要先用沸水倒满洗涤，并且乘热倒掉，随即浸入冷水之中，也要马上拿出来将水倒掉，这样其元气就可以恢复了。

许次纾《茶疏》：茶盒以贮日用零茶，用锡为之，从大坛中分出，若用尽时再取。

明代许次纾《茶疏》（此则不见于《茶疏》，而与张源《茶录·分茶盒》略似，当为转录）中说：茶盒，用来贮藏日常所用的零星茶叶，以锡制成，其作用是从大坛中分取茶叶，一盒用完之后再从大坛中取用。

茶壶，往时尚龚春，近日时大彬所制，极为人所重。盖是粗砂制成，正取砂无土气耳。

茶壶，往时崇尚龚春所制的紫砂壶，近日则是时大彬所制的茶壶，非常受人珍重和宝爱。因为紫砂壶都是用粗砂烧制而成，正是取其砂不含土气的优点。

臞仙云：茶瓯者，予尝以瓦为之，不用磁。以笋壳为盖，以槲叶攒覆于上，如箬笠

明代宁献王朱权（号臞仙）说：茶瓯，我曾经以陶器制成，而不用瓷器。用笋壳作为盖子，再用槲叶覆盖在上面，如同箬叶斗笠的形状，以此来遮蔽尘埃。然后以竹架支起来，无

状，以蔽其尘。用竹架盛之，极清无比。茶匙，以竹编成，细如笊篱样，与尘世所用者大不凡矣，乃林下出尘之物也。煎茶用铜瓶不免汤腥，用砂铫亦嫌土气，唯纯锡为五金之母，制铫能益水德。

比清幽。茶匙，用竹篾编成，细如笊篱一样，与民间平常所使用的大不相同，乃是山林隐逸生活中的物件。煎茶使用铜制的茶瓶，不免会有铁锈之味，用砂罐所制的茶铫也嫌有土腥气，只有纯锡乃是五金之母，制成茶铫能够增益茶水的味道。

谢肇淛《五杂组》：宋初闽茶，北苑为最。当时上供者，非两府禁近不得赐，而人家亦珍重爱惜。如王东城有茶囊，唯杨大年至，则取以具茶，他客莫敢望也。

明代谢肇淛《五杂组》记载：宋初福建所出产的茶叶，以北苑为最好。当时上供给朝廷的茶叶，如果不是中书省和枢密院以及皇帝身边的人都得不到赏赐，而民间也都极其珍重爱惜。例如王东城（似指王旦）有一个茶囊，只有杨大年来，才会取出来烹茶待客，其他客人没有敢于奢望的。

《支廷训集》有《汤蕴之传》，乃茶壶也。

明代支廷训《支廷训集》中有一篇《汤蕴之传》，也就是给茶壶所做的传记。

文震亨《长物志》：壶以砂者为上，既不夺香，又无熟汤气。锡壶有赵良璧者亦佳。吴中归锡，嘉禾黄锡，价皆最高。

明代文震亨《长物志》中说：茶壶以砂陶所做的为最好，既不会侵夺茶的香味，而且也没有熟汤气。锡壶有赵良璧所制的也很好。吴中的归锡（归复初所制的锡壶）、嘉禾（今浙江嘉兴）的黄锡（黄元吉所制的锡壶），价格都是最高的。

《遵生八笺》：茶铫、茶瓶，磁砂为上，

明代高濂《遵生八笺》中说：茶铫和茶瓶，以瓷器、陶器为最好，铜器、锡器次之。以瓷

铜锡次之。磁壶注茶，砂铫煮水为上。茶盏唯宣窑坛为最，质厚白莹，样式古雅，有等宣窑印花白瓯，式样得中，而莹然如玉。次则嘉窑，心内有“茶”字小盏为美。欲试茶，色黄白，岂容青花乱之？注酒亦然，唯纯白色器皿为最上乘，余品皆不取。

壶注茶、砂铫煮水这样的配置为最好。茶盏，只有宣德窑所出的坛盏为最好，质地厚重，色白莹润，样式古雅。有一种宣德窑的印花白色茶瓯，式样得中，莹然如玉。其次是嘉靖官窑，以茶盏底部中心有“茶”字的小盏为美。要烹试茶叶，以色泽黄白为好，怎么能容忍青花瓷器扰乱其色泽呢？注酒也是一样，只有纯白色的器皿最为上乘，其余的品种都不足取。

试茶以涤器为第一要。茶瓶、茶盏、茶匙生鉎，致损茶味，必须先时洗洁则美。

烹试茶叶，以洗涤器具作为第一要务。茶瓶、茶盏、茶匙等茶具一旦出现铁锈味，就会损坏茶的色香味，所以必须预先清洗洁净才好。

曹昭《格古要论》：古人吃茶汤用甏，取其易干不留滞。

明代曹昭（字明仲，松江人）《格古要论》卷下《古无器四》中说：古人饮茶都用甏，取其容易喝干而不会留滞渣滓的优点。

陈继儒《试茶》：诗有“竹炉幽讨，松火怒飞”之句。［注：竹茶炉，出惠山者最佳。］

明代陈继儒《试茶》：诗中有“竹炉幽讨，松火怒飞”的句子。原注说：竹茶炉，以出于无锡惠山的为佳。

《渊鉴类函》：茗盌，韩诗“茗盌纤纤捧”。

清代《渊鉴类函》记载：关于茗碗，韩愈、孟郊、张籍等的《会合联句》诗中有“雪弦寂寂听，茗盌纤纤捧”的句子。

徐葆光《中山传信录》：琉球茶瓯，色黄，描青绿花草，云出土噶喇。其质少粗无花，但作冰纹者，出大岛。瓯上造一小木盖，朱黑漆之，下作空心托子，制作颇工。亦有茶托、茶帚。其茶具、火炉与中国小异。

清代徐葆光（字亮直，长洲人）《中山传信录》记载：琉球群岛所用的茶瓯，表面呈黄色，上面描画着青绿花草，据说出产于土噶喇（又称宝岛列岛，在疏球北部）。其质地略显粗糙而没有花纹，只有作冰纹的，出产于大岛。茶瓯之上造有一个小木盖，用朱黑色漆好，下面有一个空心托子，制作颇为精致；另外，还有茶托、茶帚等。琉球的茶具、火炉，与我国大陆稍微有些差异。

葛万里《清异录》：时大彬茶壶，有名钓雪，似带笠而钓者。然无牵合意。

清代葛万里《清异录》中说：时大彬所制的茶壶，有一种名叫钓雪，形状好像一个人带着斗笠在垂钓，但是形制意态自然，没有一点牵强之意。

《随见录》：洋铜茶吊，来自海外。红铜荡锡，薄而轻，精而雅，烹茶最宜。

清代屈擢升《随见录》记载：洋铜茶吊子，来自海外。红铜表面烫上锡，器形很薄，重量很轻，精致而且高雅，用来烹茶最为合适。

卷下

五之煮

唐陆羽《六羡歌》：不羡黄金罍，不羡白玉杯；不羡朝入省，不羡暮入台；千羡万羡西江水，曾向竟陵城下来。

唐张又新《水记》：故刑部侍郎刘公讳伯刍，于又新丈人行也。为学精博，有风鉴。称较水之与茶宜者，凡七等：扬子江南零水第一，无锡惠山寺石水第二，苏州虎丘寺石水第三，丹阳县观音寺井水第四，大明寺井水第

［译解］

唐朝陆羽《六羡歌》写道：不羡黄金罍，不羡白玉杯；不羡朝入省，不羡暮入台；千羡万羡西江水，曾向竟陵城下来。

唐代张又新《煎茶水记》中说：原刑部侍郎刘伯刍先生，是我尊敬的长辈。他为学精深博大，而且很有鉴识。他曾经比较天下之水与茶叶相适宜的，共分以下七等：扬子江南零水（一作南零水）第一，无锡惠山寺石水（一作泉水）第二，苏州虎丘寺石水（一作泉水）第三，丹阳县（今属江苏）观音寺井水第四，扬州大明寺井水第五，吴淞江（即苏州河）水第六，淮河水最下品，名列第七。这七种水，我曾经挟带茶瓶乘船汲取，亲自品尝比较，的确像刘

五，吴淞江水第六，淮水最下第七。余尝俱瓶于舟中，亲挹而比之，诚如其说也。客有熟于两浙者，言搜访未尽，余尝志之。及刺永嘉，过桐庐江，至严濑，溪色至清，水味甚冷，煎以佳茶，不可名其鲜馥也。愈于扬子南零殊远。及至永嘉，取仙岩瀑布用之，亦不下南零，以是知客之说信矣。

伯刍先生所言。有熟悉浙江水泉情况的朋友提出说我们搜访得不够全面，我曾经记录下来。等到我做永嘉（治今温州）刺史时，经过桐庐江（即钱塘江的桐庐段），到东汉严光垂钓处的严陵濑，山溪的水色极为清澈，水味非常清冷。用来烹煎上好的茶叶，其新鲜馨香的味道不可名状，又远远超过扬子江南零水。等到了永嘉，汲取仙岩瀑布的水来煎茶，也不下于扬子江南零水，因此知道那位朋友的说法的确是可信的。

陆羽论水，次第凡二十种：庐山康王谷水帘水第一，无锡惠山寺石泉水第二，蕲州兰溪石下水第三，峡州扇子山下虾蟆口水第四，苏州虎丘寺石泉水第五，庐山招贤寺下方桥潭水第六，扬子江南零水第七，洪州西山瀑布泉第八，唐州桐柏县淮水源第九，庐州龙池山岭水第十，丹阳县观音寺水

陆羽谈论适宜煎茶的水，按照顺序有以下二十种：庐山康王谷水帘水第一，无锡惠山寺石泉水第二，蕲州（今蕲春）兰溪石下水第三，峡州（今湖北宜昌）扇子山下虾蟆口水第四，苏州虎丘寺石泉水第五，庐山招贤寺下方桥潭水第六，扬子江南零水第七，洪州（今江西南昌）西山瀑布泉水第八，唐州桐柏县（今属河南）淮水源第九，庐州（今安徽合肥）龙池山岭水第十，丹阳县观音寺水第十一，扬州大明寺水第十二，汉江金州（辖今陕西石泉以东、旬阳以西汉水流域）上游中零水第十三［原注：水苦］，归州（今湖北秭归）玉虚洞下香溪水第十四，商州（今陕西商洛）武关西洛水第十五，

第十一，扬州大明寺水第十二，汉江金州上游中零水第十三［水苦］，归州玉虚洞下香溪水第十四，商州武关西洛水第十五，吴淞江水第十六，天台山西南峰千丈瀑布水第十七，柳州圆泉水第十八，桐庐严陵滩水第十九，雪水第二十。［注：用雪不可太冷。］

吴淞江水第十六，浙江天台山西南峰千丈瀑布水第十七，柳州（应为郴州）圆泉水第十八，桐庐严陵滩水第十九，雪水第二十。［原注：用雪水煎茶不可太冷。］

唐顾况《论茶》：煎以文火细烟，煮以小鼎长泉。

唐代顾况《论茶》中说：以文火细烟煎茶，以小鼎长泉烹煮。

苏廙（yì）《仙芽传》第九卷载《作汤十六法》谓：汤者，茶之司命。若名茶而滥汤，则与凡味同调矣。煎以老嫩言，凡三品；注以缓急言，凡三品；以器标者，共五品；以薪论者，共五品。一得一汤，二婴汤，三百寿汤，四中汤，五断脉汤，六大壮汤，七富贵

唐代苏廙《仙芽传》第九卷所载《作汤十六法》（通称《十六汤品》）中说：水，是决定茶之命运的关键，如果名贵好茶而用平常的水来煎，就与一般的茶味道无异了。以煎水的过与不及而言，分三种情况；以注水的缓慢与急迫而言，分三种情况；以茶具来评判，分五种情况；以煎水所用柴薪而言，分五种情况。共计十六种情况，称为十六汤：第一叫作得一汤（指火候适中，语出《老子》：“天得一则清，地得一则宁。”），第二叫作婴汤（指未到火候，刚刚沸腾就断火），第三叫作百寿汤（指火候过头，沸腾多次）；第四叫作中汤（指缓急适中），

汤，八秀碧汤，九压一汤，十缠口汤，十一减价汤，十二法律汤，十三一面汤，十四宵人汤，十五贱汤，十六魔汤。

第五叫作断脉汤（指注水不连贯），第六叫作大壮汤（指注水过急过快，水量过头）；第七叫作富贵汤（指金银茶具），第八叫作秀碧汤（指玉石茶具），第九叫作压一汤（指瓷器），第十叫作缠口汤（指铜、铁、锡、铅等制作的茶具），第十一叫作减价汤（指陶器）；第十二叫作法律汤（指以炭火煎），第十三叫作一面汤（指以麸火或虚炭煎），第十四叫作宵人汤（指以粪火煎），第十五叫作贱汤（又称贼汤，指以干竹枯叶煎），第十六叫作魔汤（指以浓烟侵夺茶味）。

丁用晦《芝田录》：唐李卫公德裕，喜惠山泉，取以烹茗。自常州到京，置驿骑传送，号曰“水递”。后有僧某曰：“请为相公通水脉。盖京师有一眼井，与惠山泉脉相通，汲以烹茗，味殊不异。”公问：“井在何坊曲?”曰：“昊天观常住库后是也。”因取惠山、昊天各一瓶，杂以他水八瓶，令僧辨晰。僧止取二瓶井泉，德裕大加奇叹。

唐末五代丁用晦《芝田录》记载：唐朝名相李德裕（封卫国公，世称李卫公）喜欢惠山泉，不远千里汲取烹茶，从常州到达京师长安，设置驿马进行传送，当时称作“水递”。后来有一个和尚说：“我请求为相公打通水脉。京师有一眼井与惠山泉水脉相通，这样从京师井中汲水煎茶，味道与惠山泉水没有一点差异。”李卫公问他：“井在哪个里巷?”回答说：“就是昊天观常住库的后面。”于是汲取惠山泉水、昊天观井水各一瓶，同时夹杂其他泉水八瓶，让和尚辨别清楚。和尚只取了两瓶惠山、昊天观井泉，李德裕大为惊叹。

《事文类聚》：赞皇

南宋祝穆《古今事文类聚》续集记载：唐

公李德裕居廊庙日，有亲知奉使于京口，公曰："还日，金山下扬子江南零水与取一壶来。"其人敬诺。及使回举棹日，因醉而忘之，泛舟至石头城下方忆，乃汲一瓶于江中，归京献之。公饮后，叹讶非常，曰："江表水味有异于顷岁矣，此水颇似建业石头城下水也。"其人即谢过，不敢隐。

代李德裕（赞皇人，故称赞皇公）在朝当政的时候，有亲信的人奉命到京口（今江苏镇江）公干，李德裕对他说："回来的时候，将金山下扬子江南零水取一壶回来。"其人恭敬应诺。等到办完事务乘船回来的那天，因为醉酒而忘记了，乘船到南京城下才想起来，于是就从长江中汲取一瓶水，回到京师献上。李德裕品饮之后，非常惊讶，说道："扬子江水的味道与以往不同了，此水很像是南京石头城下的水。"其人当即承认错误，不敢有所隐瞒。

《河南通志》：卢仝茶泉，在济源县。仝有庄，在济源之通济桥二里余，茶泉存焉。其诗曰："买得一片田，济源花洞前。自号玉川子，有寺名玉泉。"汲此寺之泉煎茶。有《玉川子饮茶歌》，句多奇警。

《河南通志》记载：卢仝茶泉，在济源县（今河南济源市）。卢仝有一处庄园，在济源县距通济桥二里多的地方，茶泉就保存在那里。卢仝有诗写道："买得一片田，济源花洞前。自号玉川子，有寺名玉泉。"汲取此寺的泉水，可以用来煎茶。卢仝还有《玉川子饮茶歌》，其中多有奇词警句。

《黄州志》：陆羽泉在蕲水县凤栖山下，一名兰溪泉，羽品为天

《黄州府志》记载：陆羽泉在蕲水县（今湖北浠水县）凤栖山下，也叫作兰溪泉，陆羽品评为天下第三泉。曾经汲取此泉水烹茶。宋朝

下第三泉也。尝汲以烹茗，宋王元之有诗。

王禹偁（字元之）有《陆羽泉茶》诗："甃石封苔百尺深，试茶尝味少知音。唯余半夜泉中月，留得先生一片心。"

无尽法师《天台志》：陆羽品水，以此山瀑布泉为天下第十七水。余尝试饮，比余豳溪、蒙泉殊劣。余疑鸿渐但得至瀑布泉耳。苟遍历天台，当不取金山为第一也。

明代无尽法师（释传灯，号无尽，龙游人）《天台山方外志》记载：陆羽品评天下泉水，以天台山瀑布泉水为天下第十七水。我曾经试验品饮，比那里的豳溪、蒙泉的水品质差得多。我因此怀疑陆羽仅仅到过瀑布泉罢了。如果他遍历天台山各处泉水，应当不会把金山下扬子江南零水列为天下第一了。

《海录》：陆羽品水，以雪水第二十，以煎茶滞而太冷也。

宋代叶廷珪（字嗣忠，崇安人）《海录碎事》中说：陆羽品水，以雪水为第二十，他认为用雪水煎茶过慢而且太冷。

陆平泉《茶寮记》：唐秘书省中水最佳，故名秘水。

明代陆树声（字与吉，号平泉，华亭人）《茶寮记》记载：唐朝秘书省中的泉水最好，所以称作秘水。

《檀几丛书》：唐天宝中，稠锡禅师名清晏，卓锡南岳，涧上泉忽迸石窟间，字曰真珠泉。师饮之清甘可口，曰："得此瀹吾乡桐庐茶，不亦称乎！"

《檀几丛书》所收周高起《洞山岕茶系》记载：唐朝天宝年间（742—756）有一位稠锡禅师，名叫清晏，云游卓锡南岳衡山，涧上泉水忽然迸发出来，石窟间有字叫真珠泉。禅师品饮之后，感觉清凉甘甜，十分可口，于是说道："用此泉水冲泡我家乡的桐庐茶，不是很相称吗？"

《大观茶论》：水以轻清甘洁为美，用汤以鱼目、蟹眼连络迸跃

宋徽宗《大观茶论》中说：品评水的高下，以量轻、清澈、甘甜、洁净为美。而煎茶的火候把握，则以水刚烧开沸腾起泡如鱼目、蟹眼

为度。

般接连不断地迸发跳跃的程度为最好。

《咸淳临安志》：栖霞洞内有水洞，深不可测，水极甘冽。魏公尝调以瀹茗。又莲花院有三井，露井最良，取以烹茗，清甘寒冽，品为小林第一。

宋潜说友《咸淳临安志》记载：栖霞洞内有一个水洞，深不可测，其中的泉水极为甘冽。苏颂（赠魏国公，世称苏魏公）曾经用此水煎茶。另外，莲花院中有三口井，其中露井水质最好，汲取用来烹茶，清甜寒冽，被品评为小林第一。

《王氏谈录》：公言茶品高而年多者，必稍陈。遇有茶处，春初取新芽轻炙，杂而烹之，气味自复在。襄阳试作甚佳，尝语君谟，亦以为然。

北宋王钦臣《王氏谈录》中说：王先生说名茶品质高而且年代久的，一定稍微有些陈旧味道。遇到出产茶叶的地方，初春采摘新芽轻轻烘焙，与陈茶掺杂一起烹点，香味又重新散发出来。米芾（字元章，号襄阳漫士、鹿门居士、海岳外史）以此进行试验，效果甚好，曾经告诉蔡襄（字君谟），蔡襄也认为是这样。

欧阳修《浮槎山水记》：浮槎与龙池山皆在庐州界中，较其味不及浮槎远甚。而又新所记，以龙池为第十，浮槎之水弃而不录，以此知又新所失多矣。陆羽则不然，其论曰：“山水上，江次之，井为下，山水乳泉石池漫流者上。”其言虽简，而于论水尽矣。

宋代欧阳修《浮槎山水记》记载：浮槎山与龙池山都在庐州（今安徽合肥）境内，但比较两地泉水的味道，龙池水远远比不上浮槎水。而唐代张又新《煎茶水记》列龙池水为第十等，而浮槎水则摈弃而不加记载，因此可知张又新的缺漏很多。陆羽则不是这样，他论水说：“山水上，江次之，井为下，山水乳泉石池漫流者上。”其言语虽然简略，而对于品评水来说已经穷尽了。

蔡襄《茶录》：茶或经年，则香色味皆陈。煮时，先于净器中以沸汤渍之，刮去膏油，一两重即止。乃以钤箝之，用微火炙干，然后碎碾。若当年新茶，则不用此说。

宋代蔡襄《茶录》中说：有时茶饼贮存达一年以上，其香气、色泽、味道都已陈旧了。煎茶的时候，首先要把茶饼放在干净的器皿中用开水浸泡，刮去表面的膏油，刮掉一两层即可停止，用茶钤夹住茶饼，文火烤干，然后碾碎成末，烹煮饮用。如果是当年的新茶，就不必用这种方法了。

碾时，先以净纸密裹捶碎，然后熟碾。其大要：旋碾则色白，如经宿则色昏矣。

碾茶的时候，首先要用干净的纸把茶饼紧密地封裹起来捶碎，然后再把碎茶放进茶碾，反复碾压。碾出的茶末大体上是：刚刚碾出时色泽鲜白，如果过了一夜，色泽就变得昏暗了。

碾毕即罗。罗细则茶浮，粗则沫浮。

碾出的碎茶要用茶罗筛成细末。如果茶罗过细，烹煮时茶末就会浮于水面；如果茶罗过粗，烹煮时水沫则会浮在茶上。

候汤最难，未熟则沫浮，过熟则茶沉。前世谓之蟹眼者，过熟汤也。沉瓶中煮之不可辨，故曰候汤最难。

候汤（即观察开水的变化，把握恰当的时机投入茶末进行烹煮）是饮茶中最难把握的一个环节。水温没有达到火候，投入茶末后茶就会漂浮在水面；如果超过了火候，投入的茶末就会沉底。前人所谓的蟹眼，就是指超过了火候的开水。况且水是放在茶瓶中煮的，水温的变化不易分辨，所以说候汤是最难的。

茶少汤多则云脚散，汤少茶多则粥面聚。［建人谓之云脚、粥面。］钞茶一钱匕，先注汤，调令极匀。又

点茶的时候，茶与水要保持一定的比例。如果茶少水多，就会使云脚涣散；如果水少茶多，就会使粥面凝聚。［原注：建安人称点茶之后茶汤表面的幻象叫作云脚、粥面。］用茶匙取茶末一钱放入茶盏，先注入开水调和得很均匀，

添注入，环回击拂。汤上盏，可四分则止，眂其面色鲜白，著盏无水痕为绝佳。建安斗试，以水痕先退者为负，耐久者为胜，故校胜负之说，曰相去一水两水。

再注入开水，同时用茶筅旋转搅动茶汤。茶盏中注水达到四分就停止，观察茶汤的表面颜色鲜白，着盏之处没有水痕的为最好。建安人斗茶时，其决定胜负的标准，是以水痕先消褪下去的为负，水痕保持时间久的为胜。所以他们比较胜负的说法，叫作相去一水两水。

茶有真香，而入贡者微以龙脑和膏，欲助其香。建安民间试茶，皆不入香，恐夺其真也。若烹点之际，又杂以珍果香草，其夺益甚，正当不用。

茶叶有其天然的香气，而进奉朝廷的贡茶往往用少量的龙脑和入茶膏，想以此增加茶的香气。建安民间斗茶品茗，都不添加香料，唯恐侵夺了茶叶本身的天然香气。如果在烹煮点茶之际，又掺杂进去一些珍贵的果品、香草，那么其侵夺茶叶的天然香气就会更加严重，真正懂茶之人不会这样做。

陶穀《清异录》：馔茶而幻出物象于汤面者，茶匠通神之艺也。沙门福全生于金乡，长于茶海，能注汤幻茶成一句诗，如并点四瓯，共一首绝句，泛于汤表。小小物类，唾手办尔。檀越日造门，求观汤戏。全自咏诗曰："生成盏里水丹青，巧画工夫学不成。却笑当时陆鸿渐，煎茶赢得好

宋初陶穀《清异录》中说：注汤点茶的时候，能够在汤面上幻化出各种物象，这是茶艺高手可以通神的技艺。福全和尚生于金乡（今属山东），成长在盛产茶叶的地方，能够在注汤的时候在茶汤表面变幻出一句诗，如果同时点茶四瓯，能合成一首绝句，浮于茶瓯的表面。小小的物类，唾手可以办成。施主每天登门布施，要求观看汤戏。福全和尚自己创作了一首吟咏汤戏的诗："生成盏里水丹青，巧画工夫学不成。却笑当时陆鸿渐，煎茶赢得好名声。"

名声。”

茶事从唐朝开始兴盛。近代以来有在点汤击拂的时候运用茶匙，另外使用妙法，使茶汤表面的茶纹水脉幻化出各种物象。例如禽兽、虫鱼、花草之类，纤巧如同绘画。只是可惜瞬间就会消散。这就是饮茶的变化，当时的人们就称作“茶百戏”。

茶至唐而始盛。近世有下汤运匕，别施妙诀，使汤纹水脉成物象者。禽兽、虫鱼、花草之属，纤巧如画，但须臾即就散灭，此茶之变也。时人谓之“茶百戏”。

还有一种叫作漏影春法的方法，是用剪好的纸贴到茶盏的里面，投入茶末之后就去掉纸，看上去像花枝。另外用荔枝的果肉作为叶子，松子、银杏之类的珍贵果品作为花蕊，然后加入开水，点汤击拂。

又有漏影春法。用镂纸贴盏，糁茶而去纸，伪为花身。别以荔肉为叶，松实、鸭脚之类珍物为蕊，沸汤点搅。

宋代叶清臣《述煮茶泉品》中说：我年轻的时候看到温庭筠的《茶说》（即《采茶录》），曾经记得他所谈到的泉水的名目大约有二十个。后来适逢向西游历到达巴峡，经过虾蟆窟（即虾蟆口水，张又新品为天下第四水）；向北游历小憩芜城（今扬州西北），汲取蜀岗井水（当即扬州大明寺水）；向东游历金陵故都，渡过扬子江，在丹阳（今江苏镇江）逗留时酌取丹阳观音寺泉水；经过无锡时，舀取惠山寺泉水。将茶叶碾成细末，以兰桂等作为燃料，用鼎或者缶作为茶器，烹点品饮，无不感到清心涤虑、除病解酒，祛除内心的卑鄙吝啬，招致神明达

《煮茶泉品》：予少得温氏所著《茶说》，尝识其水泉之目有二十焉。会西走巴峡，经虾蟆窟；北憩芜城，汲蜀冈井；东游故都，绝扬子江。留丹阳酌观音泉，过无锡斞（jū）慧山水。粉枪末旗，苏兰薪桂，且鼎且缶，以饮以歠（chuò），莫不瀹气涤虑，蠲病析酲，祛

鄙吝之生心，招神明而还观。信乎！物类之得宜，臭味之所感，幽人之佳尚，前贤之精鉴，不可及已。

观的精神。的确可以说是物类的相得益彰，气味的感应而发，这些都是幽人隐士的高雅习尚，是前贤往圣的精审品鉴，实在是不可企及。

昔郦元善于《水经》，而未尝知茶；王肃癖于茗饮，而言不及水。表是二美，吾无愧焉。

从前郦道元精于《水经》，可是却不曾通晓茶事。王肃有饮茶的癖好，可是却不见谈论水品。至于能同时表彰茶、水这两件美事，我差不多可以感到无愧。

魏泰《东轩笔录》：鼎州北百里有甘泉寺，在道左。其泉清美，最宜瀹茗。林麓回抱，境亦幽胜。寇莱公谪守雷州，经此酌泉，志壁而去。未几，丁晋公窜朱崖，复经此，礼佛留题而行。天圣中，范讽以殿中丞安抚湖外，至此寺，睹二相留题，徘徊慨叹，作诗以志其旁曰："平仲酌泉方顿辔，谓之礼佛继南行。层峦下瞰岚烟路，转使高僧薄宠荣。"

宋代魏泰（字道辅，号溪上丈人，襄阳人）《东轩笔录》记载：鼎州（治今湖南常德）以北百里，有甘泉寺，在大道的左边。其泉水清澈甘美，最适宜煎茶。这里山林环抱，环境幽胜。名相寇准（字平仲，封莱国公，世称寇莱公）被贬官雷州（治今广东海康）时经过这里，酌饮泉水，题壁而去。不久，丁谓（字谓之，封晋国公，世称丁晋公）被流放朱崖（治今海南琼山东南），又从这里经过，拜祭佛像并留题而行。天圣年间，范讽（字补之）以殿中丞出任湖南安抚使，来甘泉寺中看到两位丞相的题诗，徘徊良久，感慨万分，作诗题于其旁边道："平仲酌泉方顿辔，谓之礼佛继南行。层峦下瞰岚烟路，转使高僧薄宠荣。"

张邦基《墨庄漫

宋代张邦基《墨庄漫录》记载：宋哲宗元

录》：元祐六年七夕日，东坡时知扬州，与发运使晁端彦、吴倅晁无咎，大明寺汲塔院西廊井，与下院蜀井二水，校其高下，以塔院水为胜。

祐六年（1091）的七夕这一天，苏东坡当时正担任扬州知州，与时任江淮荆浙等路发运使晁端彦（字美叔）、苏州同知晁补之（字无咎）在大明寺，汲取塔院西廊井与下院蜀井两种水，比较其高下，结果以塔院西廊井水为佳。

华亭县有寒穴泉，与无锡惠山泉味相同，并尝之不觉有异，邑人知之者少。王荆公尝有诗云："神震冽冰霜，高穴雪与平。空山渟千秋，不出呜咽声。山风吹更寒，山月相与清。北客不到此，如何洗烦酲。"

华亭县（今属上海市）有寒穴泉，与无锡惠山泉水味道相同，同时品尝，感觉不到二者的差异，当地人也很少知道。王安石（字介甫，封荆国公，世称王荆公）曾有诗吟咏道："神震冽冰霜，高穴雪与平。空山渟千秋，不出呜咽声。山风吹更寒，山月相与清。北客不到此，如何洗烦酲。"

罗大经《鹤林玉露》：余同年友李南金云："《茶经》以鱼目、涌泉、连珠为煮水之节。"然近世瀹茶，鲜以鼎镬，用瓶煮水，难以候视。则当以声辨一沸、二沸、三沸之节。又陆氏之法，以未就茶镬，故以第二沸为合量

南宋罗大经《鹤林玉露》记载：我同年考中进士的朋友李南金说："陆羽《茶经》分别以鱼目、涌泉、连珠三个词作为形容煮水三个阶段的标志。"可是近世以来煎茶煮水很少用鼎、镬，而改用茶瓶来煮水，难以观察把握。这就应当以煮水的声音来分辨一沸、二沸、三沸的标志。另外，陆羽的煮水方法，因为没有就茶镬投茶烹点，所以以第二沸作为下茶的最佳时机。不像如今的煎茶方法，以沸水就茶瓯中冲点，则应当以背二涉三之际，也就是二沸已过

而下。未若今以汤就茶瓯瀹之，则当有用背二涉三之际为合量也。乃为声辨之诗曰："砌虫唧唧万蝉催，忽有千车捆载来。听得松风并涧水，急呼缥色绿磁杯。"其论固已精矣。然瀹茶之法，汤欲嫩而不欲老。盖汤嫩则茶味甘，老则过苦矣。若声如松风涧水而遽瀹之，岂不过于老而苦哉！唯移瓶去火，少待其沸止而瀹之，然后汤适中而茶味甘。此南金之所未讲也。因补一诗云："松风桂雨到来初，急引铜瓶离竹炉。待得声闻俱寂后，一瓯春雪胜醍醐。"

刚到三沸之时停火点茶作为最佳时机。于是写下一首专咏声辨的诗："砌虫唧唧万蝉催，忽有千车捆载来。听得松风并涧水，急呼缥色绿磁杯。"其论述已经非常精到了。然而，瀹茶的方法，煮水要嫩，而不可过老。因为水嫩就会使茶味甘香，水老就会使茶味过苦。如果煮水时声音像松风声起、涧水流淌的时候，急忙进行烹点，难道不是过于水老而味苦吗？只有赶忙移开茶瓶，稍微等待其沸腾平息而进行烹点，然后会使煮水老嫩适中而茶味甘香。这是李南金所不曾探究的。于是我补充了一首诗："松风桂雨到来初，急引铜瓶离竹炉。待得声闻俱寂后，一瓯春雪胜醍醐。"

赵彦卫《云麓漫钞》：陆羽别天下水味，各立名品，有石刻行于世。《列子》云孔子"淄渑之合，易牙能辨之"。易牙，齐威

南宋赵彦卫（字景安，宋宗室）《云麓漫钞》中说：陆羽鉴别天下的水味，各立名品，各地都有石刻行于当世。《列子》上记载孔子说过："淄渑之合，易牙能辨之。"易牙是齐威公(即齐桓公，以避宋钦宗赵桓讳而改）的大夫，淄渑二水（在今山东省，二水滋味不同，合在

公大夫。淄渑二水，易牙知其味，威公不信，数试皆验。陆羽岂得其遗意乎？

一起则不易辨）的滋味，只有易牙能够分辨出来。齐威公不相信，数次试验都很灵验。陆羽难道也是得到了易牙留下的旨趣吗？

《黄山谷集》：泸州大云寺西偏崖石上，有泉滴沥，一州泉味皆不及也。

北宋黄庭坚《黄山谷集》卷十八《泸州大云寺滴乳泉记》记载：泸州（今属四川）大云寺西侧悬崖石头之上，有泉水滴沥，一州所有的泉水都比不上这里。

林逋《烹北苑茶有怀》：石碾轻飞瑟瑟尘，乳花烹出建溪春。人间绝品应难识，闲对《茶经》忆故人。

北宋林逋（字君复，钱塘人，谥和靖先生）《烹北苑茶有怀》（原题作《监郡吴殿丞惠以笔墨建茶各吟一绝以谢之·茶》）诗写道：石碾轻飞瑟瑟尘，乳花烹出建溪春。人间绝品应难识，闲对《茶经》忆故人。

《东坡集》：予顷昔自汴入淮泛江，溯峡归蜀，饮江淮水盖弥年。既至，觉井水腥涩，百余日然后安之。以此知江水之甘于井也，审矣。今来岭外，自扬子始饮江水，及至南康，江益清驶，水益甘，则又知南江贤于北江也。近度岭入清远峡，水色如碧玉，味益胜。今游罗浮，酌景泰禅师锡杖泉，则清远峡

苏轼《东坡全集》卷一百《锡杖泉》中说：我当年从京师开封经汴水入淮河，进而泛长江西去，通过三峡逆流而上回到故乡四川，一路之上饮用江淮之水一年有余。回到故乡之后，感觉到井水腥涩，直到百余天后才适应下来。由此可知，江水要比井水甘甜，千真万确。如今来到岭南，从扬子江开始饮用江水，等到了南康（今江西赣州），水流更加清澈，江水也更加甘甜，由此知道南方的江水又比北方的江水更好。近来又翻过五岭到达清远峡（在今广东清远市），水色犹如碧玉，水味更好。今天游历罗浮山，酌取景泰禅师的锡杖泉水，就感到清远峡水又在其下了。岭南地区只有惠州人喜欢斗茶，可见此水由来不虚啊！

水又在其下矣。岭外唯惠州人喜斗茶，此水不虚出也。

惠山寺东为观泉亭，堂曰“漪澜”，泉在亭中，二井石甃相去咫尺，方圆异形。汲者多由圆井，盖方动圆静，静清而动浊也。流过漪澜，从石龙口中出，下赴大池者，有土气，不可汲。泉流冬夏不涸，张又新品为天下第二泉。

（汪颢《广群芳谱》记载：）无锡惠山寺，东边有观泉亭，上有匾额“漪澜”，泉水就在亭中，两个井石甃（即井壁）相距咫尺，却一方一圆形态各异。汲取泉水的人们多从圆井汲水，因为方者易动而圆者易静，静者清澈而动者浑浊。泉水流过漪澜亭，从石龙口中流出，汇入下面的大池之中后，就有了土气，不可汲取饮用。惠山泉水一年四季不会干涸，唐人张又新品评为天下第二泉。

《避暑录话》：裴晋公诗云：“饱食缓行初睡觉，一瓯新茗侍儿煎。脱巾斜倚绳床坐，风送水声来耳边。”公为此诗，必自以为得意，然吾山居七年，享此多矣。

南宋叶梦得（字少蕴，号石林）《避暑录话》中说：唐代名臣裴度（字中立，封晋国公，世称裴晋公）有诗写道：“饱食缓行初睡觉，一瓯新茗侍儿煎。脱巾斜倚绳床坐，风送水声来耳边。”他写下这首诗时，必定自以为很得意，然而我在山中居住了七年，享受此等生活已经很久了。

冯璧《东坡海南烹茶图》诗：讲筵分赐密云龙，春梦分明觉亦空。地恶九钻黎洞火，天游两腋玉川风。

金代冯璧（字叔献，别字天粹，真定人）《东坡海南烹茶图》诗写道：讲筵分赐密云龙，春梦分明觉亦空。地恶九钻黎洞火，天游两腋玉川风。

《万花谷》：黄山谷有《井水帖》云："取井傍十数小石，置瓶中，令水不浊。"故咏慧山泉诗云"锡谷寒泉椭（tuǒ）石俱"是也。石圆而长曰椭，所以澄水。

《锦绣万花谷》中说：黄庭坚有《井水帖》写道："取井旁边小石头十数个，放入瓶中，可以使瓶中的水不浑浊变质。"所以他《谢黄从善司业寄惠山泉》诗中有"锡谷寒泉椭石俱"的句子。石头圆而且长，就叫作椭，是用来澄清水质的。

茶家碾茶，须碾着眉上白，乃为佳。曾茶山诗云："碾处须看眉上白，分时为见眼中青。"

制茶人家碾茶，须要碾茶碾到眉毛皆白的程度，才可称得上最好。曾几（字吉甫，号茶山居士）有《李相公饷建溪新茗奉寄》诗写道："碾处须（原作"曾"）看眉上白，分时为见眼中青。"

《舆地纪胜》：竹泉，在荆州府松滋县南。宋至和初，苦竹寺僧浚井得笔。后黄庭坚谪黔过之，视笔曰："此吾虾蟆碚所坠。"因知此泉与之相通。其诗曰："松滋县西竹林寺，苦竹林中甘井泉。巴人谩说虾蟆碚，试裹春茶来就煎。"

南宋王象之《舆地纪胜》记载：竹泉，在荆州府松滋县（今属湖北）南部。北宋至和（1054—1056）初年，苦竹寺的和尚淘井以疏通水源，淘得一支毛笔。后来黄庭坚贬官贵州从此经过，仔细审视毛笔说："这是我在虾蟆碚所坠落水中的那支笔。"由此可知竹泉与虾蟆泉是相通的。黄庭坚《邹松滋寄苦竹泉橙曲莲子汤三首》之一《苦竹泉》诗写道："松滋县西竹林寺，苦竹林中甘井泉。巴人谩说虾蟆碚，试裹春茶（原作"芽"）来就煎。"

周煇《清波杂志》：余家惠山，泉石皆为几案间物。亲旧东来，数

北宋周煇《清波杂志》记载：我的故乡无锡惠山，其泉水、美石都是士大夫几案间的玩赏之物。每有亲朋故旧东来，多次通问松竹平

问松竹平安信。且时致陆子泉，茗碗殊不落寞。然顷岁亦可致于汴都，但未免瓶盎气。用细砂淋过，则如新汲时，号拆洗惠山泉。天台竹沥水，彼地人断竹稍屈而取之盈瓮，若杂以他水，则亟败。苏才翁与蔡君谟比茶，蔡茶精，用惠山泉煮；苏茶劣，用竹沥水煎，便能取胜。此说见江邻几所著《嘉祐杂志》。果尔，今喜击拂者，曾无一语及之，何也？双井因山谷乃重，苏魏公尝云："平生荐举不知几何人，唯孟安序朝奉岁以双井一瓮为饷。"盖公不纳苞苴，顾独受此，其亦珍之耶！

安讯息，而且带来陆子泉水（即惠山泉，宋代在惠山建陆子泉亭，故称）使我得以不时品饮，茗碗不致落寞。但是往岁也有人送惠山泉水到汴京（今河南开封）的，不免会带有久贮瓶盎的气味。如果用细砂淋滤一过，就会像刚刚汲取一样新鲜，称作拆洗惠山泉。浙江天台山的竹沥水，当地人砍断竹梢，使竹身弯曲过来汲取其中的竹沥水满瓮，如果掺杂其他的水，就会马上败坏水味。苏舜元（字才翁）与蔡襄（字君谟）斗茶，蔡襄所用的茶叶很好，而且以惠山泉来煎煮；苏舜元的茶叶较差，但用竹沥水来煎煮，就能够取胜。这种说法见于江休复（字邻几）所著的《嘉祐杂志》。果真如此，那么如今喜欢点汤击拂斗茶的人们，为什么没有一句话提到这件事呢？江西的双井茶和双井泉，因为黄庭坚（号山谷道人）的缘故才为世人所重。苏颂（赠魏国公，世称苏魏公）曾说过，平生举荐的人才不知有多少，只有孟安序朝奉每年以一瓮双井泉水赠送给我。因为苏魏公不接受馈送礼物，但是却单单接受双井泉水，也可说明双井泉水是如何受珍重啊！

《东京记》：文德殿两掖有东西上阁门，故杜诗云："东上阁之东，有井泉绝佳。山谷《忆东坡烹茶》诗云：

（《锦绣万花谷》前集卷三十五《阁门井水》中说：）北宋宋敏求《东京记》记载：文德殿的两侧，有东西上阁门。所以杜诗写道："东上阁之东，有井泉绝佳。"黄庭坚《忆东坡烹茶》（原题作《省中烹茶怀子瞻用前韵》）诗写道：

阊门井下落第二，竟陵谷帘空误书。”

阊门井不落第二，竟陵谷帘空误书。”

陈舜俞《庐山记》：康王谷有水帘，飞泉破岩而下者二三十派。其广七十余尺，其高不可计。山谷诗云“谷帘煮甘露”是也。

北宋陈舜俞（字令举，号白牛居士，乌程人）《庐山记》记载：庐山康王谷有瀑布，飞泉破岩而下的有二三十个支派，宽度达七十多尺，其高则不可胜计。黄庭坚《和答外舅孙莘老》诗中所吟咏的“北焙碾玄璧，谷帘煮甘露”，就是指的庐山康王谷的飞泉。

孙月峰《坡仙食饮录》：唐人煎茶多用姜，故薛能诗云：“盐损添常戒，姜宜著更夸。”据此，则又有用盐者矣。近世有此二物者，辄大笑之。然茶之中等者，用姜煎，信佳。盐则不可。

明代孙矿（字文融，号月峰，余姚人）《坡仙食饮录》中说：唐朝人煎茶多用姜作为辅料。所以唐代诗人薛能（字太拙，汾州人）有《蜀州郑使君寄乌嘴茶因以赠答八韵》诗写道：“盐损添常戒，姜宜著更夸。”由此可知，还有用盐作为佐料的。近代以来，如果用此二物作为佐料煎茶，人们就会笑话他。然而，中等的茶叶用姜作为佐料煎煮的确不错，但用盐煎则不可以。

冯可宾《岕茶笺》：茶虽均出于岕，有如兰花香而味甘，过霉历秋，开坛烹之，其香愈烈，味若新沃。以汤色尚白者，真洞山也。若他嶰（jiè），初时亦香，秋则索然矣。

明代冯可宾《岕茶笺》中说：罗岕茶虽然同样出产于岕山，但不同地方所产依然多有差别。如果茶叶有兰花香味，味道甘美，经过霉天（农历入伏前的几天，潮湿发霉，故称）和秋天，打开茶坛烹煮，其香味更加浓烈，味道就像刚刚冲泡的一样，汤色鲜白，就是真正的洞山所产的岕茶。其他涧谷所出的茶叶刚刚采制时也很香，经过秋天就索然无味了。

《群芳谱》：世人情性嗜好各殊，而茶事

明代王象晋《群芳谱》中说：世人的情性嗜好各不一样，可是喜欢饮茶却达到十分之九。

则十人而九。竹炉火候，茗碗清缘。煮引风之碧云，倾浮花之雪乳。非藉汤勋，何昭茶德？略而言之，其法有五：一曰择水，二曰简器，三曰忌溷（hùn），四曰慎煮，五曰辨色。

以竹炉煮茶，把盏清谈，烹煮引来清风的碧云（即茶叶），倾注浮花满瓯的雪乳（即茶汤），如果不借助于泉水的功劳，如何能够彰显茶叶的品质？概略而言，其方法有五个关键：一是选择泉水，二是选择茶具，三是忌讳污秽不洁，四是谨慎烹煮，五是分辨汤色。

《吴兴掌故录》：湖州金沙泉，至元中，中书省遣官致祭，一夕水溢，溉田千亩，赐名瑞应泉。

明代徐献忠（字伯臣，号长谷，华亭人）《吴兴掌故录》（一作《吴兴掌故集》）记载：湖州金沙泉，元代至元年间（查《吴兴掌故集》原文为至元十五年，即1278年），中书省派遣官员前去祭祀。一夕之间泉水外溢，可以灌溉田地千亩，赐名为瑞应泉。

《职方志》：广陵蜀冈上有井，曰蜀井，言水与西蜀相通。茶品天下水有二十种，而蜀冈水为第七。

《渊鉴类函》引《扬州职方志》记载：广陵（今江苏扬州）蜀冈上有一口井，名叫蜀井，是说其泉水与西蜀相通。茶圣陆羽品评天下泉水，共有二十种，蜀冈水名列第七（当为第十二大明寺水）。

《遵生八笺》：凡点茶，先须熁盏令热，则茶面聚乳，冷则茶色不浮。[熁音胁，火迫也。]

明代高濂《遵生八笺》中说：大凡点茶，首先必须将茶盏烘烤令热，这样就会使茶面汤花凝聚，如果茶盏冷的话就会使茶色不能散发出来。[熁读胁音，火烤。]

陈眉公《太平清话》：余尝酌中泠，劣于惠山，殊不可解。后

明代陈继儒《太平清话》中说：我曾经酌取扬子江中泠水（在今镇江金山）烹茶，味道比惠山泉水要差，感到实在不可理解。后来经

考之，乃知陆羽原以庐山谷帘泉为第一。《山疏》云：陆羽《茶经》言，瀑泻湍激者勿食。今此水瀑泻湍激无如矣，乃以为第一，何也？又云液泉在谷帘侧，山多云母，泉其液也，洪纤如指，清冽甘寒，远出谷帘之上，乃不得第一，又何也？又碧琳池东西两泉，皆极甘香，其味不减惠山，而东泉尤冽。

过考证，才知道陆羽原本以庐山康王谷帘泉为第一。《山疏》上说：陆羽《茶经》曾经说过，瀑泻湍急的水不可饮用。如今这庐山瀑布，可以说瀑泻湍急无水可比，却认为天下第一，这是为什么呢？又有一个云液泉，就在谷帘水的旁边，山中多出云母，云液泉乃是云母的汁液，泉水只有如指头大的水流，清冽甘美，远远超出谷帘水之上，却不能得到第一，这又是为什么呢？还有碧琳池东西两泉，水味都极为甘甜馨香，不比惠山泉水差，其中的东泉尤其甘冽。

蔡君谟“汤取嫩而不取老”，盖为团饼茶言耳。今旗芽枪甲，汤不足则茶神不透，茶色不明。故茗战之捷，尤在五沸。

蔡襄认为煮水取其鲜嫩而不取过老，这是针对团饼茶而言的。如今茶叶不经过碾罗加工，都是自然的芽叶枝梗，如果水不够热就不能使茶的韵味透彻、色泽鲜明，所以斗茶的取胜法宝，尤其在于煮水到五次沸腾之时进行冲泡。

徐渭《煎茶七类》：煮茶非漫浪，要须其人与茶品相得，故其法每传于高流隐逸，有烟霞泉石磊块于胸次间者。

明代徐渭《煎茶七类》中说：煮茶不是一件随意作为的事情，关键是必须要求人的品质与茶的品性相得益彰，因此煎茶之法往往流传于高人隐士，有烟霞泉石堆积胸中的人，也就是心怀光明坦荡、向往山林隐逸生活的人。

品泉以井水为下。井取汲多者，汲多则

品评泉水，以山水为上，江水次之，井水为下。如果不得已而用井水，则要取经常汲取

水活。

的，汲取得多，水性就活。

候汤眼鳞鳞起，沫饽鼓泛，投茗器中。初入汤少许，俟汤茗相投即满注，云脚渐开，乳花浮面，则味全。盖古茶用团饼碾屑，味易出。叶茶骤则乏味，过熟则味昏底滞。

烹茶要用活火，观察水泡鳞鳞泛起，达到沸腾，就把茶叶放到茶具中，先倒入少量开水，等到茶与水相融，再倒满开水，这时水气渐开，沫饽浮于茶面，茶味就会散发出来，达到最佳效果。因为古时茶叶用团饼碾碎，味道容易散发出来，叶茶冲泡太急就不易出味，过于煮熟则味道浑浊不清而沉积底部。

张源《茶录》：山顶泉清而轻，山下泉清而重，石中泉清而甘，砂中泉清而冽，土中泉清而厚。流动者良于安静，负阴者胜于向阳。山削者泉寡，山秀者有神。真源无味，真水无香。流于黄石为佳，泻出青石无用。

明代张源《茶录》中说：山顶的泉水清澈而较轻，山下的泉水清澈而较重，石中流出的泉水清澈而甘甜，沙中渗出的泉水清澈而寒冽，土中形成的泉水清澈而绵厚。流动的泉水要比静止不动的泉水好，在山的北面背阴的泉水要比在山的南面向阳的泉水好。山势陡峭的地方泉水就会寡淡，山势挺拔俊秀的地方就有神韵。真正的天然泉源的水是无味的，真正的天然泉水是没有香气的。从黄色的石头中流出的泉水比较好，从青色的石头中流出的泉水则不能饮用。

汤有三大辨：一曰形辨，二曰声辨，三曰捷辨。形为内辨，声为外辨，捷为气辨。如虾眼、蟹眼、鱼目、连珠，皆为萌汤，直至涌沸如腾波鼓浪，水气全

关于烹茶煮水火候的把握，有三大辨别标准：第一叫作形辨，第二叫作声辨，第三叫作捷辨。形辨就是通过水形加以鉴别，称为内辨；声辨就是通过水声加以鉴别，称为外辨；捷辨就是通过水汽加以鉴别，称为气辨。其中形辨又可以分为四小辨：水面浮起水泡如虾眼、蟹眼、鱼眼连珠，这三种都是萌汤，也就是刚刚

消，方是纯熟。如初声、转声、振声、骇声，皆为萌汤，直至无声，方是纯熟。如气浮一缕、二缕、三缕，及缕乱不分，氤氲缭绕，皆为萌汤，直至气直冲贯，方是纯熟。

烧热的水，直到水面汹涌沸腾如腾波鼓浪，水汽全部消散，才达到了纯熟。声辨又可以分为五小辨：如初起之声、旋转之声、振动之声、骤雨之声，这四种声音都是萌汤，直到无声，才达到了纯熟。气辨又可以分为六小辨：如水汽漂浮起一缕、二缕、三四缕，以及漂浮的气缕混乱不分、水汽氤氲环绕飘动，这五种水汽都是萌汤的标志，直到水汽升腾，气息贯通，才达到了纯熟。

蔡君谟因古人制茶碾磨作饼，则见沸而茶神便发。此用嫩而不用老也。今时制茶，不假罗碾，全具元体，汤须纯熟，元神始发也。

蔡襄认为茶汤用嫩而不用老，这是因为古人制茶必须经过碾、磨、罗等工序，制成茶饼，这样茶末见水之后，其神韵便会很快散发出来，这就是茶汤用嫩而不用老的原因。如今的制茶，不再使用茶罗、茶碾进行加工，而是完全保持茶叶天然形色的芽叶，这样茶汤就必须达到纯熟，才能使茶叶的神韵得到充分发挥。

炉火通红，茶铫始上。扇起要轻疾，待汤有声，稍稍重疾，斯文武火之候也。若过乎文，则水性柔，柔则水为茶降；过于武，则火性烈，烈则茶为水制，皆不足于中和，非茶家之要旨。

烹茶的时候，炉火要烧得通红，才把茶铫放在炉火之上。用扇子扇火，开始时要又轻又快，等到水热发出声音时稍微用力又重又快，这就是所谓的文武之候。火力过于文，那么烧出来的水性就柔和，水性柔和就会为茶所降伏；火力过于武，那么烧出来的水性就猛烈，水性猛烈，茶就会为水所制导。这两种情况都不足以称得上中正平和，不符合茶人和鉴赏家的茶艺要旨。

投茶有序，无失其宜。先茶后汤，曰下

往茶壶中投放茶叶，要有一定的程序，不能违背其适宜的标准。先放茶叶后冲开水，叫

投；汤半下茶，复以汤满，曰中投；先汤后茶，曰上投。夏宜上投，冬宜下投，春秋宜中投。

作下投；先冲半壶开水再投放茶叶，然后注满开水，叫作中投；先注满开水后投放茶叶，叫作上投。这三中方法要根据季节的变化而分别运用，夏季适宜上投，冬季适宜下投，春秋两季则适宜中投。

不宜用，恶水、敝器、铜匙、铜铫、木桶、柴薪、烟煤、麸炭、粗童、恶婢、不洁巾帨，及各色果实香药。

茶事活动不适宜使用的人和物包括：不洁净的水、劣质的器具、铜勺、铜铫、木桶、杂木柴、烟煤、麸炭、笨手笨脚的童子、相貌丑陋的女佣、不洁净的手巾、各种各样的果实香药等。（此则不见于《茶录》而见于许次纾《茶疏》。）

谢肇淛《五杂组》：唐薛能《茶诗》云："盐损添常戒，姜宜著更夸。"煮茶如是，味安得佳？此或在竟陵翁未品题之先也。至东坡《和寄茶》诗云："老妻稚子不知爱，一半已入姜盐煎。"则业觉其非矣。而此习犹在也。今江右及楚人，尚有以姜煎茶者，虽云古风，终觉未典。

明代谢肇淛《五杂组》记载：唐代薛能《茶诗》（即《蜀州郑使君寄乌嘴茶因以赠答八韵》）写道："盐损添常戒，姜宜著更夸。"这样来煮茶，茶味怎么会好呢？此事或许是发生在陆羽没有品题之前。到了苏东坡《和蒋夔寄茶》诗写道："老妻稚子不知爱，一半已入姜盐煎。"可见已经知道这种做法不正确，可是这种习俗依然存在。如今的江西和湖广地区的人们，还有以姜煎茶的。虽然说是古风犹存，终究感到不合典则。

闽人苦山泉难得，多用雨水，其味甘不及山泉而清过之。然自淮

福建人苦于山泉难以得到，多用雨水煎茶。其甘甜的味道虽然比不上山泉，但清冽却有过之而无不及。可是从淮河以北地区，雨水味苦

而北，则雨水苦黑，不堪煮茗矣。唯雪水，冬月藏之，入夏用，乃绝佳。夫雪固雨所凝也，宜雪而不宜雨，何哉？或曰：北方瓦屋不净，多用秽泥涂塞故耳。

色黑，无法用来煮水烹茶。只有雪水可用，冬天收藏雪水，入夏用来煮水烹茶，效果非常好。雪水本来是雨水所凝结而成的，煮水烹茶适宜雪水却不宜雨水，这是什么原因呢？有人说是北方的瓦屋不洁净，多用污泥涂抹填塞而成，故而雨水也不洁净。

古时之茶，曰煮，曰烹，曰煎。须汤如蟹眼，茶味方中。今之茶唯用沸汤投之，稍著火即色黄而味涩，不中饮矣。乃知古今煮法，亦自不同也。

古时候的饮茶，有称煮茶，有称烹茶，有称煎茶，必须等到水面起泡如蟹眼连珠，茶味方为适中。如今的茶叶，只要以沸水冲泡，稍微用火加热，就会色泽泛黄、味道涩苦而不能饮用了。由此可知，古今的煮茶方法，自有其不同。

苏才翁斗茶用天台竹沥水，乃竹露，非竹沥也。若今医家用火逼竹取沥，断不宜茶矣。

宋代苏舜元（字才翁）与蔡襄斗茶，用天台山的竹沥水，应当是竹露水而不是竹沥水。如果像今天医生用火逼竹取沥的方法，所取的竹沥水绝不可以用来煎茶。

顾元庆《茶谱》：煎茶四要：一择水，二洗茶，三候汤，四择品。点茶三要：一涤器，二熘盏，三择果。

明代顾元庆《茶谱》所说的煎茶四要：第一是选择水品，第二是洗去茶叶杂质，第三是观察等候水开，第四是选择茶瓶茶盏。点茶三要：第一是洗涤茶器，第二是烘烤茶盏，第三挑选果品。

熊明遇《岕山茶记》：烹茶，水之功居大。无山泉则用天水，秋雨为上，梅雨次之，

明代熊明遇《岕山茶记》（原作《罗岕茶疏》，一作《罗岕茶记》）中说：烹茶，水的功用至关重要。没有山泉就使用雨水，秋雨最好，梅雨次之。秋雨甘洌而色白，梅雨醇厚而色白。

秋雨冽而白，梅雨醇而白。雪水，五谷之精也，色不能白。养水须置石子于瓮，不唯益水，而白石清泉，会心亦不在远。

雪水是五谷的精华，色泽不能过白。保养雨水要放置石子于盛水的瓮中，不仅能增益水质，而且白石清泉，悦人心目，会心处并不在远。

《雪庵清史》：余性好清苦，独与茶宜。幸近茶乡，恣我饮啜。乃友人不辨三火三沸法，余每过饮，非失过老，则失之太嫩，致令甘香之味荡然无存，盖误于李南金之说耳。如罗玉露之论，乃为得火候也。友曰："吾性唯好读书，玩佳山水，作佛事，或时醉花前，不爱水厄，故不精于火候。昔人有言：释滞消壅，一日之利暂佳；瘠气耗精，终身之害斯大。获益则归功茶力，贻害则不谓茶灾。甘受俗名，缘此之故。"噫！茶冤甚矣！不闻秃翁之言：释滞消壅，清苦之益实

明代乐纯《雪庵清史》中说：我生性喜欢清苦，恰好与茶的本性相适宜。所幸的是我的家乡邻近茶叶产地，可以随意品饮尽兴。只是当地友人不了解三火、三沸的烹茶方法，我每次过往品茶，不是烹点过老，就是太嫩，以至于让茶叶的甘香美味荡然无存，其原因大概是误听了李南金的说法。只有像罗大经《鹤林玉露》所论，才称得上是把握住了煎茶的火候。友人说："我生性只喜欢读书，游玩好山水，参禅拜佛，或者经常饮酒醉倒落花前，不喜欢品茶，因此对把握煎茶的火候不精通。古人曾经说过，饮茶对于消除郁闷积滞，一日之利益暂时很好；可是耗费元气精神，终身之危害却很大。获取好处就归功于茶的功效，贻害身体却不说茶叶的灾害。甘心承受世俗的名声，就是这样的缘故。"唉！茶叶的冤枉太大了。怎么不听听秃翁（即李贽，号卓吾，晚年自号秃翁）的说法：消除郁闷积滞，坚持清苦饮茶生活的好处的确很多；耗费元气精神，放纵情欲的危害最大。得到了好处却不说是饮茶的功劳，自我放纵的危害反而归咎于饮茶。况且把握不好

多；瘠气耗精，情欲之害最大。获益则不谓茶力，自害则反谓茶殃。且无火候，不独一茶。读书而不得其趣，玩山水而不会其情，学佛而不破其宗，好色而不饮其韵，皆无火候者也。岂余爱茶而故为茶吐气哉？亦欲以此清苦之味，与故人共之耳！

火候，不仅仅对饮茶而言。读书而不能够获得其中的趣味，游历山水而不能够陶冶自己的性情，参禅拜佛而不能够参破其根本，喜欢饮酒赏花而不能够获得其中的韵致，都是没有把握火候的表现。难道仅仅是因为我喜欢品茶而故意为茶扬眉吐气吗？也就是想以此清苦之味，与故人共享共勉罢了。

煮茗之法有六要：一曰别，二曰水，三曰火，四曰汤，五月器，六曰饮。有粗茶，有散茶，有末茶，有饼茶；有斫者，有熬者，有炀者，有舂者。余幸得产茶方，又兼得烹茶六要，每遇好朋，便手自煎烹。但愿一瓯常及真，不用撑肠拄腹文字五千卷也。故曰饮之时义远矣哉！

煮茶的方法有六个关键：第一是辨别茶叶，第二是选择泉水，第三是把握火候，第四是煮水，第五是选择茶具，第六是品饮。茶叶的分类有粗茶，有散茶，有末茶，有饼茶。相对应的制作方法有斫（将粗茶切碎煮饮）、熬（散茶蒸青后直接烘焙，然后煮饮）、炀（末茶烘焙碾研成末以后煮饮）、舂（饼茶的制作工艺和品饮方法）。我有幸懂得了制茶的方法，同时也掌握了烹茶的六个关键，每当遇到亲朋好友，便亲自煎茶烹饮。但愿通过一瓯佳茶经常能够得到自然真性，而不用搜肠刮肚的文字五千卷。因此说品饮的现实意义的确很远大啊！

田艺蘅《煮泉小品》：茶，南方嘉木，日用之不可少者。品固

明代田艺蘅《煮泉小品》中说：茶叶是我国南方的一种优良的常绿树种，是人们日常生活所不可缺少的饮料。其品质固然有善恶好坏

有孅恶，若不得其水，且煮之不得其宜，虽佳弗佳也。但饮泉觉爽，啜茗忘喧，谓非膏粱纨绔可语。爰著《煮泉小品》，与枕石漱流者商焉。

的分别，但是若得不到好的泉水，而且烹煮不得其法，即使是好茶也达不到上佳的效果。只要饮泉而感觉精神清爽，品茶而忘掉尘世喧闹，这都不是膏粱子弟、纨绮之人所可谈论的。于是编撰《煮泉小品》，与那些幽人隐逸进行商榷。（此节见赵观《叙》）

陆羽尝谓："烹茶于所产处无不佳，盖水土之宜也。"此论诚妙。况旋摘旋瀹，两及其新耶！故《茶谱》亦云"蒙之中顶茶，若获一两，以本处水煎服，即能祛宿疾"是也。今武林诸泉，唯龙泓入品，而茶亦唯龙泓山为最。盖兹山深厚高大，佳丽秀越，为两山之主。故其泉清寒甘香，雅宜煮茶。虞伯生诗："但见瓢中清，翠影落群岫；烹煎黄金芽，不取谷雨后。"姚公绶诗："品尝顾渚风斯下，零落《茶经》奈尔何！"则风味可知

陆羽曾经说过："就在产茶之地汲水烹茶，没有效果不佳的，这是因为水土相适宜。"这种说法的确是精妙之论。况且随即采摘随即烹煮，茶叶和泉水二者都非常新鲜呢！因此五代毛文锡《茶谱》也说："四川蒙山中顶上清峰的好茶，如果能获取一两，用本地的泉水烹煮服用，就能祛除长期的病痛。"说的就是这个道理。如今杭州各处的泉水，只有龙泓能够列入佳品，而当地的茶叶，也只有龙泓山出产的最好。因为此山深厚高大，清秀壮丽，是南北两山的主峰。所以其泉水清澈寒冷、甘冽芳香，非常适宜煮茶。元代文学家虞集（字伯生，号道园）《游龙井》诗写道："但见瓢中清，翠影落群岫。烹煎黄金芽，不取谷雨后。"明代姚绶（字公绶）诗写道："品尝顾渚风斯下，零落《茶经》奈尔何！"其独特风味从中可以想见，又何况这里曾经是葛仙翁炼丹的所在呢！在龙泓的上面还有老龙泓，其寒冷清澈又两倍于龙泓。其地出产茶叶为南北两山的绝品。茶圣陆羽品第钱塘天竺、灵隐二寺的茶叶为下品，当是尚未认

矣，又况为葛仙翁炼丹之所哉！又其上为老龙泓，寒碧倍之，其地产茶为南北两山绝品。鸿渐第钱塘天竺、灵隐者为下品，当未识此耳。而郡志亦只称宝云、香林、白云诸茶，皆未若龙泓之清馥隽永也。

识此茶。而当地方志中也只记载有宝云、香林、白云等茶，都比不上龙泓茶的清香馥郁、滋味绵长。

余尝一一试之，求其茶泉双绝，两浙罕伍云。

我曾经对上述各种茶叶一一进行品尝，得出的结论是龙泓茶叶和泉水堪称双绝，两浙地区没有能与其相比的。

山厚者泉厚，山奇者泉奇，山清者泉清，山幽者泉幽，皆佳品也。不厚则薄，不奇则蠢，不清则浊，不幽则喧，必无用矣。

山体厚重，那么其中的泉水的味道就醇厚；山势奇特，那么其中的泉水的味道就奇异；山脉清秀，那么其中的泉水就清澈；山峦幽深，那么其中的泉水就幽静。这都是泉水中的佳品。如果不醇厚就会淡薄，不奇异就会笨拙，不清澈就会浑浊，不幽静就会喧嚣，一定不会有可用的泉水。

江，公也，众水共入其中也。水共则味杂，故曰江水次之。其水取去人远者，盖去人远，则湛深而无荡涤之漓耳。

江，就是公共的意思，是说众多的河水都汇流其中。许多河水汇流一起，味道就会混杂，所以陆羽《茶经》中说“江水次之”，他还说“饮用江水要汲取离开人们生活区域较远的”，这是因为离开人们生活区域较远的地方，水就会比较澄清，而且不会因为荡漾而使味道淡薄。

严陵濑，一名七里滩，盖沙石上曰濑、曰

浙江桐庐的严陵濑，也叫七里滩。因为在沙石上水流较急，所以叫作濑、叫作滩，总称

滩也，总谓之浙江。但潮汐不及，而且深澄，故入陆品耳。余尝清秋泊钓台下，取囊中武夷、金华二茶试之，固一水也，武夷则黄而燥冽，金华则碧而清香，乃知择水当择茶也。鸿渐以婺州为次，而清臣以白乳为武夷之右，今优劣顿反矣。意者所谓离其处，水功其半者耶！

为浙江。但是潮汐不如钱塘江，而且水深而清澈，所以列入了陆羽的泉品。我曾经在清凉的秋天乘船停泊于严子陵的钓台之下，取出行囊中的武夷、金华两种茶，进行烹煮试验。本来是同一种水，可是烹出的茶就有很大差别：武夷茶则显得色黄而燥冽，金华茶则显得碧绿而清香，于是可知在选择水的同时还要选择茶。陆羽以婺州茶为次，而叶清臣认为北苑贡茶的白乳比武夷茶好，可是如今其茶的优劣正好相反。通晓其意的行家认为这就是所谓的离开了茶的原产地进行试验的缘故，其中泉水的功效占有一半。

去泉再远者，不能日汲。须遣诚实山僮取之，以免石头城下之伪。苏子瞻爱玉女河水，付僧调水符以取之，亦惜其不得枕流焉耳。故曾茶山《谢送惠山泉》诗有“旧时水递费经营”之句。

如果离泉水很远，不能每天汲取，必须派遣诚实的山童去汲取，以免出现以石头城下江水假冒扬子江中泠泉的故事（五代南唐尉迟偓《中朝故事》，记载唐代李德裕以水递千里致水及鉴水之事）。宋朝苏轼（字子瞻）喜欢玉女河的水，给僧人调取水符去汲取，仍然叹惜自己不能居住在泉边。所以曾几（号茶山先生）在《吴傅朋谢送惠山泉两瓶并所书石刻》诗中吟咏道：“新岁头纲须击拂，旧时水递费经营。”

汤嫩则茶味不出，过沸则水老而茶乏。唯有花而无衣，乃得点瀹之候耳。

如果茶汤煎得沸点不够，就不能使茶的自然真味充分发挥出来；如果超过沸点，水煎煮得过老则会使茶力消乏，失去清香。只有达到有花而无衣，即烹点时泛出汤花而没有水痕的境界，才算是掌握了烹点冲瀹的火候。

有水有茶，不可以无火，非谓其真无火也，失所宜也。李约云“茶须活火煎”，盖谓炭火之有焰者。东坡诗云“活水仍将活火烹”是也。余则以为山中不常得炭，且死火耳，不若枯枝为妙。遇寒月，多拾松实，房蓄为煮茶之具，更雅。

有了好水，有了佳茶，还不可无火。这里的火并非一般意义上的火，而是指适宜的煎水功夫。唐人李约说：“茶必须用缓火即文火烘烤，用活火进行煎煮。”活火是指有火焰的炭火。苏东坡《汲江煎茶》诗中所说的“活水仍须活火烹”，就是这个意思。我则认为山居之中不可能常常有炭，况且炭是已经燃烧过的死火，不如用干枯的松枝煎茶为妙。如果在秋冬季节多捡些松果，储备作为煎茶的燃料，就更为风雅。

人但知汤候，而不知火候。火然则水干，是试火当先于试水也。《吕氏春秋》伊尹说汤五味，九沸九变，火为之纪。

人们一般只知道煎水的征候，而不懂得把握烧火的征候。火燃烧起来就会使水蒸发，因此试验火力要比试验水温更为重要。《吕氏春秋·本味篇》上说，伊尹以调和五味之说向商汤进言，其中说到五味三材、九沸九变，而以火候作为其鉴别的标准。

许次纾《茶疏》：甘泉旋汲，用之斯良，丙舍在城，夫岂易得。故宜多汲，贮以大瓮，但忌新器，为其火气未退，易于败水，亦易生虫。久用则善，最嫌他用。水性忌木，松杉为甚。木桶贮水，其害滋甚，挈瓶为佳耳。

明代许次纾《茶疏》中说：甘冽的泉水刚刚汲取来时，就用来煎茶品饮，效果非常好。然而寒舍在城市，怎么能够轻易得到新鲜的泉水呢？因此应当一次多汲取些，贮存在大瓮之中。但忌讳用新的水容器，因为新容器烧制的火气尚未消尽，容易败坏水味，而且容易生虫。长期使用的容器最好，但最忌讳兼作他用。水的本性很忌讳木器，尤其是松木和杉木更不行。以木桶贮存泉水，其危害非常严重，还是拿瓶子装水为好。

沸速，则鲜嫩风逸。沸迟，则老熟昏钝。故水入铫，便须急煮。候有松声，即去盖，以消息其老钝。蟹眼之后，水有微涛，是为当时。大涛鼎沸，旋至无声，是为过时。过时老汤，决不堪用。

在煮水的时候，如果水烧开得迅速，那么味道就鲜嫩可口，清馨宜人；如果开水烧得迟缓，那么味道就会因为茶叶过熟而混沌不纯，兼有熟汤之气。所以泉水一放入茶铫，就必须急忙进行烹煮。等听到有松涛声起，就马上揭开盖子，以便观察和把握水的老嫩程度。水面冒出蟹眼似的水泡后，就开始有了微微的波涛，这就正当水烧开的火候。等到水面波涛汹涌，水声鼎沸，一会儿就又无声无息了，这就已经超过了火候。超过了火候就使得开水过老而香气失散，决不可以再用来烹茶了。

茶注、茶铫、茶瓯，最宜荡涤。饮事甫毕，余沥残叶，必尽去之。如或少存，夺香败味。每日晨兴，必以沸汤涤过，用极熟麻布向内拭干。以竹编架覆而庋之燥处，烹时取用。

茶壶、茶铫、茶瓯等器具，最应该保持干燥洁净。每次品饮一结束，就一定要把剩余的茶水残叶清除干净。如果有一些残留，就会侵夺茶的香气、败坏茶的味道。每天早晨起来，一定要用开水烫好洗净，用极熟的黄麻做成的巾帕从里向外擦拭干净，用竹编的架子，把这些茶具扣在上面，放置到干燥的地方，烹茶时再随手取来使用。

三人以下，止热一炉。如五六人，便当两鼎，炉用一童，汤方调适。若令兼作，恐有参差。

根据客人的多少来决定茶事活动的繁简。三人以下，只生火一炉就可以了；如果有五六人，就应当用两个鼎炉。每一炉专用一个童子，调和烹煮和点茶调和适度；如果一人兼顾两炉以上，就恐怕会出现操作不当或者差池。

火必以坚木炭为上。然木性未尽，尚有余烟。烟气入汤，汤必

煮水的火，要数坚硬的木炭为最好。然而木炭的木性尚未消失殆尽，还有残留的烟气。烟气一旦进入水中，那么水就一定不能饮用了。

无用。故先烧令红，去其烟焰，兼取性力猛炽，水乃易沸。既红之后，方授水器，仍急扇之，愈速愈妙，毋令手停。停过之汤，宁弃而再烹。

因此要先把木炭烧红，使其烟焰冒尽，同时保持火力最猛烈的时候开始烧水，这样水就容易沸腾。等到木炭烧红之后，再放上煮水器具，仍然要急急扇火，使水开得越快越好；不要停止扇火，一旦停手之后，宁可把水倒掉，再重新烹煮。

茶不宜近：阴室、厨房、市喧、小儿啼、野性人、僮奴相哄、酷热斋舍。

茶事活动不适宜接近的外部环境包括：阴暗的房屋、厨房、喧闹的市场、小孩啼哭、性格粗野的人、侍童和佣人相互起哄、酷热难耐的斋堂居舍。

罗廪《茶解》：茶色白，味甘鲜，香气扑鼻，乃为精品。茶之精者，淡亦白，浓亦白，初泼白，久贮亦白。味甘色白，其香自溢，三者得则俱得也。近来好事者，或虑其色重，一注之水，投茶数片，味固不足，香亦窅然，终不免水厄之诮，虽然，尤贵择水。香以兰花为上，蚕豆花次之。

明代罗廪《茶解》中说：茶的色泽以白为贵。茶色白，味道就甘甜鲜美，香气扑鼻，这样的茶可以称为精品。茶中的精品，冲泡的淡时固然呈白色，冲的浓时也会呈白色，刚刚沏好时呈白色，存放久了依然是白色。茶味甘甜，茶色鲜白，其香气自然芬芳四溢，色香味三者都具备了，那么精品茶叶的标准也就具备了。近来有好事的人，担心茶色过重，一壶开水只投放几片茶叶，不仅茶味不足，而且香气也十分淡薄，终究免不了要遭受水厄那样的讥讽。即使这样，特别关键的还是要精心选择烹茶用水。茶的香气，以如同兰花的香气为最好，如同蚕豆花的香气次之。

煮茗须甘泉，次梅水，梅雨如膏，万物赖以滋养，其味独甘。梅

烹茶一定要用甘甜的山泉，其次是梅雨水。梅雨如同膏泽滋润大地，万物赖以生长，其味道独具甘甜的特色。梅雨季节过后，雨水就不

后便不堪饮。大瓮满贮，投伏龙肝一块以澄之，即灶中心干土也，乘热投之。

可饮用了。梅雨水收集之后要倒满一个大瓮进行贮存，其中要放上一块伏龙肝以便澄清水质。伏龙肝就是炉灶中心的干土，要乘热放进水中。

李南金谓，当背二涉三之际为合量。此真赏鉴家言。而罗鹤林惧汤老，欲于松风涧水后，移瓶去火，少待沸止而瀹之。此语亦未中窍。殊不知汤既老矣，虽去火何救哉？

宋人李南金认为，煮水火候的把握应当以背二涉三即第二沸和第三沸之际为合适，这的确是鉴赏家的至理名言。而罗大经先生害怕水煮得过老，想在开水发出松涛涧水一般的声响之后，将水壶从火上移开，稍等一会儿沸腾停止，再来烹茶。这种说法也没有抓住问题的关键。殊不知开水煮老了之后，即使从火上移开，又怎么能够补救呢？

贮水瓮置于阴庭，覆以纱帛，使昼挹天光，夜承星露，则英华不散，灵气常存。假令压以木石，封以纸箬，暴于日中，则内闭其气，外耗其精，水神敝矣，水味败矣。

贮存泉水的陶瓮，必须放置阴凉的庭院中，用纱巾或者布帛覆盖，以便使其白天吸收阳光，夜间承接星光雨露之气，从而使泉水的灵气不致消散，泉水的神韵长久保存。假如在陶瓮上面压上木板或石头，或者用纸、箬叶密封，在太阳下面暴晒，这样里面封闭和凝滞泉水的灵气，外面则耗散泉水的神韵，那么泉水的神韵就损坏了，泉水的味道也就败坏了。（此节不见于《茶解》而见于张源《茶录》。）

《考槃余事》：今之茶品与《茶经》迥异，而烹制之法，亦与蔡、陆诸人全不同矣。

明代屠隆《考槃余事》中说：如今茶叶的品类与陆羽《茶经》的记载大相径庭，而且烹制的方法，也与蔡襄、陆羽等人所说的方法完全不同了。

始如鱼目微微有声为一沸，缘边涌泉如连

观察煮水沸腾的情况，开始的时候水面犹如鱼眼，微微有声响起，这就叫作一沸；水面

珠为二沸，奔涛溅沫为三沸。其法非活火不成。若薪火方交，水釜才炽，急取旋倾，水气未消，谓之嫩。若人过百息，水逾十沸，始取用之，汤已失性，谓之老。老与嫩皆非也。

《夷门广牍》：虎丘石泉，旧居第三，渐品第五。以石泉渟泓，皆雨泽之积，渗窦之潢也。况阖庐墓隧，当时石工多闷死，僧众上栖，不能无秽浊渗入。虽名陆羽泉，非天然水。道家服食，禁尸气也。

《六研斋笔记》：武林西湖水，取贮大缸，澄淀六七日。有风雨则覆，晴则露之，使受日月星之气。用以烹茶，甘淳有味，不逊慧麓。以其溪谷奔注，涵浸凝渟，非复一水，取精多而味自足耳。以是知凡

边缘犹如涌泉、连珠，这就叫作二沸；水面犹如浪涛奔涌、水沫飞溅，这就叫作三沸。煮水的方法必须使用活火。如果用柴薪煎煮，火力刚刚上来，水和锅刚刚烧热，马上就倒水冲茶，水汽尚未消散，称作水太嫩；如果人经过百次呼吸，水超过十沸，才开始冲泡，那么开水已经失去其本性，称作水过老。太嫩与过老，都不可用。

明代周履靖《夷门广牍》丛书所收徐献忠《水品》记载：苏州虎丘石泉水，唐朝刘伯刍品评为天下第三，陆羽（字鸿渐）品评为天下第五。因为石泉清冽深邃，都是地下积累的雨水，是山中渗出的泉水。况且虎丘本为春秋时代吴王阖庐的墓道，当时修墓的石工都被关闭其中而死；而且虎丘寺中僧众住在上面，不可能没有污秽之物渗入地下。虽然名叫陆羽泉，却不是天然水脉。道家服食养生，禁止与尸气接近。

明代李日华《六研斋笔记》记载：杭州西湖的水，汲取贮存于大缸之中，澄清六七天。如果遇到风雨天气就盖起来，天气晴朗就打开来，使其接受日月星辰之气。以此水来烹茶，甘甜醇厚，很有滋味，不逊于惠山泉水。这是因为西湖水由四周山谷溪流奔腾注入，蕴涵凝聚，并不仅仅是一种水，这样摄取精华多，自然味道充足了。由此可知凡是湖泊巨浸的去处，都可以贮存其水加以澄清，水质绝对胜过浅水

有湖陂大浸处，皆可贮以取澄，绝胜浅流。阴井昏滞腥薄，不堪点试也。

细流。阴井中的水浑浊凝滞，味腥而且淡薄，不可用来烹茶。

古人好奇，饮中作百花熟水，又作五色饮，及冰蜜、糖药，种种各殊。余以为皆不足尚。如值精茗适乏，细劚松枝，瀹汤漱咽而已。

古人喜欢新鲜事物，在饮品中制作百花熟水即花茶，又制作五色饮品，以及冰蜜、糖药等，各种名目自不相同。我认为都不足以崇尚。如果正好逢上好茶缺乏，用劈得很细的松枝开水冲泡，也可以饮用。

《竹懒茶衡》：处处茶皆有，然胜处未暇悉品，姑据近道日御者：虎丘气芳而味薄，乍入盎，菁英浮动，鼻端拂拂如兰初析，经喉吻亦快然，然必惠麓水，甘醇足佐其寡薄。龙井味极腆厚，色如淡金，气亦沉寂，而咀咽之久，鲜腴潮舌，又必藉虎跑空寒熨齿之泉发之，然后饮者，领隽永之滋，无昏滞之恨耳。

李日华《竹懒茶衡》中说：天下处处都有好茶，然而名茶胜地没有机会——身临其境并品尝，姑且根据距离较近地方所产日常可以品尝的茶叶略加品评：苏州虎丘茶香气芬芳，而滋味淡薄，初入茶盏，菁英浮动，闻起来如同初绽的兰花，品饮之后口感也相当爽快，但必须用惠山泉水冲泡，泉水的甘甜醇厚足以弥补茶叶的淡薄滋味。杭州西湖的龙井茶，味道极其醇厚，色泽如同淡淡的黄金，香气则沉寂而不易散发，品饮时间久了，就感到鲜嫩潮舌，必须借助杭州虎跑泉空寒冰冽的泉水来进行发挥，然后才感到滋味绵长，没有浑浊凝滞的遗憾。

松雨斋《运泉约》：吾辈竹雪神期，松风齿

李日华松雨斋《运泉约》中说：我们这些嗜茶的同道，神情交合于竹林雪野，烹煮如松

颊，暂随饮啄人间，终拟消摇物外。名山未即，尘海何辞？然而搜奇炼句，液沥易枯；涤滞洗蒙，茗泉不废。月团三百，喜拆鱼缄；槐火一篝，惊翻蟹眼。陆季疵之著述，既奉典刑；张又新之编摩，能无鼓吹。昔卫公宦达中书，颇烦递水；杜老潜居夔峡，险叫湿云。今者，环处惠麓，逾二百里而遥；问渡松陵，不三四日而致。登新捐旧，转手妙若辘轳；取便费廉，用力省于桔槔。凡吾清士，咸赴嘉盟。运惠水：每坛偿舟力费银三分，水坛坛价及坛盖自备不计。水至，走报各友，令人自抬。每月上旬敛银，中旬运水。月运一次，以致清新。愿者书号于左，以便登册，并开坛数，如数付银。某月某

风涧水般的山泉好茶，暂时随俗饮食人间，终究要逍遥尘世之外。天下名山尚未游历，如何能够辞却尘海、超然物外呢？然而搜奇炼句，作为文章，灵感思绪容易枯竭；涤除积滞，清除昏蒙，只有坚持汲水煎茶，不废茗饮。朋友寄来佳茶三百片，高兴地拆开书信；一堆槐枝燃起的篝火上，山泉之水刚泛蟹眼，正可烹茶。陆羽的《茶经》，已经被奉为典则；张又新的《煎茶水记》，不能不加以议论。从前李德裕（封卫国公，世称李卫公）官至太尉，还颇为运送泉水劳心；杜甫晚年隐居在夔门（瞿塘峡西端门户），惊叹山势险峻，胜地湿云。如今我们环处惠山之下，相距不过二百里之遥；如果从松陵（今江苏吴江）渡江，也不过三四天的行程。汲取新泉，捐弃旧水，就像运用辘轳一样转手；方便汲取，费用又省，就像运用桔槔一样快捷省力。凡是我们清雅之士，希望都能前来加盟。转运惠山泉水，每坛偿付船运人力费用白银三分。水坛的坛价及坛盖自备，不计在内。泉水运来，各位朋友奔走相告，让他们各自前来运走。每月的上旬收取费用，中旬运水。每月转运一次，以保持泉水的清新。请愿意加盟的朋友在左边写下名字，以便造册登记，连同所要坛数，如数交付银钱。

尊号某，用水×坛，某月某日付讫。松雨斋主人谨订。

日付。松雨斋主人谨订。

《岕茶汇钞》：烹时，先以上品泉水涤烹器，务鲜务洁。次以热水涤茶叶，水若太滚，恐一涤味损，当以竹箸夹茶于涤器中，反复洗荡，去尘土、黄叶、老梗，既尽，乃以手搦干，置涤器内盖定。少刻开视，色青香冽，急取沸水泼之。夏先贮水入茶，冬先贮茶入水。

冒襄《岕茶汇钞》中说：烹茶的时候，首先要用上品的泉水洗涤烹茶用具，一定要新鲜洁净。其次要用热水洗涤茶叶，水如果过热，恐怕经过洗涤会损坏茶味。应当用竹箸夹着茶叶在洗茶的器具中反复洗涤激荡，祛除其中的尘土、黄叶、老梗等。洗过之后，用手挤干，放到洗茶的器具中盖好。过一会儿打开观察，色泽青翠，香气甘冽，这时候急忙取沸水冲泡，效果极佳。夏季要先备好水而后放茶叶，冬季则要先备好茶而后放水。

茶色贵白，然白亦不难。泉清、瓶洁、叶少、水洗，旋烹旋啜，其色自白，然真味抑郁，徒为目食耳。若取青绿，则天池、松萝及岕之最下者，虽冬月色亦如苔衣，何足为妙？若余所收真洞山茶，自谷雨后五日者，以汤薄浣，贮壶良久，其色如玉。至冬则嫩绿，味甘色淡，韵清气醇，亦作

茶的色泽以白为贵，然而色白也并不难做到。如果能做到泉水清澈、茶瓶洁净、芽多叶少、以水洗净，随即烹茶随即品饮，其色泽就自然会鲜白，但是茶叶的真味蕴结而未能发挥出来，仅仅是为了一饱眼福罢了。如果取青绿色泽为贵，那么苏州天池茶、徽州松萝茶以及长兴的罗岕茶中的最下等茶，即使在冬季，其色泽也会如苔藓般青绿可爱，何足为奇？像我所收藏的真正的洞山老庙后上品岕茶，自谷雨后第五天，用开水冲洗一过，贮于壶中很久，其色泽依然鲜白如玉。到了冬季则色泽嫩绿，味道甘美，色泽稍淡，韵致清新，香气醇厚，也作婴儿的体香味，芳香浮荡，这是虎丘茶所

婴儿肉香。而芝芬浮荡，则虎丘所无也。

不具备的。

《洞山岕茶系》：岕茶德全，策勋唯归洗控。沸汤泼叶，即起，洗鬲，敛其出液。候汤可下指，即下洗鬲，排荡沙沫。复起，并指控干，闭之茶藏候投。盖他茶欲按时分投，唯岕既经洗控，神理绵绵，止须上投耳。

明代周高起《洞山岕茶系》中说：罗岕茶品质优异，其功劳只是在于洗茶并控干。用沸腾的开水泼洗茶叶，随即捞起，用洗鬲（一种沥水的工具）敛出其中的水分，等到开水稍凉可以放进手指的程度，就放下洗鬲清洗排荡出沙土和浮沫；然后再捞出来，用手指控干，放到封闭的容器中等待冲泡。因为其他茶叶都要把握煮水的时机分别投茶烹点，只有罗岕茶经过清洗控干之后，芽叶软绵润泽，所以只须上投（即先注水后下茶叶）。

《天下名胜志》：宜兴县湖汉镇，有于潜泉，窦穴阔二尺许，状如井。其源洑流潜通，味颇甘洌，唐修茶贡，此泉亦递进。

明代曹学佺《大明一统名胜志》（一作《舆地名胜志》《一统名胜志》）记载：宜兴县湖汉镇有一个于潜泉。泉穴宽约两尺左右，形状好像水井。其泉源到泉穴之间有伏流相通，味道非常甘洌。唐朝的时候这里制造贡茶，此泉水也随着贡茶一起进贡朝廷。

洞庭缥缈峰西北，有水月寺，寺东入小青坞，有泉莹澈甘凉，冬夏不涸。宋李弥大名之曰无碍泉。

太湖洞庭西山缥缈峰西北，有一个水月寺。寺东进入小青坞，有一泓泉水清澈甘凉，一年四季不会干涸。宋人李弥大（字似矩，号无碍居士，晚年隐居苏州道隐园）将此泉命名为无碍泉。

安吉州碧玉泉为冠，清可鉴发，香可瀹茗。

安吉州（今浙江湖州安吉县）的泉水，以碧玉泉为第一，泉水清澈可以照见头发，清香可以用来烹茶。

徐献忠《水品》：

明代徐献忠《水品》中说：泉水甘甜，如

泉甘者，试称之必厚重，其所由来者远大使然也。江中南零水，自岷江发源数千里，始澄于两石间，其性亦厚重，故甘也。

果试着称量一定会比较重。这是因为其源远流长的缘故。扬子江南零水，从岷江发源，奔腾数千里才到达镇江金山下的两个大石之间，澄清之后，品质优异，其性厚重，其味甘美。

处士《茶经》，不但择水，其火用炭或劲薪。其炭曾经燔，为腥气所及，及膏木败器，不用之。古人辨劳薪之味，殆有旨也。

陆羽的《茶经》，不仅选择品鉴泉水，还论述了煎茶用炭火或者木质坚硬的柴薪。木炭如果曾经燃烧、沾染了油腻腥膻气味的，以及含有油脂的木柴、腐朽废弃的木器，都不可用。古人分辨用过的木器炊煮食物会有怪味的说法，应当说是有其用意的。

山深厚者，雄大者，气盛丽者，必出佳泉。

山脉深厚、山体雄大、山势盛丽的地方，一定会出上佳的泉水。

张大复《梅花笔谈》：茶性必发于水，八分之茶遇十分之水，茶亦十分矣。八分之水试十分之茶，茶只八分耳。

明代张大复《梅花草堂笔谈》中说：茶的自然本性必须借助水发挥出来，八分的好茶，如果用十分的好水来烹点，那么茶的效果也就达到十分了。如果用八分的好水，烹试十分的好茶，那么茶的效果也只能达到八分罢了。

《岩栖幽事》：黄山谷赋："汹汹乎，如涧松之发清吹；浩浩乎，如春空之行白云。"可谓得煎茶三昧。

明代陈继儒《岩栖幽事》中说：黄庭坚《煎茶赋》写道："汹汹乎，如涧松之发清吹；浩浩乎，如春空之行白云。"可以说是得到了煎茶的真谛。

《剑扫》：煎茶乃

明代陆绍珩《醉古堂剑扫》中说：煎茶乃

韵事，须人品与茶相得。故其法往往传于高流隐逸，有烟霞泉石磊块胸次者。

是格调幽雅的事情，必须人品与茶品相得益彰。因此煎茶的方法往往流传于高人隐士、胸怀烟霞泉石之理想，也就是向往隐逸生活的人们中间。

《涌幢小品》：天下第四泉，在上饶县北茶山寺。唐陆鸿渐寓其地，即山种茶，酌以烹之，品其等为第四。邑人尚书杨麒读书于此，因取以为号。

明代朱国祯《涌幢小品》记载：天下第四泉，在江西上饶以北的茶山寺。唐代陆羽曾经寓居此地，就在这里的山上种植茶叶，汲取此泉水煎茶，品鉴为天下第四泉。当地人杨麒（字仁甫，官至南京工部尚书）早年曾经在这里读书，于是取“茶山”二字为号。

余在京三年，取汲得胜门外水烹茶，最佳。

我在北京三年，汲取德胜门外的泉水烹茶品饮，效果最好。

大内御用井，亦西山泉脉所灌，真天汉第一品，陆羽所不及载。

皇宫中御用的井水，也是北京西山的泉脉所灌注的，的确是天下第一等的泉品，这是茶圣陆羽《茶经》所来不及记载的。

俗语“芒种逢壬便立霉”，霉后积水烹茶，甚香洌，可久藏，一交夏至便迥别矣。试之良验。

俗话说：“芒种逢壬便立霉。”霉（指农历入伏前的几天多雨潮湿）后接取雨水烹茶，极为芳香甘冽，而且所接雨水还可以久藏。时节一到夏至就迥然不同了。我经过试验，的确如此。

家居苦泉水难得，自以意取寻常水煮滚，入大磁缸，置庭中避日色。俟夜天色皎洁，开缸受露，凡三夕，其清

居住家中，苦于难得泉水，于是就按照自己的想法取平常的水烧开，然后放入大瓷缸中，放置庭院中，避开阳光照射。等到夜间天色皎洁，打开瓷缸接受露水之气，如此共经过三个晚上，其水清澈见底，缸底堆积尘垢两三寸，

澈，底积垢二三寸，亟取出，以坛盛之，烹茶与惠泉无异。

这时赶快将水取出，用坛子盛起来，用来烹茶，与无锡惠山泉没有两样。

闻龙《它（tuō）泉记》：吾乡四陲皆山，泉水在在有之，然皆淡而不甘。独所谓它泉者，其源出自四明，自洞抵埭，不下三数百里。水色蔚蓝。素砂白石，粼粼见底。清寒甘滑，甲于郡中。

明代闻龙《它泉记》记载：我的家乡四明（今浙江宁波）四周都是山，到处都有泉水，可是都味淡而不甘美。只有所谓的它泉，其泉源出于四明山，从潺湲洞经过许多山涧到达它山埭（即它山堰，唐代鄞令王元伟筑），不下数百里，水的色泽蔚蓝，水中白沙白石，粼粼见底，水质清澈寒冽，甘甜绵滑，可以称为全郡第一。

《玉堂丛语》：黄谏尝作《京师泉品》，郊原玉泉第一，京城文华殿大庖井第一。后谪广州，评泉以鸡爬井为第一，更名学士泉。

明代焦竑《玉堂丛语》记载：翰林侍读学士黄谏曾经写过《京师泉品》，认为城郊的泉水，以玉泉为第一；城中的泉水，以文华殿东大庖井水为第一。后来他被贬广州府通判，著《广州水记》品评泉水，以鸡爬井为第一，更名为学士泉。

吴拭云："武夷泉出南山者，皆洁冽味短。北山泉味迥别。盖两山形似而脉不同也。"予携茶具，共访得三十九处，其最下者，亦无硬冽气质。

吴拭说："武夷山的泉水，出于南山的，都洁净甘冽，但回味不长；出于北山的，泉味则迥然不同。这是因为两山形状虽然相同，山脉却不一样。"我曾经携带着茶具去探访品尝山泉，共计三十九处，其中最差的泉水也没有硬而寒冽的气质。

王新城《陇蜀余闻》：百花潭有巨石

清代王士祯（新城人，世称王新城）《陇蜀余闻》（载《池北偶谈》）记载：成都百花潭中

三，水流其中，汲之煎茶，清冽异于他水。

有三个巨石，水从其中流过，汲取此水煎茶，比其他水更加清澈甘冽。

《居易录》：济源县段少司空园，是玉川子煎茶处。中有二泉，或曰玉泉，去盘谷不十里；门外一水曰漭水，出王屋山。按《通志》，玉泉在泷水上，卢仝煎茶于此，今《水经注》不载。

王士祯《居易录》记载：济源县（今河南省济源市）段少司空园，是唐代卢仝（号玉川子）煎茶的地方。园中有两处泉水，有人称为玉泉，距离盘谷不到十里；园门外有一条河，叫作漭水，发源于王屋山。查阅《河南通志》，玉泉在泷水上，卢仝曾经煎茶于此，现存的《水经注》没有记载。

《分甘余话》：一水，水名也。郦元《水经注·渭水》："又东会一水，发源吴山。"《地理志》："吴山，古汧山也，山下石穴，水溢石空，悬波侧注。"按此即一水之源，在灵应峰下，所谓"西镇灵湫"是也。余丙子祭告西镇，常品茶于此，味与西山玉泉极相似。

王士祯《分甘余话》记载：一水（即汧水，又名龙鱼川），是一个水名。郦道元《水经注·渭水》记载："又东汇合一水，发源于吴山。"《汉书·地理志》记载："吴山，就是古代的汧山，山下有一个石穴，泉水外溢，石穴中空，悬空的水流从一侧垂流下来。"这就是一水的源头，在灵应峰之下，也就是所谓的"西镇灵湫"。我在丙子年（康熙三十五年，1696）奉命祭告西镇的时候，经常在这里品茶，其水味与北京西山的玉泉极为相似。

《古夫于亭杂录》：唐刘伯刍品水，以中泠为第一，惠山、虎丘次

王士祯《古夫于亭杂录》中说：唐朝刘伯刍品评天下泉水，以扬子江中零水为第一，无锡惠山泉水、苏州虎丘寺石水次之。陆羽品水，

之。陆羽则以康王谷为第一，而次以惠山。古今耳食者，遂以为不易之论。其实二子所见，不过江南数百里内之水，远如峡中虾蟆碚，才一见耳。不知大江以北如吾郡，发地皆泉，其著名者七十有二。以之烹茶，皆不在惠泉之下。宋李文叔格非，郡人也，尝作《济南水记》，与《洛阳名园记》并传。惜《水记》不存，无以正二子之陋耳。谢在杭品平生所见之水，首济南趵突，次以益都孝妇泉［在颜神镇］、青州范公泉，而尚未见章邱之百脉泉，右皆吾郡之水，二子何尝多见。予尝题王秋史［苹］《二十四泉草堂》云："翻怜陆鸿渐，跬步限江东。"正此意也。

则以庐山康王谷谷帘水为第一，而以无锡惠山泉水次之。于是古往今来轻信传闻的人们就认为这是不可更改的定论。其实二位先生所见到的，只不过是江南数百里之内的泉水，更远的地方例如峡州（今湖北宜昌）的虾蟆碚，只不过独此一例罢了。不知道长江以北地区比如我的家乡山东济南，挖地皆有泉水，其著名的就有所谓七十二泉。用来烹茶，品质都不在惠山泉水之下。宋代李格非，字文叔，是我的同乡前辈，曾经著作《济南水记》，与其《洛阳名园记》并行传世。可惜《济南水记》已经散佚，无法匡正刘、陆二位先生的疏漏罢了。谢肇淛（字在杭）品评他平生所见到的泉水，济南趵突泉名列第一，其次有益都孝妇泉［在颜神镇］、青州范公泉，尚未见到章邱的百脉泉，以上这些都是我故乡的泉水，二位先生未曾见识更多。我曾经给王苹（字秋史，历城人，居圣水泉畔，即济南七十二泉之第二十四泉）的《二十四泉草堂集》题词说："翻怜陆鸿渐，跬步限江东。"说的正是这个意思。

陆次云《湖壖杂

清代陆次云（字云士，钱塘人）《湖壖杂

记》：龙井泉从龙口中泻出。水在池内，其气恬然。若游人注视久之，忽波澜涌起，如欲雨之状。

记》记载：龙井泉从龙口中流出来。水在池内，其气质恬然。如果游人注视久了，就会忽然间波澜涌起，如同将要下雨一样。

张鹏翮《奉使日记》：葱岭乾涧侧有旧二井，从旁掘地七八尺，得水甘洌，可煮茗。字之曰塞外第一泉。

清代张鹏翮（字运青，麻城人，官至武英殿大学士）《奉使倭罗斯日记》记载：葱岭乾涧的旁边，有两个旧井，从井旁掘地七八尺深，就可以见到水，水味甘洌，可以用来烹茶，命名为塞外第一泉。

《广舆记》：永平滦州有扶苏泉，甚甘洌。秦太子扶苏尝憩此。

明代陆应旸《广舆记》记载：永平滦州（今河北滦县）有扶苏泉，非常甘洌。传说秦始皇长子扶苏曾在这里休息。

江宁摄山千佛岭下，石壁上刻隶书六字，曰“白乳泉试茶亭”。

江宁摄山（今江苏南京市栖霞山）千佛岭下，石壁上雕刻着六个隶书大字“白乳泉试茶亭”。

钟山八功德水，一清，二冷，三香，四柔，五甘，六净，七不饐（yì），八蠲疴。

所谓钟山（今南京市紫金山，一名蒋山）的八功德水，是指一清澈、二寒冷、三芳香、四柔和、五甘甜、六洁净、七不饐（不会经久而变质发臭）、八蠲疴（袪除疾病）。

丹阳玉乳泉，唐刘伯刍论此水为天下第四。

丹阳（今属江苏）的玉乳泉，唐朝刘伯刍评论此水为天下第四泉。

宁州双井，在黄山

宁州（今江西武宁）双井泉在黄庭坚故居

谷所居之南，汲以造茶，绝胜他处。

的南边，汲取烹茶，绝对胜过他处的水。

杭州孤山下有金沙泉，唐白居易尝酌此泉，甘美可爱。视其地沙光灿如金，因名。

杭州孤山下有金沙泉，唐朝白居易曾经品尝此泉水，甘美可爱。观察其地的沙土，光灿如黄金，所以称作金沙泉。

安陆府沔（miǎn）阳有陆子泉，一名文学泉。唐陆羽嗜茶，得泉以试，故名。

安陆府沔阳（今湖北天门西北）有陆子泉，又叫作文学泉。唐朝陆羽嗜茶，得以此泉水试茶，故名。

《增订广舆记》：玉泉山，泉出罅石间，因凿石为螭头，泉从口出，味极甘美。潴（zhū）为池，广三丈，东跨小石桥，名曰玉泉垂虹。

清代蔡方炳《重订广舆记》记载：玉泉山，泉水从石缝间流出，于是把石头凿成螭头，使泉水从口中流出，味道极为甘美。聚汇成池，直径达三丈，东边横跨一座小石桥，名叫玉泉垂虹。

《武夷山志》：山南虎啸岩语儿泉，浓若停膏，泻杯中鉴毛发，味甘而博，啜之有软顺意。次则天柱三敲泉，而茶园喊泉又可以伯仲矣。北山泉味迥别。小桃源一泉，高地尺许，汲不可竭，谓之高泉，纯远而逸，致韵双发，

清代董天工《武夷山志》卷二十一记载：武夷山南虎啸岩有语儿泉，泉水浓得好像凝固的油膏，倒入杯中，可以照见毛发，味道甘甜而丰富，品尝起来有软绵柔顺的感觉。其次则数天柱峰三敲泉，而御茶园的喊泉与此二泉不相上下。武夷北山的泉水味道与南山迥然不同。小桃源这个泉，高出地面一尺左右，取之不竭，称作高泉，味道纯美绵远而有逸致，可以说是格调和韵味双全，越品越感到滋味无穷，实在是无法用言语表达。比较差的有接笋峰的仙掌

愈啜愈入，愈想愈深，不可以味名也。次则接笋之仙掌露，其最下者，亦无硬冽气质。

露，品质最差的，也没有硬而寒冽的气质。

《中山传信录》：琉球烹茶，以茶末杂细粉少许入碗，沸水半瓯，用小扫帚搅数十次，起沫满瓯面为度，以敬客。且有以大螺壳烹茶者。

清代徐葆光《中山传信录》记载：琉球烹茶，用茶末掺杂少量细粉放入碗中，倒半瓯沸水，用小竹帚搅动数十次，以瓯中所起的沫饽布满瓯面为度，以此来敬献宾客。另外，还有用大螺壳烹茶的。

《随见录》：安庆府宿松县东门外，孚玉山下福昌寺旁井，曰龙井，水味清甘，瀹茗甚佳，质与溪泉较重。

清代屈擢升《随见录》记载：安庆府宿松县（今属安徽省）东门外，孚玉山下福昌寺旁边有一口井，叫作龙井，水味清澈甘美，用来烹茶非常好，水质与溪流山泉相比更重一些。

六之饮

卢仝《茶歌》：日高丈五睡正浓，军将扣门惊周公。口传谏议送书信，白绢斜封三道印。开缄宛见谏议面，手阅月团三百片。闻道新年入山里，蛰虫惊动春风起。天子未尝阳羡茶，百草不敢先开花。

[译解]

唐代卢仝《茶歌》（即《走笔谢孟谏议惠寄新茶》）写道：日高丈五睡正浓，军将扣门惊周公。口传谏议送书信，白绢斜封三道印。开缄宛见谏议面，手阅月团三百片。闻道新年入山里，蛰虫惊动春风起。天子未尝阳羡茶，百草不敢先开花。仁风暗结珠蓓蕾，先春抽出黄金芽。摘鲜焙芳旋封裹，至精至好且不奢。至尊之余合王公，何事便到山人家。柴门反关无俗客，纱帽笼头自煎吃。碧云引风吹不断，白

仁风暗结珠蓓蕾，先春抽出黄金芽。摘鲜焙芳旋封裹，至精至好且不奢。至尊之余合王公，何事便到山人家。柴门反关无俗客，纱帽笼头自煎吃。碧云引风吹不断，白花浮光凝椀面。一椀喉吻润；二椀破孤闷；三椀搜枯肠，唯有文字五千卷；四椀发轻汗，平生不平事，尽向毛孔散；五椀肌骨清；六椀通仙灵；七椀吃不得也，唯觉两腋习习清风生。

花浮光凝椀面。一碗喉吻润；二碗破孤闷；三碗搜枯肠，唯有文字五千卷；四碗发轻汗，平生不平事，尽向毛孔散；五碗肌骨清；六碗通仙灵；七碗吃不得也，唯觉两腋习习清风生。

唐冯贽《记事珠》：建人谓斗茶曰茗战。

唐代冯贽《记事珠》记载：建安（今福建建瓯）人称斗茶叫作茗战。

《北堂书钞》：杜育《荈赋》云：茶能调神、和内、解倦、除慵。

唐虞世南《北堂书钞》：西晋杜毓（一作杜育）《荈赋》写道：饮茶能够调理精神、调和内脏功能、解除疲倦、消除慵懒。

《续博物志》：南人好饮茶，孙皓以茶与韦曜代酒。谢安诣陆纳，设茶果而已。北人初不识此，唐开元中，泰山

南宋李石（字知几，号方舟，资阳人）《续博物志》中说：南方人喜欢饮茶，三国吴主孙皓赐茶给韦曜以代酒；东晋谢安拜访陆纳，陆纳只是摆设茶果招待罢了，这都是六朝时期江南饮茶普及的例证。北方人起初并没有认识饮

灵岩寺有降魔师，教学禅者以不寐法，令人多作茶饮，因以成俗。

茶的益处，唐代开元年间（713—742），泰山灵岩寺有一位降魔禅师教导参禅礼佛的人不睡觉的方法，让人多煎茶品饮，于是就逐渐成为风俗。

《大观茶论》：点茶不一，以分轻清重浊，相稀稠得中，可欲则止。《桐君录》云：“茗有饽，饮之宜人，虽多不为贵也。”

宋徽宗《大观茶论》中说：点茶的方法各不相同，加水以便观察和区分茶汤的轻重清浊，如果看到茶汤稀稠适宜，就可以停止击拂。《桐君录》上说：“茶汤上面有一层浮沫，喝了它对人体很有益处。即使多喝了也不为过量。”

夫茶以味为上，香甘重滑，为味之全。唯北苑、壑源之品兼之。卓绝之品，真香灵味，自然不同。

饮茶要从色香味几方面综合品评，其中以茶味最为重要。清香、甘甜、厚重、润滑四个方面包括了茶味的全部内涵。只有北苑、壑源的茶品可以兼而有之。品质卓绝的珍贵茶种，具有醇正的真香灵味，自然就不同了。

茶有真香，非龙麝可拟。要须蒸及熟而压之，及干而研，研细而造，则和美具足。入盏则馨香四达，秋爽洒然。

茶叶具有真正的香味，不是龙脑、麝香等高级香料所可比拟的。而要具备这种真香，就必须在制茶的每个环节都精益求精，茶芽蒸到刚好熟时进行压黄，待茶中水分和膏汁干燥后研磨成细末，然后把调和成胶糊状态的茶注入茶模内制成茶饼，这样制成的茶就会平和醇美、香味十足。烹点之时茶盏中就会馨香四溢，就像秋天的气候一样清爽宜人。

点茶之色，以纯白为上真，青白为次，灰白次之，黄白又次之。天时得于上，人力尽于

点茶所形成的汤色，以纯白色为最好，青白色次之，灰白色又次之，黄白色再次之。采制茶叶时，要上得天时；制作加工时，则要下尽人力，这样制成的茶就一定是纯白色的上品。

下，茶必纯白。青白者，蒸压微生。灰白者，蒸压过熟。压膏不尽则色青暗，焙火太烈则色昏黑。

汤色呈青白色，是因为在蒸芽和压黄时稍欠火候生了一点；汤色呈灰白色，是因为在蒸芽和压黄时过了火候熟了一些。如果在压黄、去膏时茶中的水分和膏汁没有去除干净，点茶时汤色就会发青发暗；如果在烘焙时火力过大，点茶时汤色就会昏暗发红。

《苏文忠集》：予去黄十七年，复与彭城张圣途、丹阳陈辅之同来。院僧梵英葺治堂宇，比旧加严洁，茗饮芳洌。予问："此新茶耶?"英曰："茶性新旧交则香味复。"予尝见知琴者言，琴不百年，则桐之生意不尽，缓急清浊，常与雨旸寒暑相应。此理与茶相近，故并记之。

宋代苏轼《苏文忠集》中的《题万松岭惠明院壁》写道：我离开黄州（今湖北黄冈）十七年，又与彭城张圣途、丹阳陈辅之结伴前来。惠明院的僧人梵英修葺寺院厅堂殿宇，比起原来更加庄严洁净，所烹之茶也芳香甘洌。我问："这是新茶吗?"梵英回答说："茶的本性，新旧交融就会芳香馥郁。"我曾经听懂得古琴的人说，没有一百年历史的古琴，桐木的生物属性还在，其声音的缓急清浊往往与天气的雨晴寒暑变化相应。这种道理与茶相近，所以一并记载于此。

王焘集《外台秘要》有《代茶饮子》诗云，格韵高绝，唯山居逸人乃当作之。予尝依法治服，其利膈调中，信如所云。而其气味乃一帖煮散耳，与茶了无干涉。

唐代王焘所编《外台秘要》中收录有一首《代茶饮子》诗，格韵高绝，只有隐逸山林的雅士才能写出这样的诗作。我曾经按照这种方法制茶服饮，胸中顺畅调和，的确像诗中所说的那样。而这种茶的味道乃是一帖汤药罢了，与茶没有什么关系。

《月兔茶》诗：环非环，玦非玦，中有迷离玉兔儿，一似佳人裙上月。月圆还缺缺还圆，此月一缺圆何年。君不见，斗茶公子不忍斗小团，上有双衔绶带双飞鸾。

苏轼《月兔茶》诗写道：环非环，玦非玦，中有迷离玉兔儿，一似佳人裙上月。月圆还缺缺还圆，此月一缺圆何年。君不见，斗茶公子不忍斗小团，上有双衔绶带双飞鸾。

坡公尝游杭州诸寺，一日，饮酽茶七碗，戏书云："示病维摩原不病，在家灵运已忘家。何须魏帝一丸药，且尽卢仝七椀茶。"

苏东坡曾经游览杭州的各个寺院，一日饮用浓茶七碗，戏作一诗《游诸佛舍一日饮酽茶七笺戏书勤师壁》写道："示病维摩原不病，在家灵运已忘家。何须魏帝一丸药，且尽卢仝七碗茶。"

《侯鲭录》：东坡论茶：除烦去腻，世固不可一日无茶，然暗中损人不少，故或有忌而不饮者。昔人云，自茗饮盛后，人多患气、患黄，虽损益相半，而消阴助阳，益不偿损也。吾有一法，常自珍之，每食已，辄以浓茶漱口，烦腻既去，而脾胃不知。凡肉之在齿间，

宋代赵令畤《侯鲭录》记载：苏东坡论茶道：消除烦闷，祛除油腻，世人固然不可一日无茶；然而饮茶暗中对于人体也有不少损害，因而有人忌讳茶叶而不饮茶。从前有人说过，自从饮茶风气盛行之后，人们多患有呼吸短促、面色发黄的疾病，即使说是饮茶对人体损益各半，但是消阴助阳，得不偿失。我有一个办法，常以此敝帚自珍，就是每当吃完饭后，就用浓茶漱口，这样口中的油腻不仅祛除了，而且不会影响脾胃内脏。大凡肉菜有夹在牙齿之间的，经过茶水漱洗，就会完全消缩，在不觉间脱去，不必挑刺。而且牙齿的本性适宜苦味，会因此

得茶漱涤，乃尽消缩，不觉脱去，毋烦挑剌也。而齿性便苦，缘此渐坚密，蠹疾自已矣。然率用中茶，其上者亦不常有。间数日一啜，亦不为害也。此大是有理，而人罕知者，故详述之。

而逐渐坚硬密闭，各种牙虫病自然消除了。然而所用的大都是中等的茶叶，上品的茶叶也不是经常会有。间隔数日饮茶一次，也不会有什么损害。这种方法很有道理，人们却很少知道，因此这里详细加以介绍。

白玉蟾《茶歌》：味如甘露胜醍醐，服之顿觉沉疴苏。身轻便欲登天衢，不知天上有茶无。

宋代白玉蟾（原名葛长庚，后继为白氏子，字白叟、如晦，号海琼子、海蟾，诏封紫清道人）《茶歌》写道：味如甘露胜醍醐，服之顿觉沉疴苏。身轻便欲登天衢，不知天上有茶无。

唐庚《斗茶记》：政和二年三月壬戌，二三君子相与斗茶于寄傲斋。予为取龙塘水烹之，而第其品。吾闻茶不问团铸，要之贵新；水不问江井，要之贵活。千里致水，伪固不可知，就令识真，已非活水。今我提瓶走龙塘，无数千步。此水宜茶，昔人以为不减清远峡。每岁新茶，不过三

宋代唐庚（字子西，丹稜人）《斗茶记》中说：政和二年三月壬戌，几位君子相约来到我的寄傲斋（作者所居之惠州住所之南，见其《寄傲斋记》）进行斗茶。我为他们汲取龙塘水烹茶，并品鉴其品第高下。我听说茶不论是圆形的团饼还是方形的铸饼，关键在于新鲜；水不论是江河之水还是井泉之水，关键在于流动。不远千里转运泉水，其真伪也不可知，即便是能够鉴别其真，也已经不是活水。如今我提着茶瓶去龙塘汲水，不过数千步。此水适宜烹茶，前人就认为其水质不下于清远峡（今广东清远，又名飞来峡）水。每年的北苑新茶，不过三月就能收到。我因罪贬官之时，能够与各位朋友

月至矣。罪戾之余，得与诸公从容谈笑于此，汲泉煮茗，以取一时之适，此非吾君之力欤？

在此从容谈笑，汲取泉水，烹茶茗战，以获取一时的闲适，难道不是此水的功劳吗？

蔡襄《茶录》：茶色贵白，而饼茶多以珍膏油其面，故有青黄紫黑之异。善别茶者，正如相工之视人气色也，隐然察之于内，以肉理润者为上。既已末之，黄白者受水昏重，青白者受水鲜明，故建安人斗试，以青白胜黄白。

宋代蔡襄《茶录》中说：宋人品茗斗茶，首重汤色。茶汤的颜色以白为贵，而当时所制的饼茶多用珍贵的膏脂涂抹于表面，所以茶饼表面有青色、黄色、紫色、黑色的差别。善于鉴别茶的人，就好像相面先生观察人的气色一样，能够隐隐约约透视到茶饼的内部，以其质地新鲜、纹理润泽的为上品，其表面颜色则是次要的。茶饼研细成末之后，色呈黄白的，入水就会变得颜色浑浊；色呈青白的，入水之后则会变得颜色鲜明。所以建安人进行斗茶以品第茶之高下，认为青白色的茶要胜过黄白色的茶。

张淏《云谷杂记》：饮茶不知起于何时。欧阳公《集古录·跋》云："茶之见前史，盖自魏晋以来有之。"予按《晏子春秋》，婴相齐景公时，"食脱粟之饭，炙三弋五卵，茗菜而已"。又汉王褒《僮约》有"武阳［一作武都］买茶"之语，

南宋张淏（字清源，号云谷）《云谷杂记》中说：饮茶风习不知道起源于何时。欧阳修《集古录·跋》中说："茶事见于以前史书记载，大概是从魏晋以来才有了。"我查阅《晏子春秋》记载，晏婴在做齐景公的相国时，"食脱粟之饭，炙三戈、五卵、茗菜而已"。另外东汉王褒的《僮约》也有"武阳［一作武都］（今四川彭山）买茶"的话。由此可知，魏晋之前已经有了关于茶事的记载。只是当时虽然知道饮茶，但还没有像后世那样盛行。考查晋人郭璞注释的《尔雅》中说："茶树与栀子相似，冬季

则魏晋之前已有之矣。但当时虽知饮茶，未若后世之盛也。考郭璞注《尔雅》云："树似栀子，冬生，叶可煮作羹饮。"然茶至冬味苦，岂可作羹饮耶？饮之令人少睡，张华得之，以为异闻，遂载之《博物志》。非但饮茶者鲜，识茶者亦鲜。至唐陆羽著《茶经》三篇，言茶甚备，天下益知饮茶。其后尚茶成风。回纥入朝，始驱马市茶。德宗建中间，赵赞始兴茶税。兴元初虽诏罢，贞元九年，张滂复奏请，岁得缗钱四十万。今乃与盐酒同佐国用，所入不知几倍于唐矣。

生叶，可以煎煮成羹饮用。"可是茶叶到了冬季味道苦涩，难道还可以煮成羹饮用吗？饮用茶叶令人少睡，晋人张华得知此种说法，作为逸闻趣事，收录到所著的《博物志》中。由此可知不仅仅饮用茶叶的人很少，了解茶事的人也很少。到了唐朝，陆羽编撰《茶经》三篇，谈论茶事很完备，天下之人更加了解饮茶了。此后天下崇尚饮茶成为风气。回纥入朝进贡，才开始驱马交易茶叶，开启了茶马互市的先河。唐德宗建中年间，户部侍郎赵赞奏请征收茶税。兴元初（784），虽然下诏罢除茶税，但到了贞元九年（793），诸道盐铁使张滂再次奏请征收，每年收入缗钱四十万。如今茶税已经与盐税、酒税同样成为国家财政的重要支柱，收入又不知道几倍于唐朝了。

《品茶要录》：余尝论茶之精绝者，其白合未开，其细如麦，盖得青阳之轻清者也。又其山多带砂石，而号佳品者，皆在山南，盖得朝

宋代黄儒《品茶要录》中说：我曾经论述过茶中最称精华的绝品，是当茶芽合抱的两片小叶还没有打开时，其外形细小得如同麦粒，这是因为它沐浴着春天清新的空气和温暖的阳光。另外，这些茶树生长在有许多砂石的山坡上，被称为上好佳品的茶叶，都是生长在山的

阳之和者也。余尝事闲，乘晷景之明净，适亭轩之潇洒，一一皆取品试。既而神水生于华池，愈甘而新，其有助乎！

南面，因为那里能够得到朝阳的清和之气。我曾经在闲暇的时候，乘着明净的日影，潇洒地来到轩亭台阁之间，取来好茶烹试品尝。一会儿，就觉得好似有神奇之水生于舌下，越发感到甘甜而清凉，难道是有神奇的力量在佑助吗？

昔陆羽号为知茶，然羽之所知者，皆今之所谓草茶。何哉？如鸿渐所论"蒸笋并叶，畏流其膏"，盖草茶味短而淡，故常恐去其膏。建茶力厚而甘，故唯欲去其膏。又论福、建为"未详，往往得之，其味极佳"。由是观之，鸿渐其未至建安欤！

从前陆羽号称通晓茶事，但是陆羽所了解的都是今天所谓的草茶。为什么这样说呢？比如陆羽《茶经·二之具》中有"蒸好后的茶芽、嫩叶要分散摊开，以防止汁液流失"的说法，这大概就是因为草茶味道不够醇厚绵长、香气也比较淡薄，所以常恐怕其中的膏油流失；而建安茶的味道醇厚、甘甜，所以特别要求去除其中的膏油。此外，陆羽论述福州、建安茶时也非常简略，只是说"未能详尽，每每得到建安的茶，其味道非常好"。从这些方面来看，陆羽生前不曾到过建安吧！

谢宗可《论茶》：候蟾背之芳香，观虾目之沸涌。故细沤花泛，浮饽云腾，昏俗尘劳，一啜而散。

谢宗可《论茶》中说：感受经过烘烤好后表面粒粒鼓出如蟾背的茶饼的芳香，观察煮水将沸时虾目蟹眼般地涌现，于是仔细烹点，使茶汤表面水花泛起，浮沫升腾，一切烦闷和疲惫，品饮之后就烟消云散了。

《黄山谷集》：品茶，一人得神，二人得趣，三人得味，六七人是名施茶。

黄庭坚《黄山谷集》中说：品茶，一个人能够品得其中的神韵，两个人能够品得其中的趣味，三个人能够品得其中的味道，至于六七个人一同品茶，就叫作施舍茶叶，也就是浪费茶叶。(出处有误，宋人无此说。)

沈存中《梦溪笔谈》：芽茶，古人谓之雀舌、麦颗，言其至嫩也。今茶之美者，其质素良，而所植之土又美，则新芽一发，便长寸余，其细如针。唯芽长为上品，以其质干、土力皆有余故也。如雀舌、麦颗者，极下材耳。乃北人不识，误为品题。予山居有《茶论》，且作《尝茶》诗云：“谁把嫩香名雀舌，定来北客未曾尝。不知灵草天然异，一夜风吹一寸长。”

宋代沈括（字存中）《梦溪笔谈》中说：芽茶，古人称之为雀舌、麦颗，是形容芽茶非常鲜嫩。如今茶叶中的上品，其品质本来就很好，加上种植的土地又很肥沃，所以新芽一发出来，便会长达寸余，纤细如针。只有芽长的茶才是上品，这是因为品质、水分、土壤都有余力的缘故。至于像雀舌、麦颗那样的芽茶，只不过是最下等的品质罢了。之所以有前述的说法，那是因为北方人不了解情况，错误地加以品题。我居住山中的时候写有《茶论》，并且作了一首《尝茶》诗：“谁把嫩香名雀舌，定来北客未曾尝。不知灵草天然异，一夜风吹一寸长。”

《遵生八笺》：茶有真香，有佳味，有正色。烹点之际，不宜以珍果香草杂之。夺其香者，松子、柑橙、莲心、木瓜、梅花、茉莉、蔷薇、木樨之类是也。夺其色者，柿饼、胶枣、火桃、杨梅、橘

明代高濂《遵生八笺》中说：茶叶有其天然的香气，有其上佳的味道，有其纯正的色泽。在烹点的时候，不适宜用珍贵的果品、香料植物掺杂在一起。能够侵夺茶叶香气的，有松子、柑橙、莲心、木瓜、梅花、茉莉花、蔷薇花、木樨花之类；能够侵夺茶叶色泽的，有柿饼、胶枣、火桃、杨梅、橘饼之类。大凡品饮上佳的茶叶，去掉果品才能感觉茶味清绝，如果夹杂着果品一块吃喝，那么就无法辨别茶味果味

饼之类是也。凡饮佳茶，去果方觉清绝，杂之则味无辨矣。若欲用之，所宜则唯核桃、榛子、瓜仁、杏仁、榄仁、栗子、鸡头、银杏之类，或可用也。

了。如果一定要用果品相伴，那么与茶叶相适宜的只有核桃、榛子、瓜仁、杏仁、橄榄仁、栗子、鸡头（芡实的别称）、银杏之类，或许可以并用。

徐渭《煎茶七类》：茶入口，先须灌漱，次复徐啜，俟甘津潮舌，乃得真味。若杂以花果，则香味俱夺矣。

明代徐渭《煎茶七类》讲到第四“尝茶”时说：茶初入口，首先要漱口，其次再慢慢品味，等到甘津潮舌，才能品味出茶叶的天然真味。如果掺杂着鲜花、果品，那么茶的香味就会全被侵夺了。

饮茶，宜凉台静室，明窗曲几，僧寮道院，松风竹月，晏坐行吟，清谈把卷。

讲到第五“茶宜”时说：饮茶，适宜凉台静室，明窗曲几，寺院道观，风中松林，月下竹影，闲坐吟诗，读书清谈。

饮茶，宜翰卿墨客，缁衣羽士，逸老散人，或轩冕中之超轶世味者。

讲到第六“茶侣”时说：饮茶，适宜文士墨客，僧人道士，隐士山人，或者官宦之中超越流俗的人。

除烦雪滞，涤醒破睡，谭渴书倦，是时茗碗策勋，不减凌烟。

讲到第七“茶勋”时说：饮茶能够消除烦闷，祛除积滞，解除酒醉，破除睡眠，一旦因为清谈而焦渴、因为读书而疲倦，这时候饮茶的功勋，不亚于凌烟阁功臣的功劳卓著。

许次纾《茶疏》：握茶手中，俟汤入壶，随手投茶，定其浮沉。

明代许次纾《茶疏·烹点》中说：预先把茶叶握在手中，等到开水烧好，倒进茶壶之后，就随手把茶叶投进开水之中，然后用壶盖盖好。

然后泻啜，则乳嫩清滑，而馥郁于鼻端。病可令起，疲可令爽。

经过三次呼吸的时间，以便稳定原来漂浮水面的茶叶，然后就可以倒出来招待客人了。这样烹点出来的茶水鲜美润泽，清香扑鼻。品饮之后，有病的人可以使其痊愈，疲劳的人可以感到精神清爽。

一壶之茶，只堪再巡。初巡鲜美，再巡甘醇，三巡则意味尽矣。余尝与客戏论，初巡为“婷婷袅袅十三余”，再巡为“碧玉破瓜年”，三巡以来，“绿叶成阴”矣。所以茶注宜小，小则再巡已终，宁使余芬剩馥尚留叶中，犹堪饭后供啜嗽之用。

《茶疏·饮啜》中说：一壶茶水，只可以沏茶两巡。第一巡茶的味道鲜美，第二巡茶的味道甘甜醇厚，第三巡茶的味道就发挥将尽了。我曾经与冯梦祯（字开之）戏谈品鉴这三巡茶的象征，把第一巡茶比喻为亭亭玉立的十三四岁的女孩，把第二巡茶比喻为正当碧玉破瓜妙龄即十六岁的花季少女，第三巡茶过后，就好比儿女成行、青春已逝的少妇。因此，茶盏要小，茶盏小就可以使茶过两巡便结束，宁可使剩余的芬芳仍然残留在茶叶之中，还可以在饭后用来漱口。

人必各手一瓯，毋劳传送。再巡之后，清水涤之。

《茶疏·荡涤》中说：必须一人手持一个茶瓯，不用再麻烦相互传递；斟茶两巡过后，要用清水洗净茶瓯为好。(《茶疏》原文略异，当据《茗笈·辨器章》转引)

若巨器屡巡，满中泻饮，待停少温，或求浓苦，何异农匠作劳但资口腹，何论品赏，何知风味乎？

《茶疏·饮啜》中接着说：如果是用大壶沏茶，就需要反复好多次，有的是满满地斟上茶水，大口倾泻而下；有的是大壶水温高，要等待慢慢降温；有的是想借用大壶把茶叶泡得又浓又苦，这样的饮茶方式与农夫和工匠的喝茶解渴又有什么区别呢？他们辛勤劳作，只是需要解渴罢了，哪里谈得上品饮鉴赏呢？又如何懂得茶叶的独特风味呢？

《煮泉小品》：唐人以对花啜茶为杀风景。故王介甫诗云“金谷千花莫漫煎”。其意在花，非在茶也。余意以为金谷花前，信不宜矣；若把一瓯对山花啜之，当更助风景，又何必羔儿酒也！

明代田艺蘅《煮泉小品·宜茶》中说：唐朝人认为对花啜茶是煞风景之事。所以王安石（字介甫）《寄茶与平甫》诗中写道：“金谷千花莫漫煎。”意谓对花啜茶时注意力集中在赏花，而不在品茶。我认为在金谷园之类的名园对花啜茶，的确是不适宜的。而如果是手把一瓯佳茶面对山花品啜，则当会更有助于情景相宜，增添幽趣，又何必要贬低为粗俗的饮羊羔儿酒呢！

茶如佳人，此论最妙，但恐不宜山林间耳。昔苏东坡诗云“从来佳茗似佳人”，曾茶山诗云“移人尤物众谈夸”，是也。若欲称之山林，当如毛女麻姑，自然仙风道骨，不浼烟霞。若夫桃脸柳腰，亟宜屏诸销金帐中，毋令污我泉石。

茶如佳人，这种说法最称精妙，但却不适宜山林之间的茶人生活。从前苏轼（字子瞻）诗中的所说的“从来佳茗似佳人”，曾几（字吉甫，号茶山居士）诗中所说的“移人尤物众谈夸”，说的就是茶如佳人的比喻。如果要想与山林生活相适应，就应该是古代神话中的毛女、麻姑，自然仙风道骨，不至于污染其烟霞风致，这样才可以。如果一定要把茶比拟为面如桃花、腰似细柳的美人，就应该赶紧把她们摈弃于销金帐中，千万不要玷污了我们山林泉石间的幽雅生活。

茶之团者、片者，皆出于碾硙之末，既损真味，复加油垢，即非佳品。总不若今之芽茶也，盖天然者自胜耳。

从前茶叶制成团饼，也称片茶、腊茶，都是经过碾磨加工而成，不仅损害了茶的天然真味，而且又在团饼表面涂上膏油，所以已不是上佳的茶品。总不如今天饮用的芽茶，这是因为天然的东西自然会比较好。曾几《日铸茶》

曾茶山《日铸茶》诗云“宝锜自不乏，山芽安可无”，苏子瞻《壑源试焙新茶》诗云“要知玉雪心肠好，不是膏油首面新”，是也。且末茶瀹之有屑，滞而不爽，知味者当自辨之。

诗中所说的“宝锜自不乏，山芽安可无”，苏轼《壑源试焙新茶》诗中所说的“要知玉雪心肠好，不是膏油首面新”，都是这个意思。况且这种研成细末的茶，烹点之后会有很多碎屑，饮用起来沉滞而不清爽，懂得品饮之道的人应当自会加以鉴别。

煮茶得宜，而饮非其人，犹汲乳泉而灌蒿莸，罪莫大焉。饮之者一吸而尽，不暇辨味，俗莫甚焉。

煮茶的方法得当，而品饮的宾客不得其人，大俗不雅，就好比汲取上好的佳泉去浇灌蒿莱荒草，真是莫大的罪过。如果品饮的人端起茶瓯一饮而尽，来不及鉴别和品味，就再也没有比这更为庸俗的事了。

人有以梅花、菊花、茉莉花荐茶者，虽风韵可赏，究损茶味。如品佳茶，亦无事此。今人荐茶，类下茶果，此尤近俗。是纵佳者能损茶味，亦宜去之。且下果则必用匙，若金银，大非山居之器，而铜又生钍，皆不可也。若旧称北人和以酥酪，蜀人入以白土，此皆蛮饮，固不足责。

世人有用梅花、菊花、茉莉花佐茶品饮。虽然其风雅韵致颇可激赏，但也会有损于茶的自然真味。如果品饮上好的佳茶，也不需要采取这种品饮方式。如今的人们在客来献茶的时候，大多投入些果品以佐茶，这种饮茶方式尤其近乎庸俗。即使是很好的果品，也能损害茶的自然真味，所以应当摈弃不用。况且投入果品就必须用茶匙之类的器具，如果是金银之类，根本不是山居饮茶生活所适宜的器皿；如果是铜器，又会产生腥味，都不可以使用。至于从前人们所说的北方少数民族用茶与酥酪调和饮用，巴蜀之人在茶中加入白盐，这都是边疆少数民族的饮茶方式，本来就不足以指责。

罗廪《茶解》：茶通仙灵，然有妙理。

明代罗廪《茶解·总论》中说：茶与仙灵相通，长期饮用能使人身强体健，飘飘欲仙；然而茶中蕴含着精微的道理，如果不是深通茶性而且嗜好饮茶的人是不可能得到其中的真谛的。

山堂夜坐，汲泉煮茗，至水火相战，如听松涛，倾泻入杯，云光潋滟。此时幽趣，故难与俗人言矣。

《茶解·品》中说：夜晚独坐山中草堂，汲取泉水烹煮香茶，到了水火相战、即将沸腾的时候，俨然是在倾听松涛阵阵响起。将开水倾倒到茶瓯之中，茶面云光缥缈，时隐时现。这一段幽情雅趣，本来就很难与世俗之人叙说得清楚。

顾元庆《茶谱》：品茶八要：一品，二泉，三烹，四器，五试，六候，七侣，八勋。

明代顾元庆《茶谱》谈到品茶的八个关键：第一是茶品，第二是泉水，第三是煮水，第四是器具，第五是烹试，第六是候汤，第七是品饮的同伴，第八是茶的功效。（此条不见《茶谱》，当是在陆树声《茶寮记》或徐渭《煎茶七类》的基础上增改而成）

张源《茶录》：饮茶，以客少为贵，众则喧，喧则雅趣乏矣。独啜曰幽，二客曰胜，三四曰趣，五六曰泛，七八曰施。

明代张源《茶录·饮茶》中说：品茶时，以宾客较少、环境幽静为贵。如果宾客众多，就会嘈杂喧闹，从而失去了品饮的雅趣。一人独啜叫作幽饮，二人对饮叫作胜饮，三四个人饮茶就叫作趣饮，五六个人饮茶就叫作泛饮，七八个人饮茶就叫作施茶。

酾不宜早，饮不宜迟。酾早则茶神未发，饮迟则妙馥先消。

《茶录·泡法》中说：斟茶不宜过早，而品饮则不宜太迟。斟茶过早，茶叶的神韵尚未发挥出来；品饮太迟，茶叶的奇妙香气已经消散了。

《云林遗事》：倪元镇素好饮茶，在惠山中，用核桃、松子肉和真粉成小块如石状，置于茶中饮之，名曰清泉白石茶。

明代顾元庆《云林遗事》记载：元代画家倪瓒（字元镇，号云林居士，无锡人）一向喜欢饮茶，在惠山中，用核桃、松子仁与绿豆粉调和成石头形状的小块，放到茶中品饮，命名为清泉白石茶。

闻龙《茶笺》：东坡云："蔡君谟嗜茶，老病不能饮，日烹而玩之。可发来者之一笑也。"孰知千载之下有同病焉。余尝有诗云："年老耽弥甚，脾寒量不胜。"去烹而玩之者几希矣。因忆老友周文甫，自少至老，茗椀薰炉，无时暂废。饮茶日有定期：旦明、晏食、禺中、晡时、下舂、黄昏，凡六举，而客至烹点不与焉。寿八十五，无疾而卒，非宿植清福，乌能毕世安享？视好而不能饮者，所得不既多乎！尝蓄一龚春壶，摩挲宝爱，不啻掌珠。用之既久，外类紫

明代闻龙《茶笺》中说：苏东坡说过："蔡襄嗜好饮茶，年老且病不能品饮，就每天烹茶玩赏，聊可博得后世之人一笑。"谁知道千年之后竟然找到了同病的知音。我曾经有诗写道："年老耽弥甚，脾寒量不胜。"差不多接近于蔡襄的烹茶玩赏了。由此而回忆起我的老朋友周文甫，从少年直到老年，茶碗熏炉，从没有一刻荒废。他每天饮茶都有固定的时刻：清晨、早饭时、中午、下午、日落之时、黄昏，共六次，而宾客往来烹点品饮还不计在内。高寿八十五岁，无疾而终。如果不是从前积下的清福，怎么能够毕生安享呢？比起嗜茶而又不能多饮的人，从中所得到的益处不是更多吗？他曾经收藏一把供春壶，每天摩挲宝爱，简直视作掌上明珠。使用时间长了之后，壶的表面类似紫玉的色泽，内部则犹如碧云，真是一件奇物，他死后就以此壶殉葬。

玉，内如碧云，真奇物也，后以殉葬。

《快雪堂漫录》：昨同徐茂吴至老龙井买茶。山民十数家，各出茶。茂吴以次点试，皆以为赝，曰："真者甘香而不冽，稍冽便为诸山赝品。"得一二两以为真物，试之，果甘香若兰。而山民及寺僧反以茂吴为非，吾亦不能置辨。伪物乱真如此。茂吴品茶，以虎丘为第一，常用银一两余购其斤许。寺僧以茂吴精鉴，不敢相欺。他人所得，虽厚价，亦赝物也。子晋云："本山茶叶微带黑，不甚青翠。点之色白如玉，而作寒豆香，宋人呼为白云茶。稍绿便为天池物。"天池茶中杂数茎虎丘，则香味迥别。虎丘，其茶中王种耶！岕茶精者，庶几妃后；天

明代冯梦祯《快雪堂漫录》记载：昨天，我同徐桂（字茂吴）一同到老龙井去买茶。当地山民十多家，都拿出茶来兜售。徐茂吴依次烹点试茶，认为都是赝品。他说："真正的龙井茶甘甜清香而不寒冽，稍觉寒冽就是其他各山所出的赝品。"得到一二两认为是真正龙井的，烹试之后果然甘甜清香像兰花一样。可是山民与寺里的僧人反而认为徐茂吴所说的不对，我也不能为他辩解。假冒伪劣产品扰乱真品已经到了如此地步。徐茂吴品茶，认为苏州虎丘茶为第一，经常用一两多银子购买一斤左右。虎丘寺的僧人认为徐茂吴精于鉴赏，也不敢欺骗他。其他人所得的虎丘茶，即使价格很高，也都是赝品。乐子晋说过："虎丘本山的茶叶稍微带有黑色，不很青翠。烹点之后色泽鲜白如玉，味道则如寒豆的清香，宋朝人称为白云茶。茶叶稍微带绿的是天池茶。"天池茶中间如果掺杂几片虎丘茶，那么其香味就迥然有别。虎丘茶堪称是茶中之王者，罗岕茶中的精品，差不多可以作为后妃，天池茶和龙井茶便只可作为大臣了，其余的品种也就只能作为平民了。

池、龙井，便为臣种，其余则民种矣。

熊明遇《岕山茶记》：茶之色重、味重、香重者，俱非上品。松萝香重；六安味苦，而香与松萝同；天池亦有草莱气，龙井如之。至云雾则色重而味浓矣。尝啜虎丘茶，色白而香似婴儿肉，真称精绝。

明代熊明遇《岕山茶记》（原作《罗岕茶疏》，一作《罗岕茶记》）中说：茶叶的色泽重、味道重、香气重的，都不是上品。松萝茶的香气重，六安茶的味道苦，而香气与松萝茶一样浓重；天池茶也有草莱之气，龙井茶也是这样。至于云雾茶，则更是色泽重而且味道浓了。我曾经品尝虎丘茶，色泽鲜白而且气味如同婴儿体香，真正可以称得上是精致绝伦。

邢士襄《茶说》：夫茶中着料，碗中着果，譬如玉貌加脂，娥眉染黛，翻累本色矣。

明代邢士襄《茶说》中说：在茶叶中加入香料，点茶时加入干果，就好比是女性貌美如花还要涂脂抹粉，蛾眉如黛还要修染眉毛，反而冲淡了本色。

冯可宾《岕茶笺》：茶宜：无事、佳客、幽坐、吟咏、挥翰、徜徉、睡起、宿醒、清供、精舍、会心、赏鉴、文僮。茶忌：不如法、恶具、主客不韵、冠裳苛礼、荤肴杂陈、忙冗、壁间案头多恶趣。

明代冯可宾《岕茶笺》中说：适宜饮茶的时间和环境包括：闲暇无事、佳客相会、独自静坐、吟咏诗词、挥翰书画、逍遥自在、沉睡起床、醉酒未醒、陈设高雅、精舍亭榭、心领神会、精于鉴赏、文雅童子。饮茶忌讳的人和事物包括：不按照正确的方法操作、劣质的器具、主客不融洽、冠裳严肃而礼仪繁苛、荤腥菜肴纷然杂陈、繁忙杂乱、壁间案头的陈设趣味粗俗。

谢在杭《五杂俎》：

明代谢肇淛（字在杭）《五杂俎》中说：

昔人谓："扬子江心水，蒙山顶上茶。"蒙山在蜀雅州，其中峰顶尤极险秽，虎狼蛇虺所居，采得其茶，可蠲百病。今山东人以蒙阴山下石衣为茶当之，非矣。然蒙阴茶性亦冷，可治胃热之病。

古人说："扬子江心水，蒙山顶上茶。"蒙山在四川雅州（今四川雅安），其中峰上清峰顶极为险峻，是虎狼毒蛇生存的地方，采摘上面出产的茶叶，可以祛除百病。如今山东人以蒙阴山下的苔藓类植物作为蒙山茶，是不对的。但是蒙阴这种茶本性寒冷，可以治疗胃热之病。

凡花之奇香者，皆可点汤。《遵生八笺》云："芙蓉可为汤。"然今牡丹、蔷薇、玫瑰、桂、菊之属，采以为汤，亦觉清远不俗，但不若茗之易致耳。

大凡具有奇香的花卉，都可以用来点茶。《遵生八笺》就说"芙蓉可以点茶"。但是今日的牡丹花、蔷薇花、玫瑰花、桂花、菊花之类，采摘来点茶，也感到清新悠远而不俗，只是不如茶叶容易得到罢了。

北方柳芽初茁者，采之入汤，云其味胜茶。曲阜孔林楷木，其芽可以烹饮。闽中佛手、柑、橄榄为汤，饮之清香，色味亦旗枪之亚也。又或以菉豆微炒，投沸汤中，倾之，其色正绿，香味亦不减新茗。偶宿荒村中，觅茗不得者，可以此

北方人采摘初发的柳树芽，用来入汤点茶，据说其味道胜过茶叶。曲阜孔林的楷木，其嫩芽也可以用来烹点饮用。福建人用佛手、柑橘、橄榄泡茶，品饮起来清香宜人，色泽和味道也仅比茶叶略逊一筹。又有人用绿豆轻轻炒过，投入沸水中冲泡，色泽正绿，香味也不比新采的茶叶差。偶然借宿于荒村野店寻找不到茶叶，就可以以此替代。

代也。

《谷山笔麈》：六朝时，北人犹不饮茶，至以酪与之较，唯江南人食之甘。至唐始兴茶税。宋元以来，茶目遂多。然皆蒸干为末，如今香饼之制，乃以入贡，非如今之食茶，止采而烹之也。西北饮茶，不知起于何时。本朝以茶易马，西北以茶为药，疗百病皆瘥，此亦前代所未有也。

明代于慎行（字无垢，东阿人）《谷山笔麈》中说：六朝时期，北方人还不饮茶，甚至以奶酪与之相比，只有江南人喜欢品饮。到了唐朝，开始征收茶税。宋元以来，茶的品种名目逐渐增多，但都是蒸过、焙干、研为细末，就像如今的香饼的形制，乃是以此进贡朝廷，并不是像今天的饮茶，只是采制而后烹点饮用。西北少数民族地区饮茶，不知道起源于何时。我们明朝以茶叶与西北地区交易马匹，西北地区则以茶叶作为药品，各种疾病都能够治疗痊愈，这也是前代所没有过的事情。

《金陵琐事》：思屯乾道人，见万镃（zī）手软膝酸，云："系五藏皆火，不必服药，唯武夷茶能解之。"茶以东南枝者佳，采得烹以涧泉，则茶竖立，若以井水即横。

明代周晖（字吉甫，上元人）《金陵琐事》记载：思屯乾道人（即八仙之一的吕洞宾，"思者丝也，系屯纯也，乾者阳也，乃是纯阳吕祖也"），见到万镃（字乘时，明代金陵人）因为中风而手软腿酸，就说："这是五脏皆有火的病症，不用服药，只有武夷茶能够解除。"茶叶以朝着东南方向枝条上的为佳，采摘以后用山涧泉水烹点，茶叶就会竖着立起来，如果用井水烹点，茶叶则横着漂起来。

《六研斋笔记》：茶以芳洌洗神，非读书谈道，不宜亵用。然非真正契道之士，茶之韵

明代李日华《六研斋笔记》中说：茶叶以其芳香甘洌清心悦神，不是读书谈道，不适宜轻易玷污使用。但如果不是真正契合道义的人，对于茶的韵味，也不容易品评考量。我曾经嘲

味，亦未易评量。尝笑时流持论，贵嘶声之曲，无色之茶。嘶近于哑，古之绕梁遏云，竟成钝置。茶若无色，芳冽必减，且芳与鼻触，冽以舌受，色之有无，目之所审。根境不相摄，而取衷于彼，何其悖耶！何其谬耶！

笑世俗之辈的观点，以声音嘶哑的曲调为贵，以没有色泽的茶叶为贵。其实嘶哑的声音接近于哑，那么古人所崇尚的余音绕梁、响遏行云的优美歌声，竟然都被弃置不用。茶叶如果没有色泽，其芳香甘冽必定大减，况且芳香是鼻子所闻，甘冽是舌头所尝，色泽的有无，是眼睛所审视。茶的色泽、香气、味道从根本上说没有必然联系，如果以此而证彼、以色泽而取其香气和味道，难道不是违背常理吗？多么荒谬啊！

虎丘以有芳无色，擅茗事之品。顾其馥郁不胜兰芷，与新剥豆花同调，鼻之消受，亦无几何。至于入口，淡于勺水。清冷之渊，何地不有，乃烦有司章程，作僧流捶楚哉？

苏州的虎丘茶有芳香之气而没有色泽，擅名茶中佳品。只是其馨香馥郁不如兰花芷草，与新剥开的豆花味道相同，鼻子所能消受的香气，也没有多少。至于入口的味道，甚至比勺水还淡。清澈甘冽的深水潭，哪个地方没有，为什么要烦劳相关衙门为之立法，逼迫甚至杖责虎丘僧人进贡呢？

《紫桃轩杂缀》：天目清而不醨，苦而不螫，正堪与淄流漱涤。笋蕨、石濑，则太寒俭，野人之饮耳。松萝极精者，方堪入供，亦浓辣有余，甘芳不足，恰如多财贾人，纵复蕴藉，不免作蒜酪气。分

李日华《紫桃轩杂缀》记载：天目山茶清香而不淡薄，苦涩而无毒害，正好适宜僧徒的漱洗品饮之用。笋蕨茶、石濑茶则太过寒酸俭朴，只适宜山野之人品饮罢了。松萝茶极为精致的上品才可以进贡朝廷，然而也有浓辣有余、甘甜芳香不足的弊病，正如多财善贾的商人，即使含蓄而不露，但仍然免不了辛辣腥膻气味。分水的贡茶，出产得本来不多。叶大根老，冲泡不开，放入水中煎煮，反而会有奇特的味道。

水贡芽，出本不多。大叶老根，泼之不动，入水煎成，番有奇味。荐此茗时，如得千年松柏根，作石鼎熏燎，乃足称其老气。

烹饮这种茶叶的时候，如果能够得到千年的松柏树根用石鼎进行熏燎，就会足以与其醇厚老成之气相适应。

“鸡苏佛”“橄榄仙”，宋人咏茶语也。鸡苏即薄荷，上口芳辣。橄榄久咀回甘。合此二者，庶得茶蕴，曰仙，曰佛，当于空玄虚寂中，嘿嘿证入。不具是舌根者，终难与说也。

“鸡苏佛”“橄榄仙”，这都是宋朝人吟咏茶叶的词语。鸡苏就是薄荷，入口芳香辛辣；橄榄，则耐久咀嚼，回味甘甜。结合这两种口味，差不多符合茶的蕴意。至于说称仙称佛，就应当在空玄虚寂中默默地求证了。不具备如此体味的人，终究难以与他们论说。

赏名花，不宜更度曲；烹精茗，不必更焚香。恐耳目口鼻互牵，不得全领其妙也。

欣赏名贵的花卉不适宜同时演奏音乐，烹点上佳的好茶不必要同时焚香。这是因为恐怕耳目口鼻相互牵制影响，不能够全心全意领略其精妙。

精茶不宜泼饭，更不宜沃醉。以醉则燥渴，竟灭裂吾上味耳。精茶岂止当为俗客吝？倘是日汩汩尘务，无好意绪，即烹就，宁俟冷以灌兰，断不令俗肠污吾茗君也。

上佳的好茶不适宜在吃饭时饮用，也不适宜在醉酒时饮用。因为醉酒时口渴舌燥，这时饮茶可以说是糟蹋了上佳的美味。上佳的好茶难道仅仅应当为庸俗的宾客而吝惜？如果是整天忙碌奔波于世俗的事物中，没有好的情绪，宁肯等到冷却之后去浇灌兰花，决不让这些庸俗的肠胃玷污了我的好茶！

罗山庙后岕精者，亦芬芳回甘。但嫌稍浓，乏云露清空之韵。以兄虎丘则有余，以父龙井则不足。

罗岕山庙后所出产的精品岕茶，也香气芬芳，回味甘甜。只是稍嫌浓厚，缺乏云露清空的韵味。其品质比起虎丘茶略胜，可为其兄，比起龙井茶则胜过很多，却不足以为其父。

天池通俗之才，无远韵，亦不致呕秽寒月。诸茶晦黯无色，而彼独翠绿媚人，可念也。

天池茶为俗众所喜爱，虽无绵远的韵味，也不至于玷污寒月。其他各种茶叶都晦暗无色，只有天池茶翠绿喜人，令人感念。

屠赤水云："茶于谷雨候、晴明日采制者，能治痰嗽、疗百疾。"

屠隆（字长卿，号赤水）说："茶叶在谷雨时节晴和日丽的天气采制的，能够治疗痰疾、咳嗽，有益于治愈百病。"

《类林新咏》：顾彦先曰："有味如臛（huò），饮而不醉；无味如茶，饮而醒焉。"醉人何用也。

清代姚之骃（字鲁斯，钱塘人）《类林新咏》记载：晋顾荣（字彦先，吴县人）说过："有味的东西如臛（肉羹），品饮而不会使人沉醉；无味的东西如茶，品饮之后使人清醒。"使人沉醉的东西有什么用处呢？

《徐文长秘集·致品》：茶宜精舍，宜云林，宜磁瓶，宜竹灶，宜幽人雅士，宜衲子仙朋，宜永昼清谈，宜寒宵兀坐，宜松月下，宜花鸟间，宜清流白石，宜绿藓苍苔，宜素手汲泉，宜红妆扫雪，宜船

《徐文长秘集·致品》中说：饮茶适宜精舍，适宜云林，适宜瓷瓶，适宜竹灶，适宜幽人雅士，适宜僧人道士，适宜终夜清谈，适宜寒夜独坐，适宜月夜松下，适宜花鸟之间，适宜清泉白石，适宜绿藓苍苔，适宜素手汲泉，适宜红妆扫雪，适宜船头吹火，适宜竹里飘烟。

头吹火，宜竹里飘烟。

《芸窗清玩》：茅一相云："余性不能饮酒，而独耽味于茗。清泉白石，可以濯五脏之污，可以澄心气之哲。服之不已，觉两腋习习，清风自生。吾读《醉乡记》，未尝不神游焉。而间与陆鸿渐、蔡君谟上下其议，则又爽然自释矣。"

明代胡文焕辑《芸窗清玩》记载：茅一相说："我生性不能饮酒，而只嗜好品茶。清泉白石，可以濯洗五脏的污垢，可以澄清内心的智慧。品茶不停，就会感觉两腋习习，清风自然生发。我阅读《醉乡记》，未尝不神游向往。但是阅读陆羽、蔡襄前后相继关于饮茶的议论，就又感到豁然开朗，对于'醉乡'的向往也释然了。"

《三才藻异》：雷鸣茶，产蒙山中顶，雷发收之，服三两换骨，四两为地仙。

清代屠粹忠（字纯甫，号芝岩，定海人）《三才藻异》记载：雷鸣茶出产于四川蒙山的中顶，每年惊蛰前后雷鸣时开始采摘，品饮三两就能够使人脱胎换骨，四两就能够使人称为地上神仙。

《闻雁斋笔谈》：赵长白自言："吾平生无他幸，但不曾饮井水耳。"此老于茶，可谓能尽其性者。今亦老矣，甚穷，大都不能如曩时，犹摩挲万卷中，作《茶史》，故是天壤间多情人也。

明代张大复《闻雁斋笔谈》记载：赵长白自己说过："我平生没有其他可以庆幸的事情，只是不曾饮用过井水罢了。"这位老先生对于品茶，可以说能够尽其本性了。如今他已经年老，而且很穷困潦倒，生活起居大都不能像从前那样，但依然读书万卷，编撰《茶史》，因此可以称得上是天地间的多情之人。

袁宏道《瓶花史》：

明代袁宏道《瓶花史》（当为《瓶史》）中

赏花，茗赏者上也，谭赏者次也，酒赏者下也。

说：赏花，品茶赏花最为高雅，清谈赏花次之，饮酒赏花最下。

《茶谱》：《博物志》云：“饮真茶，令人少眠。”此是实事，但茶佳乃效，且须末茶饮之。如叶煮者，不效也。

《茶谱》记载：《博物志》上说：“品饮真茶，令人少睡。”这是经过检验的事实。但是需要上佳的好茶才有效果，而且需要制成末茶品饮；如果仅仅以叶茶冲泡品饮，就没有效果。（此条不见于现存各《茶谱》，而见于明代徐光启《农政全书》卷十九）

《太平清话》：琉球国亦晓烹茶。设古鼎于几上，水将沸时，投茶末一匙，以汤沃之。少顷奉饮，味清香。

明代陈继儒《太平清话》记载：琉球国的人民也通晓烹茶。在几案上设置一个古鼎，煮水即将沸腾的时候投入一匙茶末，以开水调制。一会儿奉上品饮，味道清香。

《藜床沈余》：长安妇女有好事者，曾于侯家睹彩笺曰：“一轮初满，万户皆清。若乃狎处衾帏，不唯辜负蟾光，窃恐嫦娥生妒。涓于十五、十六二宵，联女伴同志者，一茗一炉，相从卜夜，名曰伴嫦娥。凡有冰心，伫垂玉允。朱门龙氏拜启。”［陆濬原］

明代陆濬原（字嗣哲，平湖人）《藜床沈余》记载：长安（今陕西西安）妇女有好事的人，曾在王侯之家看到彩色的信笺上写道：“一轮明月刚满，千门万户都披上一层清辉。这时如果只知酣睡于床帷之间，不仅辜负了大好月光，而且恐怕也会令嫦娥心生妒忌。选定十五、十六两个明月之夜，联合喜好饮茶的女伴，每人带着茶叶和茶炉，结伴来品饮聚会，欢度通宵，叫作伴嫦娥。凡是有清雅志趣的同志，期盼你们的应允！朱门龙氏拜启。”［陆濬原］

沈周《跋茶录》：

明代沈周《跋茶录》中说：樵海先生（即

樵海先生，真隐君子也。平日不知朱门为何物，日偃仰于青山白云堆中，以一瓢消磨半生。盖实得品茶三昧，可以羽翼桑苎翁之所不及，即谓先生为茶中董狐可也。

《茶录》的作者张源，字伯渊，号樵海山人）是一位真正的隐士。平日不知道富贵人家为何物，只知道每天徜徉在青山白云之间，以饮茶来消磨半生光阴。他的确是深得品茶的真谛，可以弥补茶圣陆羽的不足，先生可以称得上是茶中的良史。(此条作者有误，当为陈继儒，原文见其《白石樵真稿》卷十八。)

王晫《快说续记》： 春日看花，郊行一二里许，足力小疲，口亦少渴。忽逢解事僧邀至精舍，未通姓名，便进佳茗，踞竹床连啜数瓯，然后言别，不亦快哉！

清代王晫《快说续记》中说：春日里外出赏花，郊外行走一二里，略感疲倦，口中也有一点渴，这时候忽然遇到一个善解人意的僧人邀请到精舍之中，未及通问姓名，便献上好茶，盘坐在竹床之上一连饮啜好几瓯，然后言谈话别，不也是很快乐的事吗？

卫泳《枕中秘》： 读罢吟余，竹外茶烟轻扬；花深酒后，铛中声响初浮。个中风味谁知，卢居士可与言者；心下快活自省，黄宜州岂欺我哉？

明末卫泳（字永叔，苏州人）《枕中秘》中说：读书释卷、吟咏余闲，竹林外煎茶的烟雾轻轻飘荡；花园深处、醉酒之后，茶铛中涛声响起煮水刚沸。个中的风味有谁能够领悟，唐朝的卢仝可与谈论；“口不能言，心下快活自省”，宋朝黄庭坚（曾贬官宜州，故称黄宜州。此为其《煎茶赋》中的名句）怎么会欺骗我呢？

江之兰《文房约》： 诗书涵圣脉，草木栖神明。一草一木，当其含香吐艳，倚槛临窗，真足赏心悦目，助我幽

清代江之兰（字含徵，歙县人）《文房约》中说：诗书蕴含着圣学的根脉，草木隐藏着精神的寓意。一草一木，每当其含香吐艳，发芽开花之时，人们凭栏临窗进行观赏，足以赏心悦目，有助于发人幽思。这时非常适宜烹点蒙

思。亟宜烹蒙顶石花，悠然啜饮。

顶石花茶，悠闲地品饮。

扶舆沆瀣，往来于奇峰怪石间，结成佳茗。故幽人逸士，纱帽笼头，自煎自吃。车声羊肠，无非火候，苟饮不尽，且漱弃之，是又呼陆羽为茶博士之流也。

与意气相投、亲密无间之人盘桓周旋，往来于灵山秀水、奇峰怪石之间，采制佳茗。所以幽人隐士，纱帽笼头，自煎自吃。羊肠小道上的车声马迹，无不可以作为火候，如果饮啜不尽，姑且漱口弃置，这又好比称呼陆羽为茶博士之流一般。

高士奇《天禄识余》：饮茶或云始于梁天监中，见《洛阳伽蓝记》，非也。按《吴志·韦曜传》：孙皓每宴飨，无不竟日，曜不能饮，密赐茶荈以当酒。如此言，则三国时已知饮茶矣。逮唐中世，榷茶遂与煮海相抗，迄今国计赖之。

清代高士奇（字澹人，号江村，钱塘人）《天禄识余》记载：饮茶，有人说起源于南朝梁天监年间，见于《洛阳伽蓝记》。其实不对，《三国志·吴志·韦曜传》记载，吴主孙皓每次宴请，无不持续一整天，韦曜不能饮酒，孙皓就暗中赐给他茶水以代替酒。如此说来，三国时期就已经知道饮茶了。到了唐朝中叶，官府专卖的茶就与官盐相提并论，至今成为国家财政的支柱。

《中山传信录》：琉球茶瓯颇大，斟茶止二三分，用果一小块贮匙内。此学中国献茶法也。

清代徐葆光《中山传信录》记载：琉球的茶瓯很大，斟茶时只满到二三分为止，同时把一小块水果放在茶匙内。这也是学习中国献茶的方法。

王复礼《茶说》：

清代王复礼《茶说》中说：每当花开之晨、

花晨月夕，贤主嘉宾，纵谈古今，品茶次第，天壤间更有何乐！奚俟脍鲤炰（páo）羔，金罍玉液，痛饮狂呼，始为得意也？范文正公云：“露芽错落一番荣，缀玉含珠散嘉树。斗茶味兮轻醍醐，斗茶香兮薄兰芷。”沈心斋云：“香含玉女峰头露，润带珠帘洞口云。”可称岩茗知己。

明月之夜，贤主嘉宾欢聚一堂，纵谈古今，品鉴茶水的等级，天地之间还有什么乐趣超过这些呢！何必要等待脍炙鲤鱼、火烤羔羊，金樽银器，玉液琼浆，痛饮狂呼，才叫作得意尽情呢？宋代范仲淹（谥文正）《和章岷从事斗茶歌》诗写道：“露芽错落一番荣，缀玉含珠散嘉树。斗茶味兮轻醍醐，斗茶香兮薄兰芷。”清代沈涵（字汪度，号心斋，归安人，官至内阁学士兼礼部侍郎）诗写道：“香含玉女峰头露，润带珠帘洞口云。”可以称为岩茶的知己。

陈鉴《虎丘茶经注补》：鉴亲采数嫩叶，与茶侣汤愚公小焙烹之，真作豆花香。昔之鬻虎丘茶者，尽天池也。

明末清初陈鉴（字子明，广东化州人，移居苏州）《虎丘茶经注补》中说：我曾经亲自采摘一些嫩叶，与品茶的同伴汤愚公用小茶焙烹点品饮，真的散发出豆花香味。从前市间所卖的虎丘茶，都是天池茶。

陈鼎《滇黔纪游》：贵州罗汉洞，深十余里，中有泉一泓，其色如黝，甘香清冽。煮茗则色如渥丹，饮之唇齿皆赤，七日乃复。

陈鼎（字定九，江阴人）《滇黔纪游》记载：贵州罗汉洞，深达十多里，里面有一泓泉水，色泽黝黑，甘香清冽。用此泉水烹茶则呈现出朱砂色泽，喝过之后唇齿都变成红色，七天之后才能恢复。

《瑞草论》云：茶之为用，味寒。若热

《瑞草论》（当指《古今合璧事类备要·外集》卷四十二《香茶门·茶·瑞草总论》）中

渴、凝闷胸、目涩、四肢烦、百节不舒，聊四五啜，与醍醐、甘露抗衡也。

说：茶的功用，味寒，如果遇到热渴、胸闷、眼涩、四肢烦躁、关节不舒服等症状，随便品饮四五杯，其作用可与醍醐、甘露相抗衡。

《本草拾遗》：茗味苦，微寒，无毒，治五脏邪气，益意思，令人少卧，能轻身、明目、去痰、消渴、利水道。

唐代陈藏器《本草拾遗》中说：茶叶，味道略苦，微寒，无毒。可以治疗五脏邪气，有助于思考，使人少睡，能够轻身明目，祛除痰疾，消除口渴，利于小便。

蜀雅州名山茶有露鋑（juān）芽、篯（jiān）芽，皆云火之前者，言采造于禁火之前也。火后者次之。又有枳壳芽、枸杞芽、枇杷芽，皆治风疾。又有皂荚芽、槐芽、柳芽，乃上春摘其芽，和茶作之。故今南人输官茶，往往杂以众叶，唯茅芦、竹箬之类，不可以入茶。自余山中草木、芽叶，皆可和合，而椿、柿叶尤奇。真茶性极冷，唯雅州蒙顶出者，温而主疗疾。

四川雅州（今雅安）名山茶，有露鋑芽、篯芽，都是火前茶，是说在寒食禁火之前采摘制造的。禁火之后采制的茶叶品质次之。还有枳壳芽、枸杞芽、枇杷芽，都可以治疗风疾。又有皂荚芽、槐芽、柳芽，乃是初春时节采摘这些树的嫩叶与茶叶混合在一起制成。所以如今南方人缴纳官茶，往往掺杂各种芽叶，只有茅芦、竹箬之类不可以入茶。除此之外，山中草木芽叶，都可以与茶叶调和，而以椿树叶、柿树叶效果更好。真正的茶本性极为寒冷，只有雅州蒙顶山出产的茶叶，本性温和，可以治病。

李时珍《本草》：

明代李时珍《本草纲目》卷二《服药食

服葳灵仙、土茯苓者，忌饮茶。

忌》中说：服用葳灵仙、土茯苓的人，忌讳饮茶。

《群芳谱》：疗治方：气虚、头痛，用上春茶末，调成膏，置瓦盏内覆转，以巴豆四十粒，作二次烧，烟熏之，晒干乳细，每服一匙。别入好茶末，食后煎服，立效。又赤白痢下，以好茶一斤，炙捣为末，浓煎一二盏服，久痢亦宜。又二便不通，好茶、生芝麻各一撮，细嚼，滚水冲下，即通。屡试立效。如嚼不及，擂烂，滚水送下。

明代王象晋《群芳谱》记载有两个用茶叶治病的方子：其一是治疗气虚、头痛，用初春的茶末，调和成膏，放到陶杯中反复转动。用巴豆四十粒，分两次烧，用烟熏，晒干碾细，每次服用一匙，另外加入好茶末，饭后煎服，立即可以见效。其二是治疗赤白痢疾，用好茶一斤，炙干捣碎成末，煎成浓茶一两盏服用，即使很久的痢疾也适宜。还有大小便不通，用好茶、生芝麻各一撮，细细咀嚼，开水冲下，大小便就畅通了。屡次实验，立即见效。如果不能咀嚼，捣碎后开水送服。

《随见录》：《苏文忠集》载，宪宗赐马总治泄痢腹痛方：以生姜和皮切碎如粟米，用一大盏并草茶相等煎服。元祐二年，文潞公得此疾，百药不效，服此方而愈。

清代屈擢升《随见录》中说：《苏文忠集》记载有唐宪宗赏赐马总（字会元，扶风人，官至户部尚书）治疗腹泻、痢疾、腹痛的方子：用生姜带皮切碎如同粟米大小，用一个大茶盏与草茶等量煎服。元祐二年（1087），潞国公文彦博得了这种病，用各种药剂都没有效果，最后服用此方而得以痊愈。

七之事

《晋书》：温峤表遣取供御之调，条列真上茶千斤，茗三百大薄。

《洛阳伽蓝记》：王肃初入魏，不食羊肉及酪浆等物，常饭鲫鱼羹，渴饮茗汁。京师士子道肃一饮一斗，号为漏卮。后数年，高祖见其食羊肉酪粥甚多，谓肃曰："羊肉何如鱼羹？茗饮何如酪浆？"肃对曰："羊者是陆产之最，鱼者乃水族之长，所好不同，并各称珍，以味言之，甚是优劣。羊比齐鲁大邦，鱼比邾莒小国，唯茗不中，与酪作奴。"高祖大笑。彭城王勰谓肃曰："卿不重齐鲁大邦，而爱邾莒小国，何也？"肃对曰："乡曲所美，不得不好。"彭

［译解］

《晋书·温峤传》记载：温峤（字太真，祁县人）上表并派人来取供奉皇帝的贡品，上面分条列举了真正的好茶上千斤、一般茶叶三百大薄（一种计量单位）。

北魏杨衒之《洛阳伽蓝记》记载：王肃（字子雍）刚从南朝进入北魏，不吃羊肉、不饮酪浆等物，经常以鲫鱼羹下饭，渴了则喝茶水。北魏京师平城（今山西大同）的士人都说王肃一次喝一斗，称他为漏卮。数年之后，高祖（即北魏孝文帝）见他吃羊肉、饮酪粥很多，就问他道："羊肉和鱼羹相比怎么样？茶叶与酪浆相比又怎么样呢？"王肃回答说："羊是陆地所产最好的美味，鱼则是海上所产最好的美味，个人嗜好不同，都可以称为珍品。如果按照味道来说，优劣相差很多。羊肉好比是齐鲁大邦也就是正宗的美味，而鱼羹则好比是邾莒小国也就是偏好的滋味，只是茶叶味道不行，只配给酪浆做奴仆。"高祖高兴地大笑。彭城王元勰对王肃说："如此说来，当初先生不重视齐鲁大邦，而喜欢邾莒小国，这是为什么呢？"王肃回答说："这只是因为我的家乡风俗以为鱼羹、茶叶味美，所以不得不喜好。"彭城王元勰又对王肃说："先生明天请到寒舍作客，我为您设下邾莒小国的饮食，同时也备有酪奴。"于是一时之间人们就称呼茶饮叫作酪奴。当时的给事中刘

城王复谓曰："卿明日顾我，为卿设邾莒之食，亦有酪奴。"因此呼茗饮为酪奴。时给事中刘缟慕肃之风，专习茗饮。彭城王谓缟曰："卿不慕王侯八珍，而好苍头水厄。海上有逐臭之夫，里内有学颦之妇，以卿言之，即是也。"盖彭城王家有吴奴，故以此言戏之。后梁武帝子西丰侯萧正德归降时，元乂欲为设茗，先问："卿于水厄多少？"正德不晓乂意，答曰："下官生于水乡，而立身以来，未遭阳侯之难。"元乂与举坐之客皆笑焉。

缟仰慕王肃的风姿，专门学习饮茶。彭城王元勰对刘缟说："先生不仰慕王侯贵族的八珍，却喜欢家僮仆人的水厄（饮茶）。海上有追逐臭味的人，街巷有东施效颦的妇人。对比先生的行为，就是这样的。"因为彭城王家中役使有吴地的奴仆，所以用这样的言语来戏弄他。后来梁武帝的儿子西丰侯萧正德归降北魏的时候，北魏宗室大臣元乂想为他准备茶饮，预先问他："先生遭遇水灾有多少？"萧正德不明白他的意思，就回答说："下官我生长在江南水乡，但是自从出生以来，还不曾遭受过阳侯（即水神）之难。"元乂和满座的宾客都笑了起来。

《海录碎事》：晋司徒长史王濛，字仲祖，好饮茶，客至辄饮之。士大夫甚以为苦，每欲候濛，必云："今日有水厄。"

宋代叶廷珪《海录碎事》记载：东晋司徒长史王濛，字仲祖，嗜好饮茶，有宾客到来就烹茶品饮。当时的士大夫颇以此事为苦，每次要与王濛见面，必定说"今天有水厄（即水灾）"。

《续搜神记》：桓宣

《续搜神记》（一作《搜神后记》，传为陶

武有一督将，因时行病后虚热，更能饮复茗，一斛二斗乃饱，才减升合，便以为不足，非复一日，家贫。后有客造之，正遇其饮复茗，亦先闻世有此病，仍令更进五升，乃大吐，有一物出，如升大，有口，形质缩皱，状似牛肚。客乃令置之于盆中，以一斛二斗复茗浇之，此物噏之都尽，而止觉小胀。又增五升，便悉混然从口中涌出。既吐此物，其病遂瘥，或问之：“此何病?”客答曰：“此病名斛二瘕(jiǎ)。”

渊明所撰）记载：东晋桓温（312—373，字元子，谥宣武）执政的时候，部下有一员督将，因为传染流行病以后身体发虚热，更加能够饮茶，一斛二斗才饱，稍微减量，就感到没有喝够，如此已经很长时间，家境也贫穷了。后来有客人来拜访他，正好遇到他在饮茶，客人此前也曾听说世上有这种病，就在他喝饱之后仍让他再饮五升，于是这位督将就大吐不止，吐出一个东西，像升子那么大，有口，表面有可以伸缩的折皱，形状如同牛肚。客人于是让人把这个东西放到盆里，用一斛二斗茶水浇，这个东西全都吸进去，也只是觉得稍微膨胀；又增加五升，便全部从口中涌出。督将吐出这个东西，疾病就痊愈了。有人问道：“这是什么病?”客人回答说：“此病叫作斛二瘕。”

《潜确类书》：进士权纾文云：“隋文帝微时，梦神人易其脑骨，自尔脑痛不止。后遇一僧曰：‘山中有茗草，煮而饮之当愈。’帝服之有效，由是人竞采啜。因为之赞。其略

明代陈仁锡《潜确类书》引董斯张《广博物志》记载：进士权纾《茗赞》之文说：“隋文帝杨坚没有发迹的时候，曾经梦见神仙为他更换脑骨，从此以后就头痛不止。后来遇到一个和尚对他说：‘山中有一种叫作茗的草，煮过之后饮用就能痊愈。’隋文帝饮用之后确有效果，从此人们就竞相采制品饮。于是就为茗草写了一篇赞，大略是说：‘穷读《春秋》，推演

曰：‘穷《春秋》，演河图，不如载茗一车。’”

河图，尽知人事，还不如载茗一车，多多饮茶。’”

《唐书》：太和七年，罢吴、蜀冬贡茶。太和九年，王涯献茶，以涯为榷茶使，茶之有税自涯始。十二月，诸道盐铁转运榷茶使令狐楚奏榷茶不便于民。从之。

《旧唐书》记载：唐文宗太和七年，罢除吴、蜀两地冬天贡茶。太和九年，大臣王涯献榷茶之利，于是任命王涯为榷茶使，茶叶征税就是从王涯开始的。十二月，诸道盐铁转运榷茶使令狐楚上疏，认为榷茶对百姓不利，于是罢除茶税。朝廷听从了他的建议。

陆龟蒙嗜茶，置园顾渚山下，岁取租茶，自判品第。张又新为《水说》七种，其二惠山泉，三虎丘井，六淞江水。人助其好者，虽百里为致之。日登舟，设篷席，赍束书、茶灶、笔床、钓具，往来江湖间。俗人造门，罕觏其面。时谓江湖散人，或号天随子、甫里先生，自比涪翁、渔父、江上丈人。后以高士征，不至。

陆龟蒙（字鲁望，长洲人）嗜好饮茶，曾在顾渚山下开辟茶园，每年收取茶租，自己确定品第高下。张又新撰《水说》把天下水质分为七种，第二为惠山泉，第三为虎丘井，第六为吴淞江水。人们为了帮助陆龟蒙取得好水，即使相距百里也前去汲取。陆龟蒙每天登舟船，设篷席，携带着书籍、茶灶、笔床、钓具，往来江湖间汲水品茶。俗人登门拜访，很少能够见面。当时世称江湖散人，也号称天随子、甫里先生，他自称涪翁、渔父、江上丈人。后来朝廷以高人隐士征召他出来做官，他也不奉诏。

《国史补》：故老

唐代李肇《国史补》记载：前代老人说，

云，五十年前多患热黄，坊曲有专以烙黄为业者。灞、浐诸水中，常有昼坐至暮者，谓之浸黄。近代悉无，而病腰脚者多，乃饮茶所致也。

五十年前世人多患热黄病（一种因炎热导致的狂吃症），以至于乡里专门有以烙黄为业者。京城附近的灞水、浐水之中，经常有人从白天坐到夜间，称为浸黄。近来这种病都没有了，可是腰病、足病者多了起来，这都是因为饮茶的缘故。

韩晋公滉闻奉天之难，以夹练囊盛茶末，遣健步以进。

韩滉（字太冲，长安人，封晋国公）听说奉天之难（783 年幽州卢龙节度使朱泚发动泾原兵变，围困时在奉天即今陕西乾县的唐德宗），用夹练囊盛茶末，派遣脚步矫健的仆从进奉给皇帝。

常鲁公使西番，烹茶帐中，番使问："何为者？"鲁曰："涤烦消渴，所谓茶也。"番使曰："我亦有之。"命取出以示曰："此寿州者，此顾渚者，此蕲门者。"

常鲁在建中二年（781）以入蕃使判官出使西番，在帐中烹茶品饮。西番使者询问这是什么，常鲁回答说："涤烦消渴，就是所谓的茶。"西番使者说："我也有茶叶。"于是命人取出来让常鲁看，并且一一指认说："这是寿州茶，这是顾渚茶，这是蕲门茶。"

唐赵璘《因话录》：陆羽有文学，多奇思，无一物不尽其妙，茶术最著。始造煎茶法，至今鬻茶之家，陶其像，置炀突间，祀为茶神，云宜茶足利。巩县为瓷

唐代赵璘（字泽章，平原人）《因话录》记载：陆羽擅长文学，多有奇思妙想，没有一种物品不能曲尽其妙，饮茶技艺最为精湛。他发明煎茶的方法，至今卖茶的人家，制作他的陶像，放置于厨房炉灶之间进行祭祀，尊奉为茶神，说是能够保佑茶好多获利润。巩县制作瓷偶人，称作陆鸿渐，购买十件茶具赠送一个

偶人，号陆鸿渐，买十茶器得一鸿渐，市人沽茗不利，辄灌注之。复州一老僧，是陆僧弟子，常诵其《六羡歌》，且有追感陆僧诗。

瓷偶人，卖茶人销售不利，就以开水灌注之。复州（今湖北天门）有一个老和尚，是陆羽的弟子，经常诵读陆羽的《六羡歌》，并且撰写有追念感怀陆羽的诗句。

唐何晦《摭言》：郑光业策试，夜有同人突入，吴语曰："必先必先，可相容否?"光业为掇半铺之地。其人曰："仗取一杓水，更托煎一碗茶。"光业欣然为取水、煎茶。居二日，光业状元及第，其人启谢曰："既烦取水，更便煎茶。当时不识贵人，凡夫肉眼；今日俄为后进，穷相骨头。"

五代南唐何晦（当为唐末五代王定保）《摭言》记载：郑光业赴京策试，夜里有和他同时参策试的人闯进来，操着吴地方言说："必先必先，能够容纳我吗?"郑光业为他收拾了半铺的地方。其人又说："仰仗你取一杓水，再拜托为我煎一碗茶。"郑光业于是欣然为他汲水煎茶。在此居住两天，郑光业状元及第，其人写信谢罪说："既麻烦您汲水，又让您煎茶，当时不识您是贵人，肉眼凡胎，如今我落第了，一下子成为后进，真是穷相骨头。"

唐李义山《杂纂》：富贵相：捣药碾茶声。

唐代李义山《杂纂》记载：富贵相之一就是捣药碾茶声。

唐冯贽《烟花记》：建阳进茶油花子饼，大小形制各别，极可爱。宫嫔缕金于面，皆以淡

唐代冯贽《南部烟花记》记载：福建建阳进贡的茶油花子饼，大小形制各有不同，非常可爱。皇宫中嫔妃都在脸上贴上金丝饰品，施以淡妆，用此茶油花子饼饰于鬓角，当时号称

妆，以此花饼施于鬓上，时号北苑妆。

北苑妆。

唐《玉泉子》：崔蠡知制诰，丁太夫人忧，居东都里第时，尚苦节啬，四方寄遗茶药而已，不纳金帛，不异寒素。

唐代《玉泉子》记载：崔蠡（字越卿，贝州安平人）担任知制诰，因为母亲去世而守孝，居住在东都里第，当时崇尚苦行，简朴节约，四方寄赠的物品，也不过是茶叶、药品罢了，不收金银财帛，和贫寒人家没有什么不同。

《颜鲁公帖》：廿九日，南寺通师设茶会，咸来静坐。离诸烦恼，亦非无益。足下此意，语虞十一，不可自外耳。颜真卿顿首顿首。

唐代颜真卿《颜鲁公帖》写道：二十九日，南寺通师设立茶会，都来静坐，抛开烦恼，也并非无益。足下这个盛情，言语之间可以猜度十分之一，不可见外。颜真卿再次顿首致谢。

《开元遗事》：逸人王休，居太白山下，日与僧道异人往还。每至冬时，取溪冰，敲其晶莹者煮建茗，共宾客饮之。

五代王仁裕《开元天宝逸事》记载：隐士王休，居住在太白山下，终日和僧人、道士、异人往来。每到冬日，取来山溪中晶莹剔透的冰块，敲碎烹煮建州（今福建建瓯）的茶叶，与宾客一同品饮。

《李邺侯家传》：皇孙奉节王好诗，初煎茶加酥椒之类。遗泌求诗，泌戏赋云："旋沫翻成碧玉池，添酥散出琉璃眼。"奉节王即德宗也。

唐代李繁《李邺侯家传》记载：皇孙奉节王喜欢作诗，起初煎茶要加入酥椒之类，赠给李泌求诗，李泌戏赋一首，其中有"旋沫翻成碧玉池，添酥散出琉璃眼"的句子。奉节王即后来的唐德宗李适。

《中朝故事》：有人授舒州牧，赞皇公德裕谓之曰："到彼郡日，天柱峰茶可惠数角。"其人献数十斤，李不受。明年罢郡，用意精求，获数角投之。李阅而受之曰："此茶可以消酒食毒。"乃命烹一瓯，沃于肉食内，以银合闭之。诘旦开视，其肉已化为水矣。众服其广识。

五代南唐尉迟偓《中朝故事》记载：唐朝时，有人任职舒州牧，赞皇公李德裕（封赞皇县侯）对他说道："你到了舒州的时候，天柱峰茶（产于今安徽潜山天柱山）可以惠赠数角。"其人到任后献茶数十斤，李德裕不接受。次年调离，刻意精求，获得数角献上，李德裕看后接受了，并说："此茶可以消除酒食中的毒。"于是命人烹煮一瓯，浇于肉食之中，用银盒封闭起来。次日早晨打开观察，肉食已经化作水了。人们都很叹服其广博的见识。

段公路《北户录》：前朝短书杂说，呼茗为薄，为夹。又，梁科律有"薄若干夹"云云。

唐代段公路《北户录》记载：前代的文章杂说称呼茶叶为薄、为夹。另外南朝梁代的科律也有"薄若干夹"之类的说法。

唐苏鹗《杜阳杂编》：唐德宗每赐同昌公主馔，其茶有绿华、紫英之号。

唐代苏鹗《杜阳杂编》记载：唐德宗每每赏赐同昌公主酒水饮食，其中茶叶则有绿华、紫英等名号。

《凤翔退耕传》：元和时，馆阁汤饮待学士者，煎麒麟草。

《凤翔退耕传》（一作《凤翔退耕录》）记载：唐宪宗元和年间（806—820），馆阁款待学士的饮品，有煎麒麟草。

温庭筠《采茶录》：李约字存博，汧公子也。一生不近粉黛，雅

唐代温庭筠《采茶录》记载：李约，字存博，是汧国公李勉的儿子。一生不近女色，风度优雅，淡泊高远，有山林隐逸的情致。生性

度简远，有山林之致。性嗜茶，能自煎，尝谓人曰：“当使汤无妄沸，庶可养茶。始则鱼目散布，微微有声；中则四际泉涌，累累若贯珠；终则腾波鼓浪，水气全消，此谓老汤。三沸之法，非活火不能成也。”客至，不限瓯数，竟日爇火，执持茶器，弗倦。曾奉使，行至陕州硖石县东，爱其渠水清流，旬日忘发。

嗜茶，能够自己煎试，曾经对人谈及煎茶的经验道：“煎茶时不应当让水随意沸腾，这样才可以涵养茶的色香味。水初沸时水面如同鱼眼散布，微微发出响声；中沸时水面四边则如同泉水涌出，前后连接好像成串的珍珠；最后水面就会波浪翻滚，水气全部消失，这就称为老汤。煮水的三沸之法，不用活火是无法完成的。”有宾客到来，就不限瓯数，终日烧火煎茶，手执茶具烹点品饮，不知疲倦。他曾经奉使出行，到达陕州硖石县（今河南省三门峡市陕州区硖石镇）的东部，喜欢当地渠水清流，竟然盘桓十日，忘了启程。

《南部新书》：杜豳公悰，位极人臣，富贵无比。尝与同列言平生不称意有三，其一为澧州刺史，其二贬司农卿，其三自西川移镇广陵，舟次瞿塘，为骇浪所惊，左右呼唤不至，渴甚，自泼汤茶吃也。

北宋钱易《南部新书》记载：唐代杜悰（封豳国公）位极人臣，富贵无比。曾经与同僚谈论平生有三件不称意的事。其一为出任澧州刺史，其二为贬官司农卿，其三为从西川（今四川）移镇广陵（今江苏扬州），乘船经过瞿塘峡，为巨浪所惊骇，呼唤左右随从也不来，口渴得很，自己动手煎茶品饮。

大中三年，东都进一僧，年一百二十岁。宣皇问服何药而致此？僧对曰：“臣少也贱，

唐宣宗大中三年（849），东都洛阳送来一位高僧，年纪高达一百二十岁。宣宗问他服什么药如此长寿，高僧回答说：“我幼年贫贱，不知服什么药。生性喜欢饮茶，每到一地只求有

不知药。性本好茶，至处唯茶是求。或出日，过百余碗，如常日，亦不下四五十碗。”因赐茶五十斤，令居保寿寺，名饮茶所曰茶寮。

茶饮用。有时外出，每天饮茶量超过百碗，平常每天也不下四五十碗。”于是宣宗赏赐他茶叶五十斤，让他居住在长安翊善坊保寿寺，命名其饮茶处所叫作茶寮。

有胡生者，失其名，以钉铰为业。居霅溪而近白蘋洲。去厥居十余步，有古坟，胡生每瀹茗，必奠酹之。尝梦一人谓之曰：“吾姓柳，平生善为诗而嗜茗。及死，葬室在子今居之侧，常衔子之惠，无以为报，欲教子为诗。”胡生辞以不能，柳强之曰：“子但率言之，当有致矣。”既寤，试构思，果若有冥助者。厥后遂工焉，时人谓之“胡钉铰诗”。柳当是柳恽也。［又一说。］列子终于郑，今墓在郊薮，谓贤者之迹，而或禁其樵牧焉。里有胡生者，性落魄。

有一位胡姓青年，不知道他的名字，以钉铰（洗镜、补锅、锔碗）为业，居住在霅溪（今浙江吴兴境内），临近白蘋洲。距离他的住所十余步，有一座古坟，胡生每次煎茶，一定前去祭奠。他曾经梦见一个人对他说：“我姓柳，平生喜欢作诗和饮茶。死后葬在你居所的旁边，经常受到你的恩惠，没有什么东西可用来回报，想教你作诗。”胡生推辞说不会作诗，柳就强劝他说：“你尽管率性而言，就应当会有情致。”胡生醒来之后，尝试着构思，果然如有神助。此后作诗就很工巧，当时人称为“胡钉铰诗”。这个姓柳的人，当是南朝齐梁间诗人柳恽（465—517，字文畅，河东解州人，精于琴棋医术，尤工于诗。历官侍中、散骑常侍、秘书监、广州刺史、吴兴太守等）。［又有一种说法。］列子终老于郑（今河南郑州），其墓在郑州郊区，当地人认为这是圣贤遗迹，禁止在这里打柴放牧。同里有个姓胡的青年，穷困落魄，从小从事洗镜、铰钉之业。每当遇到有甘果、名茶、美酒，就到列御寇的祠堂和墓地去祭奠，以祈求聪慧多能，想修习学道。经过一年，忽

家贫，少为洗镜、锼钉之业。遇有甘果、名茶、美酝，辄祭于列御寇之祠垄，以求聪慧而思学道。历稔，忽梦一人，取刀划其腹，以一卷书置于心腑。及觉，而吟咏之意，皆工美之词，所得不由于师友也。既成卷轴，尚不弃于猥贱之业，真隐者之风。远近号为“胡钉铰”云。

然梦见一个人用刀子切开他的肚子，以一卷书放在他的心中。醒来以后，感觉有吟咏的冲动，而吟咏所得都是工巧精美的诗词，其文采都不是通过向师友学习得到的。创作出了成果，仍然不放弃原来的微贱生业，真正具有隐逸之风。远近的人们都称呼他为“胡钉铰”。

张又新《煎茶水记》：代宗朝，李季卿刺湖州。至维扬，逢陆处士鸿渐。李素熟陆名，有倾盖之欢。因之赴郡，泊扬子驿，将食，李曰：“陆君善于茶，盖天下闻名矣。况扬子南零水又殊绝。今者二妙千载一遇，何旷之乎？”命军士谨信者操舟挈瓶，深诣南零。陆利器以俟之。俄水至，陆以勺扬其水曰：

唐代张又新《煎茶水记》记载：唐代宗在位时期（762—780），李季卿出任湖州刺史，行至维扬（今江苏扬州）遇到陆羽。李季卿一向熟知陆羽的大名，初交相得，一见如故，于是一起到湖州去。船停泊在扬子驿，即将开饭，李季卿说：“陆先生擅长煎茶，这是天下闻名的；况且扬子江南零水品质绝佳。如今二妙合一，千年一遇，怎么可以荒废了呢？”于是就命令随从的谨慎可信的军士携带茶瓶驾驶小船前往南零汲水，陆羽则准备好茶具等待煎试。一会儿水到了，陆羽用勺子扬着水说：“这水虽是江水，却不是南零水，似乎是临近岸边的水。”汲水的军士赶忙说：“我驾驶小船深入南零汲水，见到的上百人都可作证，怎么敢以谎言欺

“江则江矣，非南零者，似临岸之水。”使曰：“某操舟深入，见者累百，敢虚绐乎?”陆不言，既而倾诸盆，至半，陆遽止之，又以勺扬之曰：“自此南零者矣。”使蹶然大骇，伏罪曰：“某自南零赍至岸，舟荡覆半，至惧其鲜，挹岸水增之。处士之鉴，神鉴也，其敢隐乎!”李与宾从数十人，皆大骇愕。

骗呢?”陆羽不说话，然后把水倒到盆里，倒到一半时，陆羽急忙停下来，又用勺子扬着水说：“从此以下就是南零水了。”汲水的军士听后非常害怕，伏罪说道：“我从南零汲水运到岸边，因为小船摇荡而倾倒了一半水，回来后害怕太少，就舀岸边的水加进去，先生鉴别水品的精到，堪称是神鉴，我怎么敢再隐瞒呢!”李季卿与宾客随从数十人都非常吃惊。

《茶经》本传：羽嗜茶，著经三篇。时鬻茶者，至陶羽形，置炀突间，祀为茶神。有常伯熊者，因羽论，复广著茶之功。御史大夫李季卿宣慰江南，次临淮，知伯熊善煮茗，召之。伯熊执器前，季卿为再举杯。其后，尚茶成风。

《茶经》所附《新唐书·陆羽传》上说：陆羽嗜好饮茶，编撰有《茶经》上、中、下三卷。当时的卖茶的人，甚至以陶器制成陆羽塑像，放置到厨房茶灶间，尊奉为茶神，进行祭祀。有一位茶人常伯熊，根据陆羽的论述，又进一步推广宣传茶的功效。御史大夫李季卿出任江南宣慰使，经过临淮，知道常伯熊擅长煎茶，亲自召见。常伯熊手执茶具于前，李季卿再次举杯品饮。从此以后，饮茶成为社会的风尚。

《金銮密记》：金銮故例，翰林当直学士，

唐代韩偓（字致尧，号玉山樵人，京兆万年人）《金銮密记》记载：金銮殿的旧例，翰林

春晚人困，则日赐成象殿茶果。

院值守的学士，春天的晚上容易发困，于是每天赏赐成象殿茶果。

《梅妃传》：唐明皇与梅妃斗茶，顾诸王戏曰："此梅精也，吹白玉笛，作惊鸿舞，一座光辉，斗茶，今又胜吾矣。"妃应声曰："草木之戏，误胜陛下。设使调和四海，烹饪鼎鼐，万乘自有宪法，贱妾何能较胜负也。"上大悦。

《梅妃传》记载：唐明皇李隆基与梅妃斗茶，环顾在座的诸王调侃道："这是梅花精魂，吹着白玉笛，跳着惊鸿舞，满座光辉四射，今天斗茶又胜过我了。"梅妃应声回答说："这只不过是草木游戏，错胜了陛下。假如用来调和四海，烹饪鼎鼐，也就是安抚天下，治理国家，皇上自有一定的法度，贱妾怎么能够与陛下比较胜负呢？"唐明皇听后非常高兴。

杜鸿渐《送茶与杨祭酒书》：顾渚山中紫笋茶两片，一片上太夫人，一片充昆弟同歠。此物但恨帝未得尝，实所叹息。

唐代杜鸿渐（709—769，字之巽，濮阳人，官至宰相，封卫国公）《送茶与杨祭酒书》中写道：奉上顾渚山中所产的上品紫笋茶两片，一片献给太夫人，一片则与兄弟们一同品饮。这种茶只是遗憾皇上未能品尝，的确令人叹息啊！

《白孔六帖》：寿州刺史张镒，以饷钱百万遗陆宣公贽。公不受，止受茶一串，曰："敢不承公之赐。"

《白孔六帖》记载：寿州刺史张镒以军饷百万钱赠送陆贽（字敬舆，嘉兴人，谥号宣，世称陆宣公），陆贽不予接受，只是接受了一串茶叶，并且说道："怎么敢于不接受先生的惠赐呢？"

《海录碎事》：邓利云："陆羽，茶既为癖，酒亦称狂。"

宋代叶廷珪《海录碎事》记载：邓利说："陆羽饮茶是一种癖好，饮酒也称得上狂放。"

《侯鲭录》：唐右补阙綦毋炅（yīng），博学有著述才，性不饮茶，尝著《代茶饮序》，其略曰："释滞消壅，一日之利暂佳；瘠气耗精，终身之累斯大。获益则归功茶力，贻患则不咎茶灾。岂非为福近易知，为祸远难见欤？"炅直集贤，无何以热疾暴终。

《侯鲭录》记载：唐代右补阙綦毋炅博学多才，著述丰富，生性不喜欢饮茶。曾经写下《代茶饮序》一文，大略是说："消除积滞，祛除壅塞，短期的有益暂时还比较好；萎靡元气，耗费精神，终身的拖累的确很重大。获得好处就归功于茶的力量，贻下祸患却不归咎于茶的灾害。难道不是因为福祉较近容易知晓，而祸患较远而难以预见吗？"綦毋炅在集贤殿书院中当值，不久就因为热病而暴卒。

《苕溪渔隐丛话》：义兴贡茶，非旧也。李栖筠典是邦，僧有献佳茗，陆羽以为冠于他境，可荐于上。栖筠从之，始进万两。

南宋胡仔《苕溪渔隐丛话》记载：义兴（今江苏宜兴）贡茶，并非旧例，唐代李栖筠担任常州刺史，当时有和尚献上佳茗，陆羽认为其品质比其他地方的茶叶都好，可以贡献给朝廷。李栖筠听从了陆羽建议，才进贡茶叶一万两。

《合璧事类》：唐肃宗赐张志和奴、婢各一人，志和配为夫妇，号渔童、樵青。渔童捧钓收纶，芦中鼓枻（yì）；樵青苏兰薪桂，竹里煎茶。

宋代谢维新《古今合璧事类备要》记载：唐肃宗赏赐隐士张志和（字子同，号烟波钓徒，金华人）奴、婢各一人，张志和让他们结为夫妇，叫作渔童、樵青。渔童负责钓鱼，并在芦荡中撑船；樵青负责打柴种花，并在竹林中煎茶。

《万花谷》：《顾渚山茶记》云："山有

《锦绣万花谷》记载：《顾渚山茶记》中说："顾渚山中有一种鸟，形状像八哥而略小，

鸟，如鸲鹆（qú yù）而小，苍黄色，每至正二月，作声云‘春起也’，至三四月，作声云‘春去也’。采茶人呼为报春鸟。”

董逌（yóu）《陆羽点茶图跋》：竟陵大师积公嗜茶久，非渐儿煎奉不向口。羽出游江湖四五载，师绝于茶味。代宗召师入内供奉，命宫人善茶者烹以饷，师一啜而罢。帝疑其诈，令人私访得羽，召入。翌日，赐师斋，密令羽煎茗遗之，师捧瓯喜动颜色，且赏且啜，一举而尽。上使问之，师曰：“此茶有似渐儿所为者。”帝由是叹师知茶，出羽见之。

《蛮瓯志》：白乐天方斋，刘禹锡正病酒，乃以菊苗齑、芦菔鲊馈乐天，换取六斑茶，以醒酒。

苍黄色，每到正月、二月就叫‘春起也’，到三月、四月就叫‘春去也’。采茶人都称呼它为报春鸟。”

宋代董逌（字彦远，东平人）《陆羽点茶图跋》中说：茶圣陆羽的师父竟陵大师积公，嗜好饮茶已经很久，但如果不是陆羽所煎并侍奉他就不品尝。陆羽出游江湖四五年，大师就没有茶喝了。唐代宗召大师到宫中供奉，命令擅长煎茶的宫人烹茶请他品饮，大师品上一口就不理会了。代宗怀疑他是假装的，就命人私下访察找到陆羽，召入宫中。第二天，赏赐大师斋饭，秘密让陆羽煎茶奉上。大师捧起茶瓯，喜形于色，一边欣赏一边品啜，一直到喝完为止。代宗派人询问，大师说：“这茶好像是陆羽所煎的。”代宗由此而感叹大师精通茶道，让陆羽出来与师父相见。

《蛮瓯志》记载：白居易（字乐天）正在斋戒，刘禹锡饮酒而醉，于是就用菊苗齑、芦菔酢赠送给白居易，以换取六斑茶，用来醒酒。

《诗话》：皮光业字文通，最耽茗饮。中表请尝新柑，筵具甚丰，簪绂（fú）丛集。才至，未顾尊罍，而呼茶甚急。径进一巨觥，题诗曰："未见甘心氏，先迎苦口师。"众噱云："此师固清高，难以疗饥也。"

清人王士祯编、郑方坤删补《五代诗话》记载：皮日休的儿子皮光业字文通，最嗜好饮茶。其表兄弟邀请品尝新的柑橘，筵席很丰盛，很多有身份地位的宾客都到了。他刚一到场，未看到盛满美酒的杯子，就急急地呼叫上茶。径直饮用一大杯茶后，题诗说："未见甘心氏，先迎苦口师。"众人都取笑说："此师固然清高，只是难以解除饥饿。"

《太平清话》：卢仝自号癖王，陆龟蒙自号怪魁。

明代陈继儒《太平清话》中说：卢仝自己号称癖王，陆龟蒙自己号称怪魁。

《潜确类书》：唐钱起，字仲文，与赵莒为茶宴。又尝过长孙宅，与朗上人作茶会，俱有诗纪事。

明代陈仁锡《潜确类书》记载：唐代诗人钱起，字仲文，与赵莒举办茶宴，又曾经拜访长孙宅，与朗上人举办茶会，都留下诗作记录其事。

《湘烟录》：闵康侯曰："羽著《茶经》，为李季卿所慢，更著《毁茶论》。其名疾，字季疵者，言为季所疵也。事详传中。"

明代闵元京、凌义渠《湘烟录》记载：闵元衢（字康侯，号咫国居士，乌程人）说："陆羽编撰《茶经》，被李季卿不礼貌地对待，于是又写下《毁茶论》。陆羽名字叫疾，字季疵，就是说为李季卿所疵。其事详见其传记。"

《吴兴掌故录》：长兴啄木岭，唐时吴兴、毗陵二太守造茶修贡，

明代徐献忠《吴兴掌故集》记载：长兴（今浙江湖州）啄木岭，唐朝时吴兴郡、毗陵郡（今江苏常州）的太守在此造茶进贡朝廷，并举

会宴于此。上有境会亭，故白居易有《夜闻贾常州崔湖州茶山境会欢宴》诗。

行茶会、茶宴。岭上有境会亭，所以白居易有《夜闻贾常州崔湖州茶山境会欢宴》的诗作。

包衡《清赏录》：唐文宗谓左右曰："若不甲夜视事，乙夜观书，何以为君？"尝召学士于内庭，论讲经史，较量文章，宫人以下，侍茶汤饮馔。

明代包衡《清赏录》记载：唐文宗曾对左右大臣说："如果不在上半夜处理政事，下半夜读书，如何做君王？"他还曾在内庭召见学士，讲论经史，评论文章，宫人以下侍奉茶水饮食。

《名胜志》：唐陆羽宅在上饶县东五里。羽本竟陵人，初隐吴兴苕溪，自号桑苎翁，后寓信城时，又号东冈子。刺史姚骥尝诣其宅，凿沼为溟渤之状，积石为嵩华之形。后隐士沈洪乔葺而居之。

明代曹学佺《舆地名胜志》记载：唐代陆羽的故宅，在江西上饶县东五里的地方。陆羽本是竟陵（今湖北天门）人，起初隐居在吴兴的苕溪，自号桑苎翁，后来寓居信州（今江西上饶）城时，又自号东冈子。刺史姚骥曾经到其宅中拜访，见其凿池如海洋之状，积石如山岳之形。后来隐士沈洪乔曾加以修葺，居住于此。

《饶州志》：陆羽茶灶，在余干县冠山右峰。羽尝品越溪水为天下第二，故思居禅寺，凿石为灶，汲泉煮茶。曰丹炉，晋张氲作。元大德时，总管常福生从

《饶州府志》记载：陆羽茶灶，在余干县（今属江西）冠山右峰。陆羽曾经品评越溪水为天下第二，因此想居于禅寺，凿石为茶灶，汲取泉水煮茶。丹炉，传说为唐代道士晋州人张氲所作。元代大德年间（1297—1307），总管常福生跟着方士从丹炉下面搜出丹药两粒，用金盒盛起来，等到回来打开看时，却消失不见了。

方士搜炉下，得药二粒，盛以金盒，及归开视，失之。

《续博物志》：物有异体而相制者，翡翠屑金，人气粉犀，北人以针敲冰，南人以线解茶。

宋代李石《续博物志》记载：物品有形体不同而相互制约的，如翡翠可以使黄金成为粉屑，人气可以使犀角成为粉末，北方人用针来敲冰，南方人用线来解茶。

《太平山川记》：茶叶寮，五代时于履居之。

明代叶良佩《太平山川记》记载：茶叶寮，五代时期于履曾经在这里隐居，自号药林。

《类林》：五代时，鲁公和凝，字成绩，在朝率同列，递日以茶相饮，味劣者有罚，号为汤社。

《类林》记载：五代后周时，鲁国公和凝字成绩，在朝中率领同僚每日煎试品茶，茶味不好的有惩罚，当时号称汤社。（本条始见陶穀《清异录》卷下，《渊鉴类函》卷三百九十引《类林》）

《浪楼杂记》：天成四年，度支奏：朝臣乞假省觐者，欲量赐茶药。文班自左右常侍至侍郎，宜各赐蜀茶三斤，腊面茶二斤；武班官各有差。

《浪楼杂记》记载：五代后唐明宗天成四年(929)，度支即户部奏请道：朝臣请假回家省亲的，希望适量赏赐茶叶和药品。文官从左右常侍到侍郎，应当各赏赐蜀茶三斤，腊面茶二斤；武官也各有差别。

马令《南唐书》：丰城毛炳好学，家贫不能自给，入庐山与诸生曲讲，获镪（qiǎng）

宋代马令《南唐书》卷十五《隐者传》记载：丰城（今属江西）毛炳勤奋好学，家庭贫穷，生活不能自给，就到庐山与诸生讲学，获得银两就去买酒，尽醉而归。当时彭会喜欢饮

即市酒尽醉。时彭会好茶，而炳好酒，时人为之语曰："彭生作赋茶三斤，毛氏传诗酒半升。"

茶，而毛炳喜欢饮酒，人们为他们编了一句流行语说："彭生作赋茶三斤，毛氏传诗酒半升。"

《十国春秋·楚王马殷世家》：开平二年六月，判官高郁请听民售茶北客，收其征以赡军，从之。秋七月，王奏运茶河之南北，以易缯纩（zēng kuàng）、战马，仍岁贡茶二十五万斤，诏可。由是属内民得自摘山造茶而收其算，岁入万计。高另置邸阁居茗，号曰"八床主人"。

清代吴任臣《十国春秋》卷六十七《楚王马殷世家》记载：后梁开平二年（908）六月，判官高郁奏请，听任民众出售茶叶给北方的商人，征收的茶税用来供应军需，朝廷听从了他的建议。这年秋七月，楚王马殷奏请运茶到黄河南北各地，用来交易丝绵、战马，仍然每年进贡茶叶二十五万斤，诏令同意。从此楚王辖区的民众都可以自己采摘制造茶叶，官府征收茶税，每年收入以万计。高郁另外招募民户设置邸阁，贮存茶叶，号称"八床主人"。

《荆南列传》：文了，吴僧也，雅善烹茗，擅绝一时。武信王时，来游荆南，延住紫云禅院，日试其艺，王大加欣赏，呼为汤神，奏授华亭水大师。人皆目为乳妖。

《十国春秋》卷一百三《荆南列传》记载：文了，是吴地的一个高僧，雅善煎茶，独擅一时之绝。武信王高季兴当政的时候，他来到荆南游历，高季兴请他住在紫云禅院，每天考验他的品茶技艺，大加赞赏，称呼他为汤神，并奏请朝廷授予他华亭水大师的称号。当时的人们都视之为乳妖。

《谈苑》：茶之精

北宋杨亿《杨文公谈苑》记载：茶中的精

者，北苑名白乳头，江左有金腊面。李氏别命取其乳作片，或号曰京挺、的乳，二十余品。又有研膏茶，即龙品也。

品，北苑有白乳头，江左有金腊面。南唐李氏另外派人取其嫩芽作片，有的叫作京铤，有的叫作的乳，共有二十多个品类。还有研膏茶，也就是所谓的龙品。

释文莹《玉壶清话》：黄夷简雅有诗名，在钱忠懿王俶幕中，陪樽俎二十年。开宝初，太祖赐俶"开吴镇越崇文耀武功臣制诰"。俶遣夷简入谢于朝，归而称疾，于安溪别业保身潜遁。著《山居诗》，有"宿雨一番蔬甲嫩，春山几焙茗旗香"之句。雅喜治泽。咸平中，归朝为光禄寺少卿，后以寿终焉。

北宋释文莹《玉壶清话》记载：五代黄夷简（字明举，福州人）平素颇有能诗的名声，在吴越后主钱俶（字文德，归宋后封邓王，谥忠懿）的幕府中陪侍宴席二十年。北宋开宝初年，太祖赏赐给钱俶"开吴镇越崇文耀武功臣制诰"，钱俶派遣黄夷简入朝致谢，归来后称病，到安溪别墅隐居，明哲保身。著有《山居诗》，其中有"宿雨一番蔬甲嫩，春山几焙茗旗香"的句子。他很喜欢修理整治湖沼水泽，经营园林。咸平年间回到朝廷，担任光禄寺少卿。后来以高寿终老。

《五杂俎》：建人喜斗茶，故称茗战。钱氏子弟取霅上瓜，各言其中子之的数，剖之以观胜负，谓之瓜战。然茗犹堪战，瓜则俗矣。

明代谢肇淛《五杂俎》记载：建州人喜欢斗茶，所以称为茗战。吴越王室钱氏子弟取来吴兴霅溪的西瓜，各自猜度其中瓜籽的准确数量，剖开后验数以观胜负，称为瓜战。但是茗战还可以作为高雅的游戏，瓜战就不免俗气。

《潜确类书》：伪闽甘露堂前，有茶树两株，郁茂婆娑，宫人呼为清人树。每春初，嫔嫱戏于其下，采摘新芽，于堂中设倾筐会。

明代陈仁锡《潜确类书》记载：五代闽国甘露堂前，有两株茶树，郁郁葱葱，枝叶婆娑，宫人称之为清人树。每到春初，嫔妃宫嫱游戏于茶树之下，采摘新芽，在甘露堂中举办倾筐会。

《宋史》：绍兴四年初，命四川宣抚司支茶博马。

《宋史》记载：宋高宗绍兴四年（1134）初，诏令四川宣抚司支取茶叶交易马匹。

旧赐大臣茶，有龙凤饰，明德太后曰："此岂人臣可得？"命有司别制入香京铤以赐之。

以前赏赐大臣茶饼，上面有龙凤雕饰，明德太后（宋太宗皇后李氏）说："这难道是作为人臣所应该得到的吗？"命令主管部门另外制造添加龙脑香料的京铤以便赏赐给大臣。

《宋史·职官志》：茶库掌茶，受江、浙、荆、湖、建、剑茶茗，以给翰林诸司赏赉出鬻。

《宋史·职官志》记载：茶库掌管茶叶，接受江（江南东路、西路，今江苏、安徽、江西一带）、浙（两浙路，今浙江）、荆湖（荆湖南路、北路，今湖南、湖北）、建（建州，今福建建瓯）、剑（南剑州，今福建南平）等地所贡奉的茶叶，以便供给翰林诸司赏赐和出卖之用。

《宋史·钱俶传》：太平兴国三年，宴俶长春殿，令刘鋹（chǎng）、李煜预坐。俶贡茶十万斤，建茶万斤，及银绢等物。

《宋史·钱俶传》记载：宋太宗太平兴国三年（978），皇帝在长春殿宴请钱俶，命南汉国主刘鋹、南唐后主李煜陪同。钱俶贡茶十万斤，建茶一万斤，以及银两、丝绢等物。

《甲申杂记》：仁宗

北宋王巩《甲申杂记》记载：宋仁宗朝，

朝，春试进士集英殿，后妃御太清楼观之。慈圣光献出饼角以赐进士，出七宝茶以赐考官。

春天在集英殿策试进士，后妃光临太清楼观看。皇后曹氏（谥号慈圣光献皇后）拿出茶饼赏赐进士，拿出七宝茶赏赐考官。

《玉海》：宋仁宗天圣三年，幸南御庄观刈麦，遂幸玉津园，燕群臣。闻民舍机杼，赐织妇茶彩。

南宋王应麟《玉海》记载：宋仁宗天圣三年（1025），皇帝巡幸南御庄观看收麦，随即驾临玉津园，赐宴群臣，听到民间房舍中的机杼之声，赏赐织布的妇女茶叶、绢帛等物。

陶穀《清异录》：有得建州茶膏，取作耐重儿八枚，胶以金缕，献于闽王曦。遇通文之祸，为内侍所盗，转遗贵人。

宋初陶穀《清异录》记载：有人获得建州（今福建建瓯）的茶膏，用来制作耐重儿茶八枚，并在茶饼表面贴上金丝作为装饰，献给闽王曦（即王延钧）。正好遇到通文之祸（其子王昶杀死王延钧的政变），被内侍所盗取，转赠给贵人。

符昭远不喜茶，尝为同列御史会茶，叹曰：“此物面目严冷，了无和美之态，可谓冷面草也。”

宋代苻昭远不喜欢饮茶，曾经与同僚的御史举行茶会，感叹道：“此物面目严峻冷淡，一点也没有和美之态，可以称作冷面草。”

孙樵《送茶与焦刑部书》云：“晚甘侯十五人，遣侍斋阁。此徒皆乘雷而摘，拜水而和，盖建阳丹山碧水之乡，月涧云龛之品，慎

唐代孙樵《送茶与焦刑部书》中说：“晚甘侯（以茶先苦后甘，故戏称晚甘侯）十五人，派他们侍奉书斋雅阁。他们都是春雷动时去采摘，煎水调和，这些都是出于建阳丹山碧水之乡，月涧云龛之间的上品，千万不可轻贱地使用。”

勿贱用之。”

汤悦有《森伯颂》，盖名茶也。方饮而森然严乎齿牙，既久，而四肢森然，二义一名，非熟乎汤瓯境界者，谁能目之？

汤悦（本名殷崇义，南唐宰相，入宋授光禄卿，因避讳改名汤悦）著有《森伯颂》，森伯是茶的戏称。茶在刚刚品饮的时候感到牙齿森然，久品之后则感觉四肢森然，两种涵义系于一名，如果不是深谙品饮境界的人，怎么能够如此命名呢？

吴僧梵川，誓愿燃顶供养双林傅大士。自往蒙顶山结庵种茶，凡三年，味方全美。得绝佳者曰“圣杨花”“吉祥蕊”，共不逾五斤，持归供献。

五代时吴国的高僧梵川，发誓要燃顶修炼，供养双林傅大士（南朝梁高僧傅弘，义乌双林寺初祖，又称傅大师、双林大士、善慧大士），于是亲自前往蒙顶山结庵种茶，三年之后，才采制成香味全美的好茶，其绝佳者称作“圣杨花”“吉祥蕊”，总共不超过五斤，拿回来供献给双林大士。

宣城何子华，邀客于剖金堂。酒半，出嘉阳严峻所画陆羽像悬之。子华因言：“前代惑骏逸者为马癖，泥贯索者为钱癖，爱子者有誉儿癖，耽书者有《左传》癖，若此叟溺于茗事，何以名其癖？”杨粹仲曰：“茶虽珍，未离草也，宜追目陆氏为甘草癖。”一座称佳。

宣城何子华，邀请宾客在剖金堂欢宴。酒至半酣，拿出嘉阳严峻所画的陆羽像悬挂起来。何子华于是说道：“前代人称呼迷恋骏马的人叫作马癖（指晋代王济），称呼喜欢聚敛钱财的人叫作钱癖（指晋代和峤），喜欢称赞子女者叫作誉儿癖（指唐代王福畤），喜欢读书者叫作《左传》癖（指晋代杜预）。像这位陆羽先生沉湎于茶事，如何称呼他的癖好？”杨粹仲回答说：“茶叶虽然珍贵，但未离草木的本质，应当追奉陆羽为甘草癖。”在座的宾客都为之叫好。

《类苑》：学士陶

宋代江少虞《皇宋事实类苑》（下文当引自

喁，买得党太尉家姬，取雪水烹团茶以饮。谓姬曰："党家应不识此？"姬曰："彼粗人，安得有此？但能于销金帐中，浅斟低唱，饮羊羔儿酒耳。"陶深愧其言。

《古今事文类聚》）记载：宋初翰林学士陶穀，买得太尉党进家的使女，取来雪水烹煮团茶品饮。对使女说："党家应当不知道这种雅事吧？"使女回答说："他是粗人，怎么会知道这种雅事。只知道在销金帐中浅斟低唱，饮羊羔儿酒罢了。"陶穀深为自己的言论感到惭愧。

胡峤《飞龙涧饮茶》诗云："沾牙旧姓余甘氏，破睡当封不夜侯。"陶穀爱其新奇，令犹子彝和之。彝应声云："生凉好唤鸡苏佛，回味宜称橄榄仙。"彝时年十二，亦文词之有基址者也。

五代胡峤《飞龙涧饮茶》诗中写道："沾牙旧姓余甘氏，破睡当封不夜侯。"陶穀喜欢其诗句新奇，让侄子陶彝与之唱和，陶彝应声吟道："生凉好唤鸡苏佛，回味宜称橄榄仙。"陶彝当时才十二岁，也可称为文词有根基的少年才俊。

《延福宫曲宴记》：宣和二年十二月癸巳，召宰执、亲王、学士曲宴于延福宫，命近侍取茶具，亲手注汤击拂。少顷，白乳浮盏面，如疏星淡月。顾诸臣曰："此自烹茶。"饮毕，皆顿首谢。

北宋蔡京《序延福宫曲宴记》记载：宣和二年十二月癸巳，宋徽宗召集宰相、亲王、学士到延福宫举行宴会，命令内侍取来茶具，亲自注汤点茶。不一会儿，只见白乳浮于茶盏上面，如疏星淡月。徽宗皇帝环顾各位大臣说："这是我亲自烹点的茶，请诸位品饮。"饮完茶后，大臣都顿首致谢。

《宋朝纪事》：洪迈

《宋朝纪事》记载：南宋学者洪迈（字景

选成《唐诗万首绝句》，表进。寿皇宣谕："阁学选择甚精，备见博洽，赐茶一百銙，清馥香一十贴，薰香二十贴，金器一百两。"

庐，号野处）选编成《万首唐人绝句》，上表进献宋孝宗。朝廷发布谕旨道："焕章阁学士洪迈的编选很精当，全面展现其广博学识，赏赐茶一百銙，清馥香十贴，薰香二十贴，金器一百两。"

《乾淳岁时记》：仲春上旬，福建漕司进第一纲茶，名北苑试新。方寸小銙，进御止百銙，护以黄罗软盝，藉以青箬，裹以黄罗，夹复臣封朱印，外用朱漆小匣、镀金锁，又以细竹丝织笈贮之，凡数重。此乃雀舌水芽，所造一銙之值四十万，仅可供数瓯之啜尔。或以一二赐外邸，则以生线分解，转遗好事，以为奇玩。

南宋周密《乾淳岁时记》记载：仲春的上旬，福建转运使司进贡第一纲茶，叫作北苑试新，这是方寸的小銙，进贡皇上的仅有百銙。以黄罗软盒护封，以青箬叶覆盖，以黄罗包裹，加上大臣的封条朱印，外面用红漆小匣、镀金锁，再用细竹和丝绸编织的小箱子盛起来，共计数层。这就是所谓的雀舌水芽，制造一銙价值四十万，仅仅可以供几瓯的品啜。有时会以一二銙赏赐给宫外的诸王府邸，他们则会用生丝线将茶饼分解成若干份，转赠给喜欢茶的亲友，以之作为奇玩。

《南渡典仪》：车驾幸学，讲书官讲讫，御药传旨，宣坐赐茶。凡驾出，仪卫有茶酒班殿侍两行，各三十一人。

南宋周密《南渡典仪》记载：皇帝的銮驾临幸太学，讲官讲授完毕，御药传达皇上旨意，请讲官坐下赐茶。銮驾出行，仪卫中有茶、酒班殿侍两行，各有三十一人。

《司马光日记》：初除学士，待诏李尧卿宣召，称有敕。口宣毕，再拜。升阶，与待诏坐，啜茶。盖中朝旧典也。

《司马光日记》记载：刚刚被任命为学士，待诏李尧卿宣布诏令，称有敕令委任。宣读完毕，再次拜谢。上得阶前，与待诏坐下，品茶。这是朝中旧例规定的仪式。

欧阳修《龙茶录后序》：皇祐中，修起居注，奏事仁宗皇帝，屡承天问，以建安贡茶并所以试茶之状，谕臣论茶之舛谬。臣追念先帝顾遇之恩，览本流涕，辄加正定，书之于石，以永其传。

欧阳修《龙茶录后序》记载：我在皇祐中负责编修起居注，向仁宗皇帝上疏奏事，多次承蒙皇上垂问建安贡茶之事以及烹试饼茶的情状，指示我谈论茶事的谬误。我追念先帝的垂顾和知遇之恩，看到先帝批阅的奏章，痛哭流涕，于是就加以订正，亲自书写并刊刻于石碑之上，以便其永远流传后世。

《随手杂录》：子瞻在杭时，一日中使至，密谓子瞻曰："某出京师，辞官家。官家曰：'辞了娘娘来。'某辞太后殿，复到官家处，引某至一柜子旁，出此一角，密语曰：'赐与苏轼，不得令人知。'"遂出所赐，乃茶一斤，封题皆御笔。子瞻具札，附进称谢。

宋代王巩《随手杂录》记载：苏轼（字子瞻）在杭州做官的时候，有一天朝中的使者到来，秘密对苏轼说："我离开京城前，向皇上辞行，皇上说：'向太后辞行后再来。'我离开太后殿，又来向皇上辞行，皇上引我到一个柜子旁边，拿出一袋东西秘密对我说：'赏赐给苏轼，不要让别人知道。'"于是拿出所赏赐的东西，乃是一斤茶，都是御笔亲加封题。苏轼写下奏疏请中使进呈，向皇上致谢。

潘中散适为处州守，一日作醮，其茶百二十盏皆乳花，内一盏如墨，诘之，则酌酒人误酌茶中。潘焚香再拜谢过，即成乳花，僚吏皆惊叹。

中散大夫潘适担任处州知州时，有一天举行斋醮祭神，备好一百二十盏茶，都呈现出乳花，只有一盏黑色如墨，责问之下，才知道是酌酒的人误将酒倒入茶中。潘适于是焚香再拜谢罪，这盏茶当即变为乳花，同僚吏役都惊叹不已。

《石林燕语》：故事，建州岁贡大龙凤团茶各二斤，以八饼为斤。仁宗时，蔡君谟知建州，始别择茶之精者为小龙团十斤以献，斤为十饼。仁宗以非故事，命劾之，大臣为请，因留而免劾，然自是遂为岁额。熙宁中，贾清为福建运使，又取小团之精者为密云龙，以二十饼为斤，而双袋谓之双角团茶。大小团袋皆用绯，通以为赐也。密云龙独用黄，盖专以奉玉食。其后又有瑞云翔龙者。宣和后，团茶不复贵，皆以为赐，亦不复如向日之

南宋叶梦得《石林燕语》记载：旧例：建州每年进贡大龙、大凤团茶各两斤，以八饼为一斤。宋仁宗时，蔡襄（字君谟）任建州知州，才另外拣选茶中精品，制成小龙团十斤奉献朝廷，每斤十饼。宋仁宗认为不合旧例，命令大臣弹劾他，经大臣为之请命，于是留任，免于弹劾，但从此就成为每年进贡的定额。宋神宗熙宁年间，贾清担任福建转运使，又用小龙团中的精品，制成密云龙，以二十饼为一斤，双袋包装，称作双角团茶。大小龙团的包装袋都是用红色丝绸，都作为赏赐之物；只有密云龙专用黄色丝绸，这大概是专门奉献给皇上御用的。此后，又有称为瑞云翔龙的。宣和以后，团茶不再珍贵，都作为赏赐之物，也不像往时的精致。以后又取其中的精品，制成铐茶，每年赏赐的茶品都不一样，不能逐一记述了。

精。后取其精者为铸茶，岁赐者不同，不可胜纪矣。

《春渚纪闻》：东坡先生一日与鲁直、文潜诸人会，饭既，食骨馅儿血羹。客有须薄茶者，因就取所碾龙团，遍啜坐客。或曰："使龙茶能言，当须称屈。"

宋代何薳（wěi）《春渚纪闻》记载：苏轼（号东坡居士）有一天与黄庭坚（字鲁直）、张耒（字文潜）等人会餐，饭后，又吃骨馅儿血羹。宾客有需要饮淡茶的，于是取所碾的龙团茶，让在座的宾客一同品饮。有人就说："假如龙团茶会说话，一定会叫屈了。"

魏了翁《先茶记》：眉山李君铿，为临邛茶官。吏以故事，三日谒先茶。君诘其故，则曰："是韩氏而王号，相传为然，实未尝请命于朝也。"君曰："饮食皆有先，而况茶之为利，不唯民生食用之所资，亦马政、边防之攸赖。是之弗图，非忘本乎！"于是撤旧祠而增广焉，且请于郡，上神之功状于朝，宣赐荣号，以侈神赐。而驰书于靖，命记成役。

南宋魏了翁《邛州先茶记》记载：眉山（今属四川）人李君铿，担任临邛管理茶政的官员。属下的吏役根据旧例，每隔三天要去拜谒茶祖。李君铿询问其中的缘故，回答说："这里所拜的茶祖是一个姓韩而称王号的人，世代相传就是这样，实际并不曾向朝廷请命。"李君铿说："饮食都有其先祖崇拜，何况茶叶的利益，不仅仅为人民生活日用之所取资，而且也是马政边防之所依赖。这样的事情不去做，难道不是忘本吗？"于是就命令撤掉旧的祠庙，重新增修扩建，并且奏请郡守，进而陈述茶祖的功劳及其生平事迹于朝廷，请宣赐荣号，增加封赏，同时派人送信给我，让我记录下这个工程的始末。

《捫掌录》：宋自崇宁后，复榷茶，法制日严。私贩者固已抵罪，而商贾官券请纳有限，道路有程。纤悉不如令，则被系断罪，或没货出告缗，昏愚者往往不免。其侪（chái）乃目茶笼为“草大虫”，言伤人如虎也。

元代元怀《捫掌录》记载：宋代从徽宗崇宁年间（1102—1106）以后，又实行榷茶制度，法令制度日益严峻，私自贩卖茶叶的固然要治罪，而正当经营的商贾，官府颁发的券引要限期清理交纳，行商所走的路程也要完全合乎规定。稍微有不一样的地方，就会被作为私贩拘捕治罪或者没收货物并罚纳缗钱，昏昧愚钝的人往往不免被问罪。所以同辈的茶商就视茶笼为“草大虫”。是说茶叶也会像老虎一样伤人。（此条实出宋代朱彧《萍洲可谈》卷二。）

《苕溪渔隐丛话》：欧公《和刘原父扬州时会堂绝句》云：“积雪犹封蒙顶树，惊雷未发建溪春。中州地暖萌芽早，入贡宜先百物新。”注：时会堂，造贡茶所也。余以陆羽《茶经》考之，不言扬州出茶，唯毛文锡《茶谱》云：“扬州禅智寺，隋之故宫。寺傍蜀冈，其茶甘香，味如蒙顶焉。”第不知入贡之因，起何时也。

南宋胡仔《苕溪渔隐丛话》记载：欧阳修《和刘原父扬州时会堂绝句》中写道：“积雪犹封蒙顶树，惊雷未发建溪春。中州地暖萌芽早，入贡宜先百物新。”附注：时会堂，制造贡茶的处所。我按照陆羽《茶经》来考察，并未说扬州产茶，只有五代毛文锡《茶谱》中说：“扬州禅智寺，是隋朝时期的旧宫殿。寺院邻近蜀冈，所产的茶叶味道甘甜馨香，可以比得上蒙顶茶。”只是不知道其茶入贡起源于什么时候。

《卢溪诗话》：双井老人，以青沙蜡纸裹细

宋代王庭珪（字民瞻，号卢溪）《卢溪诗话》记载：双井老人黄庭坚，用青沙蜡纸包裹

茶寄人，不过二两。

细茶寄赠给友人，不超过二两。

《青琐诗话》：大丞相李公昉尝言：唐时目外镇为粗官，有学士贻外镇茶，有诗谢云："粗官乞与真虚掷，赖有诗情合得尝。"［外镇，即薛能也。］

宋代刘斧《青琐高议》卷五《名公诗话》记载：北宋丞相李昉曾经说过：唐朝时候视外镇的官员为粗官，有学士赠送给外镇茶叶，有诗致谢道："粗官乞与真虚掷，赖有诗情合得尝。"［这里的外镇，是指曾任徐州节度使的诗人薛能。］

《玉堂杂记》：淳熙丁酉十一月壬寅，必大轮当内直，上曰："卿想不甚饮，比赐宴时，见卿面赤。赐小春茶二十銙，叶世英墨五团，以代赐酒。"

南宋周必大《玉堂杂记》记载：南宋淳熙丁酉（四年，1177）十一月壬寅，轮到周必大在翰林院值班。皇上对他说："你想必不擅长饮酒，此前赐宴的时候，常见你脸色发红。我赏给你小春茶二十銙，叶世英墨五团，以代替赐酒。"

陈师道《后山丛谈》：张忠定公令崇阳，民以茶为业。公曰："茶利厚，官将取之，不若早自异也。"命拔茶而植桑，民以为苦。其后榷茶，他县皆失业，而崇阳之桑皆已成，其为绢而北者，岁百万匹矣。［又见《名臣言行录》。］

北宋陈师道《后山丛谈》（当为《后山谈丛》）记载：张咏（字复之，号乖崖，谥忠定）担任崇阳（今属湖北）县令，当地人民以种茶为业。张咏说："种茶利润丰厚，官府将要收取重税，不如及早改种别的作物。"命令人们拔掉茶叶，种植桑树，老百姓深以为苦。后来国家实行榷茶制度，其他县的人民都失去生业，而崇阳县的桑树已经长成，民间制成丝绢贸易到北方去的，每年达到上百万匹。［又见朱熹《五朝名臣言行录》（即《名臣言行录》前集）。］

文正李公既薨，夫

李昉（字明远，谥文正）去世之后，夫人

人诞日，宋宣献公时为侍从。公与其僚二十余人诣第上寿，拜于帘下。宣献前曰："太夫人不饮，以茶为寿。"探怀出之，注汤以献，复拜而去。

生日，当时宋绶（字公垂，谥宣献）为侍从，与同僚二十多人来到府第上寿，拜倒于帘下。宋绶上前说道："太夫人不饮酒，我们就以茶为寿。"从怀中拿出茶来，注汤献上，再拜而去。

张芸叟《画墁录》：有唐茶品，以阳羡为上供，建溪北苑未著也。贞元中，常衮为建州刺史，始蒸焙而研之，谓研膏茶。其后稍为饼样，而穴其中，故谓之一串。陆羽所烹，唯是草茗尔。迨本朝建溪独盛，采焙制作，前世所未有也，士大夫珍尚鉴别，亦过古先。丁晋公为福建转运使，始制为凤团，后为龙团，贡不过四十饼，专拟上供，即近臣之家，徒闻之而未尝见也。天圣中，又为小团，其品迥嘉于大团。赐两府，然止于一斤。唯上大斋宿，两府

张舜民（字芸叟，号浮休居士）《画墁录》记载：唐代的茶叶，以阳羡茶为上贡的佳品，福建建溪的北苑茶还未知名。唐德宗贞元年间常衮出任建州刺史，才进行蒸焙并研成细末，称为研膏茶。其后稍微形成茶饼模样，中间穿一孔，所以称为一串。陆羽所烹点的建茶，只是草茶罢了。到了本朝，建溪的茶叶独步天下，其采摘、烘焙、制作都是前代所没有的；士大夫的珍爱崇尚，精于鉴别，也都超过了从前。丁谓（封晋国公）任福建转运使，开始制作凤团，后又制作龙团，每年上贡不过四十饼，专门供皇上御用，即使是近臣之家，也只是闻其名而不曾见过。天圣年间，又制作小龙团，其品质远远优于大龙团。赏赐给中书省和枢密院两府，也只限量一斤。只是在皇上举行大斋戒的晚上，两府八人才共赏赐给一个小团饼，茶饼外面用金丝包装起来。八个人平分后拿回家，作为非比寻常的赏赐，亲朋相聚瞻仰把玩，吟咏唱和，所以欧阳修就写下《龙茶小录》。有时得到大龙团的赏赐，就分割成方寸小块，用来

八人，共赐小团一饼，缕之以金。八人析归，以侈非常之赐。亲知瞻玩，赓唱以诗。故欧阳永叔有《龙茶小录》。或以大团赐者，辄刲（kuī）方寸，以供佛、供仙、奉家庙，已而奉亲并待客，享子弟之用。熙宁末，神宗有旨，建州制密云龙，其品又加于小团。自密云龙出，则二团少粗，以不能两好也。予元祐中详定殿试，是年秋为制举考第官，各蒙赐三饼。然亲知诛责，殆将不胜。

供奉佛陀、供奉神仙、供奉家庙，然后再奉给双亲、款待宾客以及用来与子弟分享。熙宁末年，宋神宗有圣旨，建州制作密云龙，其品质又高于小龙团。自从密云龙问世之后，龙团、凤团的制作就稍微粗放，这是不能兼顾的缘故。我在元祐年间详定殿试之制，这一年秋天作为制举考第官，每人得到赏赐三饼。但是亲戚朋友纷纷前来索取，简直是不胜其扰。

熙宁中，苏子容使虏，姚麟为副，曰："盍载些小团茶乎？"子容曰："此乃供上之物，畴敢与虏人？"未几，有贵公子使虏，广贮团茶以往，自尔虏人非团茶不纳也，非小团不贵也。彼以二团易蕃

熙宁年间，苏颂（字子容，谥正简，追封魏国公）出使北方辽国，姚麟为副使，对苏颂说："何不携带一些小龙团呢？"苏颂说："这是供奉皇上的物品，谁敢送给北虏之人。"不久，又有贵官公子出使北辽，储存了很多团茶带去，从此北辽就非团茶不收，非小龙团就不以为贵了。他们那里用两个团饼交换蕃罗一匹，我们这里却为得到蕃罗一匹拿四个团饼作为报酬，稍微不满意，当即形于言语。近来又有皇帝身

罗一匹，此以一罗酬四团，少不满意，即形言语。近有贵貂守边，以大团为常供，密云龙为好茶云。

边的权贵太监巡守边境，更是以大龙团作为常供，而以密云龙作为好茶罢了。

《鹤林玉露》：岭南人以槟榔代茶。

南宋罗大经《鹤林玉露》记载：岭南人以槟榔代替茶叶。

彭乘《墨客挥犀》：蔡君谟，议茶者莫敢对公发言。建茶所以名重天下，由公也。后公制小团，其品尤精于大团。一日，福唐蔡叶丞秘教召公啜小团，坐久，复有一客至，公啜而味之曰："此非独小团，必有大团杂之。"丞惊，呼童诘之，对曰："本碾造二人茶，继有一客至，造不及，即以大团兼之。"丞神服公之明审。

北宋彭乘《墨客挥犀》记载：蔡襄（字君谟），谈论茶事的人没有敢于对他发表意见的。这是因为建茶之所以名重天下，都是由他创始的。后来他又制作小团，其品质比大团更加精致。有一天，福唐（今福建福清）蔡叶丞秘密派人邀请他品啜小龙团茶。坐下品茶很久，又有一个客人到来，他品味着茶说："这不仅仅是小团，一定有大团掺杂进来。"蔡叶丞非常吃惊，急忙呼唤童子来责问，回答说："本来碾造的是两个人的茶，后来又有一个客人到来，再造来不及，就以大团掺杂奉上。"蔡叶丞极为叹服他的精审鉴别。

王荆公为小学士时，尝访君谟。君谟闻公至，喜甚，自取绝品茶，亲涤器，烹点以待公，冀公称赏。公于夹

王安石（封荆国公）担任翰林学士的时候，曾经去拜访蔡襄（字君谟）。蔡襄听说王安石来，非常高兴，取来绝品茶叶，亲自洗涤茶具、烹点佳茶，款待王安石，希望他能予以称赏。王安石从夹袋中取出消风散一撮，投入茶瓯中

袋中取消风散一撮，投茶瓯中，并食之。君谟失色。公徐曰：“大好茶味。”君谟大笑，且叹公之真率也。

一并饮用。蔡襄大惊失色。王安石慢慢说道：“这茶味道太好了。”蔡襄大笑，同时叹服王安石的真率。

鲁应龙《闲窗括异志》：当湖德藏寺有水陆斋坛，往岁富民沈忠建。每设斋，施主虔诚，则茶现瑞花。故花俨然可睹，亦一异也。

南宋鲁应龙《闲窗括异志》记载：当湖（位于今浙江嘉兴平湖城东，一名东湖、鹦鹉湖）德藏寺有水陆斋坛，是以前富民沈忠所修建的。每次设斋祭祀时，如果施主虔诚，茶中就会出现祥瑞花。其花纹俨然可见，这也是一种奇异现象。

周煇《清波杂志》：先人尝从张晋彦觅茶，张答以二小诗云：“内家新赐密云龙，只到调元六七公。赖有山家供小草，犹堪诗老荐春风。”“仇池诗里识焦坑，风味官焙可抗衡。钻余权倖亦及我，十辈遣前公试烹。”时总得偶病，此诗俾其子代书，后误刊《于湖集》中。焦坑产庾岭下，味苦硬，久方回甘。如“浮石已干霜后水，焦坑新试雨前茶”，东坡

南宋周煇《清波杂志》记载：我的父亲曾经向张祁（字晋彦，号总得居士，张孝祥之父）寻觅佳茶，张祁以两首小诗作答，其一写道：“内家新赐密云龙，只到调元六七公。赖有山家供小草，犹堪诗老荐春风。”其二写道：“仇池诗里识焦坑，风味官焙可抗衡。钻余权倖亦及我，十辈遣前公试烹。”当时张祁偶然得病，此诗由其子代书，后来错误地刊刻到张孝祥《于湖集》中。焦坑茶产于粤赣边境的大庾岭之下，茶味苦涩而较硬，许久才回味甘甜，正如苏东坡《南还回至章贡显圣寺》诗中所咏的“浮石已干霜后水，焦坑新试雨前茶”。后来我曾多次得到这种茶，本来不是什么精品，只是当地人自认为贵重，包装之后投机钻营，进奉给权贵，其品质怎么可以比得上建溪的绝品呢？

《南还回至章贡显圣寺》诗也。后屡得之，初非精品，特彼人自以为重，包裹钻权倖，亦岂能望建溪之胜？

《东京梦华录》：旧曹门街北山子茶坊，内有仙洞、仙桥，士女往往夜游，吃茶于彼。

宋孟元老《东京梦华录》记载：东京开封府旧曹门街北的山子茶坊，其中还建有仙洞、仙桥，京城的士女往往夜间到此游玩、品茶。

《五色线》：骑火茶，不在火前，不在火后故也。清明改火，故曰骑火茶。

宋佚名辑《五色线》记载：骑火茶，寓意不在火前，也不在火后。清明节改火，所以叫作骑火茶。

《梦溪笔谈》：王城东素所厚唯杨大年。公有一茶囊，唯大年至，则取茶囊具茶，他客莫与也。

北宋沈括《梦溪笔谈》记载：王城东（当作“王东城”，似指王旦）一向厚待的只有杨大年。他有一个茶囊，只有杨大年来了，就取茶囊准备上茶，其他宾客不能享受此等待遇。

《华夷花木考》：宋二帝北狩，到一寺中，有二石金刚并拱手而立。神像高大，首触桁（héng）栋，别无供器，止有石盂、香炉而已。有一胡僧出入其中，僧揖坐，问何来，帝以南来对。僧呼童子

明代慎懋官（字汝学，湖州人）《华夷花木鸟兽珍玩考》记载：宋朝徽宗、钦宗两位皇帝被金人俘虏北行，到一座寺庙中，有两个石雕的金刚并排拱手而立，神像高大，头部几乎顶到房梁和屋椽，没有其他的供器，只有石雕的钵盂、香炉罢了。有一个胡人僧侣出入其中。僧人作揖坐下来，问他们从哪里来，两位皇帝回答说从南边来。僧人就呼唤童子点茶进奉，茶味非常馨香甘美。两位皇帝想再索要饮用，

点茶以进，茶味甚香美。再欲索饮，胡僧与童子趋堂后而去。移时不出，入内求之，寂然空舍。唯竹林间有一小室，中有石刻胡僧像，并二童子侍立，视之俨然如献茶者。

僧人和童子却向堂后走去。等待一个时辰还不出来，进去寻找，却见寂然空屋，只有竹林间有一个小屋，屋中立有石刻的胡僧像，两个童子侍立两旁，仔细观察，俨然与刚才献茶的僧人、童子一模一样。

马永卿《懒真子录》：王元道尝言：陕西子仙姑，传云得道术，能不食。年约三十许，不知其实年也。陕西提刑阳翟李熙民逸老，正直刚毅人也，闻人所传甚异，乃往青平军自验之。既见，道貌高古，不觉心服。因曰："欲献茶一杯，可乎？"姑曰："不食茶久矣，今勉强一啜。"既食，少顷垂两手出，玉雪如也。须臾，所食之茶从十指甲出，凝于地，色犹不变，逸老令就地刮取，且使尝之，香味如故，因大奇之。

宋代马永卿《懒真子录》记载：王元道曾经说过：陕西子仙姑，传说修得道术，能够不吃饭。年纪看起来大约三十多岁，不知道真实的年龄。陕西提刑阳翟（今河南禹州）人李熙民逸老，是一个正直刚毅的人，他听人们传说得非常神奇，就亲自到青平军（今浙江余杭故城，在苕溪南）进行考察。见面之后，看到仙姑道貌高古，不觉心服。于是就说："我想给您献上一杯茶，是否可以？"仙姑说："我不饮茶已经很久了，如今就勉强品饮一次。"饮茶之后，不一会儿垂着两手出来，白得像白玉、白雪一样。很快，只见所饮的茶从双手的十个指甲中涌出，凝结于地上，色泽还没有改变。李熙民命人就地刮取茶来，并且让他们品尝，香味如故，于是大为惊奇。

《朱子文集·与志南上人书》：偶得安乐茶，分上廿瓶。

南宋朱熹《朱子文集》中有《与志南上人书》写道：偶然得到一些安乐茶，分送二十瓶奉上。

《陆放翁集·同何元立蔡肩吾至丁东院汲泉煮茶》诗云：雪芽近自峨眉得，不减红囊顾渚春。旋置风炉清樾下，他年奇事记三人。

南宋陆游《陆放翁集》中有《同何元立蔡肩吾至丁东院汲泉煮茶》诗写道：雪芽近自峨嵋得，不减红囊顾渚春。旋置风炉清樾下，他年奇事记三人。

《周必大集·送陆务观赴七闽提举常平茶事》诗云：暮年桑苎毁《茶经》，应为征行不到闽。今有云孙持使节，好因贡焙祀茶神。

南宋周必大《周必大集》中有《送陆务观赴七闽提举常平茶事》诗四首之二写道：暮年桑苎毁《茶经》，应为征行不到闽。今有云孙持使节，好因贡焙祀茶神。

《梅尧臣集》：《晏成续太祝遗双井茶五品，茶具四枚，近诗六十篇，因赋诗为谢》。

北宋梅尧臣《梅尧臣集》中有《晏成续太祝遗双井茶五品，茶具四枚，近诗六十篇，因赋诗为谢》。

《黄山谷集》：有《博士王扬休碾密云龙，同事十三人饮之戏作》。

北宋黄庭坚《黄山谷集》卷四中有《博士王扬休碾密云龙，同事十三人饮之戏作》。

《晁补之集·和答曾敬之秘书见招能赋堂烹茶》诗：一碗分来百越春，玉溪小暑却宜

北宋晁补之《晁补之集》中有《和答曾敬之秘书见招能赋堂烹茶》诗二首之二写道：一碗分来百越春，玉溪小暑却宜人。红尘他日同回首，能赋堂中偶坐身。

人。红尘他日同回首，能赋堂中偶坐身。

《苏东坡集·送周朝议守汉州》诗云：“茶为西南病，甿俗记二李。何人折其锋，矫矫六君子。”注：二李，杞与稷也。六君子谓师道与侄正孺、张永徽、吴醇翁、吕元钧、宋文辅也。盖是时蜀茶病民，二李乃始敝之人，而六君子能持正论者也。

北宋苏轼《苏东坡集》中有《送周朝议守汉州》诗写道：“茶为西南病，甿俗记二李。何人折其锋，矫矫六君子。”原注：二李，是指曾任提举成都府利州路买茶公事、都大提举茶场司的李杞和李稷。六君子，是指陈师道与其侄子陈正孺，张永徽、吴醇翁、吕元钧、宋文辅。由于当时蜀茶实行禁榷，危害于民，二李是其始作俑者；而六君子则是坚持正义抗论救民的。

仆在黄州，参寥自吴中来访，馆之东坡。一日，梦见参寥所作诗，觉而记其两句云：“寒食清明都过了，石泉槐火一时新。”后七年，仆出守钱塘，而参寥始卜居西湖智果寺院。院有泉出石缝间，甘冷宜茶。寒食之明日，仆与客泛湖自孤山来谒，参寥汲泉钻火，烹黄蘖茶。忽悟所梦

《苏东坡集》中又有《书参寥诗》写道：我在黄州任职时，参寥（诗僧道潜，俗姓何，名曰云潜，号参寥子）从吴中前来拜访，居住在东坡。有一天，我梦见参寥所作的诗，醒来后记得其中的两句：“寒食清明都过了，石泉槐火一时新。”又过了七年，我出任杭州知州，而参寥也开始居住在西湖智果寺院。寺院中有一道泉水从石缝中涌出，甘甜冷冽，适宜烹茶。寒食节的次日，我与宾客乘船泛湖从孤山来拜谒，参寥汲泉钻火，烹煮黄蘖茶。忽然感悟曾经梦见的诗，于七年以前已有征兆。各位宾客都非常惊叹，由此可知史书传记所记载的很多故事，并非虚语。

诗，兆于七年之前。众客皆惊叹，知传记所载，非虚语也。

东坡《物类相感志》：芽茶得盐，不苦而甜。又云：吃茶多腹胀，以醋解之。又云：陈茶烧烟，蝇速去。

旧题苏东坡《物类相感志》中说：芽茶放盐，不觉苦咸却觉甘甜。又说：吃茶多会出现腹胀，可以用醋解之。又说：用陈茶熏燃，能很快驱赶苍蝇蚊子。

《杨诚斋集·谢傅尚书送茶》：远饷新茗，当自携大瓢，走汲溪泉，束涧底之散薪，然折脚之石鼎，烹玉尘，啜香乳，以享天上故人之惠。愧无胸中之书传，但一味搅破菜园耳。

南宋杨万里《诚斋集》卷一百七《答傅尚书》之二写道：承蒙您从远方赠送新茶，我当携带大瓢，汲取山溪泉水，收拾山涧中的败枝散叶，烧起折脚的石鼎，烹煮茶末，品啜香乳，以享受这天上故人的惠赠。惭愧的是我胸中没有诗书文章，只是一味搅破菜园（“羊踏破菜园”之典指偶贪荤食，打破常食菜蔬的饮食习惯）罢了。

郑景龙《续宋百家诗》：本朝孙志举，有《访王主簿同泛菊茶》诗。

南宋郑景龙（字伯允，三衢人）《续宋百家诗》中说：本朝孙勋（字志举），有《访王主簿同泛菊茶》诗。

吕元中《丰乐泉记》：欧阳公既得酿泉，一日会客，有以新茶献者。公敕汲泉瀹之。汲者道仆覆水，伪汲他泉代。公知其非酿

宋代吕元中《丰乐泉记》（原作《紫微泉记》）记载：欧阳修访得酿泉（当为让泉，在今安徽滁州琅琊山）之后，有一天会聚宾客，有人献上新茶，欧阳修就命人汲泉煎茶。汲泉的人在半道上摔倒，泉水倾覆，就汲取其他泉水代替。欧阳修知道不是酿泉水，责问汲泉的

泉，诘之，乃得是泉于幽谷山下，因名丰乐泉。

人，才知道另外一个泉水在幽谷山下，于是命名为丰乐泉。

《侯鲭录》：黄鲁直云："烂蒸同州羊，沃以杏酪，食之以匕，不以箸。抹南京面，作槐叶冷淘，糁以襄邑熟猪肉，炊共城香稻，用吴人鲙，松江之鲈。既饱，以康王谷帘泉烹曾坑斗品。少焉，卧北窗下，使人诵东坡《赤壁》前后赋，亦足少快。"［又见《苏长公外纪》。］

宋代赵令畤《侯鲭录》记载：黄庭坚（字鲁直）说："烂蒸同州（今陕西大荔）羊，浇上杏酪，用匕首边切边吃，而不用筷子。切细南京的面，作槐叶冷淘（凉面之类），加上襄邑（今河南睢县）的熟猪肉，炊煮共城（今河南辉县）的香稻，吃吴人的鲙、松江的鲈鱼。吃饱之后，用庐山康王谷帘泉水烹煮曾坑的斗品佳茶，品饮一会儿，仰卧于向北的窗户之下，让人朗诵苏东坡的前后《赤壁赋》，也足以称为快事。"［又见《苏长公外纪》。］

《苏舜钦传》：有兴则泛小舟，出盘、阊二门，吟啸览古，渚茶野酿，足以消忧。

《宋史·苏舜钦传》记载：苏舜钦流寓苏州，有兴致时就驾着小船，出盘门、阊门，吟咏狂啸，游览古迹，江边的茶、乡村的酒都足以消除忧愁，荡涤胸怀。

《过庭录》：刘贡父知长安，妓有茶娇者，以色慧称。贡父惑之，事传一时。贡父被召至阙，欧阳永叔去城四十五里迓之，贡父以酒病未起。永叔戏之

南宋范公偁（范仲淹玄孙）《过庭录》记载：刘攽（bān）（字贡父）知长安，有一个叫作茶娇的妓女，以美貌智慧著称。刘攽为她所迷惑，其事曾经传诵一时。刘攽被召回京师，欧阳修（字永叔）出城四十五里前去迎接，刘攽因为酒醉未起。欧阳修调侃地说："不仅酒能够醉人，茶也能够醉人啊。"

曰："非独酒能病人，茶亦能病人多矣。"

《合璧事类》：觉林寺僧志崇，制茶有三等：待客以惊雷荚，自奉以萱草带，供佛以紫茸香。凡赴茶者，辄以油囊盛余沥。

南宋谢维新《古今合璧事类备要》记载：觉林寺的僧人志崇，制茶分为三等：招待宾客用惊雷荚，自己饮用用萱草带，供奉佛陀用紫茸香。凡是来赴茶会的，就要用油囊来盛剩余的茶水。

江南有驿官，以干事自任。白太守曰："驿中已理，请一阅之。"刺史乃往，初至一室为酒库，诸醞皆熟，其外悬一画神，问："何也？"曰："杜康。"刺史曰："公有余也。"又至一室，为茶库，诸茗毕备，复悬画神，问："何也？"曰："陆鸿渐。"刺史益喜。又至一室，为菹（zū）库，诸俎咸具，亦有画神，问："何也？"曰："蔡伯喈。"刺史大笑，曰："不必置此。"

江南有一位驿站的官员，自以为办事干练。对太守说："驿站的事务已经处理好了，请前去检阅指导。"于是刺史就前去视察，先到一个房间，是酒库，各种酒皆熟，室外悬挂一幅神像，问是何人，回答说是酒神杜康。刺史说："公务完成得绰绰有余啊！"又到一个房间，是茶库，各种茶品俱备，室外也悬挂一幅神像，问是何人，回答说是茶神陆羽（字鸿渐）。刺史更加高兴。又到一个房间，是菹（肉酱）库，各种砧板都有，室外也悬挂一幅神像，问是何人，回答说是蔡邕（字伯喈）。刺史大笑，说道："这个不必设置。"

江浙间养蚕，皆以

江浙地区人们养蚕，都用盐藏在蚕茧中去

盐藏其茧而缫丝，恐蚕蛾之生也。每缫毕，即煎茶叶为汁，捣米粉搜之。筛于茶汁中，煮为粥，谓之洗瓯粥。聚族以啜之，谓益明年之蚕。

缫丝，是恐怕蚕茧生出蛾子。每当缫丝完毕，就要煎茶叶为汁，把米粉捣碎，筛到茶水里煮成粥，叫作洗瓯粥。整个家族聚集一起品啜，说是这样有益于来年的蚕业生产。

《经钽堂杂志》：松声、涧声、山禽声、夜虫声、鹤声、琴声、棋落子声、雨滴阶声、雪洒窗声、煎茶声，皆声之至清者。

宋代倪思《经钽堂杂志》中说：松声、涧声、山禽声、夜虫声、鹤声、琴声、围棋落子声、雨滴阶声、雪洒窗声、煎茶声，这些都是声音中的至清者。

《松漠纪闻》：燕京茶肆设双陆局，如南人茶肆中置棋具也。

南宋洪皓《松漠纪闻》记载：燕京（今北京）的茶肆中，设置有双陆局，正像南方人在茶肆中设置棋局一样。

《梦粱录》：茶肆列花架，安顿奇松、异桧等物于其上，装饰店面，敲打响盏。又冬月添卖七宝擂茶、馓子葱茶。茶肆楼上，专安着妓女，名曰花茶坊。

南宋吴自牧《梦粱录》记载：都城临安（今浙江杭州）的茶肆中，陈列有花架，其上安顿有奇松、异桧等花木，装饰店面，敲打响盏。另外冬天还要添卖七宝擂茶、馓子葱茶。茶肆的楼上，专门安排有妓女的，叫作花茶坊。

《南宋市肆记》：平康歌馆，凡初登门，有提瓶献茗者。虽杯茶，亦犒数千，谓之点

南宋周密《南宋市肆记》一作（《武林市肆记》）记载：平康巷歌妓的馆舍，凡是客人初次登门，就有专门提着茶瓶来献茶的。即使只喝一杯茶，也要犒赏数千钱，叫作点花茶。

花茶。

诸处茶肆，有清乐茶坊、八仙茶坊、珠子茶坊、潘家茶坊、连三茶坊、连二茶坊等名。

都城临安各处的茶肆，有清乐茶坊、八仙茶坊、珠子茶坊、潘家茶坊、连三茶坊、连二茶坊等名号。

谢府有酒，名胜茶。

谢府有酒，名字叫作胜茶。

宋《都城纪胜》：大茶坊，皆挂名人书画，人情茶坊本以茶汤为正。水茶坊乃娼家，聊设果凳，以茶为由，后生辈甘于费钱，谓之干茶钱。又有提茶瓶及龊茶名色。

南宋耐得翁《都城纪胜》记载：大茶坊，都悬挂名人字画。根据人之常情理解，茶坊本来应当以供应茶水作为正宗生意，但也有借此敛财，行为不当的。如水茶坊，其实就是娼妓之家，摆设水果桌凳，以卖茶作为幌子，后生少年甘心费钱，称为干茶钱。又有提茶瓶（如上述的点花茶）和龊茶（官衙吏卒向店铺商人点送茶汤，强索钱财）等名色。

《臆乘》：杨衒（xuàn）之作《洛阳伽蓝记》，曰食有酪奴，盖指茶为酪粥之奴也。

南宋杨伯嵒《臆乘》记载：杨衒之编撰《洛阳伽蓝记》，其中说“饮食有酪奴”。大概是以茶作为酪粥的奴婢。

《瑯環记》：昔有客遇茅君，时当大暑，茅君于手巾内解茶叶，人与一叶。客食之，五内清凉。茅君曰：“此蓬莱穆陀树叶，众仙食之以当饮。”又有宝文之蕊，食之不饥。故谢幼贞诗云：“摘宝文之初

旧题元伊世珍《瑯環记》记载：从前，有客人遇到三茅真君，当时正值盛夏酷暑，三茅真君从手巾中取出茶叶，每人给一叶。客人品饮之后，感到五脏清凉。三茅真君说：“这是蓬莱岛的穆陀树叶，众位神仙都作为饮品使用。”又有宝文树的花蕊，吃了之后不会感到饥饿。因此谢幼贞有诗写道：“摘宝文之初蕊，拾穆陀之坠叶。”

蕊，拾穆陀之坠叶。”

杨南峰《手镜》载：宋时姑苏女子沈清友，有《续鲍令晖香茗赋》。

明代杨循吉（字君卿，一作君谦，号南峰）《手镜》（一作《奚囊手镜》）记载：宋朝的时候，姑苏（今江苏苏州）女子沈清友，著有《续鲍令晖香茗赋》。

孙月峰《坡仙食饮录》：密云龙茶，极为甘馨。宋廖正一，字明略，晚登苏门，子瞻大奇之。时黄、秦、晁、张号苏门四学士，子瞻待之厚。每至，必令侍妾朝云取密云龙，烹以饮之。一日，又命取密云龙，家人谓是四学士，窥之，乃明略也。山谷诗有矞［聿］云龙，亦茶名。

明代孙矿（字文融，号月峰，余姚人）《坡仙食饮录》记载：密云龙茶，极为甘甜馨香。宋人廖正一，字明略，拜师于苏轼门下较晚，但苏轼非常器重他，目为奇才。当时黄庭坚、秦观、晁补之、张耒四人号称苏门四学士，苏轼对待他们都很优厚。每次到来，一定让侍妾朝云取密云龙茶款待他们。有一天，又命朝云取密云龙茶，家人以为是四学士到了，暗中观察，乃是廖正一。黄庭坚诗中有“矞［读聿音］云龙”，也是一种茶的名称。

《嘉禾志》：煮茶亭，在秀水县西南湖中，景德寺之东禅堂。宋学士苏轼与文长老尝三过湖上，汲水煮茶。后人因建亭，以识其胜。今遗址尚存。

元代徐硕《至元嘉禾志》记载：煮茶亭，位于秀水县西南湖中，景德寺的东禅堂。宋代翰林学士苏轼曾与文长老（文及，字本心，蜀眉山人，秀州即嘉兴本觉寺住持）三次经过此湖，汲水煮茶。后人于是在此建亭，以便标记胜迹。至今遗迹还存在。

《名胜志》：茶仙亭，在滁州琅琊山，宋

明代曹学佺《舆地名胜志》记载：茶仙亭，位于滁州琅琊山。宋朝的时候，寺院的僧人为

时，寺僧为刺史曾肇建。盖取杜牧《池州茶山病不饮酒》诗"谁知病太守，犹得作茶仙"之句。子开诗云："山僧独好事，为我结茅茨。茶仙榜草圣，颇宗樊川诗。"盖绍圣二年肇知是州也。

刺史（知州）曾肇（字子开，南丰人，曾巩之弟）所建。名称取自唐朝诗人杜牧（字牧之，号樊川子）的诗《池州茶山病不饮酒》中"谁知病太守，犹得作茶仙"的句子。曾肇有诗写道："山僧独好事，为我结茅茨。茶仙榜草圣，颇宗樊川诗。"这是在宋哲宗绍圣二年（1095），曾肇滁州知州任内的事。

陈眉公《珍珠船》：蔡君谟谓范文正曰："公《采茶歌》云：'黄金碾畔绿尘飞，碧玉瓯中翠涛起。'今茶绝品，其色甚白，翠绿乃下者耳。欲改为'玉尘飞''素涛起'，如何？"希文曰："善。"

明代陈继儒（号眉公）《珍珠船》记载：蔡襄（字君谟）对范仲淹（字希文，谥文正）说："先生的《采茶歌》（即《和章岷从事斗茶歌》）中写道：'黄金碾畔绿尘飞，碧玉瓯中翠涛起。'如今的茶中绝品，色泽都很鲜白，翠绿乃其中下品罢了，想把'绿尘飞'改为'玉尘飞'，把'翠涛起'改为'素涛起'，怎么样？"范仲淹回答说："很好。"

又，蔡君谟嗜茶，老病不能饮，但把玩而已。

又及，蔡襄嗜好饮茶，晚年老病不能饮茶，只是把玩罢了。

《潜确类书》：宋绍兴中，少卿曹戬避地南昌丰城县，其母喜茗饮。山初无井，戬乃斋戒祝天，即院堂后斫地才尺，而清泉溢涌，后

明代陈仁锡《潜确类书》记载：宋高宗绍兴年间，少卿曹戬为躲避金兵移居南昌丰城县，他的母亲喜欢饮茶。起初山中没有井，曹戬就斋戒祈祷上天，在院中屋后挖地，刚挖了一尺深，清澈的泉水就溢满涌出来，后人就把此泉叫作孝感泉。

人名为孝感泉。

大理徐恪，建人也，见贻乡信铤子茶，茶面印文曰玉蝉膏，一种曰清风使。

五代后周显德初年，大理寺卿徐恪，是福建建州（今福建建瓯）人，收到家乡书信并得到馈赠的铤子茶，茶饼表面有印文，一种叫作玉蝉膏，一种叫作清风使。

蔡君谟善别茶，建安能仁院有茶生石缝间，盖精品也。寺僧采造得八饼，号石岩白。以四饼遗君谟，以四饼密遣人走京师遗王内翰禹玉。岁余，君谟被召还阙，过访禹玉。禹玉命子弟于茶筒中选精品碾以待蔡，蔡捧瓯未尝，辄曰："此极似能仁寺石岩白，公何以得之？"禹玉未信，索帖验之，乃服。

蔡襄（字君谟）善于鉴别茶品。建安能仁院有一种茶长在石缝间，是茶中精品。寺院僧人采摘制造成八饼，称作石岩白。以四饼赠给蔡襄，另外四饼秘密派人到京城汴梁赠给翰林学士王珪（字禹玉，谥文恭）。一年多后，蔡襄被召回京城，登门拜访王珪。王珪命子弟将茶筒中选取精品碾制烹煮以款待蔡襄。蔡襄手捧茶瓯还没有品尝，就说："此茶极像能仁寺的石岩白，先生怎么得来的？"王珪还不相信，索取帖子验看，于是折服蔡襄的鉴识之精。

《月令广义》：蜀之雅州名山县蒙山有五峰，峰顶有茶园。中顶最高处曰上清峰，产甘露茶。昔有僧病冷且久，尝遇老父询其病，僧具告之。父曰："何不饮茶？"僧曰："本

明代冯应京《月令广义》记载：四川雅州（治今四川雅安）名山县蒙山（即蒙顶山）有五座山峰，峰顶有茶园。其中顶最高处叫作上清峰，出产甘露茶。从前有僧人患冷病已经很久，曾经遇到过一个老人询问其病情，僧人一一告诉了他。老人说："为什么不饮茶呢？"僧人回答说："本来以为茶叶性冷，难道能够治疗这种病吗？"老人说："这并非寻常的茶，仙家

以茶冷，岂能止乎?”父曰：“是非常茶，仙家有所谓雷鸣者，而亦闻乎?”僧曰：“未也。”父曰：“蒙之中顶有茶，当以春分前后，多构人力，俟雷之发声，并手采摘，以多为贵，至三日乃止。若获一两，以本处水煎服，能祛宿疾。服二两，终身无病。服三两，可以换骨。服四两，即为地仙。但精洁治之，无不效者。”僧因之中顶，筑室以俟。及期，获一两余，服未竟而病瘥。惜不能久住博求。而精健至八十余，气力不衰。时到城市，观其貌，若年三十余者，眉发绀绿。后入青城山，不知所终。今四顶茶园不废，唯中顶草木繁茂，重云积雾，蔽亏日月，鸷兽时出，人迹罕到矣。

有所谓雷鸣茶，不知道您听说过没有?”僧人回答说没有。老人说：“蒙山的中顶有茶叶，应当在春分前后多召集人力，等到春雷发声，一起采摘，以多为贵，到第三天就停止。如果收获一两，用本地的泉水煎服，能够祛除慢性疾病。煎服二两，就可以保证终身无病。煎服三两，就可以轻身换骨。煎服四两，就可以称为地上神仙。只要制作服用精致洁净，不会没有效果的。”僧人于是就来到蒙山中顶，筑室居住等待，到得采茶季节，收获了一两有余，还没有煎服完毕病就好了。可惜不能够在山上久住，从而更多地收获茶叶。从此身体康健、精力充沛，八十多岁，气力不衰。经常到城市中去，观察他的面貌，就像三十多岁的年纪，眉毛头发都呈微红的墨绿色。后来进入青城山学道成仙，不知所终。如今蒙山五峰，其余四个峰顶茶园都没有荒废，只有中顶上清峰草木繁茂，云雾缭绕，遮蔽日月，猛兽出没，人迹罕至。

《太平清话》：张文规以吴兴白苎、白蘋洲、明月峡中茶为三绝。文规好学，有文藻。苏子由、孔武仲、何正臣诸公，皆与之游。

明代陈继儒《太平清话》记载：唐代湖州刺史张文规以吴兴（今浙江湖州）白苎、白蘋洲、明月峡中茶作为三绝。张文规好学，有文采，苏辙（字子由）、孔武仲、何正臣等名士都与他交游。（此处当为错引，张文规当为唐代吴兴太守，有《湖州贡焙新茶》《吴兴三绝》等诗，如何与宋代名士交游？）

夏茂卿《茶董》：刘晔，字子仪，尝与刘筠饮茶，问左右："汤滚也未？"众曰："已滚。"筠曰："佥曰鲧哉。"晔应声曰："吾与点也。"

明代夏树芳（字茂卿）《茶董》记载：北宋刘晔（当为刘烨，字耀卿），曾经与刘筠（字子仪）一起饮茶。问左右道："水烧滚了吗？"回答说："已滚。"刘筠调侃说："佥曰鲧哉！"（见《尚书·尧典》，意思说尧问谁能治水，大家都说鲧可以呀！）刘晔应声回答说："吾与点也。"（见《论语·先进》，意思是孔子说我赞成曾点的主张。这里借"点"表示水开了，我来点茶的意思。）

黄鲁直以小龙团半铤，题诗赠晁无咎，有云："曲几蒲团听煮汤，煎成车声绕羊肠。鸡苏胡麻留渴羌，不应乱我官焙香。"东坡见之，曰："黄九恁地，怎得不穷？"

黄庭坚（字鲁直）以半铤小龙团茶饼题诗赠给晁补之（字无咎），诗中写道："曲几蒲团听煮汤，煎成车声绕羊肠。鸡苏胡麻留渴羌，不应乱我官焙香。"苏东坡见了以后说道："这个黄九（黄庭坚排行第九，故称），这么下去，怎么会不穷困潦倒呢？"

陈诗教《灌园史》：杭妓周韶有诗名，好蓄奇茗，尝与蔡公君谟斗

明代陈诗教《灌园史》记载：杭州歌妓周韶有诗名，喜欢收藏佳茶奇茗。曾经与蔡襄（字君谟）比试，品题茶的风味，蔡襄自愧

胜，题品风味，君谟屈焉。	不如。
江参，字贯道，江南人，形貌清癯，嗜香茶以为生。	江参，字贯道，江南人。他的形体面貌清奇瘦朗，嗜饮香茶，作为日常生活。
《博学汇书》：司马温公与子瞻论茶墨云："茶与墨二者正相反，茶欲白，墨欲黑；茶欲重，墨欲轻；茶欲新，墨欲陈。"苏曰："上茶妙墨俱香，是其德同也；皆坚，是其操同也。"公叹以为然。	明代来集之《博学汇书》记载：司马光（封温国公，世称司马温公）与苏轼（字子瞻，号东坡居士）谈论茶和墨。司马光说："茶与墨二者的特性正好相反，茶要白，墨要黑；茶要重，墨要轻；茶要新，墨要陈。"苏轼回答说："好茶、妙墨都很香，这是其品德相同；茶饼和墨锭都很坚硬，这是其操守相同。"司马光听后赞叹，深以为然。
元耶律楚材诗《在西域作茶会值雪》，有"高人惠我岭南茶，烂赏飞花雪没车"之句。	元代耶律楚材的诗《在西域作茶会值雪》（原题为《西域从王君玉乞茶因其韵七首之三》），有"高人惠我岭南茶，烂赏飞花雪没（原作'满'）车"的句子。
《云林遗事》：光福徐达左，构养贤楼于邓尉山中，一时名士多集于此，元镇为尤数焉。尝使童子入山担七宝泉，以前桶煎茶，以后桶濯足。人不解其意，或问之，曰："前者无	明代顾元庆《云林遗事》记载：元代苏州光福乡人徐达左，在邓尉山中建造养贤楼，一时名士都云集于此。画家倪瓒（字元镇，号云林，无锡人）来往尤其频繁。他曾经派童子到山中担七宝泉水，以前面桶里的水煎茶，后面桶里的水洗脚，人们不理解其用意，有人问他，倪瓒回答说："前面桶里的水没有污染，所以用来煎茶；后面桶里的水有时可能会为童子的泄

触，故用煎茶，后者或为泄气所秽，故以为濯足之用。”其洁癖如此。

气所污染，所以用来洗脚。”他的洁癖到了这种程度。

陈继儒《妮古录》：至正辛丑九月三日，与陈征君同宿愚庵师房，焚香煮茗，图《石梁秋瀑》，翛然有出尘之趣。黄鹤山人王蒙题画。

明代陈继儒《妮古录》记载：元顺帝至正辛丑（1361）九月三日，与陈征君一同下榻于愚庵师的禅房中，焚香煮茶，绘《石梁秋瀑图》，富有自由自在、超脱尘世的趣味。黄鹤山人王蒙题画。

周叙《游嵩山记》：见会善寺中有元雪庵头陀《茶榜》石刻，字径三寸，遒伟可观。

明代周叙《游嵩山记》记载：见到会善寺中，有元代雪庵头陀《茶榜》石刻，每字直径三寸左右，遒劲魁伟，大为可观。

锺嗣成《录鬼簿》：王实甫有《苏小卿月夜贩茶船》传奇。

元代锺嗣成《录鬼簿》记载：王实甫有《苏小卿月夜贩茶船》传奇。

《吴兴掌故录》：明太祖喜顾渚茶，定制岁贡止三十二斤，于清明前二日，县官亲诣采茶，进南京奉先殿焚香而已，未尝别有上供。

明代徐献忠《吴兴掌故集》记载：明太祖朱元璋喜好顾渚茶，但贡茶定制，每年只进贡顾渚茶三十二斤，于清明节前两天，县官亲自前去监督采制，进奉到南京奉先殿焚香罢了，不曾另外上贡更多的茶叶。

《七修汇稿》：明洪武二十四年，诏天下产茶之地，岁有定额，以建宁为上，听茶户采

明代郎瑛《七修汇稿》（当为《七修类稿》）记载：明太祖洪武二十四年（1391），诏令天下产茶之地，每年贡茶都有定额，以福建建宁（今福建建瓯）所产茶叶为上品，听任茶户

进，勿预有司。茶名有四：探春、先春、次春、紫笋，不得碾揉为大小龙团。

采制进贡，不必通过官府。茶名有四种：探春、先春、次春、紫笋，不得碾碎研末，制成大小龙团。

杨维桢《煮茶梦记》：铁崖道人卧石床，移二更，月微明，及纸帐梅影，亦及半窗，鹤孤立不鸣。命小芸童汲白莲泉，燃槁湘竹，授以凌霄芽为饮供。乃游心太虚，恍兮入梦。

元代杨维桢（字廉夫，号铁崖、东维子）《煮茶梦记》记载：铁崖道人躺在石床之上，时过二更，月色微明，棉纸蚊帐上映着梅花的影子，即将投到半个窗子，野鹤孤立而不鸣。这时派小芸童汲取白莲泉水，点燃枯湘竹火，授予云雾佳茶，烹点供饮。这种境界真如游心太虚幻境，使人仿佛进入梦乡。

陆树声《茶寮记》：园居敞小寮于啸轩埤垣之西，中设茶灶，凡瓢汲、罂注、濯拂之具咸庀（pǐ）。择一人稍通茗事者主之，一人佐炊汲。客至，则茶烟隐隐起竹外。其禅客过从予者，与余相对结跏趺坐，啜茗汁，举无生话。时杪秋既望，适园无诤居士，与五台僧演镇、终南僧明亮，同试天池茶于茶寮中，漫记。

明代陆树声《茶寮记》写道：在乡居的园林中，啸轩矮墙的西面，设置一个小茶寮。其中设置茶灶，大凡汲水的茶瓢、煮水的茶罂、洗茶以及击拂等一系列茶具应有尽有。选择一个稍通茶事的仆从主持，另一人帮助汲水煎茶。宾客到来，就会看到茶烟从竹外隐隐升起。如果有佛徒禅僧过从，每每与我一起结跏趺坐，啜饮茶汁，谈论无生无灭的佛法真谛。时值深秋（农历九月）的望日（十五日）之后，适园无诤居士（陆树声）与五台山僧演镇、终南山僧明亮，一同烹试天池茶于茶寮中，并随手记录下来。

《墨娥小录》：千里茶，细茶一两五钱，孩儿茶一两，柿霜一两，粉草末六钱，薄荷叶三钱。右为细末调匀，炼蜜丸如白豆大，可以代茶，便于行远。

明代吴继（字汝善，号小泉，秀水人）《墨娥小录》记载：所谓千里茶，是用一两五钱细茶、一两孩儿茶、一两柿子霜、六钱粉草末、三钱薄荷叶，研为细末，调和均匀，炼制成蜜丸如白豆大小，可以替代茶叶，同时方便供外出远行饮用。

汤临川《题饮茶录》：陶学士谓“汤者，茶之司命”，此言最得三昧。冯祭酒精于茶政，手自料涤，然后饮客。客有笑者，余戏解之云：“此正如美人，又如古法书名画，度可着俗汉手否！”

明代汤显祖（字义仍，号海若、若士，临川人）《题饮茶录》写道：宋初翰林学士陶縠说“煎水，是点茶的关键”，此语最得煎茶之道的三昧。国子监祭酒冯梦祯精通茶道，亲自料理洗涤、煎水之事，然后请客人品饮。宾客有讥笑他的，我调侃地为之解嘲道：“这就正像美人，又好比古代的法书名画，试想可以经过俗汉的手吗？”

陆钱《病逸漫记》：东宫出讲，必使左右迎请讲官。讲毕，则语东宫官云：“先生吃茶。”

明代陆钱（字举之，号少石子，鄞县人）《病逸漫记》记载：皇太子出阁听讲，一定要派左右去迎请讲官。讲完之后，则要对东宫的官员说：“请先生吃茶。”

《玉堂丛语》：愧斋陈公，性宽坦。在翰林时，夫人尝试之。会客至，公呼：“茶！”夫人曰：“未煮。”公曰：“也罢。”又呼曰：“干茶！”夫人曰：“未

明代焦竑（字弱侯，号漪园、澹园）《玉堂丛语》记载：陈音（字师召，号愧斋）先生，性格宽厚坦荡。在翰林院任职时，夫人曾经试探他。正值宾客到来，陈先生呼唤上茶，夫人回答说还没有煮，先生就说也罢。又呼唤要干茶，夫人回答说未买，先生就说也罢。客人为之捧腹大笑，当时人称他为“陈也罢”。

买。”公曰：“也罢。”客为捧腹，时号“陈也罢”。

沈周《客座新闻》：吴僧大机，所居古屋三四间，洁净不容唾。善瀹茗，有古井清冽为称。客至，出一瓯为供饮之，有涤肠湔胃之爽。先公与交甚久，亦嗜茶，每入城，必至其所。

明代沈周（字启南，号石田）《客座新闻》记载：吴地的高僧大机，居处有古屋三四间，非常洁净，不许吐痰。他擅长烹茶，有一口清澈甘冽的古井供其使用。宾客到来，就端出一瓯供奉品饮，令人荡涤肠胃，感觉清爽。我父亲与他交往很久，也嗜好饮茶，每次入城，必定到他的居处品饮。

沈周《书岕茶别论后》：自古名山，留以待羁人迁客，而茶以资高士，盖造物有深意。而周庆叔者，为《岕茶别论》，以行之天下。度铜山金穴中无此福，又恐仰屠门而大嚼者未必领此味。庆叔隐居长兴，所至载茶具，邀余素瓯黄叶间，共相欣赏。恨鸿渐、君谟不见庆叔耳，为之覆茶三叹。

沈周（当为陈继儒）《书岕茶别论后》写道：自古名山胜地，都留着等待流放贬官的人，而茶叶，则是专门供奉高人隐士的，所以说造物的神仙都是有其深意的。周庆叔编撰《岕茶别论》，以流传天下，我料想看重金钱的富贵人家是没有此种清福了，也恐怕那些只图贪多畅快，不知品味的俗人，未必能够领略此中真味。而周庆叔隐居长兴，所到之处携带茶具，邀请我到素瓯黄叶之间，共相欣赏。遗憾的是，古代的茶中圣贤陆羽（字鸿渐）、蔡襄（字君谟）无法见到庆叔，引为同道，不禁为之倾茶三叹。

冯梦祯《快雪堂漫

明代冯梦祯《快雪堂漫录》记载：李攀龙

录》：李于鳞为吾浙按察副使，徐子舆以岕茶之最精饷之。比看子舆于昭庆寺，问及，则已赏皂役矣。盖岕茶叶大梗多，于鳞北士，不遇宜也。纪之以发一笑。

（字于鳞，号沧溟，山东历城人）到我们浙江担任按察副使，徐中行（字子舆）以最上品的岕茶赠给他。等到徐中行与他在昭庆寺见面时问及，却已经赏给了皂隶吏役了。大概是因为岕茶从外表看叶大梗多，李攀龙是北方士人，得不到重视也就自然了。记录于此，聊发一笑。

闵元衢《玉壶冰》：良宵燕坐，篝灯煮茗，万籁俱寂，疏钟时闻。当此情景，对简编而忘疲，彻衾枕而不御，一乐也。

明末闵元衢《增订玉壶冰》中说：良宵闲坐，点着篝火烹煮茶叶，这时万籁俱静，远处稀疏的钟声不时传来。当此情景，对着简编读书而不知疲倦，彻夜不眠，这也是一种快乐啊！

《瓯江逸志》：永嘉岁进茶芽十斤，乐清茶芽五斤，瑞安、平阳岁进亦如之。

清代劳大舆《瓯江逸志》记载：永嘉（今浙江温州）每年进贡芽茶十斤，乐清进贡芽茶五斤，瑞安、平阳每年进贡芽茶也是五斤。

雁山五珍：龙湫茶、观音竹、金星草、山乐官、香鱼也。茶即明茶，紫色而香者，名玄茶。其味皆似天池而稍薄。

雁荡山的五珍是：龙湫茶、观音竹、金星草（即凤尾草、七星草）、山乐官（一种鸣声如箫管的鸟儿）、香鱼。这里说的龙湫茶就是明茶，紫色而芳香，叫作玄茶。其味道都与天池茶相似，而略显淡薄。

王世懋《二酉委谭》：余性不耐冠带，暑月尤甚。豫章天气蚤热，而今岁尤甚，春三

明代王世懋（字敬美，太仓人）《二酉委谭》记载：我生性耐不住冠带整齐，尤其是在盛夏酷暑的时候。江西天气热得早，而今年更甚。春三月十七日，在滕王阁请客饮酒。太阳

月十七日，觞客于滕王阁。日出如火，流汗接踵，头涔涔，几不知所措。归而烦闷，妇为具汤沐，便科头裸身赴之。时西山云雾新茗初至，张右伯适以见遗，茶色白，大作豆子香，几与虎丘埒。余时浴出，露坐明月下，亟命侍儿汲新水烹，尝之。觉沆瀣入咽，两腋风生。念此境味，都非宦路所有。琳泉蔡先生老而嗜茶，尤甚于余。时已就寝，不可邀之共啜。晨起复烹，遗之，然已作第二义矣。追忆夜来风味，书一通以赠先生。

出来如火一样，大汗流至脚跟，头上涔涔的汗水，让人几乎不知所措。归来后非常烦闷，妻子为我烧水沐浴，于是就披发便装前去。当时西山云雾新茶刚到，张右伯正好寄赠给我，茶色鲜白，有豆子香味，差不多可以与虎丘茶相媲美。我沐浴出来，凌露坐在明月之下，急忙让侍从汲取新水烹茶品尝。感觉清凉的气息沁人心脾，两腋习习风生。于是感念此种况味，都是官场宦海所无法体味得到的。蔡琳泉先生年老而更加嗜好饮茶，比我更甚。只是当时已经就寝，无法邀请他相对品饮。清晨起来再煮水烹茶赠送给他，但是已经风味不同了。追忆夜间品饮的风味，修书一通赠给先生。

《涌幢小品》：王琎，昌邑人。洪武初，为宁波知府。有给事来谒，具茶。给事为客居间，公大呼撤去，给事惭而退。因号“撤茶太守”。

明代朱国祯《涌幢小品》记载：王琎（字器之），昌邑（今属山东）人。明太祖洪武初年，担任宁波知府。有下属来谒见奏事，就烹茶以待客。下属却是为客人居间说情，王琎大呼撤去，下属深感惭愧而退。王琎也因此被称为“撤茶太守”。

《临安志》：栖霞洞内有水洞，深不可测，水极甘洌。魏公尝调以瀹茗。

宋潜说友《咸淳临安志》记载：栖霞洞内有水洞，深不可测，其中的水极为甘甜清冽。苏颂（赠魏国公，世称苏魏公）曾经烹此水点茶。（此条已见本书“五之煮”。）

《西湖志余》：杭州先年有酒馆而无茶坊。然富家燕会，犹有专供茶事之人，谓之茶博士。

明代田汝成《西湖游览志余》记载：杭州早年有酒馆而没有茶坊，但是富贵之家举行宴会，依然有专供茶事的人，称为茶博士。

《潘子真诗话》：叶涛诗极不工，而喜赋咏，尝有《试茶》诗云：“碾成天上龙兼凤，煮出人间蟹与虾。”好事者戏云：“此非试茶，乃碾玉匠人尝南食也。”

宋代潘淳（字子真，新建人）《潘子真诗话》（一作《诗话补遗》）记载：叶涛所作的诗非常不工整，却喜欢吟咏。他曾经作有一首《试茶》诗，其中有“碾成天上龙兼凤，煮出人间蟹与虾”的句子。有好事的人嘲笑他说：“这不是试茶，这是碾玉的匠人在品尝南方的食品呢！”

董其昌《容台集》：蔡忠惠公进小团茶，至为苏文忠公所讥，谓与钱思公进姚黄花同失士气。然宋时君臣之际，情意蔼然，犹见于此。且君谟未尝以贡茶干宠，第点缀太平世界一段清事而已。东坡书欧阳公滁州二记，知其不

明代董其昌《容台别集》卷二《书品》记载：蔡襄（谥忠惠）进贡小龙团茶，以至于被苏轼（谥文忠）所讥讽，认为他与钱喑演（字希圣，谥思）进贡姚黄花（即牡丹名品姚黄）一样，失去了士人的气节。但是宋朝时君臣之间的关系，情意和合，还可以从此窥见一斑。况且蔡襄也并没有因为贡茶而求得恩宠，只是点缀太平世界的一段清心雅事罢了。苏轼曾经书写欧阳修的滁州二记（《醉翁亭记》《丰乐亭记》），知道他不愿意书写《茶录》，我就以苏

肯书《茶录》。余以苏法书之，为公忏悔，不则“蛰龙”诗句，几临“汤火”，有何罪过？凡持论，不大远人情可也。

轼的笔法书写《茶录》，为先生忏悔。否则的话，苏轼的“蛰龙”诗句（指苏轼《咏桧》诗中的“根到九曲无曲处，世间唯有蛰龙知”，因此下狱。），几乎使其面临“汤火”之刑（指苏轼下狱后所做《绝命诗》“梦绕云山心似鹿，魂飞汤火命如鸠”），又有什么罪过呢？大凡持论要公允，不能太远离人情物理才可以。

金陵春卿署中，时有以松萝茗相贻者，平平耳。归来山馆，得啜尤物，询知为闵汶水所蓄。汶水家在金陵，与余相及，海上之鸥，舞而不下，盖知希为贵，鲜游大人者。昔陆羽以精茗事，为贵人所侮，作《毁茶论》，如汶水者，知其终不作此论矣。

同书卷一《杂记》记载：金陵（今江苏南京）春卿署（指南京礼部）中，不时有以松萝茶相赠的，都香味平常罢了。我致仕归来，居于山馆，反而得以品尝到茶中极品，经询问才知道是闵汶水所收藏的珍品。闵汶水家居金陵，与我不远，作为隐逸之士就像海上之鸥鹭飞舞而不下来，因为知道物以稀为贵，很少与富贵之人交游。从前陆羽因为精于茶事，为贵人所侮辱，愤而写下《毁茶论》，至于像闵汶水，我知道他终究也不会作此毁茶之论了。

李日华《六研斋笔记》：摄山栖霞寺有茶坪，茶生榛莽中，非经人剪植者。唐陆羽入山采之，皇甫冉作诗送之。

明代李日华《六研斋笔记》记载：摄山（即南京栖霞山）栖霞寺有一处茶坪，茶叶生长在荆棘林莽中，不曾经过人工修剪种植。唐代陆羽曾经来此入山采摘，皇甫冉写有《送陆鸿渐栖霞寺采茶诗》赠给他。

《紫桃轩杂缀》：泰山无茶茗，山中人摘青

李日华《紫桃轩杂缀》记载：泰山不出产茶叶，山中的人们采摘青桐芽烹饮，称为女儿

桐芽点饮，号女儿茶。又有松苔，极饶奇韵。

茶。又有松苔，也被当作茶叶饮用，非常富有天然奇韵。

《锺伯敬集》：《茶讯》诗云："犹得年年一度行，嗣音幸借采茶名。"伯敬与徐波元叹交厚，吴楚风烟相隔数千里。以买茶为名，一年通一讯，遂成佳话，谓之茶讯。

明代锺惺（字伯敬，号退谷，竟陵人）《锺伯敬集》中有《茶讯》诗写道："犹得年年一度行，嗣音幸借采茶名。"锺惺与徐波（字元叹）交情深厚，从吴中到楚地风烟相距数千里。二人以采买岕茶为名，一年通一次音讯，于是成为佳话，称为茶讯。

钱谦益《茶供说》：娄江逸人朱汝圭，精于茶事，将以茶隐，欲求为之记，愿岁岁采渚山青芽，为余作供。余观楞严坛中设供，取白牛乳、砂糖、纯蜜之类，西方沙门婆罗门，以葡萄、甘蔗浆为上供，未有以茶供者。鸿渐长于苾刍者也，杼山禅伯也，而鸿渐《茶经》，杼山《茶歌》俱不云供佛。西土以贯花燃香供佛，不以茶供，斯亦供养之缺典也。汝圭益精心治办茶事，金芽素

钱谦益《牧斋有学集》卷五十《茶供说赠朱汝圭》中写道：娄江逸人朱汝圭，精于茶事，将因为饮茶而归隐，想请我给他写一篇文章，并表示愿意每年采摘顾渚山的紫笋青芽，为我作供品。我观察佛坛中所设置的供品，采用白色的牛奶、砂糖、纯蜜之类；西方的婆罗门教徒，则用葡萄、甘蔗作为供品，还不曾有过以茶为供品的。陆羽，是生长于佛寺的佛家弟子，诗僧皎然（姓谢名昼，居杼山妙喜寺），是杼山的禅师，而陆羽的《茶经》，皎然的《茶歌》，也都没有说到以茶供佛。西方世界倡导佛法燃香供佛，而不以茶供佛，这也是供奉之典制的缺失。朱汝圭精心置办茶事，金芽素瓷，清净供佛，来生必然受到好报，往生香国莲界。以各种奇妙的香料供佛，难道只是像丹丘羽人那样饮茶而生羽翼罢了呢？我不敢作为朱汝圭的茶供对象，只请以茶来供佛。后世精于茶道的

瓷，清净供佛，他生受报，往生香国。以诸妙香而作佛事，岂但如丹丘羽人饮茶生羽翼而已哉！余不敢当汝圭之茶供，请以茶供佛。后之精于茶道者，以采茶供佛为佛事，则自余之谂汝圭始，爰作《茶供说》以赠。

人，以采茶供佛作为佛事活动，那么也是从我劝导朱汝圭开始的。于是就写下这篇《茶供说》赠给他。

《五灯会元》：摩突罗国，有一青林枝叶茂盛地，名曰优留茶。

释普济《五灯会元》记载：摩突罗国，有一片树林枝叶茂盛的地方，叫作优留茶。

僧问如宝禅师曰："如何是和尚家风？"师曰："饭后三碗茶。"僧问谷泉禅师曰："未审客来，如何祗待？"师曰："云门胡饼赵州茶。"

有僧人问吉州如宝禅师说："如何是和尚家风？"禅师回答说："饭后三碗茶。"僧人又问大道谷泉禅师说："不知道宾客到来如何款待？"禅师回答说："云门胡饼赵州茶。"

《渊鉴类函》：郑愚《茶诗》："嫩芽香且灵，吾谓草中英。夜臼和烟捣，寒炉对雪烹。"因谓茶曰草中英。

清代张英等《渊鉴类函》记载：唐代诗人郑愚《茶诗》写道："嫩芽香且灵，吾谓草中英。夜臼和烟捣，寒炉对雪烹。"于是就称茶为草中英。

素馨花曰禅茗，陈

素馨花叫作禅茗，陈献章（字公甫，号石斋，新会白沙人，世称陈白沙）《素馨记》认为

白沙《素馨记》以其能少裨于茗耳。一名那悉茗花。

这种花能够稍微有助于茶罢了。也叫作那悉茗花。

《佩文韵府》：元好问诗注："唐人以茶为小女美称。"

清代张玉书等《佩文韵府》记载：金代学者元好问诗注中说："唐朝人以茶作为小女孩的美称。"

《黔南行记》：陆羽《茶经》纪黄牛峡茶可饮，因令舟人求之。有媪卖新茶一笼，与草叶无异，山中无好事者故耳。

宋代黄庭坚《黔南道中行记》记载：陆羽《茶经》记载黄牛峡（今湖北宜昌西）的茶叶可以品饮，于是命船夫前去寻求。有一位老妇人卖新茶一笼，与草叶没有差别，只是山中没有好事者罢了。

初，余在峡州，问士大夫黄陵茶，皆云粗涩不可饮。试问小吏，云："唯僧茶味善。"令求之，得十饼，价甚平也。携至黄牛峡，置风炉清樾间，身自候汤，手揋（ruí）得味。既以享黄牛神，且酌元明、尧夫，云："不减江南茶味也。"乃知夷陵士大夫以貌取之耳。

起初，我在峡州（今湖北宜昌），向士大夫打听黄陵茶，都说粗涩不可以品饮。又试问小吏，说是只有僧人所采制的茶叶味道好。命人寻求，获得十饼，价格很平常。于是携带茶饼到黄牛峡，把风炉放在林荫之下，亲自煎水候汤，亲手揉捻茶叶，依法烹试。以茶祭奠过黄牛神之后，再斟茶祭祀元明（其兄黄大临，字元明）、尧夫（邵雍，字尧夫），感叹说："其香味不减江南茶。"由此可知夷陵的士大夫不免以貌取之了。

《九华山录》：至化城寺，谒金地藏塔，僧祖瑛献土产茶，味可敌

南宋周必大《九华山录》记载：到化城寺，拜谒金地藏塔，僧人祖瑛献上当地土产的茶叶，味道可以与北苑贡茶媲美。

北苑。

冯时可《茶录》：松郡佘山亦有茶，与天池无异，顾采造不如。近有比丘来，以虎丘法制之，味与松萝等。老衲亟逐之，曰："毋为此山开膻径而置火坑。"

明代冯时可《茶录》记载：松江府（今上海）佘山也出产茶叶，与苏州天池茶没有差异，只是采摘制造不如天池。近年有僧人到来，以虎丘茶的制法采制，香味与松萝茶略等。老和尚急忙把他驱逐出去，说："不要让此山置于红尘之中、火坑之内。"

冒巢民《岕茶汇钞》：忆四十七年前，有吴人柯姓者，熟于阳羡茶山。每桐初露白之际，为余入岕，箬笼携来十余种，其最精妙者，不过斤许数两耳。味老香深，具芝兰金石之性，十五年以为恒。后宛姬从吴门归余，则岕片必需半塘顾子兼，黄熟香必金平叔，茶香双妙，更入精微。然顾、金茶香之供，每岁必先虞山柳夫人、吾邑陇西之蒨姬与余共宛姬，而后他及。

清代冒襄（字辟疆，号巢民）《岕茶汇钞》中说：回想四十七年前，有一个姓柯的吴地人，对阳羡的茶山非常熟悉。每年桐花初发、春露发白的时候，为我进入罗岕山，用箬叶茶笼带来十多种茶叶。其中最为精致的茶叶，不超过一斤或者数两罢了。味道精到，香气馥郁，兼具芝兰金石之性。十五年如一日，坚持不懈。后来董小宛从苏州来与我结合，罗岕茶必须由苏州半塘顾子兼负责制作，黄熟香则必须由金平叔负责制作，茶香双妙，更加精微异常。但是顾、金两家所供应的茶和香，每年一定要先供给钱谦益（号牧斋，居常熟虞山）夫人柳如是、我们同郡的陇西蒨姬以及我和夫人董小宛，而后才供应其他人。

金沙于象明携岕茶

金沙于象明带来岕茶，品质绝妙。金沙于

来，绝妙。金沙之于精鉴赏，甲于江南，而岕山之棋盘顶，久归于家。每岁，其尊人必躬往采制。今夏携来庙后、棋顶、涨沙、本山诸种，各有差等，然道地之极真极妙，二十年所无。又辨水候火，与手自洗，烹之细洁，使茶之色香性情，从文人之奇嗜异好，一一淋漓而出。诚如丹丘羽人所谓饮茶生羽翼者，真衰年称心乐事也。

氏精于鉴赏，驰名江南，而岕山的棋盘顶，其地一直归属于家。每年春季，于象明的父母必定亲自采摘制造。今年夏天，他带来庙后、棋盘顶、涨沙、本山等岕茶品种，各有等次，但都是地道的岕茶，极真极妙，乃二十年来所没有过的。另外他还辨别水品，把握火候，亲手洗茶，烹点细致洁净，从而使得茶的色香性情，根据文人的奇异嗜好，一一淋漓而出。正如丹丘羽人所谓饮茶能生羽翼者，真是老年的一种称心乐事啊！

吴门七十四老人朱汝圭，携茶过访。茶与象明颇同，多花香一种。汝圭之嗜茶自幼，如世人之结斋于胎。年十四入岕，迄今春夏不渝者百二十番，夺食色以好之。有子孙为名诸生，老不受其养。谓不嗜茶，为不似阿翁。每竦骨入山，卧游虎虺，负笼入肆，啸傲瓯香。

苏州七十四岁的老人朱汝圭，带着茶叶来拜访。他的茶和于象明的差不多，只是多了花香一种。朱汝圭从小嗜好饮茶，就像是世人所谓的胎里素。十四岁进入岕山，到如今已经过一百二十番春夏，始终不渝，超过了食色的本性，唯好饮茶。有子孙是著名的生员，到老也不接受他们的赡养，说他们不嗜好饮茶，不像前辈。每次壮胆入山，与老虎猛兽周旋，然后背着茶笼来到茶肆，以茶香啸傲同仁。每天从早到晚洗茶涤器，品啜无休，指爪齿颊留有余香，言语激扬，文字赞颂，滔滔不绝，总有喜神妙气与茶相辅相成，益智养心，真是一种奇

晨夕涤瓷洗叶，啜弄无休。指爪齿颊，与语言激扬赞颂之津津，恒有喜神妙气，与茶相长养，真奇癖也。

异的癖好！

《岭南杂记》：潮州灯节，饰姣童为采茶女。每队十二人或八人，手挈花篮，迭进而歌，俯仰抑扬，备极妖妍。又以少长者二人为队首，擎彩灯，缀以扶桑、茉莉诸花。采女进退作止，皆视队首。至各衙门或巨室唱歌，赉以银钱、酒果。自十三夕起，至十八夕而止。余录其歌数首，颇有《前溪》《子夜》之遗。

清代吴震方《岭南杂记》记载：潮州元宵灯节，把漂亮的儿童装扮成采茶女。每队十二人或者八人，手提花篮，分部前进并歌唱，俯仰进退，抑扬顿挫，非常妖艳。另外以稍微年长者二人作为队长，高举彩灯，灯上点缀着扶桑、茉莉等花。采茶女的进退行止，都要视队长而定。他们到各个衙门或者富贵人家进行演唱，人家则赏赐银钱、酒食、茶果。从正月十三日晚起，到十八日晚结束。我记录其词曲数首，颇有传统民歌《前溪》《子夜》的遗风。

周亮工《闽小记》：歙人闵汶水，居桃叶渡上。予往品茶其家，见其水火皆自任，以小酒盏酌客，颇极烹饮态。正如德山担《青龙钞》，高自矜许而已，不足异也。秣陵好事

清代周亮工《闽小记》记载：徽州歙县人闵汶水，居住在金陵桃叶渡上。我曾经去他家品茶，见其煎水候火，都亲自操作，用小酒杯请客人品啜，烹饮很专业的样子。正如唐代高僧德山宣鉴禅师担着《青龙疏钞》，要与南方的禅宗大德一决高下，自矜清高罢了，不足为奇。秣陵（今江苏南京）的好事者，曾经讥讽福建无茶，说闽客（福建的客人）得到闵茶（闵汶

者，尝诮闽无茶，谓闽客得闵茶，咸制为罗囊，佩而嗅之，以代旃檀。实则闽不重汶水也。闽客游秣陵者，宋比玉、洪仲章辈，类依附吴儿，强作解事，贱家鸡而贵野鹜，宜为其所诮欤！三山薛老，亦秦淮汶水也。薛尝言汶水假他味作兰香，究使茶之真味尽失。汶水而在，闻此亦当色沮。薛尝住屴崱，自为剪焙，遂欲驾汶水上。余谓茶难以香名，况以兰定茶，乃咫尺见也。颇以薛老论为善。

水的茶）都制成罗囊盛起来，佩戴在身上，以代替檀香。其实福建人并不重视闵汶水。福建的客人游历南京的，宋珏（字比玉，号荔支子、浪道人、国子仙、莆田人）、洪仲章（当为洪仲韦）等人，都是依附吴人强作解事，贬低家鸡，而以野鸭为贵，受到讥讽也是应该的。南京三山街的薛老，也是秦淮河上的闵汶水。薛老曾经说过闵汶水假借其他的调味品制作出兰香茶，终究使得茶的真味丧失净尽。如果闵汶水在世，听到此话也应当感到羞愧。薛老曾经居住在福建的屴崱山，亲自修剪茶树，焙制茶叶，想要凌驾于闵汶水之上。我认为茶叶很难以香味闻名，何况以兰花香来确定茶香的品质，乃是咫尺之见，所以我认为薛老的观点为好。

延、邵人呼茶人为碧竖，富沙陷后，碧竖尽在绿林中矣。

福建延平、邵武人，称呼制茶的人叫作碧竖。南唐攻灭富沙王王延政后，碧竖都成为绿林好汉。

蔡忠惠《茶录》石刻，在瓯宁邑庠壁间。予五年前拓数纸寄所知，今漫漶不如前矣。

蔡襄（谥忠惠）《茶录》石刻，镶嵌在瓯宁（今福建建瓯）县城学校的墙壁间。我在五年前曾经拓了多张寄赠给知己，如今已经漫漶不清，不如以前了。

闽酒数郡如一，茶

福建所产的酒各郡都一样，所产的茶也是

亦类是。今年予得茶甚夥，学坡公义酒事，尽合为一，然与未合无异也。

如此。今年我得茶很多，学习苏轼义酒的故事，把一时喝不完的茶全部合起来大家共享，但是和不合在一起也没有什么两样。

李仙根《安南杂记》：交趾称其贵人曰翁茶。翁茶者，大官也。

清代李仙根（字南津，号子静）《安南杂记》记载：交趾称呼当地富贵之人为翁茶。所谓翁茶，就是大官的意思。

《虎丘茶经注补》：徐天全自金齿谪回，每春末夏初，入虎丘开茶社。

清代陈鉴《虎丘茶经注补》记载：徐有贞（字元玉，号天全老人）从金齿（今云南保山）贬谪之地回来，每年的春末夏初，就到虎丘开设茶社。

罗光玺作《虎丘茶记》，嘲山僧有替身茶。

罗光玺作《虎丘茶记》，嘲讽山僧有替身茶。

吴匏庵与沈石田游虎丘，采茶手煎对啜，自言有茶癖。

吴宽（字原博，号匏庵）与沈周（号石田）一起游历虎丘，亲自采茶煎水对饮，自己说有茶癖。

《渔洋诗话》：林确斋者，亡其名，江右人。居冠石，率子孙种茶，躬亲畚锸（chā）负担，夜则课读《毛诗》《离骚》。过冠石者，见三四少年，头着一幅布，赤脚挥锄，琅然歌出金石，窃叹以为

清代王士祯《渔洋诗话》记载：林确斋，其名佚，江西人。居住在冠石，率领子孙种茶，亲自拿着农具，挑着担子，夜间则诵读《毛诗》《离骚》。经过冠石的人们，都能看到三四个少年，头上裹着一幅布，赤着脚，一边挥锄耕耘，一边歌声琅然，有金石之韵，无不私下感叹，以为这是古代图画中的人物。

古图画中人。

《尤西堂集》有《戏册茶为不夜侯制》。

清代尤侗《尤西堂集》中有《戏册茶为不夜侯制》一文。

朱彝尊《日下旧闻》：上巳后三日，新茶从马上至。至之日，宫价五十金，外价二三十金。不一二日，即二三金矣。见《北京岁华记》。

清代朱彝尊《日下旧闻考》记载：上巳即农历三月三之后三天，新茶从马上运来。新茶到来之日，宫中的价格是五十两银子，宫外则达二三十两。不过一两天，就跌到二三两了。见《北京岁华记》。

《曝书亭集》：锡山听松庵僧人性海，制竹火炉，王舍人过而爱之，为作山水横幅，并题以诗。岁久炉坏，盛太常因而更制，流传都下，群公多为吟咏。顾梁汾典籍仿其遗式制炉，及来京师，成容若侍卫以旧图赠之。丙寅之秋，梁汾携炉及卷过余海波寺寓。适姜西溟、周青士、孙恺似三子亦至，坐青藤下，烧炉试武夷茶，相与联句成四十韵，用书于册，以示好事之君子。

朱彝尊《曝书亭集》卷十三《竹炉联句诗序》记载：无锡惠山寺听松庵高僧性海，自制竹火炉，中书舍人王绂过访，见而爱之，为他画山水横幅，并且题诗纪其事。年久竹炉损坏，刑部侍郎盛颙（字时望，号冰壑）根据旧炉更新其制，流传到京师，各位公卿大臣多有诗词吟咏。至清代康熙年间，秘书院典籍顾贞观（字华封，号梁汾）仿照其旧制制成竹炉，等来到京师，侍卫纳兰性德（字容若，又作成容若、楞伽山人）以旧图赠给他。丙寅（康熙二十五年，1686）的秋天，顾贞观带着竹炉及图卷过访我在海波寺的寓所，正好姜宸英（字西溟，号湛园）、周筼（yún）（字青士，号筜谷）、孙致弥（字恺似，一字松坪）三个人也到了。诸位打坐青藤之下，烧炉烹试武夷茶，共同联句成四十韵，书写于册页之上，用来给那些好事的博雅君子欣赏。

蔡方炳《增订广舆记》：湖广长沙府攸县古迹，有茶王城，即汉茶陵城也。

清代蔡方炳《增订广舆记》记载：湖广长沙府攸县的名胜古迹，有茶王城，也就是汉代的茶陵县城。

葛万里《清异录》：倪元镇饮茶用果按者，名清泉白石。非佳客不供。有客请见，命进此茶。客渴，再及而尽，倪意大悔，放盏入内。

清代葛万里《清异录》记载：倪瓒（字元镇）饮茶要加进果子，叫作清泉白石，如果不是佳客，不予招待。一次，有客人请见，命人奉上此茶，客人口渴，两口喝完，倪瓒心中非常后悔，就收起茶盏入内。

黄周星九烟，梦读《采茶赋》，只记一句云：施凌云以翠步。

黄周星（字九烟，号而庵）梦读《采茶赋》，只记得其中的一句，叫作“施凌云以翠步”。

《别号录》：宋曾几吉甫，别号茶山。明许应元子春，别号茗山。

葛万里《别号录》记载：宋代曾几，字吉甫，别号茶山。明代许应元，字子春，别号茗山，即著名茶人许次纾之父。

《随见录》：武夷五曲朱文公书院内，有茶一株，叶有臭虫气，及焙制出时，香逾他树，名曰臭叶香茶。又有老树数株，云系文公手植，名曰宋树。

屈擢升《随见录》记载：武夷山五曲朱文公书院内，有一棵茶树，茶叶有臭虫气，等到经过焙制出来时，比其他树上的茶叶更香，名叫臭叶香茶。另外还有老树多棵，据说是朱熹亲手种植的，称为宋树。

［补］**《西湖游览志余》**：立夏之日，人家各烹新茗，配以诸色

明代田汝成《西湖游览志余》记载：立夏之日，人家都各自烹试新茶，配合各种精细果品，馈送亲戚和邻居，叫作七家茶。

细果，馈送亲戚比邻，谓之七家茶。

南屏谦师，妙于茶事，自云得心应手，非可以言传学到者。

宋代杭州南屏山净慈寺和尚谦师，精于茶事，自认为得心应手，不是可以通过言语传授而能学得到的。

刘士亨有《谢璘上人惠桂花茶诗》云：金粟金芽出焙篝，鹤边小试兔丝瓯。叶含雷信三春雨，花带天香八月秋。味美绝胜阳羡种，神清如在广寒游。玉川句好无才续，我欲逃禅问赵州。

明代刘泰（字士亨，号菊庄，钱塘人）有《谢璘上人惠桂花茶诗》写道：金粟金芽出焙篝，鹤边小试兔丝瓯。叶含雷信三春雨，花带天香八月秋。味美绝胜阳羡种，神清如在广寒游。玉川句好无才续，我欲逃禅问赵州。

李世熊《寒支集》：新城之山有异鸟，其音若箫，遂名曰箫曲山。山产佳茗，亦名箫曲茶。因作歌纪事。

明末清初李世熊《寒支集》记载：新城的山中有一种奇异的鸟，其叫声如同吹箫，于是这座山就叫作箫曲山。山中出产好茶，也叫作箫曲茶。因此作歌记录此事。

《禅玄显教编》：徐道人居庐山天池寺，不食者九年矣。畜一墨羽鹤，尝采山中新茗，令鹤衔松枝烹之。遇道流，辄相与饮几碗。

明代杨溥《禅玄显教编》记载：徐道人（即徐道士，与天眼尊者、周颠仙、赤脚僧并称天池四仙）居住在庐山天池寺，不吃饭食已经有九年了。他养了一只墨羽鹤，曾经采摘山中的新茶，让鹤衔着松枝来，进行烹茶。遇到道友，就一起饮上几碗。

张鹏翀《抑斋集》有《御赐郑宅茶赋》

清代张鹏翀（字天扉，一字抑斋，号南华山人，嘉定人）《抑斋集》中有《御赐郑宅茶

云："青云幸接于后尘，白日捧归乎深殿。从容步缓，膏芬齐出螭头；肃穆神凝，乳滴将开腊面。用以濡毫，可媲文章之草；将之比德，勉为精白之臣。"

赋》写道："青云幸接于后尘，白日捧归乎深殿。从容步缓，膏芬齐出螭头；肃穆神凝，乳滴将开腊面。用以濡毫，可媲文章之草；将之比德，勉为精白之臣。"

八之出

《国史补》：风俗贵茶，其名品益众。剑南有蒙顶石花，或小方，或散芽，号为第一。湖州有顾渚之紫笋，东川有神泉、小团、绿昌明、兽目。峡州有小江园、碧涧、明月、芳蕊、茱萸寮。福州有柏岩、方山露芽。婺州有东白、举岩、碧貌。建安有青凤髓，夔州有香山，江陵有南木，湖南有衡山，睦州有鸠坑，洪州有西山之白露，寿州有霍山之黄芽。绵州之松岭，雅州之露芽，南康之云居，

［译解］

唐代李肇《国史补》记载：民间风俗以茶为贵，所以茶叶名目品种越来越多。剑南道（治今四川成都）有蒙顶石花，有小方，有散芽，号称天下第一。湖州有顾渚的紫笋茶，东川（治今四川治县）有神泉、小团、绿昌明、兽目。峡州（今湖北宜昌）有小江园、碧涧、明月、芳蕊、茱萸寮。福州有柏岩、方山露芽。婺州（治今浙江金华）有东白、举岩、碧貌。建安有青凤髓。夔州有香山。江陵有南木。湖南有衡山。睦州（治今浙江淳安西南）有鸠坑。洪州有西山的白露。寿州有霍山的黄芽。绵州的松岭，雅州的露芽，南康的云居，彭州的仙崖、石花，渠江的薄片，邛州的火井、思安，黔阳的都濡、高株，泸川的纳溪、梅岭，义兴的阳羡春，池阳的凤岭，这都是品级最为著名的茶。

彭州之仙崖、石花，渠江之薄片，邛州之火井、思安，黔阳之都濡、高株，泸州之纳溪、梅岭，义兴之阳羡春，池阳凤岭，皆品第之最著者也。

《文献通考》：片茶之出于建州者，有龙、凤、石乳、的乳、白乳、头金、腊面、头骨、次骨、末骨、粗骨、山铤十二等，以充岁贡及邦国之用，洎本路食茶。余州片茶，有进宝、双胜、宝山、两府，出兴国军；仙芝、嫩蕊、福合、禄合、运合、庆合、指合，出饶、池州；泥片出虔州；绿英、金片出袁州；玉津出临江军；灵川出福州；先春、早春、华英、来泉、胜金出歙州；独行、灵草、绿芽、片金、金茗出潭州；大拓枕出江陵；大

元代马端临《文献通考》卷十八《榷茶》记载：建州出产的片茶，有龙团、凤团、石乳、的乳、白乳、头金、腊面、头骨、次骨、末骨、粗骨、山铤十二个等级，用来作为每年的进贡和国家大事所用，以及供应本路的食茶。其余各州的片茶，则有进宝、双胜、宝山、两府，出产于兴国军；仙芝、嫩蕊、福合、禄合、运合、庆合、指合，出产于饶州、池州；泥片，出产于虔州（治今江西赣州）；绿英、金片，出产于袁州（治今江西宜春）；玉津，出产于临江军；灵川，出产于福州；先春、早春、华英、来泉、胜金，出产于歙州；独行、灵草、绿芽、片金、金茗，出产于潭州；大拓枕，出产于江陵；大小巴陵、开胜、开卷、小卷、生黄、翎毛，出产于岳州；双上、绿芽、大小方，出产于岳州、辰州、澧州；东首、浅山、薄侧，出产于光州。总共有三十六种名色。浙江东路、浙江西路以及宣州、江州、鼎州只是以上、中、下或者第一、第二、第三、第四、第五为号。至于散茶，则有太湖、龙溪、次号、末号，出

小巴陵、开胜、开棬、小棬、生黄、翎毛出岳州；双上、绿牙、大小方出岳、辰、澧州；东首、浅山、薄侧出光州。总三十六名。其两浙及宣、江、鼎州，止以上中下或第一至第五为号。其散茶，则有太湖、龙溪、次号、末号，出淮南。岳麓、草子、杨树、雨前、雨后，出荆湖；清口出归州；茗子出江南。总十一名。

产于淮南；岳麓、草子、杨树、雨前、雨后，出产于荆湖南路和荆湖北路；清口，出产于归州；茗子，出产于江南。总共有十一种名色。

叶梦得《避暑录话》：北苑茶正所产为曾坑，谓之正焙；非曾坑为沙溪，谓之外焙。二地相去不远，而茶种悬绝。沙溪色白过于曾坑，但味短而微涩，识茶者一啜，如别泾渭也。余始疑地气土宜，不应顿异如此。及来山中，每开辟径路，刳治岩窦，有寻丈之间，土

南宋叶梦得《避暑录话》卷下记载：北苑茶，正宗所产出于曾坑，叫作正焙；不是曾坑的而是沙溪所产，叫作外焙。这两个地方相距不远，可是所产茶叶的品种却相差悬殊。沙溪所产茶，色泽鲜白超过曾坑，只是回味较短而稍微苦涩，懂茶的人一经品啜，便如泾渭分明。我起初怀疑这里的气候、土质都适合种茶，不应该相差如此明显。等来到山中，每当开辟道路、整治岩石洞窟，有时八尺到一丈之间，土色各不相同，肥沃与贫瘠、紧坡与缓坡、干燥与湿润也随之不同。同时种植两棵树木，相距数步之间，封土、培植、灌溉等也基本相同，

色各殊，肥瘠紧缓燥润，亦从而不同。并植两木于数步之间，封培灌溉略等，而生死、丰悴如二物者。然后知事不经见，不可必信也。草茶极品，唯双井、顾渚，亦不过各有数亩。双井在分宁县，其地属黄氏鲁直家也。元祐间，鲁直力推赏于京师，族人交致之，然岁仅得一二斤尔。顾渚在长兴县，所谓吉祥寺也，其半为今刘侍郎希范家所有。两地所产，岁亦止五六斤。近岁，寺僧求之者多，不暇精择，不及刘氏远甚。余岁求于刘氏，过半斤则不复佳。盖茶味虽均，其精者在嫩芽。取其初萌如雀舌者，谓之枪；稍敷而为叶者，谓之旗。旗非所贵，不得已取一枪一旗犹可，过是则老矣。此所以为难

可是两棵树木的生死存亡、茂盛枯槁却完全不同，就像是两种东西。经过体验然后才知道，事情如果不经过亲眼所见，不可以完全相信。草茶的极品，只有双井、顾渚，也不过各有数亩茶园。双井茶产于分宁县（今江西修水），其产地属于黄庭坚（字鲁直）家所有。元祐年间，黄庭坚极力在京师推荐，其家族也都把收获的茶寄给他，但是每年也仅仅收获一二斤罢了。顾渚茶产于长兴县（今属浙江），所谓的吉祥寺，其茶园的一半属于今刘希范侍郎家所有，两地所产，每年也不过五六斤。近年来，寺院中的僧人求取茶叶过多，往往来不及精心拣择，品质远远赶不上刘氏所产。我每年向刘氏索求，超过半斤质量就得不到保证。这是因为茶味虽然差别不大，其精品关键在于嫩芽。摘取刚刚萌发如雀舌一般的嫩芽，叫作枪，稍微展开而成为叶的，叫作旗。旗就不是很贵重。实在不得已就取一枪一旗，超过这个标准就嫌老了。这就是极品名茶之所以难得的缘故。

得也。

《归田录》：腊茶出于剑、建，草茶盛于两浙。两浙之品，日注为第一。自景祐以后，洪州双井白芽渐盛，近岁制作尤精。囊以红纱，不过一二两，以常茶十数斤养之，用辟暑湿之气。其品远出日注上，遂为草茶第一。

北宋欧阳修《归田录》记载：腊茶出产于剑、建二州，草茶则盛产于两浙。两浙的茶品，以绍兴的日注茶为第一。自从景祐以后，洪州双井白茶逐渐兴盛起来，近年制作尤其精致。用红纱囊包裹，不超过一二两，而要用普通茶叶十多斤保养，用来驱除暑湿之气。其品质远远超出日注茶之上，于是就成为草茶第一。

《云麓漫钞》：茶出浙西，湖州为上，江南常州次之。湖州出长兴顾渚山中，常州出义兴君山悬脚岭北岸下等处。

南宋赵彦卫《云麓漫钞》记载：浙江西路出产的茶，以湖州为上等，江南常州所产茶差一点。湖州茶出产于长兴顾渚山中，常州则出产于义兴君山悬脚岭北岸下等地。

《蔡宽夫诗话》：玉川子《谢孟谏议寄新茶》诗有“手阅月团三百片”及“天子须尝阳羡茶”之句。则孟所寄，乃阳羡茶也。

宋代蔡居厚《蔡宽夫诗话》记载：卢仝（号玉川子）《走笔谢孟谏议寄新茶》诗中有“手阅月团三百片”及“天子须尝阳羡茶”的句子。可知孟谏议所寄赠的，乃是阳羡茶。

杨文公《谈苑》：蜡茶出建州，陆羽《茶经》尚未知之，但言福、建等州未详，往

北宋杨亿（字大年，谥文，世称杨文公）《谈苑》中说：腊茶出产于建州，陆羽著《茶经》时还不知道，只是说福州、建州等州未详，往往得之，其味道极好。江南地区近日才有腊

往得之，其味甚佳。江左近日方有腊面之号。丁谓《北苑茶录》云：“创造之始，莫有知者。”质之三馆检讨杜镐，亦曰在江左日，始记有研膏茶。欧阳公《归田录》亦云出福建，而不言所起。按唐氏诸家说中，往往有腊面茶之语，则是自唐有之也。

面的称号。丁谓《北苑茶录》说：“北苑贡茶创造之初，没有人知道。”询问三馆检讨杜镐，他也是说在江南任职的时候，才记得有研膏茶。欧阳修《归田录》也说出产于福建，但没有明言其起源。从唐朝各家文献中，常常有腊面茶的说法，可以推断这是从唐朝开始有的。

《事物纪原》：江左李氏，别令取茶之乳作片，或号京铤、的乳及骨子等，是则京铤之品，自南唐始也。《北苑录》云：“的乳以降，以下品杂炼售之，唯京师去者，至真不杂，意由此得名。”或曰，自开宝来，方有此茶。当时识者云，金陵僭国，唯曰都下，而以朝廷为京师。今忽有此名，其将归京师乎！

北宋高承《事物纪原》记载：五代南唐李氏，另外命人取茶的乳粥制作成片，有的叫作京铤、的乳以及骨子等，由此可知，京铤这种茶是从南唐创始的。《北苑贡茶录》中说：“的乳以下，用下等的茶叶掺杂制作进行销售，只有京师供奉的，是至真之品，没有杂质，可能就是由此而得名叫作京铤。”有人说，自宋太祖开宝年间（968—976）以来，才有这种茶。当时精于茶事的人说，南唐李氏政权，对其国都所在地只称作都下，而以朝廷所在的汴京作为京师。而今忽然出现这种称呼，是说明南唐将要归顺朝廷吧！

罗廪《茶解》：按

明代罗廪《茶解》中说：唐朝时期的产茶

唐时产茶地，仅仅如季疵所称。而今之虎丘、罗岕、天池、顾渚、松萝、龙井、雁宕、武夷、灵川、大盘、日铸、朱溪诸名茶，无一与焉。乃知灵草在在有之，但培植不嘉，或疏于采制耳。

之地，仅仅如陆羽（一名疾，字季疵）所讲到的。那么今天的虎丘、罗岕、天池、顾渚、松萝、龙井、雁宕、武夷、灵川、大盘、日铸、朱溪等有名的好茶，没有一个列入其中。由此可以知道灵异的瑞草处处都有，只是人们不懂得科学地培植，或者不善于采制加工罢了。

《潜确类书》：《茶谱》：袁州之界桥，其名甚著，不若湖州之研膏、紫笋，烹之有绿脚垂下。又婺州有举岩茶，片片方细，所出虽少，味极甘芳，煎之如碧玉之乳也。

明代陈仁锡《潜确类书》引五代毛文锡《茶谱》记载：袁州的界桥茶，其名声很大，但是不如湖州的研膏茶、紫笋茶，烹点时会有绿脚垂下。另外婺州有举岩茶，每一片都方正细小，虽然出产很少，茶味却极其甘芳，煎煮之后茶水如碧玉一样。

《农政全书》：玉垒关外宝唐山，有茶树产悬崖。笋长三寸五寸，方有一叶两叶。涪州出三般茶：最上宾化，其次白马，最下涪陵。

明代徐光启《农政全书》记载：玉垒关（在今四川都江堰）外的宝唐山（在今四川汶川），有茶树生长在悬崖之上。茶笋长到三寸五寸，才有一叶两叶发出来。涪州出产三种茶叶，最上品的是宾化茶，其次是白马茶，最下的是涪陵茶。

《煮泉小品》：茶自浙以北皆较胜。唯闽、广以南，不唯水不可轻饮，而茶亦当慎之。昔

明代田艺蘅《煮泉小品》记载：茶叶，浙江以北地区出产的，品质都比较好。只有福建、两广以南地区，不仅其泉水不可轻易饮用，所出产的茶叶也应当谨慎勿用或者有选择地饮用。

鸿渐未详岭南诸茶，但云“往往得之，其味极佳”。余见其地多瘴疠之气，染着水草，北人食之，多致成疾。故谓人当慎之也。

从前陆羽《茶经》没有详细记载岭南所出产的茶叶，只是说“往往能得到一些茶叶，其味道都非常好”。我看到福建、两广地区多有瘴疠之气，熏染到草木之上，北方人饮用过后，很多会导致疾病发生，所以说人们应当谨慎从事。

《茶谱通考》：岳阳之含膏冷，剑南之绿昌明，蕲门之团黄，蜀川之雀舌，巴东之真香，夷陵之压砖，龙安之骑火。

《茶谱通考》记载：岳阳的含膏冷、剑南的绿昌明、蕲门的团黄、蜀川的雀舌、巴东的真香、夷陵的压砖、龙安的骑火，都是一代名茶。

《江南通志》：苏州府吴县西山产茶，谷雨前采焙极细者，贩于市，争先腾价，以雨前为贵也。

《江南通志》记载：苏州府吴县西山所出产的茶叶，在谷雨之前采摘焙制极细的好茶，贩卖到市场上，争先恐后地涨价，以雨前茶为最贵。

《吴郡虎丘志》：虎丘茶，僧房皆植，名闻天下。谷雨前摘细芽焙而烹之，其色如月下白，其味如豆花香。近因官司征以馈远，山僧供茶一斤，费用银数钱。是以苦于赍送，树不修葺，甚至刈斫之，因以绝少。

《吴郡虎丘志》记载：虎丘茶，寺院的僧房都种植茶树，名闻天下。谷雨前采摘细嫩的芽茶焙制而烹试，其色泽如月下白，其味道如豆花香。近来因为官府征收馈送远方，虎丘山中的僧人供奉茶叶一斤，要花费数钱银子，因此苦于馈赠，茶树也不修剪打理，甚而至于砍掉茶树，所以虎丘茶极为稀少。

《米襄阳志林》：苏州穹窿山下有海云庵，庵中有二茶树，其二株皆连理，盖二百余年矣。

明代范明泰所辑《米襄阳志林》记载：苏州穹窿山下有一座海云庵，庵中生长着两棵大茶树，两树根株相连，已经有二百多年了。

《姑苏志》：虎丘寺西产茶，朱安雅云："今二山门西偏，本名茶岭。"

《姑苏志》记载：苏州虎丘寺西边出产茶叶，朱安雅说："如今二山门向西略偏的地方，本来名叫茶岭。"

陈眉公《太平清话》：洞庭中西尽处，有仙人茶，乃树上之苔藓也，四皓采以为茶。

陈继儒（号眉公）《太平清话》记载：太湖洞庭山中最西边的地方，有仙人茶，乃是树上的苔藓，传说商山四皓曾经采摘来制成茶饮用。

《图经续记》：洞庭小青山坞出茶，唐宋入贡。下有水月寺，因名水月茶。

宋代朱长文《吴郡图经续记》记载：太湖洞庭小青山坞出产茶叶，唐宋时期就入贡朝廷。山下有水月寺，于是就命名所产茶叶叫作水月茶。

《古今名山记》：支硎山茶坞，多种茶。

明代何镗《古今游名山记》记载：支硎山（今苏州城西观音山）茶坞，多种植茶树。

《随见录》：洞庭山有茶，微似岕而细，味甚甘香，俗呼为"吓杀人香"。产碧螺峰者尤佳，名碧螺春。

清代屈擢升《随见录》记载：太湖洞庭山出产有茶，与岕茶略微相似而更加精细，味道非常甘甜香冽，俗语称为"吓杀人香"，出产于碧螺峰的尤其精致，所以叫作碧螺春。

《松江府志》：佘山在府城北，旧有佘姓者修道于此，故名。山产

《松江府志》记载：佘山在松江府城的北面，旧有佘姓的人在这里修道，所以叫作佘山。山中出产的茶与笋都非常好，有兰花的香味。

茶，与笋并美，有兰花香味。故陈眉公云："余乡佘山茶，与虎丘相伯仲。"

所以陈眉公说："我故乡的佘山茶，与虎丘茶在伯仲之间，不相上下。"

《常州府志》：武进县章山麓有茶巢岭，唐陆龟蒙尝种茶于此。

《常州府志》记载：武进县章山山麓有茶巢岭，唐朝时陆龟蒙曾经在这里种茶。

《天下名胜志》：南岳古名阳羡山，即君山北麓。孙皓既封国，后遂禅此山为岳，故名。唐时产茶充贡，即所云南岳贡茶也。

明代曹学佺《舆地名胜志》记载：南岳山，古代叫作阳羡山，也就是君山的北麓。三国吴主孙皓即位之后，于是到此山去封禅，称之为南岳。唐朝时产茶作为贡品，就是所谓的南岳贡茶。

常州宜兴县东南别有茶山。唐时造茶入贡，又名唐贡山，在县东南三十五里均山乡。

常州宜兴县东南，另有一处茶山。唐朝时制茶进贡朝廷，所以又叫作唐贡山，在宜兴县东南三十五里的均山乡。

《武进县志》：茶山路，在广化门外，十里之内，大墩小墩，连绵簇拥，有山之形。唐代湖、常二守会阳羡造茶修贡，由此往返，故名。

《武进县志》记载：茶山路，在广化门外，十里之内，有大墩小墩连绵不断，前后簇拥，有茶山的形状。唐代湖州、常州两郡太守会于阳羡，造茶修贡，从这里往返，所以叫作茶山路。

《檀几丛书》：茗山，在宜兴县西南五十里永丰乡。皇甫曾有

清代王晫《檀几丛书》所收明周高起《岕山洞茶系》记载：茗山，在宜兴县西南五十里的永丰乡。唐代诗人皇甫曾有《送羽南山采茶》

《送羽南山采茶》诗，可见唐时贡茶在茗山矣。

诗，可见唐代贡茶就在茗山。

唐李栖筠守常州日，山僧献阳羡茶。陆羽品为芬芳冠世产，可供上方。遂置茶舍于洞灵观，岁造万两入贡。后韦夏卿徙于无锡县罨画溪上，去湖汊一里所。许有谷诗云“陆羽名荒旧茶舍，却教阳羡置邮忙”是也。

唐代李栖筠（字贞一，赞皇人，曾官西台御史大夫，世称赞皇公、李西台）担任常州刺史时，山中的僧人进献阳羡茶。陆羽品评为芬芳冠世，经过精心焙制可以进贡给朝廷。李栖筠于是就在洞灵观设置茶舍，每年制造一万两茶，进贡朝廷。后来韦夏卿将茶舍迁移到无锡县罨画溪上，距离湖汊镇大约一里的地方。明人许有谷诗中所谓的“陆羽名荒旧茶舍，却教阳羡置邮忙”，指的就是此事。

义兴南岳寺，唐天宝中，有白蛇衔茶子坠寺前，寺僧种之庵侧，由此滋蔓，茶味倍佳，号曰蛇种。士人重之，每岁争先饷遗。官司需索，修贡不绝。迨今方春采茶，清明日，县令躬享白蛇于卓锡泉亭，隆厥典也。后来檄取，山农苦之，故袁高有“阴岭茶未吐，使者牒已频”之句。郭三益诗：“官符星火催春

义兴（今江苏宜兴）南岳寺，唐玄宗天宝年间曾有白蛇口衔茶籽坠落寺前，寺院僧人把茶籽种植在寺旁，从此滋蔓繁衍，茶味更好，叫作蛇种。当地士人都很看重，每年争先恐后馈赠亲友，官府索要，修贡不断。至今每到春天就如期采茶，清明这天县令要亲自在卓锡泉亭拜祭白蛇，其典礼非常隆重。后来官府索取太多，茶农深受其苦，所以袁高有“阴岭茶未吐，使者牒已频”的诗句。宋人郭三益诗写道：“官符星火催春焙，却使山僧怨白蛇。”唐代卢仝《茶歌》写道：“安知百万亿苍生，命坠颠崖受辛苦。”可见贡茶扰累人民，也是自古如此啊！

焙，却使山僧怨白蛇。”卢仝《茶歌》：“安知百万亿苍生，命坠颠崖受辛苦。”可见贡茶之累民，亦自古然矣。

《洞山岕茶系》：罗岕，去宜兴而南逾八九十里。浙直分界，只一山冈，冈南即长兴。山两峰相阻，介就夷旷者，人呼为岕。[注云：履其地，始知古人制字有意。今字书“岕”字，但注云“山名”耳。]有八十八处，前横大涧，水泉清驶，漱润茶根，泄山土之肥泽，故洞山为诸岕之最。自西氿溯涨渚而入，取道茗岭，甚险恶。[县西南八十里。]自东氿溯湖汊而入，取道瀍岭，稍夷，才通车骑。

明代周高起《洞山岕茶系》记载：罗岕，在宜兴的南边，超过八九十里，位于浙江和南直隶的交界处，只有一个山冈，山冈的南面就是长兴。山两边峰峦阻隔，中间平坦广阔的山岗，人们就称为岕。[原注：亲临其地观察，才知道古人造字的用意。如今的字典中的“岕”字，只是注释说“山名”罢了。]此地共有八十八个去处，前面一条大的山涧横流，泉水清澈流动，淘洗滋润着茶树的根本，流泻着山中土壤的肥泽，所以洞山所产为岕茶中的最上品。从西氿(jiǔ)逆涨渚而上，取道茗岭，道路非常险峻。[距离县城西南八十里。]从东氿逆湖汊而上，取道瀍岭，稍微平坦，刚好可以通车马。

所出之茶，厥有四品：第一品，老庙后。

罗岕所出产的茶叶，分为四个品级：第一品，出产于老庙后。老庙祭祀山中的土神，这

庙祀山之土神者，瑞草丛郁，殆比茶星肸蠁（xiǎng）矣。地不下二三亩，苕溪姚象先与婿［朱奇生］分有之。茶皆古本，每年产不过二十斤，色淡黄不绿，叶筋淡白而厚，制成，梗绝少。入汤，色柔白，如玉露，味甘，芳香藏味中。空濛深永，啜之愈出，致在有无之外。第二品，新庙后棋盘顶、纱帽顶、手巾条，姚八房及吴江周氏地，产茶亦不能多。香幽色白，味冷隽，与老庙不甚别。啜之，差觉其薄耳。此皆洞顶岕也。总之，岕品至此，清如孤竹，和如柳下，并入圣矣。今人以色浓香烈为岕茶，真耳食而眯其似也。第三品，庙后涨沙、大究头、姚洞、罗洞、王洞、范洞、白石。第四品，下

里茶树丛生，枝繁叶茂，大约象征着茶星弥漫灵通吧。其地不少于二三亩，归苕溪姚象先和他的女婿朱奇生所有。茶树都是古木，每年所产不超过二十斤，色泽淡黄而不绿，叶筋淡白而厚，制成的茶极少有梗。泡出的茶水，色泽柔和鲜白，犹如玉露，味道甘甜，其中蕴藏着芳香，空蒙深远，愈品愈有滋味，风味在有无之外。第二品，出产于新庙后棋盘顶、纱帽顶、手巾条，是姚氏八房以及吴江周氏的田地，产量也不够多。芳香清幽，色泽鲜白，味道冷隽，与老庙后的上品差别不大，只是品啜起来略感淡薄罢了。这两品都是洞山顶上的岕茶，总的来说，岕茶的品质，堪称清高如孤竹君的儿子伯夷、叔齐兄弟，温和如柳下惠（展获，字子禽，封地在柳下，孟子尊其为和圣），一并可以称为圣人了。今人以色泽浓重、香味浓烈作为岕茶的特征，真是耳闻之辈，朦胧不明真相啊！第三品，出产于庙后涨沙、大究头、姚洞、罗洞、王洞、范洞、白石。第四品，出产于下涨沙、梧桐洞、余洞、石场、丫头岕、留青岕、黄龙、炭灶、龙池。第三、第四品都是平常的洞山本岕。外山的长潮、青口、箵庄、顾渚、茅山等地出产的岕茶，都不入品。

涨沙、梧桐洞、余洞、石场、丫头岕、留青岕、黄龙、炭灶、龙池。此皆平洞本岕也。外山之长潮、青口、箵（xǐng）庄、顾渚、茅山岕，俱不入品。

《岕茶汇钞》：洞山茶之下者，香清叶嫩，着水香消。棋盘顶、纱帽顶、雄鹅头、茗岭，皆产茶地。诸地有老柯、嫩柯，唯老庙后无二梗，叶丛密，香不外散，称为上品也。

清代冒襄《岕茶汇钞》记载：洞山岕茶中的下品，香味清新，芽叶肥嫩，但是入水香味就消失了。棋盘顶、纱帽顶、雄鹅头、茗岭等，都是岕茶的产地。各个产地都有老枝、嫩枝，只有老庙后所产的茶没有老嫩枝梗，茶叶丛密，香气不会外散，称为上品。

《镇江府志》：润州之茶，傲山为佳。

《镇江府志》记载：润州（今江苏镇江）所产的茶叶，以傲山（在今南京江宁）为最好。

《寰宇记》：扬州江都县蜀冈有茶园，茶甘旨如蒙顶。蒙顶在蜀，故以名冈。上有时会堂、春贡亭，皆造茶所，今废。见毛文锡《茶谱》。

宋代乐史《太平寰宇记》记载：扬州江都县蜀冈有茶园，所产的茶叶甘甜芳香，犹如蒙顶茶。蒙顶在蜀，所以就以蜀来命名此冈。冈上有时会亭、春贡亭，都是造茶的地方，如今都已荒废。见五代毛文锡《茶谱》。

《宋史·食货志》：散茶出淮南，有龙溪、

《宋史·食货志》记载：散茶出产于淮南路，有龙溪、雨前、雨后等品种。

雨前、雨后之类。

《安庆府志》：六邑俱产茶，以桐之龙山、潜之闵山者为最。莳茶源，在潜山县。香茗山，在太湖县。大小茗山，在望江县。

《安庆府志》记载：安庆府所属的六个县都出产茶叶，而以桐城的龙山（即龙眠山）、潜山的闵山最为著名。莳茶源在潜山县，香茗山在太湖县，大小茗山在望江县。

《随见录》：宿松县产茶，尝之颇有佳种，但制不得法。倘别其地，辨其等，制以能手，品不在六安下。

清代屈擢升《随见录》记载：宿松县出产茶叶，品尝后感到当地有好的品种，只是制造不得其法。如果分别其产地，辨别其品级，请高手焙制，其品质当不在六安茶之下。

《徽州志》：茶产于松萝，而松萝茶乃绝少。其名则有胜金、嫩桑、仙芝、来泉、先春、运合、华英之品，其不及号者，为片茶八种。近岁茶名，细者有雀舌、莲心、金芽；次者为芽下白、为走林、为罗公；又其次者为开园、为软枝、为大方。制名号多端，皆松萝种也。

《徽州志》记载：茶叶出产于松萝，但是真正产于松萝山的松萝茶的确很少。其名称有胜金、嫩桑、仙芝、来泉、先春、运合、华英等品类，还有没有名号的称作片茶八种。近年来的茶叶名称，精细的上品有雀舌、莲心、金芽；其次有芽下白、走林、罗公；再次有开园、软枝、大方。虽然名号多端，都是松萝茶的品种。

吴从先《茗说》：松萝，予土产也。色如

明代吴从先《茗说》记载：松萝茶，是我家乡的土产。其色泽如梨花鲜白，香气如豆蔻，

梨花，香如豆蔻，饮如嚼雪。种愈佳，则色愈白，即经宿无茶痕，固足美也。秋露白片子，更轻清若空，但香大惹人，难久贮，非富家不能藏耳。真者其妙若此，略混他地一片，色遂作恶，不可观矣。然松萝地如掌，所产几许，而求者四方云至，安得不以他混耶？

品饮如嚼雪。品种越好，色泽越白，即使经过一夜，茶盏四周也没有茶痕，固然足以称美。至于秋露白片子，更是轻清若空，只是香气过大易于沾染，难以长久保存，不是富贵之家不能够收藏罢了。真正的松萝茶如此精妙，略微混入一片其他地方的茶叶，色泽就被破坏，不可观瞻了。然而，松萝茶的真正产地很小，所产有限，可是四方前来索求的人云集而至，怎么会不混入其他茶叶呢？

《黄山志》：莲花庵旁，就石缝养茶，多轻香冷韵，袭人断（yín）腭。

《黄山志》记载：莲花庵的旁边，就着石缝种茶，所产茶叶富有轻香冷韵，香气袭人，充满整个口腔。

《昭代丛书》：张潮云："吾乡天都有抹山茶，茶生石间，非人力所能培植。味淡香清，足称仙品。采之甚难，不可多得。"

《昭代丛书》记载：张潮（字山来，号心斋，歙县人）说："我的故乡黄山天都峰有抹山茶，出产于石缝之间，不是人工可以培植的。味道淡薄，香气清新，足以称作仙品。只是采摘很难，不可多得。"

《随见录》：松萝茶，近称紫霞山者为佳。又有南源、北源名色。其松萝真品，殊不易得。黄山绝顶有云雾

清代屈擢升《随见录》记载：松萝茶，近来人称出产于紫霞山的为最好，另外还有南源、北源等名色。其实真品的松萝茶很难得到。黄山绝顶出产有云雾茶，别有风味，其品质超出松萝之外。

茶，别有风味，超出松萝之外。

《通志》：宁国府属宣、泾、宁、旌、太诸县，各山俱产松萝。

《江南通志》记载：宁国府所属的宣城、泾县、宁国、旌德、太湖各县，山中都出产松萝茶。

《名胜志》：宁国县鸦山，在文脊山北，产茶充贡。《茶经》云"味与蕲州同"。宋梅询有"茶煮鸦山雪满瓯"之句。今不可复得矣。

明代曹学佺《舆地名胜志》记载：宁国县的鸦山，在文脊山的北边，出产茶叶，充作贡品。《茶经》所说宣州雅山茶"味道与蕲州茶相同"，就是指的此茶。宋朝梅询（字昌言，宣城人）有"茶煮鸦山雪满瓯"的诗句。如今已经不可复得了。

《农政全书》：宣城县有丫山，形如小方饼横铺，茗芽产其上。其山东为朝日所烛，号曰阳坡，其茶最胜。太守荐之，京洛人士题曰"丫山阳坡横纹茶"，一名"瑞草魁"。

明代徐光启《农政全书》记载：宣城县有丫山，山形就像是一个小方饼横铺在地，山上出产茶叶。山的东面受阳光照射，叫作阳坡，所产的茶最好。太守推荐于朝中，京洛（当指北宋东京汴梁、西京洛阳）人士为之题诗"丫山阳坡横纹茶"，也叫作"瑞草魁"。

《华夷花木考》：宛陵茗地源茶，根株颇硕，生于阴谷，春夏之交，方发萌芽。茎条虽长，旗枪不展，乍紫乍绿。天圣初，郡守李虚己同太史梅询尝试之，

《华夷花木鸟兽珍玩考》记载：宛陵（今安徽宣州一带，原作"池州"）出产的茗地源茶，根株颇大，生长在阴谷之中，春夏之交才开始萌芽。茶树茎条虽然很长，但是芽叶却不舒展，或紫或绿。宋仁宗天圣初年，郡守李虚己（字公受，曾提举淮南茶场）与太史梅询曾经烹试此茶，品评以为建溪、顾渚也不如此茶。

品以为建溪、顾渚不如也。

《随见录》：宣城有绿雪芽，亦松萝一类。又有翠屏等名色。其泾川涂茶，芽细、色白、味香，为上供之物。

清代屈擢升《随见录》记载：宣城出产有绿雪芽茶，也属于松萝茶的一类。还有翠屏等名色。其中泾川涂茶，芽叶精细，色泽鲜白，味道芳香，是上贡朝廷的佳品。

《通志》：池州府属青阳、石埭、建德，俱产茶。贵池亦有之。九华山闵公墓茶，四方称之。

《江南通志》记载：池州府所属的青阳、石埭、建德，都出产茶叶。贵池也产茶。九华山闵公墓茶（即九华山闵茶），其品质获得四方称赞。

《九华山志》：金地茶，西域僧金地藏所植，今传枝梗空筒者是。大抵烟霞云雾之中，气常温润，与地上者不同，味自异也。

明代顾元镜（归安人，曾任池州知府）《九华山志》记载：金地茶，是唐代西域高僧金地藏所种植，至今传说其枝梗都是空筒的茶叶即是。大体说来，烟霞云雾之中，气候经常保持湿润，与山下地上有所不同，所以茶味自然不同了。

《通志》：庐州府属六安、霍山，并产名茶，其最著唯白茅贡尖，即茶芽也。每岁茶出，知州具本恭进。

《江南通志》记载：庐州府所属的六安、霍山，都出产名茶，其中最著名的只有白茅贡尖，也就是上品芽茶。每年新茶出来，知州就上疏进贡。

六安州有小岘山，出茶名小岘春，为六安极品。霍山有梅花片，

六安州有一个小岘山，出产茶叶，叫作小岘春，是六安茶中的极品。霍山有梅花片，乃是黄梅时节采摘焙制，色泽香气兼好，只是味

乃黄梅时摘制，色香两兼，而味稍薄。又有银针、丁香、松萝等名色。

道稍薄。还有银针、丁香、松萝等名色。

《紫桃轩杂缀》：余生平慕六安茶，适一门生作彼中守，寄书托求数两，竟不可得，殆绝意乎！

明代李日华《紫桃轩杂缀》中说：我平生倾慕六安茶，正好有一个门生在六安州做知州，写信托他求取数两，竟然没有得到，这一愿望恐怕就此断绝了！

陈眉公《笔记》：云桑茶，出琅琊山。茶类桑叶而小，山僧焙而藏之，其味甚清。

明代陈继儒（号眉公）《笔记》记载：云桑茶，出产于安徽滁县琅琊山，此茶类似桑叶而略小，山中僧人采摘焙制而藏之，茶味非常清新。

广德州建平县雅山出茶，色、香、味俱美。

广德州建平县雅山出产茶叶，色泽、香气、味道都非常好。

《浙江通志》：杭州钱塘、富阳及余杭径山多产茶。

《浙江通志》记载：杭州府属的钱塘、富阳以及余杭县径山等地多出产茶叶。

《天中记》：杭州宝云山出者，名宝云茶。下天竺香林洞者，名香林茶。上天竺白云峰者，名白云茶。

明代陈耀文《天中记》记载：杭州宝云山出产的茶叶，叫作宝云茶。下天竺香林洞出产的茶叶，叫作香林茶。上天竺白云峰出产的茶叶，叫作白云茶。

田子艺云：龙泓今称龙井，因其深也。郡志称有龙居之，非也。

田艺蘅（字子艺）《煮泉小品·宜茶》中说：龙泓，如今叫作龙井，是因为泉水很深的缘故。郡志中说这里曾经有龙居住，故名龙井，

盖武林之山，皆发源天目，有龙飞凤舞之谶，故西湖之山以龙名者多，非真有龙居之也。有龙，则泉不可食矣。泓上之阁，亟宜去之，浣花诸池，尤所当浚。

其实并非如此。大概是因为杭州的山脉，都发源于天目山，由于有龙飞凤舞的谶语，所以西湖四周的山，多以龙来命名，并非真的有龙居住于此。如果真的有龙，那么泉水就不能饮用了。龙井上面的亭阁，也应当赶紧拆除。浣花等池，尤其应该加以疏浚。

《湖壖杂记》：龙井产茶，作豆花香，与香林、宝云、石人坞、垂云亭者绝异。采于谷雨前者尤佳，啜之淡然，似乎无味，饮过后，觉有一种太和之气，弥沦于齿颊之间，此无味之味，乃至味也。为益于人不浅，故能疗疾。其贵如珍，不可多得。

清代陆次云《湖壖杂记》记载：杭州龙井出产茶叶，有豆花香气，与出产于香林寺、宝云寺、石人坞、垂云亭的茶叶完全不一样。在谷雨前采摘的茶尤其好，品啜的时候感觉淡然，似乎无味，但饮过之后，感觉有一种太和之气弥漫于齿颊之间，这就是所谓的无味之味，乃是至美之味。饮用此茶非常有益于人体健康，所以能够治疗疾病。其可贵如珍宝，不可多得。

《坡仙食饮录》：宝严院垂云亭亦产茶，僧怡然以垂云茶见饷，坡报以大龙团。

明代孙矿《坡仙食饮录》记载：杭州宝严院垂云亭也出产茶叶，僧人怡然以垂云茶寄赠给苏东坡，苏东坡回赠给他大龙团茶。

陶穀《清异录》：开宝中，窦仪以新茶饷予，味极美，奁面标云“龙陂山子茶”。龙陂是顾渚山之别境。

宋初陶穀《清异录》中说：开宝中，大臣窦仪以新茶馈赠给我，味道极为鲜美，盒子标明叫作“龙陂山子茶”。龙陂是顾渚山的另外一个去处。

《吴兴掌故》：顾渚左右有大小官山，皆为茶园。明月峡在顾渚侧，绝壁削立，大涧中流，乱石飞走，茶生其间，尤为绝品。张文规诗所谓“明月峡中茶始生”是也。

明代徐献忠《吴兴掌故集》记载：顾渚山的左右两边有大小官山，都是茶园。明月峡在顾渚山的一侧，绝壁如削，大涧中流，乱石飞走，茶树生长在其中，品质尤为精绝。唐代张文规诗中所谓的“明月峡中茶始生”，说的就是此事。

顾渚山，相传以为吴王夫差于此顾望原隰，可为城邑，故名。唐时，其左右大小官山，皆为茶园，造茶充贡，故其下有贡茶院。

顾渚山，相传春秋时期吴王夫差在此环视原野，考察可以修建城邑的地方，所以叫作顾渚。唐朝的时候，顾渚左右的大小官山都是茶园，采制茶叶充作贡品，所以山下有贡茶院。

《蔡宽夫诗话》：湖州紫笋茶出顾渚，在常、湖二郡之间，以其萌茁紫而似笋也。每岁入贡，以清明日到，先荐宗庙，后赐近臣。

《蔡宽夫诗话》记载：湖州紫笋茶，出产于顾渚山。顾渚山位于湖州、常州的交界之处，因为茶刚萌芽时呈紫色而且像笋，故名紫笋茶。每年进贡，以清明节这天到达京师，首先祭祀宗庙，然后分赐近臣。

冯可宾《岕茶笺》：环长兴境，产茶者曰罗嶰（jiè），曰白岩，曰乌瞻，曰青东，曰顾渚，曰篠浦，不可指数。独罗嶰最胜。环嶰境十里而遥，为嶰者亦

明代冯可宾《岕茶笺》记载：环绕长兴县境，出产茶叶的地方有罗嶰、白岩、乌瞻、青东、顾渚、篠浦等，不可胜数，只有罗嶰最为著名。环绕罗嶰境内方圆十里以外，称为嶰的地方，也是不可胜数。嶰而称作岕，是说介于两山之间；唐代诗人罗隐隐居于此，所以叫作罗岕，因为位于小秦王庙的后面，所以又称作

不可指数。嶰而曰岕，两山之介也。罗隐隐此，故名。在小秦王庙后，所以称庙后罗岕也。洞山之岕，南面阳光，朝旭夕辉，云滃雾浡，所以味迥别也。

庙后罗岕。洞山的岕茶，南边面对阳光照射，早晨的旭日和傍晚的夕晖，云雾氤氲笼罩，所以其味道与其他茶叶迥然有别。

《名胜志》：茗山，在萧山县西三里，以山中出佳茗也。又上虞县后山茶，亦佳。

明代曹学佺《舆地名胜志》记载：茗山，在萧山县西三里，因为山中出产好茶，故名。另外，上虞县后山所产的茶叶，也非常好。

《方舆胜览》：会稽有日铸岭，岭下有寺，名资寿。其阳坡名油车，朝暮常有日，茶产其地，绝奇。欧阳文忠云："两浙草茶，日铸第一。"

南宋祝穆《方舆胜览》记载：会稽有日铸岭，岭下有寺院，叫作资寿寺。日铸岭的阳坡叫作油车，从早晨到傍晚都有日光照射，茶叶生长在这里，其品质无比奇特。欧阳修（谥文忠）说过："两浙地区的草茶，以日铸茶为第一。"

《紫桃轩杂缀》：普陀老僧贻余小白岩茶一裹，叶有白茸，瀹之无色，徐引觉凉透心腑。僧云："本岩岁止五六斤，专供大士，僧得啜者寡矣。"

明代李日华《紫桃轩杂缀》记载：普陀山老僧赠给我小白岩茶一包，叶上有白色的茸毛，冲泡后无色，慢慢品饮，感到凉彻心腑。老僧告诉我说："本岩所产每年只有五六斤，专门供奉菩萨，僧人能够品啜的很少。"

《普陀山志》：茶以白华岩顶者为佳。

《普陀山志》记载：茶叶，以出产于白华岩顶的为最好。

《天台记》：丹丘出大茗，服之生羽翼。

《太平御览》所引《天台记》记载：丹丘出产大茗，饮用后使人如生羽翼。

桑庄《茹芝续谱》：天台茶有三品：紫凝、魏岭、小溪是也。今诸处并无出产，而土人所需，多来自西坑、东阳、黄坑等处。石桥诸山，近亦种茶，味甚清甘，不让他郡。盖出自名山雾中，宜其多液而全厚也。但山中多寒，萌发较迟，兼之做法不佳，以此不得取胜。又，所产不多，仅足供山居而已。

宋代桑庄《茹芝续茶谱》记载：天台茶有三个品种，紫凝、魏岭和小溪。如今各处并不出产，而当地人生活所需的茶叶，多来自于西坑、东阳、黄坑等地。石桥等山，近来也种植茶树，味道非常清新甘甜，不比其他地方的茶叶差。这是因为出产于名山云雾之中，应该汁液多而味道醇厚。只是山中多寒冷，萌芽较晚，加上制作方法不佳，因此品质不能取胜。况且，所产数量不多，仅仅足以供应山居之人日常饮用罢了。

《天台山志》：葛仙翁茶圃，在华顶峰上。

《天台山志》记载：葛仙翁茶园，在天台山华顶峰上。

《群芳谱》：安吉州茶，亦名紫笋。

明代王象晋《群芳谱》记载：安吉州茶，也叫作紫笋。

《通志》：茶山，在金华府兰溪县。

《浙江通志》记载：茶山，在浙江金华府兰溪县。

《广舆记》：鸠坑茶，出严州府淳安县。方山茶，出衢州府龙游县。

《广舆记》记载：鸠坑茶，出产于浙江严州府淳安县。方山茶，出产于浙江衢州府龙游县。

劳大舆《瓯江逸

清代劳大舆《瓯江逸志》记载：浙江东部

志》：浙东多茶品，雁宕山称第一。每岁谷雨前三日，采摘茶芽进贡。一枪两旗而白毛者，名曰明茶；谷雨日采者，名雨茶。一种紫茶，其色红紫，其味尤佳，香气尤清，又名玄茶，其味皆似天池而稍薄。难种薄收，土人厌人求索，园圃中少种，间有之，亦为识者取去。按卢仝《茶经》云："温州无好茶，天台瀑布水、瓯水味薄，唯雁宕山水为佳。"此山茶亦为第一，曰去腥腻、除烦恼、却昏散、消积食。但以锡瓶贮者，得清香味。不以锡瓶贮者，其色虽不堪观，而滋味且佳，同阳羡山岕茶无二无别。采摘近夏，不宜早。炒做宜熟不宜生。如法，可贮二三年。愈佳愈能消宿食、醒酒，此为最者。

出产很多茶叶，而以雁荡山所产称为第一。每年谷雨前三日，采摘芽茶进贡朝廷。一枪两旗而有白色茸毛的，叫作明茶；谷雨这一天采摘的，叫作雨茶。还有一种紫茶，色泽红紫，味道尤其好，香气尤其清，又叫作玄茶。其味道都与天池茶相似而稍微淡薄。这种茶种植很难，收获又少，当地的居民厌烦人们求索，园圃中也很少种植，偶尔有所种植、收获也为识茶的人士取去。按照卢仝《茶经》（此处当为误引）的说法：温州没有好茶，天台瀑布水、瓯江水味道淡薄，只有雁荡山水为好。雁荡山茶也称为第一，能够祛除腥荤油腻，消除烦恼，除掉昏散，消除积食。只有以锡瓶贮存的茶，才能得其清香之味。如果不以锡瓶贮存，其茶色即使不甚可观，但是滋味很好，同阳羡山中的岕茶没有什么区别。此茶采摘时间要接近夏天，不宜过早，炒制也宜熟而不宜生，如果制作得法，可以贮存两三年。茶叶越好越能消除积食、醒酒，这是最具效果的。

王草堂《茶说》：温州中墺（ào）及漈（jì）上茶，皆有名，性不寒不热。

王草堂《茶说》记载：温州中墺及漈上所产的茶都很有名，茶性不寒不热。

屠粹忠《三才藻异》：举岩，婺茶也。片片方细，煎如碧乳。

屠粹忠《三才藻异》记载：举岩，是婺州所产的茶叶，每一片都方正精致，煎煮之后茶水碧绿。

《江西通志》：茶山，在广信府城北，陆羽尝居此。

《江西通志》记载：茶山，在广信府（今江西上饶）城北，茶圣陆羽曾经在此居住。

洪州西山白露、鹤岭茶，号绝品，以紫清、香城者为最。及双井茶芽，即欧阳公所云“石上生茶如凤爪”者也。又，罗汉茶如豆苗，因灵观尊者自西山持至，故名。

洪州西山白露茶、鹤岭茶，号称绝品，以紫清、香城者为最好。双井芽茶，也就是欧阳修先生所说的“石上生茶如凤爪”。又有罗汉茶，就像豆苗一样，因为灵观尊者从西山带来此地，所以叫作罗汉茶。

《南昌府志》：新建县鹅冈西有鹤岭，云物鲜美，草木秀润，产名茶，异于他山。

《南昌府志》记载：新建县鹅冈西有鹤岭，这里景色鲜艳美丽，草木清秀而润泽，所产名茶与其他地方不同。

《通志》：瑞州府出茶芽，廖暹《十咏》呼为雀舌香焙云。其余临江、南安等府俱出茶，庐山亦产茶。

《江西通志》记载：瑞州府（治今江西高安）出产茶芽，明代举人廖暹（字日佳，号丹泉，高安人，历官武康、诏安知县）《十咏》称呼为雀舌香焙。其余临江府、南安府等地都产茶，庐山也出产茶叶。

袁州府界桥出茶，今称仰山稠平、木平者佳，稠平者尤妙。

袁州府界桥所产的茶叶，如今称为仰山稠平、木平的都很好，其中稠平尤其精妙。

赣州府宁都县出林岕，乃一林姓者以长指甲炒之。采制得法，香味独绝，因之得名。

赣州府宁都县出产林岕，乃是一家姓林的人用长指甲（炒茶时戴在手指上的木器）炒制，采摘制造都很得法，香味独特，以此得名。

《名胜志》：茶山寺，在上饶县城北三里，按《图经》，即广教寺。中有茶园数亩，陆羽泉一勺。羽性嗜茶，环居者植之，烹以是泉，后人遂以广教寺为茶山寺云。宋有茶山居士曾吉甫，名几，以兄开忤秦桧，奉祠侨居此寺凡七年，杜门不问世故。

明代曹学佺《舆地名胜志》记载：茶山寺，在上饶县城北三里，按照《图经》的记载，叫作广教寺。寺中有数亩茶园，一泓陆羽泉。陆羽嗜好饮茶，居所的周围都种植茶树，并以此泉水煎茶，后人于是就称呼广教寺为茶山寺。宋代有一位茶山居士曾吉甫，名曾几，因为其兄曾开得罪秦桧，供奉宗祠侨居此寺，前后七年，闭门不问世事。

《丹霞洞天志》：建昌府麻姑山产茶，唯山中之茶为上，家园植者次之。

明代邬鸣雷《麻姑山丹霞洞天志》记载：建昌府麻姑山出产茶叶，只有山中所产的茶为上品，家中园地种植的茶次之。

《饶州府志》：浮梁县阳府山，冬无积雪，凡物早成，而茶尤殊异。金君卿诗云："闻

《饶州府志》记载：浮梁县（今江西景德镇）阳府山，冬天没有积雪，各种物产都早生成长，而所产的茶叶尤其不同。宋人金君卿有《游阳府寺》诗吟咏道："闻雷已荐鸡鸣笋，未

雷已荐鸡鸣笋，未雨先尝雀舌茶。”以其地暖故也。

雨先尝雀舌茶。”这是因为当地气候温暖的缘故。

《通志》：南康府出匡茶，香味可爱，茶品之最上者

《江西通志》记载：南康府出产匡茶，香味可爱，是茶品中最好的。

九江府彭泽县九都山出茶，其味略似六安。

九江府彭泽县九都山出产茶叶，其味道略似六安茶。

《广舆记》：德化茶出九江府。又崇义县多产茶。

《广舆记》记载：德化茶出产于江西九江府。另外崇义县产茶很多。

《吉安府志》：龙泉县匡山有苦斋，章溢所居。四面峭壁，其下多白云，上多北风，植物之味皆苦。野蜂巢其间，采花蕊作蜜，味亦苦。其茶苦于常茶。

《吉安府志》记载：龙泉县匡山，有一处苦斋，曾是元末明初学者章溢所居住的地方。四面悬崖峭壁，其下多白云缭绕，其上则北风吹拂，所生植物味道多苦。野蜂在其间筑巢，采花蕊酿成蜂蜜，味道也是苦的。这里所产的茶叶比其他地方的茶叶味道更苦。

《群芳谱》：太和山骞林茶，初泡极苦涩，至三四泡，清香特异，人以为茶宝。

明代王象晋《群芳谱》记载：湖广太和山（今湖北武当山）骞林茶，初泡味道非常苦涩，到第三次或第四次冲泡，清香非同一般，人们称为茶宝。

《福建通志》：福州、泉州、建宁、延平、兴化、汀州、邵武诸府，俱产茶。

《福建通志》记载：福州、泉州、建宁、延平、兴化、汀州、邵武各府，都出产茶叶。

《合璧事类》：建州出大片，方山之芽，如紫笋，片大极硬。须汤浸之，方可碾。治头痛，江东老人多服之。

宋代谢维新《古今合璧事类备要》记载：建州出产大片茶。方山的芽茶像紫笋茶，叶片大而且很硬，必须用开水浸泡之后方可碾碎。这种茶可以治疗头痛，江东地区的老人多服用这种茶。

周栎园《闽小记》：鼓山半岩茶，色香风味当为闽中第一，不让虎丘、龙井也。雨前者每两仅十钱，其价廉甚。一云前朝每岁进贡，至杨文敏当国，始奏罢之。然近来官取，其扰甚于进贡矣。

清初周亮工《闽小记》（四库本改为《天下名山记》）记载：鼓山的半岩茶，色泽、香气、风味都应当是福建第一，其品质不比天池茶、龙井茶差。雨前采者每两仅仅十钱，价格非常便宜。一种说法是说前朝每年进贡朝廷，到了杨荣（字勉仁，谥文敏）执政的时候，才奏请罢除贡茶。但是近年来官府索取，其扰累的程度比贡茶更甚。

柏岩，福州茶也。岩即柏梁台。

柏岩茶，是福州所产的茶叶。柏岩，也就是柏梁台。

《兴化府志》：仙游县出郑宅茶，真者无几，大都以赝者杂之，虽香而味薄。

《兴化府志》记载：仙游县出产郑宅茶，真茶没有多少，大多是用赝品掺杂，即使有香味，也比较淡薄。

陈懋仁《泉南杂志》：清源山茶，青翠芳馨，超轶天池之上。南安县英山茶，精者可亚虎丘，惜所产不若清源之多也。闽地气暖，桃李冬花，故茶较吴中

清初陈懋仁《泉南杂志》记载：泉州清源山茶，青翠芳香，超过苏州天池茶之上。南安县出产的英山茶，其中精品也仅次于苏州虎丘茶，可惜所产不如清源山茶那么多。福建气候温暖，桃李冬天开花，所以茶叶采制比吴中地区稍早。

差早。

《延平府志》：棕毛茶，出南平县半岩者佳。

《延平府志》记载：棕毛茶，以出产于南平县半岩的较好。

《建宁府志》：北苑在郡城东，先是，建州贡茶首称北苑龙团，而武夷石乳之名未著。至元时，设场于武夷，遂与北苑并称。今则但知有武夷，不知有北苑矣。吴越间人颇不足闽茶，而甚艳北苑之名，不知北苑实在闽也。

《建宁府志》记载：北苑在府城的东部，起初，北苑贡茶以北苑的龙团茶最为著名，而武夷石乳的名称还不流行。到了元代，在武夷山设立御茶园，采制贡茶，武夷茶就与北苑茶并称了。如今则是只知道有武夷茶，而不知道有北苑茶了。吴越地区的人们，颇不看重福建茶叶，却非常称羡北苑茶的名声，岂不知北苑其实就在福建！

宋无名氏《北苑别录》：建安之东三十里，有山曰凤凰，其下直北苑，旁联诸焙，厥土赤壤，厥茶唯上上。太平兴国中，初为御焙，岁模龙凤，以羞贡篚，盖表珍异。庆历中，漕台益重其事，品数日增，制度日精。厥今茶自北苑上者，独冠天下，非人间所可得也。方其春虫震蛰，群

宋代无名氏（实即赵汝砺）《北苑别录》记载：建安（今福建建瓯）以东三十里，有一座山叫作凤凰山，山下就是北苑，旁边连着各个茶焙，其土是红壤，所产的茶最为上品。宋太宗太平兴国年间，初次作为御焙，每年制作龙凤团饼，作为佳味贡献，以表珍异。宋仁宗庆历年间，福建路转运使更加重视其事，品种和数量日益增加，贡茶制度日益精细。至今北苑所制的上品贡茶，名冠天下，不是民间所可得到的。当春天惊蛰时节，采茶人如春雷涌动，一时的盛况，的确雄伟壮观。因此，建安人认为到建安而不到北苑，就像没有到建安一样。我因为负责其事，于是得以研究贡茶的始末，

夫雷动，一时之盛，诚为大观。故建人谓至建安而不诣北苑，与不至者同。仆因摄事，遂得研究其始末，姑摭其大概，修为十余类目，曰《北苑别录》云。

这里就姑且采取其大概情况，分为十多个类别，编为《北苑别录》。

御园：九窠十二陇，麦窠，壤园，龙游窠，小苦竹，苦竹里，鸡薮窠，苦竹，苦竹源，鼯鼠窠，教练陇，凤凰山，大小焊，横坑，猿游陇，张坑，带园，焙东，中历，东际，西际，官平，石碎窠，上下官坑，虎膝窠，楼陇，蕉窠，新园，天楼基，院坑，曾坑，黄际，马鞍山，林园，和尚园，黄淡窠，吴彦山，罗汉山，水桑窠，铜场，师如园，灵滋，苑马园，高畲，大窠头，小山。

御园：包括九窠十二陇（山之凹处为窠，凸处为陇），麦窠，壤园，龙游窠，小苦竹，苦竹里，鸡薮窠，苦竹，苦竹源，鼯鼠窠，教练陇，凤凰山，大小焊，横坑，猿游陇，张坑，带园，焙东，中历，东际，西际，官平，石碎窠，上下官坑，虎膝窠，楼陇，蕉窠，新园，天楼基，院坑，曾坑，黄际，马鞍山，林园，和尚园，黄淡窠，吴彦山，罗汉山，水桑窠，铜场，师如（一作姑）园，灵滋，苑（一作范）马园，高畲，大窠头，小山。

右四十六所，广袤三十余里，自官平而上

以上共有四十六所，方圆三十余里，从官平以上为内园，官坑以下为外园。每当春天茶

为内园，官坑而下为外园。方春灵芽萌坼，常先民焙十余日，如九窠十二陇、龙游窠、小苦竹、张坑、西际，又为禁园之先也。

叶开始萌芽，经常是比民焙早十多天，如九窠十二陇、龙游窠、小苦竹、张坑、西际，又是作为官园中造茶较早者。

《东溪试茶录》：旧记建安郡官焙三十有八。丁氏旧录云：官私之焙千三百三十有六而独记官焙三十二。东山之焙十有四：北苑龙焙一，乳橘内焙二，乳橘外焙三，重院四，壑岭五，渭源六，范源七，苏口八，东宫九，石坑十，建溪十一，香口十二，火梨十三，开山十四。南溪之焙十有二：下瞿一，濛洲东二，汾东三，南溪四，斯源五，小香六，际会七，谢坑八，沙龙九，南乡十，中瞿十一，黄熟十二。西溪之焙四：慈善西一，慈善东二，慈惠三，船坑四。北山之焙

北宋宋子安《东溪试茶录》记载：从前的记录建安府共有官焙三十八座。丁谓《茶录》中说：官焙、私焙共计一千三百三十六座，所记录的仅仅是官焙三十二座。东山的官焙有十四座：一北苑龙焙，二乳橘内焙，三乳橘外焙，四重院，五壑岭，六渭源，七范源，八苏口，九东宫，十石坑，十一建溪，十二香口，十三火梨，十四开山。南溪的官焙有十二座：一下瞿，二濛洲东，三汾东，四南溪，五斯源，六小香，七际会，八谢坑，九沙龙，十南乡，十一中瞿，十二黄熟。西溪的官焙有四座：一慈善西，二慈善东，三慈惠，四船坑。北山的官焙有两座：一慈善东，二丰乐。其外焙则有曾坑、石坑、壑源、叶源、佛岭、沙溪等处。只有壑源出产的茶叶，甘甜馨香，风味独特。

二；慈善东一，丰乐二。外有曾坑、石坑、壑源、叶源、佛岭、沙溪等处。唯壑源之茶，甘香特胜。

茶之名有七：一曰白茶，民间大重，出于近岁，园焙时有之。地不以山川远近，发不以社之先后。芽叶如纸，民间以为茶瑞，取其第一者为斗茶。次曰柑叶茶，树高丈余，径头七八寸，叶厚而圆，状如柑橘之叶，其芽发即肥乳，长二寸许，为食茶之上品。三曰早茶，亦类柑叶，发常先春，民间采制为试焙者。四曰细叶茶，叶比柑叶细薄，树高者五六尺，芽短而不肥乳，今生沙溪山中，盖土薄而不茂也。五曰稽茶，叶细而厚密，芽晚而青黄。六曰晚茶，盖稽茶之类，发比诸茶较晚，生于社

茶的名称有七种：第一种叫作白茶，民间非常看重，出产于近年，各个茶园茶焙经常会有生产。其产地既不论山川远近，其萌芽也不论社前或者社后。其芽叶像纸一样色泽鲜白，民间以为茶中的祥瑞，取其第一者作为斗茶。第二种叫作柑叶茶，茶树高达一丈有余，直径七八寸，茶叶肥厚而圆润，形状好像柑橘的叶子，其茶芽萌发出来就很茁壮，长二寸多，这是食茶之中的上品。第三种叫作早茶，也与柑橘的叶子相似，经常是在早春的时候萌芽，民间采制此茶作为试焙。第四种叫作细叶茶，芽叶比柑橘叶子较细而且薄，茶树高的有五六尺，茶芽短小而不茁壮，如今生长在沙溪山中，因为土地贫瘠，生长也不茂盛。第五种叫作稽茶，茶叶细嫩而厚密，茶芽则萌发较晚而色泽青黄。第六种叫作晚茶，大约是所谓的稽茶之类，萌芽比其他茶较晚，生于社火之后。第七种叫作丛茶，茶树高不过数尺，一年之间多次萌芽，贫民取之以牟利。

后。七曰丛茶，高不数尺，一岁之间发者数四，贫民取以为利。

《品茶要录》：壑源、沙溪，其地相背，而中隔一岭，其去无数里之遥，然茶产顿殊。有能出力移栽植之，亦为风土所化。窃尝怪茶之为草，一物耳，其势必犹得地而后异。岂水络地脉偏钟粹于壑源，而御焙占此大冈巍陇，神物伏护，得其余荫耶？何其甘芳精至，而美擅天下也。观夫春雷一鸣，筠笼才起，售者已担簦挈橐于其门，或先期而散留金钱，或茶才入笪而争酬所直。故壑源之茶，常不足客所求。其有桀猾之园民，阴取沙溪茶叶，杂就家棬而制之。人耳其名，睨其规模之相若，不能原其实者，盖有之矣。凡壑源之茶售以十，则

北宋黄儒《品茶要录·辨壑源沙溪》中说：壑源和沙溪这两个地方，地理条件正好相反，中间隔着一道山岭，其所处位置相距也不过几里远，然而所出产的茶叶却迥然不同。有人能出力把茶树从壑源移栽到沙溪，其茶性也会被当地的地理环境所同化。我也曾暗自奇怪，茶叶这种草木，不过是普通的一种植物，可是其生长之势必定得到适宜的生长环境而后有所变异，难道上好的水络地脉单单集中汇粹于壑源一地？或者是由于皇家的茶园和茶焙建在这里的高山峻岭之中，有山中神灵的庇护和保佑，这里的茶叶都得其余荫？不然的话，这里的茶叶怎么会如此甘甜芳香、精美至极而独擅天下第一的美名呢？君不见，每年一到惊蛰时节，茶农们刚刚拿起竹筐、竹笼上山采茶，茶商们已经扛着竹笠、拿着口袋来到茶农的门口等待收购茶叶了。有的商人甚至预先给各个茶农支付了订金，有的茶叶刚经过加工放在竹编的笪席上烘焙，茶商们就争着按货付酬抢购，所以壑源的茶叶常常是供不应求。于是，就有一些奸诈狡猾的茶农，暗中取来沙溪出产的茶叶蒸过的茶黄，混杂其中，放进卷模中制成茶饼，假冒壑源茶。人们只贪图壑源茶的盛名，观察茶饼表面样子相像，而不能考究其实质和真相，

沙溪之茶售以五，其直大率仿此。然沙溪之园民，亦勇于觅利，或杂以松黄，饰以首面。凡肉理怯薄，体轻而色黄者，试时鲜白，不能久泛，香薄而味短者，沙溪之品也。凡肉理实厚，质体坚而色紫，试时泛盏凝久，香滑而味长者，壑源之品也。

不免要上当受骗而不觉，这种情况也是不少的。一般说来，壑源茶的售价为十，那么沙溪茶的售价为五，其间的价格差别大体上就是这样。然而沙溪的茶农，也勇于图谋利润，有的往茶中掺杂松黄，以便于装饰美化茶饼的外表。一般来说，分辨鉴别壑源茶和沙溪茶的方法是：大凡茶饼肉质纹理虚薄，重量轻而色泽黄，烹试的时候色泽虽然鲜白，却不能久浮，香气淡薄而味道较短，就是沙溪出产的茶；大凡茶饼肉质纹理厚实，茶饼坚实而色泽发紫，烹试的时候浮在茶汤表面凝重而持久，香气醇正甘滑而味道绵长，就是壑源出产的茶。

《潜确类书》：历代贡茶，以建宁为上，有龙团、凤团、石乳、的乳、绿昌明、头骨、次骨、末骨、粗骨、山铤等名，而密云龙最高，皆碾屑作饼。至国朝始用芽茶，曰探春，曰先春，曰次春，曰紫笋，而龙凤团皆废矣。

明代陈仁锡《潜确类书》记载：历代的贡茶，都以福建建宁所产的茶作为上品。有龙团、凤团、石乳、的乳、绿昌明、头骨、次骨、末骨、粗骨、山铤等名色，而以密云龙为最高级别，都是碾成细末制成茶饼。到了明朝，才开始进贡芽茶，分别叫作探春、先春、次春、紫笋，而龙凤团饼茶都被废弃了。

《名胜志》：北苑茶园属瓯宁县。旧经云："伪闽龙启中，里人张晖，以所居北苑地宜茶，悉献之官，其名

明代曹学佺《舆地名胜志》记载：北苑茶园隶属于瓯宁县（今建瓯，即合并建阳、瓯宁二县而成）。旧时典籍记载："伪闽王龙启年间，当地人张晖（即张廷晖，字仲光，号三公，后为当地祀为茶神）以他所居住的北苑土地适宜

始著。”

种茶，全部献给官府，其名声才逐渐流传开来。”

《三才藻异》：石岩白，建安能仁寺茶也，生石缝间。

《三才藻异》记载：石岩白，就是建安能仁寺所出产的茶叶，生于石缝之间。

建宁府属浦城县江郎山出茶，即名江郎茶。

建宁府所属的浦城县江郎山出产茶叶，就叫作江郎茶。

《武夷山志》：前朝不贵闽茶，即贡者亦只备宫中浣濯瓯盏之需。贡使类以价货京师所有者纳之。间有采办，皆剑津廖地产，非武夷也。黄冠每市山下茶，登山贸之，人莫能辨。

《武夷山志》记载：前朝即明朝不重视福建茶，即使进贡也只是作为宫中洗刷瓯盏的需要。贡茶的使者大多按照价格在京师购买然后进贡朝廷。偶尔有所采办，也都是剑津（今福建南平东建溪、西溪汇入闽江之处）廖地所产，而不是武夷山的产品。山中的道士每每购买山下的茶叶，登山货卖，人们都无法辨别。

茶洞在接笋峰侧，洞门甚隘，内境夷旷，四周皆穹崖壁立。土人种茶，视他处为最盛。

茶洞在武夷山接笋峰的旁边，洞门非常狭窄，洞内则平坦空旷，四周都是悬崖峭壁。当地人种茶，与其他地方相比最为盛行。

崇安殷令招黄山僧以松萝法制建茶，真堪并驾，人甚珍之，时有“武夷松萝”之目。

崇安县的殷县令招来黄山的僧人以松萝茶的制法制作建茶，真正可与松萝茶并驾齐驱，人们非常珍爱，当时就有所谓“武夷松萝”的名号。

王梓《茶说》：武夷山周回百二十里，皆可种茶。茶性，他产多

王梓（字复礼，号草堂）《茶说》记载：武夷山周围一百二十里，都可以种茶。茶的本性，其他地方所产多是寒性，此地单单为温性。

寒，此独性温。其品有二：在山者为岩茶，上品；在地者为洲茶，次之。香清浊不同，且泡时岩茶汤白，洲茶汤红，以此为别。雨前者为头春，稍后为二春，再后为三春。又有秋中采者，为秋露白，最香。须种植、采摘、烘焙得宜，则香味两绝。然武夷本石山，峰峦载土者寥寥，故所产无几。若洲茶，所在皆是，即邻邑近多栽植，运至山中及星村墟市贾售，皆冒充武夷。更有安溪所产，尤为不堪。或品尝其味，不甚贵重者，皆以假乱真误之也。至于莲子心、白毫皆洲茶，或以木兰花熏成欺人，不及岩茶远矣。

其茶有两个品种，在山中的叫作岩茶，堪称上品；在平地的叫作洲茶，品质次之。茶的香气清浊也不同，而且冲泡的时候岩茶汤白，洲茶汤红，以此作为区别。雨前采制的叫作头春，稍后采制的叫作二春，再往后采制的叫作三春。还有秋天采制的，叫作秋露白，最为馨香。必须做到种植、采摘、烘焙都得其所宜，才可以做到香气、味道两绝。然而，武夷山本身是石山，峰峦带土的很少，所以所产茶叶寥寥无几。至于洲茶，所到之处应有尽有，即使是邻近各县地方也多有栽培，运输到山中以及零星的村子和集市上去卖掉，都是冒充武夷茶。更有安溪所产的茶叶，品质尤其不堪。有人品尝其茶味，不甚贵重，都是以假乱真的结果。至于莲子心、白毫等都是洲茶，有人以木兰花熏成欺骗顾客，远远比不上岩茶。

张大复《梅花笔谈》：《经》云："岭南生福州、建州。"今武

明代张大复《梅花草堂笔谈》记载：陆羽《茶经》说："岭南茶出产于福州、建州。"如今武夷山所出产的茶，味道极佳。这大概是因

夷所产，其味极佳，盖以诸峰拔立，正陆羽所云“茶上者生烂石中”者耶！

为武夷山诸峰挺拔独立，正如陆羽所说的“上等的茶叶生长于烂石之中”。

《草堂杂录》：武夷山有三味茶，苦、酸、甜也，别是一种。饮之，味果屡变，相传能解醒消胀。然采制甚少，售者亦稀。

清代王梓《草堂杂录》记载：武夷山有三味茶，也就是苦、酸、甜，别是一番风味。饮用的时候味道果然屡次变化，相传可以解酒、消胀。然而这种茶采摘制作的甚少，贩卖的也很少。

《随见录》：武夷茶，在山上者为岩茶，水边者为洲茶。岩茶为上，洲茶次之。岩茶，北山者为上，南山者次之。南北两山，又以所产之岩名为名，其最佳者，名曰工夫茶。工夫之上，又有小种，则以树名为名。每株不过数两，不可多得。洲茶名色，有莲子心、白毫、紫毫、龙须、凤尾、花香、兰香、清香、奥香、选芽、漳芽等类。

清代屈擢升《随见录》记载：武夷山所产的茶，出产于山上的叫作岩茶，出产于水边的叫作洲茶。就品质而言，岩茶为上品，洲茶次之。岩茶，以出于北山上的为上品，以南山上的次之。南北两山，又以所出产茶叶的岩名为名，其中最好的，叫作工夫茶。工夫茶之上，又有一个小种，则是以树名作为茶名。每株茶树出产不超过数两，不可多得。洲茶的名色，有莲子心、白毫、紫毫、龙须、凤尾、花香、兰香、清香、奥香、选芽、漳芽等品类。

《广舆记》：泰宁茶，出邵武府。

《广舆记》记载：泰宁茶，出产于福建邵武府。

福宁州大姥山出茶，名绿雪芽。

福建福宁州大姥山（即太姥山）出产茶叶，叫作绿雪芽。

《湖广通志》：武昌茶，出通山者上，崇阳、蒲圻者次之。

《湖广通志》记载：武昌茶，以出产于通山县的为上品，崇阳、蒲圻所产次之。

《广舆记》：崇阳县龙泉山，周二百里。山有洞，好事者持炬而入，行数十步许，坦平如室，可容千百众，石渠流泉清洌，乡人号曰鲁溪。岩产茶，甚甘美。

《广舆记》记载：湖北崇阳县龙泉山，方圆二百里。山上有一个洞，好事的人手持火炬进去，行走数十步，平坦如室内，可以容纳千百人，其中有石渠流淌着泉水。清澈甘冽，当地人叫作鲁溪。山岩出产茶叶，味道非常甘美。

《天下名胜志》：湖广江夏县洪山，旧名东山。《茶谱》云："鄂州东山出茶，黑色如韭，食之已头痛。"

明代曹学佺《舆地名胜志》记载：湖广江夏县的洪山，旧称东山。五代毛文锡《茶谱》中说："鄂州东山出产茶叶，黑色，形状如韭菜，饮用这种茶可以治愈头痛。"

《武昌郡志》：茗山在蒲圻县北十五里，产茶。又，大冶县亦有茗山。

《武昌郡志》记载：茗山，在湖北蒲圻县以北十五里，出产茶叶。另外，大冶县也有茗山。

《荆州土地记》：武陵七县通出茶，最好。

《荆州土地记》记载：武陵所属的七县，都出产茶叶，最称上品。

《岳阳风土记》：㴩（yōng）湖诸山旧出茶，谓之㴩湖茶。李肇

北宋范致明《岳阳风土记》记载：㴩湖（今湖南岳阳）各山原来出产茶叶，叫作㴩湖茶，也就是唐朝李肇所说的岳州㴩湖的含膏茶。

所谓"岳州灉湖之含膏"是也。唐人极重之，见于篇什。今人不甚种植，唯白鹤僧园有千余本。土地颇类北苑，所出茶一岁不过一二十斤，土人谓之白鹤茶，味极甘香，非他处草茶可比。并茶园地色亦相类，但土人不甚植尔。

唐朝人非常看重，见于文献记载。如今的人们不大种植，只有白鹤僧园有千余株茶树。其土地与建州北苑很像，所产的茶叶每年不超过一二十斤，当地人称为白鹤茶，味道非常甘甜馨香，不是其他地方的草茶可比拟的。茶园的土色也与北苑类似，只是当地居民不怎么种茶罢了。

《通志》：长沙茶陵州，以地居茶山之阴，因名。昔炎帝葬于茶山之野。茶山即云阳山，其陵谷间多生茶茗故也。

《湖广通志》记载：长沙府茶陵州，因为其地处茶山的阴坡，所以叫作茶陵。传说从前炎帝死后葬在茶山的原野。茶山也就是云阳山，山陵山谷间有很多茶树生长，所以叫作茶山。

长沙府出茶，名安化茶。辰州茶，出溆浦。郴州亦出茶。

长沙府出产茶叶，叫作安化茶。辰州茶出产于溆浦。郴州也出产茶叶。

《类林新咏》：长沙之石楠叶，摘芽为茶，名栾茶，可治头风。湘人以四月四日摘杨桐草，捣其汁拌米而蒸，犹糕糜之类，必啜此茶，乃去风也。尤宜暑

清代姚之骃《类林新咏》记载：长沙的石楠叶，采摘其幼芽制成茶叶，叫作栾茶，可以治疗经久难愈的头痛病。湖南人在每年四月四日采摘杨桐草，捣碎成汁拌米蒸熟，就像糕点或粥类，一定要饮用此茶，才可以治愈中风。这种茶尤其适合在盛夏酷暑季节饮用。

月饮之。

《合璧事类》：潭、邵之间有渠江，中出茶，而多毒蛇猛兽，乡人每年采撷不过十五六斤，其色如铁，而芳香异常，烹之无脚。

《古今合璧事类备要》记载：潭州、邵州之间有渠江，出产茶叶，但多有毒蛇猛兽，当地居民每年采摘制造茶叶不超过十五六斤，其色泽如铁，却异常芳香，烹点时没有云脚茶痕。

湘潭茶，味略似普洱，土人名曰芙蓉茶。

湘潭茶，味道与普洱茶大体相似，当地居民称作芙蓉茶。(此条当引自清代方志。)

《茶事拾遗》：潭州有铁色，夷陵有压砖。

《茶事拾遗》记载：潭州有铁色茶，夷陵有压砖茶。

《通志》：靖州出茶油，蕲水有茶山，产茶。

《通志》记载：靖州（治今湖南靖县）出产茶油，湖北蕲水有茶山，出产茶叶。

《河南通志》：罗山茶，出河南汝宁府信阳州。

《河南通志》记载：罗山茶，出产于河南省汝宁府信阳州。

《桐柏山志》：瀑布山，一名紫凝山，产大叶茶。

《桐柏山志》（疑误）记载：瀑布山，也叫作紫凝山，出产大叶茶。

《山东通志》：兖州府费县蒙山石巅，有花如茶，土人取而制之，其味清香，迥异于他茶，贡茶之异品也。

《山东通志》记载：兖州府费县蒙山石巅，生长有一种花很像茶，当地居民采摘制成茶，味道清香，与其他茶迥然有别，堪称贡茶中的奇品。

《舆志》：蒙山一名东山，上有白云岩

《舆志》记载：蒙山，也叫作东山，山上有白云岩，出产茶叶，也叫作蒙顶茶。［王草堂

茶，亦称蒙顶。[王草堂云："乃石上之苔为之，非茶类也。"]

说："这种茶乃是石头上的苔藓制成，并非茶类。"]

《广东通志》：广州、韶州、南雄、肇庆各府及罗定州，俱产茶。

《广东通志》记载：广州、韶州、南雄、肇庆各府以及罗定州，都出产茶叶。

西樵山在郡城西一百二十里，峰峦七十有二。唐末诗人曹松，移植顾渚茶于此，居人遂以茶为生业。

西樵山，在广州府城西一百二十里，共有峰峦七十二个。唐末诗人曹松（字梦征）移植顾渚茶到这里来，当地居民于是就以种茶作为生业。

韶州府曲江县曹溪茶，岁可三四采，其味清甘。

韶州府曲江县曹溪茶，每年可以采摘三四次，茶味清香甘甜。

潮州大埔县、肇庆恩平县，俱有茶山。德庆州有茗山，钦州灵山县亦有茶山。

潮州大埔县，肇庆府恩平县，都有茶山。德庆州有茗山，钦州灵山县也有茶山。

吴陈琰《旷园杂志》：端州白云山，出云独奇。山故莳茶，在绝壁，岁不过得一石许，价可至百金。

清代吴陈琰《旷园杂志》记载：端州（治今广东肇庆）白云山，云雾的生成非常独特奇异。山民原来在悬崖峭壁上种植茶叶，每年收获一石左右，价格可以达到一百两银子。

王草堂《杂录》：粤东珠江之南产茶，曰河南茶。潮阳有凤山

清代王梓《草堂杂录》记载：广东东部珠江之南出产茶叶，叫作河南茶。潮阳有凤山茶，乐昌有毛茶，长乐有石茗，琼州有灵茶、乌

茶，乐昌有毛茶，长乐有石茗，琼州有灵茶、乌药茶云。

药茶。

《岭南杂记》：广南出苦蔹茶，俗呼为苦丁，非茶也。茶大如掌，一片入壶，其味极苦，少则反有甘味，噙咽利咽喉之症，功并山豆根。

清代吴震方《岭南杂记》记载：广南出产苦蔹茶，俗名叫作苦丁。这不是茶，叶子如巴掌大小，一片放入茶壶，味道非常苦涩；放得少些反而有甘甜味道，含在口中有助于治疗咽喉病症，其功效与山豆根相同。

化州有琉璃茶，出琉璃庵。其产不多，香与峒岕相似。僧人奉客，不及一两。

化州（今属广东）有琉璃茶，出产于琉璃庵。所产不多，香味与洞山的岕茶相似。僧人用来招待宾客，所奉不超过一两。

罗浮有茶，产于山顶石上。剥之如蒙山之石茶，其香倍于广岕，不可多得。

广东博罗县罗浮山有茶叶，出产于山顶的石上。剥落下来，就像蒙山的石茶。其香味比庙后的岕茶加倍地好，不可多得。

《南越志》：龙川县出皋卢，味苦涩，南海谓之过卢。

南朝刘宋沈怀远《南越志》记载：龙川县出产皋卢茶，味道苦涩，南海人称之为过卢。

《陕西通志》：汉中府、兴安州等处产茶，如金州、石泉、汉阴、平利、西乡诸县各有茶园，他郡则无。

《陕西通志》记载：汉中府、兴安州（治今陕西安康）等地都出产茶叶，如金州、石泉、汉阴、平利、西乡各县，都各自有其茶园。其他府州都没有。

《四川通志》：四川

《四川通志》记载：四川出产茶叶的州县，

产茶州县凡二十九处，成都府之资阳、安县、灌县、石泉、崇庆等；重庆府之南川、黔江、丰都、武隆、彭水等；夔州府之建始、开县等；及保宁府、遵义府、嘉定州、泸州、雅州、乌蒙等处。

共计二十九处。如成都府的资阳、安县、灌县、石泉、崇庆等；重庆府的南川、黔江、丰都、武隆、彭水等；夔州府的建始、开县等，以及保宁府、遵义府、嘉定州、泸州、雅州、乌蒙等处。

东川茶，有神泉、兽目。邛州茶，曰火井。

东川茶有神泉、兽目等品种，邛州茶叫作火井。

《华阳国志》：涪陵无蚕桑，唯出茶、丹漆、蜜蜡。

东晋常璩（qú）《华阳国志》记载：涪陵没有蚕桑，只出产茶叶、丹漆、蜜蜡。

《华夷花木考》：蒙顶茶受阳气全，故芳香。唐李德裕入蜀得蒙饼，以沃于汤瓶之上，移时尽化，乃验其真蒙顶。又有五花茶，其片作五出。

《华夷花木鸟兽珍玩考》记载：蒙顶茶，接受阳光的照耀充足，所以风味芳香。唐朝大臣李德裕来到四川，得到蒙顶茶饼，就把茶饼泡在汤瓶之上，超过一个时辰就全部化掉了，于是就验证这是真正的蒙顶茶。又有五花茶，其叶片分为五瓣。

毛文锡《茶谱》：蜀州晋原、洞口、横原、味江、青城，有横芽、雀舌、鸟觜、麦颗，盖取其嫩芽所造以

五代毛文锡《茶谱》记载：蜀州的晋原、洞口、横原、味江、青城，出产有横芽茶、雀舌茶、鸟觜茶、麦颗茶，这些都是采摘茶的嫩芽所制成，以其形状相似物品命名的。又有片甲、蝉翼等不同的名称。片甲茶，是早春的黄

形似之也。又有片甲、蝉翼之异。片甲者，早春黄芽，其叶相抱如片甲也；蝉翼者，其叶嫩薄如蝉翼也，皆散茶之最上者。

芽，其叶芽相抱如同片甲；蝉翼茶，其叶芽嫩薄如同蝉翼。这些都是散茶中的上佳品种。

《东斋纪事》：蜀雅州蒙顶产茶，最佳。其生最晚，每至春夏之交始出，常有云雾覆其上，若有神物护持之。

北宋范镇《东斋纪事》记载：四川雅州蒙顶山所产茶叶品质最好。其出产时间较晚，每年的春夏之交才开始生产。经常有云雾覆盖在茶园之上，犹如有神物保护着一样。

《群芳谱》：峡州茶，有小江园、碧磵寮、明月寮、芳蕊寮、茱萸寮等。

明代王象晋《群芳谱》记载：峡州所产的茶叶有小江园、碧涧寮、明月寮、芳蕊寮、茱萸寮等。

陆平泉《茶寮纪事》：蜀雅州蒙顶上有火前茶，最好，谓禁火以前采者。后者谓之火后茶。有露芽、谷芽之名。

明代陆树声（号平泉）《茶寮纪事》记载：四川雅州蒙顶山上出产有火前茶，品质最好，火前是说在寒食禁火之前采摘的；寒食禁火之后采摘的茶叶，叫作火后茶。另外还有露芽、谷芽等名称。

《述异记》：巴东有真香茗，其花白色如蔷薇，煎服令人不眠，能诵无忘。

南朝梁任昉《述异记》记载：巴东有真正的香茗，开着白色的花，如同蔷薇，煎服后使人清醒不瞌睡，利于背诵而不会忘记。

《广舆记》：峨眉山茶，其味初苦而终

《广舆记》记载：峨眉山所产的茶叶，味道起初苦涩而最后甘甜。另外，泸州所产的茶叶

甘。又泸州茶，可疗风疾。又有一种乌茶，出天全六番招讨使司境内。

可以治疗中风病。还有一种乌茶，出产于天全六番招讨使司境内。

王新城《陇蜀余闻》：蒙山，在名山县西十五里，有五峰，最高者曰上清峰。其巅一石大如数间屋，有茶七株，生石上，无缝罅，云是甘露大师手植。每茶时叶生，智炬寺僧辄报有司往视，籍记其叶之多少，采制才得数钱许。明时，贡京师仅一钱有奇。环石别有数十株，曰陪茶，则供藩府、诸司之用而已。其旁有泉，恒用石覆之，味清妙，在惠泉之上。

清代王士祯（山东新城人）《陇蜀余闻》记载：蒙山，在四川名山县西十五里。山上有五座高峰，最高的叫作上清峰。上清峰的峰巅有一块石头，有数间房屋大小，石头上面生长着七棵茶树，毫无缝隙，传说是甘露大师亲手种植。每当产茶的时节芽叶萌发，智炬寺的僧人就报告官府来视察，记录每棵茶树芽叶的多少。采摘制造只能收获数钱茶叶，明朝进贡京师，仅仅一钱有余。环绕大石头的周围，还生长着茶树数十棵，叫作陪茶，所产的茶则供应宗藩王府、布政使司等官府的饮用罢了。石头旁边有泉水，经常用石头覆盖着，泉味清香绝妙，在无锡惠山泉水之上。

《云南记》：名山县出茶，有山曰蒙山，联延数十里，在西南。按《拾遗志》，《尚书》所谓“蔡蒙旅平”者，蒙山也，在雅州。凡蜀茶，尽出此。

唐代袁滋《云南记》记载：名山县出产茶叶，有一座山叫作蒙山，绵延数十里，在名山县的西南。根据前秦王嘉《拾遗记》的记载，《尚书·禹贡》中所说的“蔡蒙旅平”，指的就是蒙山。蒙山位于雅州，凡是蜀茶都出产于此。

《云南通志》：茶山在元江府城西北普洱界。太华山在云南府西，产茶色似松萝，名曰太华茶。

《云南通志》记载：茶山，在元江府城西北普洱地界。太华山，在云南府的西部，所产的茶色泽香味与松萝茶相似，叫作太华茶。

普洱茶，出元江府普洱山，性温味香。儿茶，出永昌府，俱作团。又感通茶，出大理府点苍山感通寺。

普洱茶，出产于元江府普洱山，茶性温润，味道馨香。儿茶，出产于永昌府，都是制作成团饼。还有感通茶，出产于大理府点苍山的感通寺。

《续博物志》：威远州，即唐南诏银生府之地。诸山出茶，收采无时，杂椒、姜烹而饮之。

宋代李石《续博物志》记载：威远州，就是唐朝南诏银生府所辖区域。各山都出产茶叶，采摘制造不按照季节，而且掺杂椒、姜等一起烹煮饮用。

《广舆记》：云南广西府出茶。又湾甸州出茶，其境内孟通山所产，亦类阳羡茶，谷雨前采者香。

《广舆记》记载：云南广西府（治今云南泸西）出产茶叶；另外，湾甸州（治今云南昌宁湾甸镇）出产茶叶，其境内孟通山所产的茶，也与阳羡茶类似。谷雨节前采摘的茶叶，味道更香。

曲靖府出茶，子丛生，单叶，子可作油。

曲靖府出产茶叶，种子丛生，单叶，茶籽可以榨油。

许鹤沙《滇行纪程》：滇中阳山茶，绝类松萝。

清代许缵曾（字孝修，号鹤沙，华亭人，官至云南按察使）《滇行纪程》记载：滇中的阳山茶，与松萝茶非常类似。

《天中记》：容州黄家洞出竹茶，其叶如

明代陈耀文《天中记》记载：容州（治今广西北流）黄家洞出产竹茶，其芽叶如同嫩竹，

嫩竹，土人采以作饮，甚甘美。［广西容县，唐容州。］

当地居民采摘下来作为饮品，非常甘美。［广西容县，唐代容州。］

《贵州通志》：贵阳府产茶，出龙里东苗坡及阳宝山，土人制之无法，味不佳。近亦有采芽以造者，稍可供啜。威宁府茶，出平远，产岩间，以法制之，味亦佳。

《贵州通志》记载：贵阳府产茶，出产于龙里东苗坡以及阳宝山，当地居民制造不得法，所以味道不好。近来也有采摘茶芽进行制造的，稍微可以品饮。威宁府的茶叶出产于平远，生长于岩石之间，依法采制，味道也很好。

《地图综要》：贵州新添军民卫产茶，平越军民卫亦出茶。

明末清初吴学俨、朱绍本《地图综要》记载：贵州新添军民卫出产茶叶，平越军民卫也出产茶叶。

《研北杂志》：交趾出茶，如绿苔，味辛烈，名曰蔎。北人重译，名茶曰钗。

元代陆友《研北杂志》记载：交趾出产茶叶，所产的茶如同绿色的苔藓，味道辛辣馥烈，叫作蔎，北方的人经过多次辗转翻译，把茶叫作钗。

九之略

茶事著述名目

［译解］

历代茶事著述目录

《茶经》三卷，唐太子文学陆羽撰。

1.《茶经》三卷，唐太子文学陆羽撰。

《茶记》三卷，前人。［见《国史经籍志》。］

2.《茶记》三卷，唐陆羽撰。［见于《国史经籍志》的著录。］（即《顾渚山记》，《宋史·艺文志》《直斋书录解题》著录为一卷，《崇文总目》著录为二卷，《通志·艺文略》著录为三卷。）

《顾渚山记》二卷，前人。

3.《顾渚山记》二卷，陆羽撰。

《煎茶水记》一卷，江州刺史张又新撰。

4.《煎茶水记》一卷，唐代江州刺史张又新撰。

《采茶录》三卷，温庭筠撰。

5.《采茶录》三卷，唐代温庭筠（原名岐，字飞卿，太原祁县人，诗与李商隐齐名，又为花间词派的代表）撰。

《补茶事》，太原温从云、武威段碣之。

6.《补茶事》，唐代太原温从云、武威段碣之撰。

《茶诀》三卷，释皎然撰。

7.《茶诀》三卷，唐代释皎然（吴兴人，俗姓谢，字清昼，著名诗僧、茶僧）撰。

《茶述》，裴汶。

8.《茶述》一卷，唐代裴汶（河东人，曾任湖州刺史）撰。

《茶谱》一卷，伪蜀毛文锡。

9.《茶谱》一卷，五代前蜀毛文锡（字平珪，高阳人，唐末进士，前蜀礼部尚书、判枢密院事）撰。

《大观茶论》二十篇，宋徽宗撰。

10.《大观茶论》二十篇，宋徽宗赵佶撰。

《建安茶录》三卷，丁谓撰。

11.《建安茶录》（即《北苑茶录》）三卷，北宋丁谓撰，今佚。

《试茶录》二卷，蔡襄撰。

12.《试茶录》（即《茶录》）二卷（当为二篇），北宋蔡襄撰。

《进茶录》一卷，前人。

13.《进茶录》（或即《茶录》，或其序跋，不宜作为另书）一卷，北宋蔡襄撰。

《品茶要录》一

14.《品茶要录》一卷，北宋建安人黄

卷，建安黄儒撰。

儒撰。

《建安茶记》一卷，吕惠卿撰。

15.《建安茶记》（《宋史·艺文志》作《建安茶用记》）一卷，北宋吕惠卿撰，今佚。

《北苑拾遗》一卷，刘异撰。

16.《北苑拾遗》（当作《北苑拾遗录》）一卷，北宋刘异（字成伯，闽县人，官尚书屯田员外郎）撰，今佚。

《北苑煎茶法》，前人。

17.《北苑煎茶法》一卷（《通志·艺文略》著录，不著撰人），北宋刘异撰，今佚。

《东溪试茶录》，宋子安集，一作朱子安。

18.《东溪试茶录》一卷，北宋宋子安撰，一作朱子安。

《补茶经》一卷，周绛撰。

19.《补茶经》一卷，北宋周绛（溧阳人，大中祥符年间知建州，以陆羽不第建安之品，故补之）撰，今佚。

又一卷，前人。

20. 上书又有不同版本一卷（不宜作为另书），北宋周绛撰。

《北苑总录》十二卷，曾伉录。

21《北苑总录》（一作《茶苑总录》）二十卷，宋代兴化军判官曾伉汇录《茶经》诸书，增加诗歌二卷而成，今佚。

《茶山节对》一卷，摄衢州长史蔡宗颜撰。

22.《茶山节对》一卷，宋朝代理衢州长史蔡宗颜撰，今佚。

《茶谱遗事》一卷，前人。

23.《茶谱遗事》一卷，宋朝代理衢州长史蔡宗颜撰，今佚。

《宣和北苑贡茶录》，建阳熊蕃撰。

24.《宣和北苑贡茶录》一卷，建阳人熊蕃撰。

《宋朝茶法》，

25.《宋朝茶法》（一作《本朝茶法》）一

沈括。	卷，北宋沈括撰。
《茶论》，前人。	26.《茶论》，（《梦溪笔谈》卷二十四："予山居有《茶论》。"）北宋沈括撰。
《北苑别录》一卷，赵汝砺撰。	27.《北苑别录》一卷，南宋赵汝砺撰。
《北苑别录》，无名氏。	28.《北苑别录》，无名氏撰。（当即赵汝砺之作。）
《造茶杂录》，张文规。	29.《造茶杂录》，唐代张文规撰，仅见本书著录，未详。
《茶杂文》一卷，集古今诗及茶者。	30.《茶杂文》一卷，汇集古今涉及茶事的诗文而成，《郡斋读书志》著录。
《壑源茶录》一卷，章炳文。	31.《壑源茶录》一卷，宋代京兆人章炳文撰，《宋史·艺文志》著录。
《北苑别录》，熊克。	32.《北苑别录》，南宋熊克撰。（当即赵汝砺之作。）
《龙焙美成茶录》，范逵。	33.《龙焙美成茶录》，宋代北苑茶官范逵撰，今佚。
《茶法易览》十卷，沈立。	34.《茶法易览》（一作《茶法要览》）十卷，北宋两浙转运使沈立（字立之，历阳人）"集茶法利害为十卷，陈通商之利"。
《建茶论》，罗大经。	35.《建茶论》（疑即《鹤林玉露》甲编卷三《建茶》），南宋罗大经撰。
《煮茶泉品》，叶清臣。	36.《煮茶泉品》（一作《述煮茶泉品》《煮茶泉品序》），北宋两浙转运副使、知永兴军叶清臣撰。
《十友谱·茶谱》，失名。	37.《十友谱·茶谱》，佚名。（当为明顾元庆《十友谱》《茶谱》二书，各一卷。）

《品茶》一篇，陆鲁望。

38.《品茶》（当作《品第书》）一篇，唐代陆龟蒙（字鲁望）撰。

《续茶谱》，桑庄茹芝。

39.《续茶谱》（当作《茹芝续谱》），南宋桑庄（字公肃，高邮人）撰，今佚。

《茶录》，张源。

40.《茶录》一卷，明张源撰。

《煎茶七类》，徐渭。

41.《煎茶七类》，明徐渭撰。

《茶寮记》，陆树声。

42.《茶寮记》一卷，明陆树声撰。

《茶谱》，顾元庆。

43.《茶谱》一卷，明顾元庆撰。

《茶具图》一卷，前人。

44.《茶具图》（当为《茶谱》所附录的《竹炉并分封六事》）一卷，明顾元庆撰。

《茗笈》，屠本畯。

45.《茗笈》二卷（上下二篇），明屠本畯撰。

《茶录》，冯时可。

46.《茶录》一卷，明冯时可撰。

《岕山茶记》，熊明遇。

47.《岕山茶记》（当为《罗岕茶疏》），明熊明遇撰。

《茶疏》，许次纾。

48.《茶疏》一卷，明许次纾撰。

《八笺·茶谱》，高濂。

49.《八笺·茶谱》（即《遵生八笺》卷十《饮馔服食笺》上卷《茶泉类》），明高濂撰。

《煮泉小品》，田艺蘅。

50.《煮泉小品》一卷，明田艺蘅撰。

《茶笺》，屠隆。

51.《茶笺》（即《考槃余事》卷四有关茶事的部分，一作《茶说》）一卷，明屠隆撰。

《岕茶笺》，冯可宾。

52.《岕茶笺》一卷，明冯可宾撰。

《峒山岕茶系》，

53.《洞山岕茶系》一卷，明周高起（字伯

周高起伯高。	高）撰。
《水品》，徐献忠。	54.《水品》二卷，明徐献忠撰。
《竹懒茶衡》，李日华。	55.《竹懒茶衡》（选自《紫桃轩杂缀》卷一）一卷，明李日华撰。
《茶解》，罗廪。	56.《茶解》一卷，明罗廪撰。
《松寮茗政》，卜万祺。	57.《松寮茗政》一卷，明末卜万祺（秀水人，官至韶州知府）撰，今佚。
《茶谱》，钱友兰翁。	58.《茶谱》一卷，明钱椿年（字宾桂，号友兰翁）撰。
《茶集》一卷，胡文焕。	59.《茶集》一卷，明胡文焕撰。
《茶记》，吕仲吉。	60.《茶记》，明吕仲吉撰，今佚。
《茶笺》，闻龙。	61.《茶笺》一卷，明闻龙撰。
《岕茶别论》，周庆叔。	62.《岕茶别论》，明周庆叔撰，今佚。
《茶董》，夏茂卿。	63.《茶董》二卷，明夏树芳（字茂卿，号冰莲道人等）撰。
《茶说》，邢士襄。	64. 《茶说》，明邢士襄（字三若）撰，今佚。
《茶史》，赵长白。	65.《茶史》，明赵长白撰，今佚。
《茶说》，吴从先。	66.《茶说》（《小窗自纪》卷二有《茗说》一文），明吴从先撰。
《武夷茶说》，袁仲儒。	67.《武夷茶说》，明袁仲儒（字稚生，崇安人，编纂有《武夷山志》）撰。
《茶谱》，朱硕儒。［见《黄与坚集》。］	68.《茶谱》一卷，清初朱硕儒撰。［见《黄与坚集》（黄与坚字庭表，号忍庵，太仓人，翰林编修。）］今佚。

《岕茶汇钞》，冒襄。

69.《岕茶汇钞》一卷，明末清初冒襄撰。

《茶考》，徐𤊹。

70.《茶考》（一作《武夷茶考》），明徐𤊹撰。

《群芳谱·茶谱》，王象晋。

71.《二如亭群芳谱》卷四《茶谱》（原与《竹谱》合为一卷），明王象晋撰。

《佩文斋广群芳谱·茶谱》。

72.《佩文斋广群芳谱》卷十八至二十一《茶谱》四卷，清汪灏等编。

诗文名目

历代茶事诗文目录

杜毓《荈赋》

1. 西晋杜毓（一作杜育）的《荈赋》。

顾况《茶赋》

2. 唐代顾况的《茶赋》。

吴淑《茶赋》

3. 宋代吴淑的《茶赋》。

李文简《茗赋》

4. 宋代李焘（字仁甫，谥文简）的《茗赋》，今佚。

梅尧臣《南有嘉茗赋》

5. 宋代梅尧臣的《南有嘉茗赋》。

黄庭坚《煎茶赋》

6. 宋代黄庭坚的《煎茶赋》。

程宣子《茶铭》

7. 程宣子的《茶铭》（《渊鉴类函》卷三百九十引，明杨慎《升庵集》卷五十三引作《茶荚铭》，作者当为明代中期以前人，余未详。）。

曹晖《茶铭》

8. 宋代曹晖的《茶铭》。

苏廙《仙芽传》

9. 相传为唐代苏廙所作的《仙芽传》。

汤悦《森伯传》

10. 五代宋初汤悦（原名殷崇义）的《森伯传》。

苏轼《叶嘉传》

11. 宋代苏轼的《叶嘉传》。

支廷训《汤蕴之

12. 明代支立（字中夫，又字廷训）的

传》

《汤蕴之传》。

徐岩泉《六安州茶居士传》

13. 明代徐矿（字明宇，号岩泉）的《六安州茶居士传》。

吕温《三月三日茶宴序》

14. 唐代吕温（字和叔，贞元进士）的《三月三日茶宴序》。

熊禾《北苑茶焙记》

15. 南宋熊禾的《北苑茶焙记》。

赵孟熧《武夷山茶场记》

16. 赵孟熧的《武夷山茶场记》。

暗都剌《喊山台记》

17. 元代暗都剌的《喊山台记》。

文德翼《庐山免给茶引记》

18. 明代文德翼（字用昭，号灯岩）的《庐山免给茶引记》。

茅一相《茶谱序》

19. 明代茅一相的《茶谱》（顾元庆《茶谱后序》）。

清虚子《茶论》

20. 明代清虚子（张雨，庆阳人）的《茶论》。

何恭《茶议》

21. 明代何恭的《茶议》。

汪可立《茶经后序》

22. 明代汪可立《茶经后序》（竟陵本《茶经》附）。

吴旦《茶经跋》

23. 明代吴旦（休宁人）的《茶经跋》（竟陵本《茶经》附）。

童承叙《论茶经书》

24. 明代童承叙的《论茶经书》（原作《与梦野论茶经书》，竟陵本《茶经》附）。

赵观《煮泉小品序》

25. 明代赵观的《煮泉小品序》。

诗文摘句

诗文摘句

《合璧事类》：龙溪《除起宗制》有云：必能为吾讲摘山之利，得充厩之良。

1. 宋代谢维新《古今合璧事类备要》后集卷六十八所收宋人汪藻（字彦章，号浮溪，又号龙溪）《陈起宗直徽猷阁都大提举川陕路茶马制》（又见其《浮溪集》卷八）中说：一定能够为我讲求采制茶叶的利益，并通过茶马贸易得到补充战马的良法。

胡文恭《行孙咨制》有云：领算商车，典临茗局。

2. 宋代胡宿（字武平，谥文恭）《孙咨可著作佐郎制》（又见《文恭集》卷十二）中说：掌管征收行商车船等税，主管茶局。

唐武元衡有《谢赐新火及新茶表》。刘禹锡、柳宗元有《代武中丞谢赐新茶表》。

3. 唐代武元衡（字伯苍，缑氏人，官至御史中丞、门下侍郎同平章事）有《谢赐新火及新茶表》。刘禹锡、柳宗元都有《代武中丞谢赐新茶表》。（均见《文苑英华》卷五百九十四，同卷还有常衮《谢进橙子赐茶表》。）

韩翃《为田神玉谢赐茶表》，有"味足蠲邪，助其正直；香堪愈病，沃以勤劳。吴主礼贤，方闻置茗，晋臣爱客，才有分茶"之句。

4. 唐代韩翃（字君平，南阳人，官至中书舍人）《为田神玉谢赐茶表》中，有"茶的味道足以祛除邪祟，有助于其正道直行；茶的馨香可以使得疾病痊愈，使辛勤劳作的人们得以解渴消乏。三国吴主孙皓礼待贤臣，密赐韦曜茶以代酒；东晋吴兴太守陆纳喜爱宾客，以茶果招待卫将军谢安"这样的句子。

《宋史》：李稷重黄花秋叶之禁。

5. 《宋史》卷一百八十四《食货志下六》记载：都大提举茶场司兼三司判官李稷加重茶户采造黄花秋叶的禁令，违禁者茶叶全部没收。

宋《通商茶法诏》，乃欧阳修笔。《代福建提举茶事谢上

6. 宋仁宗嘉祐四年（1059）的《通商茶法诏》，是由时任给事中欧阳修代笔的。而南宋《代福建提举茶事谢上表》，是由洪迈执笔撰

表》，乃洪迈笔。

写的。

谢宗《谢茶启》：比丹丘之仙芽，胜乌程之御荈。不止味同露液，白况霜华。岂可为酪苍头，便应代酒从事。

7. 元代谢宗可《谢茶启》中说：您所惠寄的茶叶，可以与丹丘子的仙芽媲美，胜过乌程温山所出的御荈。不仅味道如同甘露玉液，而且其色泽鲜白如同霜露的光气。怎么可以视为酪奴仆役，而应该取代美酒参与日常生活。

《茶榜》：雀舌初调，玉碗分时茶思健；龙团捶碎，金渠碾处睡魔降。

8. 元代雪庵头陀（俗姓李，名溥光，字玄晖，号雪庵，特赐圆通玄悟大禅师，大同人）《茶榜》中说：雀舌佳茶刚刚调好，玉制的茶碗分茶时使得禅思更加敏健；龙团茶饼槌碎之后，放入金属茶碾中加工后品啜使得睡意全消。

刘言史《与孟郊洛北野泉上煎茶》，有诗。

9. 唐代刘言史有《与孟郊洛北野泉上煎茶》诗。

僧皎然寻陆羽不遇，有诗。

10. 唐代诗僧皎然寻访陆羽，有《寻陆鸿渐不遇》诗。

白居易有《睡后茶兴忆杨同州》诗。

11. 唐代白居易有《睡后茶兴忆杨同州》诗。

皇甫曾有《送陆羽采茶》诗。

12. 唐代皇甫曾有《送陆羽采茶》诗。

刘禹锡《石园兰若试茶歌》有云：欲知花乳清冷味，须是眠云跂石人。

13. 唐代刘禹锡《石园兰若试茶歌》（“石园”当作“西山”）中写道：欲知花乳清冷（当作“泠”）味，须是眠云跂石人。

郑谷《峡中尝茶》诗：入座半瓯轻泛绿，

14. 唐代郑谷《峡中尝茶》诗中写道：入座半瓯轻泛绿，开缄数片浅含黄。

开缄数片浅含黄。

杜牧《茶山》诗：山实东南秀，茶称瑞草魁。

15. 唐代杜牧《茶山》诗中写道：山实东南秀，茶称瑞草魁。

施肩吾诗：茶为涤烦子，酒为忘忧君。

16. 唐代施肩吾有诗写道：茶为涤烦子，酒为忘忧君。（传世只有此联，见《海录碎事》卷六）。

秦韬玉有《采茶歌》。

17. 唐代秦韬玉有《采茶歌》（一作《紫笋茶歌》）。

颜真卿有《月夜啜茶联句》诗。

18. 唐代颜真卿与陆士修、张荐、李萼、崔万、清昼六人有《月夜啜茶联句》诗。

司空图诗：碾尽明昌几角茶。

19. 唐代司空图《力疾山下吴村看杏花十九首》之十一中写道：客来须共醒醒看，碾尽明昌几角茶。

李群玉诗：客有衡山隐，遗余石廪茶。

20. 唐代李群玉《龙山人惠石廪方及团茶》诗中写道：客有衡山隐，遗余石廪茶。

李郢《酬友人春暮寄枳花茶》诗。

21. 唐代李郢有《酬友人春暮寄枳花茶》诗。

蔡襄有《北苑茶垄采茶造茶试茶诗》五首。

22. 北宋蔡襄有《北苑十咏》，其第二至六首分别是《北苑》《茶垄》《采茶》《造茶》《试茶》。

《朱熹集·香茶供养黄柏长老悟公塔》，有诗。

23. 南宋朱熹《晦庵集》卷九有《香茶供养黄檗长老悟公故人之塔并以小诗见意二首》。

文公《茶坂》诗：携籯北岭西，采叶供茗饮。一啜夜窗寒，跏趺

24. 南宋朱熹（字元晦，又字仲晦，号晦庵、晦翁，谥文，世称朱文公）《晦庵集》卷六《云谷二十六咏》之二十二《茶坂》诗中写道：

谢衾枕。	携篇北岭西，采叶供茗饮。一啜夜窗寒，跏趺谢衾枕。
苏轼有《和钱安道寄惠建茶》诗。	25. 北宋苏轼有《和钱安道寄惠建茶》诗。
《坡仙食饮录》有《问大冶长老乞桃花茶栽》诗。	26. 孙矿《坡仙食饮录》中载有苏轼《问大冶长老乞桃花茶栽东坡》诗。
《韩驹集·谢人送凤团茶》诗：白发前朝旧史官，风炉煮茗暮江寒。苍龙不复从天下，拭泪看君小凤团。	27. 北宋韩驹（字子苍，号陵阳，仁寿人）《陵阳集》卷四有《谢人送凤团及建茶》诗二首，其一写道：白发前朝旧史官，风炉煮茗暮江寒。苍龙不复从天下，拭泪看君小凤团。
苏辙有《咏茶花诗》二首，有云：细嚼花须味亦长，新芽一粟叶间藏。	28. 北宋苏辙《栾城集》卷十有《茶花二首》，其二写道：细嚼花须味亦长，新芽一粟叶间藏。
孔平仲《梦锡惠墨答以蜀茶》，有诗。	29. 北宋孔平仲有《梦锡惠墨答以蜀茶》诗。
岳珂《茶花盛放满山》诗，有"洁躬淡薄隐君子，苦口森严大丈夫"之句。	30. 南宋岳珂（字肃之，号亦斋、东几、倦翁，岳飞孙）《茶花盛放满山》诗中有"洁躬淡薄隐君子，苦口森严大丈夫"的句子。
《赵抃集·次谢许少卿寄卧龙山茶》诗，有"越芽远寄入都时，酬唱争夸互见诗"之句。	31. 北宋赵抃《清献集》卷四有《次谢许少卿寄卧龙山茶》诗，其中有"越芽远寄入都时，酬唱争夸互见诗"的句子。

文彦博诗：旧谱最称蒙顶味，露芽云液胜醍醐。

32. 北宋文彦博（字宽夫，封潞国公）《潞公文集》卷四《蒙顶茶》诗中写道：旧谱最称蒙顶味，露芽云液胜醍醐。

张文规诗："明月峡中茶始生。"明月峡与顾渚联属，茶生其间者，尤为绝品。

33. 唐代张文规《吴兴三绝》诗中写道："明月峡中茶始生。"明月峡与顾渚山连接，生长于其间的茶，更为绝品。

孙觌（dí）有《饮修仁茶》诗。

34. 北宋孙觌（字仲益，号鸿庆居士）《鸿庆居士集》卷三有《饮修仁茶》诗。

韦处厚《茶岭》诗：顾渚吴霜绝，蒙山蜀信稀。千丛因此始，含露紫茸肥。

35. 唐代韦处厚《茶岭》诗中写道：顾渚吴霜（原作"商"）绝，蒙山蜀信稀。千从因此始，含露紫茸（原作"英"）肥。

《周必大集·胡邦衡生日以诗送北苑八铸日注二瓶》：贺客称觞满冠霞，悬知酒渴正思茶。尚书八饼分闽焙，主簿双瓶拣越芽。又有《次韵王少府送焦坑茶》诗。

36. 南宋周必大（字子充，谥文忠）《文忠集》卷四《胡邦衡生日以诗送北苑八铸日注二瓶》诗中写道：贺客称觞满冠霞，悬知酒渴正思茶。尚书八饼分闽焙，主簿双瓶拣越芽。另卷三又有《次韵王少府送焦坑茶》诗。

陆放翁诗："寒泉自换菖蒲水，活火闲煎橄榄茶。"又《村舍杂书》："东山石上茶，鹰爪初脱鞲（gōu）。雪落红丝硙，香动银毫

37. 南宋陆游（字务观，号放翁）《剑南诗稿》卷五十一《夏初湖村杂题》八首之三写道："寒泉自换菖蒲水，活火闲煎橄榄茶。"卷三十九《村舍杂书》十二首之七写道："东山石上茶，鹰爪初脱鞲。雪落红丝硙，香动银毫瓯。爽如闻至言，余味终日留。不知叶家白，亦复

瓯。爽如闻至言，余味终日留。不知叶家白，亦复有此否?”

有此否?”

刘诜诗：鹦鹉茶香堪供客，荼蘼酒熟足娱亲。

38. 南宋刘诜（字桂翁，号桂隐）《桂隐诗集》卷四《和友人病起自寿二首》之一写道：鹦鹉茶香堪供客，荼蘼酒熟足娱亲。

王禹偁《茶园》诗：茂育知天意，甄收荷主恩。沃心同直谏，苦口类嘉言。

39. 北宋王禹偁《小畜集》卷十一《茶园十二韵》诗中写道：茂育知天意，甄收荷主恩。沃心同直谏，苦口类嘉言。

《梅尧臣集·宋著作寄凤茶》诗：“团为苍玉璧，隐起双飞凤。独应近日颁，岂得常寮共。”又《李仲求寄建溪洪井茶七品》云：“忽有西山使，始遗七品茶。末品无水晕，六品无沉柤。五品散云脚，四品浮粟花。三品若琼乳，二品罕所加。绝品不可议，甘香焉等差。”又《答宣城张主簿遗鸦山茶》诗云：“昔观唐人诗，茶咏鸦山嘉。鸦衔茶子生，遂同山名鸦。”又有《七

40. 北宋梅尧臣《宛陵集》卷七《宋著作寄凤茶》诗写道：“团为苍玉璧，隐起双飞凤。独应近日颁，岂得常寮共。”另卷三十七《李仲求寄建溪洪井茶七品云愈少愈佳未知尝何如耳因条而答之》诗中写道：“忽有西山使，始遗七品茶。末品无水晕，六品无沉柤（zhā）。五品散云脚，四品浮粟花。三品若琼乳，二品罕所加。绝品不可议，甘香焉等差。”卷三十五《答宣城张主簿遗鸦山茶次其韵》诗中写道：“昔观唐人诗，茶咏鸦山嘉。鸦衔茶子生，遂同山名鸦。”卷二十《七宝茶》诗中写道：“七物甘香杂蕊茶，浮花返绿乱于霞。啜之始觉君恩重，休作寻常一等夸。”卷四十一《吴正仲遗新茶》、卷三十六《颖公遗碧霄峰茗》诗都有关于茶的吟咏。

宝茶》诗云：“七物甘香杂蕊茶，浮花返绿乱于霞。啜之始觉君恩重，休作寻常一等夸。”又《吴正仲饷新茶》，《沙门颖公遗碧霄峰茗》，俱有吟咏。

戴复古《谢史石窗送酒并茶诗》曰：遗来二物应时须，客子行厨用有余。午困政需茶料理，春愁全仗酒消除。

41. 南宋戴复古（字式之，号石屏）《石屏诗集》卷五《谢史石窗送酒并茶诗》写道：遗（原作“遣”）来二物应时须，客子行厨用有余。午困政需茶料理，春愁全仗酒消除。

费氏《宫词》：近被宫中知了事，每来随驾使煎茶。

42. 后蜀后主孟昶妃费氏即花蕊夫人《宫词》百首之九十三写道：近被宫中知了事，每来随驾使煎茶。

杨廷秀有《谢木舍人送讲筵茶》诗。

43. 南宋杨万里（字廷秀）《诚斋集》卷十七有《谢木蕴之舍人分送讲筵赐茶》诗。

叶适有《寄谢王文叔送真日铸茶》诗云：谁知真苦涩，黯淡发奇光。

44. 南宋叶适《水心集》卷六《寄王（原作“黄”）文叔谢送真日铸》诗中写道：谁知真苦涩，黯淡发奇光。

杜本《武夷茶》诗：春从天上来，嘘咈通寰海。纳纳此中藏，万斛珠蓓蕾。

45. 元代杜本（字伯原，清江人，隐居武夷山）《武夷茶》诗中写道：春从天上来，嘘咈通寰海。纳纳此中藏，万斛珠蓓蕾。

刘秉忠《尝云芝

46. 元代刘秉忠《藏春集》卷一《尝云芝

茶》诗云：铁色皱皮带老霜，含英咀美入诗肠。

茶》诗中写道：铁色皱皮带老霜，含英咀美入诗肠。

高启有《茶轩》诗。

47. 明代高启《大全集》卷四有《茶轩》诗。

杨慎有《月团茶歌》，又有《和章水部沙坪茶歌》，沙坪茶出玉垒关外宝唐山。

48. 明代杨慎《升庵集》卷十四有《月团茶歌》，卷三十九又有《和章水部沙坪茶歌》，沙坪茶出产于玉垒关外的宝唐山。

董其昌《赠煎茶僧》诗：怪石与枯槎，相将度岁华。凤团虽贮好，只吃赵州茶。

49. 明代董其昌有《赠煎茶僧》诗写道：怪石与枯槎，相将度岁华。凤团虽贮好，只吃赵州茶。

娄坚有《花朝醉后为女郎题品泉图》诗。

50. 明代娄坚（字子柔，长洲人）有《花朝醉后为女郎题品泉图》诗。

程嘉燧有《虎丘僧房夏夜试茶歌》。

51. 明代程嘉燧（字孟阳，号松园、偈庵，休宁人，侨居嘉定）有《虎丘僧房夏夜试茶歌》。

《南宋杂事诗》云：六一泉烹双井茶。

52. 清初沈嘉辙等编《南宋杂事诗》卷七赵信诗中写道：湖上清游佛子家，粉云酥雨压杨花，今朝妙出春风手，六一泉烹双井茶。

朱隗《虎丘竹枝词》：官封茶地雨前开，皂隶衙官搅似雷。近日正堂偏体贴，监茶不遣掾曹来。

53. 明代朱隗（字云子，长洲人）《虎丘竹枝词》写道：官封茶地雨前开，皂隶衙官搅似雷。近日正堂偏体贴，监茶不遣掾曹来。

绵津山人《漫堂咏物》有《大食索耳茶杯》诗云：粤香泛永夜，诗思来悠然。[注：武夷有粤香茶。]

54. 清初宋荦（字牧仲，号漫堂、西陂，别署绵津山人）《西陂类稿》卷九《漫堂咏物》中有《大食索耳茶杯》诗写道：粤香泛永夜，诗思来悠然。[原注：武夷山有粤香茶。]

薛熙《依归集》有《朱新庵今茶谱序》。

55. 清初薛熙（字孝穆，号半园主人）《依归集》中有《朱新庵今茶谱序》。

十之图

历代图画书目

唐张萱有《烹茶士女图》，见《宣和画谱》。

唐周昉寓意丹青，驰誉当代，宣和御府所藏有《烹茶图》一。

五代陆滉《烹茶图》一，宋中兴馆阁储藏。

宋周文矩有《火龙烹茶图》四，《煎茶图》一。

宋李龙眠有《虎阜采茶图》，见题跋。

宋刘松年绢画《卢仝煮茶图》一卷，有元人跋十余家。范司理龙石藏。

王齐翰有《陆羽煎茶图》，见王世懋

［译解］

历代茶事图画书目

1. 唐代张萱（京兆人，开元间任史馆画直）绘有《烹茶仕女图》，《宣和画谱》卷五著录，今佚。

2. 唐代周昉（字景玄，又字仲朗，京兆人，官至越州、宣州长史）寄情于绘画，驰名于当代，宣和御府中收藏有一幅《烹茶图》。《宣和画谱》卷六著录有《烹茶图》《烹茶仕女图》各一幅，今佚。

3. 五代南唐陆滉（一作陆晃，字庭曙，嘉禾人）绘有一幅《烹茶图》，《南宋馆阁续录》卷三《储藏》著录。《宣和画谱》亦著录有《烹茶图》《火龙烹茶图》各一幅。

4. 五代南唐至宋初画家周文矩绘有《火龙烹茶图》四幅，《煎茶图》一幅。《宣和画谱》著录。

5. 北宋李公麟（字伯时，号龙眠山人、龙眠居士）绘有《虎阜采茶图》，见于题跋，今佚。

6. 南宋刘松年（钱塘人，画院待诏，与李唐、马远、夏圭合称“南宋四家”）的绢画《卢仝煮茶图》一卷，上有元人十余家的题跋，司理参军范龙石收藏。

7. 五代南唐金陵画家王齐翰绘有《陆羽煎茶图》，《宣和画谱》卷四著录，又见明代王世

《澹园画品》。

懋的《澹园画品》。

董逌《陆羽点茶图》，有跋。

8. 两宋之际著名藏书家、书画鉴赏家董逌（字彦远，东平人，历官国子祭酒、中书舍人等）绘有《陆羽点茶图》，并有跋文《书陆羽点茶图后》。

元钱舜举画《陶学士雪夜煮茶图》，在焦山道士郭第处，见詹景凤《东图玄览》。

9. 元代钱选（字舜举，湖州人）绘有《陶学士雪夜煮茶图》，收藏于焦山道士郭第（字次甫，号五游，长洲人）处，见詹景凤（字东图，号白岳山人，休宁人）《东图玄览》（当为《东图玄览编》）。

史石窗名文卿，有《煮茶图》，袁桷作《煮茶图诗序》。

10. 南宋史文卿（字景贤，号石窗山樵，鄞县人）绘有《煮茶图》一卷，同乡袁桷（字伯长，号清容居士）作《煮茶图诗序》（《清容居士集》卷七《煮茶图并序》）。

冯璧有《东坡海南烹茶图》并诗。

11. 金代冯璧（字叔献，别字天粹，真定人）有《东坡海南烹茶图》题画诗。

《严氏书画记》，有杜柽居《茶经图》。

12. 明代文嘉（字休承，文徵明次子）《严氏书画记》（一作《钤山堂书画记》）著录有杜堇（本姓陆，字惧男，号柽居、古狂、青霞亭长，丹徒人）所绘《茶经图》。

汪珂玉《珊瑚网》，载《卢仝烹茶图》。

13. 明代汪珂玉（字玉水，号乐卿、乐闲外史，徽州人）《珊瑚网》卷三十著录有《卢仝烹茶图》。

明文徵明有《烹茶图》。

14. 明代文徵明（原名壁，字徵明，以字行，又字徵仲，号衡山居士）绘有《烹茶图》。

沈石田有《醉茗图》，题云：酒边风月

15. 明代沈周（字启南，号石田）绘有《醉茗图》，并撰题画诗写道：酒边风月与谁同，

与谁同，阳羡春雷醉耳聋。七碗便堪酬酩酊，任渠高枕梦周公。

阳羡春雷醉耳聋。七碗便堪酬酩酊，任渠高枕梦周公。

沈石田有《为吴匏庵写虎丘对茶坐雨图》。

16. 明代沈周绘有《为吴匏庵写虎丘对茶坐雨图》。

《渊鉴斋书画谱》：陆包山治有《烹茶图》。

17. 清代康熙皇帝诏令编纂的《渊鉴斋书画谱》记载，明代陆治（字叔平，号包山，长洲人）绘有《烹茶图》。

［补］元赵松雪有《宫女啜茗图》，见《渔洋诗话·刘孔和诗》。

18. ［增补］元代赵孟頫（字子昂，号松雪道人）绘有《宫女啜茗图》，见清代王士祯《渔洋诗话》卷中及《居易录》卷三十四关于此图及刘孔和诗的记载。

茶具十二图

［译解见前，此从略。］

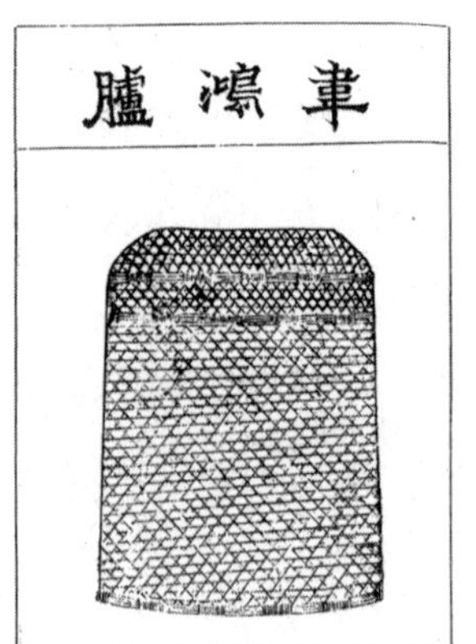

韦鸿胪

赞曰：祝融司夏，万物焦烁，火炎昆冈，玉石俱焚，尔无与焉。乃若不使山谷之英堕于涂炭，子与有力矣。上卿之号，颇著微称。

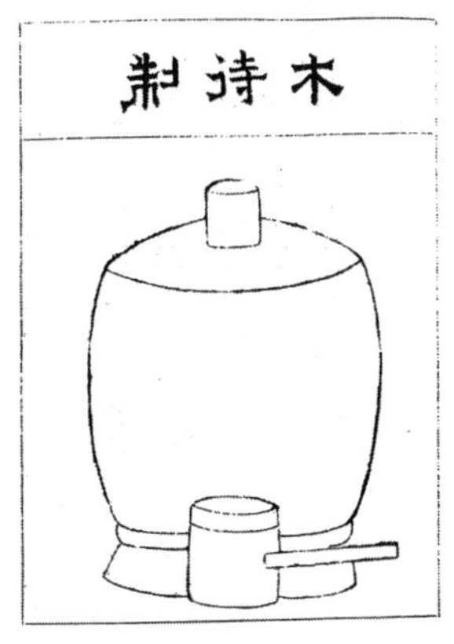

木待制

上应列宿，万民以济。秉性刚直，摧折强梗，使随方逐圆之徒，不能保其身。善则善矣，然非佐以法曹，资之枢密，亦莫能成厥功。

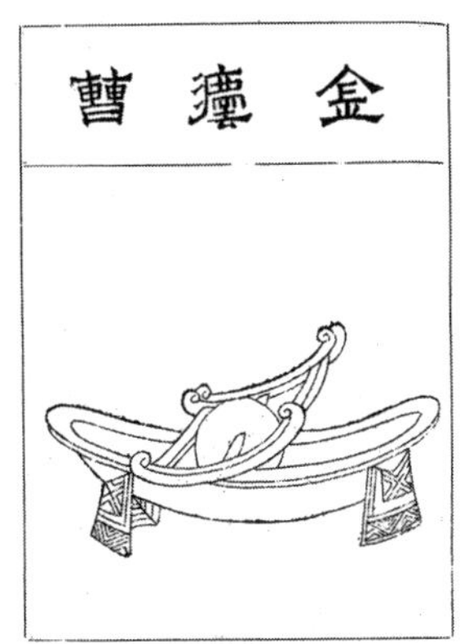

金法曹

柔亦不茹，刚亦不吐，圆机运用，一皆有法，使强梗者不得殊规乱辙，岂不韪与？

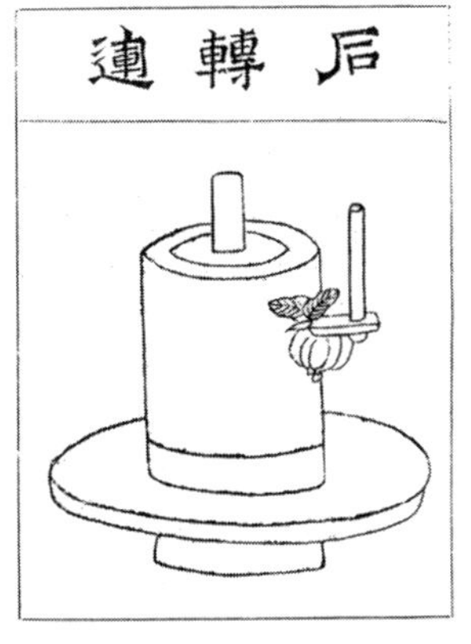

石转运

抱坚质，怀直心，哜嚅英华，周行不怠，斡摘山之利，操漕权之重，循环自常。不舍正而适他，虽没齿无怨言。

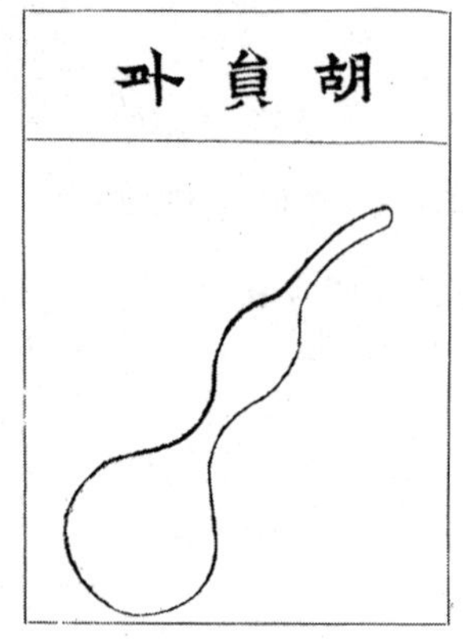

胡员外

周旋中规而不逾其闲，动静有常而性苦其卓，郁结之患，悉能破之。虽中无所有，而外能研究，其精微不足以望圆机之士。

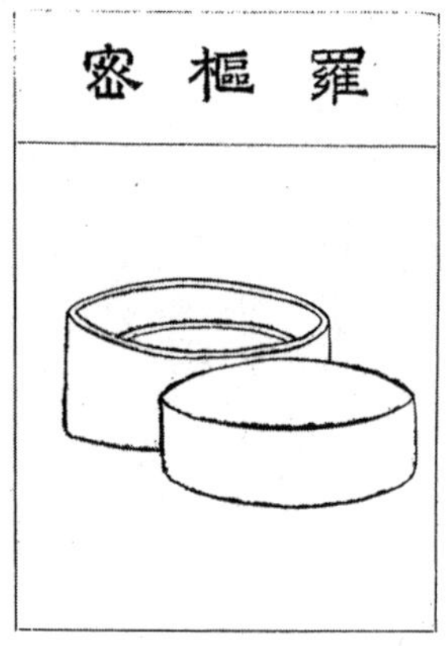

罗枢密

机事不密则害成。今高者抑之，下者扬之，使精粗不至于混淆，人其难诸。奈何矜细行而事喧哗？惜之。

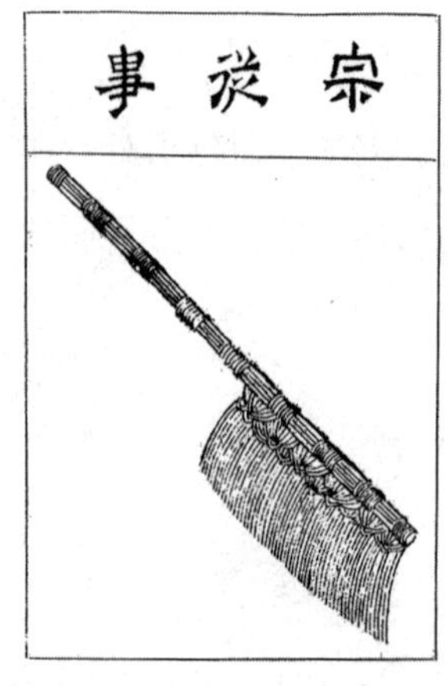

宗从事

孔门高弟，当洒扫应对事之末者，亦所不弃。又况能萃其既散、拾其已遗，运寸毫而使边尘不飞，功亦善哉！

漆雕秘阁

危而不持，颠而不扶，则吾斯之未能信。以其弭执热之患，无坳堂之覆，故宜辅以宝文，而亲近君子。

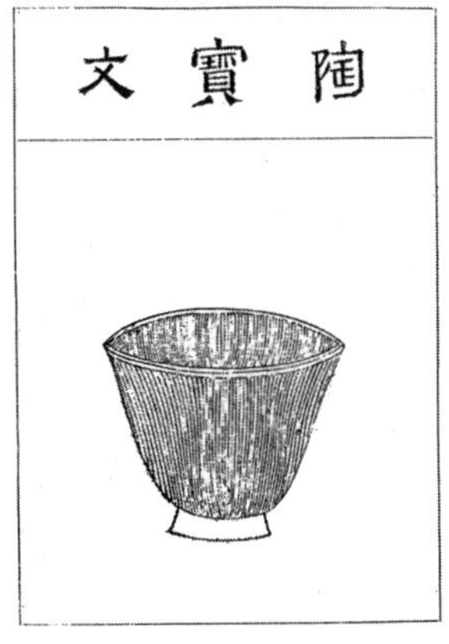

陶宝文

出河滨而无苦窳，经纬之象，刚柔之理，炳其绷中，虚己待物，不饰外貌。位高秘阁，宜无愧焉。

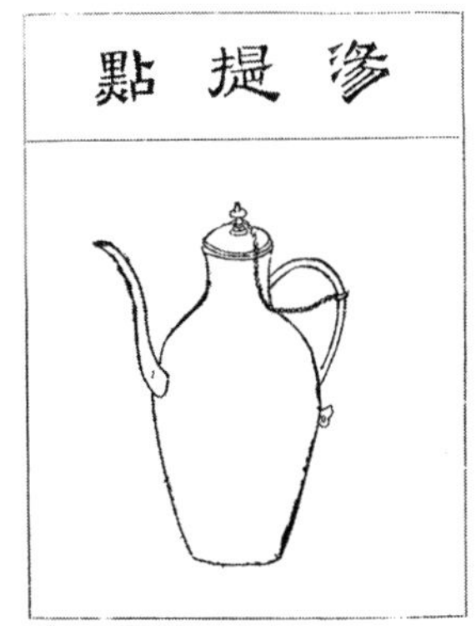

汤提点

养浩然之气，发沸腾之声，以执中之能，辅成汤之德。斟酌宾主间，功迈仲叔圉。然未免外烁之忧，复有内热之患，奈何？

竺副帅

首阳饿夫，毅谏于兵沸之时。方今鼎扬汤，能探其沸者几希。子之清节，独以身试，非临难不顾者畴见尔。

司职方

互乡童子，圣人犹且与其进，况端方质素，经纬有理，终身涅而不缁者。此孔子所以与洁也。

竹炉并分封茶具六事

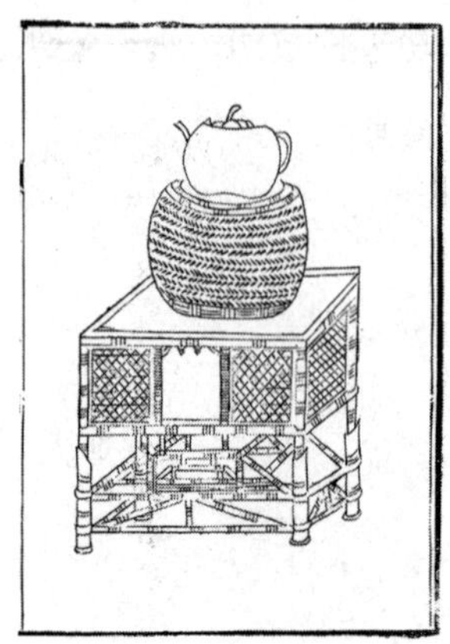

苦节君

铭曰：肖形天地，匪冶匪陶。心存活火，声带湘涛。一滴甘露，涤我诗肠。清风两腋，洞然八荒。（戊戌秋八月望日。）［锡山盛颙著。］

［译解］

苦节君即用以煎茶的竹炉

铭文说：形状模仿天圆地方，既非金属冶铸也非陶土制成。中间放置燃烧着的炭火，沸腾之声带有湘妃竹涛的韵律。饮一滴茶便如同甘露醍醐，能够荡涤我的诗情。品后感觉两腋习习清风自然生发，能够洞察八方荒远之地。明宪宗成化十四年（1478）秋八月十五日。［无锡盛颙（字时望，号冰壑，官至刑部右侍郎、左副都御史）作。］

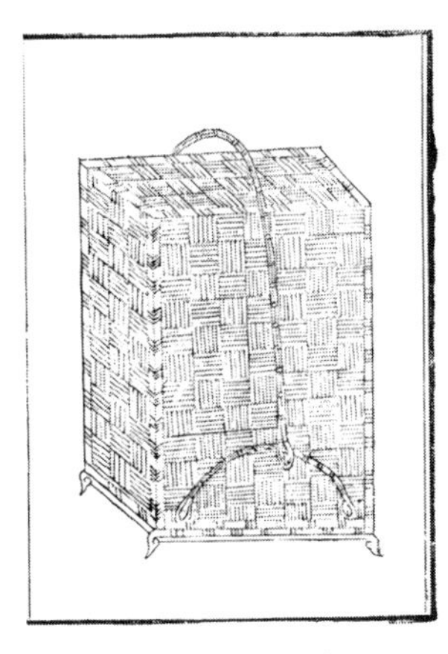

苦节君行省

茶具六事分封，悉贮于此。侍从苦节君于泉石山斋亭馆间执事者，故以行省名之。陆鸿渐所谓“都篮”者，此其是与。

苦节君行省即收藏放置竹炉的提篮

各自分封官职的六种茶具，都封存于这个竹制的提篮之中。侍从苦节君即茶竹炉于清泉白石、山斋亭馆之间执行煮茶品饮之事，所以用行省加以命名。茶圣陆羽所说的“都篮”，指的就是它吧！

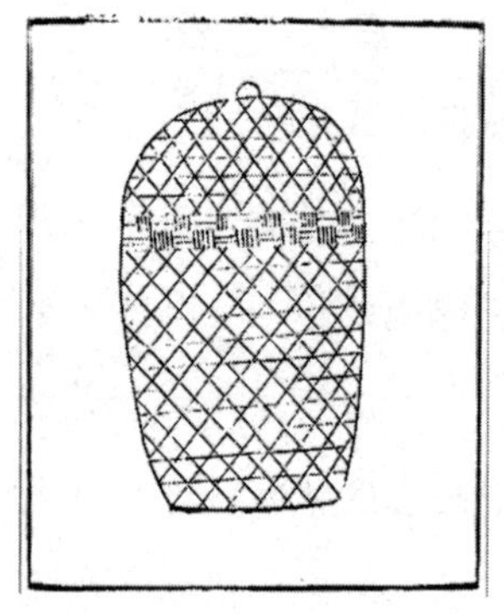

建城

茶宜密裹，故以箬笼盛之，今称建城。按《茶录》云：建安民间以茶为尚，故据地以城封之。

建城即盛茶的竹器

茶叶适宜密封包裹起来，所以要用箬竹制成的茶笼盛放，如今称为建城。考察宋代蔡襄《茶录》的说法，建州地区民间都以产茶、制茶、饮茶作为时尚，因此根据当地的特点将茶笼封为建城。

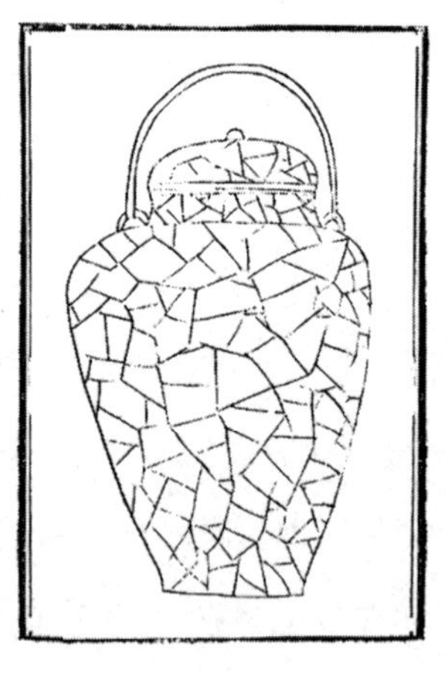

云屯

泉汲于云根，取其洁也。今名云屯，盖云即泉也，贮得其所。虽与列职诸君同事，而独

云屯即舀水的瓷瓶

泉水从深山云起之处汲取，正是因为那里的泉水特别洁净。如今把汲水的容器称为云屯，大概是说云即泉水，可以说是贮得其所。即使与其他茶具相与共事，也要单独把泉水存放其中，难

屯于斯，岂不清高绝俗而自贵哉？

道不是彰显其清高绝俗而自然尊贵吗？

乌府

炭之为物，貌玄性刚，遇火则威灵气焰，赫然可畏，苦节君得此甚利于用也。况其别号乌银，故特表章其所藏之具曰乌府，不亦宜哉？

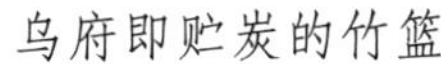

乌府即贮炭的竹篮

木炭作为一种物质，外表黑色而性格刚烈，遇到火便会燃烧起来，发挥出威势气焰，赫然令人生畏。而苦节君得到炭火的帮助，却可以充分发挥其作用。况且其别号乌银，因此特别将贮存的器具叫作乌府，难道不是很合适吗？

水曹

茶之真味，蕴诸旗

水曹即盛水的容器

茶叶的真正味道，都蕴含于一旗一枪之中，

枪之中，必浣之以水而后发也。凡器物用事之余，未免残沥微垢，皆赖水沃盥，因名其器曰水曹。

必须经过水的浸润才能散发出来。一般来说器具用过之后，不免会残留一些污垢，都依赖用水洗涤干净，所以将这种器具命名为水曹。

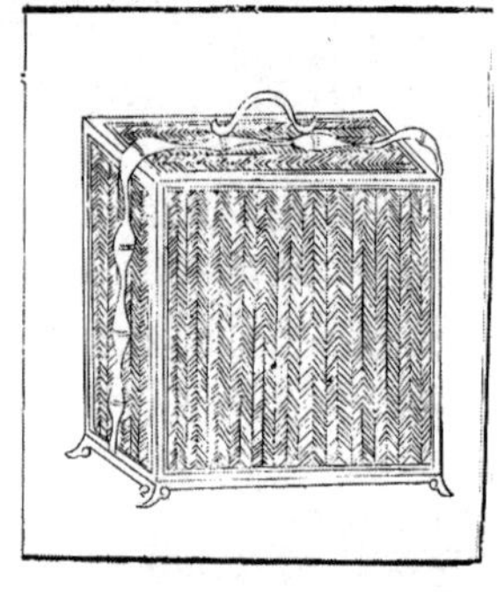

器局

一应茶具，收贮于器局，供役苦节君者，故立名管之。

器局即收放茶具的竹编方箱

所有的茶具，都收放于竹编的方形箱笼之中，以便供应苦节君随时使用，因此命名为管之。

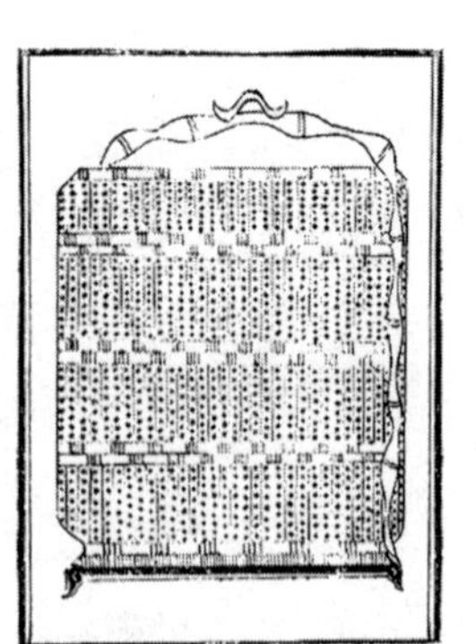

品司

茶欲啜时，入以笋、榄、瓜仁、芹、蒿

品司即收贮各种佐茶果品的竹编圆状提盒

将要开始品茶的时候，如果加入一些竹笋、橄榄、瓜仁、芹菜、青蒿之类的食品，就会感

之属，则清而且佳，因命湘君，设司检束。

到清香宜人，十分可口。所以用湘妃竹编成提盒，把这些佐茶食品、果品保存起来。

罗先登《续文房图赞》

玉川先生

毓秀蒙顶，蜚英玉川；搜搅胸中，书传五千。儒素家风，清淡滋味；君子之交，其淡如水。

南宋罗先登（字子仁，号道庵）《续文房图赞》中的“玉川先生”茶具组合

铭文说：蒙顶茶钟灵毓秀，玉川先生飞声腾实；卢仝饮茶文思泉涌，为后世留下优美文字。儒家风雅质朴的家风，清新淡泊的滋味；君子之间的道义之交，清淡如水而地久天长。

附　录

茶法

《唐书》：德宗纳户部侍郎赵赞议，税天下茶、漆、竹、木，十取一，以为常平本钱。及出奉天，乃悼悔，下诏亟罢之。及朱泚（cǐ）平，佞臣希意，兴利者益进。贞元八年，以水灾减税。明年，诸道盐铁使张滂奏：出茶州县若山及商人要路，以三等定估，十税其一。自是岁得钱四十万缗。穆宗即位，盐铁使王播图宠以自幸，乃增天下茶税，率百钱增五十。天

［译解］

《新唐书》记载：唐德宗李适采纳户部侍郎赵赞的建议，对普天之下的茶、漆、竹、木统一征税，税率为十取其一，征收的税钱用来作为施行常平法的本钱。等到建中四年（783）泾原兵变发生，唐德宗出逃到奉天（今陕西乾县），才为此感到伤感和悔恨，于是下诏立刻予以罢除。等到平定朱泚叛乱之后，奸佞之臣迎合皇上的旨意，追逐财利的人益发得到进用。贞元八年（792），因为发生水灾，减轻赋税征收。第二年，诸道盐铁使张滂上奏：请求在产茶州县的茶山以及商人贸易经过的主要通道征收茶税，将茶叶分为三等进行评估定价，按照价值的十分之一进行征收。从此以后，每年茶税收入多达铜钱四十万缗。唐穆宗李恒即位以后，盐铁使王播希图皇帝恩宠以抬高自己身价，于是增加全国茶叶的税收价格，平均每百钱加

下茶加斤至二十两，播又奏加取焉。右拾遗李珏上疏谓：“榷率本济军兴，而税茶自贞元以来方有之。天下无事，忽厚敛以伤国体，一不可；茗为人饮，盐粟同资，若重税之，售必高，其弊先及贫下，二不可；山泽之产无定数，程斤论税，以售多为利，若腾价则市者寡，其税几何？三不可。”其后王涯判二使，置榷茶使，徙民茶树于官场，焚其旧积者，天下大怨。令狐楚代为盐铁使兼榷茶使，复令纳榷，加价而已。李石为相，以茶税皆归盐铁，复贞元之制。武宗即位，崔珙又增江淮茶税。是时，茶商所过州县有重税，或夺掠舟车，露积雨中；诸道置邸以收税，谓之蹋地钱。大中初，转运使裴

五十。茶叶每斤重量增加到二十两，王播还要奏请加税。右拾遗李珏上疏谏阻说：“国家实行专营专卖制度，本来是为了征集财物以供应军事需要，而茶叶的征税制度自从贞元以来才开始实施。如今天下平安无事，却忽然横征暴敛以损伤国家的根本，这是不可增加茶叶税收的第一个原因；饮茶为人民生活所需，与食盐、粮食同等重要，如果加重茶叶税收，那么茶叶的价格必然会相应提高，其弊端必然会首先累及下层的贫困民众，这是不可增加茶叶税收的第二个原因；山林川泽之间出产的物品没有定数，衡量其斤数来征税，以销售量大作为利益，如果价格飞涨，那么购买的人就会稀少，又能征收多少税钱呢？这是不可增加茶叶税收的第三个原因。”此后，王涯兼任盐铁转运使，设置专门的榷茶使，下令把百姓的茶树移植到官府的茶场中，烧毁储存的旧茶，招致天下民众的普遍怨恨。后来令狐楚接任盐铁使兼任榷茶使，又命令依照旧法征收茶税，只是提高了茶价罢了。唐文宗在位时，李石担任宰相，将茶叶征税事务统统划归盐铁使管理，恢复了唐德宗贞元时期的制度。唐武宗李炎即位以后，盐铁转运使崔珙再次提高江淮地区的茶税。当时，茶商经过的州县都要征收沉重的茶税，有的地方甚至掠夺茶商的车船，以至于使茶叶露天堆积在雨中；各道都设置邸店用来征收税课，称为蹋地钱。唐宣宗大中（847—860）初年，盐铁

原文	译文
休著条约，私鬻如法论罪，天下税茶增倍贞元。江淮茶为大模，一斤至五十两，诸道盐铁使于悰（cóng）每斤增税钱五，谓之剩茶钱。自是斤两复旧。	转运使裴休制定新的条例，走私贩卖茶叶依法论罪，于是全国茶税收入比起贞元时期增加了一倍。江淮地区的茶叶都用大模制成，每斤达到五十两，诸道盐铁使于悰规定每斤茶叶加税五钱，称为剩茶钱。从此茶叶的斤两又恢复了旧制。
元和十四年，归光州茶园于百姓，从刺史房克让之请也。	唐宪宗元和十四年（819），根据光州（治今河南光山，后移今潢川）刺史房克让的请求，将光州的茶园都归还给百姓。
裴休领诸道盐铁转运使，立茶税十二法，人以为便。	裴休兼任诸道盐铁转运使，大中六年（852）制定禁止私贩、规范茶税的茶法十二条禁令，人们都认为很方便。
藩镇刘仁恭禁南方茶，自撷山为茶，号山曰大恩，以邀利。	唐末幽州节度使刘仁恭禁止贩运南方的茶叶，自己从山中采撷并制作茶叶，故称呼山为大恩，以牟取利益。
何易于为益昌令，盐铁官榷取茶利，诏下，所司毋敢隐。易于视诏曰："益昌人不征茶且不可活，矧厚赋毒之乎？"命吏阁诏。吏曰："天子诏，何敢拒？吏坐死，公得免窜耶？"易于曰："吾敢爱一身，移暴于民乎？亦不使罪及尔曹。"即	唐文宗太和年间（827—835），何易于担任益昌（今四川广元南）县令，盐铁使垄断茶叶专卖利益，诏令下达以后，主管官吏不敢隐瞒。何易于看着诏令说："益昌县的百姓在不征收茶税的情况下尚且难以维持生存，何况如此加重赋税毒害他们呢？"命令搁置诏令不予执行。部属的吏员说："天子诏令，谁敢抗拒？我们这些部属吏员坐罪被处死，主公您难道能够免于流放之罪吗？"何易于说："我怎么敢爱惜一己之生命，而转嫁暴政祸患于百姓之身呢？我也不会让朝廷加罪于你们。"于是就自己焚烧了诏

自焚之，观察使素贤之，不劾也。

书，观察使一向认为他很贤明，便没有弹劾加罪于他。

陆贽为宰相，以赋役烦重，上疏云："天灾流行四方，代有税茶钱积户部者，宜计诸道户口均之。"

陆贽担任宰相期间，因为赋税和徭役繁多而沉重，向皇帝上疏说："如今天灾流行四方，历朝积存在户部的茶税钱，应该按照各道的户口数目均摊开来进行赈济。"

《五代史》：杨行密，字化源。议出盐、茗，俾民输帛。幕府高勖曰："创破之余，不可以加敛，且帑赀何患不足？若悉我所有，以易四邻所无，不积财而自有余矣。"行密纳之。

欧阳修《新五代史》（当引自《新唐书》卷一八八《杨行密传》）记载：杨行密，字化源。与属下议论拿出官府食盐、茶叶专卖所得，使百姓缴纳丝织品进行交换。其幕僚高勖说："在当今国家创伤残破之余，不可再增加赋役征敛，何况天下财富何患不足？假如全部拿出我们所拥有的财物，来与四邻交易我们所没有的财物，不用积累财物而自然富足有余了。"杨行密采纳了他的建议。

《宋史》：榷茶之制，择要会之地，曰江陵府，曰真州，曰海州，曰汉阳军，曰无为军，曰蕲州之蕲口，为榷货务六。初，京城、建安、襄、复州皆置务，后建安、襄、复之务废，京城务虽存，但会给交钞往还，而不积茶货。在淮南，则蕲、

《宋史》卷一八三《食货志下五》记载：宋代的茶叶专卖制度，选择天下通都大邑和交通要冲，在江陵府（治今湖北荆州）、真州（治今江苏仪征）、海州（治今江苏连云港）、汉阳军（治今武汉汉阳区）、无为军（治今安徽无为）、蕲州的蕲口（今湖北蕲春西南蕲州镇）设立六个榷货务。起初，东京汴梁（今河南开封）、建安（治今福建建瓯）、襄州（治今湖北襄阳）、复州（治今湖北仙桃西南）都设置有榷货务，后来，建安、襄州、复州的榷货务撤销，京师的榷货务虽持续存在，但只负责交钞的往

黄、庐、舒、光、寿六州，官自为场，置吏总之，谓之山场者十三。六州采茶之民皆隶焉，谓之园户。岁课作茶输租，余则官悉市之，总为岁课八百六十五万余斤。其出鬻者，皆就本场。在江南，则宣、歙、江、池、饶、信、洪、抚、筠、袁十州，广德、兴国、临江、建昌、南康五军。两浙，则杭、苏、明、越、婺、处、温、台、湖、常、衢、睦十二州。荆湖，则江陵府，潭、澧、鼎、鄂、岳、归、峡七州，荆门军。福建，则建、剑二州。岁如山场输租折税，总为岁课，江南千二十七万余斤，两浙百二十七万九千余斤，荆湖二百四十七万余斤，福建三十九万三千余斤，悉送六榷货务鬻之。

来结算，而不贮存茶货。在淮南东西二路，则有蕲州、黄州（治今湖北黄冈北）、庐州（治今安徽合肥）、舒州（治今安徽潜山）、光州、寿州（治今安徽寿县）六个州出产茶叶，当地官府自行设置茶场，设置官吏统一管理，称为山场的有十三个。六州采茶的百姓都隶属于十三山场，称为园户。每年按照定额制茶缴租，剩余的茶叶官府全部收购，淮南每年总计定额茶课八百六十五万余斤。完税之余出售的茶叶，都要在本处山场进行。在江南东西二路，则有宣州（治今安徽宣城）、歙州（治今安徽歙县）、江州（治今江西九江）、池州（治今安徽池州西南）、饶州（治今江西鄱阳）、信州（治今江西上饶西北）、洪州（治今江西南昌）、抚州（治今江西抚州临川区西）、筠州（治今江西高安）、袁州（治今江西宜春）十个州，以及广德军（治今安徽广德）、兴国军（治今湖北阳新）、临江军（治今江西樟树临江镇）、建昌军（治今江西南城）、南康军（治今江西庐山）五个军出产茶叶。在两浙路，则有杭州（今属浙江）、苏州（今属江苏）、明州（治今浙江宁波鄞州区）、越州（治今浙江绍兴）、婺州（治今浙江金华）、处州（治今浙江丽水东南）、温州（今属浙江）、台州（治今浙江临海）、湖州（今属浙江）、常州（今属江苏）、衢州（今属浙江）、睦州（治今浙江建德）十二个州出产茶叶。在荆湖南北二路，则有江陵府（治今湖北荆州），潭州（治今湖南长沙）、澧州（治今湖南澧县）、鼎州（治今湖南常德）、鄂州（治今湖北武汉武昌区）、岳州（治今湖南岳阳）、归州（治今湖北秭归）、峡州（治今湖北宜昌）七个州，以及荆门军（治今湖北荆门）出产茶叶。在福建路，则有建州（治今福建建瓯）、南剑州（治今福建南平）两个州出产茶叶。在以上这些没有设立山场的州、军，每年都像山场的管理模式一样缴租折税，总计每年茶课，江南东西二路一千零二十七万余斤，两浙路一百二十七万九千余斤，荆湖南北二路二百四十七万余斤，福建路三十九万三千余斤，全部送交六榷货务进行贸易。

茶有二类：曰片茶，曰散茶。片茶蒸造，实棬模中串之；唯建、剑则既蒸而研，编竹为格，置焙室中，最为精洁，他处不能造。有龙、凤、石乳、白乳之类十二等，以充岁贡及邦国之用。其出虔、袁、饶、池、光、歙、潭、岳、辰、澧州，江陵府，兴国、临江军，有仙芝、玉津、先春、绿芽之类三十六等。两

宋代的茶叶有两类：一类叫作片茶，一类叫作散茶。片茶经过蒸熟制造，放入卷模中压制成形，穿成串子；只有福建建州、南剑州的茶叶既要蒸熟还要研磨，用竹子编为格，放置于焙室中烘干，最为精细洁净，别的地方无法制造出来。福建的片茶有龙团、凤团、石乳、白乳之类的名号，分为十二等，用来作为每年进献朝廷的贡品以及国家的其他重要用途。那些出产于虔州（治今江西赣州）、袁州、饶州、池州、光州、歙州、潭州、岳州、辰州（治今湖南洪江西北）、澧州，江陵府以及兴国军、临江军的片茶，有仙芝、玉津、先春、绿芽之类的名号，分为三十六等。两浙路以及宣州、江州、鼎州出产的片茶，则又分为上中下三等，

浙及宣、江、鼎州，又以上中下或第一至第五为号。散茶出淮南、归州、江南、荆湖，有龙溪、雨前、雨后之类十一等。江浙又有上中下或第一至第五为号者。

或者编为第一至第五号。散茶出产于淮南东西二路、归州、江南东西二路、荆湖南北二路，有龙溪、雨前、雨后之类的名号，分为十一等。江南、两浙地区又有以上中下或者第一至第五编号的。

民之欲茶者，售于官。给其食用者，谓之食茶；出境者，则给券。商贾贸易，入钱若金帛京师榷货务，以射六务十三场茶，愿就东南入钱若金帛者听。凡民茶，匿不送官及私贩鬻者，没入之，计其直论罪。园户辄毁败茶树者，计所出茶，论如法。民造温桑伪茶，比犯真茶计直，十分论二分之罪。主吏私以官茶贸易及一贯五百者，死。自后定法，务从轻减。太平兴国二年，主吏盗官茶贩鬻钱三贯以上，黥面送阙下。淳化三年，论直十贯以上，

百姓想要得到茶叶的，须从官方购买。大凡供应饮食日用的，称为食茶；出境则颁给相应的凭证。商人从事茶叶贸易，须缴纳现钱或相应数量的金银、绢帛给京师榷货务，以便到六榷货务、十三山场支取茶叶，愿意到东南地区缴纳现钱或金银、绢帛的，也予以准许。大凡百姓所产茶叶，折税之外，隐匿不缴送官府以及私贩贸易的，全部予以没收，计算茶叶价值论罪处罚。园户随意破坏茶树的，计算所出产茶叶数量依法论罪。百姓制造的温桑假茶，比照私贩温桑真茶来计算其价值，依法以十分折合二分论罪。主管官吏私自以官茶进行贸易，贸易额达到一贯五百文的处以死刑。自此以后修订刑法，致力于不断减轻处罚。宋太宗太平兴国二年，规定主管官员盗取官茶私自贩卖得钱三贯以上，面部刺字送到京师治罪。淳化三年（992），规定上述罪犯得钱十贯以上，面部刺字发配本州牢城服刑。负责巡防的士兵私自贩茶，依照原定法律条文加一等论罪。大凡纠集徒众、持有武器走私贩茶，遇到有关官吏抓

黥面配本州牢城。巡防卒私贩茶，依旧条加一等论。凡结徒持杖贩易私茶，遇官司擒捕抵拒者，皆死。太平兴国四年，诏：鬻伪茶一斤，杖一百；二十斤以上弃市。［厥后，更改不一，载全史。］

捕进行抵抗拒捕的，一律判处死刑。太平兴国四年，诏令规定：贩卖假茶一斤，杖责一百；二十斤以上处以死刑。［自此以后，有关法律更改不一，全史中均有记载。］

陈恕为三司使，将立茶法。召茶商数十人，俾条陈利害，第为三等。语副使宋太初曰："吾视上等之说，取利太深，此可行于商贾，不可行于朝廷。下等之说，固灭裂无取。唯中等之说，公私皆济，吾裁损之，可以经久。"行之数年，公用足而民富实。

陈恕为三司使（当为宋太宗至道二年其担任盐铁使时事），将要制定茶叶管理制度，召集茶商数十人，让他们各自陈述利害，陈恕过目之后列为三个等级，对盐铁副使宋太初说："我看其中的上等说法，所取利益太过深重，这种方式可以由商人使用，却不可由朝廷施行。下等的说法，本来就粗疏草率，不足取法。只有中等的说法，兼顾了公私双方的利益，我又进行了删改，可以长期施行。"这一管理制度实行数年之后，茶货流通畅达，官府税收充裕，百姓富足充实。

太祖开宝七年，有司以湖南新茶异于常岁，请高其价以鬻之。太祖曰："茶则善，毋乃重困吾民乎？"即诏第复旧制，毋增价值。

宋太祖开宝七年（974），有关官员因为荆湖南路新茶的质量与往年不同，请求抬高茶价出售。宋太祖说："茶叶很好，但这样做难道不是加重我的百姓的困苦吗？"当即下诏恢复旧制，不准增加茶叶价格。

熙宁三年，熙河运使以岁计不足，乞以官茶博籴。每茶三斤，易粟一斛，其利甚溥。朝廷谓茶马司本以博马，不可以博籴。于茶马司岁额外，增买川茶两倍，朝廷别出钱二［百］万给之，令提刑司封桩。又令茶马官程之邵兼转运使，由是数岁，边用粗足。

宋神宗熙宁三年（1070），熙河路（治今甘肃临洮）转运使因为年度财政收入不足，请求以官茶换取粮食。每三斤茶叶换取粟米一斛，获利相当丰厚。但朝廷认为设置茶马司本来是用来交易马匹的，不可用官茶换取粮食。于是下令在茶马司每年定额之外，增加收购两倍的川茶，朝廷另外出钱两百万供应他们，并命令由提刑司封存以备急需。又命令都大提举茶马司程之邵兼任转运使，从此数年之间，西北边防的费用大体足用了。

神宗熙宁七年，干当公事李杞入蜀经画买茶，于秦凤、熙河博马。王韶言："西人颇以善马至边交易，所嗜唯茶。"

宋神宗熙宁七年（1074），三司干当公事李杞进入四川，筹划经营购买川茶，到秦凤路（治今陕西凤翔）、熙河路交易战马。熙河路经略安抚使王韶上书说道："西北地区的游牧民族很愿意用良马到边境地区进行贸易，而他们所嗜好的物品只有茶叶。"

自熙、丰以来，旧博马皆以粗茶，乾道之末，始以细茶遗之。成都府、利州路十一州，产茶二千一百二万斤，茶马司所收，大较若此。

自从熙宁、元丰以来，原来用来交易战马的茶叶都是粗茶，直到南宋孝宗乾道（1165—1173）末年，才开始用细茶交易。成都路、利州路（治今四川广元）十一个州，出产茶叶两千一百零二万斤，茶马司所收购的茶叶数量，大体如此。

茶利，嘉祐间禁榷时，取一年中数，计一

茶课、茶税的收入，在宋仁宗嘉祐年间实行茶叶专卖时，取一年的中间数，共计一百零九万

百九万四千九十三贯八百八十五。治平间通商后，计取数一百一十七万五千一百四贯九百一十九钱。

四千零九十三贯八百五十钱。宋英宗治平年间（1064—1067）开放茶叶通商之后，总计收取一百一十七万五千一百零四贯九百一十九钱。

琼山邱氏曰：后世以茶易马，始见于此。盖自唐世回纥入贡，先已以马易茶，则西北之嗜茶，有自来矣。

明代琼山人邱濬《大学衍义补》评论说：后世以茶叶换取战马的茶马贸易，就是始见于此。大概从唐朝中后期回纥向朝廷进贡，先已用马匹换取茶叶，由此可见西北游牧民族嗜好饮茶，是渊源有自的。

苏辙《论蜀茶状》：园户例收晚茶，谓之秋老黄茶，不限早晚，随时即卖。

苏辙《论蜀茶五害状》写道：园户照例采收晚茶，称为秋老黄茶，采摘的时间早晚不限，随时进行，即采即收即卖。

沈括《梦溪笔谈》：乾德二年，始诏在京、建州、汉阳、蕲口各置榷货务。五年，始禁私卖茶，从不应为情理重者定断。太平兴国二年，删定禁法条贯，始立等科罪。淳化二年，令商贾就园户买茶，公于官场贴射，始行贴射法。淳化四年，初行交引，罢贴射法。西北入粟给交引，自通利军

沈括《梦溪笔谈》卷十二记载：本朝的茶法，自宋太祖乾德二年（964），开始下诏在京师开封、建州、汉阳军、蕲州蕲口各设榷货务。乾德五年，开始禁止私自贩卖茶叶，比照宋初所沿用唐律“不应得为而为之者”中情节较重的条款定罪处罚，即杖八十。太平兴国二年，删减修订禁止贩卖私茶的条例，开始确立不同的等级进行定罪处罚。淳化二年（991），下令商人直接向园户买茶，统一到官府茶场估价并缴纳榷茶利息，即官方居中估价与园户实际售价之间的差额，开始施行贴射法。淳化四年，首次实行交引法，停止实行贴射法。商人向西北边境地区输纳粮食，官府颁发交引作为有价

始。是岁，罢诸处榷货务，寻复依旧。至咸平元年，茶利钱以一百三十九万二千一百一十九贯为额。至嘉祐三年，凡六十一年，用此额，官本杂费皆在内，中间时有增亏，岁入不常。咸平五年，三司使王嗣宗始立三分法，以十分茶价，四分给香药，三分犀象，三分茶引。六年，又改支六分香药、犀象，四分茶引。景德二年，许人入中钱帛金银，谓之三说。至祥符九年，茶引益轻，用知秦州曹玮议，就永兴、凤翔以官钱收买客引，以救引价，前此累增加饶钱。至天禧二年，镇戎军纳大麦一斗，本价通加饶，共支钱一贯二百五十四。乾兴元年，改三分法，支茶引三分，东南见钱二分半，香药四分半。天圣元

凭证，支取茶叶进行贸易，这种茶法首先从通利军（治今河南浚县东北）开始实施。这一年，撤销各地的榷货务，不久又恢复如旧。到宋真宗咸平元年（998），确定茶课钱以一百三十九万二千一百一十九贯作为定额。一直到宋仁宗嘉祐三年（1058），共计六十一年，都执行这一定额，官府的本钱以及各种杂费都计算在内，中间不同年份或增收或亏损，每年的收入并不稳定。咸平五年，三司使王嗣宗开始确立三分法，以茶价为十分计算，其中四分支取香药，三分支取犀牛角及象牙，三分支取茶引。咸平六年，又改为六分支取香药、犀牛角及象牙，四分支取茶引。景德二年（1005），又允许商人入中（缴纳粮草于沿边地区，给予钞引，至京师或他处支取现钱、绢帛、金银以及茶、盐、香药），称为三说法。到了大中祥符九年（1016），茶引越来越不值钱，采纳秦州知州曹玮的建议，在永兴军（治今陕西西安）、凤翔府（治今陕西宝鸡市凤翔区）以官钱收购商人手中的茶引，以挽救茶引的价格，在此之前还多次增加耗钱。到天禧二年（1018），镇戎军（治今宁夏固原）缴纳大麦一斗，本价一律加耗钱，共计支出一贯二百五十四文钱。乾兴元年（1022），再次改革三分法，支取茶引三分、东南现钱二分半、香药四分半。宋仁宗天圣元年（1023），再次实行贴射法。实行了三年之后，茶叶贸易的利润尽归于富商大贾，官府茶场得

年，复行贴射法。行之三年，茶利尽归大商，官场但得黄晚恶茶，乃诏孙奭重议，罢贴射法。明年，推治元议省吏、勾覆官勾献等，皆决配沙门岛；元详定枢密副使张邓公、参知政事吕许公、鲁肃简各罚俸一月；御史中丞刘筠、入内内侍省副都知周文质、西上阁门使薛昭廓、三部副使各罚铜三十斤；前三司使李谘落枢密直学士，依旧知洪州。皇祐三年，算茶依旧只用见钱。至嘉祐四年二月五日，降敕罢茶禁。

到的只是些发黄、晚采的劣质茶叶，于是诏令翰林侍读学士孙奭重新审议，停止贴射法。第二年，审查追究原来建议复行贴射法的三司孔目官王举以及勾覆官勾献等，都判决流放到沙门岛；原来复查裁定的官员枢密副使张士逊（封邓国公）和参知政事吕夷简（封许国公）、鲁宗道（谥肃简）各罚俸一个月；御史中丞刘筠、入内内侍省副都知周文质、西上阁门使薛昭廓以及三司所属户部、度支、盐铁三部副使蔡齐、俞献可、姜遵各罚铜三十斤；前任三司使李谘免去枢密直学士之职，仍旧任洪州知州。皇祐三年，茶课的计算依旧只用现钱。到嘉祐四年二月五日，朝廷颁布敕令解除茶禁，开放通商。

洪迈《容斋随笔》：蜀茶税额，总三十万。熙宁七年，遣三司干当公事李杞经画买茶，以蒲宗闵同领其事，创设官场，增为四十万。后李杞以疾去，都官郎中刘佐继之，蜀茶尽榷，

南宋洪迈《容斋随笔·三笔》卷十四《蜀茶法》记载：蜀茶的税额，每年总计三十万。宋神宗熙宁七年，派遣三司干当公事李杞经营筹划买茶易马事宜，并让秘书丞、提举成都府利州路茶买公事蒲宗闵共同负责其事，创设官营茶场，每年茶税增加到四十万。后来李杞因为疾病去职，都官郎中刘佐继任，蜀茶全部实行官场专卖，百姓才开始感到难以承受。彭州

民始病矣。知彭州吕陶言："天下茶法既通，蜀中独行禁榷。杞、佐、宗闵作为弊法，以困西南生聚。"佐坐罢去，以国子博士李稷代之，陶亦得罪。侍御史周尹复极论榷茶为害，罢为湖北提点刑狱。利路漕臣张宗谔、张升卿复建议废茶场司，依旧通商，皆为稷劾坐贬。茶场司行札子，督绵州彰明知县宋大章，缴奏，以为非所当用，又为稷诋，坐冲替。一岁之间，通课利及息耗至七十六万缗有奇。

知州吕陶上疏说："天下茶法都已开放通商，只有蜀地实行专卖。李杞、刘佐、蒲宗闵实行这种弊政，来困扰西南百姓的生计。"刘佐因此获罪罢官，由国子博士李稷接替其职务，但吕陶也因此而获罪。侍御史周尹又严厉指出茶叶专卖的弊端，结果被贬为河北提点刑狱。利州路转运判官张宗谔、张升卿又建议废除茶场司，依旧恢复通商，都被李稷弹劾贬官。茶场司下发公文，督促绵州彰明知县宋大章执行，宋大章驳回奏章，认为不应当实行茶叶专卖，又被李稷所诋毁，获罪贬官。一年之间，总计茶税及折损加耗七十六万缗有余。

熊蕃《宣和北苑贡茶录》：陆羽《茶经》、裴汶《茶述》，皆不第建品。说者但谓二子未尝至闽，而不知物之发也，固自有时。盖昔者山川尚闷，灵芽未露。至于唐末，然后北苑出为之最。是时，伪蜀词

熊蕃《宣和北苑贡茶录》记载：唐代陆羽的《茶经》、裴汶的《茶述》都不曾评定建州的茶品。评论者只是说两位先贤未曾到过闽地，却不知道万物的生发，本来都有其一定的时节。大概从前建州山川比较偏远闭塞，灵草仙芽尚未显露其风采而不显名于世。到了唐代末年，建州北苑茶品方为世人所知，成为茶中极品。当时，前蜀文臣毛文锡撰写的《茶谱》，也只是说建州有紫笋茶，而腊面茶乃是出产于福州地

臣毛文锡作《茶谱》，亦第言建有紫笋，而腊面乃产于福。五代之季，建属南唐。岁率诸县民采茶北苑，初造研膏，继造腊面，既又制其佳者，号曰京铤。本朝开宝末，下南唐。太平兴国二年，特制龙凤模，遣使即北苑造团茶，以别庶饮，龙凤茶盖始于此。又一种茶，丛生石崖，枝叶尤茂，至道初，有诏造之，别号石乳。又一种号的乳，又一种号白乳。此四种出，而腊面斯下矣。真宗咸平中，丁谓为福建漕，监御茶，进龙凤团，始载之于《茶录》。仁宗庆历中，蔡襄为漕，改创小龙团以进，甚见珍惜，旨令岁贡，而龙凤遂为次矣。神宗元丰间，有旨造密云龙，其品又加于小龙团之上。哲宗绍圣

区。五代末年，建州地区属于南唐。南唐每年派官员督率各县民众到北苑采茶，起初制造研膏茶，继而制造腊面茶，不久以后，又制造上品腊面茶，称为京铤。北宋太祖开宝末年，宋朝收复南唐。宋太宗太平兴国二年，特别制成龙凤形状的茶模，派遣使臣前往北苑制作团茶，以别于民间的茶品，这大概就是龙凤御茶的开始。另有一种茶丛生于石崖之上，枝叶特别茂盛，宋太宗至道初年，有诏令采制，另外命名为石乳。还有一种叫作的乳，此外还有一种叫作白乳。大约从龙凤茶与京铤、石乳、的乳、白乳四种茶品相继推出之后，腊面茶的地位就下降了，成为下品。到宋真宗咸平年间，晋国公丁谓出任福建路转运使时，才记录到所著的《北苑茶录》一书中。宋仁宗庆历年间，蔡襄任福建路转运使，创制小龙团茶上贡朝廷，因甚得皇帝喜爱，奉旨此后年年进贡，自从小龙团茶出世，龙凤团茶地位下降，屈居其次。宋神宗元丰年间，圣旨命造密云龙茶，其品质又居于小龙团之上。宋哲宗绍圣年间，改为瑞云翔龙。到宋徽宗大观初年，皇上亲自编撰《茶论》二十篇，认为白茶与平常的茶品不一样，枝条柔软易铺散开，叶子呈浅黄白玉石色，且薄，乃山崖树林之间偶然所得，不是人力所能成就。官园正焙中出产白茶的不过四五家，每家不过四五株，所制造的白茶也不过二三铸罢了。距离正焙不远的山中浅焙也有白茶，只是品质达

中，又改为瑞云翔龙。至徽宗大观初，亲制《茶论》二十篇，以白茶自为一种，与他茶不同，其条敷阐，其叶莹薄，崖林之间，偶然生出，非人力可致。正焙之有者不过四五家，家不过四五株，所造止于二三銙而已。浅焙亦有之，但品格不及，于是白茶遂为第一。既又制三色细芽，及试新銙、贡新銙。自三色细芽出，而瑞云翔龙又下矣。凡茶芽数品，最上曰小芽，如雀舌、鹰爪，以其劲直纤挺，故号芽茶。次曰拣芽，乃一芽带一叶者，号一枪一旗。次曰中芽，乃一芽带两叶，号一枪两旗，其带三叶、四叶者，渐老矣。芽茶，早春极少。景德中，建守周绛为《补茶经》，言芽茶只作早茶，驰奉万

不到，从此白茶就成为茶中第一佳品。不久又制造出三色细芽，以及试新銙、贡新銙。自从三色细芽制成之后，瑞云翔龙就又居其下了。茶芽大体上分为数品，最上品叫作小芽，犹如雀舌、鹰爪，因其形态劲直纤细而尖锐挺拔，所以称为芽茶。第二品叫作拣芽，就是一芽带一叶，称作一枪一旗。第三品叫作中芽，就是一芽带两叶，称作一枪两旗，至于一芽带三叶、四叶的茶，都已经渐趋老了。芽茶在早春时节极为少见。宋真宗景德年间，建安知州周绛著《补茶经》，说芽茶只制作早春茶，驰驿供奉皇帝尝新就可以了。因此像一枪一旗的茶芽，可以称得上是奇茶了。因此一枪一旗称作拣芽，最为超群特出、精致光正。曾被追封舒王的王安石《送人官闽中》一诗中所咏“新茗斋中试一旗”，说的就是拣芽。有人说茶芽未展开的为枪，已展开的为旗，从而指出王安石这首诗中所咏错误，这大概是因为尚不知道有所谓拣芽的缘故。拣芽已经如此贵重，何况供奉天子尝新的芽茶呢！芽茶的开发可以说达到了登峰造极的境界。至于极品的水芽，就更是旷古未闻的了。宣和二年，福建路转运使郑可简创制银线水芽，将已经过拣择的熟芽再剔除掉，只取小芽中心的一缕，置于珍贵器皿中以清泉浸渍，使之光明莹洁，好像银线一样。用银丝水芽制作成一寸见方的新銙，茶饼表面有小龙蜿蜒其上，命名为龙团胜雪。于是又废弃白乳、的乳、

乘尝之可矣。如一枪一旗，可谓奇茶也。故一枪一旗号拣芽，最为挺特光正。舒王《送人官闽中》诗云“新茗斋中试一旗”，谓拣芽也。或者谓茶芽未展为枪，已展为旗，指舒王此诗为误，盖不知有所谓拣芽也。夫拣芽犹贵如此，而况芽茶以供天子之新尝者乎！夫芽茶绝矣。至于水芽，则旷古未之闻也。宣和庚子岁，漕臣郑可简始创为银丝水芽，盖将已拣熟芽再为剔去，只取其心一缕，用珍器贮清泉渍之，光明莹洁，如银丝然。以制方寸新銙，有小龙蜿蜒其上，号龙团胜雪。又废白、的、石乳，鼎造花銙二十余色。初，贡茶皆入龙脑，至是虑夺真味，始不用焉。盖茶之妙，至胜雪极矣，故合为首

石乳等珍品，改造龙团胜雪花銙二十多个品种。起初，贡茶都要加入少量龙脑和膏，以助其香，到这时恐怕龙脑夺茶之真味，才不再使用。宋代团茶制作的精妙，到龙团胜雪达到了顶点，因此堪称极品。但是龙团胜雪尚居白茶之下，因为白茶是皇上所喜爱的茶品。从前，建安人黄儒编撰《品茶要录》，极为称道当时仙品灵芽非常之多，并且说假使陆羽等人见到当今的芽茶，也一定会感到自己有所疏漏而茫无所见、无所适从。我也要说：假使黄儒先生看到今日的情况，那么此前的种种茶品就不足称道和惊诧了。北苑龙焙采制贡茶的初期，入贡的数额很少，后来逐渐增加，到宋哲宗元符年间，已达到一万八千斤，比较当初已增加数倍，但尚未达到极盛。如今已多达四万七千一百多斤了。[这些数据都记载在范逵所著的《龙焙美成茶录》一书中。范逵，一名管理茶事的官员。]自极品贡茶白茶、龙团胜雪以下，名目繁多，现在我列举如下，供喜爱茶事的读者阅读参考。

冠。然犹在白茶之次者，以白茶上之所好也。异时，郡人黄儒撰《品茶要录》，极称当时灵芽之富，谓使陆羽数子见之，必爽然自失。蕃亦谓使黄君而阅今日之品，则前此者未足诧焉。然龙焙初兴，贡数殊少，累增至于元符，以斤计者一万八千，视初已加数倍，而犹未盛。今则为四万七千一百斤有奇矣。［此数见范逵所著《龙焙美成茶录》。逵，茶官也。］白茶、胜雪以次，厥名实繁，今列于左，使好事者得以观焉。

贡新銙［大观二年造］，试新銙［政和二年造］，白茶［政和二年造］，龙团胜雪［宣和二年］，御苑玉芽［大观二年］，万寿龙芽［大观二年］，上

其中包括细色三十六种、粗色五种，分别为：贡新銙［大观二年造］，试新銙［政和二年造］，白茶［政和二年造］，龙团胜雪［宣和二年造］，御苑玉芽［大观二年造］，万寿龙芽［大观二年造］，上林第一［宣和二年造］，乙夜清供，承平雅玩，龙凤英华，玉除清赏，启沃承恩，雪英，云叶，蜀葵［以上均宣和二年

林第一［宣和二年］，乙夜清供，承平雅玩，龙凤英华，玉除清赏，启沃承恩，雪英，云叶，蜀葵，金钱［宣和三年］，玉华［宣和三年］，寸金［宣和三年］，无比寿芽［大观四年］，万春银叶［宣和二年］，宜年宝玉，玉清庆云，无疆寿龙，玉叶长春［宣和四年］，瑞云翔龙［绍圣二年］，长寿玉圭［政和二年］，兴国岩銙，香口焙銙，上品拣芽［绍圣二年］，新收拣芽，太平嘉瑞［政和二年］，龙苑报春［宣和四年］，南山应瑞，兴国岩拣芽，兴国岩小龙，兴国岩小凤［以上号细色］。拣芽，小龙，小凤，大龙，大凤［以上号粗色］。又有琼林毓粹、浴雪呈祥、壑源拱秀、贡篚推先、

造］，金钱［宣和三年造］，玉华［宣和三年造］，寸金［宣和三年造］，无比寿芽［大观四年（1110）造］，万春银叶［宣和二年造］，宜年宝玉，玉清庆云，无疆寿龙［以上均宣和二年造］，玉叶长春［宣和四年造］，瑞云翔龙［绍圣二年造］，长寿玉圭［政和二年造］，兴国岩銙，香口焙銙，上品拣芽［以上均绍圣二年造］，新收拣芽，太平嘉瑞［政和二年造］，龙苑报春［宣和四年造］，南山应瑞［宣和四年造］，兴国岩拣芽，兴国岩小龙，兴国岩小凤［以上称为细色］。拣芽，小龙，小凤，大龙，大凤［以上称为粗色］。另外，还有琼林毓粹、浴雪呈祥、壑源拱秀、贡篚推先、价倍南金、旸谷先春、寿岩都胜、延平石乳、清白可鉴、风韵甚高，共十种名色，都是在宣和二年所制造，但仅仅过了五年就裁减了。

价倍南金、旸谷先春、寿岩都胜、延平石乳、清白可鉴、风韵甚高，凡十色，皆宣和二年所制，越五岁省去。

右茶岁分十余纲，唯白茶与胜雪，自惊蛰前兴役，浃日乃成，飞骑疾驰，不出仲春，已至京师，号为头纲。玉芽以下，即先后以次发，逮贡足时，夏过半矣。欧阳公诗云："建安三千五百里，京师三月尝新茶。"盖异时如此，以今较昔，又为最早。因念草木之微，有瑰奇卓异，亦必逢时而后出，而况为士者哉？昔昌黎感二鸟之蒙采擢，而自悼其不如。今蕃于是茶也，焉敢效昌黎之感，姑务自警而坚其守，以待时而已。

上列上贡朝廷的茶每年分为十余纲，只有白茶与龙团胜雪两个极品，从惊蛰前开始采制，十日完工，派遣快马飞驰，在仲春之前就已经到达京师（今河南开封），因此称为头纲。玉芽以下各品，随即按照先后次序顺次发送，等到贡事完毕，夏季已经过半了。欧阳修先生《尝新茶呈圣俞》诗写道："建安三千五百里，京师三月尝新茶。"这大概是欧阳修所处时代的情况，以今日贡茶的情况与当时相比，又是最早的。由此我生发感慨：茶以细微之草木，虽有珍奇卓异的禀赋，也必须恭逢盛世方可彰显，更何况是士人君子呢？从前韩昌黎先生作《感二鸟赋》，以途中所见一只白乌和一只白鸜鹆承蒙采擢要进献朝廷，感慨自己进士及第尚未获任用，还不如两只鸟。如今我面对这贡奉朝廷的茶品，怎么敢效仿韩愈有感作赋，姑且更加自我警醒，坚守士人的节操，以等待时机的到来罢了。

［熊克跋］先人作《茶录》，当贡品极盛之时，凡有四十余色。

［熊克在跋中说：］先父熊蕃编撰《宣和北苑贡茶录》一书，正当贡茶极盛的时期，共记载四十余种茶品。南宋高宗绍兴二十八年（戊

绍兴戊寅岁，克摄事北苑，阅近所贡皆仍旧，其先后之序亦同，唯跻龙团胜雪于白茶之上，及无兴国岩小龙、小凤，盖建炎南渡，有旨罢贡三之一而省去之也。先人但著其名号，克今更写其形制，庶览之无遗恨焉。先是，壬子春，漕司再葺茶政，越十三载，乃复旧额，且用政和故事，补种茶二万株［政和间，曾种三万株］。比年益虔贡职，遂有创增之目。仍改京铤为大龙团，由是大龙多于大凤之数。凡此皆近事，或者犹未之知也。三月初吉男克北苑寓舍书。

寅，1158），我因兼掌北苑贡茶之事，得知近来所贡奉的茶品都是一仍其旧，而且先后次序也相同，唯一的改变是龙团胜雪的地位已跃居白茶之上，而且没有了兴国岩小龙、小凤的名目，这大概是高宗建炎年间国都南迁临安（今浙江杭州）之后，有诏令取消贡茶三分之一，兴国岩小龙、小凤等因而被裁减了。先父在书中只是著录茶品的名称，现在我又画出这些贡茶的图形，以便读者观览而没有遗憾。此前，绍兴二年春天，转运使司再次整顿茶政，过了十三年，仍旧恢复以前的贡茶的数额，并且按照宋徽宗政和年间的旧例，补种茶树两万株［政和年间，曾经栽种茶树三万株］。近年来，转运使司更加强化贡茶的职能，于是又有创制和新增的品种名目。又改京铤为大龙团，从此大龙团的数额较大凤团为多。这里所说的都是近来的事，或许仍有我所不知道的。三月初吉日，子熊克书于北苑寓舍。

贡新銙［竹圈，银模，方一寸二分］，试新銙［同上］，龙团胜雪［同上］，白茶［银圈，银模，径一寸五分］，御苑玉芽［银

关于三十八种团饼茶的圈（棬）、模质地及形状、尺寸：贡新銙［竹圈，银模，方形，边长一寸二分］，试新銙［竹圈，银模，方形，边长一寸二分］，龙团胜雪［竹圈（喻政《茶书》本作“银圈”），银模，方形，边长一寸二分］，白茶［银圈，银模，花形，横长一寸五

圈，银模，径一寸五分]，万寿龙芽[同上]，上林第一[方一寸二分]，乙夜清供[竹圈]，承平雅玩，龙凤英华，玉除清赏，启沃承恩[俱同上]，雪英[横长一寸五分]，云叶[同上]，蜀葵[径一寸五分]，金钱[银模，同上]，玉华[银模，横长一寸五分]，寸金[竹圈，方一寸二分]，无比寿芽[银模，竹圈，同上]，万春银叶[银模，银圈，两尖二寸二分]，宜年宝玉[银圈，银模，直长三寸]，玉清庆云[方一寸八分]，无疆寿龙[银模，竹圈，直长三寸六分]，玉叶长春[竹圈，直长一寸]，瑞云翔龙[银模，银圈，径二寸五分]，长寿玉圭[银模，直长

分]，御苑玉芽[银圈，银模，圆形，直径一寸五分]，万寿龙芽[银圈，银模，圆形，直径一寸五分]，上林第一[方形，边长一寸二分]，乙夜清供[竹圈，方形，边长一寸二分]，承平雅玩[竹圈，方形，边长一寸二分]，龙凤英华[竹圈，方形，边长一寸二分]，玉除清赏[竹圈，方形，边长一寸二分]，启沃承恩[竹圈，方形，边长一寸二分]，雪英[银圈，银模，六角形，横长一寸五分]，云叶[银圈，银模，花形，横长一寸五分]，蜀葵[银圈，银模，花式圆形，直径一寸五分]，金钱[银圈，银模，花式圆形，直径一寸五分]，玉华[银圈，银模，椭圆形，横长一寸五分]，寸金[竹圈，银模，方形，边长一寸二分]，无比寿芽[竹圈，银模，方形，边长一寸二分]，万春银叶[银圈，银模，花形，两尖角间直径长二寸二分]，宜年宝玉[银圈，银模，椭圆形，长轴长三寸]，玉清庆云[银圈，银模，方形，边长一寸八分]，无疆寿龙[竹圈，银模，长方形，直边长三寸六分]，玉叶长春[竹圈，银模，长方形，直边长一寸]，瑞云翔龙[银圈（当为铜圈），银模，圆形，直径二寸五分]，长寿玉圭[铜圈，银模，碑形，正中直长三寸]，兴国岩铸[竹圈，方形，边长一寸二分]，香口焙铸[竹圈，方形，边长一寸二分]，上品拣芽[银圈（当为铜圈），银模，圆形，直径二寸五分]，新收拣芽[银圈（当为铜圈），银模，圆形，直径二寸

三寸]，兴国岩镑［竹圈，方一寸二分]，香口焙镑［同上]，上品拣芽［银模，银圈]，新收拣芽［银模，银圈，俱同上]，太平嘉瑞［银圈，径一寸五分]，龙苑报春［径一寸七分]，南山应瑞［银模，银圈，方一寸八分]，兴国岩拣芽［银模，径三寸]，小龙，小凤，大龙，大凤［俱同上]。

五分]，太平嘉瑞［银圈（当为铜圈)，银模，花形，横长一寸五分]，龙苑报春［铜圈，银模，圆形，直径一寸七分]，南山应瑞［银圈，银模，方形，边长一寸八分]，兴国岩拣芽［银圈，银模，圆形，直径三寸]，小龙团［银圈，银模，圆形]，小凤团［铜圈，银模，圆形]，大龙团［铜圈，银模，圆形]，大凤团［铜圈，银模，圆形]。

北苑贡茶最盛，然前辈所录，止于庆历以上。自元丰之密云龙、绍圣之瑞云翔龙相继挺出，制精于旧，而未有好事者记焉，但见于诗人句中。及大观以来，增创新镑，亦犹用拣芽。盖水芽至宣和始名，顾龙团胜雪与白茶角立，岁充首贡，自御苑玉芽以下，厥名实

北苑贡茶最为兴盛，然而前辈所记载的，只限于宋仁宗庆历年以前的贡茶之事。从宋神宗元丰年间的密云龙茶、宋哲宗绍圣年间(1094—1098）的瑞云翔龙茶相继出现之后，贡茶的制法比以前更加精致，但还没有有心的人加以详细记录，只是散见于文人的诗句之中。宋徽宗大观年以来，创制增加许多新的茶品，也还是沿用拣芽的名目。因为水芽到宣和年间才创制入贡，闻名天下，所以龙团胜雪与白茶并立，每年充当首要的贡品，另外，从御苑玉芽以下各种茶品，其名目更加繁多。先父目睹当时的贡茶之事，都能一一记录下来，汇编成

繁。先子观见时事，悉能记之，成编具存。今闽中漕台所刊《茶录》未备，此书庶几补其阙云。淳熙九年冬十二月四日朝散郎行秘书郎国史编修官学士院权直熊克谨记。

书，完整无缺地保存下来。如今福建路转运使司新刊的《茶录》尚未完备，我于是加以校补，希望能够弥补其中的遗漏。淳熙九年冬十二月四日，朝散郎行秘书郎兼国史编修官学士院权直熊克谨记。

外焙

石门、乳吉、香口，右三焙，常后北苑五七日兴工。每日采茶，蒸榨以过黄，悉送北苑并造。

《北苑别录·外焙》记载：石门、乳吉（一作乳橘）、香口，以上这三个距离正焙较远的外焙，常常要比北苑官园正焙晚五到七天兴工采制。每天所采茶，经过蒸茶、榨茶、研茶以及过黄等工序，最后全部送到北苑官焙一并制造进贡。

北苑贡茶纲次

北苑贡茶纲次

细色第一纲　龙焙贡新，水芽，十二水，十宿火，正贡三十镑，创添二十镑。

细色第一纲　龙焙贡新，用上品水芽制作，研茶时经过十二次水，过黄时用十宿火烘焙，正式贡额三十镑，后增加二十镑。

细色第二纲　龙焙试新，水芽，十二水，十宿火，正贡一百镑，创添五十镑。

细色第二纲　龙焙试新，用上品水芽制作，研茶时经过十二次水，过黄时用十宿火烘焙，正式贡额一百镑，后增加五十镑。

细色第三纲　龙团胜雪，水芽，十六水，十二宿火，正贡三十镑，续添二十镑，创添

细色第三纲　龙团胜雪，用上品水芽制作，研茶时经过十六次水，过黄时用十二宿火烘焙，正式贡额三十镑，后续增加二十镑，又增加二十镑；白茶，用上品水芽制作，研茶时经过十六

二十锛；白茶，水芽，十六水，七宿火，正贡三十锛，续添五十锛，创添八十锛；御苑玉芽，小芽，十二水，八宿火，正贡一百片；万寿龙芽，小芽，十二水，八宿火，正贡一百片；上林第一，小芽，十二水，十宿火，正贡一百锛；乙夜清供，小芽，十二水，十宿火，正贡一百锛；承平雅玩，小芽，十二水，十宿火，正贡一百锛；龙凤英华，小芽，十二水，十宿火，正贡一百锛；玉除清赏，小芽，十二水，十宿火，正贡一百锛；启沃承恩，小芽，十二水，十宿火，正贡一百锛；雪英，小芽，十二水，七宿火，正贡一百锛；云叶，小芽，十二水，七宿火，正贡一百片；蜀葵，小芽，十二水，七宿火，

次水，过黄时用七宿火烘焙，正式贡额三十锛，后续增加五十锛，又增加八十锛；御苑玉芽，用上品小芽制作，研茶时经过十二次水，过黄时用八宿火烘焙，正式贡额一百片；万寿龙芽，用上品小芽制作，研茶时经过十二次水，过黄时用八宿火烘焙，正式贡额一百片；上林第一，用上品小芽制作，研茶时经过十二次水，过黄时用十宿火烘焙，正式贡额一百锛；乙夜清供，用上品小芽制作，研茶时经过十二次水，过黄时用十宿火烘焙，正式贡额一百锛；承平雅玩，用上品小芽制作，研茶时经过十二次水，过黄时用十宿火烘焙，正式贡额一百锛；龙凤英华，用上品小芽制作，研茶时经过十二次水，过黄时用十宿火烘焙，正式贡额一百锛；玉除清赏，用上品小芽制作，研茶时经过十二次水，过黄时用十宿火烘焙，正式贡额一百锛；启沃承恩，用上品小芽制作，研茶时经过十二次水，过黄时用十宿火烘焙，正式贡额一百锛；雪英，用上品小芽制作，研茶时经过十二次水，过黄时用七宿火烘焙，正式贡额一百锛；云叶，用上品小芽制作，研茶时经过十二次水，过黄时用七宿火烘焙，正式贡额一百片；蜀葵，用上品小芽制作，研茶时经过十二次水，过黄时用七宿火烘焙，正式贡额一百片；金钱，用上品小芽制作，研茶时经过十二次水，过黄时用七宿火烘焙，正式贡额一百片；寸金，用上品小芽制作，研茶时经过十二次水，过黄时用七宿火

正贡一百片；金钱，小芽，十二水，七宿火，正贡一百片；寸金，小芽，十二水，七宿火，正贡一百銙。

烘焙，正式贡额一百銙。

细色第四纲　龙团胜雪，见前，正贡一百五十銙；无比寿芽，小芽，十二水，十五宿火，正贡五十銙，创添五十銙；万春银叶，小芽，十二水，十宿火，正贡四十片，创添六十片；宜年宝玉，小芽，十二水，十宿火，正贡四十片，创添六十片；玉清庆云，小芽，十二水，十五宿火，正贡四十片，创添六十片；无疆寿龙，小芽，十二水，十五宿火，正贡四十片，创添六十片；玉叶长春，小芽，十二水，七宿火，正贡一百片；瑞云翔龙，小芽，十二水，九宿火，正贡一百片；长寿玉圭，小

细色第四纲　龙团胜雪，制造情况已见前述，正式贡额一百五十銙；无比寿芽，用上品小芽制作，研茶时经过十二次水，过黄时用十五宿火烘焙，正式贡额五十銙，又增加五十銙；万春银叶，用上品小芽制作，研茶时经过十二次水，过黄时用十宿火烘焙，正式贡额四十片，又增加六十片；宜年宝玉，用上品小芽制作，研茶时经过十二次水，过黄时用十宿火烘焙，正式贡额四十片，又增加六十片；玉清庆云，用上品小芽制作，研茶时经过十二次水，过黄时用十五宿火烘焙，正式贡额四十片，又增加六十片；无疆寿龙，用上品小芽制作，研茶时经过十二次水，过黄时用十五宿火烘焙，正式贡额四十片，又增加六十片；玉叶长春，用上品小芽制作，研茶时经过十二次水，过黄时用七宿火烘焙，正式贡额一百片；瑞云翔龙，用上品小芽制作，研茶时经过十二次水，过黄时用九宿火烘焙，正式贡额一百片；长寿玉圭，用上品小芽制作，研茶时经过十二次水，过黄时用九宿火烘焙，正式贡额二百片；兴国岩銙，用中芽制作，研茶时经过十二次水，过黄时用十宿火烘焙，正式贡额一百七十銙；香口焙銙，

芽，十二水，九宿火，正贡二百片；兴国岩镑，中芽，十二水，十宿火，正贡一百七十镑；香口焙镑，中芽，十二水，十宿火，正贡五十镑；上品拣芽，小芽，十二水，十宿火，正贡一百片；新收拣芽，中芽，十二水，十宿火，正贡六百片。

用中芽制作，研茶时经过十二次水，过黄时用十宿火烘焙，正式贡额五十镑；上品拣芽，用上品小芽制作，研茶时经过十二次水，过黄时用十宿火烘焙，正式贡额一百片；新收拣芽，用中芽制作，研茶时经过十二次水，过黄时用十宿火烘焙，正式贡额六百片。

细色第五纲　太平嘉瑞，小芽，十二水，九宿火，正贡三百片；龙苑报春，小芽，十二水，九宿火，正贡六十片，创添六十片；南山应瑞，小芽，十二水，十五宿火，正贡六十镑，创添六十镑；兴国岩拣芽，中芽，十二水，十宿火，正贡五百十片；兴国岩小龙，中芽，十二水，十五宿火，正贡七百五片；兴国岩小凤，中芽，十二水，十五宿火，正贡五

细色第五纲　太平嘉瑞，用上品小芽制作，研茶时经过十二次水，过黄时用九宿火烘焙，正式贡额三百片；龙苑报春，用上品小芽制作，研茶时经过十二次水，过黄时用九宿火烘焙，正式贡额六十片，又增加六十片；南山应瑞，用上品小芽制作，研茶时经过十二次水，过黄时用十五宿火烘焙，正式贡额六十镑，又增加六十镑；兴国岩拣芽，用中芽制作，研茶时经过十二次水，过黄时用十宿火烘焙，正式贡额五百一十片；兴国岩小龙，用中芽制作，研茶时经过十二次水，过黄时用十五宿火烘焙，正式贡额七百零五片；兴国岩小凤，用中芽制作，研茶时经过十二次水，过黄时用十五宿火烘焙，正式贡额五十片。

十片。

先春两色　太平嘉瑞，同前，正贡二百片；长寿玉圭，同前，正贡一百片。

先春两色　太平嘉瑞，制作情况已见前述，正式贡额二百片；长寿玉圭，制作情况已见前述，正式贡额一百片。

续入额四色　御苑玉芽，同前，正贡一百片；万寿龙芽，同前，正贡一百片；无比寿芽，同前，正贡一百片；瑞云翔龙，同前，正贡一百片。

续入额四色　御苑玉芽，制作情况已见前述，正式贡额一百片；万寿龙芽，制作情况已见前述，正式贡额一百片；无比寿芽，制作情况已见前述，正式贡额一百片；瑞云翔龙，制作情况已见前述，正式贡额一百片。

粗色第一纲　正贡：不入脑子上品拣芽小龙，一千二百片，六水，十宿火；入脑子小龙，七百片，四水，十五宿火。增添：不入脑子上品拣芽小龙，一千二百片；入脑子小龙七百片；建宁府附发小龙茶八百四十片。

粗色第一纲　正式贡额：不入脑子上品拣芽小龙茶一千二百片，研茶时经过六次水，过黄时用十宿火烘焙；入脑子小龙茶七百片，研茶时经过四次水，过黄时用十五宿火烘焙。又增加贡额：不入脑子上品拣芽小龙茶一千二百片；入脑子小龙茶七百片；另外建宁府附加进贡小龙茶八百四十片。

粗色第二纲　正贡：不入脑子上品拣芽小龙，六百四十片；入脑子小龙六百七十二片；入脑子小凤一千三

粗色第二纲　正式贡额：不入脑子上品拣芽小龙茶六百四十片；入脑子小龙茶六百七十二片；入脑子小凤茶一千三百四十片，研茶时经过四次水，过黄时用十五宿火烘焙；入脑子大龙茶七百二十片，研茶时经过二次水，过黄

百四十片，四水，十五宿火；入脑子大龙七百二十片，二水，十五宿火；入脑子大凤七百二十片，二水，十五宿火。增添：不入脑子上品拣芽小龙一千二百片；入脑子小龙七百片；建宁府附发小凤茶一千三百片。

时用十五宿火烘焙；入脑子大凤茶七百二十片，研茶时经过二次水，过黄时用十五宿火烘焙。又增加贡额：不入脑子上品拣芽小龙茶一千二百片；入脑子小龙茶七百片；另外建宁府附加进贡小凤茶一千三百片。

粗色第三纲　正贡：不入脑子上品拣芽小龙六百四十片；入脑子小龙六百四十片；入脑子小凤六百七十二片；入脑子大龙一千八百片；入脑子大凤一千八百片。增添：不入脑子上品拣芽小龙一千二百片；入脑子小龙七百片；建宁府附发大龙茶四百片，大凤茶四百片。

粗色第三纲　正式贡额：不入脑子上品拣芽小龙茶六百四十片；入脑子小龙茶六百四十片；入脑子小凤茶六百七十二片；入脑子大龙茶一千八百片；入脑子大凤茶一千八百片。又增加贡额：不入脑子上品拣芽小龙茶一千二百片；入脑子小龙茶七百片；另外建宁府附加进贡大龙茶四百片，大凤茶四百片。

粗色第四纲　正贡：不入脑子上品拣芽小龙六百片；入脑子小龙三百三十六片；入脑

粗色第四纲　正式贡额：不入脑子上品拣芽小龙茶六百片；入脑子小龙茶三百三十六片；入脑子小凤茶三百三十六片；入脑子大龙茶一千二百四十片；入脑子大凤茶一千二百四十片；

子小凤三百三十六片；入脑子大龙一千二百四十片；入脑子大凤一千二百四十片；建宁府附发大龙茶四百片，大凤茶四百片。

另外建宁府附加进贡大龙茶四百片，大凤茶四百片。

粗色第五纲　正贡：入脑子大龙一千三百六十八片；入脑子大凤一千三百六十八片；京铤改造大龙一千六百片；建宁府附发大龙茶八百片，大凤茶八百片。

粗色第五纲　正式贡额：入脑子大龙茶一千三百六十八片；入脑子大凤茶一千三百六十八片；由京铤改造成大龙茶一千六百片；另外建宁府附加进贡大龙茶八百片，大凤茶八百片。

粗色第六纲　正贡：入脑子大龙一千三百六十片；入脑子大凤一千三百六十片；京铤改造大龙一千六百片；建宁府附发大龙茶八百片，大凤茶八百片；又京铤改造大龙一千二百片。

粗色第六纲　正式贡额：入脑子大龙茶一千三百六十片；入脑子大凤茶一千三百六十片；由京铤改造成大龙茶一千六百片；另外建宁府附加进贡大龙茶八百片，大凤茶八百片；由京铤改造成大龙茶一千二百片。

粗色第七纲　正贡：入脑子大龙一千二百四十片；入脑子大凤一千二百四十片；京铤

粗色第七纲　正式贡额：入脑子大龙茶一千二百四十片；入脑子大凤茶一千二百四十片；由京铤改造成大龙茶二千三百二十片；另外建宁府附加进贡大龙茶二百四十片，大凤茶二百

改造大龙二千三百二十片；建宁府附发大龙茶二百四十片，大凤茶二百四十片；又京铤改造大龙四百八十片。

四十片；由京铤改造成大龙茶四百八十片。

细色五纲，贡新为最上，后开焙十日入贡。龙团胜雪为最精，而建人有直四万钱之语。夫茶之入贡，圈以箬叶，内以黄斗，盛以花箱，护以重篚，扃以银钥。花箱内外，又有黄罗幂之，可谓什袭之珍矣。

细色五纲中，龙焙贡新最为上品，要在开焙后十日进贡朝廷。龙团胜雪制作最为精致，建州人有一个龙团胜雪饼茶价值四万钱的说法。北苑贡茶进奉朝廷时，要用箬叶衬托在团饼周围，装进黄色的斗状器皿中，再盛进雕花的箱子中，外面还要用双层的圆形竹器加以防护，以白银锁钥（又称茶钥、金钥）封固。雕花箱子内外，又有黄罗覆盖，可以说是层层包裹、郑重宝藏的珍品了。

粗色七纲，拣芽以四十饼为角，小龙凤以二十饼为角，大龙凤以八饼为角，圈以箬叶，束以红缕，包以红纸，缄以蒨绫，唯拣芽俱以黄焉。

粗色七纲中，拣芽茶以四十饼为一角包装起来，小龙茶、小凤茶以二十饼为一角包装起来，大龙茶、大凤茶以八饼为一角包装起来，周围铺上箬叶，用红色丝线束起来，再用红色楮纸包裹住，用绛色的绫罗封固，只有拣芽的包装都要用黄色。

《金史》：茶自宋人岁供之外，皆贸易于宋界之榷场。世宗大定十六年，以多私贩，乃定香茶罪赏格。章宗承

《金史》卷四十九《食货四·茶》记载：茶叶除了宋朝每年供给之外，都是从宋朝边界所设的榷场中贸易得来。金世宗大定十六年(1176)，由于走私贸易猖獗，于是又修改制定了香药、茶叶走私罪的处罚和悬赏标准。金章

安三年，命设官制之。以尚书省令史往河南视官造者，不尝其味，但采民言，谓为温桑，实非茶也，还即白，上以为不干，杖七十罢之。四年三月，于淄、密、宁海、蔡州各置一坊造茶。照南方例，每斤为袋，直六百文。后令每袋减三百文。五年春，罢造茶之坊。六年，河南茶树槁者，命补植之。十一月，尚书省奏禁茶，遂命七品以上官，其家方许食茶，仍不得卖及馈献。七年，更定食茶制。八年，言事者以止可以盐易茶，省臣以为所易不广，兼以杂物博易。宣宗元光二年，省臣以茶非饮食之急，今河南、陕西凡五十余郡，郡日食茶率二十袋，直银二两，是一岁之中，妄费民间三十余万也。奈何以吾有

宗承安三年（1198），诏令设置专门的机构制茶。派遣尚书省令史前往河南视察官府制造茶叶的人，没有亲自品尝茶叶的味道，只是采信民众的说法，称为温桑茶，其实并非茶叶，回来后即禀报，皇上认为他不称职，杖七十，罢免了他的职务。承安四年（1199）三月，在淄州（治今山东淄博淄川区）、密州（治今山东诸城）、宁海州（治今山东烟台牟平区）、蔡州（治今河南汝南）各设置一个作坊制造茶叶。按照南方的惯例，每斤为一袋，价值六百文。后来又命令每袋减少到三百文。承安五年春天，撤销制茶的作坊。承安六年，河南地区茶树枯槁的，命令进行补栽。十一月，尚书省奏请禁止茶叶流通，于是命令七品以上的官员，其家庭才允许饮茶，仍然不许贩卖及馈赠。承安七年，重新修订饮用茶叶的制度。承安八年，上疏奏事的官员认为只可以食盐交换茶叶，中书省长官认为这样用来交易的物品不够丰富，于是奏请兼用其他杂物交易茶叶。金宣宗元光二年（1223），中书省长官认为茶叶不是饮食必需的物品，如今河南、陕西行省总共五十多个州府，每个州府平均每天饮茶二十袋，每袋值银二两，这样一年之中，白白浪费民间三十多万两银子。怎么可以拿我们有用的物品去资助敌人呢？于是制定法令，规定亲王、公主以及现任五品以上官员，平素蓄积的茶叶可以保存；禁止出售和馈赠，其他人一并禁止积存和饮用

用之货而资敌乎？乃制亲王、公主及现任五品以上官，素蓄存者存之；禁不得买馈，余人并禁之。犯者徒五年，告者赏宝泉一万贯。

茶叶。违犯禁令者判处五年徒刑，告发者悬赏铜钱一万贯。

《元史》：本朝茶课，由约而博，大率因宋之旧而为之制焉。至元六年，始以兴元交钞同知运使白赓言，初榷成都茶课。十三年，江南平，左丞吕文焕首以主茶税为言，以宋会五十贯准中统钞一贯。次年，定长引、短引，是岁征一千二百余锭。十七年，置榷茶都转运使司于江州路，总江淮、荆湖、福广之税，而遂除长引，专用短引。二十一年，免食茶税，以益正税。二十三年，以李起南言，增引税为五贯。二十六年，丞相桑哥增为一十贯。延祐五年，用江西茶运副法忽

《元史》卷九四《食货二·茶法》记载：本朝的茶课征收，由最初的简约而逐渐走向广博，大体上是因袭宋朝的旧例而形成相应的制度。元世祖至元六年（1269），最初因为兴元府（治今陕西汉中市东）交钞同知、转运使白赓的建议，开始在成都实行茶叶专卖。至元十三年，江南地区平定，左丞相吕文焕首先奏请征收茶税，江西茶以南宋会子五十贯折价中统宝钞一贯。第二年，制定长引、短引之法，这一年征收茶税一千二百余锭。至元十七年，在江州路（治今江西九江）设立榷茶都转运使司，统一管理江南路、淮南路、荆湖南路、荆湖北路、福建路、广南路的茶税事宜，于是废除长引，专用短引。至元二十一年，免除食茶税，以增加正税。至元二十三年，采纳江西榷茶转运使李起南的建议，每引茶税增加到五贯。至元二十六年，右丞相桑哥将每引茶税增加到十贯。元仁宗延祐五年（1318），采纳江西榷茶转运副使法忽鲁丁的建议，减少茶引、增加茶课，每引再次增加茶税至十二两五钱。第二年，茶税总额于是增加到了二十八万九千二百一十一锭。

鲁丁言，减引添课，每引再增为一十二两五钱。次年，课额遂增为二十八万九千二百一十一锭矣。天历己巳，罢榷司而归诸州县，其岁征之数，盖与延祐同。至顺之后，无籍可考。他如范殿帅茶、西番大叶茶、建宁铸茶，亦无从知其始末，故皆不著。

元文宗天历二年（1329），撤销榷茶都转运使司，将茶税事宜归于各州县管理，每年征收的数额，大概与延祐年间相同。至顺年间（1330—1333）的茶税情况，没有文献记载可资考证。其他像范殿帅茶、西番大叶茶、建宁铸茶，也都无法考知其始末，因此不予著录。

《明会典》：陕西置茶马司四，河州、洮州、西宁、甘州。各府并赴徽州茶引所批验。每岁差御史一员巡茶马。

万历《大明会典》记载：陕西行都司设立四个茶马司，分别驻河州（治今甘肃临夏）、洮州（治今甘肃临潭）、西宁（治今青海西宁）、甘州（治今甘肃张掖西北）。川陕各府州官茶一并前往徽州（今甘肃陇南）火钻峪批验茶引所进行茶叶检验审核，转运至各茶马司交易番马。每年派遣一名御史巡视茶马贸易。

明洪武间，差行人一员，赍榜文于行茶所在悬示以肃禁。永乐十三年，差御史三员，巡督茶马。正统十四年，停止茶马金牌，遣行人四员巡察。景泰二年，令川、陕布政司各委官

明太祖洪武年间（1368—1398），派遣一名行人司行人，携带榜文到茶马贸易所覆盖地区悬挂张贴晓示，以严厉禁止走私贸易。明成祖永乐十三年（1415），派遣三名御史，巡视督察茶马贸易。明英宗正统十四年（1449）土木之变后，停止发放茶马贸易的金牌信符，派遣四名行人巡视督察。明代宗景泰二年（1451），诏令四川、陕西布政使司各自委派官员巡视，停

巡视，罢差行人。四年，复差行人。成化三年，奏准每年定差御史一员陕西巡茶。十一年，令取回御史，仍差行人。十四年，奏准定差御史一员，专理茶马，每岁一代，遂为定例。弘治十六年，取回御史，凡一应茶法，悉听督理马政都御史兼理。十七年，令陕西每年于按察司拣宪臣一员驻洮，巡禁私茶；一年满日，择一员交代。正德二年，仍差巡茶御史一员兼理马政。

止派遣行人司行人。景泰四年，又重新派遣行人司行人。明宪宗成化三年（1467），奏请皇帝批准：每年固定派遣一名御史到陕西巡视茶马事宜。成化十一年，诏令撤回御史，仍旧派遣行人司行人。成化十四年，奏请皇帝批准，固定派遣一名御史，专门管理川陕茶马贸易事宜，每年一次更替，于是成为定例。明孝宗弘治十六年（1503），再次撤回御史，大凡一切茶叶流通管理政策，全部听取督理马政都御史兼理。弘治十七年，命令陕西每年从提刑按察使司中选派一名监察官员驻扎于洮州，巡察禁止茶叶走私贸易；满一年期限，另外选择一名移交替代。明武宗正德二年（1507），仍旧派遣一名巡茶御史兼理马政。

光禄寺衙门，每岁福建等处解纳茶叶一万五千斤，先春等茶芽三千八百七十八斤，收充茶饭等用。

光禄寺所属的珍羞署，每年接收由礼部主客清吏司负责征收的福建等处解送缴纳的茶叶一万五千斤，探春、先春、次春等芽茶三千八百七十八斤，收藏保存以满足祭祀、宴飨等礼仪性饮食消费之用。

《博物典汇》云：本朝捐茶利予民，而不利其入。凡前代所设榷务、贴射、交引、茶由诸种名色，今皆无之，

明代黄道周《博物典汇》卷一四《茶法·本朝茶法》记载：本朝把茶叶经济利益捐给百姓，而不作为财政收入的主要来源。大凡前代所设的榷货务以及贴射法、交引法、茶由法等各种名目的制度，如今都没有了，只是在四川

唯于四川置茶马司四，间于关津要害置数批验茶引所而已。及每年遣行人于行茶地方，张挂榜文，俾民知禁。又于西番入贡为之禁限，每人许其顺带有定数。所以然者，非为私奉，盖欲资外国之马，以为边境之备焉耳。

等地设立四个茶马司，间或在水陆要道设置几个批验茶引所罢了。每年派遣行人司行人到官茶贸易的地区巡视，张贴官府的文告，以便使百姓知道朝廷的禁令。另外对于西北游牧民族前来朝廷进贡时，为他们设置相应的限制，每人允许顺便捎带的茶叶有明确的定额。之所以这样，并非为了私人奉送，大概是为了鼓励茶马互市，想要借西北地区所产的良马，作为强化边境防务的力量罢了。

考洪武五年，户部言：四川产巴茶凡四百四十七处，茶户三百一十五，宜依定制，每茶十株，官取其一，岁计得茶万九千二百八十斤，令有司贮，候西番易马。从之。至三十一年，置成都、重庆、保宁三府及播州宣慰司茶仓四所，命四川布政司移文天全六番招讨司，将岁收茶课，仍收碉门茶课司，余地方就送新仓收贮，听商人交易及与西番易马。

明太祖洪武五年（1372），户部上奏说：四川出产巴茶的地方共有四百四十七处，专门从事茶叶生产的园户三百一十五户，应该按照十一田赋的定制，每十株茶官府征取一株，每年总计征收官茶一万九千二百八十斤，令当地有关官府收藏，等候与西北游牧民族交换马匹。明太祖听从了这个建议。到洪武三十一年，设立成都府、重庆府、保宁府（治今四川阆中）、播州宣慰司（治今贵州遵义）四所茶仓，命令四川布政使司颁发文书给天全六番招讨司（治今四川天全），将每年征收的茶税，仍旧收藏于碉门茶课司，其他地区就送交新设立的茶仓收藏，允许商人凭茶引支取贩卖以及与西北游牧民族交易马匹。

茶课岁额五万余

每年茶税的定额五万余斤，每百斤加耗六

斤，每百斤加耗六斤。商茶岁中率八十万斤，令商运卖，官取其半易马。纳马番族，洮州三十，河州四十三，又新附归德所生番十一，西宁一十三。茶马司收贮官茶立金牌信符为验。洪武二十八年，驸马欧阳伦以私贩茶扑杀，明初茶禁之严如此。

斤。商人按照开中制度运到茶马司的商茶每年大约八十万斤，令商人贩运发卖，官府收取其中的一半用于茶马贸易。为茶马贸易提供良马来源的西北游牧民族，洮州卫有三十族，河州卫有四十三族，另外新近归附归德千户所（治今青海贵德）的所谓生番十一族，西宁卫十三族。茶马司收藏官茶，官府颁发金牌信符作为茶马贸易的凭证。洪武二十八年，驸马都尉欧阳伦因为走私贩茶被赐死，可见明朝初年茶禁政策就是如此严厉。

《武夷山志》：茶起自元初，至元十六年，浙江行省平章高兴过武夷，制石乳数斤入献。十九年，乃令县官莅之，岁贡茶二十斤，采摘户凡八十。大德五年，兴之子久住为邵武路总管，就近至武夷督造贡茶。明年，创焙局，称为御茶园。有仁风门、第一春殿、清神堂诸景。又有通仙井，覆以龙亭，皆极丹雘（huò）之盛。设场官二员领其事。后岁额浸广，

《武夷山志》记载：武夷茶起源于元朝初年，元世祖至元十六年，浙江行省平章政事高兴路过武夷山，制造石乳茶数斤进献朝廷。至元十九年，才诏令县官亲自监督采制，每年贡茶二十斤，采茶人共有八十户。元成宗大德五年（1301），高兴的儿子高久住担任邵武路总管，就近到武夷山监督制造贡茶。第二年，创立焙局，称为御茶园。园中有仁风门、第一春殿、清神堂等景观。又有通仙井，井上盖有龙亭，这些建筑都以红色涂饰，极具皇家气派。设置两名场官统领贡茶事宜。此后每年贡茶总额不断增加，采茶户增加到二百五十户，贡茶增加到三百六十斤，制造龙团茶五千饼。泰定五年（1328），崇安县令张端本重新修葺御茶园，在左右各建一座牌坊，题匾额为茶场。至顺三年（1332），建宁总管暗都剌在通仙井畔筑

增户至二百五十，茶三百六十斤，制龙团五千饼。泰定五年，崇安令张端本重加修葺，于园之左右各建一坊，扁曰茶场。至顺三年，建宁总管暗都剌于通仙井畔筑台，高五尺，方一丈六尺，名曰喊山台。其上为喊泉亭，因称井为呼来泉。旧志云：祭后群喊，而水渐盈，造茶毕而遂涸，故名。迨至正末，额凡九百九十斤。明初仍之，著为令。每岁惊蛰日，崇安令具牲醴诣茶场致祭，造茶入贡。洪武二十四年，诏天下产茶之地，岁有定额，以建宁为上，听茶户采进，勿预有司。茶名有四：探春、先春、次春、紫笋，不得碾揉为大小龙团，然而祀典贡额犹如故也。嘉靖三十六年，建宁太守钱嵲（yè），

台，高五尺，周长一丈六尺，称为喊山台。其上为喊泉亭，于是称呼通仙井为呼来泉。当地旧志记载：每年开园之际，祭祀之后众人一齐高喊，而泉水逐渐充盈，造茶完毕后随即干涸，因此得名。到了元顺帝至正（1341—1368）末年，贡茶数额高达九百九十斤。明朝初年仍然沿袭旧制，重申作为法令。每年的惊蛰时节，崇安县令备办牺牲和酒馔到茶场进行祭祀，然后制造贡茶进献朝廷。明太祖洪武二十四年，诏令天下产茶之地，每年贡茶皆有定额，以福建建宁所产茶叶作为上品，听任茶户采制进贡，不受有关官府的干预。贡茶的名目有探春、先春、次春、紫笋，不得像宋代那样碾碎研末制造成大龙团、小龙团，但是祭祀的礼仪和贡茶数额依然如故。明世宗嘉靖三十六年（1557），建宁知府钱嵲因为本山的茶树枯槁，下令按照每年编佥茶夫银二百两以及水脚银二十两送到府中，办理造茶进贡事宜。自此以后，茶场就废除了，而崇安的百姓得以休养生息。御茶园不久也废弃了，只有通仙井还保留下来。井水清澈甘甜，与其他泉水比较起来大为不同。传说仙人张三丰经过此地时饮用泉水，说道：“武夷茶名扬天下，不仅是因为茶叶品质优良，也有此泉水的功劳。”

因本山茶枯，令以岁编茶夫银二百两及水脚银二十两赍府造办。自此遂罢茶场，而崇民得以休息。御园寻废，唯井尚存。井水清甘，较他泉迥异。仙人张邋遢过此饮之曰："不徒茶美，亦此水之力也。"

我朝茶法，陕西给番易马，旧设茶马御史，后归巡抚兼理。各省发引通商，止于陕境交界处盘查。凡产茶地方，止有茶利，而无茶累，深山穷谷之民，无不沾濡雨露，耕田凿井，其乐升平。此又有茶以来希遇之盛也。

我们清朝的茶法，以陕西汉中茶叶与西北游牧民族交易良马，原来设立有茶马御史，后来归陕西巡抚兼理。其他各省都颁发茶引，开放通商，只是在陕西省的边界地方进行盘查。大凡出产茶叶的地方，只有因茶而得到的利益，而没有因茶而受到的拖累，居住在深山穷谷之中的百姓，也都沾溉朝廷的恩泽雨露，耕田凿井，安居乐业，天下升平。这又是自茶叶被开发利用以来难得际遇的盛世。

雍正十二年七月既望陆廷灿识

雍正十二年七月十六日陆廷灿记